21世纪高等学校规划教材

工程制图与计算机辅助设计

（第2版）

胡正飞 窦军 主编

21st Century University Planned Textbooks

人 民 邮 电 出 版 社
北 京

图书在版编目（CIP）数据

工程制图与计算机辅助设计 / 胡正飞，窦军主编
. -- 2版. -- 北京 : 人民邮电出版社，2013.2
21世纪高等学校规划教材
ISBN 978-7-115-30786-6

Ⅰ. ①工… Ⅱ. ①胡… ②窦… Ⅲ. ①工程制图－计算机制图－高等学校－教材 Ⅳ. ①TB237

中国版本图书馆CIP数据核字(2013)第016157号

内容提要

本书是根据高等院校通信类、电子类专业的特点，采用最新颁布的国家标准编写而成的，内容精练实用。全书分9章，内容包括制图的基本知识、投影的基本原理及三视图、组合体视图及尺寸标注、机件常用的表达方法、轴测图、标准件和常用件、零件图、装配图、计算机辅助设计等。

本书用较大篇幅介绍计算机辅助设计软件 Mechanical Desktop 2009 的使用方法，包括二维平面图形的绘制与编辑、三维参数化设计的概念、定义特征截面轮廓、草图特征、放置特征、工作特征的创建与编辑、工程图的创建等。

本书可作为高等院校通信类、电子类专业“工程制图”课程的教材，也可供其他专业学生和工程技术人员使用或参考。

◆ 主　　编　胡正飞　窦　军
　责任编辑　滑　玉
◆ 人民邮电出版社出版发行　　北京市丰台区成寿寺路 11 号
　邮编　100164　　电子邮件　315@ptpress.com.cn
　网址　http://www.ptpress.com.cn
　三河市祥达印刷包装有限公司印刷
◆ 开本：787×1092　1/16
　印张：23.75　　　　　　　2013 年 2 月第 2 版
　字数：627 千字　　　　　　2024 年 8 月河北第29次印刷

ISBN 978-7-115-30786-6

定价：46.00 元

读者服务热线：(010)81055256　印装质量热线：(010)81055316
反盗版热线：(010)81055315
广告经营许可证：京东市监广登字 20170147 号

前言

本书是根据最新教学改革成果，在广泛吸纳电子类专业“工程制图”课程教学改革实践经验的基础上编写而成的。本书的主要特点如下。

1. 突出绘图、读图能力的培养。这是本书的核心教学理念所在，为此坚持以在掌握概念的基础上注重应用、培养能力为主线。在课程体系和编排次序上，全书遵循“必需、够用”的原则，做到循序渐进，符合认知规律，方便教学。

2. 按照国家颁布的制图标准作图，凡在定稿前颁布的最新国家标准，均在本书中予以贯彻。

3. 重点突出，内容明确，适应专业要求。编写过程中，注重电子类专业学时少的特点，保证重点及基础内容，删除延伸性内容，使本书精练实用。例如，标准件、常用件等部分内容突出了画法与标注要求，降低了理论要求，以适应电子类专业的教学特点。

4. 突出计算机辅助设计手段的应用。本书采用一定篇幅介绍基于特征的三维参数化设计软件 Mechanical Desktop。Mechanical Desktop 的优点在于，它既具有强大的二维制图功能，也具有专业的三维参数化设计功能，适应画图、读图能力并重的培养目标，非常适合电子信息类各专业工程技术人员使用。书中编排了大量实例，力求通过上机操作，使读者可以在制图实践中掌握 CAD 应用的基本技能。

全书共 9 章。参加编写工作的有：胡正飞（第 1、2、3、4、8、9 章），窦军（第 5、6、7 章及附录）。全书绘图工作由胡正飞承担，窦军协助并校对。南京邮电大学张爱玲副教授审阅了全书，并提出了许多宝贵建议。

由于编者水平有限，加之时间仓促，书中难免存在不足之处，欢迎广大读者批评指正。

编　者
2013 年 1 月

目 录

绪论

一、图样及其在生产中的用途

根据投影原理、标准或有关规定，表示工程对象，并有必要的技术说明的图，称为图样。

在现代生产活动中，无论是机器、仪器、电子设备等的设计、制造与维修，还是船舶、桥梁、房屋等工程的设计和建造，都必须通过图样才能进行。设计人员通过图样来表达设计意图；制造和施工人员依照图样进行制造与建造；使用者通过图样了解其构造和性能，掌握正确的使用和维护方法。因此，图样是生产中的重要技术文件，是传递技术信息和设计思想的媒介与工具，是工程界的技术语言。凡是从事工程技术工作的人员，都必须具备绘制和识读图样的能力。

不同专业或行业使用不同的图样，如机械图样、建筑图样、水利图样、电气图样等。用来表示机器、仪器、电子设备等的图样，称为机械图样。机械制图就是研究绘制与识读机械图样的基本原理和方法的一门学科。

二、本课程的主要任务和要求

本课程是以图样为主，专门研究用正投影法绘制工程图样，以及解决空间几何问题的理论和方法，并且对手工绘图和计算机辅助设计进行初步训练，是一门理论与实践并重的技术基础课。

本课程的主要任务及要求如下。

（1）掌握正投影的基本理论及其应用。

（2）培养初步的空间形象思维能力。

（3）培养手工绘制、计算机绘制工程图样和阅读工程图样的初步能力。

（4）培养认真负责的工作态度和严谨细致的工作作风。

三、本课程的学习方法

本课程是一门实践性很强的课程，学习时应注意下列各点。

（1）掌握理论，融会贯通。必须掌握正投影的原理及作图方法，做到理解透彻，触类旁通，在此基础上灵活运用基本原理和方法进行解题。

（2）认真听课，及时复习。听课要抓住基本概念、基本理论，要特别注意老师的分析和作图，并在听课时积极思考，课后及时复习。

（3）做好作业，多画多看。只有通过画图和看图实践才能掌握本课程的主要内容。因此，在学习本课程时，必须完成一系列的制图作业，丝毫马虎不得。要多画多看，多思多想，画图和看图相结合，逐步提高空间思维能力。

（4）与计算机辅助设计手段相结合。随着科学技术的发展，各种图示表达的形式和手段发生了许多变化，计算机辅助设计技术在各工程领域中得到了广泛应用。但计算机辅助设计技术的应用并不意味着不必学习投影理论，恰恰相反，作为一名设计者必须十分娴熟地掌握投影基本原理、有关技术制图和机械制图的国家标准，才能使用计算机正确地绘制工程图样。应积极将计算机辅助设计方法应用于工程制图学习过程中。

第 1 章 制图的基本知识

1.1 国家标准有关制图的一般规定

图样是工程界指导生产和进行技术交流的语言。为了统一图样的画法，提高生产效率，便于技术管理和国内外技术交流，国家标准对图样的内容、格式、表达方法等都作了统一的规定。

本节仅介绍国家标准《技术制图》和《机械制图》中的部分内容。

1.1.1 GB/T 14689—2008 技术制图 图纸幅面和格式

1. 图纸幅面尺寸

为了便于图纸的装订和保存，绘制图样时应优先采用表 1.1 中规定的基本幅面尺寸。

表 1.1 图纸基本幅面尺寸和图框尺寸

单位：mm

幅面代号	A0	A1	A2	A3	A4
尺寸（B×L）	841×1189	594×841	420×594	297×420	210×297
a	25				
c	10			5	
e	20			10	

2. 图框格式

（1）需要装订的图样，其图框格式如图 1.1 所示。不需要装订时四周边界与图框线之间距离都用 *e*。

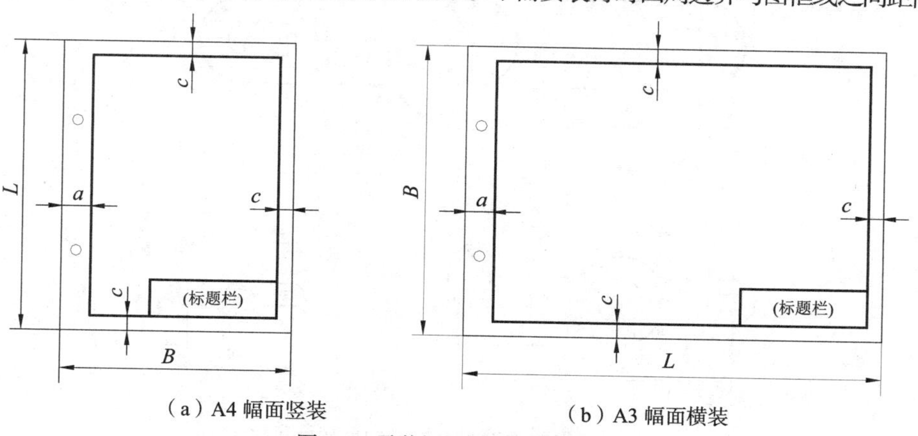

（a）A4 幅面竖装　（b）A3 幅面横装

图 1.1 需装订图样的图框格式

（2）图框线一律用粗实线绘制。

（3）每张图纸上都必须画出标题栏。标题栏的格式和尺寸按 GB/T 10609—2008 的规定，学校的制图作业简化采用如图 1.2 所示的格式。

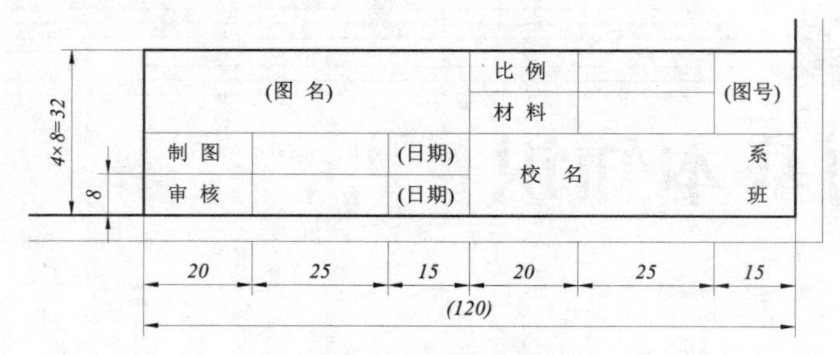

图 1.2　标题栏格式

1.1.2　GB/T 14690—1993 技术制图　比例

图样中图形与其实物相应要素的线性尺寸之比称为比例。

需要按比例绘制图样时，应优先考虑在表 1.2 中规定的系列中选取适当的比例。

表 1.2　比例

种　　类	比　　例				
原值比例	1∶1				
放大比例	2∶1	5∶1	2×10^n∶1	5×10^n∶1	1×10^n∶1
缩小比例	1∶2	1∶5	1∶2×10^n	1∶5×10^n	1∶1×10^n

注：n 为正整数

标注方法：比例符号应以“∶”表示，例如 1∶1、1∶5、2∶1 等。

比例一般应标注在标题栏中的比例栏内。必要时，可在视图名称的下方或右侧标注比例，例如 $\frac{\text{I}}{2:1}$、$\frac{\text{A向}}{1:5}$、$\frac{\text{B-B}}{5:1}$。

不论采用放大还是缩小绘制，在标注尺寸时必须标注机件的实际尺寸，如图 1.3 所示。

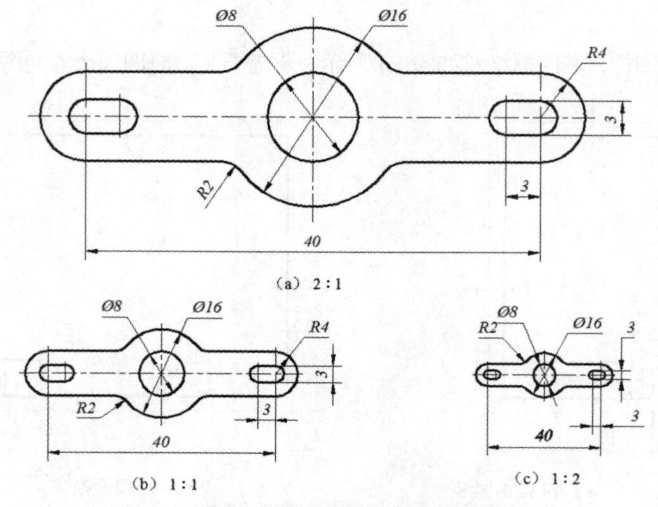

图 1.3　不同比例绘制的同一图形的尺寸标注

1.1.3　GB/T 14691—1993 技术制图　字体

图样和技术文件中书写的汉字、数字和字母都必须做到：字体工整，笔画清楚，间隔均匀，排列整齐。

汉字应写成长仿宋体，并采用国家正式公布的简化汉字。

字体的号数，就是字体的高度（用 h 表示），其公称尺寸系列为：20、14、10、7、5、3.5mm，共 6 种（字母、数字增加 2.5、1.8mm 两种号数），字体的宽度为 $\frac{h}{\sqrt{2}}$。

书写长仿宋字的要领是：横平竖直，注意起落，结构均匀，填满方格，如图 1.4 所示。

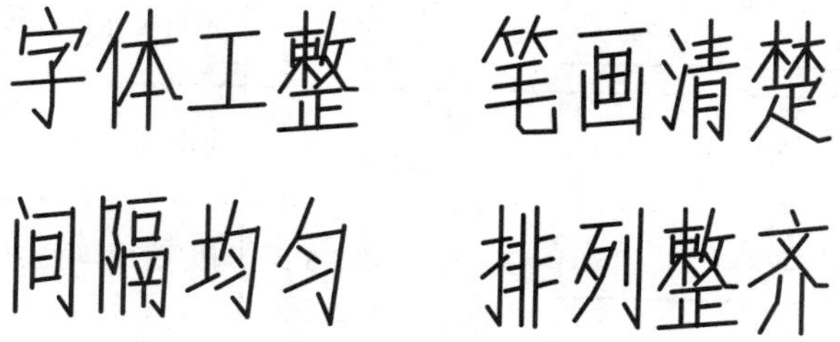

字体工整　笔画清楚

间隔均匀　排列整齐

（a）10号字

横平竖直注意起落结构均匀填满方格

（b）7号字

图 1.4　长仿宋字体字例

字母、数字可写成斜体和直体。斜体字字头向右倾斜，与水平基准线成 75°，如图 1.5 所示。直体字如图 1.6 所示。

ABCDEFGHIJKLMNOPQRSTUVWXYZ

abcdefghijklmnopqrstuvwxyz

α β γ δ　　*0123456789*

图 1.5　斜体字母、数字写法示例

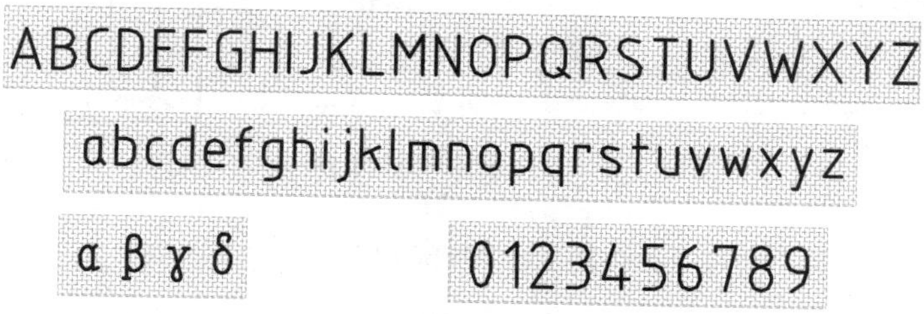

ABCDEFGHIJKLMNOPQRSTUVWXYZ

abcdefghijklmnopqrstuvwxyz

α β γ δ　　0123456789

图 1.6　直体字母、数字写法示例

1.1.4　GB/T 17450—1998、GB/T 4457.4—2002 技术制图　图线

绘制工程图时，应采用表 1.3 中规定的图线。图 1.7 所示为图线应用实例。

表 1.3　　图线画法及其在图上的一般应用

图线名称	图 线 形 式	图线宽度	一 般 应 用
粗实线	b	b*	可见轮廓线等
细实细		约 b/3	尺寸线、尺寸界线、剖面线、引出线等
虚线	1　2～6	约 b/3	不可见轮廓线等
细点画线	15～20　≈3	约 b/3	轴线、对称中心线等
双点画线	15～20　≈5	约 b/3	假想投影轮廓线、极限位置的轮廓线等
波浪线		约 b/3	断裂处边界线
双折线		约 b/3	较长断裂外边界线等
粗点画线		b	有特殊要求的线或表面的表示线

*：b 的宽度应按图形的大小和复杂程度在 0.5～2.0mm 内选取

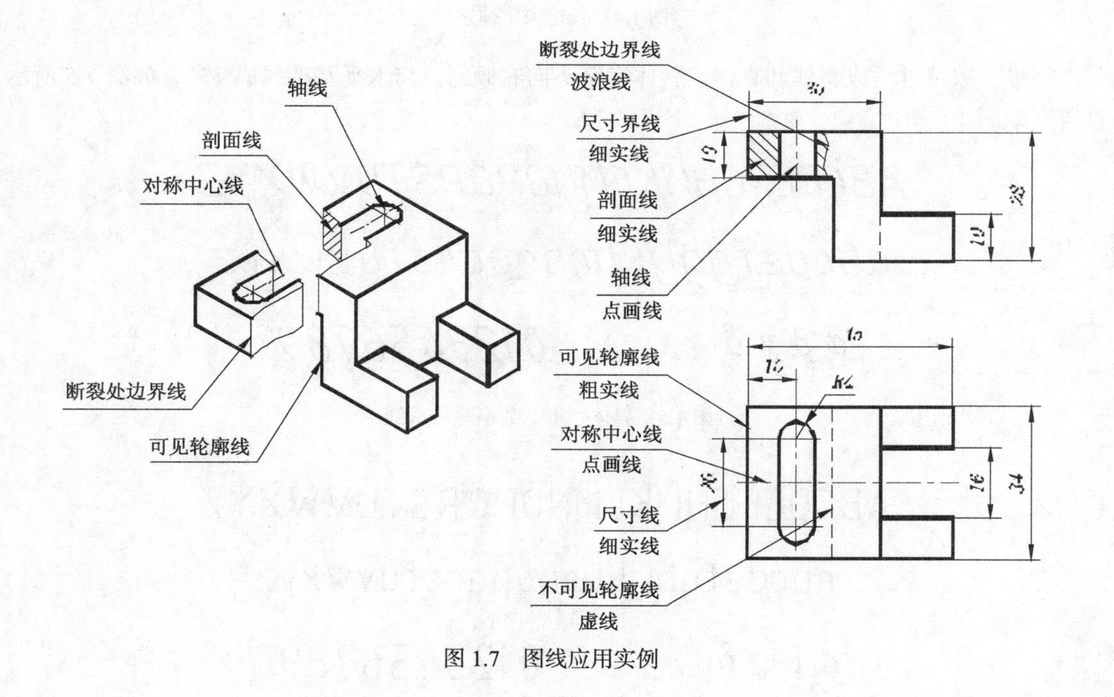

图 1.7　图线应用实例

图线的正确画法如图 1.8 所示。

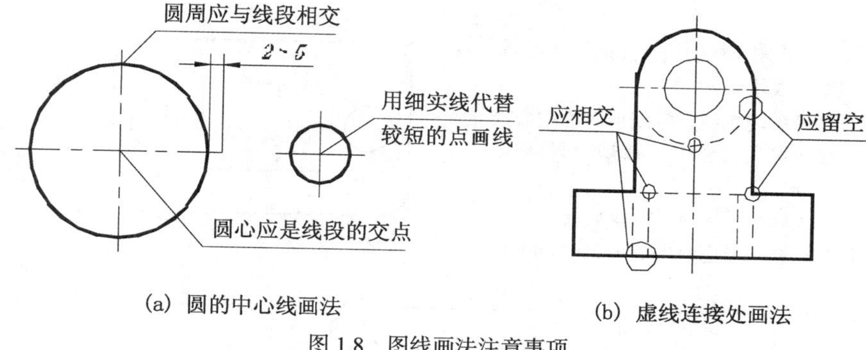

(a) 圆的中心线画法

(b) 虚线连接处画法

图 1.8　图线画法注意事项

绘制图线时应注意下列事项：

（1）在一张图样中，同一种图线的宽度（粗细）应基本一致。

（2）虚线、点画线及双点画线的线段长短和间隔应各自大致相等，且点画线和双点画线的首末两端应是线段而不是点。

（3）绘制图的中心线时，相交处应为线段的交点。

（4）当虚线与虚线（或其他图线）相交时，必须是线段相交；当虚线成为粗实线的延长线时，则虚线在连接处应当留有空隙。

还必须注意，按规定图中的粗实线、虚线、点画线相重合时，应按粗实线、虚线、点画线的次序优先画出。

1.1.5　GB/T 16675.2—1996、GB/T 4458.4—2003 机械制图尺寸注法

图形（投影图）只表示机件的形状，而其大小需用尺寸表示。因此，尺寸是工程图样不可缺少的重要部分。

（1）基本规则。机件的真实大小应以图样上所注尺寸数值为依据，与图形大小及绘图的准确度无关。

图样中的尺寸均以毫米（mm）为单位，且不需标注单位名称，如果采用其他单位，则必须注明。

机件的每一尺寸，一般只标注一次，并应标注在反映该结构最清晰的视图上。

（2）常用的尺寸注法。图样上所注的每一个尺寸，一般由以下 4 个部分组成：尺寸界线、尺寸线、箭头、尺寸数字。其相互间的关系如表 1.4 中的图例所示。

表 1.4 除列出了尺寸界线、尺寸线、尺寸数字的含义及用法外，还列举了一些常用尺寸注法。

表 1.4　　尺寸标注的一般规则

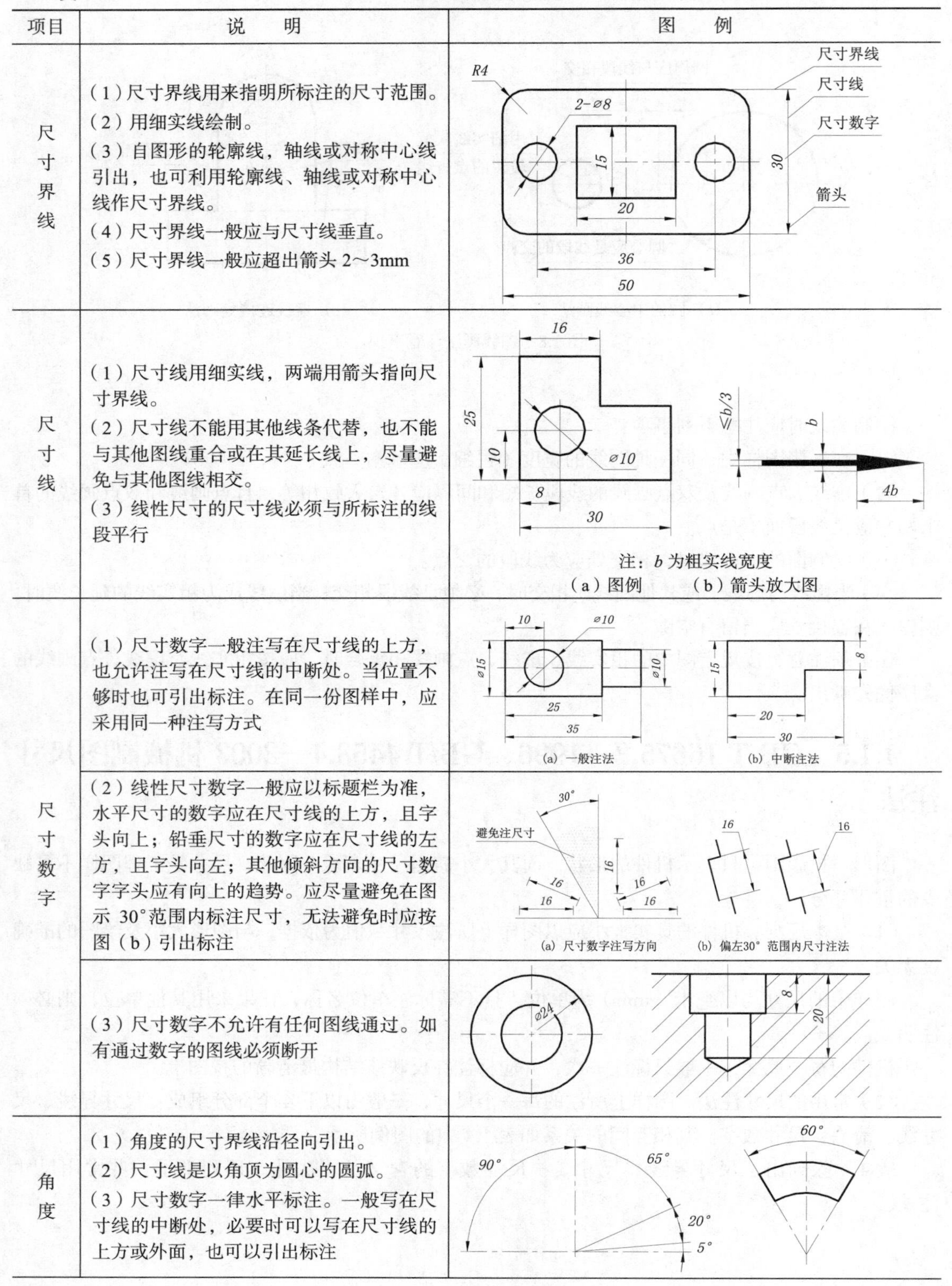

项目	说　明	图　例
尺寸界线	（1）尺寸界线用来指明所标注的尺寸范围。 （2）用细实线绘制。 （3）自图形的轮廓线，轴线或对称中心线引出，也可利用轮廓线、轴线或对称中心线作尺寸界线。 （4）尺寸界线一般应与尺寸线垂直。 （5）尺寸界线一般应超出箭头 2～3mm	
尺寸线	（1）尺寸线用细实线，两端用箭头指向尺寸界线。 （2）尺寸线不能用其他线条代替，也不能与其他图线重合或在其延长线上，尽量避免与其他图线相交。 （3）线性尺寸的尺寸线必须与所标注的线段平行	注：b 为粗实线宽度 （a）图例　（b）箭头放大图
尺寸数字	（1）尺寸数字一般注写在尺寸线的上方，也允许注写在尺寸线的中断处。当位置不够时也可引出标注。在同一份图样中，应采用同一种注写方式	(a) 一般注法　(b) 中断注法
	（2）线性尺寸数字一般应以标题栏为准，水平尺寸的数字应在尺寸线的上方，且字头向上；铅垂尺寸的数字应在尺寸线的左方，且字头向左；其他倾斜方向的尺寸数字字头应有向上的趋势。应尽量避免在图示 30°范围内标注尺寸，无法避免时应按图（b）引出标注	(a) 尺寸数字注写方向　(b) 偏左30°范围内尺寸注法
	（3）尺寸数字不允许有任何图线通过。如有通过数字的图线必须断开	
角度	（1）角度的尺寸界线沿径向引出。 （2）尺寸线是以角顶为圆心的圆弧。 （3）尺寸数字一律水平标注。一般写在尺寸线的中断处，必要时可以写在尺寸线的上方或外面，也可以引出标注	

续表

项目	说　　明	图　　例
圆弧与球面	（1）圆或大于半圆的圆弧，标注直径尺寸，并在数字前加注符号"ϕ"。等于半圆或小于半圆的圆弧应注半径尺寸，并在数字前加注符号"*R*"。尺寸线应通过圆心并在指向圆弧的一端画出箭头	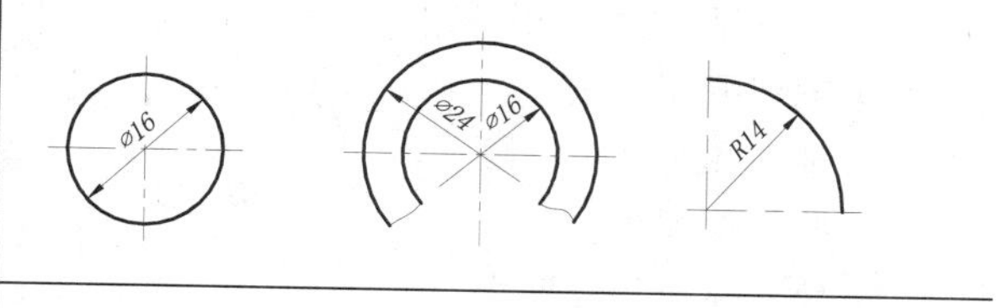 ⌀16　⌀24　⌀16　R14
	（2）标注球面的直径或半径时应在"ϕ"或"*R*"前再加写字母"*S*"。在不致引起误解时，"*S*"可省略	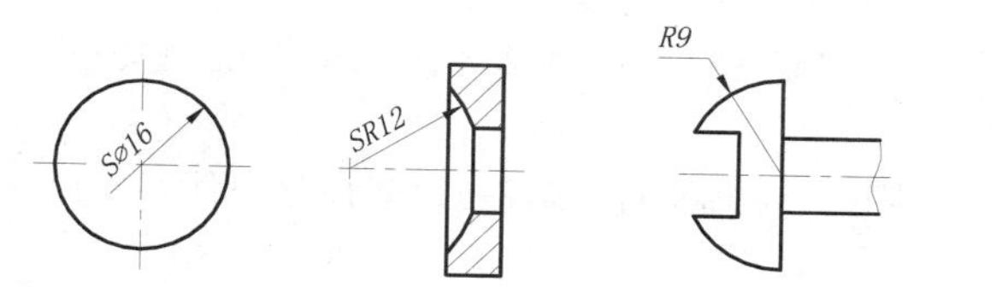 S⌀16　SR12　R9
小尺寸与小圆弧	在没有足够位置画箭头和标注数字时，箭头可画在外面或用圆点代替，尺寸数字可写在外面或引出标注	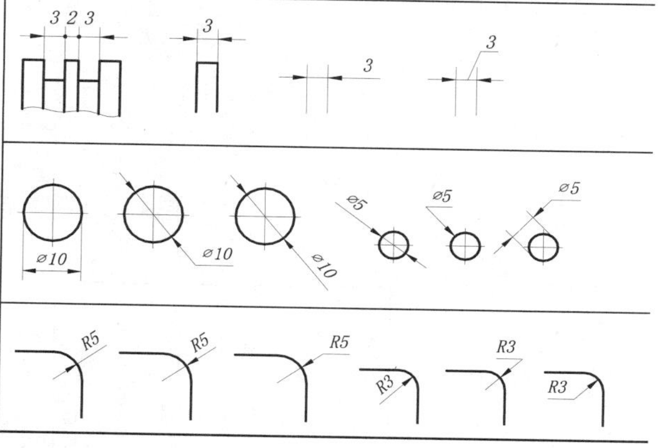 3 2 3　3　3　3 ⌀10　⌀10　⌀10　⌀5　⌀5　⌀5 R5　R5　R5　R3　R3　R3

1.1.6　GB/ T14665—1998 机械工程 CAD 制图规则

GB/T 14665 规定了机械工程中用计算机辅助设计（简称 CAD）时的制图规则，适用于在计算机及其外围设备中进行显示、绘制、打印的机械工程图样及有关技术文件。在使用计算机辅助设计时，图线、字体等除了应符合前述有关标准规定外，还应尽量遵守《GB/T 14665 机械工程 CAD 制图规则》的规定。

1. 图线

在使用 CAD 技术绘制工程图样时，所有图线除了应遵守 GB/T 17450 标准规定外，还应遵守下述规定。

（1）图线组别。为了便于机械工程的 CAD 制图需要，将 GB/T 17450 中所规定的 8 种线型的线宽分为以下几组，如表 1.5 所示。一般优先采用第 4 组。

表 1.5　图线组别

组　别	1	2	3	4	5	一 般 用 途
线宽 mm	2	1.4	1	0.7	0.5	粗实线、粗点画线
	1	0.7	0.5	0.35	0.25	细实线、波浪线、双折线、虚线、细点画线、双点画线

（2）重合图线的优先顺序。当两个以上不同类型的图线重合时，应遵守以下的优先顺序。

① 可见轮廓线和棱线。

② 不可见轮廓线和棱线。

③ 剖切平面迹线。

④ 轴线和对称中心线。

⑤ 假想轮廓线。

⑥ 尺寸界线和分界线。

（3）非连续线的画法。图线应尽量相交在线段上。绘制圆时，应画出圆心符号，如图 1.9 所示。

图线在接触与连接或转弯时应尽可能在线段上相连，如图 1.10 所示。

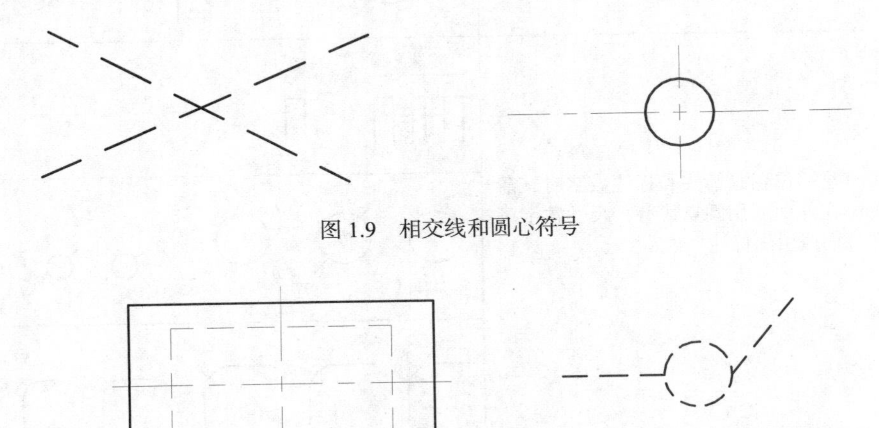

图 1.9　相交线和圆心符号

图 1.10　图线在接触与连接或转弯时的画法

（4）图线的颜色。屏幕上显示图线，一般应按表 1.6 中提供的颜色显示，并要求相同类型的图线应采用同样的颜色。

表 1.6　图线颜色

图 线 类 型		颜　色
粗实线		绿色
细实细		白色
波浪线		
双折断线		
虚线		黄色
细点画线		红色
粗点画线		棕色
双点画线		粉色

2. 字体

机械工程的 CAD 制图所使用的字体，应按 GB/T 13362.4—1992～13362.5—1992 中的要求，

做到字体端正、笔画清楚、排列整齐、间隔均匀。

汉字在输出时一般采用正体，并采用国家正式公布和推行的简化字。字母和数字一般应以斜体输出。小数点进行输出时，应占一个字位，并位于中间靠下处。

点符号应按其含义正确使用，除省略号和破折号为两个字位外，其余均为一个符号一个字位。

字体与图纸幅面之间的选用关系如表 1.7 所示。

表 1.7　字体与图纸幅面之间的选用关系

图幅 / 字体 h	A0	A1	A2	A3	A4
汉字	5		3.5		
字母与数字					
h=汉字、字母和数字的高度					

字体的最小字（词）距、行距以及间隔线或基准线与书写字体的最小距离如表 1.8 所示。

表 1.8　字词间距

字　体	最小距离	
汉字	字距	1.5
	行距	2
	间隔线或基准线与汉字的间距	1
字母与数字	字符	0.5
	词距	1.5
	行距	1
	间隔线或基准线与字母、数字的间距	1
当汉字与字母、数字混合使用时，字体的最小字距、行距等应根据汉字的规定使用		

3. 尺寸线的终端形式

机械工程的 CAD 制图中所使用的尺寸线的终端形式（箭头）有图 1.11（a）所示的几种形式供选用，其具体尺寸比例一般参照 GB 4458.4—2003 中的有关规定。

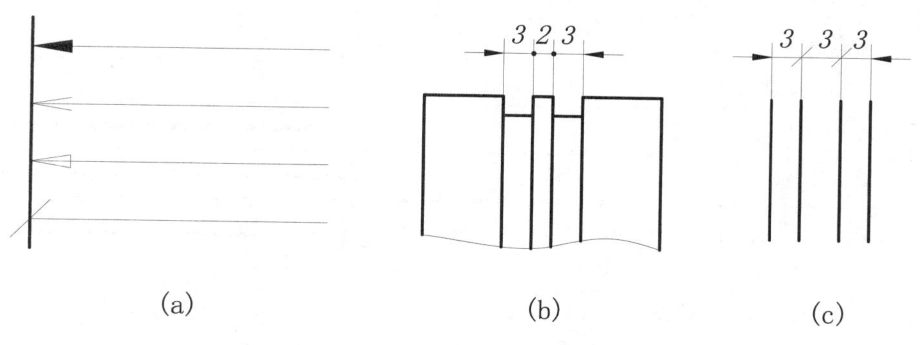

图 1.11　尺寸线的终端形式及应用

在图样中一般按实心箭头、开口箭头、空心箭头、斜线的顺序选用。当尺寸线的终端采用斜线时，尺寸线与尺寸界线必须互相垂直。同一张图样中一般只采用一种尺寸线终端的形式。当采用箭头位置不够时，允许用圆点或斜线代替箭头，如图 1.11（b）、（c）所示。

4. 图形符号的表示

机械工程的 CAD 制图中，所用到的图形符号，应严格遵守有关标准或规定的要求。其中第一角画法和第三角画法的识别图形符号如表 1.9 所示。

表 1.9　投影方法识别符号

图 形 符 号	说　明
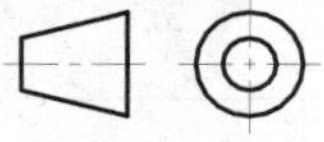	第一角画法的图形符号表示
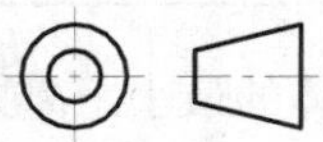	第三角画法的图形符号表示

圆心符号用细实线绘制，其长短一般选用 12d 左右（d 为细实线宽度），如图 1.12 所示。

图 1.12　圆心符号

5. 图样中各种线型在计算机中的分层

图样中的各种线型在计算机中的分层标识可参照表 1.10 的要求。

表 1.10　图样中各种线型在计算机中的分层

标识号	描　述	图　例
01	粗实线、剖切面的粗剖切线	
02	细实线	
	波流线	
	双折断线	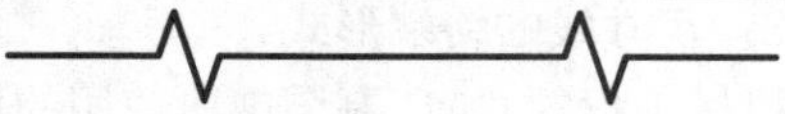
03	粗虚线	
04	细虚线	
05	细点画线 剖切面的剖切线	
06	粗点画线	
07	细双点画线	
08	尺寸线，投影连线、尺寸终端与符号细实线	
09	参考圆，包括引出线和终端（如箭头）	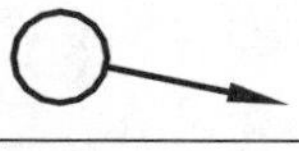
10	剖面符号	

续表

标识号	描　　述	图　　例
11	文本（细实线）	
12	尺寸值和公差	
13	文本（粗实线）	
14、15、16	用户选用	

1.2　基本绘图工具的使用

正确使用绘图工具和仪器是保证图样质量和提高绘图速度的重要一环。下面介绍常用的绘图工具和仪器，包括铅笔、图板、丁字尺、三角板、圆规、分规等。

1. 铅笔

常用铅笔有 H、HB、B、2B 铅笔。

H 表示硬铅，前面数字越大，铅芯则越硬，颜色越浅。常用 H 或 HB 打底稿、写字、画细实线、点画线、虚线等；B 表示软铅，前面数字越大，其铅芯则越软，颜色越深。常用 B 或 2B 铅笔加深图线画粗实线。

铅笔笔芯的削法如图 1.13 所示。

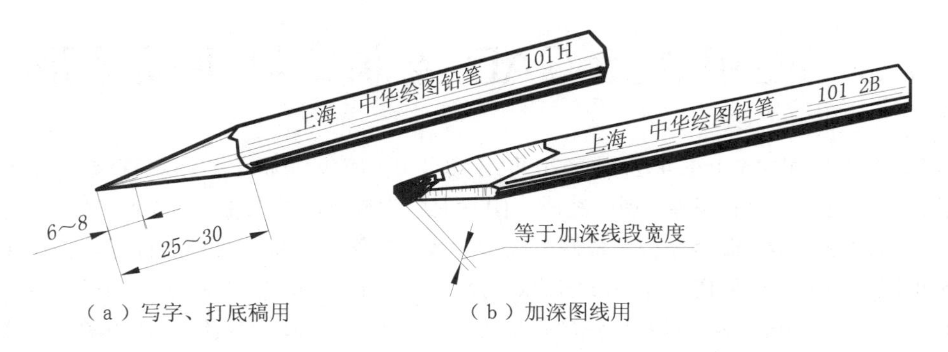

图 1.13　铅笔削法

2. 图板、丁字尺

绘图时必须用胶带纸将图纸固定在图板上。

丁字尺由尺头和尺身两部分组成。使用时，丁字尺的尺头紧靠图板左边。用丁字尺的上边画线，丁字尺上下平移可画水平线，再配用三角板可画垂直线，如图 1.14 所示。

3. 分规和圆规

使用分规在刻度尺上量取尺寸，可提高绘图的准确度，也可用来精确地分割线段，如图 1.15（a）所示。

圆规是画圆及圆弧的工具。画圆时应顺时针方向旋转圆规，注意圆规的针尖和铅芯都应垂直于纸面。圆规的用法如图 1.15（b）所示。

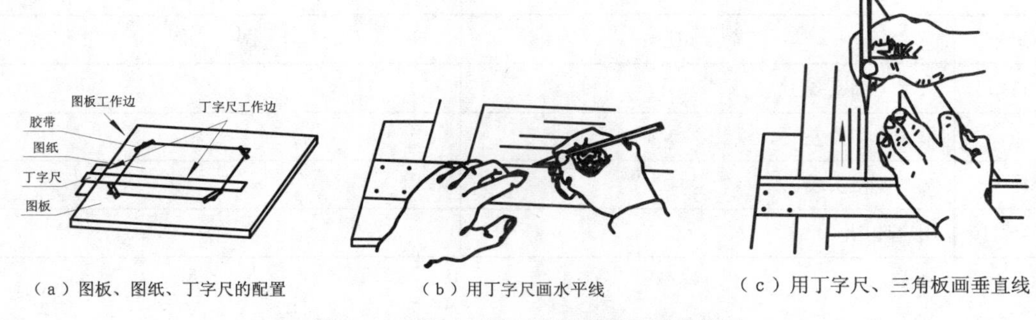

（a）图板、图纸、丁字尺的配置　（b）用丁字尺画水平线　（c）用丁字尺、三角板画垂直线

图 1.14　图板、丁字尺和三角板的配合使用

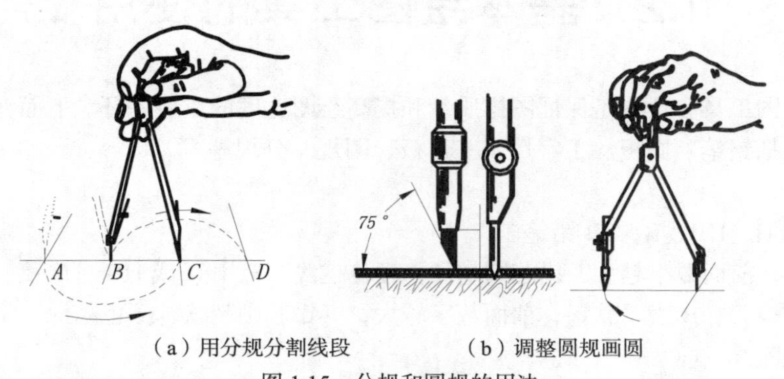

（a）用分规分割线段　（b）调整圆规画圆

图 1.15　分规和圆规的用法

1.3　使用 AutoCAD 绘制二维平面图形

AutoCAD 是由美国 Autodesk 公司于 20 世纪 80 年代初为计算机上应用 CAD 技术而开发的绘图程序软件包，经过不断的完善，现已经成为国际上广为流行的绘图工具。AutoCAD 具有良好的用户界面，通过交互菜单或命令行方式便可以进行各种操作。它的多文档设计环境，让非计算机专业人员也能很快地学会使用，在不断实践的过程中更好地掌握它的各种应用和开发技巧，从而不断提高工作效率。AutoCAD 具有广泛的适应性，它可以在各种操作系统支持的微型计算机和工作站上运行，并支持分辨率由 320×200 到 2048×1024 的各种图形显示设备 40 多种，以及数字化仪和鼠标器等 30 多种交互设备，绘图仪和打印机等数十种输出设备，这使得 AutoCAD 的应用变得非常普及。

Mechanical Desktop 是集成在 AutoCAD 应用之中的三维参数化设计平台。使用 Mechanical Desktop 的基于特征的三维参数化造型功能，用户可以快速创建复杂的三维实体模型，实现对产品的工程分析、运动仿真、制造模拟等，极大地提高了设计效率。

本节通过实例详细介绍使用 Mechanical Desktop 2009 绘制二维平面图形的方法和步骤。在下文乃至本书有关操作过程的描述中，粗体文字是用户响应系统提示进行的操作，读者应反复练习，细心揣摩，直至非常熟练，能够自行完成本章结尾所附的相关练习。

首先绘制横幅 A4 图纸幅面边框、图框、标题栏，然后绘制吊钩平面图形，结果如图 1.16 所示。

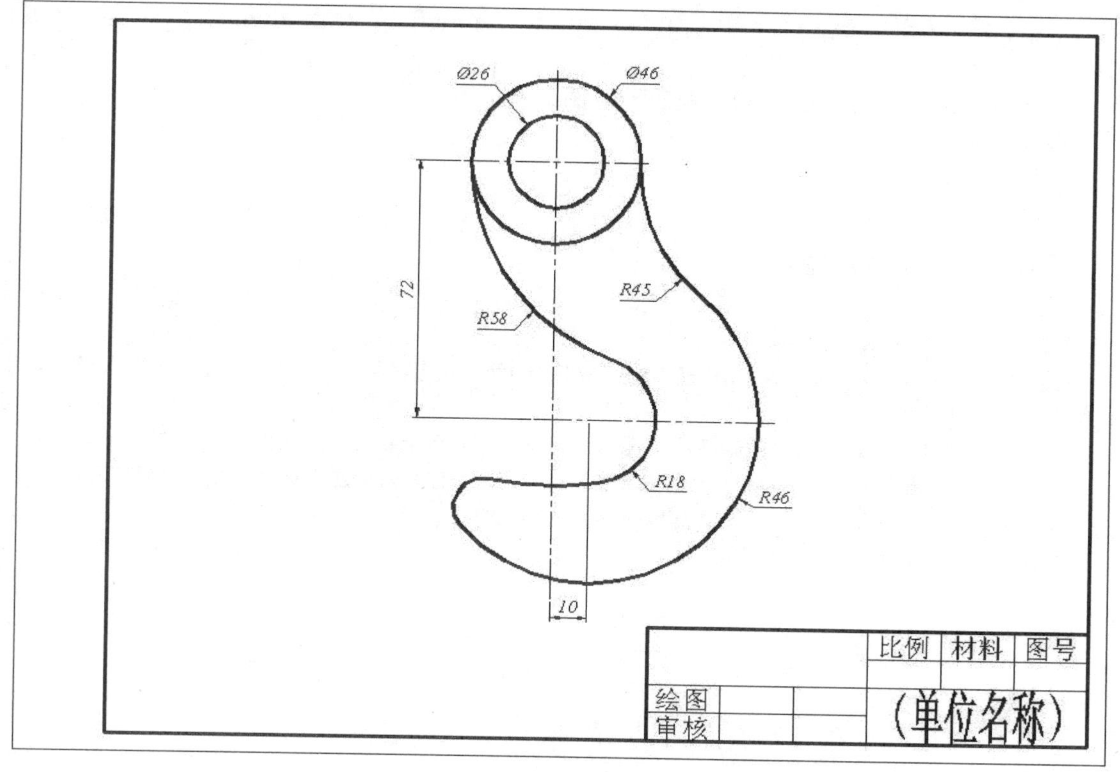

图 1.16

1.3.1　绘制图纸、图框、标题栏

1. 启动 Mechanical Desktop 2009

选择菜单“开始→所有程序→Autodesk→Autodesk Mechanical Desktop 2009→Autodesk Mechanical Desktop 2009”，启动 Mechanical Desktop 2009，保持在模型空间。

2. 以“Hook.dwg”为名称保存图形文件

3. 以 GB_A4.dwt 为模板创建新文档

命令：New

菜单：文件→新建

快捷键：Ctrl +N

命令：_new

在弹出的“选择样板”对话框中选择“**gb_a4.dwt**”后，单击“打开”按钮

4. 缩放空白图形

命令：Zoom

菜单：视图→缩放→全部

快捷键：Z↙ A↙

命令： '_zoom

指定窗口的角点，输入比例因子（nX 或 nXP），或者

[全部（A）/中心（C）/动态（D）/范围（E）/上一个（P）/比例（S）/窗口（W）/对象（O）]<实时>: _all 正在重生成模型

5. 绘制大小为297×210矩形框表示A4图纸幅面

命令：Line

菜单：设计→直线

快捷键：L

按如下过程响应系统提示：

命令: _line

指定第一点: **输入0，0后回车**

指定下一点或[放弃（U）]: **按功能键F8打开正交功能，光标右移，使橡皮筋线呈现向右水平状态后输入297后回车**

指定下一点或[放弃（U）]: **光标上移，使橡皮筋线呈现竖直向上状态后输入210后回车**

指定下一点或[闭合（C）/放弃（U）]: **光标左移，使橡皮筋线呈现向左水平状态并输入297后回车**

指定下一点或[闭合（C）/放弃（U）]: **输入字母c后回车**

画出的矩形如图1.17中细实线所示。

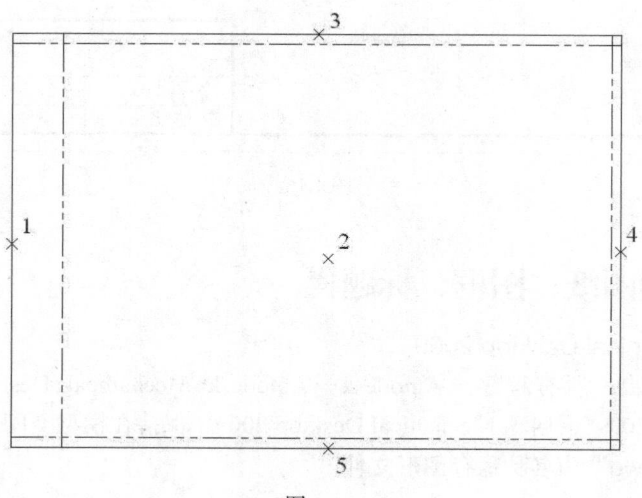

图1.17

6. 绘制图框

命令：Offset、AMOffset

菜单：修改→偏移

下面的操作将现有矩形各边向内偏移适当距离，创建图框，按图1.17所示选择对象或确定偏移侧。

命令：amoffset

模式 = 普通

指定偏移距离或[通过（T）/模式（M）]<10|20|30>: **输入25后回车**

选择要偏移的对象或<退出>: **拾取点1，选择左侧直线**

在要偏移的一侧指定点: **拾取点2，表示向右侧偏移**

选择要偏移的对象或<退出>: **回车，结束偏移命令**

```
命令：回车，重复执行偏移命令
AMOFFSET
模式=普通
指定偏移距离或[通过（T）/模式（M）] <25>：输入 5 作为偏移距离
选择要偏移的对象或<退出>:拾取点 3，选择上侧直线
在要偏移的一侧指定点：拾取点 2，表示向下侧偏移

选择要偏移的对象或<退出>：拾取点 4，选择右侧直线
在要偏移的一侧指定点：拾取点 2，表示向左侧偏移

选择要偏移的对象或<退出>：拾取点 5，选择右侧直线
在要偏移的一侧指定点：拾取点 2，表示向上侧偏移
选择要偏移的对象或<退出>：回车，结束偏移命令
```

生成的直线如图 1.17 中双点画线部分所示。

7．去除图框四角多余的部分

命令：Fillet、AMFillet2d

菜单：修改→圆角

建议用键盘输入 Fillet 命令，按图 1.18 所示选点定位，在该图中，图框四角多余部分已被去除。

```
命令: fillet
当前设置：模式 = 修剪，半径 = 10.0000
选择第一个对象或
[放弃（U）/多段线（P）/半径（R）/修剪（T）/多个（M）]：  输入字母 r 后回车
指定圆角半径 <10.0000>：输入 0 后回车，设置圆角半径为 0

选择第一个对象或
[放弃（U）/多段线（P）/半径（R）/修剪（T）/多个（M）]：输入 m 后回车，表示进行多重操作

选择第一个对象或[放弃（U）/多段线（P）/半径（R）/修剪（T）/多个（M）]：拾取点 1
选择第二个对象，或按住 Shift 键选择要应用角点的对象：拾取点 2

选择第一个对象或[放弃（U）/多段线（P）/半径（R）/修剪（T）/多个（M）]：拾取点 2
选择第二个对象，或按住 Shift 键选择要应用角点的对象：拾取点 3

选择第一个对象或[放弃（U）/多段线（P）/半径（R）/修剪（T）/多个（M）]：拾取点 3
选择第二个对象，或按住 Shift 键选择要应用角点的对象：拾取点 4

选择第一个对象或[放弃（U）/多段线（P）/半径（R）/修剪（T）/多个（M）]：拾取点 4
选择第二个对象，或按住 Shift 键选择要应用角点的对象：拾取点 1

选择第一个对象或[放弃（U）/多段线（P）/半径（R）/修剪（T）/多个（M）]：回车，结束命令
```

结果如图 1.18 所示

8．创建标题栏表格边框

命令：Offset、AMOffset

菜单：修改→偏移

按图 1.18 所示拾取点，结果如图 1.18 中双点画线所示。

命令: offset
当前设置: 删除源=否　图层=源　OFFSETGAPTYPE=0
指定偏移距离或[通过（T）/删除（E）/图层（L）] <5.0000>: **输入 120 后回车**
选择要偏移的对象，或[退出（E）/放弃（U）] <退出>: **拾取点 3，表示选择图框右侧直线**
指定要偏移的那一侧上的点，或
[退出（E）/多个（M）/放弃（U）] <退出>: **在图框内侧任意拾取一点，如点 5 或 6**
选择要偏移的对象，或[退出（E）/放弃（U）] <退出>: **回车，结束命令**

命令: **回车，重新执行偏移命令**
OFFSET
当前设置: 删除源=否　图层=源　OFFSETGAPTYPE=0
指定偏移距离或[通过（T）/删除（E）/图层（L）] <120.0000>: **输入 32 后回车**
选择要偏移的对象，或[退出（E）/放弃（U）] <退出>: **拾取点 4，选择图框下底边直线**
指定要偏移的那一侧上的点或
[退出（E）/多个（M）/放弃（U）] <退出>: **在图框内侧任意位置拾取一点**
选择要偏移的对象或[退出（E）/放弃（U）] <退出>: **回车，结束命令**

9. 修剪标题栏

命令：Trim

菜单：修改→修剪

快捷键：TR

按图 1.18 所示拾取点选择直线，结果如图 1.19 中细实线所示。

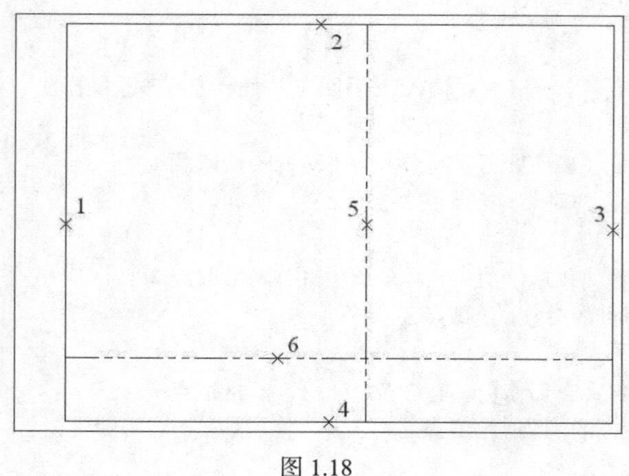

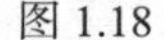

图 1.18

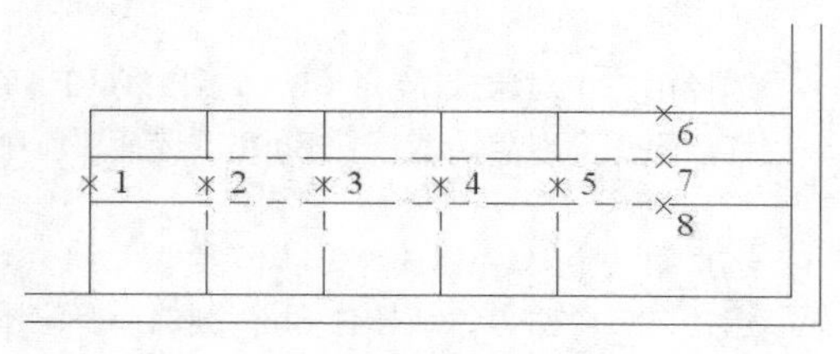

图 1.19

命令: _trim
当前设置:投影=UCS，边=无
选择剪切边...
选择对象或 <全部选择>: **回车，表示全部选择**

选择要修剪的对象，或按住 Shift 键选择要延伸的对象，或

[栏选（F）/窗交（C）/投影（P）/边（E）/删除（R）/放弃（U）]: **拾取点 5，表示选择竖直线上半段**
选择要修剪的对象，或按住 Shift 键选择要延伸的对象，或
[栏选（F）/窗交（C）/投影（P）/边（E）/删除（R）/放弃（U）]: **拾取点 6，表示选择水平线左半段**
选择要修剪的对象，或按住 Shift 键选择要延伸的对象，或
[栏选（F）/窗交（C）/投影（P）/边（E）/删除（R）/放弃（U）]: **回车，结束命令**

10. 图形缩放

放大标题栏区域。方法是按住鼠标中键，移动光标，将标题栏平移到屏幕中心附近，松开中键，再将光标移动标题栏内，鼠标滚轮向上（放大）或向下（缩小）滚动。

11. 生成标题栏单元格

命令：Offset、AMOffset

菜单：修改→偏移

按图 1.19 所示拾取点选择直线。在该图中，位于双点画线上的点表示选择执行过程中刚刚生成的线条。

命令: offset
当前设置: 删除源=否　图层=源　OFFSETGAPTYPE=0
指定偏移距离或[通过（T）/删除（E）/图层（L）] <32.0000>: **输入 20 后回车**

选择要偏移的对象，或[退出（E）/放弃（U）] <退出>: **拾取点 1**
指定要偏移的那一侧上的点，或
[退出（E）/多个（M）/放弃（U）] <退出>: **在点 1 右侧任意拾取一点（建议远一些）**

选择要偏移的对象，或[退出（E）/放弃（U）] <退出>: **拾取点 2**
指定要偏移的那一侧上的点，或
[退出（E）/多个（M）/放弃（U）] <退出>: **在点 2 右侧任意拾取一点**

选择要偏移的对象，或[退出（E）/放弃（U）] <退出>: **拾取点 3**
指定要偏移的那一侧上的点，或
[退出（E）/多个（M）/放弃（U）] <退出>: **在点 3 右侧任意拾取一点**

选择要偏移的对象，或[退出（E）/放弃（U）] <退出>: **拾取点 4**
指定要偏移的那一侧上的点，或
[退出（E）/多个（M）/放弃（U）] <退出>: **在点 4 右侧任意拾取一点**

选择要偏移的对象，或[退出（E）/放弃（U）] <退出>: **拾取点 5**
指定要偏移的那一侧上的点，或
[退出（E）/多个（M）/放弃（U）] <退出>: **在点 5 右侧任意拾取一点**

选择要偏移的对象，或[退出（E）/放弃（U）] <退出>: **回车，结束命令**

命令: **回车，重新执行偏移命令**
OFFSET
当前设置: 删除源=否　图层=源　OFFSETGAPTYPE=0
指定偏移距离或[通过（T）/删除（E）/图层（L）] <20.0000>:　**输入 8 后回车**

选择要偏移的对象，或[退出（E）/放弃（U）] <退出>：**拾取点 6**
指定要偏移的那一侧上的点，或
[退出（E）/多个（M）/放弃（U）] <退出>：**在点 6 下侧任意拾取一点**

选择要偏移的对象，或[退出（E）/放弃（U）] <退出>：**拾取点 7**
指定要偏移的那一侧上的点，或
[退出（E）/多个（M）/放弃（U）] <退出>：**在点 7 下侧任意拾取一点**

选择要偏移的对象，或[退出（E）/放弃（U）] <退出>：**拾取点 8**
指定要偏移的那一侧上的点，或
[退出（E）/多个（M）/放弃（U）] <退出>：**在点 8 下侧任意拾取一点**

选择要偏移的对象，或[退出（E）/放弃（U）] <退出>：**回车，结束命令**

现在的标题栏如图 1.20 所示。

12. 合并标题栏单元格

命令：Trim

菜单：修改→修剪

快捷键：TR

参照图 1.20 所示选点，结果如图 1.21 所示。

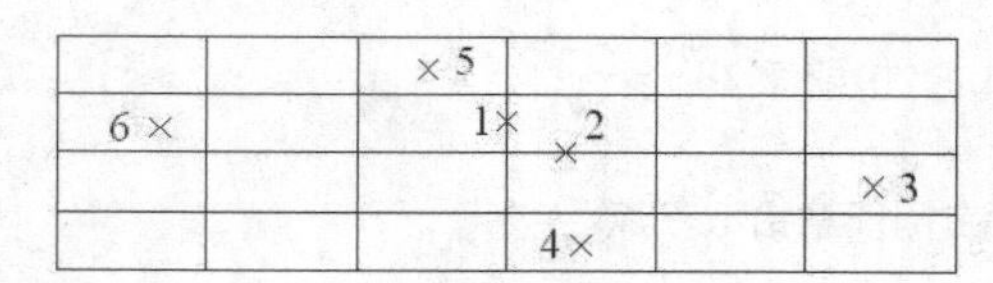

图 1.20

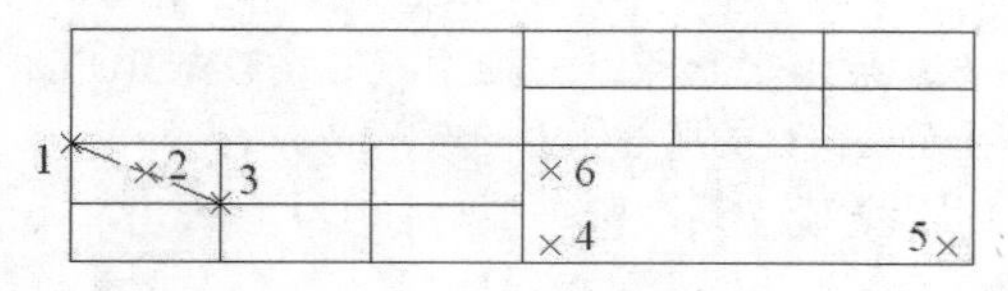

图 1.21

命令：_trim
当前设置：投影=UCS，边=无
选择剪切边...
选择对象或 <全部选择>：**拾取点 1，选择中间竖直线**
选择对象：**拾取点 2，选择中间水平线**
选择对象：**回车，结束选择**

选择要修剪的对象，或按住 Shift 键选择要延伸的对象，或
[栏选（F）/窗交（C）/投影（P）/边（E）/删除（R）/放弃（U）]：**拾取空白处点 3**
指定对角点：**拾取空白处点 4**

选择要修剪的对象，或按住 Shift 键选择要延伸的对象，或
[栏选（F）/窗交（C）/投影（P）/边（E）/删除（R）/放弃（U）]：**拾取空白处点 5**
指定对角点：**拾取空白处点 6**

选择要修剪的对象，或按住 Shift 键选择要延伸的对象，或
[栏选（F）/窗交（C）/投影（P）/边（E）/删除（R）/放弃（U）]：**回车，结束命令**

13. 填写标题栏

命令：DText

菜单：设计→文字→单行文字

快捷键：DT

按图 1.21 所示拾取点，结果如图 1.22 所示。

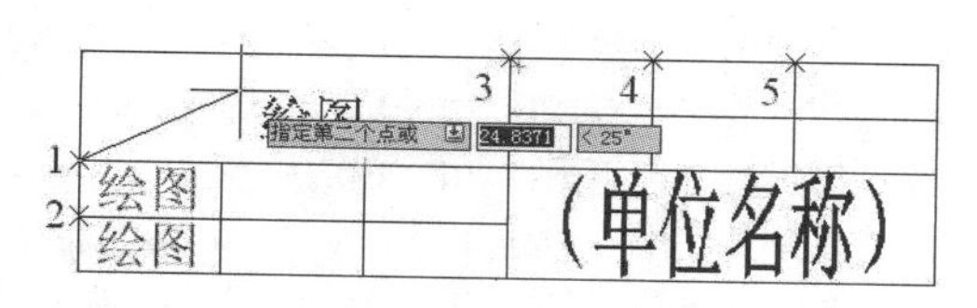

图 1.22

命令: _line

指定第一点: **按功能键 F3，确认对象捕捉模式处于打开状态后拾取点 1，捕捉端点**

指定下一点或[放弃（U）]: **拾取点 3，捕捉交点**

指定下一点或[放弃（U）]: **回车，结束命令**

命令: _dtext

当前文字样式：“工程字”　文字高度：3.5000　注释性：否

指定文字的起点或[对正（J）/样式（S）]: **输入 mc 后回车，表示采用“正中”对正方式**

指定文字的中间点: **按住 Shift 键的同时按鼠标右键，在弹出的快捷菜单中选择“中点” mid 于拾取点 2，捕捉辅助对角线中点**

指定高度 <3.5000>: **输入 5 后回车**

指定文字的旋转角度 <0>: **直接回车，文字不旋转**

在屏幕提示处输入“绘图”字样，然后回车 2 次，结束命令

选择对角辅助线后按键盘上的 Delete 键

命令: _.erase 找到 1 个

命令: _dtext

当前文字样式: “工程字” 文字高度: 5.0000 注释性: 否

指定文字的起点或[对正（J）/样式（S）]: **输入 f 后回车，表示采用“调整”对正方式**

指定文字基线的第一个端点: **按功能键 F3，确认对象捕捉功能处于关闭状态，拾取点 4**

指定文字基线的第二个端点: **按功能键 F8，确认正交功能处于打开状态，拾取点 5**

指定高度 <5.0000>: **拾取点 6**

在屏幕提示处输入单位名称，回车 2 次，结束命令

14. 复制并修改标题栏文字

命令：Copy

菜单：修改→复制

快捷键：CO、CP

按图 1.22 所示捕捉点。

命令: _copy

选择对象: **点选文字“绘图”**

找到 1 个

选择对象: **回车结束选择**

当前设置: 复制模式 = 多个

指定基点或[位移（D）/模式（O）] <位移>: **如果上一行提示的“复制模式”不是“多个”，此处应输入“o”后回车，设置复制模式为多个，然后再指定基点。按功能键 F3，确认对象捕捉功能处于打开状态后拾取点 1，捕捉单元格角点**

指定第二个点或 <使用第一个点作为位移>: **拾取点 2**

指定第二个点或[退出（E）/放弃（U）]<退出>: **拾取点 3**
指定第二个点或[退出（E）/放弃（U）]<退出>: **拾取点 4**
指定第二个点或[退出（E）/放弃（U）]<退出>: **拾取点 5**
指定第二个点或[退出（E）/放弃（U）]<退出>: **回车，结束命令**
双击单元格中的相应文字，按图 1.16 所示更改单元格文字内容

15. 图形缩放

命令：Zoom

菜单：视图→缩放→全部

快捷键：Z↙ A↙

命令: '_zoom
指定窗口的角点，输入比例因子（nX 或 nXP），或者
[全部（A）/中心（C）/动态（D）/范围（E）/上一个（P）/比例（S）/窗口（W）/对象（O）]<实时>: _all 正在重生成模型

至此，横置 A4 幅面的图纸、图框、标题栏绘制完成。

1.3.2 绘制吊钩平面图形

以下步骤在 A4 幅面图纸上绘制吊钩平面图形。

1. 绘制直线

命令：Line

菜单：设计→直线

快捷键：L

下述操作在图纸适当位置绘制长度为 72 的竖直线和长度为 10 的水平线，以确定圆心位置。结果如图 1.23 中实线所示。

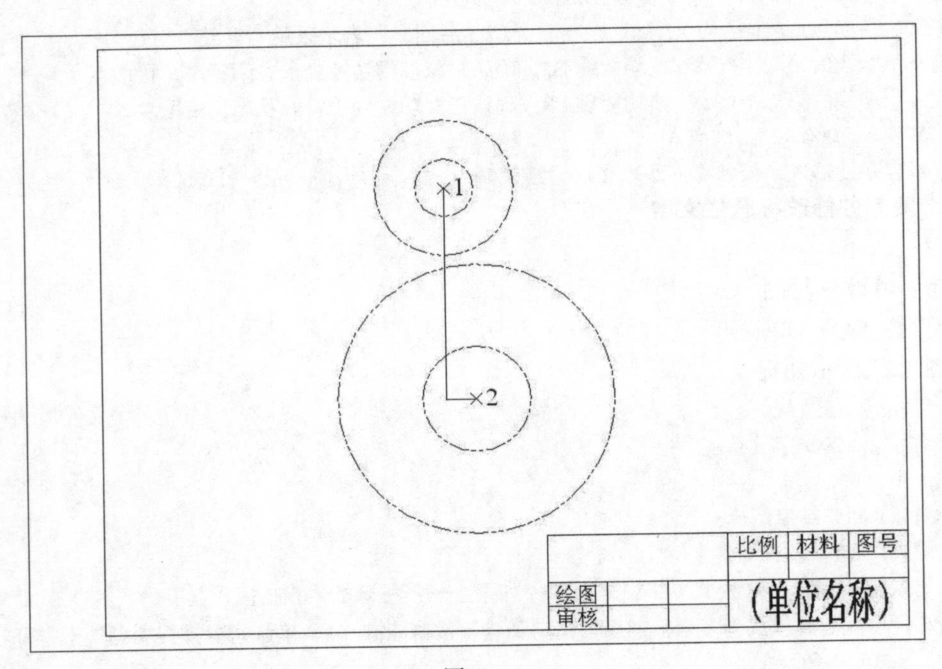

图 1.23

命令: _line
指定第一点: **在图框中左右居中，靠近上方适当位置拾取一点**
指定下一点或[放弃（U）]: **按功能键 F8，确认正交功能处于开启状态，光标下移，橡皮筋线呈现竖直向下状态时输入 72 后回车**
指定下一点或[放弃（U）]: **光标右移，当橡皮筋线呈现水平向右状态时输入 10 后回车**
指定下一点或[闭合（C）/放弃（U）]: **回车，结束命令**

2. 绘制圆

命令：Circle

菜单：设计→圆→圆心、半径

快捷键：C

操作过程中按图 1.23 所示捕捉端点作为圆心。

按功能键 F3，确认对象捕捉功能处于打开状态

命令: _circle
指定圆的圆心或[三点（3P）/两点（2P）/切点、切点、半径（T）]: **拾取点 1，捕捉竖直线上端点**
指定圆的半径或[直径（D）]: **输入 13 后回车**

命令: **回车，重复画圆命令**
CIRCLE 指定圆的圆心或
[三点（3P）/两点（2P）/切点、切点、半径（T）]: **拾取点 1，捕捉竖直线上端点**
指定圆的半径或[直径（D）] <13.0000>: **输入 23 后回车**

命令: **回车，重复画圆命令**
CIRCLE 指定圆的圆心或
[三点（3P）/两点（2P）/切点、切点、半径（T）]: **拾取点 2，捕捉水平线右端点**
指定圆的半径或[直径（D）] <13.0000>: **输入 18 后回车**

命令: **回车，重复画圆命令**
CIRCLE 指定圆的圆心或
[三点（3P）/两点（2P）/切点、切点、半径（T）]: **拾取点 2，捕捉水平线右端点**
指定圆的半径或[直径（D）] <13.0000>: **输入 46 后回车**

3. 绘制圆

命令：Circle

菜单：设计→圆→相切、相切、半径 或 设计→圆→圆心、半径

快捷键：C 或 C↙T↙

参照图 1.24 所示捕捉点，图中双点画线表示即将画出的圆。

选择菜单“设计→圆→相切、相切、半径”
命令: _circle
指定圆的圆心或[三点（3P）/两点（2P）/切点、切点、半径（T）]: _ttr（此处_ttr 由系统自动输入）
指定对象与圆的第一个切点: **拾取点 1**
指定对象与圆的第二个切点: **拾取点 2**
指定圆的半径 <46.0000>: **输入 45 后回车**

命令：回车，重复画圆
CIRCLE 指定圆的圆心或[三点（3P）/两点（2P）/切点、切点、半径（T）]：**输入 t 后回车**
指定对象与圆的第一个切点：**拾取点 3**
指定对象与圆的第二个切点：**拾取点 4**
指定圆的半径 <45.0000>：**输入 58 后回车**

命令：回车，重复画圆
CIRCLE 指定圆的圆心或[三点（3P）/两点（2P）/切点、切点、半径（T）]：**打开对象捕捉功能，拾取点 5**
指定圆的半径或[直径（D）] <58.0000>：**按住 Shift 键的同时按下鼠标右键，选择“切点”**
_tan 到 拾取点 6

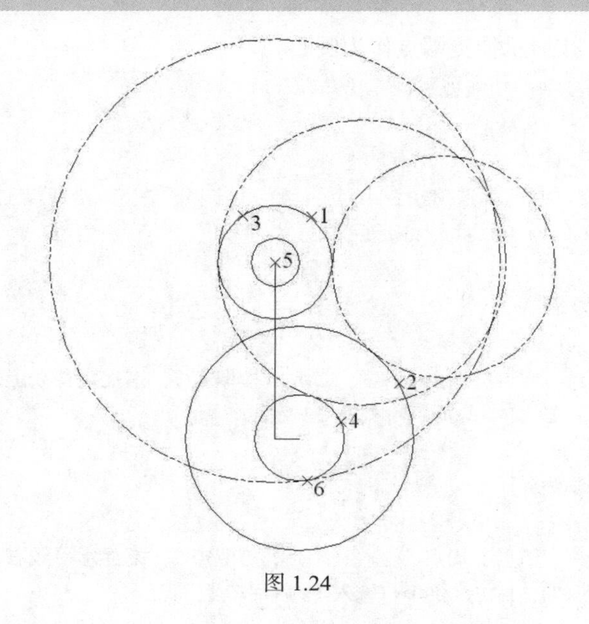

图 1.24

4. 修剪图线

命令：Trim
菜单：修改→修剪
快捷键：TR

命令：_trim
当前设置:投影=UCS，边=无
选择剪切边...
选择对象或 <全部选择>：**选中图中所有的圆后回车**

选择要修剪的对象，或按住 Shift 键选择要延伸的对象，或
[栏选（F）/窗交（C）/投影（P）/边（E）/删除（R）/放弃（U）]：**点选所有不需要的圆周部分，不能被修剪的非交叉部分暂时不管，留待下一步删除**

选择要修剪的对象，或按住 Shift 键选择要延伸的对象，或
[栏选（F）/窗交（C）/投影（P）/边（E）/删除（R）/放弃（U）]：**回车，结束命令**

5. 删除多余图线

命令：Erase

菜单：修改→删除→清除

快捷键：E 或 Delete

步骤 4 中修剪圆周时，如果能够按合理顺序点选圆周相应部分，可以去除所有不需要的图线，而不会有残留。如果图中存在多余图线，可按如下操作予以删除。

选择图中所有多余图线，按键盘上的 Delete 键
命令: _.erase 找到 x 个

现在的图形如图 1.25 所示。

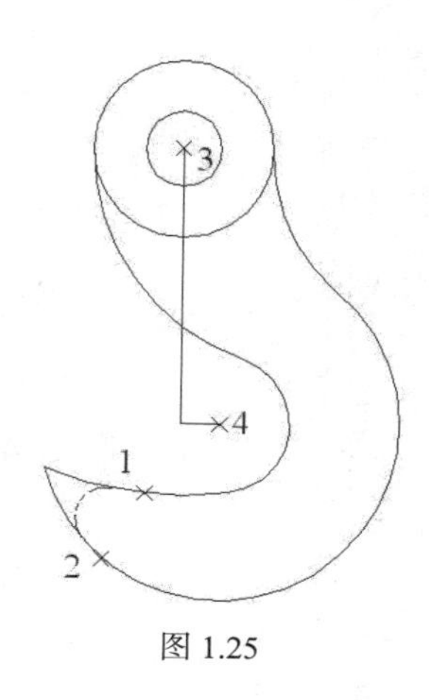

图 1.25

6. 创建圆角

命令：Fillet、AMFillet2d

菜单：修改→圆角

建议使用键盘输入 Fillet 命令，按图 1.25 所示选点。

命令：fillet
当前设置: 模式 = 不修剪，半径 = 0.0000
选择第一个对象或[放弃（U）/多段线（P）/半径（R）/修剪（T）/多个（M）]: **输入 r 后回车**
指定圆角半径 <0.0000>: **输入 8 后回车**
选择第一个对象或[放弃（U）/多段线（P）/半径（R）/修剪（T）/多个（M）]: **拾取点 1**
选择第二个对象，或按住 Shift 键选择要应用角点的对象: **拾取点 2**

7. 补画直线

命令：Line

菜单：设计→直线

快捷键：L

按图 1.25 所示选点。

命令: _line
指定第一点: **打开对象捕捉功能，拾取点 3**
指定下一点或[放弃（U）]: **打开正交功能，光标左移或右移，当橡皮筋线显示为水平状态时输入 50 后回车**
指定下一点或[放弃（U）]: **回车，结束命令**

命令: **回车，重复执行画直线命令**
LINE 指定第一点: **拾取点 4**

指定下一点或[放弃（U）]：**光标上移或下移，当橡皮筋线显示为竖直状态时输入 10 后回车**
指定下一点或[放弃（U）]：**回车，结束命令**

8. 快速编辑直线

拉长或移动图中直线，使其满足工程制图规范。下面的操作采用夹点编辑方式（可参考第 9 章相关内容），按图 1.26 所示确定相应直线长度或位置。

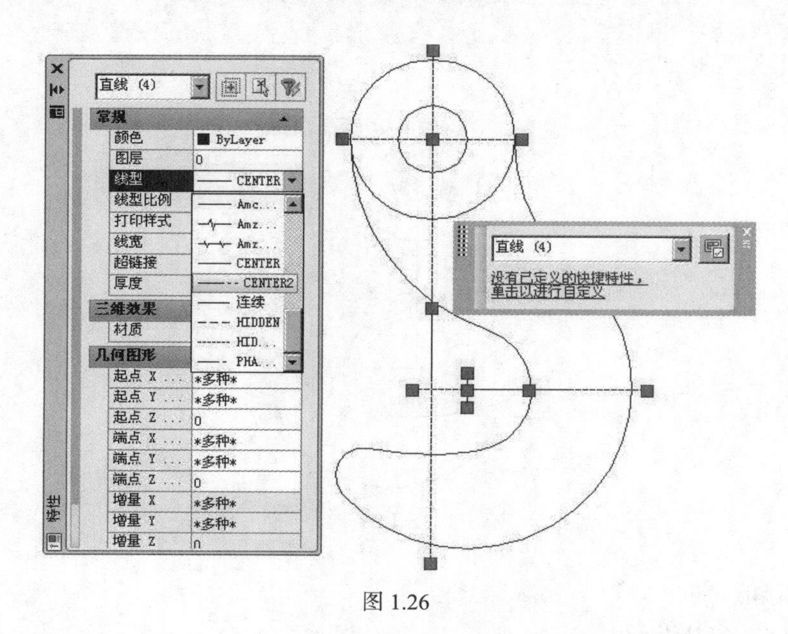

图 1.26

（1）选择长度为 72 的竖直线，使其两端和中点显示夹点，点选上端夹点，使其变为红色，打开正交功能，移动光标，将上端点拉长到其正上方圆外一定位置处按下鼠标左键；再选择该直线下端夹点，将其向下拉伸到相应位置；

（2）按 Esc 键，选择长度为 10 的水平线条，分别拉伸其左、右端点到图 1.26 所示的大致位置；

（3）按 Esc 键，选择长度为 50 的水平线，点选其中点处夹点，将其移动到圆心；

（4）选择长度为 10 的竖直线，点选其中点处夹点，将其移动到相应圆心。

9. 修改图线属性

命令：Properties

菜单：修改→特性→特性

快捷键：Ctrl+1

修改图线属性一般通过特性窗口（见图 1.26）进行。执行 Properties 命令可以打开或关闭特性窗口。

（1）执行 Properties 命令打开特性窗口；

（2）选择吊钩平面图形中的所有直线段，在特性窗口中设置线型为 CENTER2，设置线型比例为 12；

（3）按 Esc 键，选择吊钩平面图形中的所有圆和圆弧，以及图纸图框、标题栏表格边框，在特性窗口中设置线宽为 0.3；

（4）单击状态行“显示/隐藏线宽”按钮，显示线宽。

现在的图形如图 1.27 所示。

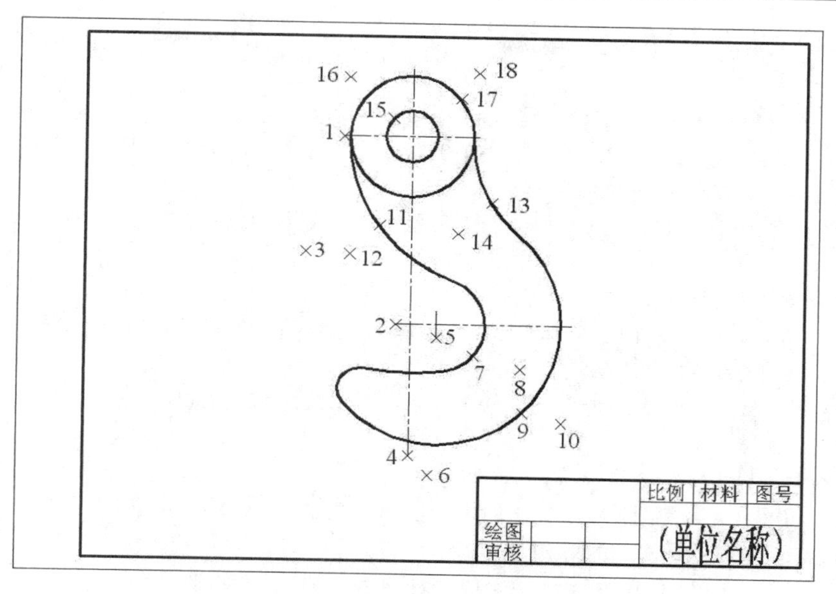

图 1.27

10. 标注尺寸

命令：AmPowerDim

菜单：零件→尺寸标注→增强尺寸标注

参照图 1.27 所示选择对象或定位尺寸标注位置。

按功能键 F3 确认对象捕捉功能处于打开状态

命令: _ampowerdim

指定第一个尺寸界线原点或

[线性（L）/角度（A）/斜剖（R）/基线（B）/连续（C）/选项（O）/更新（U）]<选择对象>: **拾取点 1**

指定第二个尺寸界线原点: 拾取点 2

指定尺寸线位置或[水平（H）/竖直（V）/对齐（A）/已旋转（R）/定位选项（P）]: **移动光标，当预显的尺寸为竖直方向尺寸后，拾取点 3，在“增强特性标注”对话框中选择“确定”按钮**

指定第一个尺寸界线原点或

[线性（L）/角度（A）/斜剖（R）/基线（B）/连续（C）/选项（O）/更新（U）]<选择对象>: **拾取点 4**

指定第二个尺寸界线原点: **拾取点 5**

指定尺寸线位置或[水平（H）/竖直（V）/对齐（A）/已旋转（R）/定位选项（P）]: **移动光标，当预显的尺寸为水平方向尺寸后，拾取点 6**

指定第一个尺寸界线原点或

[线性（L）/角度（A）/斜剖（R）/基线（B）/连续（C）/选项（O）/更新（U）]<选择对象>: **回车**

选择圆弧、圆、直线或标注: **拾取点 7**

指定尺寸线位置或[直径（D）/折弯半径（J）/弧长（A）/线性（L）/选项（O）]: **拾取点 8**

指定第一个尺寸界线原点或

[线性（L）/角度（A）/斜剖（R）/基线（B）/连续（C）/选项（O）/更新（U）]<选择对象>: **回车**

选择圆弧、圆、直线或标注: **拾取点 9**

指定尺寸线位置或[直径（D）/折弯半径（J）/弧长（A）/线性（L）/选项（O）]: **拾取点 10**

指定第一个尺寸界线原点或
[线性（L）/角度（A）/斜剖（R）/基线（B）/连续（C）/选项（O）/更新（U）]<选择对象>: **回车**
选择圆弧、圆、直线或标注: **拾取点 11**
指定尺寸线位置或[直径（D）/折弯半径（J）/弧长（A）/线性（L）/选项（O）]: **拾取点 12**

指定第一个尺寸界线原点或
[线性（L）/角度（A）/斜剖（R）/基线（B）/连续（C）/选项（O）/更新（U）]<选择对象>: **回车**
选择圆弧、圆、直线或标注: **拾取点** 13
指定尺寸线位置或[直径（D）/折弯半径（J）/弧长（A）/线性（L）/选项（O）]: **拾取点 14**

指定第一个尺寸界线原点或
[线性（L）/角度（A）/斜剖（R）/基线（B）/连续（C）/选项（O）/更新（U）]<选择对象>: **回车**
选择圆弧、圆、直线或标注: **拾取点 15**
指定尺寸线位置或[直径（D）/折弯半径（J）/弧长（A）/线性（L）/选项（O）]: **拾取点 16**

指定第一个尺寸界线原点或
[线性（L）/角度（A）/斜剖（R）/基线（B）/连续（C）/选项（O）/更新（U）]<选择对象>: **回车**
选择圆弧、圆、直线或标注: **拾取点 17**
指定尺寸线位置或[直径（D）/折弯半径（J）/弧长（A）/线性（L）/选项（O）]: **拾取点 18**

指定第一个尺寸界线原点或
[线性（L）/角度（A）/斜剖（R）/基线（B）/连续（C）/选项（O）/更新（U）]<选择对象>: **回车**
选择圆弧、圆、直线或标注: **回车，结束命令**

完成后的图形如图 1.16 所示。

练习 1.1

1. 手工完成后续各页中的字体书写（1）、字体书写（2）、平面图形的画法（1）、平面图形的画法（2）等内容。
2. 将“图线画法”按 1∶1 量取尺寸手工绘制在纵置 A4 幅面的图纸上。
3. 使用 Mechanical Desktop 完成平面图形的画法（1）、平面图形的画法（2）。

裁

切

线

工程制图及计算机绘图基础是研究用投影法绘

制工程图样是解决空间几何问题的技术基础课

字体书写 (1)	姓名		学号	

长仿宋字体的书写要领是横平竖直起落分明笔画清楚填满方格

机械零件设计制造技术要求比例序号备注材料主俯左向剖视图

ABCDEFGHIJKLMNOPQRSTUVWXYZ

abcdefghijklmnopqrstuvwxyz

1234567890

1234567890

字体书写 (2)	姓名		学号	

将图形按所给尺寸抄画在下方空白处(比例1:1)

1.

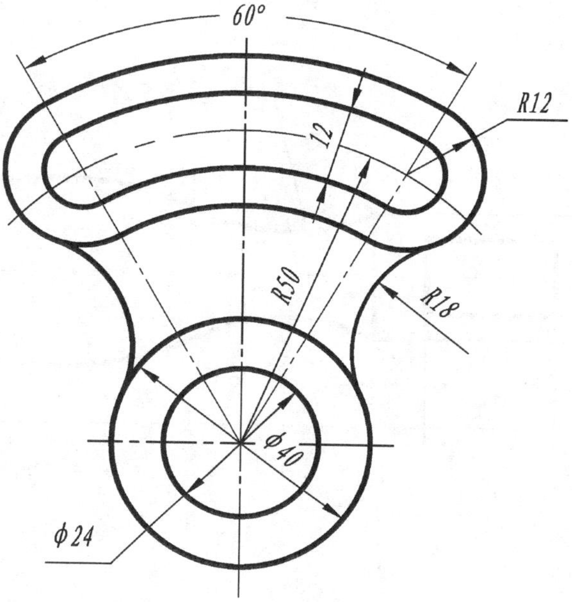

60°
R12
12
R50
R18
ϕ40
ϕ24

平面图形的画法 (1)	姓名		学号	

将图形按所给尺寸抄画在下方空白处(比例1:1)

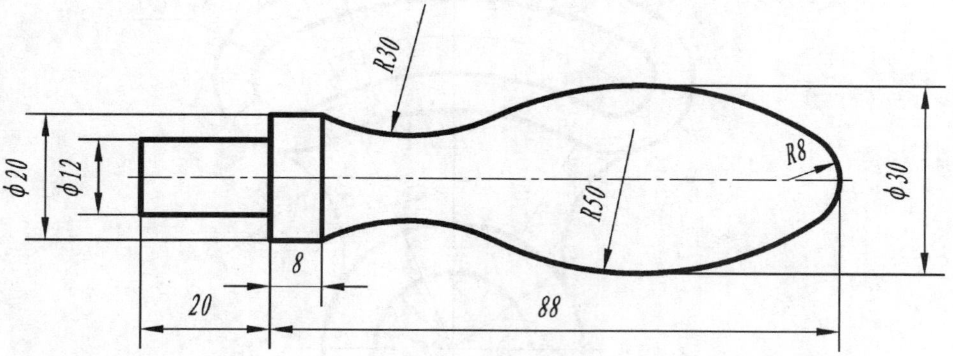

R30
R8
R50
φ20
φ12
φ30
8
20
88

平面图形的画法 (2)	姓名		学号	

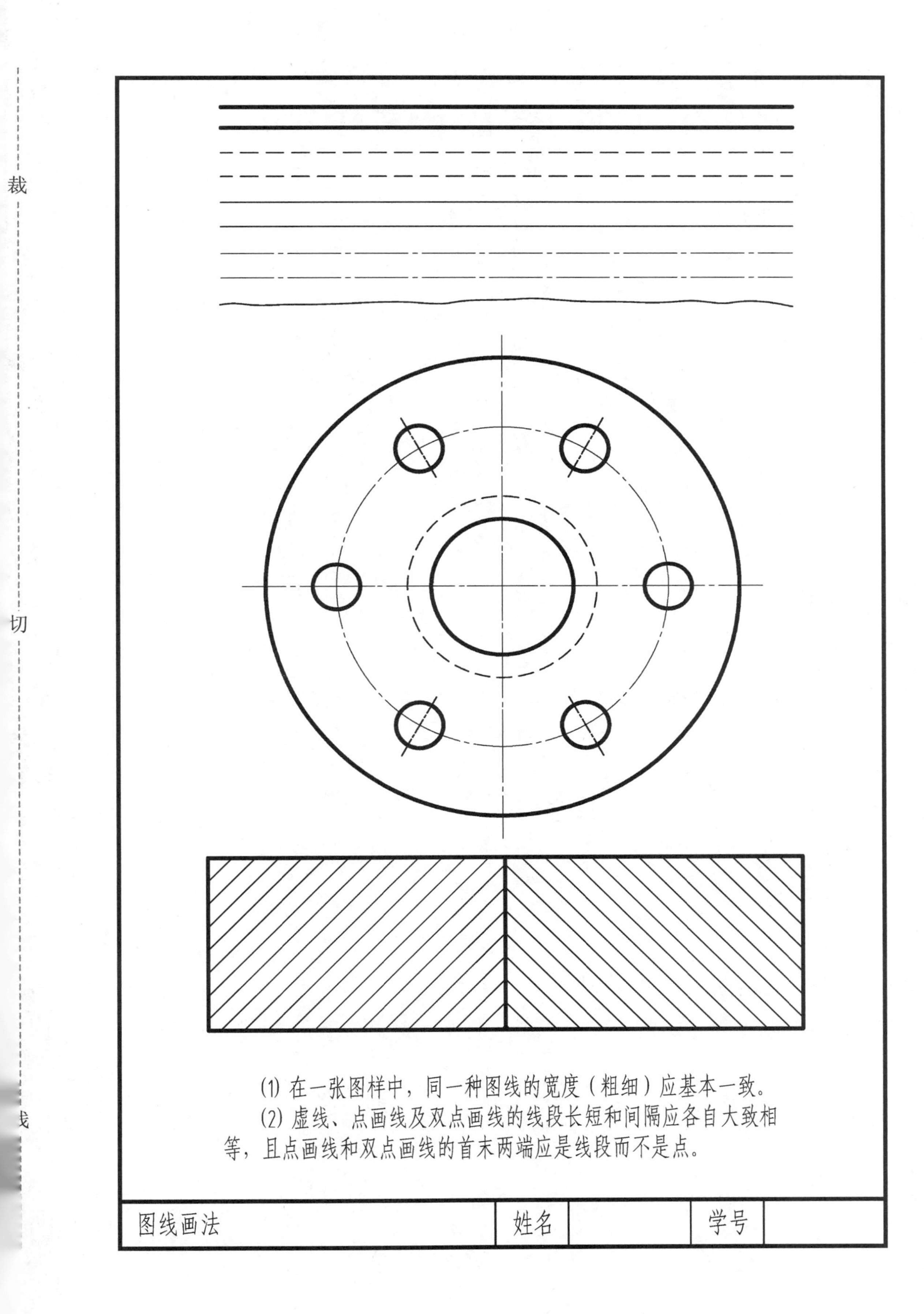
裁
切
线
(1) 在一张图样中，同一种图线的宽度（粗细）应基本一致。
(2) 虚线、点画线及双点画线的线段长短和间隔应各自大致相等，且点画线和双点画线的首末两端应是线段而不是点。
图线画法
姓名
学号

第2章 投影的基本原理及三视图

2.1 投影的基本知识

2.1.1 投影法

物体在阳光或灯光照射下，就会在墙面或地面出现它的影子，这就是投影现象。

在工程制图中，将光线称为投影线；墙面或地面作为平面，称为投影面；在投影面上所得物体的图像，称为投影图（简称投影）。这种绘图的方法，称为投影法。

常用的投影法有中心投影法和平行投影法。投影线由一点（投影中心）射出的投影称为中心投影法，如图2.1所示。在中心投影法中，若物体相对投影面、投影中心的距离发生变化，就会引起投影大小的变化。中心投影法常用于建筑图样，在机械图样中很少应用。

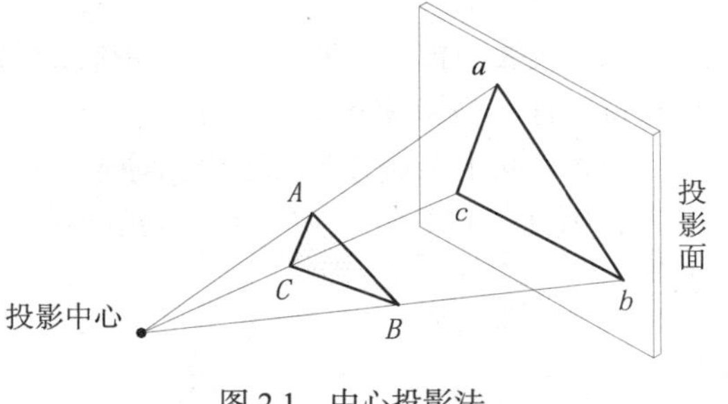

图2.1　中心投影法

当投影中心移至距投影面无限远处时，投影线互相平行，这种投影的方法称为平行投影法。用这种方法得到的投影称为平行投影，当给出投影方向后就可以定义平行投影。在平行投影法中，物体相对投影面的距离发生变化，不会引起投影大小的变化。平行投影法又分为斜投影法和正投影法。投影线与投影面倾斜的平行投影法，称为斜投影法，如图2.2所示。投影线与投影面垂直的平行投影法，称为正投影法，如图2.3所示。

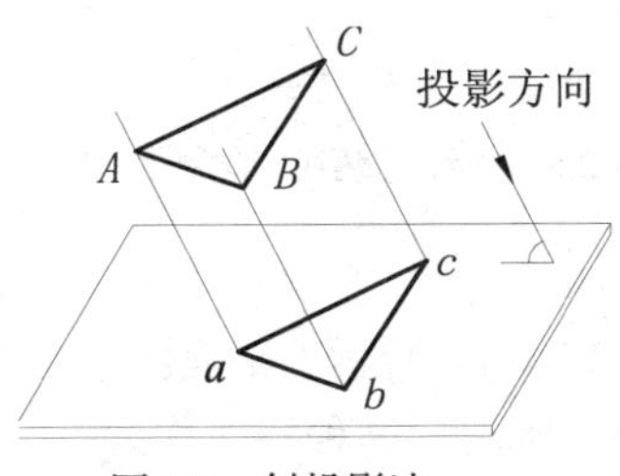

图2.2　斜投影法

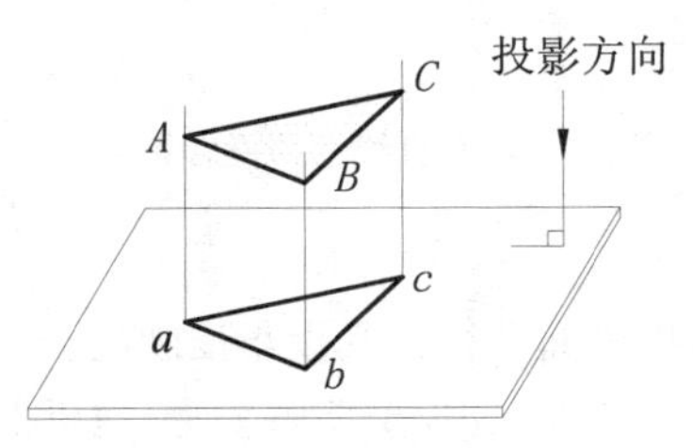

图2.3　正投影法

平行投影法中的正投影法，在投影图上能够正确表达空间物体的形状和大小，而且作图方法简便，度量性好，所以在工程中被广泛应用。

国标中也规定机件的图形按正投影法绘制。后面章节中所说的投影，若无特殊说明，均指用正投影法得到的正投影。

2.1.2　平行投影的一般特性

平行投影的一般特性，都适用于正投影法。

当投影方向及投影面位置确定后，平行投影具有以下特性。

（1）点的投影仍为点。空间的点有唯一确定的投影，但点的一个方向的投影不能确定点的空间位置，如图 2.4 所示。

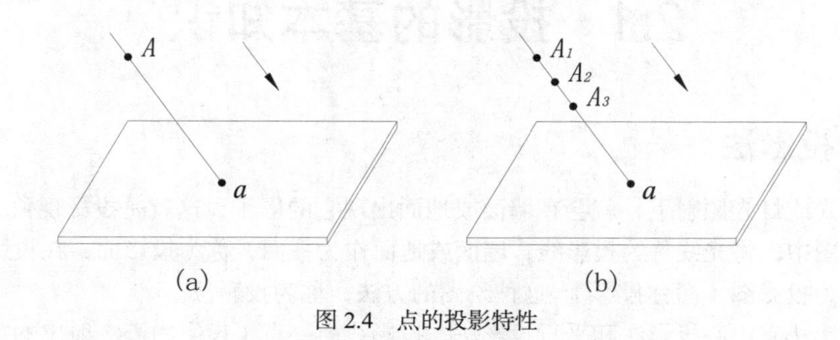

图 2.4　点的投影特性

（2）直线的投影一般是直线。如果点在直线上，则其投影必在直线的投影上，如图 2.5 所示。这种特性称为投影的从属不变性。

（3）直线上某点分割线段之比等于其投影之比，如图 2.6 所示，过 A 点作 $Ab_1 /\!/ ab$，与 Cc 交于 c_1，则 $Ac_1=ac$，$c_1b_1=cb$，在 $\triangle ABb_1$ 中，$Cc_1 /\!/ Bb_1$，故 $AC/CB=ac/cb$。这种特性称为投影的定比性。

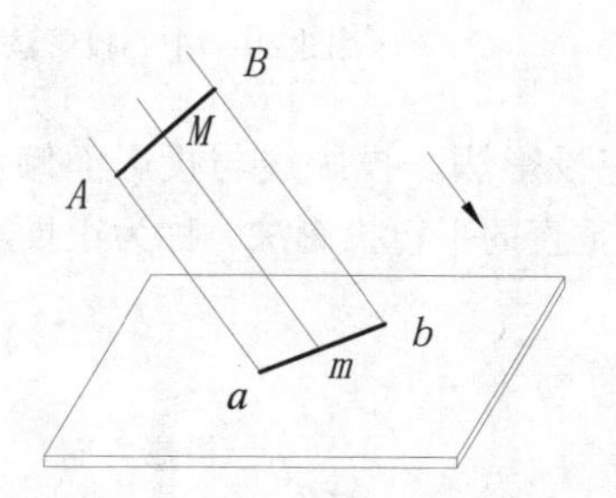

图 2.5　点在直线上的投影

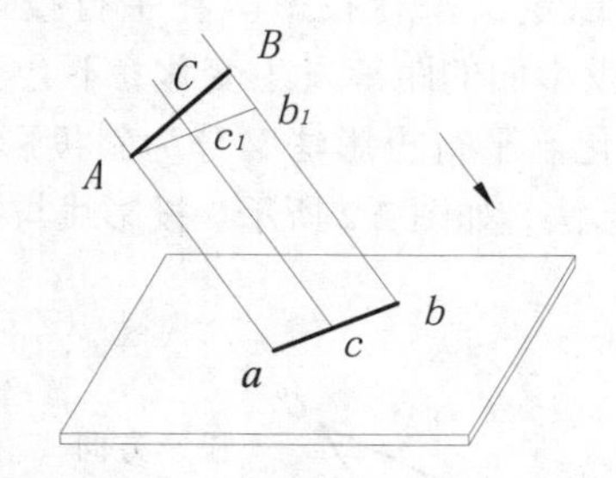

图 2.6　直线上两线段之比的投影

（4）直线与投影面平行，其投影反映实长，如图 2.7（a）所示。平面图形（如 $\triangle ABC$）与投影面平行，其投影（即 $\triangle abc$）反映实形，如图 2.7（b）所示。这种特性称为投影的真实性。

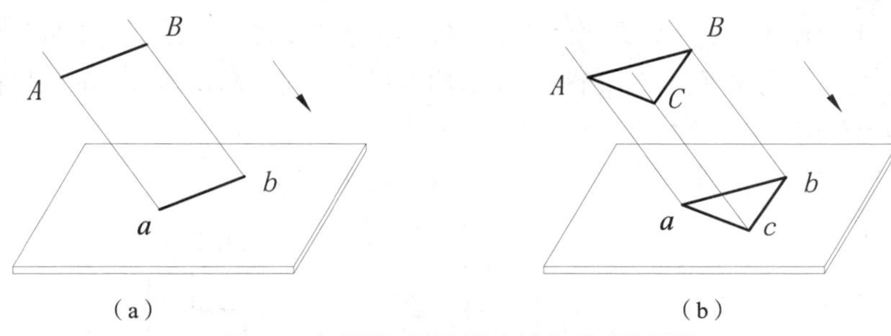

图 2.7　与投影面平行的直线和平面的投影

（5）空间平行的两直线，其投影也互相平行。如图 2.8 所示，*AB*//*CD*，故 *ab*//*cd*。这种特性称为投影的平行不变性。

（6）当直线与投影方向一致时，其投影积聚成一点，如图 2.9（a）所示。由此可见，若平面上有一直线与投影方向一致时，如图 2.9（b）中的 *BC* 直线，则该平面的投影积聚成一直线。这种特性称为投影的积聚性。

（7）当直线倾斜于投影面时，其投影不反映直线的实长，如图 2.5 所示。当平面图形倾斜于投影面时，其投影不反映平面图形的实形。这种特性称为投影的类似性。

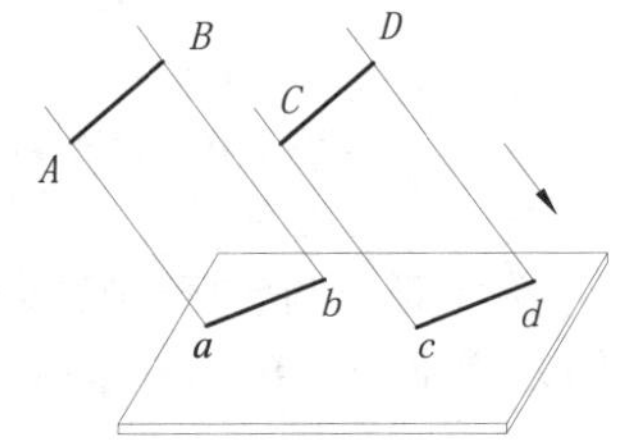

图 2.8　两平行直线的投影

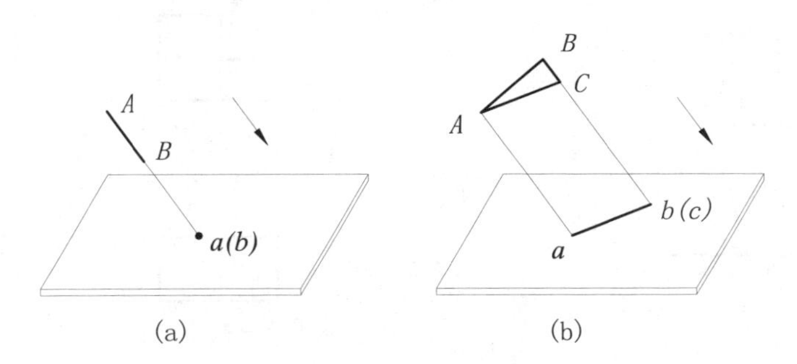

图 2.9　直线、平面投影的积聚性

2.2　三　视　图

2.2.1　三视图的形成

工程上用正投影法绘制物体的投影图时，通常把物体放在 3 个互相垂直的投影面体系中。如图 2.10 所示，3 个投影面分别称为正立投影面（简称正面，用 *V* 表示）、水平投影面（简称水平面，用 *H* 表示）和侧立投影面（简称侧面，用 *W* 表示）。3 个投影面的交线称为投影轴，分别用 *OX*、*OY*、*OZ* 表示。3 个投影轴的交点称为原点，用 *O* 表示。

物体向投影面投影所得到的正投影图称为视图，如图 2.11 所示。为了画图和看图的方便，放在三投影面体系中的物体，其主要表面应分别平行于 3 个投影面。国标中规定将物体向正面投影所得的图形称主视图，向水平面投影所得的图形称俯视图，向侧面投影所得的图形称左视图。这 3 个视图统称为三视图。

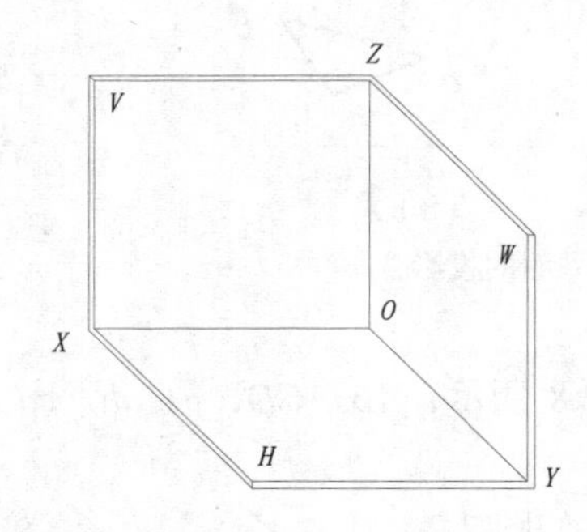

图 2.10　三投影面体系

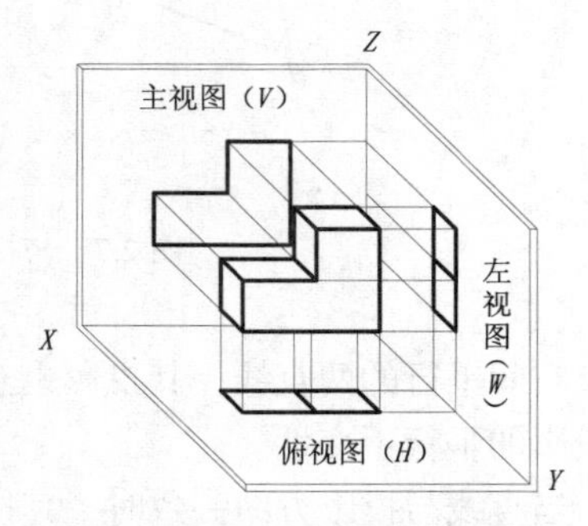

图 2.11　物体在三投影面体系中

为了把 3 个视图画在同一个平面上，规定了将三投影面展开的方法：*V* 面不动，*H* 面向下绕 *OX* 轴旋转 90°，*W* 面向右绕 *OZ* 轴旋转 90°，这样 3 个视图就处于同一个平面上，如图 2.12 所示。

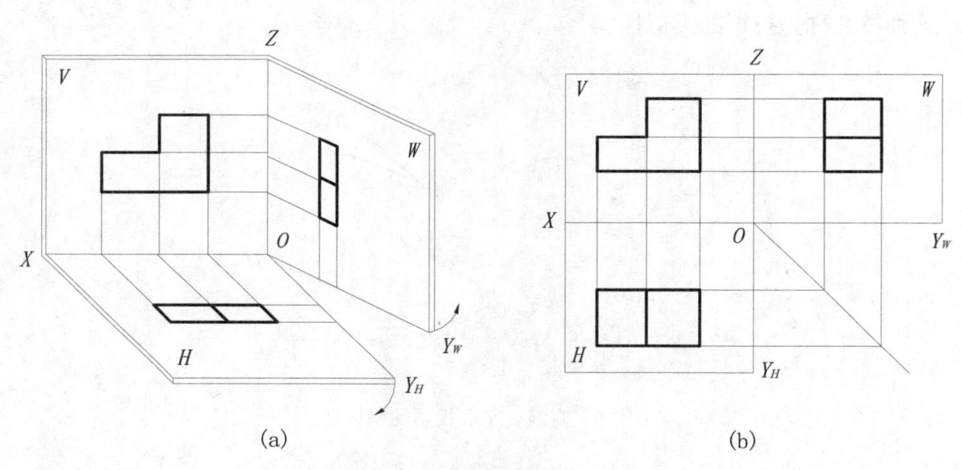

图 2.12　三视图展开前后

三投影面体系按上述方法展开后，*OY* 轴分成以下两部分：随 *H* 面旋转的，在投影图上用 Y_H 表示；随 *W* 面旋转的，用 Y_W 表示。这里 Y_H 和 Y_W 所表示的都是空间的 *OY* 轴。

由于工程上所采用的图样需要的是物体的视图，而物体与投影面确切距离是无关紧要的，所以可将投影面看作无限大。这样，在绘图时，可不画投影面边框和投影轴，只画物体的视图。但必须注意，三视图应按投影关系配置，即主视图置于上方，俯视图置于主视图正下方，左视图置于主视图正右方。像这样配置的视图，其名称不必注明，如图 2.13 所示。

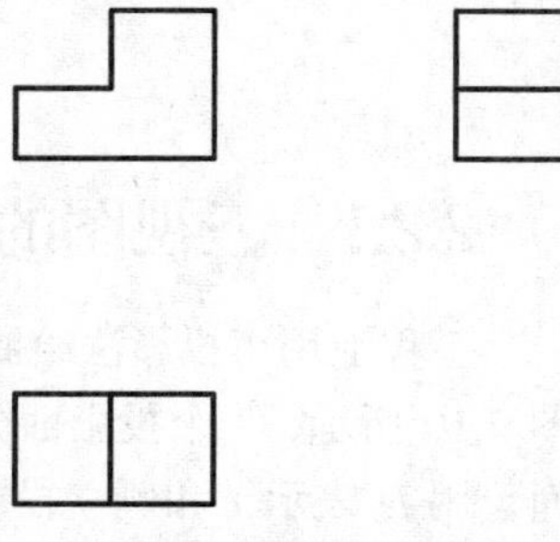

图 2.13　物体的三视图

2.2.2　三视图的投影规律

由图 2.14 可以看出，物体的 3 个视图分别反映了物体在 3 个方向上的形状和大小，以及物体自身结构要素间的相对位置关系。主视图反映了物体的长度和高度及其上下、左右位置关系；俯视图反映了物体的长度和宽度及其前后、左右位置关系；左视图反映了物体的高度和宽度及其前后、上下的位置关系。因此，三视图之间有如下的关系。

- 主视图与俯视图左右长对正。
- 主视图与左视图上下高平齐。
- 俯视图与左视图前后宽相等。

“长对正，高平齐，宽相等”，称为三视图的三等规律，它是画图和看图时应遵循的基本规律。

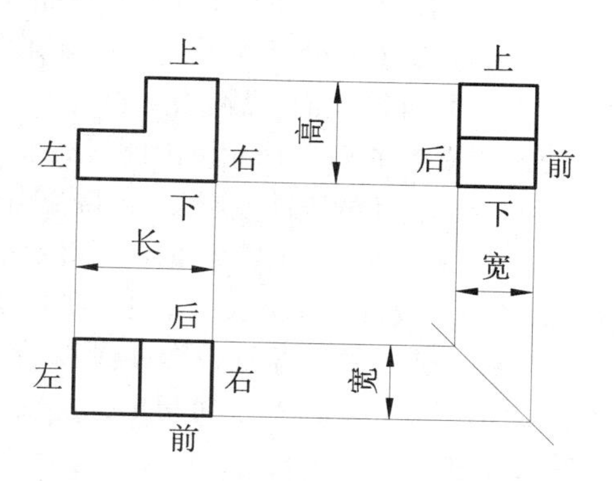

图 2.14　三视图的三等规律及位置关系

2.3　点 的 投 影

点、线、面是构成物体的最基本的元素，如图 2.15 所示。因此，要想迅速而正确地运用正投影法画出物体的投影图，必须研究点、线、面、体的投影规律。

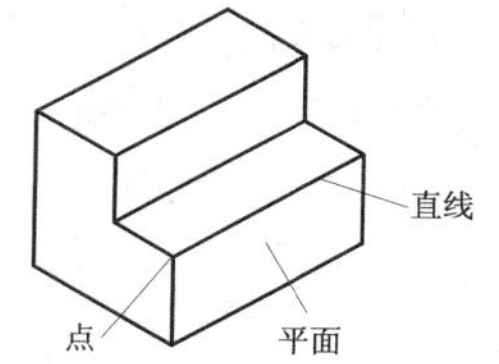

图 2.15　构成立体的基本元素

2.3.1　点在三投影面体系中的投影

如图 2.16（a）所示，在三投影面体系中，若有空间点 A，向 H 面、V 面、W 面进行投影，那么过点 A 向 H 面及 V 面作垂线，在 H 面的垂足 a，即为点 A 的水平投影；在 V 面的垂足 a'，即为点 A 的正面投影；同样，过点 A 向 W 面作垂线，在 W 面上的垂足 a''，即为点 A 的侧面投影。

这里规定，空间点用大写字母表示，其投影用相应的小写字母表示。

根据 2.2 节中所述三投影面体系的展开方法，将三投影面展开后，空间点 A 的 3 个投影就可画在同一个平面上，如图 2.16（b）所示。再将边框去掉，就得到了点 A 在三投影面体系中的投影图，如图 2.16（c）所示。

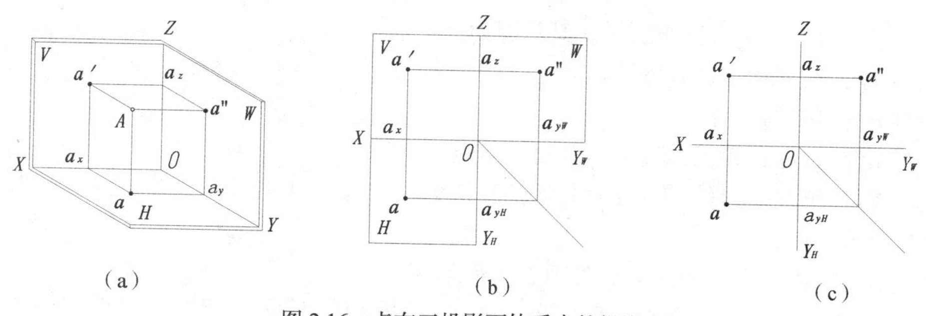

图 2.16　点在三投影面体系中的投影

在图2.16（a）中，由于3个投影面是互相垂直的，因此，从点A向3个投影面所作的垂线也必然是互相垂直的。下面以点A为例，说明点在三投影面体系中的投影规律。

（1）点A的正面投影a'和水平面投影a的连线，垂直于OX轴。

由图2.16（a）可以看出，从点A向V面和H面作垂线时，构成$Aa'a_xa$平面为矩形，它同时垂直于V面和H面，故$a'a_x \perp OX$，$aa_x \perp OX$；当H面向下绕OX旋转90°后，$aa_x \perp OX$的关系不变，如图2.16（c）所示。因此，$a'a \perp OX$。

（2）点A的正面投影a'和侧面投影a''的连线，垂直于OZ轴。

在图2.16（a）中，根据矩形$A a'a_z a''$，也可得出$a'a_z \perp OZ$，$a_za'' \perp OZ$；当W面向右绕OZ旋转90°后，$a_z a'' \perp OZ$关系不变，如图2.16（c）所示。因此，$a' a'' \perp OZ$。

（3）点A的水平面投影a到OX轴的距离，等于侧面投影a''到OZ轴的距离。

由图2.16（a）中，可得出$Aa'= aa_x = a''a_z=a_y O$；当H面、W面旋转后，$a''a_z = a_y O =aa_x$关系不变，如图2.16（c）所示。因此，$aa_x = a''a_z$。如图2.16（b）、（c）中，为了表示和保证这种对应关系，作图时一般采用过原点，作45°分角线的方法。

综上所述，点在3个投影面体系中的投影规律可归纳为（以A点为例）：$a'a \perp OX$；$a' a'' \perp OZ$；$aa_x = a''a_z$。显然，点的投影规律是物体三视图的“长对正，高平齐，宽相等”投影关系的理论依据，是点、线、面及体的投影作图应遵循的最基本的投影规律。

2.3.2　根据点的两个投影求第三投影

根据点在三投影面体系中的投影规律，可以进行一系列的作图和解题。若已知一点的两个投影，则该点在空间的位置就确定了，因此它的第三投影也唯一确定。

【例1】　已知A点的两个投影a'、a''，求作第三投影，如图2.17（a）所示。

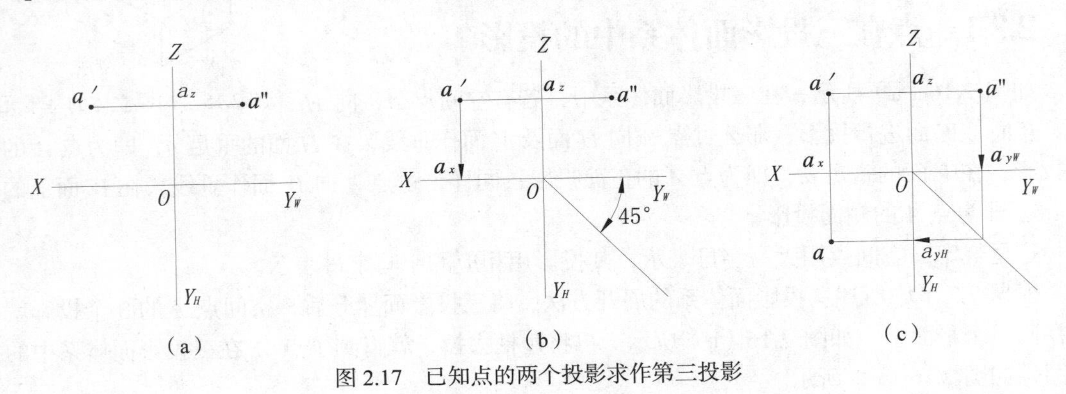

图2.17　已知点的两个投影求作第三投影

作图　如图2.17（b）、（c）所示，其步骤如下。

（1）作Y_H、Y_W轴的45°分角线。

（2）过a'作OX的垂直线。

（3）过a''作OY_W的垂直线与45°分角线相交，过交点作OY_H垂直线并延长，与$a'a_x$的延长线相交于a，即为所求。

作图时也可以用第二种作图方法，如图2.18所示，以O为圆心，以Oa_{YW}为半径作弧，求出a。

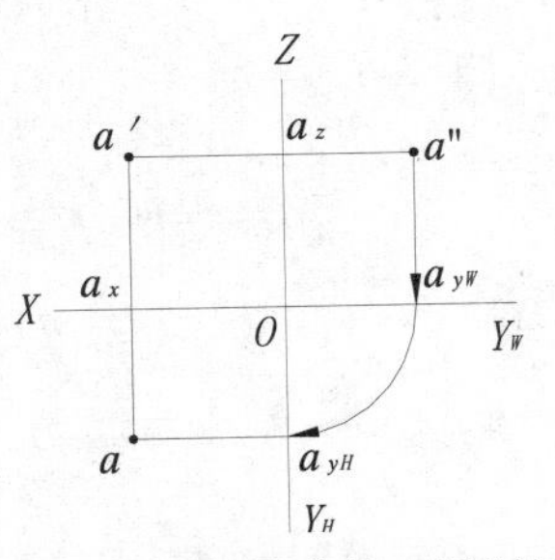

图2.18　已知点的两投影求作第三投影的第二种方法

2.3.3　点的投影和直角坐标

如图 2.19 所示，若将投影面作为坐标面，投影轴作为坐标轴，O 点即为坐标原点。这时，若有空间点 A，点 A 到 3 个投影面的距离就是到 3 个坐标面的距离，分别为 X_A、Y_A、Z_A。该点的 3 个坐标可记为 A（X_A，Y_A，Z_A）。

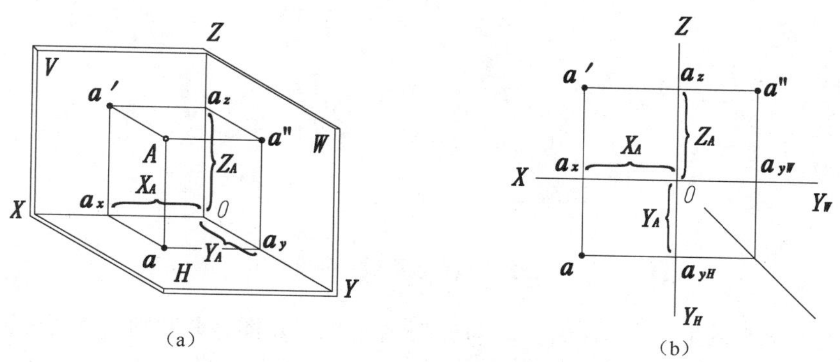

图 2.19　点的投影与直角坐标

因此，点的三面投影与点的坐标有如下关系：点 A 在 H 面投影 a 可用 X 和 Y 坐标来确定；点 A 在 V 面投影 a'可用 X 和 Z 坐标来确定；点 A 在 W 面投影 a''可以用 Y 和 Z 坐标来确定。

由此可知，点的任何两个投影，已含有 3 个坐标，如图 2.19（b）所示。

【例 2】　已知点的坐标为 A（12，7，11），作该点的投影图。

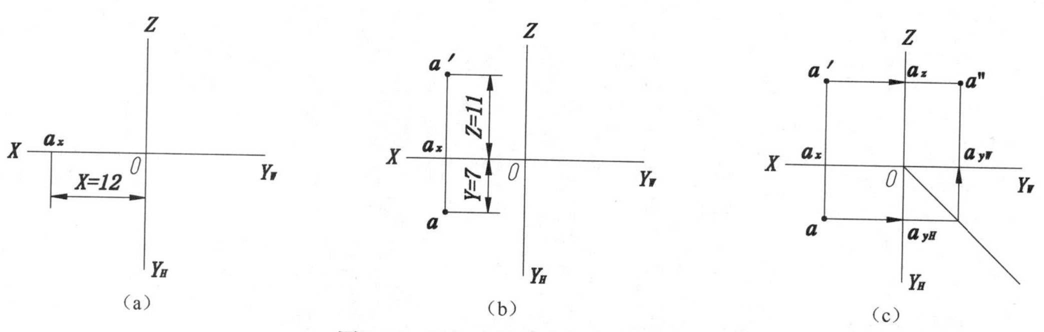

图 2.20　已知点的三坐标求作其投影

作图　如图 2.20 所示，其步骤为如下。

（1）在 X 轴上量取 X= 12，得 a_x 点，如图 2.20（a）所示。

（2）过 a_x 作 OX 轴的垂线，在 a_x 的上方量取 Z=11，即得 a'；在 a_x 的下方量取 Y=7，即得 a，如图 2.20（b）所示。

（3）由 a 及 a'即可求得 a''，如图 2.20（c）所示。

【例 3】　已知点的坐标为 A（12，10，0），求作它的投影图，并判别其空间位置。

作图　如图 2.21 所示，其步骤如下。

（1）在 OX 轴上取 X=12，得 a_x，OY_H 轴上取 Y=10，得 a_{YH}，如图 2.21（a）所示。

（2）过 a_x 作 OX 垂直线，与过 a_{YH} 作 OY_H 垂直线相交，即得 a，如图 2.21（a）所示；由 X、Z 坐标得 a'，因 Z 坐标为 0，所以 a' 即在 a_x 位置上，如图 2.21（b）所示。

（3）由 a'、a 求作 a''，如图 2.21（b）所示。

由于 A 点 Z 坐标为 0，所以点 A 在 H 面上。

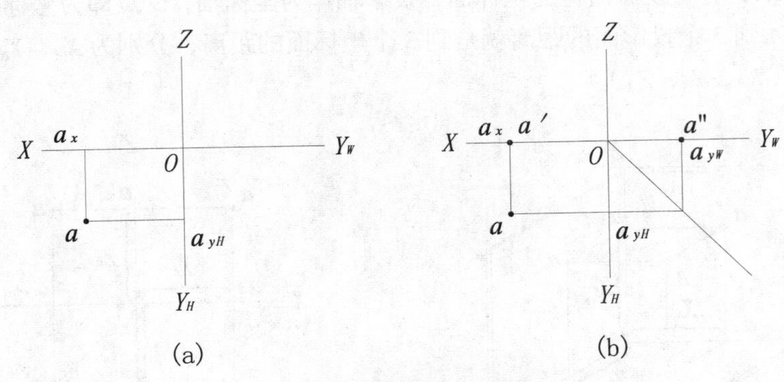

图 2.21　点在投影面上的投影

【例 4】　已知点的坐标为 A（0，12，0），求作它的投影图，并判别其空间位置。

作图　如图 2.22 所示，其步骤如下。

（1）在 Y_H 轴取 $Y=12$，得 a_{yH}，如图 2.22（a）所示。

（2）过 a_{yH} 利用 45° 分角线，在 Y_W 轴上得 a_{yW}，如图 2.22（a）所示。

（3）因为 X、Z 坐标均为 0，所以 a' 在坐标原点位置上；a 在 a_{yH} 位置上；a'' 在 a_{yW} 位置上，如图 2.22（b）所示。

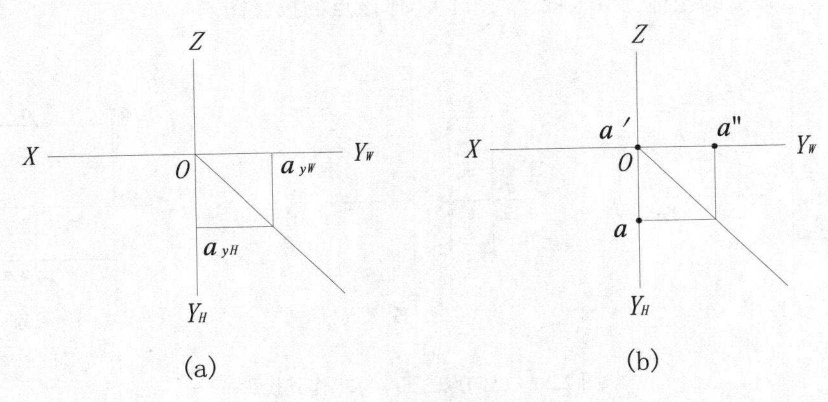

图 2.22　点在投影轴上的投影

由于 A 点的 X、Z 坐标为 0，所以点 A 在 Y 轴上。

2.3.4　两点的相对位置及重影点判别

若已知两个空间点的投影，即可根据两点的坐标差决定其相对位置。

如图 2.23 所示，已知两点的坐标分别为 A（X_A，Y_A，Z_A），B（X_B，Y_B，Z_B），其空间立体图和投影图分别如图 2.23（a）和图 2.23（b）所示。由图中可见，A、B 两点的左右位置由 X 坐标差（X_A-X_B）决定，因 $X_A>X_B$。，故 A 点在左，B 点在右；A、B 两点的前后位置由 Y 坐标差（Y_A-Y_B）决定，因 $Y_B>Y_A$，故 B 点在前，A 点在后；A、B 两点的上下位置由 Z 坐标差（Z_A-Z_B）决定，因 $Z_B>Z_A$。故 B 点在上，A 点在下。

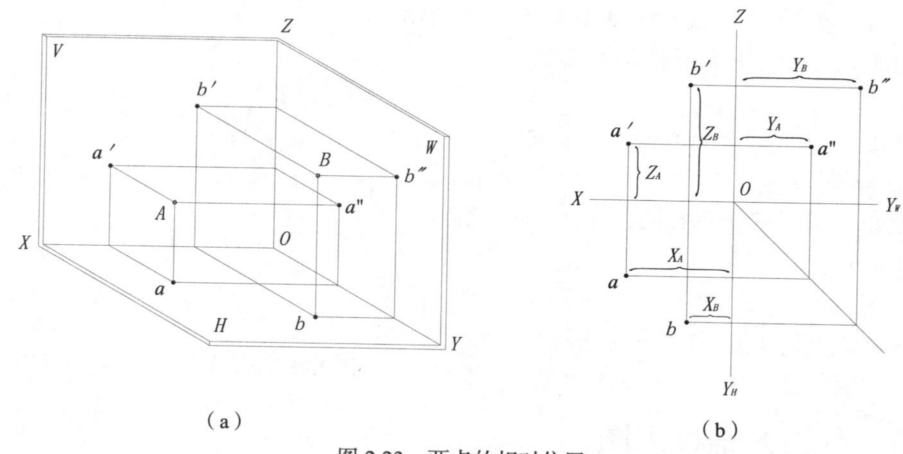

图 2.23　两点的相对位置

因此，A 点是在 B 点的左方、后方、下方。

当空间两点的某两个坐标值相同时，该两点即处于某一投影面的同一投影上，因而这两点在该投影面上的投影就会重合。如图 2.24（a）所示，C、D 两点的 X、Z 坐标值相同，因此它们在 V 面的投影 c'、d'重合为一点。

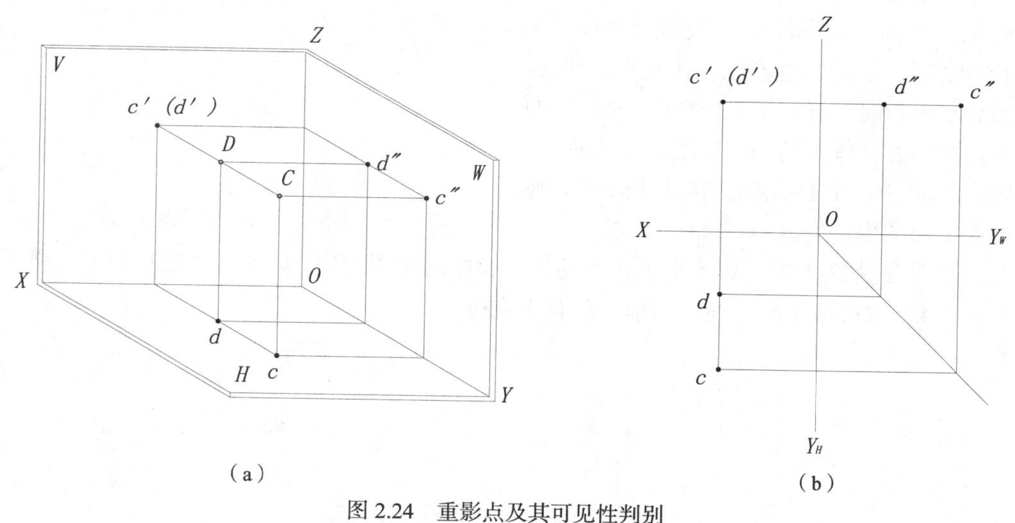

图 2.24　重影点及其可见性判别

空间不同两点在某一投影面上的同名投影重合于一点，则这两点称为该投影面（坐标面）的重影点。

空间两点投影重影时，就要判别可见性，其判别方法如下。

（1）若重影点在 V 面时，则其中 Y 坐标大者为可见，Y 坐标小者为不可见。

（2）若重影点在 H（或 W）面时，则 Z（或 X）坐标大者为可见，Z（或 X）坐标小者为不可见。

如图 2.24（b）所示，图中 c'、d'发生重合，即需根据 Y 坐标来判别，因 $Y_C>Y_D$，故 c'为可见，d'为不可见。规定不可见的点，加上圆括号，如（d'）。

【例 5】　已知 A 点的 3 个投影，B 点在 A 点的左方 6mm，前后、上下位置相同，完成 B 点的投影，并判别重影点的可见性，如图 2.25（a）所示。

作图 如图 2.25（b）所示，其步骤如下。

（1）已知 *A*、*B* 的 *y* 坐标相同，由 *a* 向左取 6，确定 *b*。

（2）已知 *A*、*B* 的 *Z* 坐标相同，由 *a*′ 向左取 6，确定 *b*′。

（3）由 *b*、*b*′作 *b*″。

因为 *a*″、*b*″是重影点，则根据 *X* 坐标来判别，因 $X_B>X_A$，故 *b*″为可见，*a*″为不可见。

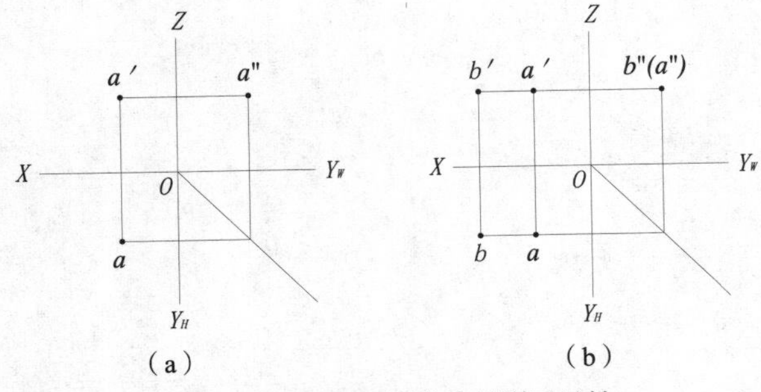

图 2.25 求点的投影及判别可见性

2.3.5 点的无轴投影图

以上介绍的点的投影图均保留投影轴，称有轴投影图，如图 2.26（a）所示。

在有轴投影图中，除表示点的投影规律以外，还表示了点的坐标，即反映了点与投影面的确切距离。但在工程上常用的投影图是不画投影轴的，称无轴投影图，如图 2.26（b）所示。从图中可见，无轴投影图同样能表示点的投影规律，只因无投影轴，故不能在图上确定点的坐标。这是因为在投影时只规定了投影方向，而没有规定点与投影面的具体距离，即不规定投影面的具体位置，因而在作图时可根据图幅情况，合理地进行布局，使图形均匀分布在图纸上。

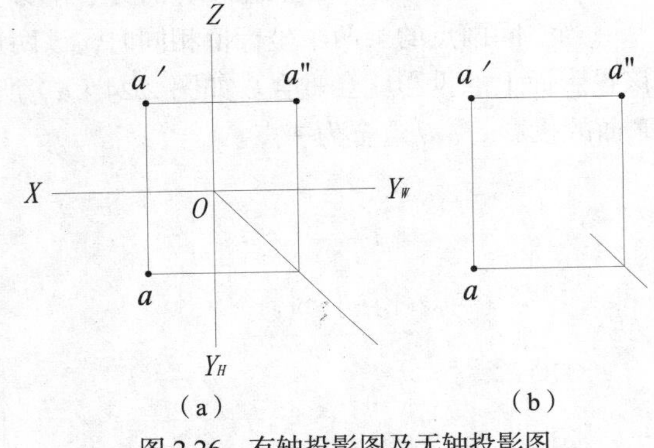

图 2.26 有轴投影图及无轴投影图

图 2.27 所示为在无轴投影图中求作点的第三投影的作图方法，以及合理安排图形的例子。由图示可知，45°线可由作图者根据图幅情况合理安排。

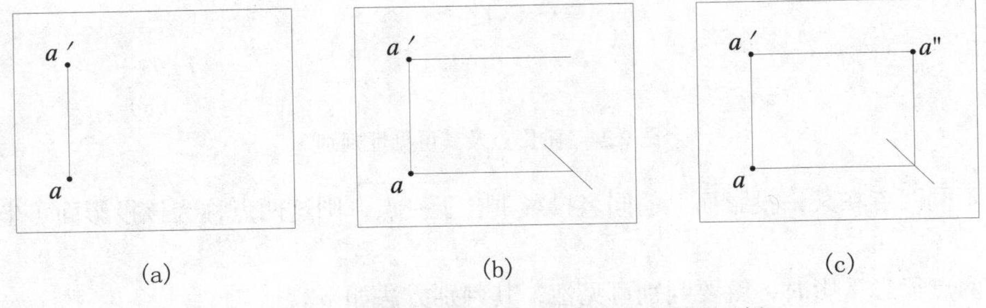

图 2.27 在无轴投影图上作图及合理安排图形示例

练习 2.1

按要求完成本章结尾所附练习：点的投影（1）～点的投影（6）。

2.4 直线的投影

根据“两点决定一直线”的几何条件，作出属于直线上两点的投影后，再连接其同名投影，即得该直线的投影图。如图 2.28（a）所示，分别作出 A、B 两点的投影（a，a'，a''）和（b，b'，b''），再将其同名投影（ab，$a'b'$，$a''b''$）连接起来，如图 2.28（b）所示，即为直线 AB 的投影。

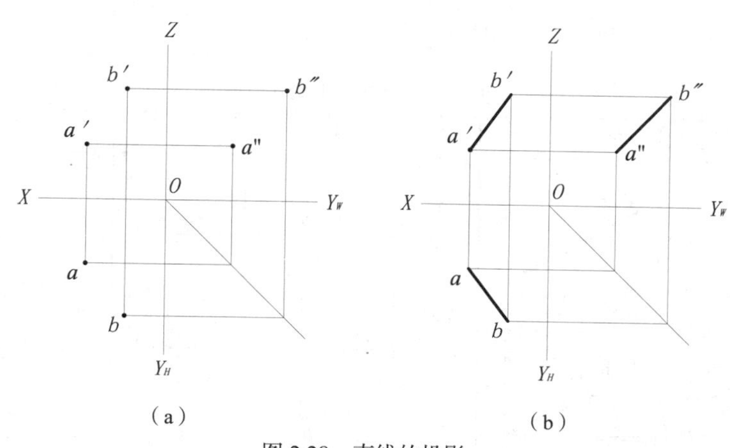

图 2.28 直线的投影

2.4.1 各种位置直线的投影特性

根据直线在三投影面体系中的位置，可分为：投影面平行线、投影面垂直线和投影面倾斜线。

投影面平行线和投影面垂直线称为特殊位置线，投影面倾斜线则称为一般位置直线。

下面分别对各种位置直线的投影特性进行分析。

注意，直线对投影面的倾角是指直线与它在该投影面上投影之间的夹角。今后以 α、β、γ 分别表示直线与 H、V、W 面的夹角。

1. 投影面平行线

平行于一个投影面，倾斜于其余两投影面的直线称投影面平行线。投影面平行线分为以下 3 种：

（1）平行于 H 面的直线称水平线；

（2）平行于 V 面的直线称正平线；

（3）平行于 W 面的直线称侧平线。

如图 2.29（a）所示，物体上的直线 CD 平行于 V 面，与 H 面和 W 面均倾斜，称 CD 线为正平线，其投影特性如图 2.29（b）、（c）所示。V 面投影 $c'd'$反映实长，即 $c'd'=CD$；H 面投影 cd 平行于 OX 轴，W 面投影 $c''d''$平行于 OZ 轴；V 面投影 $c'd'$与 OX 轴的夹角，反映了 CD 与 H 面倾角 α；W 面投影与 Z 轴的夹角，反映了 CD 与 W 面的倾角 γ；由于 CD 平行于 V 面，所以 CD 对 V 面的倾角 β 为 0。

水平线、正平线、侧平线的投影特性如表 2.1 所示。

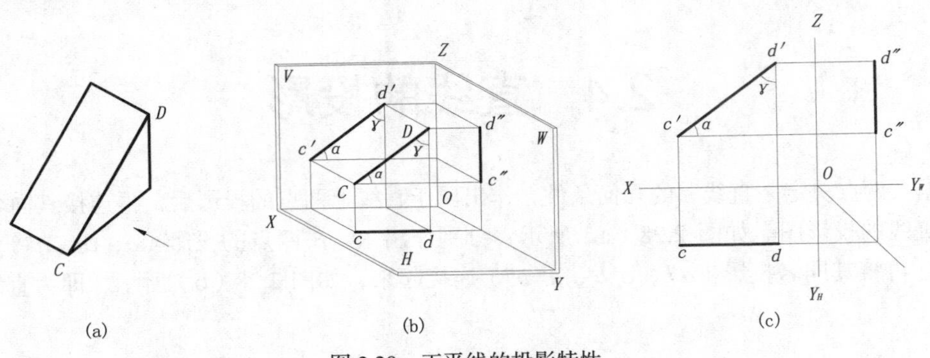

图 2.29　正平线的投影特性

表 2.1　　　　　　　　投影面平行线的投影特性

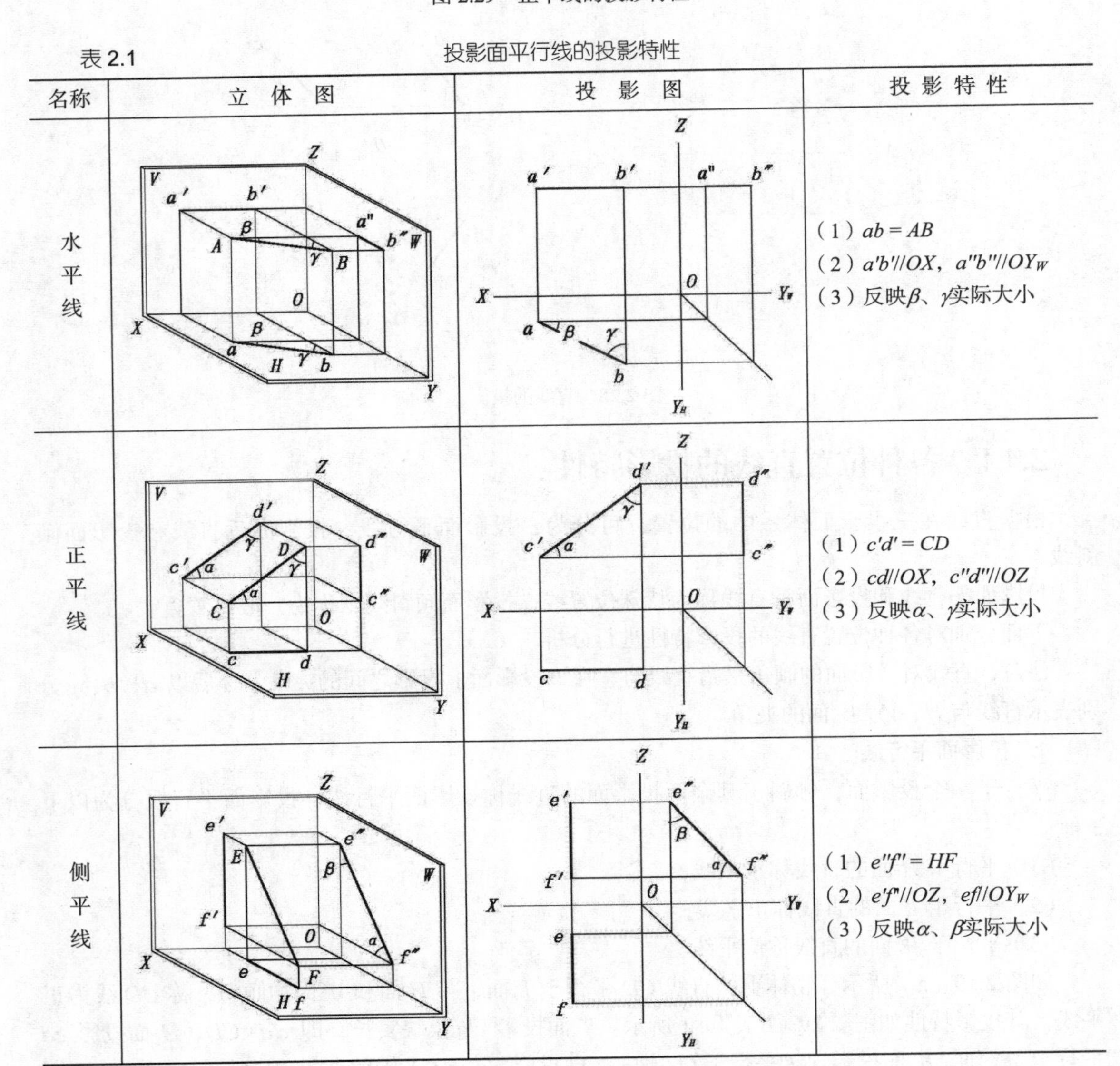

名称	立 体 图	投 影 图	投 影 特 性
水平线			（1）$ab = AB$ （2）$a'b'//OX$，$a''b''//OY_W$ （3）反映β、γ实际大小
正平线			（1）$c'd' = CD$ （2）$cd//OX$，$c''d''//OZ$ （3）反映α、γ实际大小
侧平线			（1）$e''f'' = HF$ （2）$e'f'//OZ$，$ef//OY_W$ （3）反映α、β实际大小

因此，投影面平行线的投影特性如下。

（1）在所平行的投影面上投影反映直线实长。该投影与投影轴的夹角等于直线对相应投影面的倾角。

（2）直线的其余两投影分别平行于相应的投影轴。

2. 投影面垂直线

垂直于一个投影面，与其余两投影面平行的直线称投影面垂直线。投影面垂直线分为以下 3 种：

（1）垂直于 H 面的直线称铅垂线；

（2）垂直于 V 面的直线称正垂线；

（3）垂直于 W 面的直线称侧垂线。

如图 2.30（a）所示，物体上的直线 AB 垂直于 H 面，与 V 面和 W 面平行，称 AB 线为铅垂线。其投影特性如图 2.30（b）、（c）所示，H 面投影 ab 重影成一点 a（b）；V 面投影 $a'b'$垂直于 OX，反映直线的实长；W 面投影 $c''d''$垂直于 OY_W，反映直线的实长。

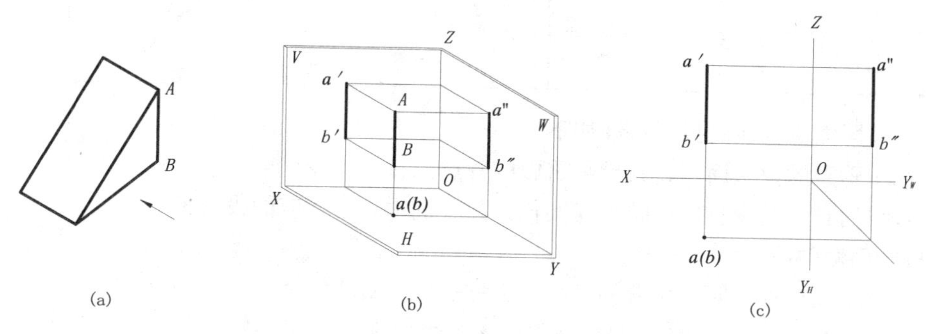

图 2.30　铅垂线的投影特性

铅垂线、正垂线、侧垂线的投影特性如表 2.2 所示。

表 2.2　投影面垂直线的投影特性

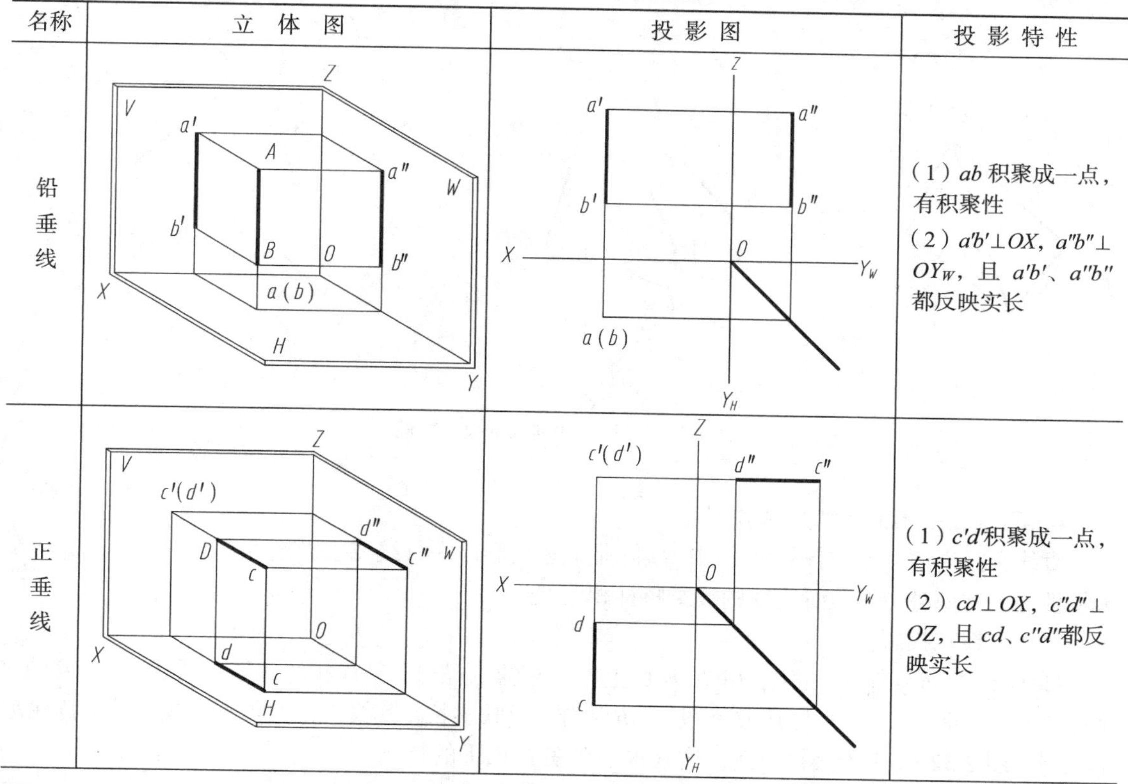

名称	立体图	投影图	投影特性
铅垂线			（1）ab 积聚成一点，有积聚性 （2）$a'b' \perp OX$，$a''b'' \perp OY_W$，且 $a'b'$、$a''b''$ 都反映实长
正垂线			（1）$c'd'$积聚成一点，有积聚性 （2）$cd \perp OX$，$c''d'' \perp OZ$，且 cd、$c''d''$都反映实长

续表

名称	立 体 图	投 影 图	投 影 特 性
侧垂线	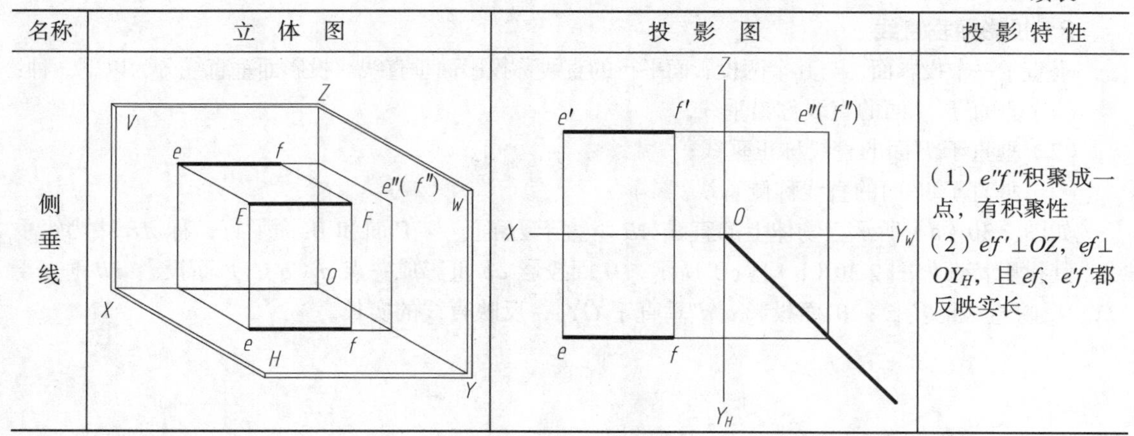		（1）$e''f''$积聚成一点，有积聚性 （2）$ef'\perp OZ$，$ef\perp OY_H$，且 ef、$e'f'$都反映实长

因此，投影面垂直线的投影特性如下。

（1）在所垂直的投影面上，其投影重影成一点。

（2）直线的其余两投影均反映直线实长，并分别垂直于相应的投影轴。

3. 投影面倾斜线

对 3 个投影面均处于倾斜位置的直线，也称一般位置直线。

如图 2.31（a）所示，物体上直线 AB 对 3 个投影面都处于倾斜位置，称 AB 线为一般位置直线。由图 2.31（b）、（c）可以看出一般位置直线投影特性：3 个投影面上的投影都倾斜于相应的投影轴，并且 3 个投影均不反映直线的实长，都小于实长；也不反映直线对相应投影面的实际倾角。

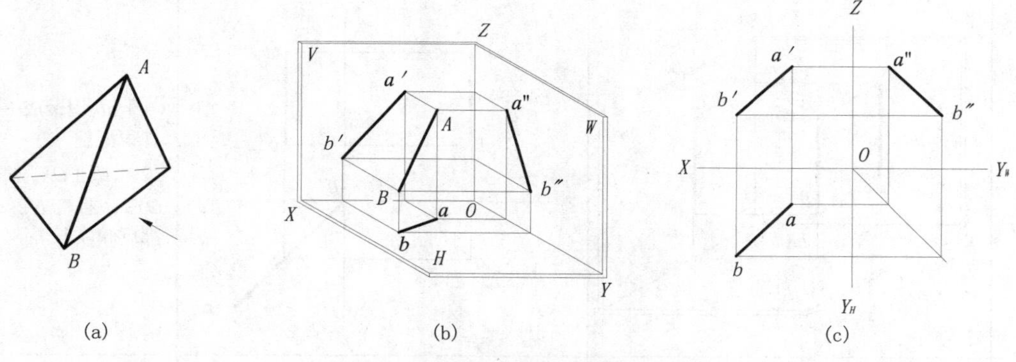

图 2.31　投影面倾斜线的投影特性

4. 直线在投影面上和投影轴上

直线在投影面上或在投影轴上时，实际是上述投影面平行线或投影面垂直线的特例，故其投影特性与上述两种特殊位置直线的投影特性相同。

（1）直线在投影面上

如图 2.32（a）所示，直线 AB 在 H 面上时，它的位置与水平线相似，只是两端点 A、B 的 Z 坐标为 0。因此，直线 AB 与其 H 面投影 ab 重合，反映实长。其投影特性与水平线的投影特性基本相同，图 2.32（b）为其投影图。这是水平线在 H 面上的特例。

如图 2.32（c）所示，直线 *CD* 在 *H* 面上，因垂直于 *V* 面，故与正垂线相似，只是两端点 *C*、*D* 的 *Z* 坐标为 0。因此，直线 *CD* 与其 *H* 面投影 *cd* 重合，反映实长，其投影特性与正垂线的投影特性基本相同，图 2.32（d）为其投影图。这是正垂线在 *H* 面上的特例。

（2）直线在投影轴上

如图 2.33（a）所示，直线 *AB* 在 *OX* 轴上时，它的位置与侧垂线相似，只是两端点 *A*、*B* 的 *Y* 和 *Z* 坐标为 0。因此，直线 *AB* 的 *V* 面投影 *a′b′*和 *H* 面投影 *ab* 都重合在 *OX* 轴上，*W* 面投影重影 *a″*（*b″*）位于原点 *O* 处。其投影特性与侧垂线的投影特性基本相同，图 2.33（b）为其投影图。这是侧垂线在 *OX* 轴上的特例。

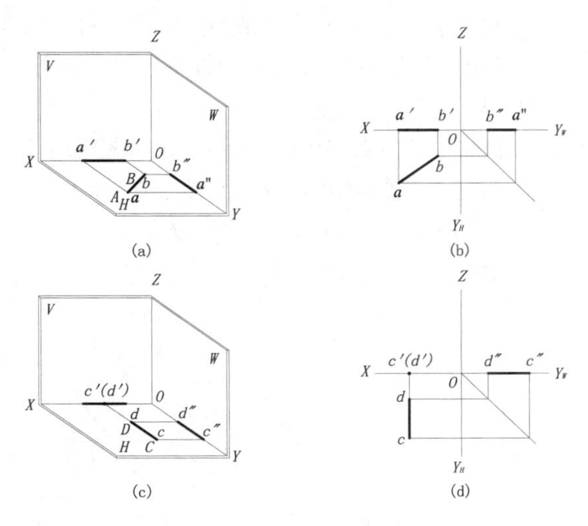

图 2.32　直线在投影面上

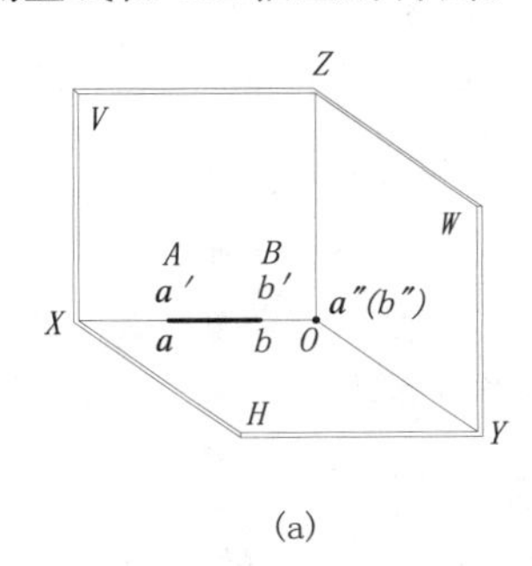

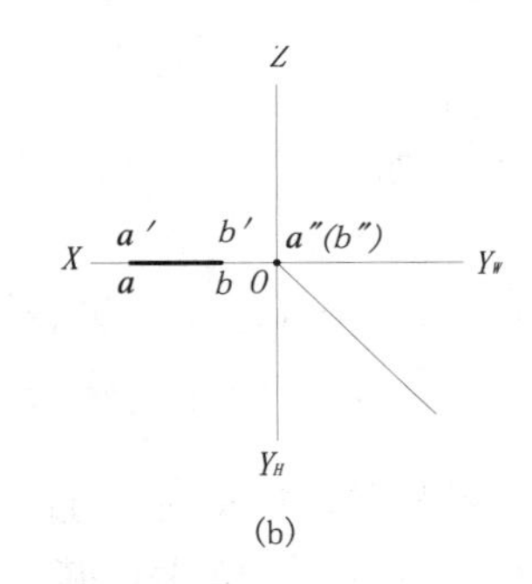

图 2.33　直线在投影轴上

2.4.2　直线上的点

点在直线上，其投影必在直线的同名投影上。

如图 2.34 所示，*C* 点在 *AB* 直线上，它的 3 个投影是：*c* 必在 *ab* 上，*c′*必在 *a′b′*上，*c″*必在 *a″b″*上，并且必须符合点的投影规律。

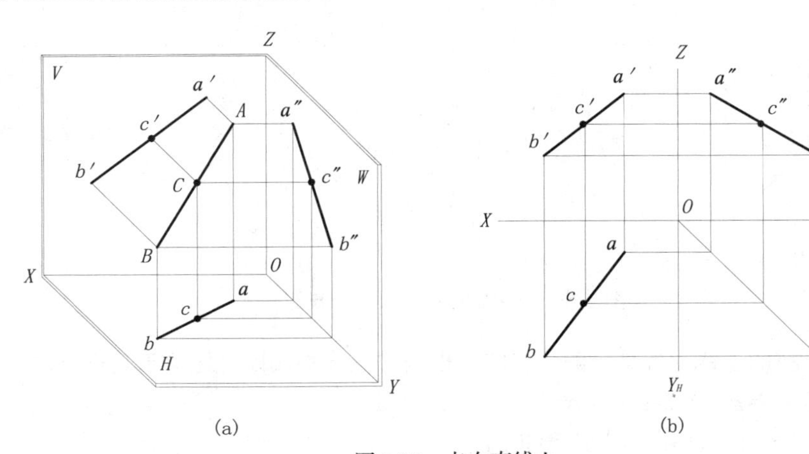

图 2.34　点在直线上

【例 1】 已知 D 点在直线 EF 上，并知其 W 面投影 d''，求 d 及 d'，如图 2.35（a）所示。

分析 根据点在直线上的投影特性，即可作出另外两个投影，但必须注意 D 点的投影要符合点的投影规律。

作图 如图 2.35（b）所示，其步骤如下。

（1）过 d'' 作 $d''d' \perp OZ$，并使 d' 在 $e'f'$ 上。

（2）过 d' 作 $d'd \perp OX$，并使 d 在 ef 上。

因此，d、d' 即为所求。

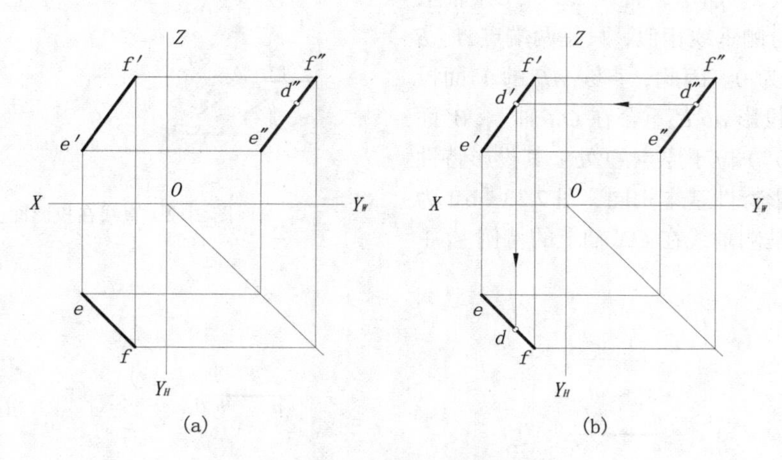

图 2.35 D 在直线上求作 d 和 d'

可以利用点分割线段的定比特性作直线上的点，见下例。

【例 2】 已知点 C 在直线 AB 上，$AC:CB=2:1$，并给出 AB 的投影图，求 C 点的投影，如图 2.36（a）所示。

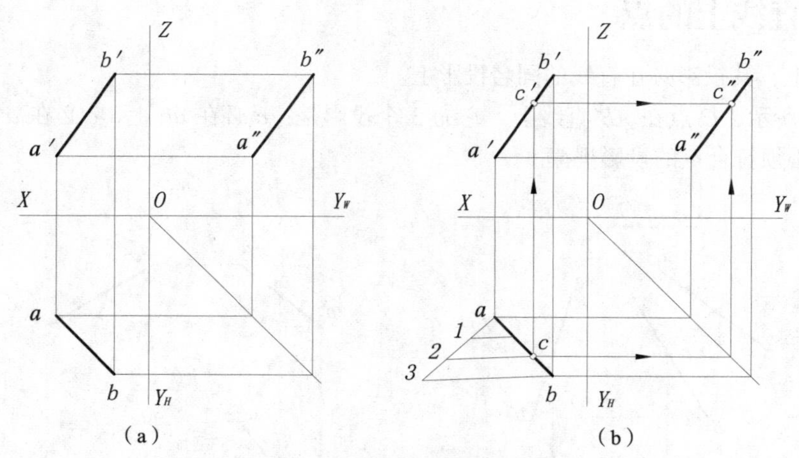

图 2.36 利用定比特性求 C 点投影

分析 C 点所在的直线 AB 是一般位置线。根据“点分割线段之比等于其投影之比”的投影特性，可知：$AC:CB=ac:cb=a'c':c'b'=a''c'':c''b''=2:1$。

作图 如图 2.36（b）所示，其步骤如下。

（1）过 ab（或过 $a'b'$、$a''b''$ 均可）的 a 点引任意直线 $a3$，并将其分成三等分，连接 $3b$。

（2）过 2 点作平行于 $3b$ 的直线，交 ab 于 c，c 即为分割点 C 的 H 面投影，图中 $ac:cb=2:1$。

（3）根据“点在直线上”的投影特性，可在 $a'b'$ 上求得 c'。在 $a''b''$ 上求得 c''。因此 c、c'、c'' 即为所求。

2.4.3　两直线的相对位置

空间两直线的相对位置有平行、相交和交叉 3 种情况。

1. 两直线平行

由平行投影一般特性可知，空间平行的两直线，其投影也互相平行。反之，如果两直线的 3 组同名投影互相平行，则两直线在空间必互相平行。

如图 2.37（a）所示，空间两直线 $AB /\!/ CD$。当 AB、CD 向 H 面、V 面投影时，过该两直线所引出的投影线组成的投射平面必互相平行，它们与 H 面、V 面的交线也一定互相平行，即 $ab /\!/ cd$，$a'b' /\!/ c'd'$。

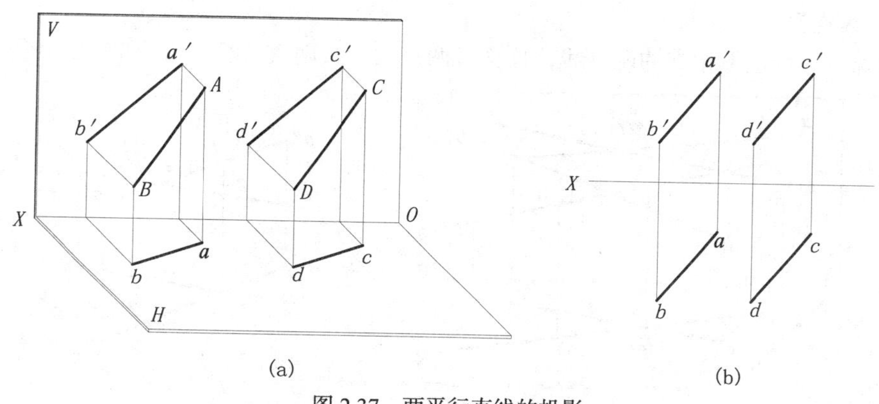

图 2.37　两平行直线的投影

当两直线都是一般位置直线时，如图 2.37（b）所示，若有两组同名投影平行，即可确定该两直线在空间互相平行。但是，若两直线为某一投影面的平行线时，要判别该两直线是否互相平行，则需要根据两直线在所平行的那个投影面上的投影是否平行来判定。

如图 2.38 所示，由于两侧平行线 EF 和 GH 的侧面投影 $e''f''$ 与 $g''h''$ 不平行，故 EF 与 GH 不平行。

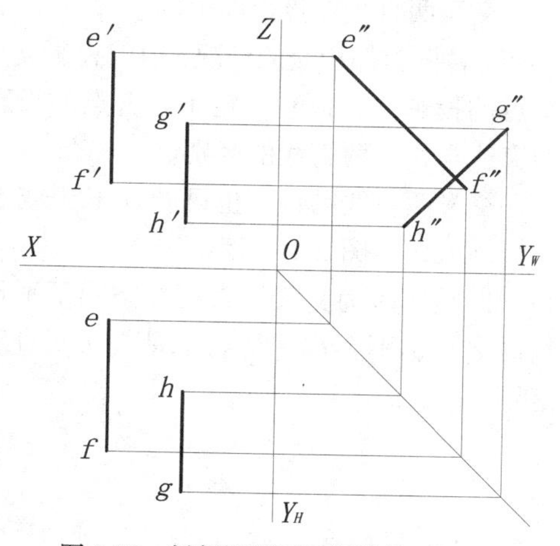

图 2.38　判断投影面平行线是否平行

2. 两直线相交

当两直线相交时，它们的三组同名投影必相交，并且其交点符合空间一点的投影规律。反之，若两直线的三组同名投影都相交，且交点符合点的投影规律，则该两直线在空间相交。

如图 2.39（a）所示，空间两直线 AB、CD 相交于 K 点。根据“点在直线上，其投影必在该直线的同名投影上”的特性，交点 K 的投影应在直线 AB 和 CD 的投影上，即应在直线 AB、CD 的投影的交点上，且符合点的投影规律。

若两条一般位置直线，有两组同名投影相交，且交点的连线垂直相应的投影轴，即可判别该两直线在空间相交，如图 2.39（b）所示。

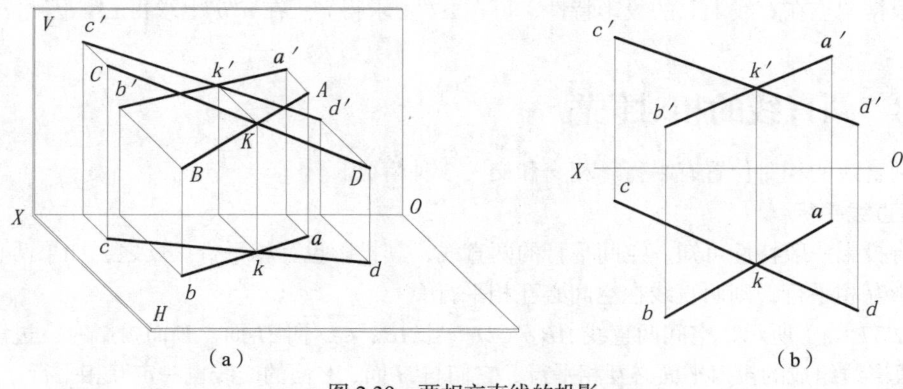

（a）（b）

图 2.39　两相交直线的投影

3. **两直线交叉**

在空间既不平行也不相交的两直线，称交叉两直线（或两直线交叉），如图 2.40 所示。

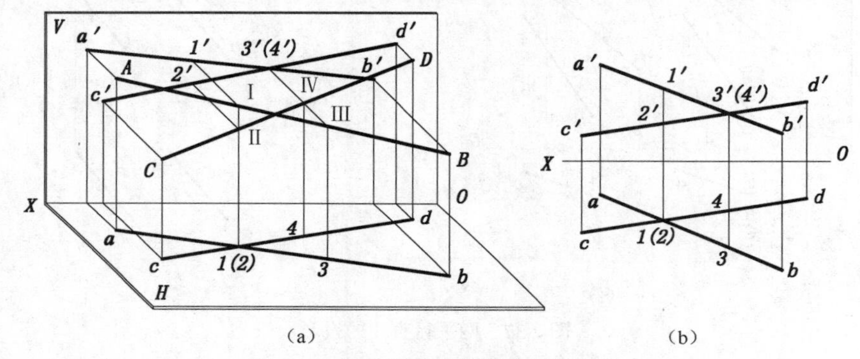

（a）（b）

图 2.40　两交叉直线的投影特性（1）

交叉两直线在投影面上的投影，可能出现 1 组、2 组或 3 组同名投影都相交的情况，但因投影交点不是两直线空间交点的投影，所以它一定不符合点的投影规律。这是交叉两直线与相交两直线的区别。

交叉两直线的投影也可能有 1 组或 2 组同名投影出现平行现象，如图 2.41 所示。

但是，因为交叉两直线在空间不平行，所以它们的 3 组同名投影不会都平行。这是交叉两直线与平行两直线的区别。

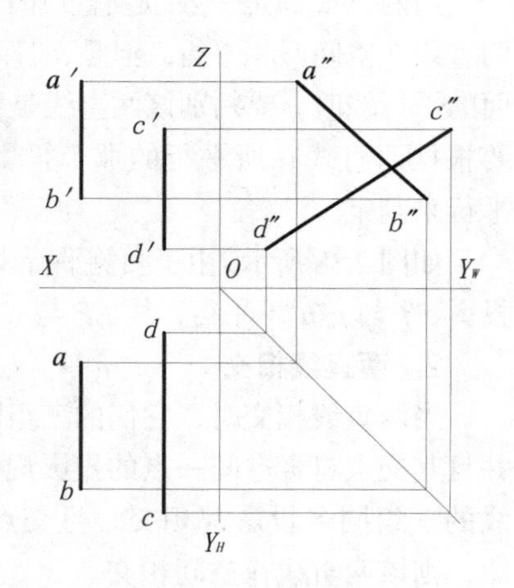

图 2.41　两交叉直线的投影特性（2）

练习 2.2

按要求完成本章结尾所附练习：直线的投影（1）～直线的投影（9）。

2.5　平面的投影

在投影图上，可以用以下任一几何元素组的投影表示平面，如图 2.42 所示。

（1）不在同一直线上的三个点，如图 2.42（a）所示。

（2）一条直线和不在直线上的一点，如图 2.42（b）所示。

（3）两条相交直线，如图 2.42（c）所示。

（4）两条平行直线，如图 2.42（d）所示。

（5）任意的平面图形，如图 2.42（e）所示。

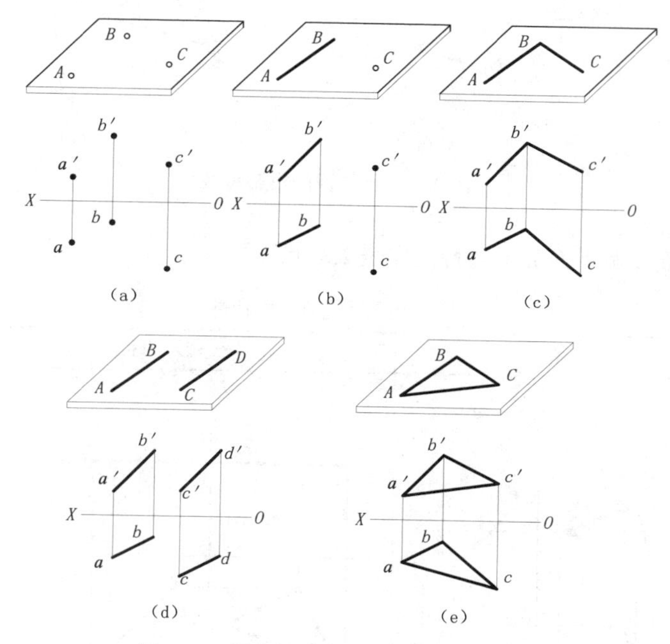

图 2.42　用几何元素组的投影表示平面

2.5.1　各种位置平面的投影特性

根据不同平面在三投影面体系中的位置，可将平面分为投影面平行面、投影面垂直面、投影面倾斜面。

投影面平行面和投影面垂直面称为特殊位置平面，投影面倾斜面也称一般位置平面。下面分别对各种位置平面的投影特性进行分析。

1. 投影面平行面

平行于一个投影面，垂直于其它两个投影面的平面，称为投影面平行面。投影面平行面分为以下 3 种：

（1）平行于 H 面的平面称水平面；

（2）平行于 V 面的平面称正平面；

（3）平行于 W 面的平面称侧平面。

以水平面为例说明投影面平行面的投影特性。如图 2.43 所示。物体上$\triangle ABC$为水平面。其投影特性如下。

（1）水平面在 H 面的投影$\triangle abc$反映实形。

（2）V 面投影、W 面投影均积聚成直线，分别平行于 OZ 及 OY_W 轴。

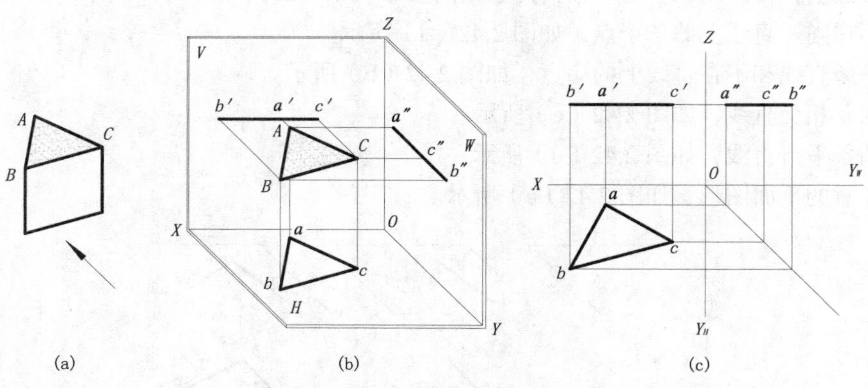

图 2.43　水平面的投影特性

水平面、正平面、侧平面的投影特性如表 2.3 所示。

表 2.3　　投影面平行面的投影特性

名称	立体图	投影图	投影特性
水平面			（1）H 面投影反映实形 （2）V 面、W 面投影成一直线，有积聚性，平行于相应投影轴 OX 和 OY_W
正平面			（1）V 面投影反映实形 （2）H 面、W 面投影成一直线，有积聚性，平行于相应投影轴 OX 和 OZ

续表

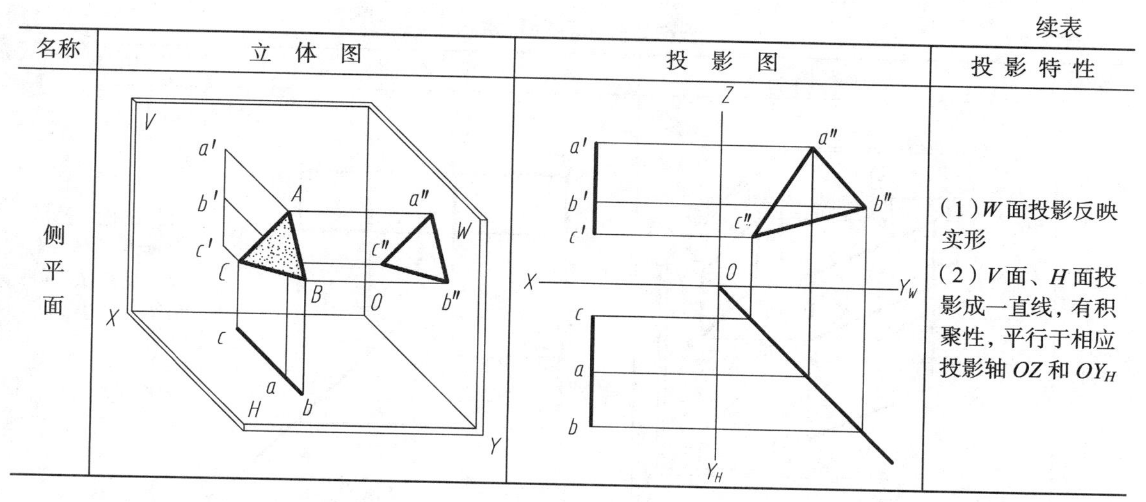

名称	立 体 图	投 影 图	投 影 特 性
侧平面			(1) W 面投影反映实形 (2) V 面、H 面投影成一直线，有积聚性，平行于相应投影轴 OZ 和 OY_H

因此，投影面平行面的投影特性如下。

(1) 在所平行的投影面上的投影反映实形。

(2) 其余两投影积聚成直线且平行于相应的投影轴。

2. 投影面垂直面

垂直于一个投影面，与其余两个投影面成倾斜位置的平面，称为投影面垂直面。投影面垂直面分为以下 3 种：

(1) 垂直于 H 面的称铅垂面；

(2) 垂直于 V 面的称正垂面；

(3) 垂直于 W 面的称侧垂面。

以铅垂面为例说明其投影特性，如图 2.44 所示。物体上□$ABCD$ 为铅垂面。其投影特性如下。

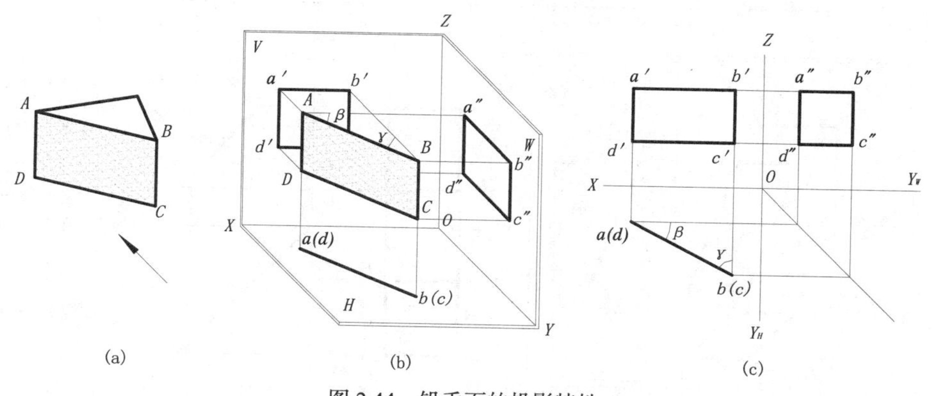

图 2.44　铅垂面的投影特性

(1) H 面投影积聚成一直线，它与 OX 轴夹角以及与 OY 轴夹角，分别反映平面与 V 面的倾角 β 以及与 W 面的倾角 γ 的实际大小。

(2) V 面投影□$a'b'c'd'$，W 面投影□$a''b''c''d''$ 均为原□$ABCD$ 的类似形，不反映实际形状。

铅垂面、正垂面、侧垂面的投影特性如表 2.4 所示。

表2.4　　投影面垂直面的投影特性

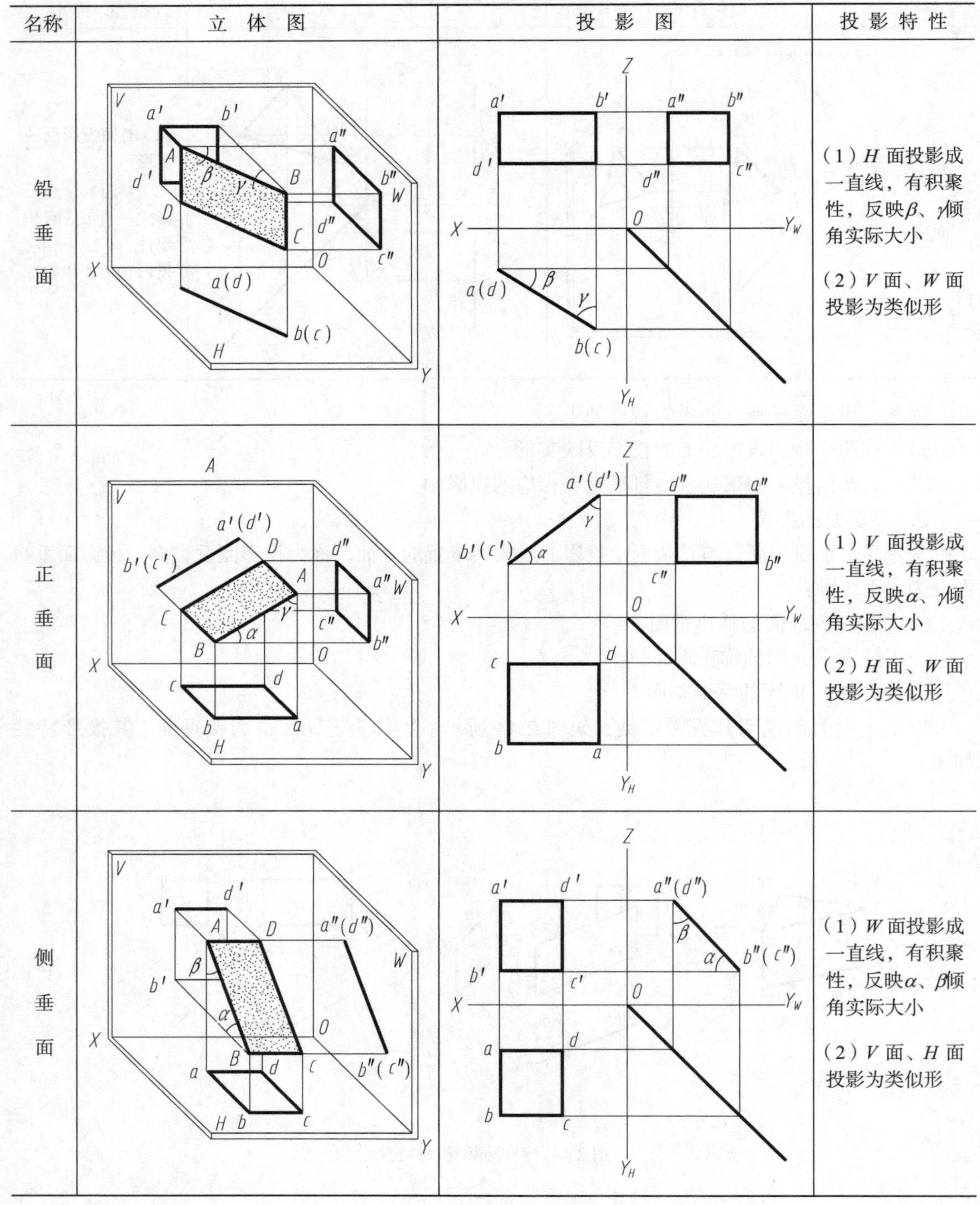

名称	立体图	投影图	投影特性
铅垂面			（1）*H* 面投影成一直线，有积聚性，反映 β、γ 倾角实际大小 （2）*V* 面、*W* 面投影为类似形
正垂面			（1）*V* 面投影成一直线，有积聚性，反映 α、γ 倾角实际大小 （2）*H* 面、*W* 面投影为类似形
侧垂面			（1）*W* 面投影成一直线，有积聚性，反映 α、β 倾角实际大小 （2）*V* 面、*H* 面投影为类似形

因此，投影面垂直面的投影特性如下。

（1）在所垂直的投影面的投影积聚成一直线，它与投影轴的夹角即为该垂直面对相应投影面的倾角。

（2）其余两投影均为原形类似形。

3. 投影面倾斜面

对 3 个投影面都处于倾斜位置的平面，称为投影面倾斜面（或一般位置平面）。

如图 2.45 所示，物体上△*ABS* 为一般位置平面，投影特性为：3 个投影△*abs*、△*a'b's'*、△*a"b"s"* 都不反映实形，而是原形的类似形，也不反映该平面对相应投影面的倾角 α、β、γ 的实际大小。

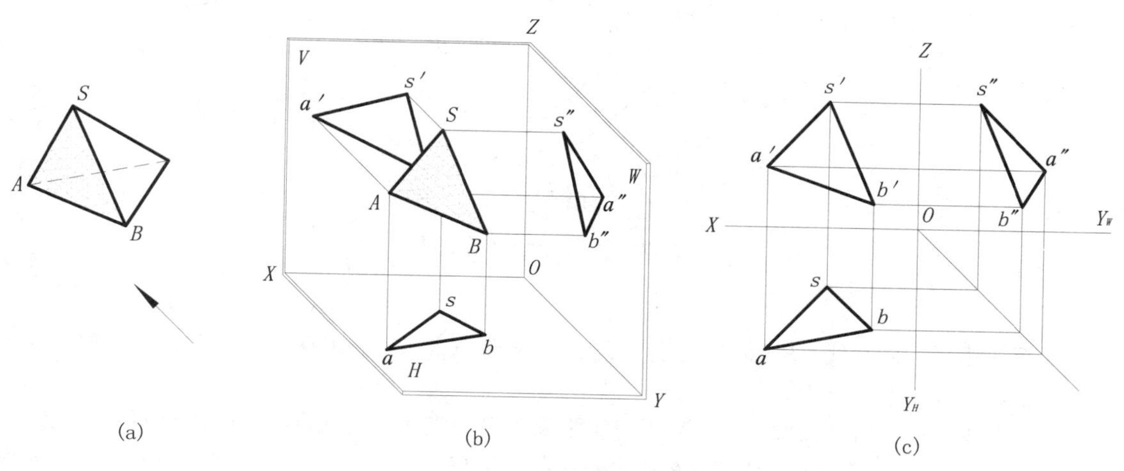

图 2.45　投影面倾斜面的投影特性

2.5.2　平面上的直线和点

在平面上取直线和点，是平面作图的基本问题。

如图 2.46 所示，有一点 *K* 的两个投影，分别在△*ABC* 所确定平面的投影范围内。若问 *K* 点是否在该平面上，不能只凭直觉，必须通过作图检验才能判断。因此，应掌握在平面上取直线和点的规则。

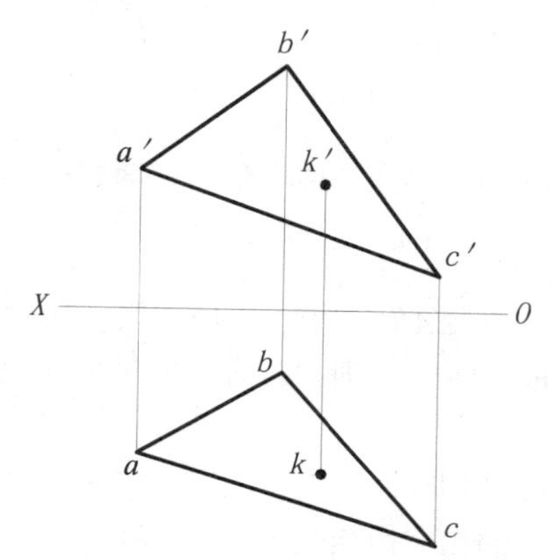

图 2.46　判断 *K* 点是否在平面△*ABC* 上

1. 在平面上取直线

在平面上取直线可依据以下规则。

（1）一直线若通过平面上的两点，则此直线必在该平面上，如图2.47所示。

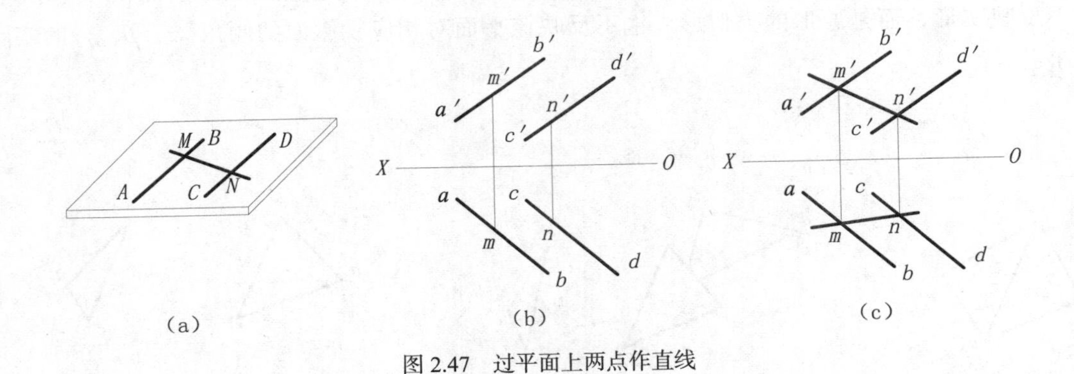

图2.47　过平面上两点作直线

平面 *P* 由平行两直线 *AB*、*CD* 确定，若在 *AB* 上取一点 *M*，在 *CD* 上取一点 *N*，过 *M*、*N* 作直线，该直线必在平面 *P* 上。

（2）直线若过平面上任意一点，且平行于平面上另一直线，则此直线必在该平面上。

如图2.48所示、平面 *P* 由直线 *AB* 及线外一点 *C* 所确定。若过 *C* 点作直线 *CD* 与直线 *AB* 平行，则 *CD* 直线必在平面 *P* 上。

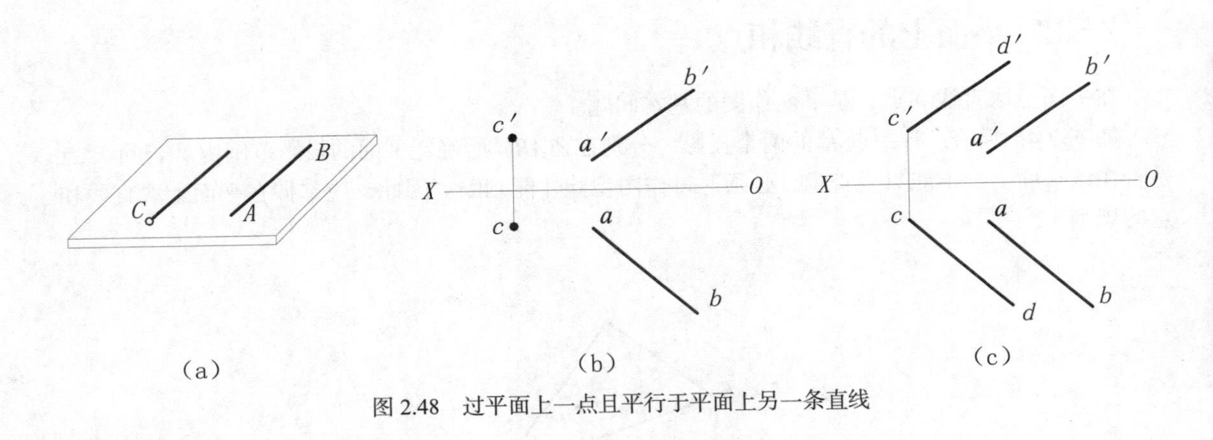

图2.48　过平面上一点且平行于平面上另一条直线

【例1】 判断直线 *MN* 是否在△*ABC* 所确定的平面上，如图2.49（a）所示。

分析 根据上述在平面上取直线的规则“若直线通过平面上两点，则直线在该平面上”，即可进行判别。

作图 如图2.49（b）所示，其步骤如下。

（1）*V* 面投影 *m′n′* 与△*a′b′c′* 的相应边相交于1′、2′两点。

（2）由1′、2′两点作投影线，在H面投影△*abc* 的相应边上得到1、2点。

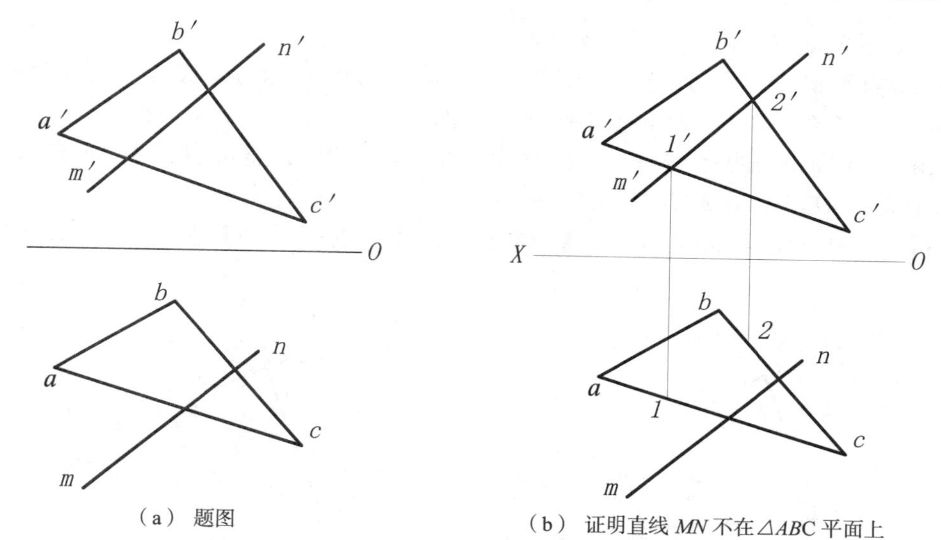

（a） 题图　　（b） 证明直线 *MN* 不在△*ABC* 平面上

图 2.49　判断直线 *MN* 是否在△*ABC* 平面上

由于直线 *MN* 的 *H* 面投影 *mn* 不通过 1、2 两点，故证明 *MN* 不在△*ABC* 平面上。

2．在平面上取点

在平面上取点的规则是：点若在平面上，则必在此平面内的某一直线上。因此，要在平面上取点，应先在平面上取直线。

【例 2】　判断 *M* 点和 *K* 点是否在△*ABC* 所确定的平面上，如图 2.50（a）所示。

分析　在图 2.46 中曾指出 *K* 点的两个投影虽然都在△*ABC* 所确定的平面的投影范围内，为了判别 *K* 点是否在该平面上，要作图检验才能正确判断，作图的依据即为在平面上取点和直线的规则。另外，*M* 点在△*ABC* 的投影范围外，判断其是否在平面上，同样要依据在平面上点和取直线的规则。

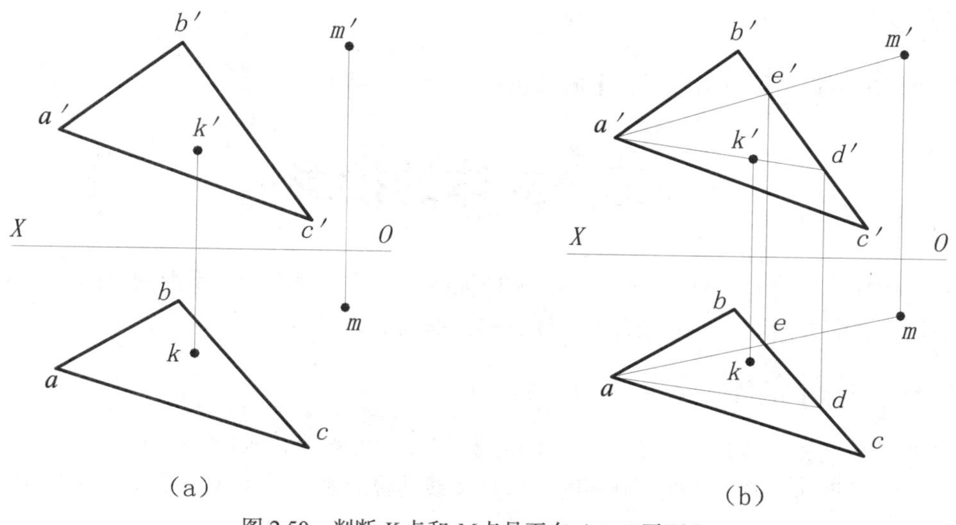

（a）　（b）

图 2.50　判断 *K* 点和 *M* 点是否在△*ABC* 平面上

作图 如图 2.50（b）所示，其步骤如下。

（1）由 a'点作 $a'k'$连线交 $b'c'$于 d'，在 H 面投影 bc 上求得 d，连 ad。K 点的 H 面投影 k 不在 ad 上，即 K 不在直线 AD 上，故 K 点不在 $\triangle ABC$ 平面上。

（2）由 a'点作 $a'm'$连线交 $b'c'$于 e'，在 H 面投影 bc 上求得 e，连 ae 并延长，m 在 ae 延长线上，即 M 在直线 AE 上，故 M 点在 $\triangle ABC$ 平面上。

【例 3】 已知变压器的矽钢片的正面投影和部分水平投影。完成其水平投影，如图 2.51（a）所示。

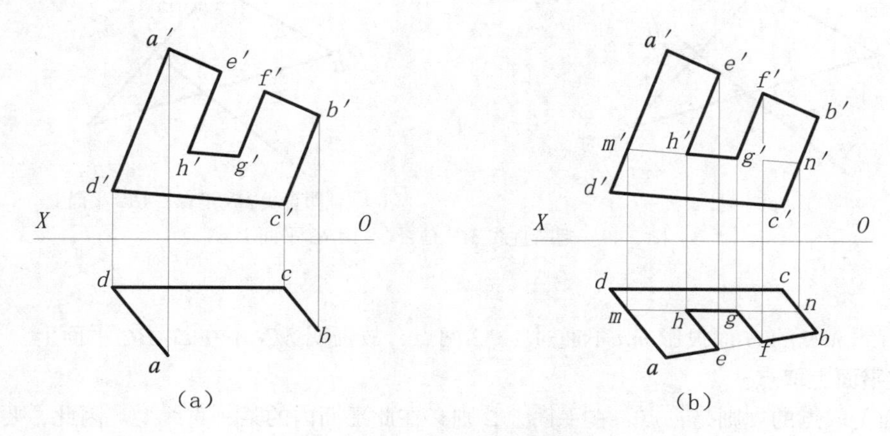

图 2.51 完成平面图形的投影

作图 如图 2.51（b）所示，其步骤如下。

（1）由于点 E 和 F 在直线 AB 上，连接 ab，由 e、f 在 ab 线上求得 e 和 f。

（2）延长 $g'h'$与 $a'd'$、$b'c'$相交于 m'和 n'，由 m'、n'分别求出 m、n，然后在 mn 连线上，由 h'、g'求得 h、g。

（3）连接 eh、hg、gf，即为所求。

练习 2.3

按要求完成本章结尾所附练习：平面的投影（1）～（3）。

2.6 立体的投影

任何立体都有一定的范围，由一些平面和曲面组合而成。表面均为平面的立体，称为平面立体；表面均为曲面或曲面与平面结合的立体，称为曲面立体。

2.6.1 平面立体

常见的平面立体有棱柱、棱锥等。它们的表示方法就是把组成立体的各个平面和棱线的投影画出来，然后判别它的可见性。画图时，可见棱线的投影画成粗实线，不可见棱线的投影画成虚线。

1. 棱柱

（1）棱柱的投影

图 2.52 为一正六棱柱，由 6 个侧棱面及顶面和底面组成。根据它们对投影面的相对位置，其投影特性分别为：顶面和底面均为水平面，所以它的水平投影反映实形，正面投影和侧面投影积聚为直线。6 个侧棱面中，前面和后面为正平面，所以正面投影反映实形，而水平投影和侧面投影积聚为直线；另外 4 个侧棱面都是铅垂面，因此水平投影积聚为直线，正面投影和侧面投影均为类似形。图 2.52（b）为正六棱柱的三视图。

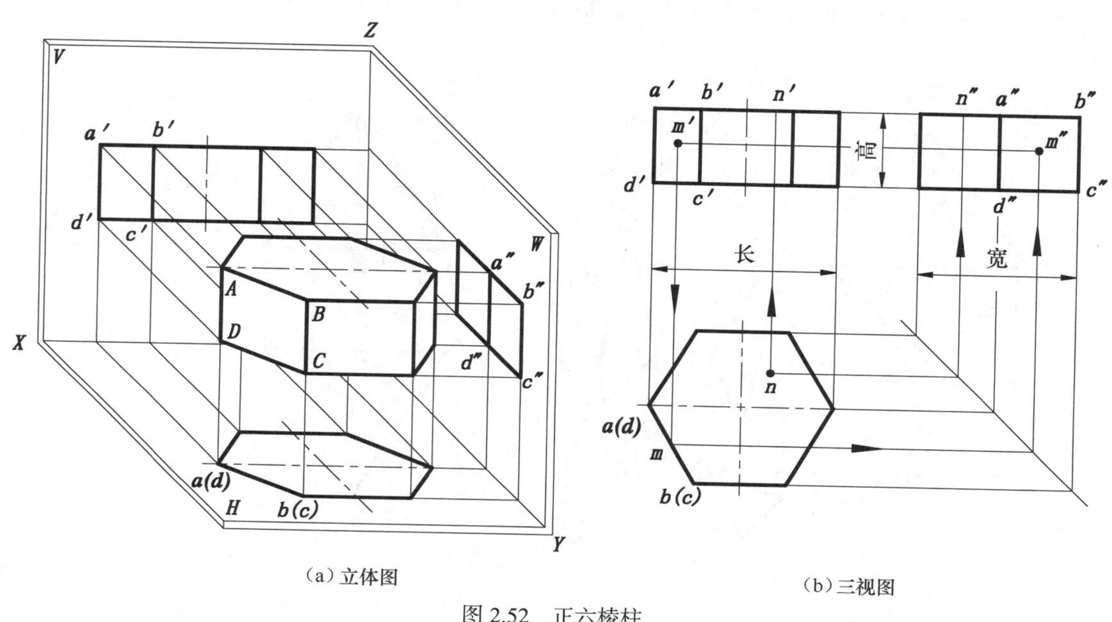

（a）立体图　　（b）三视图

图 2.52　正六棱柱

画正六棱柱的三视图，应先画反映底面实形的俯视图，再根据“长对正、高平齐、宽相等”的三等规律画出主视图和左视图。为了保证左视图与俯视图宽相等，可以利用分规量取，也可借助 45°分角线作图。但 45°斜线不能随意画，必须把俯视图的横向中心线和左视图的中心轴线都延长相交，再过其交点作 45°斜线，如图 2.52（b）所示。

（2）棱柱表面上取点

在平面立体表面上取点，其原理和方法与平面上取点相同。首先根据已知条件确定点所在的表面，若点在积聚性的表面上，可利用积聚性作图；若点在非积聚性的表面上，则可利用辅助线作图。这里规定判断点的可见性方法：如果点所在表面的投影是可见的，则点的投影就是可见的；反之，如果点所在表面的投影是不可见的，则点的投影也不可见。不可见的点投影加圆括号标注。

如图 2.52 所示，六棱柱的表面都处于特殊位置，因此在六棱柱表面取点均可利用积聚性作图。如已知 *ABCD* 棱面上 *M* 点的正面投影 m'，求出它的水平投影 m 和侧面投影 m''。因为棱面 *ABCD* 为铅垂面，其水平投影 *abcd* 具有积聚性，所以 *M* 点的水平投影 m 必在 *abcd* 上。根据 m'和 m 即能求出 m''。又如已知顶面上 *N* 点的水平投影 n，求出它的正面投影 n'和侧面投影 n''。由于顶面为水平面，它的正面投影及侧面投影都积聚为一直线，因此 n'和 n''必定落在顶面的同名投影上。

2. 棱锥

（1）棱锥的投影

图 2.53 为一正三棱锥，由底面$\triangle ABC$和 3 个棱面$\triangle SAB$、$\triangle SBC$、$\triangle SAC$组成。底面$\triangle ABC$为水平面，它的水平投影$\triangle abc$反映实形，正面投影及侧面投影积聚为直线。棱面$\triangle SAC$为侧垂面，侧面投影积聚为直线，水平投影和正面投影都是类似形。棱面$\triangle SAB$和$\triangle SBC$为一般位置平面，与 3 个投影面都倾斜，它们的 3 个投影均为类似形。在三棱锥上，也可分析各棱线的投影。棱线 AB、BC 均为水平线，AC 为侧垂线，它们平行于水平投影面；棱线 SB 为侧平线，平行于侧面；SA、SC 为一般位置直线，倾斜于 3 个投影面。图 2.53（b）为正三棱锥的三视图。

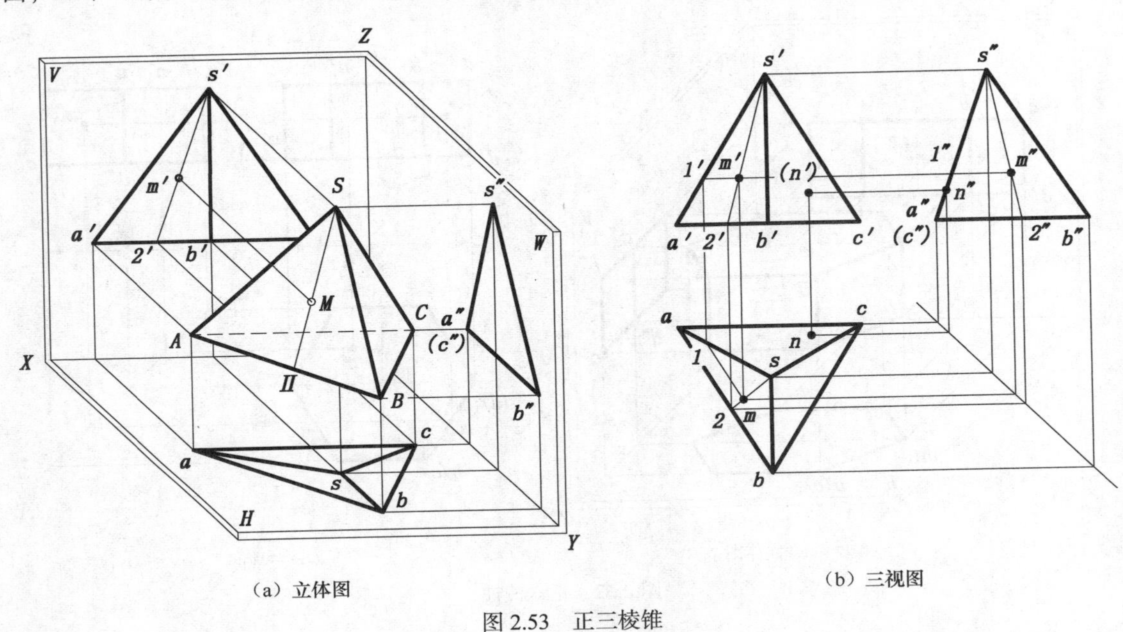

（a）立体图　　（b）三视图

图 2.53　正三棱锥

画正三棱锥的三视图，应先画俯视图中$\triangle ABC$的投影，并根据“三等”规律画$\triangle ABC$的主、左视图上有积聚性的投影；再画锥顶 S 的各个投影；最后连接各条棱线 SA、SB、SC 的同名投影。

（2）棱锥表面上取点

如图 2.53 中 M、N 两点分别在棱面$\triangle SAB$和$\triangle SAC$上，已知 M 点的正面投影 m' 及 N 的水平投影 n，求出 M、N 点的其他投影。

M 点在棱面$\triangle SAB$上，即在一般位置平面上，过顶点 S 及 M 点作一辅助线 SII，然后求出 M 点的水平投影 m，再根据 m'和 m 求出 m''。也可过 M 点在$\triangle SAB$上作 AB 的平行线 IM，即 $1'm'/\!/a'b'$，再作 $1m/\!/ab$，求出 m，再根据 m'和 m 求出 m''。N 点在棱面$\triangle SAC$上，即在侧垂面上，它的侧面投影 $s''a''$（c''）有积聚性，故 n''必落在 $s''a''$（c''）上，由 n 和 n''求得（n'）。因为 M 点所在的棱面$\triangle SAB$为左、前棱面，该棱面的水平投影和侧面投影是可见的，则 M 点的水平投影 m 和侧面投影 m''均可见；N 点所在的棱面$\triangle SAC$为后棱面，该棱面的正面投影不可见，侧面投影可见，则 N 点的正面投影（n'）不可见，侧面投影 n''可见。

3. 由平面立体构成的简单体

图 2.54 分别表示三棱柱、开槽四棱柱、空心四棱柱和四棱锥台的投影，它们都是由平面立体构成的简单体。

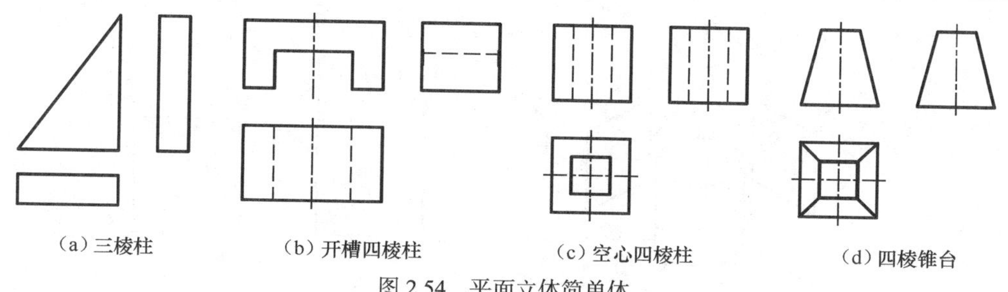

（a）三棱柱　（b）开槽四棱柱　（c）空心四棱柱　（d）四棱锥台

图 2.54　平面立体简单体

练习 2.4

按要求完成本章结尾所附练习：立体三视图及其表面取点（1）～（3）。

2.6.2　曲面立体

常见的曲面立体有圆柱、圆锥、球体等。它们的表面都是假设由一母线（直线或曲线）绕一轴线旋转而形成的，旋转后形成的曲面称为回转面；在回转面上任一位置的母线称为素线；母线上任一点 K 随母线旋转时，其轨迹是一个垂直于轴线的平面圆，称为纬圆。表 2.5 列出了常见的回转面的形成。

表 2.5　常见回转面的形成

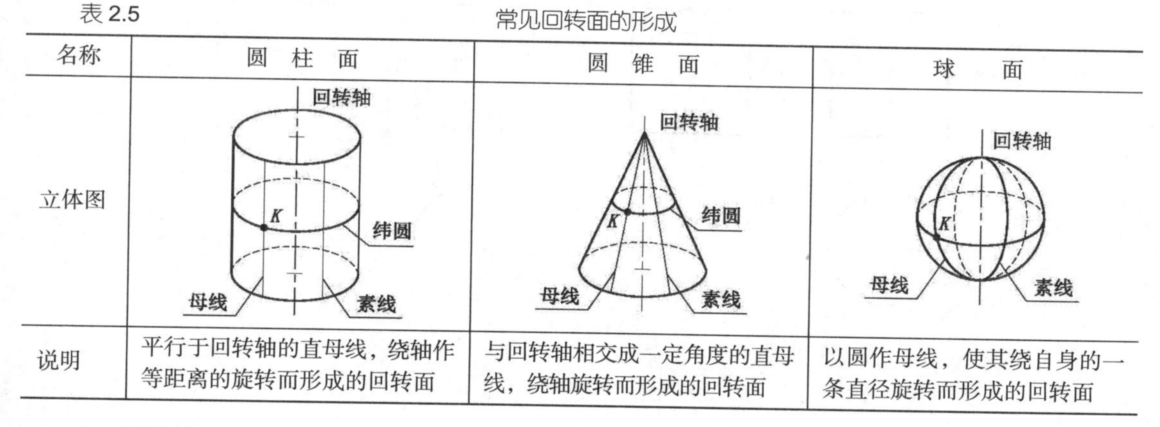

名称	圆　柱　面	圆　锥　面	球　　面
立体图			
说明	平行于回转轴的直母线，绕轴作等距离的旋转而形成的回转面	与回转轴相交成一定角度的直母线，绕轴旋转而形成的回转面	以圆作母线，使其绕自身的一条直径旋转而形成的回转面

1. 圆柱体

（1）圆柱体的投影

如图 2.55 所示，圆柱体由圆柱面和上、下端面组成。当圆柱体的轴线垂直于水平面时，圆柱面上所有素线都是铅垂线，圆柱面的水平投影积聚为一圆。这一圆也是上、下端面（水平面）的投影，上、下端面在主、左视图上分别积聚成两平行直线。圆柱面是光滑曲面，没有棱线，所以在主视图和左视图上，圆柱的投影都是相同的矩形，但矩形的左、右边和前、后边分别是圆柱面上不同转向轮廓素线的投影。圆柱面在主视图上的投影，是最左、最右轮廓素线 AA_1、BB_1 的正面投影 $a'a_1'$、$b'b_1'$；圆柱面在左视图上的投影，是最前、最后轮廓素线 CC_1、DD_1 的侧面投影 $c''c_1''$、$d''d_1''$。由于 AA_1、BB_1 的侧面投影 $a''a_1''$、$b''b_1''$以及 CC_1、DD_1 的正面投影 $c'c_1'$、$d'd_1'$都位于相应的轴线上，不再处于轮廓素线的位置，所以不必画出。由此可知。向不同方向投影时，圆柱面的外形轮廓素线是不同的，如图 2.55（b）所示。

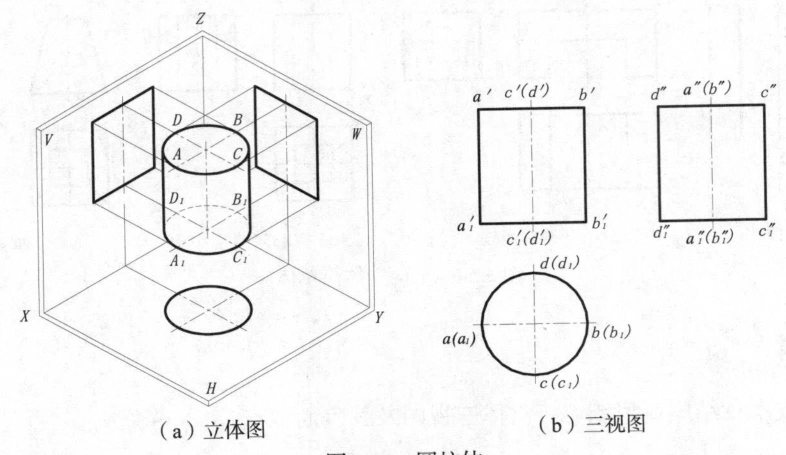

（a）立体图　　（b）三视图

图 2.55　圆柱体

画圆柱体三视图时，先画投影是圆的视图，再画其他视图。

（2）圆柱体表面求点

如图 2.56 所示，当圆柱轴线垂直于水平投影面时，圆柱面的水平投影为圆，具有积聚性。所以，圆柱面上点和线的水平投影一定与圆重合。

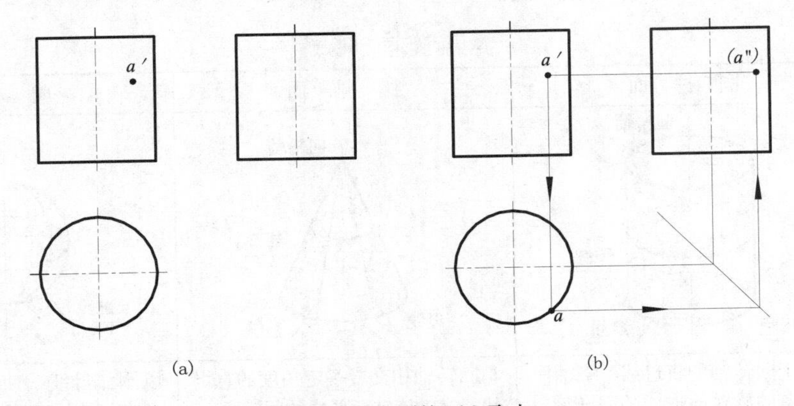

图 2.56　在圆柱面上取点

【例 1】　已知圆柱面上 A 点的正面投影 a'，求其余两投影，如图 2.56（a）所示。

作图　A 点的水平投影 a 应落在圆柱面的水平投影（圆周）上，根据 a'、a 可求出（a''）。由于 a'是可见的，所以 A 点在圆柱的前半圆柱面的右边，而右半圆柱面的侧面投影不可见，故 A 点的侧面投影（a''）也不可见，如图 2.56（b）所示。

2. 圆锥体

（1）圆锥体的投影

如图 2.57 所示，圆锥体由圆锥面和底平面组成。当圆锥体的轴线垂直于水平面时，其水平投影为一圆，它既是底平面的投影（反映底圆的实形），又是圆锥面的投影。圆锥在主视图和左视图上的投影都是相同的等腰三角形，三角形的底边是底平面投影积聚的一直线。主视图上的三角形左右两边，是圆锥面最左、最右轮廓素线 SA、SB 的投影 $s'a'$、$s'b'$，左视图上的三角形前后两边，是圆锥面最前、最后轮廓素线 SC、SD 的投影 $s''c''$、$s''d''$。而 $s'c'$、$s'd'$在主视图上重合在中心线上，同样，$s''a''$、$s''b''$在左视图上重合在中心线上，画图时也不必画出。

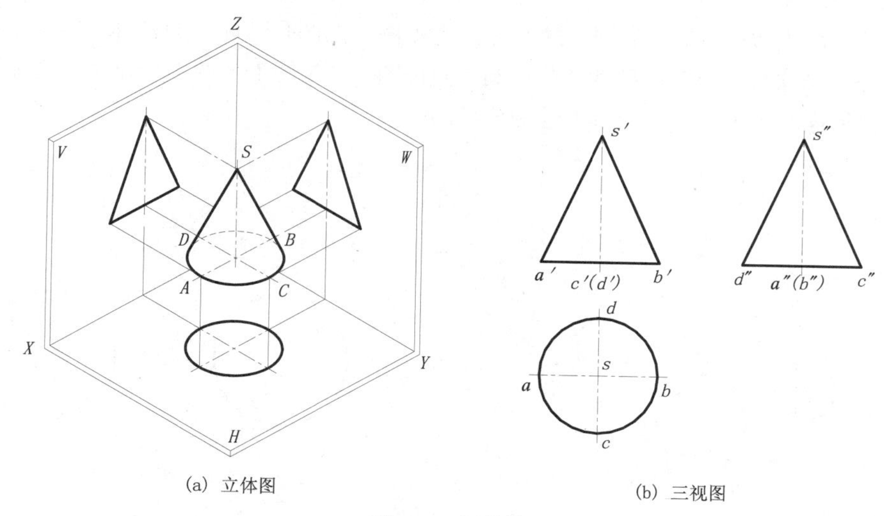

(a) 立体图　　(b) 三视图

图 2.57　圆锥体

画圆锥体三视图时，先画投影为圆的视图，再画出锥顶的投影，最后连接轮廓素线完成三视图。

（2）圆锥表面取点

由于圆锥面的投影无积聚性，所以在圆锥面上取点需借助辅助线，辅助线可采用素线或纬圆。

【例 2】　已知圆锥面上 *M* 点的正面投影 *m′*，求 *m* 与 *m″*，如图 2.58（a）所示。

作图方法 1　过锥顶 *S* 与点作辅助素线 *SI*，在主视图上连 *s′m′*，并延长，交底圆于 *1′*，在俯视图上求得 *s1*，*m* 必在 *s1* 上；再由 *m*、*m′*求得 *m″*，如图 2.58（b）所示。

作图方法 2　过 *M* 点作纬圆：纬圆在垂直于圆锥轴线的平面上，所以过 *m′*作垂直轴线的直线，交于 2′、3′。2′3′为纬圆的直径，在俯视图上作出纬圆的实形圆，则 *m* 必在该圆上。在左视图上作出纬圆的投影，由 *m′*、*m* 即可求得 *m″*，如图 2.58（c）所示。

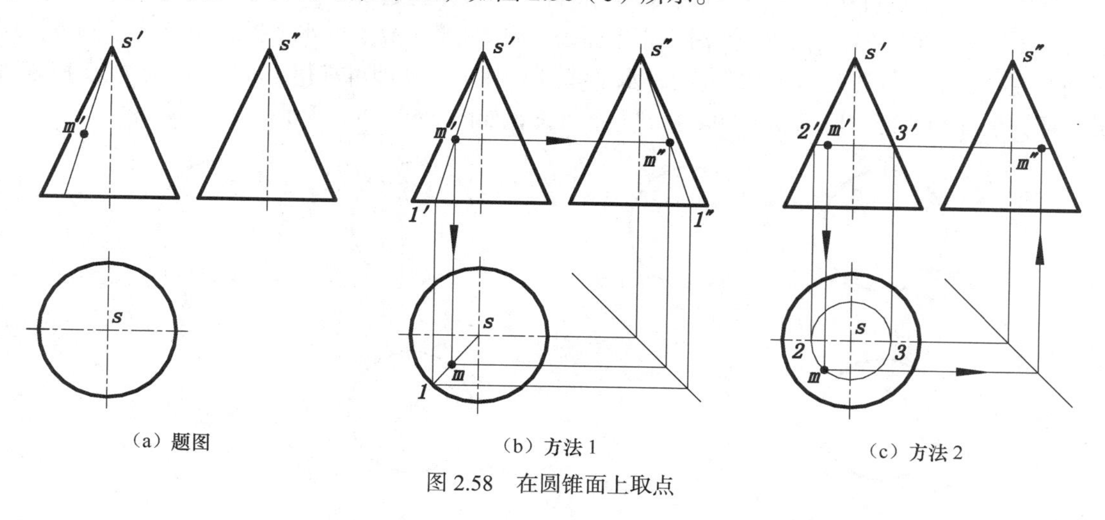

（a）题图　　（b）方法 1　　（c）方法 2

图 2.58　在圆锥面上取点

由 *m′*可知点 *M* 在圆锥面的前和左半锥面上，因此，其水平投影 *m* 和侧面投影 *m″*均可见。

3. 圆球

（1）圆球的投影

圆球面的 3 个投影均为圆，并且与球的直径相同。但必须注意的是，3 个投影面上的圆是球面不同位置的轮廓素线的投影，如图 2.59 所示。主视图上的圆是球面上的轮廓素线 *A* 的投影，是主视图上区分前半球与后半球可见性的分界圆；俯视图、左视图上的圆，是球面上轮廓素线 *B* 和 *C* 的投影，也是这两个视图上区分可见性的分界圆。

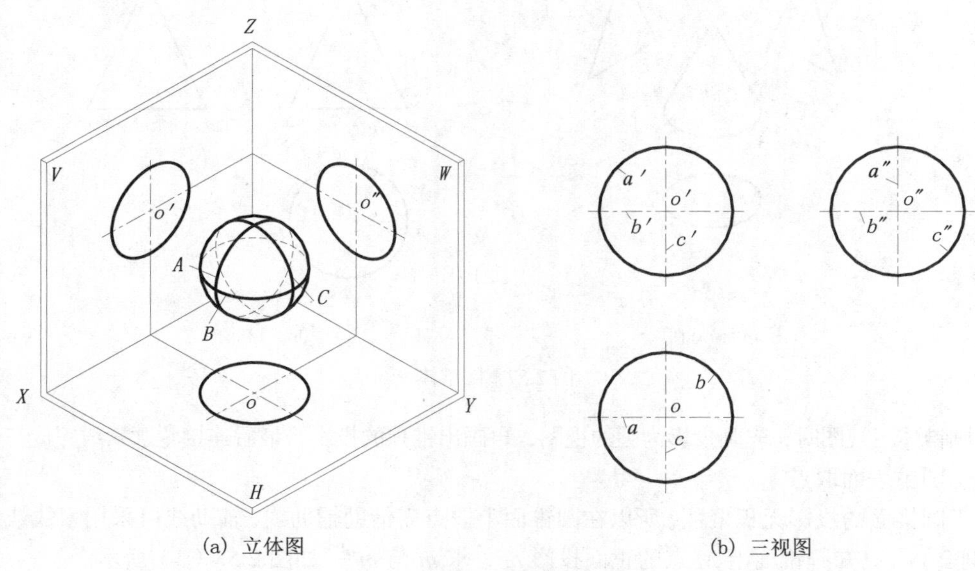

(a) 立体图　　(b) 三视图

图 2.59　球体

（2）圆球面上取点

在球面上取点必须用辅助圆。

【例 3】　已知球面上 *M* 点的正面投影 *m*′，求 *m*、*m*″，如图 2.60（a）所示。

作图　过 *M* 点可作球面上的辅助水平圆，即在主视图上过 *m*′作一水平线段与轮廓圆周交于1′2′，1′2′等于水平圆的直径，该水平圆在俯视图上反映实形，*M* 点的水平投影 *m* 必在该圆上。水平圆在左视图上的投影是与 1′2′同高的一水平线段，由 *m*′、*m* 即可求得（*m*″）。因为 *M* 点在球面的上部、前部和右部，所以 *m* 可见，（*m*″）不可见，如图 2.60（b）所示。

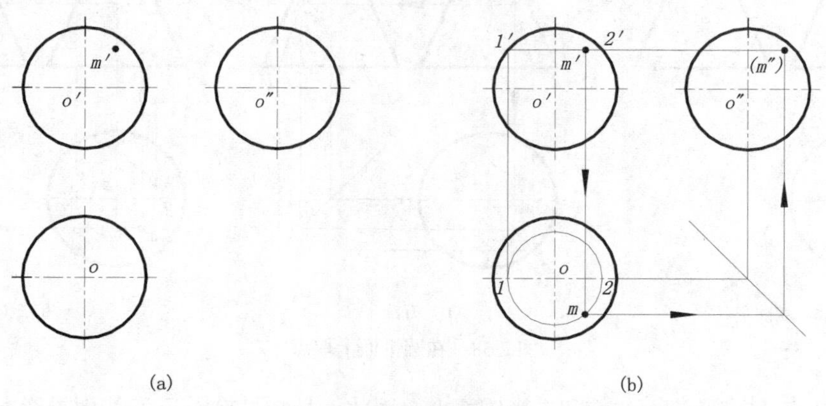

(a)　　(b)

图 2.60　在球体表面取点

4. 由曲面立体构成的简单体

图 2.61 分别表示空心圆柱体、空心圆锥台、长圆柱、圆角四棱柱的投影，它们都是由曲面立体构成的简单体。

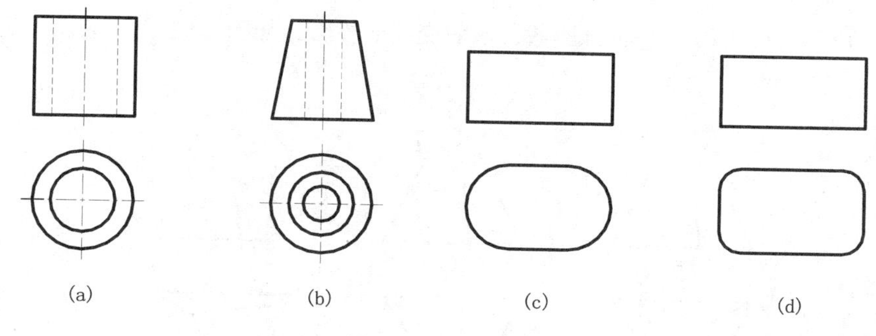

图 2.61　曲面简单体

练习 2.5

按要求完成本章结尾所附练习：曲面立体三视图（1）～（3）。

2.7　平面与立体相交

平面截切基本形体称为截交，截切基本体的平面称为截平面；截平面与立体表面的交线称为截交线；截交线所围成的平面图形称为截断面，如图 2.62 所示。

任何截交线都具有下列基本性质。

（1）由于任何立体表面是封闭的，所以截交线一定是封闭的平面图形。

（2）截交线既在截平面上，又在立体表面上，是两者的共有线。

鉴于以上性质，求截交线的方法可以归结为求截平面与立体表面共有点，也就是求交点的问题。

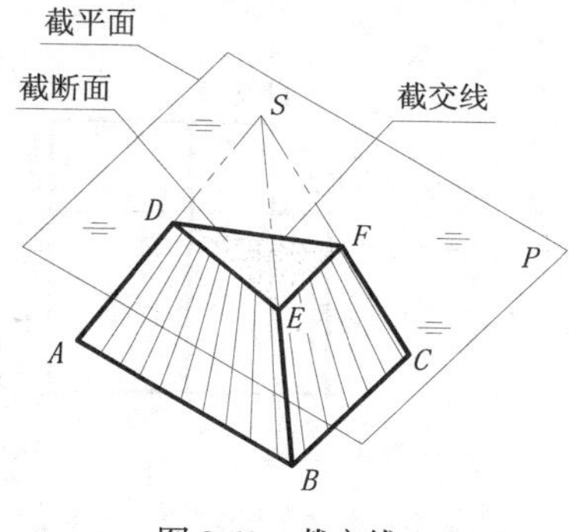

图 2.62　截交线

平面与立体相交有两种情况，一种是平面与平面立体相交，另一种是平面与曲面立体相交。

2.7.1　平面与平面立体相交

平面立体的表面是由多边形平面组成，因此，截平面与它的交线（截交线）一定是封闭的平面多边形折线。如图 2.62 所示，截平面 P 与三棱锥相交，得交线 DE、EF、FD，3 条交线构成一平面 $\triangle DEF$，平面 $\triangle DEF$ 的各顶点就是各条棱线与截平面的交点。因此，只要求出这些交点的投影，然后依次将其连线，即得截交线。

【例1】 已知三棱锥被正垂面 P 所截，求截交线的投影，如图 2.63（a）表示。

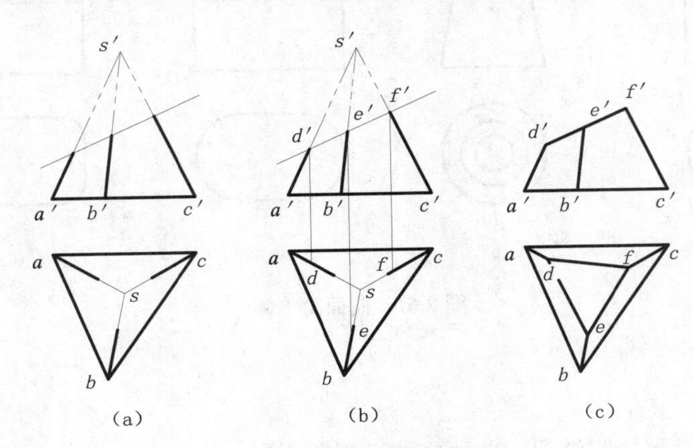

图 2.63 求三棱锥截交线

分析 由图 2.63（a）可知，P 面与三棱锥相截后，与其 3 条棱都相交，截交线构成一个平面三角形。又因 P 面的正面投影 P' 积聚成一直线，在主视图上，截交线的正面投影与 P' 重合，故可根据点在线上的投影作图方法求出截交线的水平投影 de、ef、fd。

作图

（1）截交线的正面投影 d'、e'、f' 各点分别在棱线的正面投影 $s'a'$、$s'b'$、$s'c'$ 上，根据“点在直线上，其投影必在直线的同名投影上”的特性，可由 d'、e'、f' 作垂直投影线，在棱线的水平投影 sa、sb、sc 上即得截交线的水平投影 d、e、f 各点，如图 2.63（b）所示。

（2）把位于同一个棱面上的两点投影依次连接，即得截交线的水平投影 de、ef、fd。由于在水平面上三棱锥 3 个棱面的投影是可见的，因此截交线的投影为可见，如图 2.63（c）所示。

【例2】 求截口六棱柱的侧面投影，如图 2.64（a）所示。

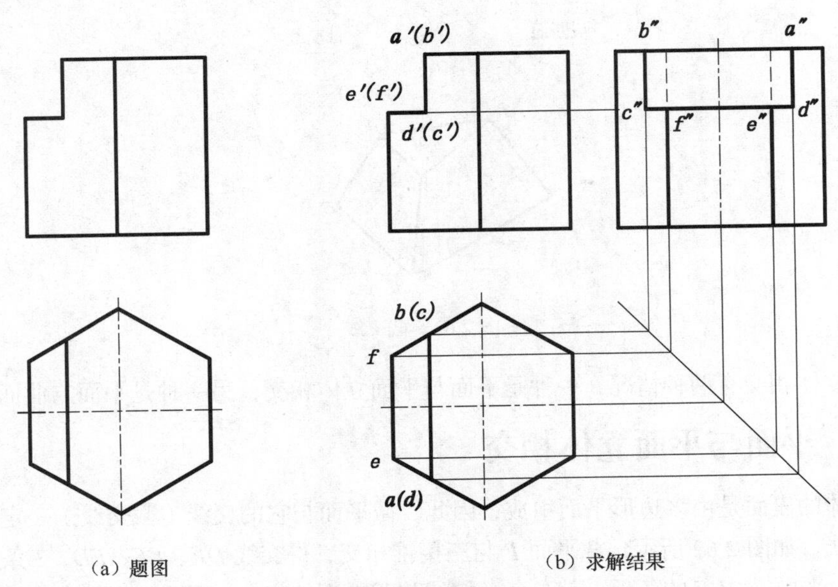

图 2.64 截口六棱柱

分析 截口由一侧平面与水平面构成。截口侧平面 $ABCD$ 的正面投影 a'（b'）（c'）d'，水平

投影 *ab*（*c*）（*d*）积聚成直线，分别平行 *Z* 轴、*Y* 轴（图中未画出投影轴），侧面投影则反映 *ABCD* 的实形；截口水平面 *CDEF* 的正面投影积聚成水平直线 *e*′（*f*′）*d*′（*c*′），水平投影反映实形（*c*）（*d*）*ef*，其侧面投影则积聚为与正面投影等高的水平线。

作图　如图 2.64（b）所示，其步骤如下。

（1）侧平面 *ABCD* 的侧面投影反映实形，是以正面投影为高、水平投影为宽作的四边形 *a*″*b*″*c*″*d*″。

（2）水平面 *CDEF* 侧面投影积聚成一水平线 *c*″*f*″*e*″*d*″，重合于截口侧平面四边形的底边上。

（3）六棱柱右侧两棱线在截口处为虚线，截口下端虚线因与左侧棱线（实线）重合，画实线。

练习 2.6

按要求完成本章结尾所附练习：平面立体截交（1）～（3）。

2.7.2　平面与曲面立体相交

当平面与圆柱、圆锥、球等回转体相交时，截交线的形状取决于被截立体表面的几何形状，以及回转体与截平面的相对位置。回转体截交线一般为封闭的平面曲线。求回转体截交线的方法，就是求出截交线上一系列点的投影后依次连接。这一系列点可分为特殊（位置）点和一般（位置）点。特殊点包括最高点、最低点、最左点、最右点、最前点、最后点、转向轮廓线上的点（虚实分界点，以便确定交线的轮廓范围），截交线上的特殊点必须全部求出。一般点的数量可根据截交线长度和复杂程度决定。

下面分别介绍圆柱、圆锥、球等回转体与平面相交时截交线的画法。

1. 平面与圆柱体相交

由于截平面与圆柱体轴线的相对位置不同，截交线有 3 种，如表 2.6 所示。

表 2.6　圆柱体的截交线

截平面位置	与轴线平行	与轴线垂直	与轴线倾斜
截交线形状	矩形	圆	椭圆
立体图	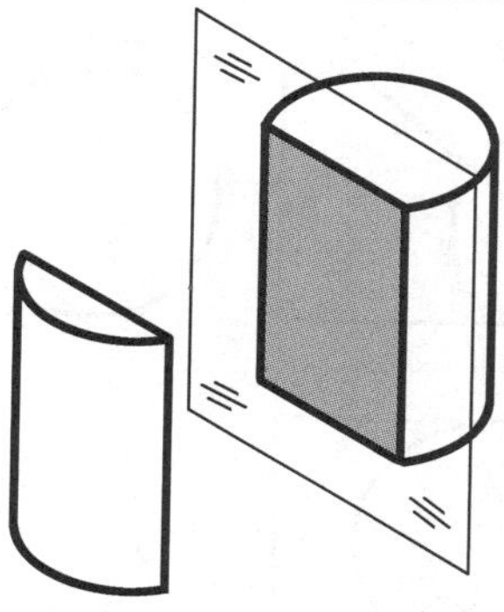	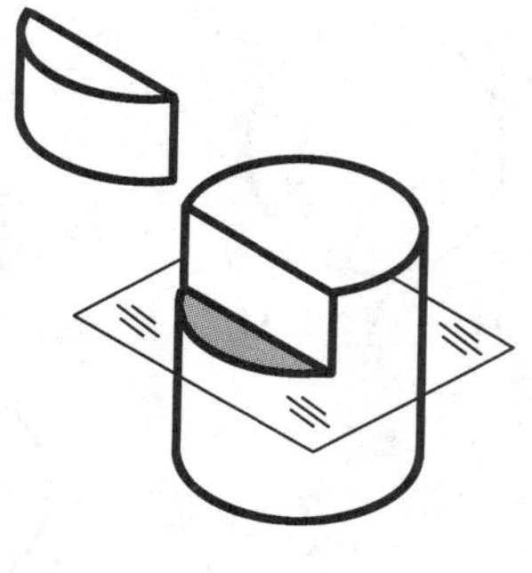	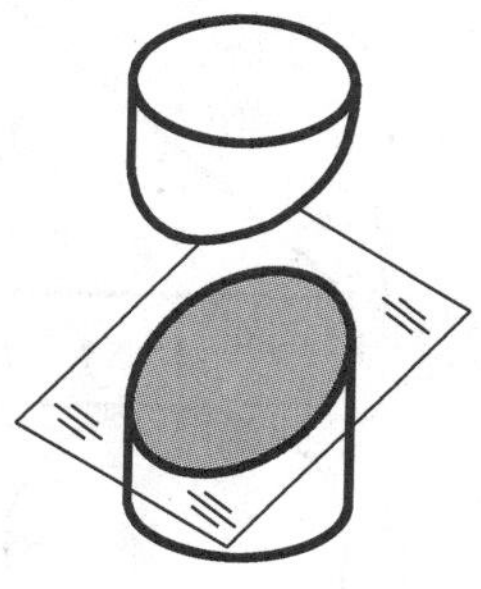

续表

截平面位置	与轴线平行	与轴线垂直	与轴线倾斜
投影图	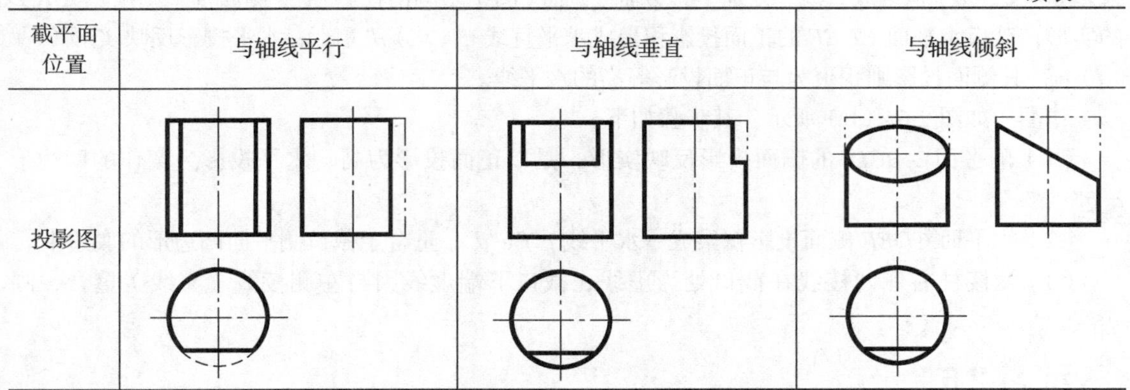		

【例 3】 求圆柱体被正垂面截切后的截交线，如图 2.65（a）所示。

分析 截平面与圆柱体轴线斜交，截交线为椭圆，因圆柱体被正垂面截切，椭圆的 V 面投影积聚为一斜线，而且圆柱轴线垂直于 W 面，椭圆的 W 面投影积聚在圆柱的 W 面投影上为一个圆。所以，椭圆的 V、W 投影不必再作图，只需求出截交线的 H 面投影，该投影为椭圆。

作图 如图 2.65（b）所示。其步骤如下。

（1）求特殊点。求长短轴端点 A、B 和 C、D。截平面与圆柱最高、最低素线的 V 面投影的交点 a'、b'即为长轴端点 A、B 的 V 面投影；截平面与圆柱最前、最后素线的 V 面投影（与轴线重合）的交点 c'（d'）即为短轴端点 C、D 的 V 面投影，再根据点的投影规律求出长、短轴端点的 H 面投影 a、b 和 c、d。

（2）求一般点。为作图准确，可以作适量的一般点，如 I、II、III、IV。可以先作出侧面投影 $1''$、$2''$、$3''$、$4''$，及正面投影 $1'$、($2'$)、$3'$、($4'$)，再根据 V、W 投影求出水平投影 1、2、3、4，作图方法如图 2.65（b）所示。

（3）连点。在 H 面投影上依次连接 a、1、c、3、b、4、d、2、a 各点成光滑曲线，就得到截交线的 H 面投影。由于圆柱左半部分截切后被拿掉，因此截交线的 H 面投影均为可见的。

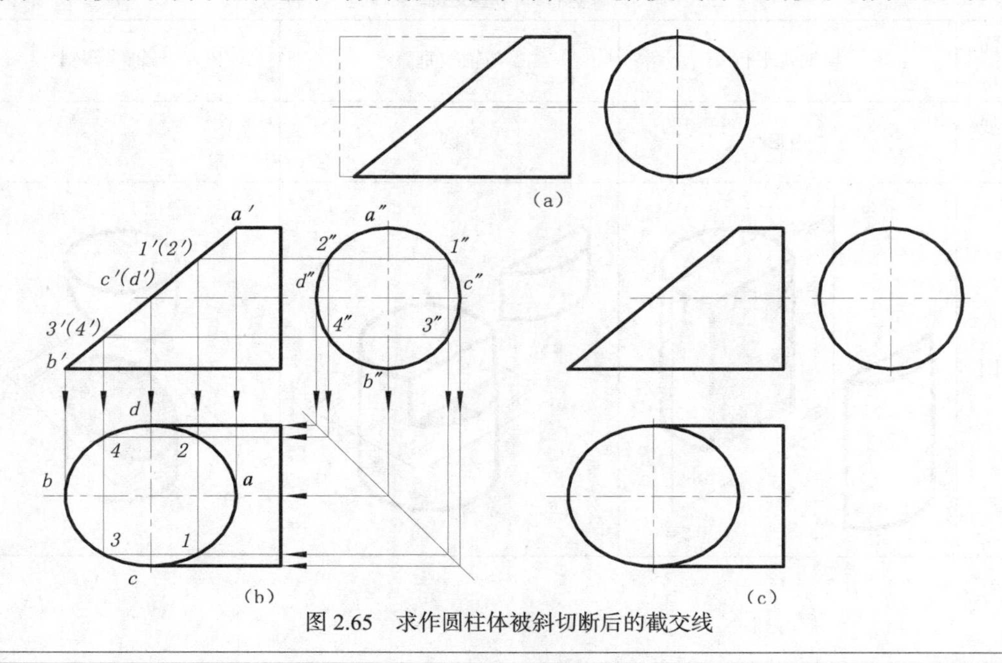

图 2.65 求作圆柱体被斜切断后的截交线

图 2.65（c）所示为擦去作图线后的投影图。

【例 4】 已知圆柱开槽后的主视图和俯视图，求其左视图，如图 2.66（a）所示。

分析 圆柱切口可分析为两个平行于圆柱轴线的截平面 P_{I}、P_{II} 与圆柱面相交，以及一个垂直于圆柱轴线的截平面 Q 与圆柱面相交而构成。平面 Q 与圆柱面相交所得的截交线为两段圆弧 12。

作图 P_{I}、P_{II} 截圆柱，截交线为矩形，矩形宽反映在水平投影上，由正面、水平面投影可作出矩形在侧面上的投影，矩形底边 *1″1″*、（*2″*）（*2″*）为虚线，作图过程如图 2.66（b）箭头所示。

注意，圆柱上开槽范围内的一段（即圆柱的最前、最后轮廓素线）已被切去；圆弧 *1″2″* 为可见线段。

图 2.66（c）所示为圆筒上开槽，左右对称。在实心圆柱开槽求出侧面投影的基础上，用相同的方法作圆柱孔表面交线的侧面投影，作图过程如图 2.66（d）箭头所示。

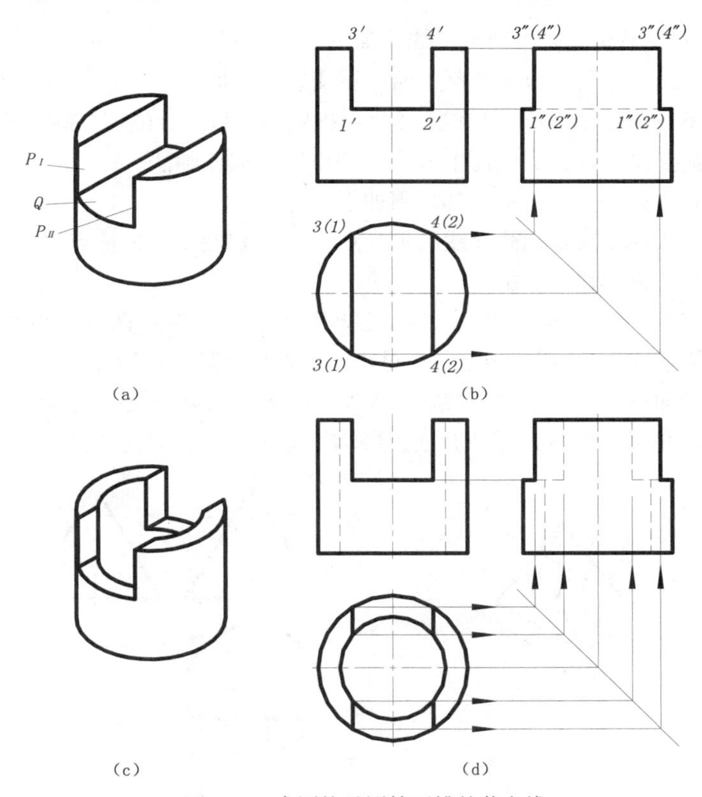

图 2.66　求圆柱及圆筒开槽的截交线

2. 平面与圆锥体相交

由于截平面与圆锥体轴线的相对位置不同，截交线有 5 种，如表 2.7 所示。

表 2.7　　圆锥体的截交线

截平面位置	与轴线垂直	与轴线倾斜	与一根素线平行	与轴线平行	过锥顶
截交线形状	圆	椭圆	抛物线的平面图形	双曲线的平面图形	三角形

续表

截平面位置	与轴线垂直	与轴线倾斜	与一根素线平行	与轴线平行	过锥顶
立体图					
投影图					

【例5】 求圆锥被平面截切后的截交线，如图2.67（a）、（b）所示。

分析 由于截平面P平行于圆锥轴线，所以截交线为双曲线。因P平行于V面，而圆锥轴线垂直于H面，所以双曲线的H投影和W投影分别积聚为一直线，故截交线的投影仅在V面上反映其形状。完成其截交线，可在圆锥面上取点，用素线法或纬圆法。

作图 如图2.67（c）、（d）所示，其步骤如下。

（1）求特殊点。从侧面投影知截交线的最高点C，由c''定c'；最低点A、B在圆锥体底平面上，由a''、（b''）及a、b作出a'、b'。

（2）作一般点。在W面上任作一素线交截交线于d''、（e''），然后在H面的相应素线上定出d、e，再由W、H面投影确定V面投影d'、e'，同理，还可找出其他一般点。

（3）连点。在V面投影上，依次连接$a'd'c'e'b'$，即为所求截交线（双曲线）的V面投影。

因截交线位于圆锥的前半部，所以V面投影均可见画实线，如图2.67（d）所示。

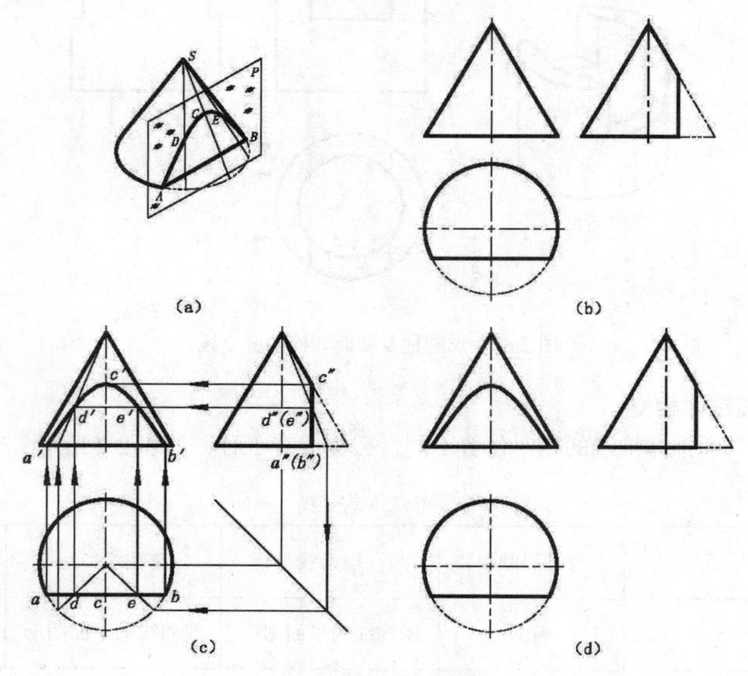

图2.67 求圆锥截交线

【例 6】　完成圆锥体开穿梯形孔后的水平投影和侧面投影，如图 2.68（a）所示。

分析　梯形的顶、底面均为平行于圆锥底面的同心圆弧，梯形左右两边均为过锥顶的素线上的一段直线，如图 2.68（a）所示。

作图　如图 2.68（b）所示，其步骤如下。

（1）在正面投影上过梯形孔的顶、底面作水平线，与圆锥左右两素线相交，即为过梯形顶、底面所作的两个辅助圆的直径，再按此直径画出两个圆在水平面上的投影，并在圆周上由 *1′*、*1′*、*2′*、*2′*定出圆弧 *11*、*22*，均为可见部分，画实线。

（2）因 *1′*、*2′*在 *s′a′*上，则可在水平投影上先作出 *sa*，然后在 *sa* 上定出 *1*、*2*，再连接 *12*，*12* 为可见部分，画实线。

（3）由 *sa*、*s′a′*作 *s″a″*，并在 *s″a″*上作出 *1″*、*1″*，*2″*、*2″*。

（4）由于梯形孔前后穿通圆锥体。所以连 11、22 和 *1″1″*、*2″2″*为不可见，画成虚线，其余可见部分画实线。

（5）擦去作图线，完成全图，如图 2.68（c）所示，即为所求。

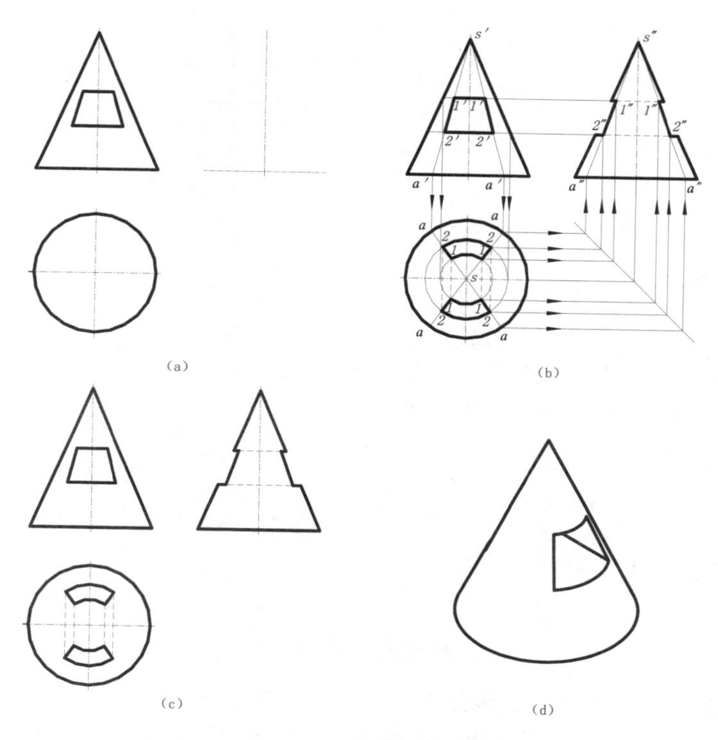

图 2.68　求圆锥开穿梯形孔截交线

3. 平面与圆球相交

截平面与圆球相交，截交线的空间形状均为圆，如图 2.69 所示。圆的直径大小与截平面的位置有关，截平面距球心远，则圆的直径小。截平面距球心越近，则圆的直径越大，圆的最大直径等于球体的直径。

【例 7】　求半圆球开槽后的投影，如图 2.70（a）所示。

分析　开槽口的截平面可看作由一个水平面 *R* 和两个侧平面 P_{I}、P_{II}与球体相交，各个面截切球体一部分所构成。它的 *V* 面投影如图 2.70（a）所示。因为截平面都分别平行于相应的投影面，所以相应的投影都反映实形。又由于 3 个截平面在 V 面上投影都有积聚性，所以截交线的 V 面投影具有重影性，只需求出截交线的 H、W 两个面的投影。

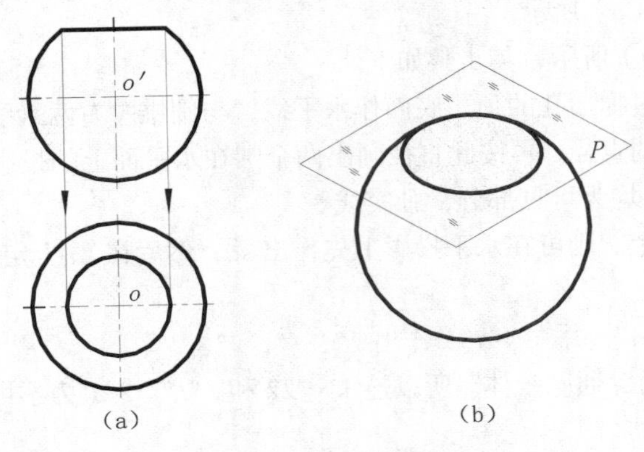

图 2.69　球体的截交线

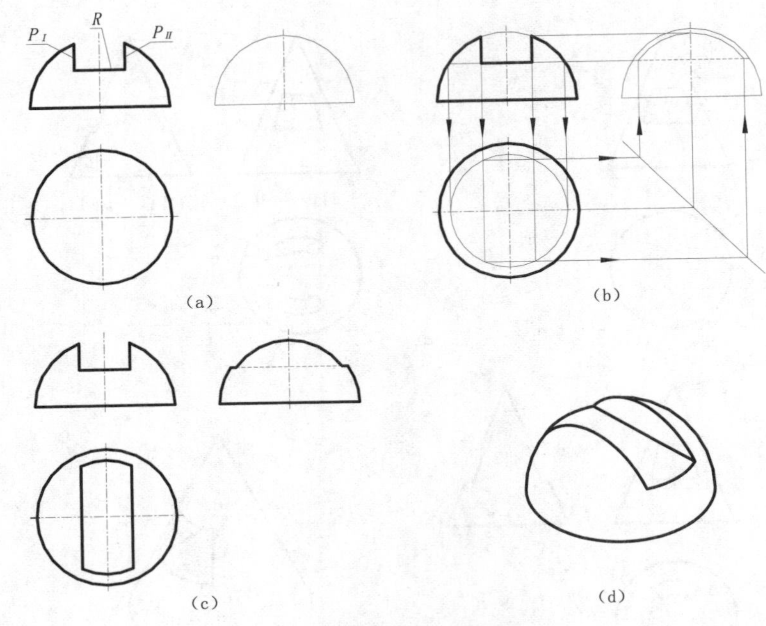

图 2.70　求半球开槽

作图　如图 2.70（b）所示，其步骤如下。

（1）水平面 R 与球面的截交线为圆，在 H 面上反映实形，槽口宽度投影为两段圆弧。它在 W 面上投影为一条水平线，并与 V 面投影同高度。

（2）两个侧平面 P_{I}、P_{II} 与球面的截交线均为一段圆弧，在 W 面上反映实形。由于两平面处于对称位置，其截交线在 W 面上重合，在 H 面上都有积聚性。

（3）槽口底面为水平面，它在 W 面投影不可见部分画虚线，可见部分画实线。

（4）擦去作图线，完成全图，如图 2.70（c）所示。

练习 2.7

按要求完成本章结尾所附练习：曲面立体截交（1）～（3）。

2.8　曲面立体相交

立体相交，称为相贯。它们表面的交线称为相贯线，如图 2.71 所示。这里着重研究曲面体相交。

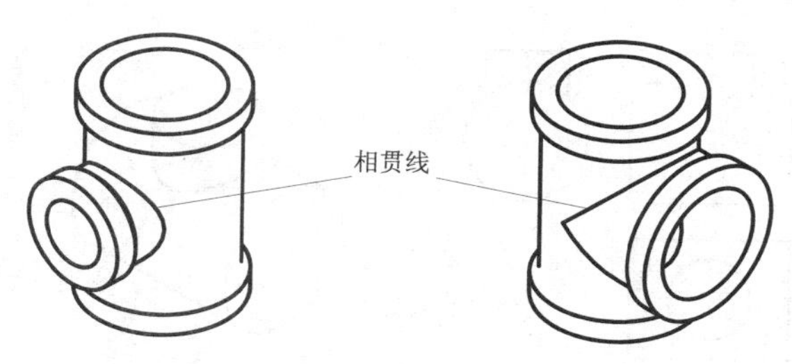

图 2.71　两圆柱体相贯

2.8.1　相贯线的性质和作图方法

由于相交两曲面体的形状、大小、相对位置不同，会产生不同形状的相贯线。相贯线具有以下性质。

（1）相贯线一般是封闭的空间曲线，在特殊情况下是平面曲线或直线。

（2）相贯线是相交两立体表面的共有线。

根据相贯线的性质，求相贯线也就是求相贯线上一系列共有点。与截交线相似，这些共有点由特殊点和一般点组成。需要的特殊点必须全部求出，一般点取多少可视情况确定，最后将点的同名投影依次光滑连接，便可求出相贯线的投影。

求相贯线的投影，基本方法有以下 2 种。

（1）利用积聚性作图。产生相贯线的两曲面，若其中一曲面投影有积聚性，则该相贯线上的点可利用积聚性表面取点求得。

（2）利用辅助平面作图。若两曲面投影都没有积聚性，则相贯线上的点可利用辅助平面求得。为了便于作图，辅助平面的选择应以截两立体表面的截交线投影最简单易画为原则。

【例 1】　作出两正交圆柱相贯线的投影，如图 2.72（a）所示。

分析　由图 2.72（a）可见，大小两圆柱垂直正交，其轴线分别与侧面、水平面垂直。相贯线是一条封闭的空间曲线。图中小圆柱轴线和水平面垂直，所以它的水平投影具有积聚性，因此，相贯线的水平投影和小圆柱面的水平投影重影为一个圆；图中大圆柱轴线和侧面垂直，所以它的侧面投影具有积聚性，因此，相贯线的侧面投影和大圆柱面的侧面投影重影，是一段圆弧。由此可见，相贯线的两个投影是已知的，可以根据点的投影规律，由 H、W 两面投影作出相贯性的正面投影。

作图　如图 2.72（b）所示，其步骤如下。

（1）求特殊点。在水平投影面上作出相贯线的最左、最右点 A、B 的水平投影 a、b 和最前、最后点 C、D 的水平投影 c、d。

从侧面投影图中可看出 A、B 点又是相贯线上的最高点，并可直接定出其侧面投影 a''、(b'')；C、D 点又是相贯线上最低点，可直接作出其侧面投影 c''、d''。

由 a、b 和 a''、(b'') 求出 a'、b'；由 c、d 和 c''、d''求出 c'、d'。

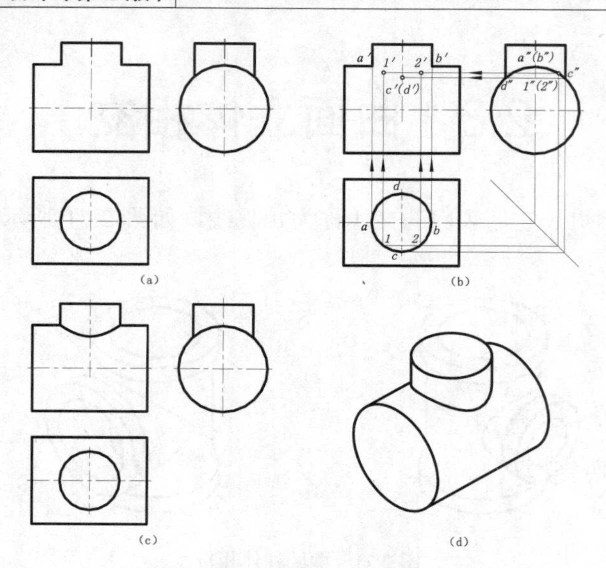

图 2.72　两正交圆柱体相贯

A、*B*、*C*、*D* 这些特殊点，也是转向轮廓线上的点。

（2）作一般点。可根据连接的需要作出适当数量的一般点。如作一般点 *Ⅰ*、*Ⅱ*时，可先在相贯线上的水平投影上取点 *1*、*2*，再根据点的投影规律作出 *1″*、*2″*，然后由 *1*、*2* 和 *1″*、*2″*求出 *1′*、*2′*（图 2.72（b）上箭头所指方向）。

（3）连点。根据水平投影的顺序，依次光滑连接各点的正面投影。由于相贯线对称于小圆柱轴线，故相贯线的正面投影前后重合。

图 2.72（c）是擦去作图线后完成的图形。

【例 2】　作出圆锥与圆柱垂直相交相贯线的投影，如图 2.73（a）所示。

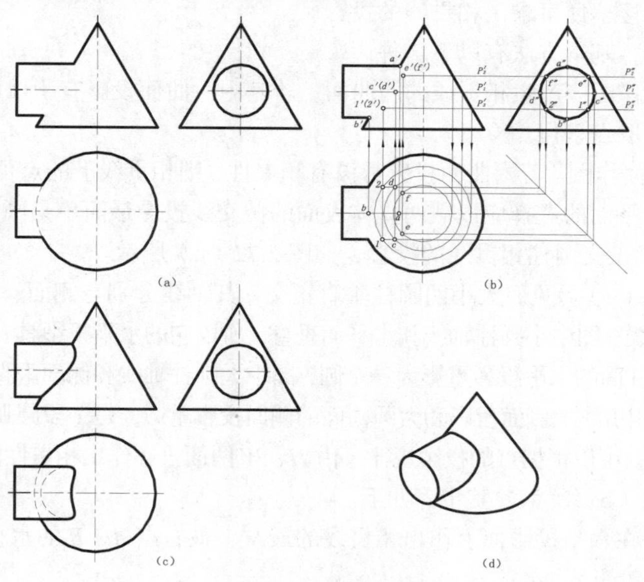

图 2.73　圆锥与圆拄垂直相交

分析　圆柱的轴线垂直于侧面，所以圆柱面的侧面投影积聚为圆，而且全部落在圆锥的范围内。相贯线围绕圆柱一周并前后对称，它的侧面投影积聚在圆周上，是相贯线的已知投影。要作它的正面投影和水平投影，可选取辅助平面求相贯线上的点。

作图 如图 2.73（b）所示，其步骤如下。

（1）求特殊点。由侧面投影 a''、b''可知，A、B 为相贯线上的最高、最低点，其正面投影 a'、b'和水平投影 a、b 可直接作出；c''、d''为相贯线上最前、最后点 C、D 的侧面投影，过 c''、d''作一辅助水平面 P_{I}，即可求出 c、d 和 c' 、(d')。c、d 又是相贯线水平投影的可见与不可见的分界点。

在侧面投影上，过锥顶在锥面上作素线与圆柱相切，其切点 e''、f''是相贯线在圆锥面上极限边缘位置上点 E、F 的侧面投影。过 e''、f''作辅助水平面 P_{II}即可求出 e、f 和 e' (f')。

（2）作一般点。根据连接的需要，再选几个辅助水平面去截切圆锥、圆柱，即可作出相贯线上的一般点，如图中的 *I*、*II* 点。

（3）连点并判别可见性。由于相贯线前后对称，故其正面投影前后重合在一起。从侧面投影可见，相贯线的 *CEAFD* 段位于圆柱和圆锥的上半部分，故其水平投影 *ceafd* 是可见的；*c*、*d* 为虚实分界点，*c*1*b*2*d* 为不可见。

依次光滑连接各点的同名投影，即得相贯线的投影，如图 2.73（c）所示。

2.8.2 两个曲面立体相贯的几种情况

常见的相贯情况有以下 3 种。

1. 两圆柱轴线正交

相贯线的形状随圆柱直径尺寸大小变化。当小圆柱贯穿大圆柱时，相贯线为绕小圆柱一周的空间曲线，且向大圆柱直径方向弯曲，如图 2.74（a）、（c）、（d）、（e）所示；当两圆柱直径相等时，相贯线为平面曲线（椭圆），如图 2.74（b）所示。

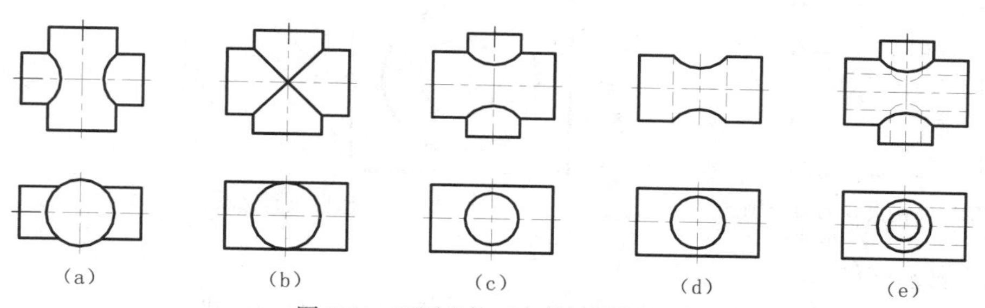

图 2.74 两圆柱体正交的相贯线情况

2. 两个回转体共轴线

共轴线的两个回转体相贯时，相贯线是垂直于其轴线的圆。当轴线平行于 V 面时，相贯线的 V 面投影积聚为垂直于轴线的直线段，如图 2.75（a）、（b）所示。

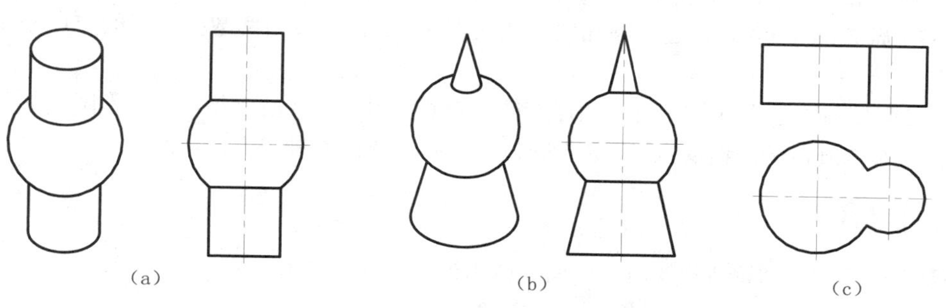

图 2.75 两共轴回转体以及两圆柱轴线平行的相贯情况

3. 两圆柱轴线平行

轴线平行的两圆柱体相贯时，两圆柱面的相贯线为直线，如图 2.75（c）所示。

2.8.3 相贯线的简化画法

相贯线在不影响真实感的情况下允许简画，如图 2.76 所示。两圆柱（D_1和 D_2）轴线垂直相交，相贯线的 *V* 面投影可用大圆柱半径（即 $R_1 = D_2/2$）过两圆柱投影轮廓线的交点画圆弧，来代替相贯线的投影，这样使作图简化。但是，同时要注意圆弧的凸出处应向着大圆柱轴线方向弯曲。

【例 3】 已知相贯体的水平投影和侧面投影，完成其正面投影，如图 2.77 所示。

分析 从 *W*、*H* 面投影可知，轴线垂直于 *H* 面的有圆柱 *A*、圆孔 *B*、*C*；轴线垂直于 *W* 面的有圆柱 *E*、圆孔 *D*；垂直于 *H* 面的圆柱、圆孔与垂直于 *W* 面的圆柱、圆孔垂直相交，外表面或内表面产生相贯线。*A* 圆柱与 *E* 圆柱的外表面相贯线为 *I*；*B* 圆孔与 *D* 圆孔的内表面相贯线为 *II*；*D* 圆孔与 *C* 圆孔的内表面相贯线为 *III*；*C* 圆孔与 *E* 圆柱的外表面相贯线为 *IV*。

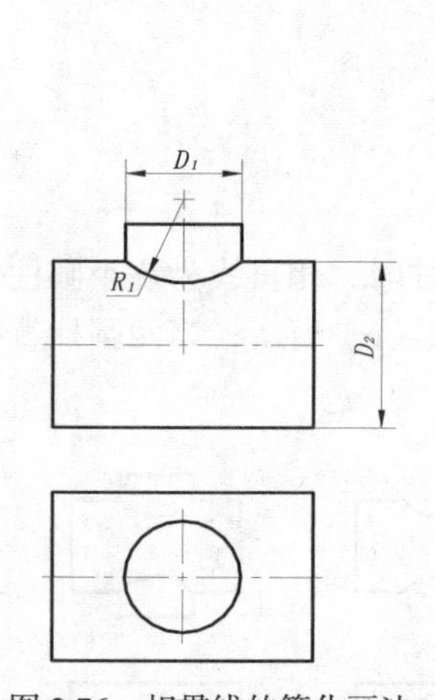

图 2.76 相贯线的简化画法

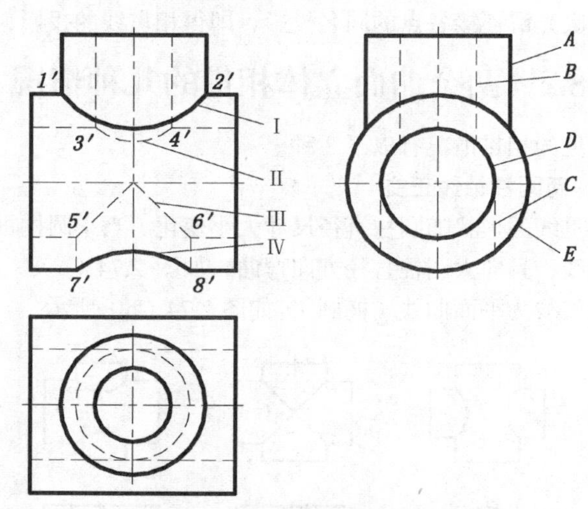

图 2.77 相贯线简化画法综合举例

作图 其步骤如下。

（1）*A* 圆柱与 *E* 圆柱相贯，因 *E* 圆柱直径大于 *A* 圆柱，所以相贯线以 E 圆柱的半径为半径，过两圆柱轮廓线交点 *1′*、*2′*作圆弧，圆弧向大圆柱 *E* 轴线方向弯曲。

（2）*B* 圆孔与 *D* 圆孔相贯，因 *D* 圆孔直径大于 *B* 圆孔，所以相贯线以 *D* 圆孔的半径为半径，过两圆孔轮廓线交点 *3′*、*4′*作圆弧，圆弧向大圆孔 *D* 轴线方向弯曲，用虚线表示。

（3）*D* 圆孔与 *C* 圆孔相贯，因两圆孔直径相等，故相贯线为平面曲线（垂直于 *V* 面的两个左右对称于轴线的半椭圆），过两圆孔轮廓线交点 *5′*、*6′*作直线与两圆孔轴线的交点相交，用虚线表示。

（4）*E* 圆柱与 *C* 圆孔相贯，因 *E* 圆柱直径大于 *C* 圆孔直径，所以相贯线以大圆柱 *E* 的半径为半径，过圆柱与孔的轮廓线交点 *7′*、*8′*作圆弧，且向大圆柱 *E* 轴线方向弯曲。

练习 2.8

按要求完成本章结尾所附练习：曲面立体相贯（1）～（3）。

2.9　Mechanical Desktop 基本体建模

2.9.1　创建棱柱

以 GB_A4.dwt 为样板创建新图形文件，保存图形文件为 Six_prism.dwg。

1. 绘制 2 个同心圆

命令：Circle

菜单：设计→圆→圆心，半径

快捷键：C

命令: _circle
指定圆的圆心或[三点（3P）/两点（2P）/切点、切点、半径（T）]: **在屏幕适当位置拾取一点**
指定圆的半径或[直径（D）]: **输入 50 后回车**

命令: **回车，重复执行画圆命令**
CIRCLE 指定圆的圆心或
[三点（3P）/两点（2P）/切点、切点、半径（T）]: **打开对象捕捉功能，捕捉第一个圆的中心**
指定圆的半径或[直径（D）] <50.0000>: **输入 30 后回车**

2. 绘制正六边形

命令：Polygon

菜单：设计→正多边形

命令: _polygon
输入边的数目 <4>: **输入 6，回车**
指定正多边形的中心点或[边（E）]: **捕捉同心圆圆心**
输入选项[内接于圆（I）/外切于圆（C）] <I>: **输入 c，回车**
指定圆的半径: **输入 50，回车**

现在的图形如图 2.78 所示。

3. 绘制直线

命令：Line

菜单：设计→直线

快捷键：L

按图 2.78 所示拾取点。

命令: _line
指定第一点: **打开对象捕捉功能，拾取点 1**
指定下一点或[放弃（U）]: **拾取点 2**
指定下一点或[放弃（U）]: **回车，结束命令**

4. 修改图线线型

命令：Properties

菜单：修改→特性→特性

快捷键：Ctrl+1

（1）执行 Properties 命令显示特性窗口；
（2）选择水平直线和半径为 50 的大圆；

（3）在“特性”窗口中将所选图线的线型改为 PHANTOM2，线型比例改为 25.4；
（4）按 ESC 键取消选择。

修改后的图形如图 2.79 所示。

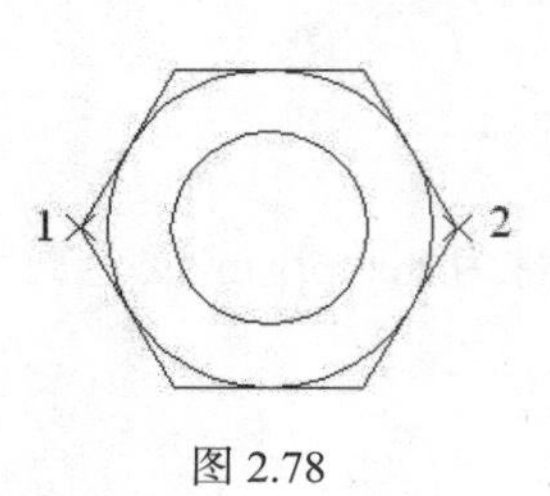

图 2.78

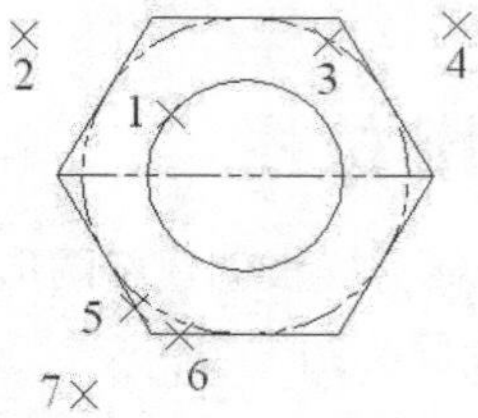

图 2.79

5. 定义截面轮廓

命令：AMProfile

菜单：零件→草图处理→定义截面轮廓

命令: _amprofile
选择要生成草图的对象: **选择图中的直线、正六边形以及 2 个同心圆**
选择要生成草图的对象: **回车**
计算...
计算...
还需要 3 个驱动尺寸或草图约束才能完全约束草图
计算...

6. 约束截面轮廓

命令：AMParDim

菜单：零件→尺寸标注→添加驱动尺寸

按图 2.79 所示拾取点。

命令: _ampardim
选择第一个对象: **拾取点 1**
选择第二个对象或定位驱动尺寸: **拾取点 2**
输入尺寸值或[放弃（U）/半径（R）/坐标（O）/定位点（P）]<60>: **直接回车**
还需要 2 个驱动尺寸或草图约束才能完全约束草图

选择第一个对象: **拾取点 3**
选择第二个对象或定位驱动尺寸: **拾取点 4**
输入尺寸值或[放弃（U）/半径（R）/坐标（O）/定位点（P）]<100>: **直接回车**
还需要 1 个驱动尺寸或草图约束才能完全约束草图

选择第一个对象: **拾取点 5**
选择第二个对象或定位驱动尺寸: **拾取点 6**
指定驱动尺寸位置: **拾取点 7**
输入尺寸值或[放弃（U）/水平（H）/竖直（V）/对齐（A）/平行（P）/角度（N）/坐标（O）/直径（D）/定位点（L）]<0>: **输入 n，回车，表示标注角度尺寸**
输入尺寸值或[放弃（U）/定位点（P）]<120>: **直接回车**
草图已被完全约束

选择第一个对象: **回车，结束命令**

添加驱动尺寸后的图形如图 2.80 所示。

7. 改变视图观察方向

命令：amdt_front_right_iso

菜单：视图→三维视图→东南等轴测

快捷键：8

```
命令：8
```

此时图形观察方向如图 2.81 所示。

8. 拉伸截面轮廓

命令：AMExtrude

菜单：零件→草图特征→拉伸

```
命令: _amextrude
在“拉伸”对话框中设置拉伸距离为 40，单击“确定”按钮
检测到多个闭合回路——某些终止类型不能用于多个回路（下一个、平面、表面、延伸面和从表面到表面）
计算...
```

选择“切换显示方式”按钮，生成的六棱柱模型如图 2.81 所示。

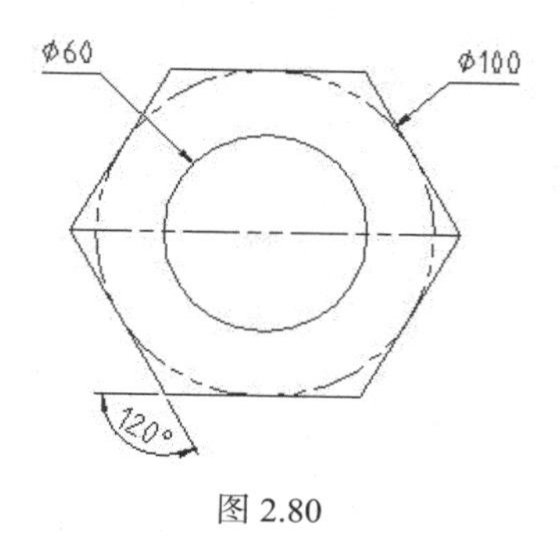

图 2.80

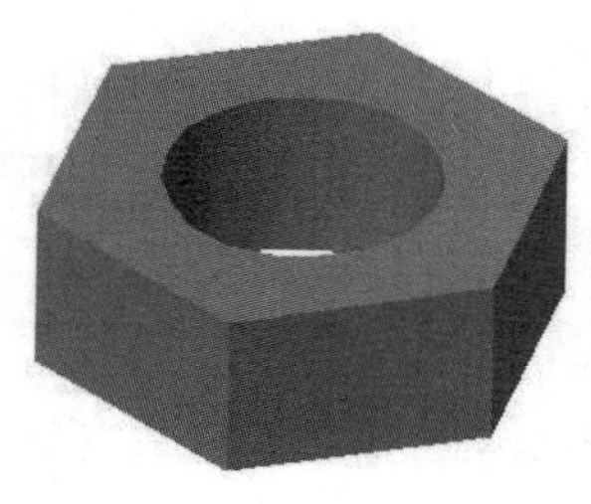

图 2.81

9. 创建三视图

命令：AMDWGView

菜单：出图→新建视图

下面的操作中，第 1 个视图类型为基础视图，作为俯视图使用，第 2、3 个视图类型为正交视图，分别作为主视图和左视图。

```
命令: _amdwgview
在“创建工程视图”对话框中，设置“比例”为 0.5，单击“确定”按钮，继续下面的操作
选择平面、工作平面或[标准视图（T）/Ucs（U）/视图（V）/wcs 的 xy 面（X）/wcs 的 yz 面（Y）/wcs 的 zx 面（Z）]: 输入 u 后回车
调整方位[反向（F）/旋转（R）]<接受（A）>: 回车
正在重生成布局
指定基础视图位置: 在图框中适当位置单击左键，放置基础视图
指定基础视图位置: 调整基础试图位置
指定基础视图位置: 回车，结束命令

命令: 回车，重复执行“新建视图”命令
AMDWGVIEW
在“创建工程视图”对话框中，设置“视图类型”为“正交视图”，单击“确定”按钮
```

选择父视图：在基础视图上单击左键
指定正交视图位置：在基础视图上方适当位置单击左键放置正交视图
指定正交视图位置：调整正教视图位置
指定正交视图位置：回车，结束命令
命令：回车，重复执行"新建视图"命令
AMDWGVIEW
在"创建工程视图"对话框中，单击"确定"按钮
选择父视图：在主视图上单击左键
指定正交视图位置：在主视图右侧适当位置单击左键放置正交视图
指定正交视图位置：调整正教视图位置
指定正交视图位置：回车，结束命令

生成的三视图如图 2.82 所示，对图中的尺寸进行适当编辑，可以得到规范的三视图。

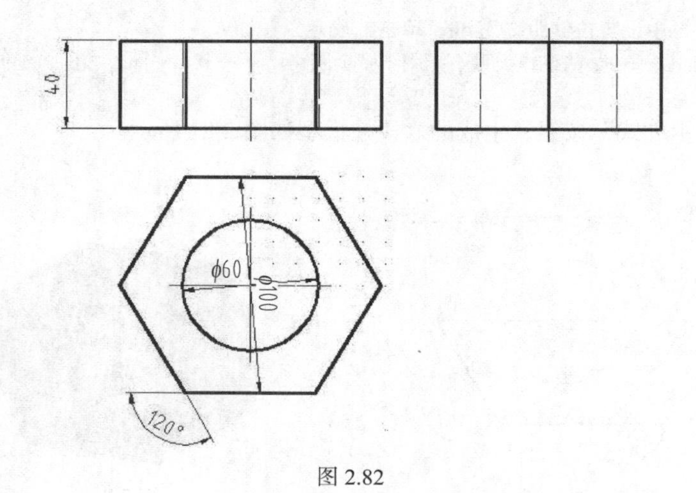

图 2.82

2.9.2 创建棱锥

1. 以 GB_A4.dwt 为样板创建新文件，并保存图形文件名为 Pyramid.dwg。

2. 绘制正方形

命令：Polygon

菜单：设计→正多边形

命令: _polygon
输入边的数目 <4>: 回车
指定正多边形的中心点或[边（E）]: 输入"0，0"，回车
输入选项[内接于圆（I）/外切于圆（C）] <I>: **输入 C，回车**
指定圆的半径： **输入 25，回车**

3. 定义截面轮廓

命令：AMProfile

菜单：零件→草图处理→定义截面轮廓

命令: _amprofile
选择要生成草图的对象：选择图中的正方形

选择要生成草图的对象: **回车**
计算...
计算...
还需要 2 个驱动尺寸或草图约束才能完全约束草图
计算...

4. 添加等长约束

命令：amdt_addcon_length

菜单：零件→二维约束→等长

命令: amdt_addcon_length
有效的选择: 直线或样条曲线段
选择第一个对象: **选择正方形草图中的水平线**
有效的选择: 直线或样条曲线段
选择第二个对象: **选择竖直线**
还需要 1 个驱动尺寸或草图约束才能完全约束草图
有效的选择: 直线或样条曲线段
选择第一个对象: **回车**
输入选项[水平（H）/竖直（V）/垂直（PE）/平行（PA）/相切（T）/共线（CL）/同心（CN）/投影（PR）/连接（J）/X 坐标相等（XV）/Y 坐标相等（YV）/等半径（R）/等长（L）/镜像（M）/固定（F）/退出（X）]<退出>: **回车，结束命令**

5. 添加驱动尺寸

命令：AMParDim

菜单：零件→尺寸标准→添加驱动尺寸

命令: _ampardim
选择第一个对象: **选择正方形草图的任意一边**
选择第二个对象或定位驱动尺寸: **在图中空白处拾取一点**
输入尺寸值或
[放弃（U）/水平（H）/竖直（V）/对齐（A）/平行（P）/角度（N）/坐标（O）/直径（D）/定位点（L）]<50>: **回车**
草图已被完全约束
选择第一个对象: **回车，结束命令**

6. 创建工作平面

命令：AMWorkPln

菜单：零件→定位特征→工作平面

命令: _amworkpln
在"工作平面"对话框中，设置"第一修改方式"为"与平面平行"，"第二修改方式"为"偏移"，并设定偏移距离为 100。单击"确定"按钮
选择工作平面、平面或
[WCS 的 XY 面（X）/WCS 的 YZ 面（Y）/WCS 的 ZX 面（Z）/UCS（U）]: **输入 x 后回车**
计算...
输入选项[反向（F）/接受（A）]<接受（A）>: **回车**
计算...
计算...
平面=参数化
选择用于对齐 X 轴的边或[反向（F）/旋转（R）/原点（O）]<接受（A）>: **回车**

7. 创建工作点

命令：AMWorkPt

菜单：零件→定位特征→工作点

```
命令: _amworkpt
工作点将放在当前草图平面上。
指定工作点的位置: 输入“0，0”后回车
计算...
```

8. 改变视图观察方向

命令：amdt_front_right_iso

菜单：视图→三维视图→东南等轴测

快捷键：8

```
命令：8
```

9. 创建放样特征

命令：AMLoft

菜单：零件→草图特征→放样

```
命令: _amloft
选择要放样的截面轮廓或平面: 选择正方形草图
选择要放样的截面轮廓或平面: 选择工作点
输入选项[下一个（N）/接受（A）]<接受（A）>:  回车
输入选项[重新定义截面（R）]<接受（A）>: 回车
在“放样”对话框中，设置“类型”为“线性”，单击“确定”按钮，完成放样操作
计算...
```

生成的四棱锥如图 2.83 所示，图中隐藏了工作平面。

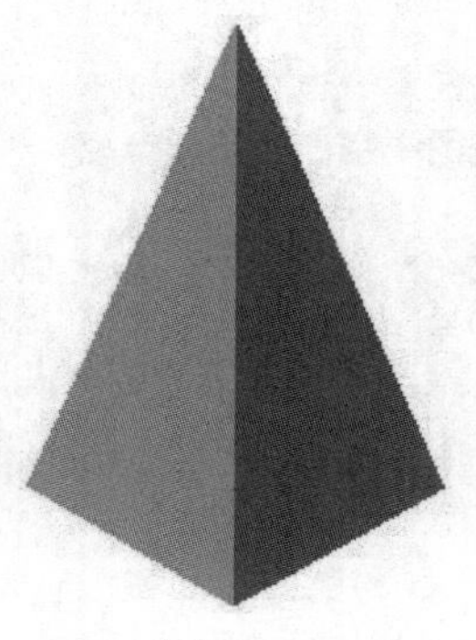

图 2.83

2.9.3 创建回转体模型

1. 使用合适的样板创建新图形文件，并保存图形文件名为 Handle.dwg
2. 按图示尺寸在模型空间绘制图 2.84 所示草图（不要标注尺寸）

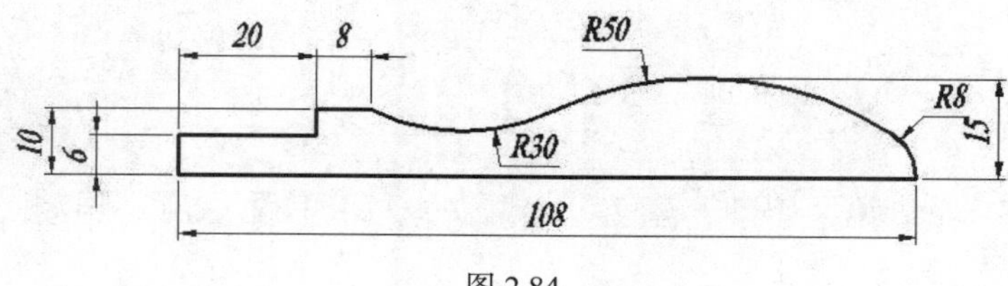

图 2.84

3. 定义截面轮廓

命令：AMProfile

菜单：零件→草图处理→定义截面轮廓

命令: _amprofile
选择要生成草图的对象: **选择图中所有图线**
选择要生成草图的对象: **回车，结束选择**
计算...
计算...
还需要 11 个驱动尺寸或草图约束才能完全约束草图
计算...

4. 约束草图

命令：AMAddCon、AMParDim

菜单：零件→二维约束→…、零件→尺寸标注→添加驱动尺寸

参考图 2.85 所示选择图线或输入点。

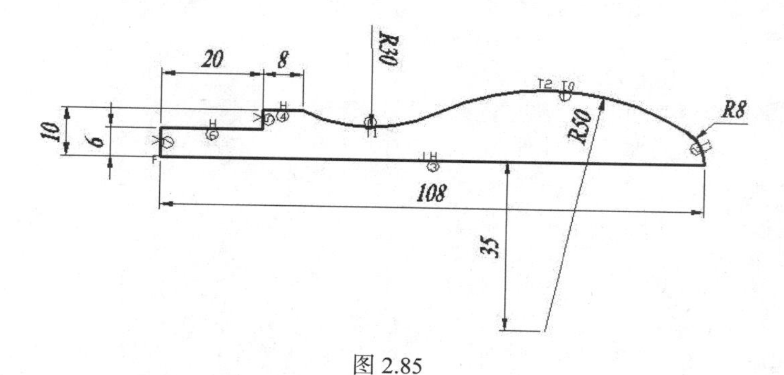

图 2.85

选择菜单“零件→二维约束→相切”

命令: amdt_addcon_tangent
有效的选择: 直线、圆、圆弧、椭圆或样条曲线段
选择要重定位的对象: **选择半径为 8 的圆弧**
有效的选择: 直线、圆、圆弧、椭圆或样条曲线段
选择与之相切的对象: **选择半径为 50 的圆弧**

还需要 10 个驱动尺寸或草图约束才能完全约束草图

有效的选择: 直线、圆、圆弧、椭圆或样条曲线段
选择要重定位的对象: **回车**
输入选项[水平（H）/竖直（V）/垂直（PE）/平行（PA）/相切（T）/共线（CL）/同心（CN）/投影（PR）/连接（J）/X 坐标相等（XV）/Y 坐标相等（YV）/等半径（R）/等长（L）/镜像（M）/固定（F）/退出（X）]<退出>: **输入 PR 后回车**
有效的选择: 直线、圆、圆弧、椭圆、工作点或样条曲线段
指定投影点: **输入 cen 后回车**
_cen 于 **选择半径为 8 的圆弧**
有效的选择: 直线、圆、圆弧、椭圆或样条曲线段
选择被投影的对象: **选择长度为 108 的水平直线**

还需要 9 个驱动尺寸或草图约束才能完全约束草图

有效的选择：直线、圆、圆弧、椭圆、工作点或样条曲线段

指定投影点：**回车**

输入选项[水平（H）/竖直（V）/垂直（PE）/平行（PA）/相切（T）/共线（CL）/同心（CN）/投影（PR）/连接（J）/X 坐标相等（XV）/Y 坐标相等（YV）/等半径（R）/等长（L）/镜像（M）/固定（F）/退出（X）]<退出>：**回车**

选择菜单“零件→尺寸标注→添加驱动尺寸”

命令：_ampardim

选择第一个对象：**选择长度为 108 的水平线条**

选择第二个对象或定位驱动尺寸：**在下方空白处拾取一点**

输入尺寸值或[放弃（U）/水平（H）/竖直（V）/对齐（A）/平行（P）/角度（N）/坐标（O）/直径（D）/定位点（L）]<108>：**回车**

还需要 8 个驱动尺寸或草图约束才能完全约束草图

选择第一个对象：**选择长度为 6 的竖直线**

选择第二个对象或定位驱动尺寸：**在左侧空白处拾取一点**

输入尺寸值或[放弃（U）/水平（H）/竖直（V）/对齐（A）/平行（P）/角度（N）/坐标（O）/直径（D）/定位点（L）]<6>：**回车**

还需要 7 个驱动尺寸或草图约束才能完全约束草图

选择第一个对象：**选择长度为 20 的水平线条**

选择第二个对象或定位驱动尺寸：在上方空白处拾取一点

输入尺寸值或[放弃（U）/水平（H）/竖直（V）/对齐（A）/平行（P）/角度（N）/坐标（O）/直径（D）/定位点（L）]<20>：**回车**

还需要 6 个驱动尺寸或草图约束才能完全约束草图

选择第一个对象：**选择长度为 8 的水平线条**

选择第二个对象或定位驱动尺寸：在上方空白处拾取一点

输入尺寸值或[放弃（U）/水平（H）/竖直（V）/对齐（A）/平行（P）/角度（N）/坐标（O）/直径（D）/定位点（L）]<8>：**回车**

还需要 5 个驱动尺寸或草图约束才能完全约束草图

选择第一个对象：**选择半径为 30 的圆弧**

选择第二个对象或定位驱动尺寸：**在上方空白处拾取一点**

输入尺寸值或[放弃（U）/半径（R）/坐标（O）/定位点（P）]<30>：**回车**

还需要 4 个驱动尺寸或草图约束才能完全约束草图

选择第一个对象：**选择半径为 50 的圆弧**

选择第二个对象或定位驱动尺寸：**在下方空白处拾取一点**

输入尺寸值或[放弃（U）/半径（R）/坐标（O）/定位点（P）]<50>：**回车**

还需要 3 个驱动尺寸或草图约束才能完全约束草图

选择第一个对象：选择半径为 8 的圆弧

选择第二个对象或定位驱动尺寸：**在右上角空白处拾取一点**

输入尺寸值或[放弃（U）/半径（R）/坐标（O）/定位点（P）]<8>：**回车**

还需要 2 个驱动尺寸或草图约束才能完全约束草图

选择第一个对象: **选择半径为 50 的圆弧**
选择第二个对象或定位驱动尺寸: **选择长度为 108 的水平线**
指定驱动尺寸位置: **在下方拾取一点**
输入尺寸值或
[放弃(U)/水平(H)/竖直(V)/对齐(A)/平行(P)/角度(N)/坐标(O)/直径(D)/定位点(L)]<35>: **回车**
还需要 1 个驱动尺寸或草图约束才能完全约束草图

选择第一个对象: **选择长度为 8 的水平线**
选择第二个对象或定位驱动尺寸: **选择长度为 108 的水平线**
指定驱动尺寸位置: **在左侧适当位置拾取一点**
输入尺寸值或
[放弃(U)/水平(H)/竖直(V)/对齐(A)/平行(P)/角度(N)/坐标(O)/直径(D)/定位点(L)]<10>: **回车**
草图已被完全约束

选择第一个对象: **回车，结束命令**

完全约束后的草图如图 2.85 所示。

5. 创建旋转特征

命令：AMRevolve

菜单：零件→草图特征→旋转

命令: 8(执行快捷键 8，切换观察方向为东南等轴测方向)
命令: amrevolve
选择旋转轴: **选择长度为 108 的水平线条**
在"旋转"对话框中单击"确定"按钮
计算...

旋转生成的手柄模型如图 2.86 所示。

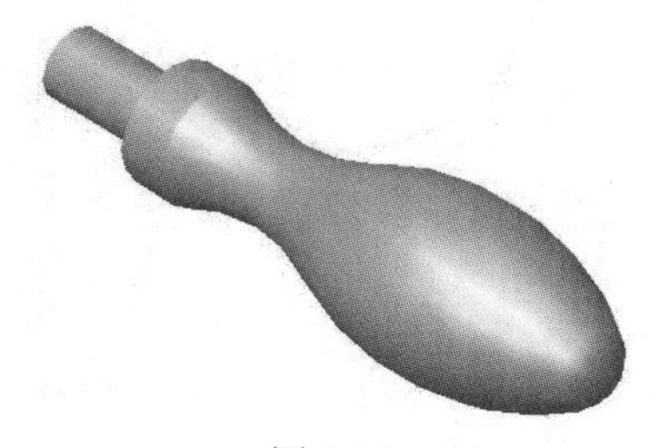

图 2.86

2.9.4　创建截交体模型

1. 使用合适的样板创建新图形文件，并保存文件名为 Plane_cut.dwg

2. 绘制草图

命令：Circle

菜单：设计→圆→圆心、半径

快捷键：C

命令: _circle

指定圆的圆心或[三点（3P）/两点（2P）/切点、切点、半径（T）]: **在绘图区适当位置拾取一点**

指定圆的半径或[直径（D）]: **输入 25 后回车**

3. 定义截面轮廓

命令：AMProfile

菜单：零件→草图处理→定义截面轮廓

命令: _amprofile

选择要生成草图的对象: **选择圆**

找到 1 个

选择要生成草图的对象: **回车**

计算...

计算...

还需要 1 个驱动尺寸或草图约束才能完全约束草图

计算...

4. 约束截面轮廓

命令：AMParDim

菜单：零件→尺寸标注→添加驱动尺寸

命令: _ampardim

选择第一个对象: **选择圆周**

选择第二个对象或定位驱动尺寸: **在屏幕空白处拾取一点**

输入尺寸值或[放弃（U）/半径（R）/坐标（O）/定位点（P）]<50>: **回车，接受默认尺寸**

草图已被完全约束

选择第一个对象: **回车，结束命令**

现在的截面轮廓如图 2.87 所示。

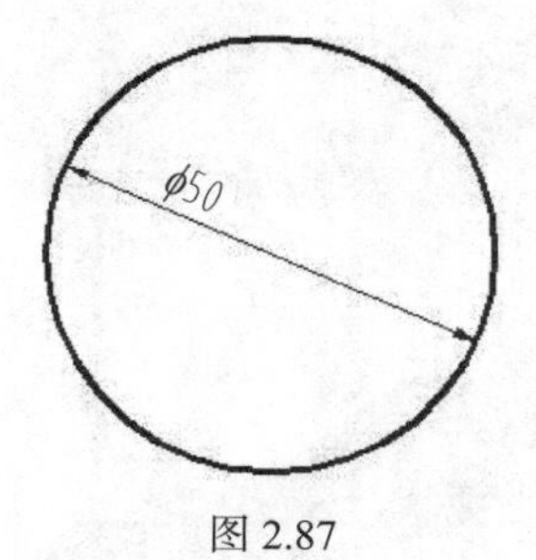

图 2.87

5. 生成草图特征

命令：AMExtrude

菜单：零件→草图特征→拉伸

命令: 8（执行快捷键 8，切换观察方向为东南等轴测方向）

命令: _amextrude

在“拉伸”对话框中，设置拉伸距离为 80，单击“确定按钮”

计算...

6. 定义工作轴

命令：AMWorkAxis

菜单：零件→定位特征→工作轴

命令: _amworkaxis

选择圆柱、圆锥、圆环或[草图（S）]: **选择圆柱面**
计算...

7. 定义工作平面

命令：AMWorkPln

菜单：零件→定位特征→工作平面

命令: _amworkpln
在“工作平面”对话框中，设置“第一修改方式”为“过边/工作轴”，“第二修改方式”为“与平面平行”，单击“确定”按钮
选择工作轴、直边或
[WCS 的 X 轴（X）/WCS 的 Y 轴（Y）/WCS 的 Z 轴（Z）]: **选择步骤 6 创建的工作轴**
选择工作平面、平面
或[WCS 的 XY 面（X）/WCS 的 YZ 面（Y）/WCS 的 ZX 面（Z）/UCS（U）]:　**输入 z 后回车**
计算...
计算...
计算...
平面=参数化
选择用于对齐 X 轴的边或[反向（F）/旋转（R）/原点（O）]<接受（A）>: **输入 r 后回车**
平面=参数化
选择用于对齐 X 轴的边或[反向（F）/旋转（R）/原点（O）]<接受（A）>: **输入 r 后回车**
平面=参数化
选择用于对齐 X 轴的边或[反向（F）/旋转（R）/原点（O）]<接受（A）>: **输入 r 后回车**
平面=参数化
选择用于对齐 X 轴的边或[反向（F）/旋转（R）/原点（O）]<接受（A）>: **回车，结束命令**

8. 正视草图方向

命令：Plan

命令: plan
输入选项[当前 UCS（C）/UCS（U）/世界（W）]<当前 UCS>: C（**C 为系统自动输入）**
正在重生成模型

9. 绘制草图

命令：Rectang 或 AMRectang

菜单：设计→矩形

下面的操作按图 2.88 所示大概位置和大小绘制 3 个矩形。

命令: _amrectang
指定第一个角点或[基础（B）/高度（H）/中心点（C）]<对话框（D）>: **指定第 1 个矩形第一个角点**
指定第二个角点或[整个基准（F）/一半基准（H）]<整个基准（F）>: **指定第 1 个矩形第二个角点**

命令: **回车，重复执行矩形命令**
_AMRECTANG
指定第一个角点或[基础（B）/高度（H）/中心点（C）]<对话框（D）>: **指定第 2 个矩形第一个角点**
指定第二个角点或[整个基准（F）/一半基准（H）]<整个基准（F）>: **指定第 2 个矩形第二个角点**

命令: **回车，重复执行矩形命令**
_AMRECTANG
指定第一个角点或[基础（B）/高度（H）/中心点（C）]<对话框（D）>: **指定第 3 个矩形第一个角点**
指定第二个角点或[整个基准（F）/一半基准（H）]<整个基准（F）>: **指定第 3 个矩形第二个角点**

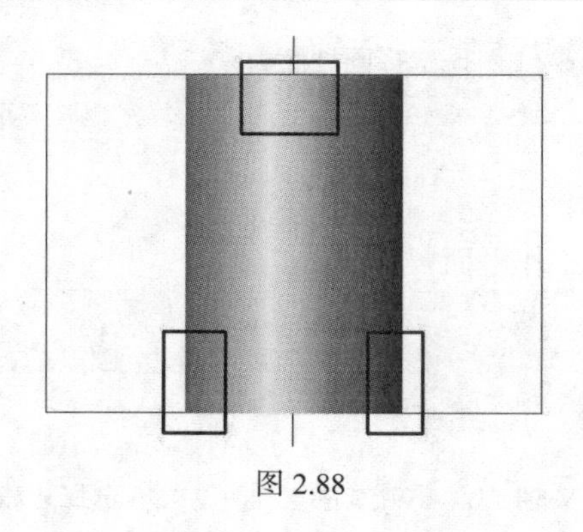

图 2.88

10. 定义截面轮廓

命令：AMProfile

菜单：零件→草图处理→定义截面轮廓

命令: _amprofile
选择要生成草图的对象: **选择步骤 9 绘制的 3 个矩形**
选择要生成草图的对象: **回车，结束选择**
还需要 10 个驱动尺寸或草图约束才能完全约束草图

注意，由于三个矩形的尺寸差异及位置关系不同，需要的驱动尺寸或草图约束数量与本例可能会有所不同，请读者注意甄别。

11. 约束截面轮廓

命令：AMDT_AddCon_Colinear、AMParDim

菜单：零件→二维约束→共线、零件→尺寸标注→添加驱动尺寸

下面的操作过程可参考图 2.89 所示选择图线或拾取点。

注意，下述操作步骤仅供参考，因为用户可以采用不同的约束方法约束截面轮廓。

选择菜单“零件→二维约束→共线”

命令: amdt_addcon_collinear
有效的选择: 直线或样条曲线段
选择要重定位的对象: **选择上方矩形的上底边**
有效的选择: 直线或样条曲线段
选择与之共线的对象: **选择圆柱的上底面（即图中的相应直线段）**
还需要 9 个驱动尺寸或草图约束才能完全约束草图

有效的选择: 直线或样条曲线段
选择要重定位的对象: **选择下方左侧矩形的下底边**
有效的选择: 直线或样条曲线段
选择与之共线的对象: **选择圆柱的下底面（即图中的相应直线段）**
还需要 8 个驱动尺寸或草图约束才能完全约束草图

注意，在本例中，由于系统自动为下方两个矩形的下底边添加了共线约束，所以右侧矩形自动变得与圆柱下底面共线，否则，用户应重复上述过程，为右侧矩形添加共线约束

有效的选择: 直线或样条曲线段
选择要重定位的对象: **回车**
输入选项[水平（H）/竖直（V）/垂直（PE）/平行（PA）/相切（T）/共线（CL）/同心（CN）/投影（PR）/

连接（J）/X 坐标相等（XV）/Y 坐标相等（YV）/等半径（R）/等长（L）/镜像（M）/固定（F）/退出（X）]<退出>: **回车，结束命令**

选择菜单“零件→尺寸标注→添加驱动尺寸”

命令: _ampardim
选择第一个对象: **选择上方矩形的下底边**
选择第二个对象或定位驱动尺寸: **在空白处拾取一点**
输入尺寸值或[放弃（U）/水平（H）/竖直（V）/对齐（A）/平行（P）/角度（N）/坐标（O）/直径（D）/定位点（L）]<22.1239>: **输入 24 后回车**
还需要 7 个驱动尺寸或草图约束才能完全约束草图

选择第一个对象: **选择上方矩形的左侧边**
选择第二个对象或定位驱动尺寸: **选择工作轴**
指定驱动尺寸位置: 在上方空白处拾取一点
输入尺寸值或[放弃（U）/水平（H）/竖直（V）/对齐（A）/平行（P）/角度（N）/坐标（O）/直径（D）/定位点（L）]<12.1432>: **如果显示的预览尺寸为斜向尺寸，则输入 h 后回车，继续执行下面的操作，否则，直接执行下一步操作**
输入尺寸值或[放弃（U）/水平（H）/竖直（V）/对齐（A）/平行（P）/角度（N）/坐标（O）/直径（D）/定位点（L）]<12.1432>: **输入 12 后回车**
还需要 6 个驱动尺寸或草图约束才能完全约束草图

选择第一个对象: **选择上方矩形左侧边**
选择第二个对象或定位驱动尺寸: **在左侧空白处拾取一点**
输入尺寸值或[放弃（U）/水平（H）/竖直（V）/对齐（A）/平行（P）/角度（N）/坐标（O）/直径（D）/定位点（L）]<16.9621>: **输入 25 后回车**
还需要 5 个驱动尺寸或草图约束才能完全约束草图

选择第一个对象: **选择下方左侧矩形右侧边**
选择第二个对象或定位驱动尺寸: **选择工作轴**
指定驱动尺寸位置: 在下方空白处拾取一点
输入尺寸值或[放弃（U）/水平（H）/竖直（V）/对齐（A）/平行（P）/角度（N）/坐标（O）/直径（D）/定位点（L）]<20.4571>: **如果预览尺寸为斜向，输入 h 后回车，否则，直接执行下一步操作**
输入尺寸值或[放弃（U）/水平（H）/竖直（V）/对齐（A）/平行（P）/角度（N）/坐标（O）/直径（D）/定位点（L）]<15.4701>: **输入 12 后回车**
还需要 4 个驱动尺寸或草图约束才能完全约束草图

选择第一个对象: **选择下方右侧矩形左侧边**
选择第二个对象或定位驱动尺寸: **选择工作轴**
指定驱动尺寸位置: **在下方空白处拾取一点**
输入尺寸值或[放弃（U）/水平（H）/竖直（V）/对齐（A）/平行（P）/角度（N）/坐标（O）/直径（D）/定位点（L）]<20.4571>: **如果预览尺寸为斜向，输入 h 后回车，否则，直接执行下一步操作**
输入尺寸值或[放弃（U）/水平（H）/竖直（V）/对齐（A）/平行（P）/角度（N）/坐标（O）/直径（D）/定位点（L）]<15.4701>: **输入 12 后回车**
还需要 3 个驱动尺寸或草图约束才能完全约束草图

选择第一个对象: **选择下方左侧矩形左侧边**
选择第二个对象或定位驱动尺寸: **在左侧空白处拾取一点**

输入尺寸值或[放弃（U）/水平（H）/竖直（V）/对齐（A）/平行（P）/角度（N）/坐标（O）/直径（D）/定位点（L）]<23.9465>: **输入25后回车**

还需要2个驱动尺寸或草图约束才能完全约束草图

注意，在本例中，系统自动为下方两个矩形的竖直边添加了“等长”约束，因此无需再标注右侧矩形高度，否则，用户应标注右侧矩形高度，或为它们添加“等长”约束

选择第一个对象: **选择下方左侧矩形下底边**

选择第二个对象或定位驱动尺寸: **在下方空白处拾取一点**

输入尺寸值或[放弃（U）/水平（H）/竖直（V）/对齐（A）/平行（P）/角度（N）/坐标（O）/直径（D）/定位点（L）]<17.7758>: **输入18后回车**

还需要1个驱动尺寸或草图约束才能完全约束草图

选择第一个对象: **选择下方右侧矩形下底边**

选择第二个对象或定位驱动尺寸: **在下方空白处拾取一点**

输入尺寸值或[放弃（U）/水平（H）/竖直（V）/对齐（A）/平行（P）/角度（N）/坐标（O）/直径（D）/定位点（L）]<17.7758>: **输入18后回车**

草图已被完全约束

选择第一个对象: **回车，结束命令**

12. 生成拉伸特征

命令：AMExtrude

菜单：零件→草图特征→拉伸

命令: 8（执行快捷键6，切换观察方向为东南等轴测方向）

命令: _amextrude

在“拉伸”对话框中，设置“运算”方式为“求差”，“终止方式”类型为“对称贯通”，单击“确定”按钮

计算...

操作结果如图2.90所示（该图中已经创建了打孔特征，隐藏了工作轴、工作平面的显示）。用户可旋转模型，观察截交线的形状。

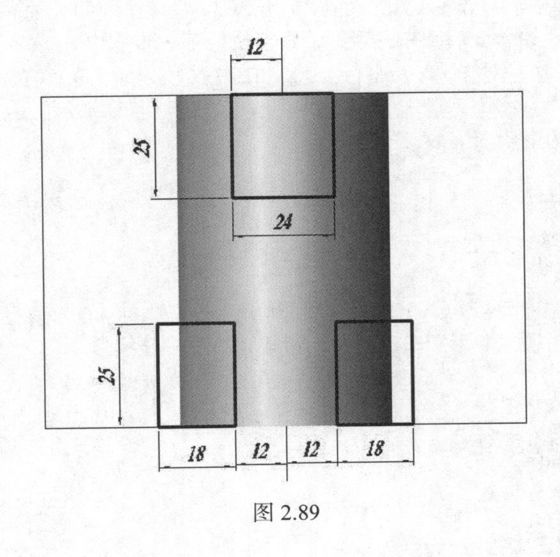

图2.89

图2.90

13. 创建打孔特征

命令：AMHole

菜单：零件→放置特征→打孔

命令: _amhole

在“打孔”对话框中，设置“终止方式”为“通过”，直径为 36，“定位方式”为“同心”，单击“确定”按钮

选择工作平面、平面或

[WCS 的 XY 面（X）/WCS 的 YZ 面（Y）/WCS 的 ZX 面（Z）/UCS（U）]: **选择圆柱上底面**

计算...

选择同心边: **选择上底面圆周**

计算...

计算...

计算...

选择工作平面、平面或

[WCS 的 XY 面（X）/WCS 的 YZ 面（Y）/WCS 的 ZX 面（Z）/UCS（U）]: **回车，结束命令**

完成的模型如图 2.90 所示，用户可以旋转模型，改变观察方向，体会圆柱体截交线的形状和画法。

14. 创建三视图

采用与 2.9.1 小节中类似的方法创建该模型三视图。

2.9.5　创建曲面相贯体模型

1. 选择合适的样板创建新图形文件，并保存图形文件名为 Revolution_intersection.dwg

2. 定义截面轮廓

如图 2.91 所示，按下述步骤定义截面轮廓。

（1）使用直线、圆、修剪等命令绘制图 2.91（a）所示草图，不要标注尺寸。

（2）使用 AMProfile 命令将草图转化为截面轮廓。

（3）使用 AMParDim 命令添加驱动尺寸，如图 2.91（a）所示，其中驱动尺寸 0 表示圆弧中心距离长度为 120 的竖直线 0。

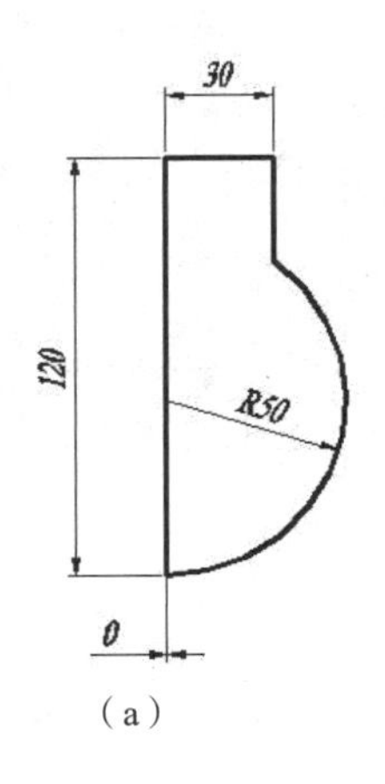

（a）

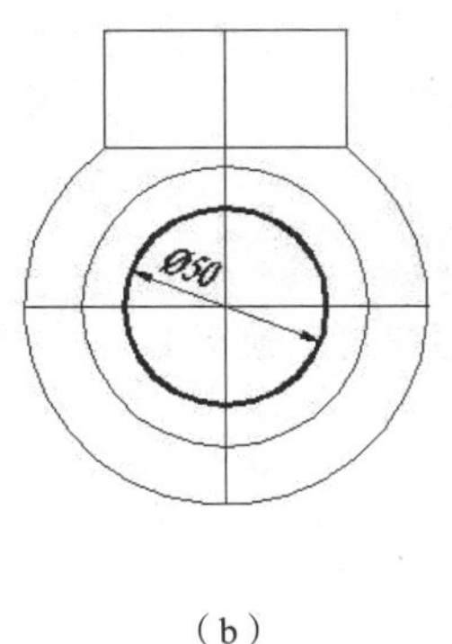

（b）

（c）

图 2.91

3. 创建旋转特征

选择菜单“零件→草图特征→旋转”，以长度为 120 的竖直线为旋转轴，创建旋转特征。

4. 定义截面轮廓

按图 2.91（b）所示定义截面轮廓。

5. 创建拉伸特征

选择菜单“零件→草图特征→拉伸”，以“对称贯通”方式创建拉伸特征，其运算方式为“求差”。

6. 创建打孔特征

命令：AMHolde

菜单：零件→放置特征→打孔

命令: _amhole

在“打孔”对话框中，设置“终止方式”为“通过”，直径为 40，“定位方式”为“同心”，单击“确定”按钮

选择工作平面、平面或

[WCS 的 XY 面（X）/WCS 的 YZ 面（Y）/WCS 的 ZX 面（Z）/UCS（U）]: **选择圆柱上端面**

计算...

选择同心边: **选择圆柱上端面圆周**

计算...

计算...

计算...

选择工作平面、平面或

[WCS 的 XY 面（X）/WCS 的 YZ 面（Y）/WCS 的 ZX 面（Z）/UCS（U）]: **回车，结束命令**

命令: **回车，重复打孔命令**

AMHOLE

在“打孔”对话框中，设置“终止方式”为“盲孔”，直径为 50，深度为 70，“定位方式”为“同心”，单击“确定”按钮

选择工作平面、平面或

[WCS 的 XY 面（X）/WCS 的 YZ 面（Y）/WCS 的 ZX 面（Z）/UCS（U）]: **选择圆柱上端面**

计算...

选择同心边: **选择圆柱上端面圆周**

计算...

计算...

计算...

选择工作平面、平面或

[WCS 的 XY 面（X）/WCS 的 YZ 面（Y）/WCS 的 ZX 面（Z）/UCS（U）]: **回车，结束命令**

创建模型如图 2.91（c）所示，用户可以旋转模型，或创建该模型三视图，观察相贯线的形状。

1. 由立体图作A，B两点的三面投影图，并将它们的坐标值填入下面的表格（从立体图中直接量取毫米取整）。

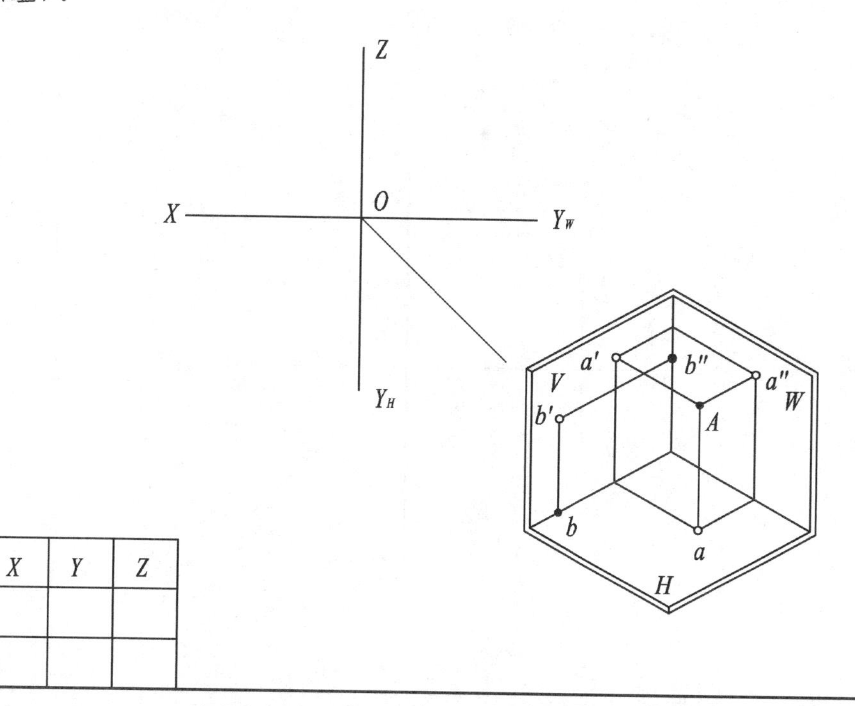

	X	Y	Z
A			
B			

2. 已知各点的三面投影图，将它们离各投影面的距离填入下面的表格（从图中量取毫米取整）。

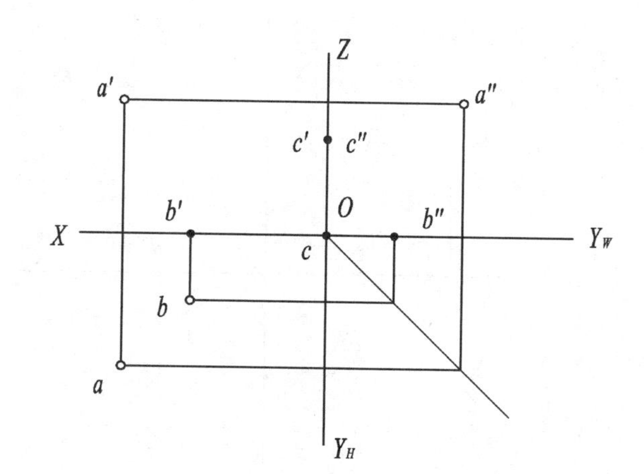

	W	V	H
A距			
B距			
C距			

点的投影 (1)	姓名		学号	

1. 已知A，B两点的两面投影，求它们第三面投影。

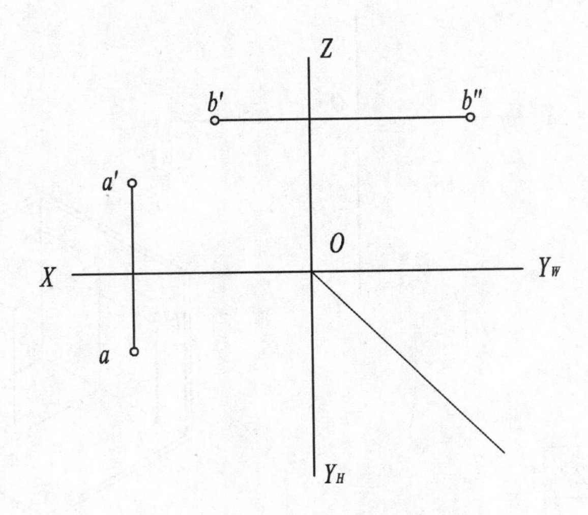

2. 已知 A，B，C，D 四点的两面投影，作它们的第三面投影。

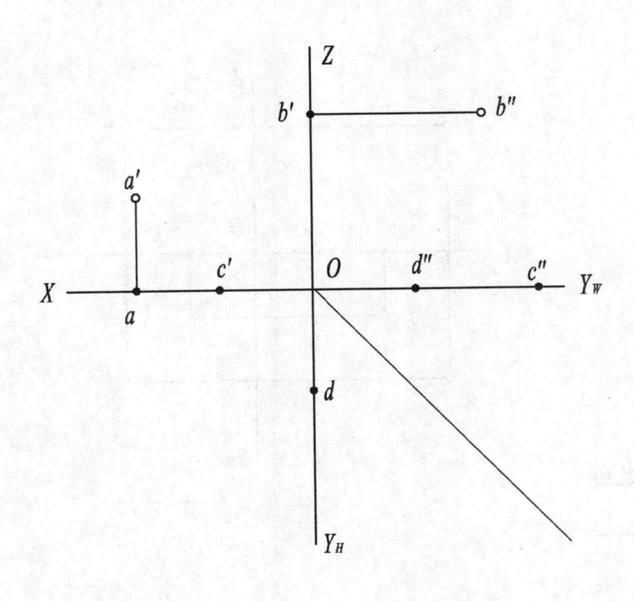

点的投影 (2)	姓名		学号	

1. 已知点 $A(20,15,25)$，作其三面投影图。

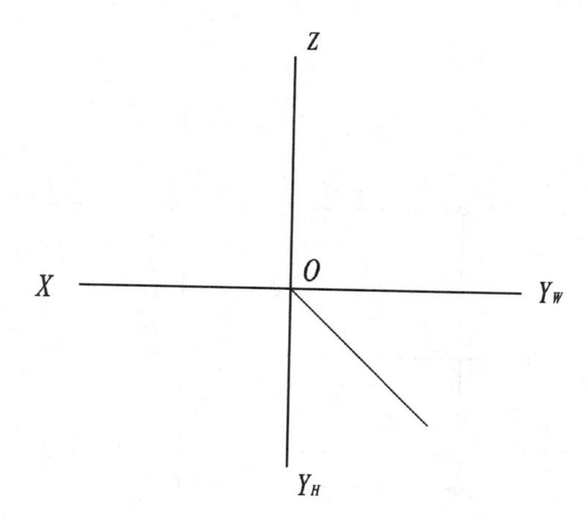

2. 作与投影面 V, H, W 距离均为 30mm 的 A 点的投影面。

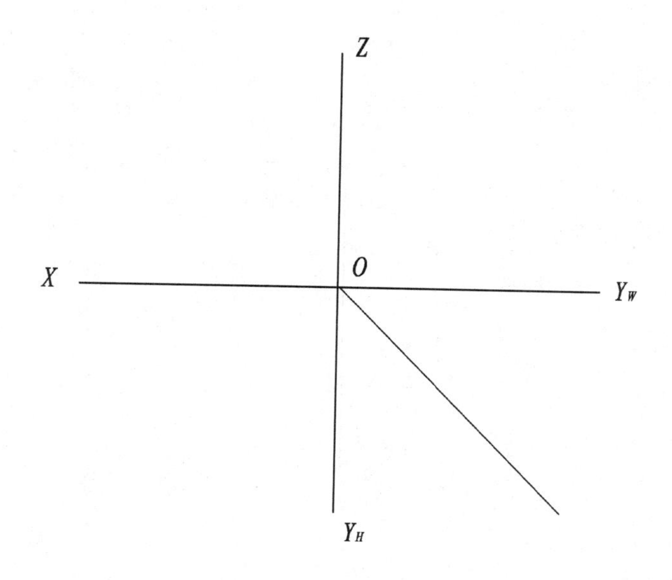

点的投影 (3)	姓名		学号	

1. 已知 A 点的三面投影，B 点在 A 点的右方、前方、上方，距离均为 10mm，作 B 点的三面投影。

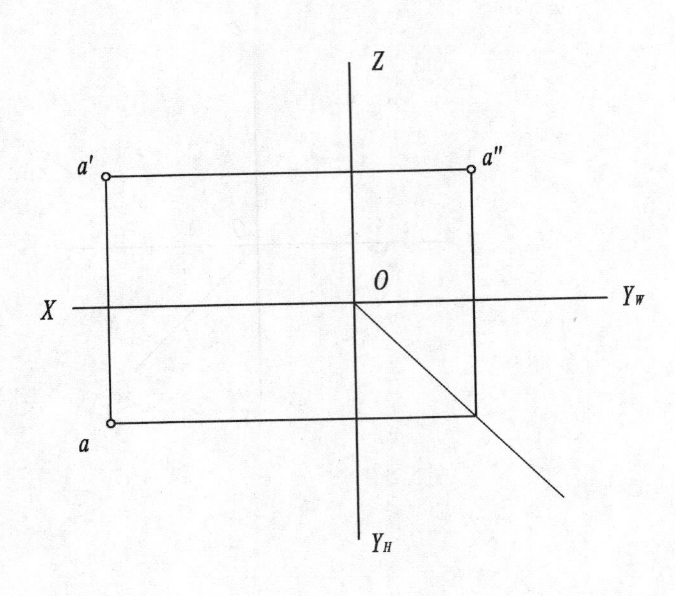

2. 已知 A 点的三面投影，B 点在 A 点的左方 20mm、前方 10mm、下方 15mm 处，作 B 点的三面投影（无轴投影）。

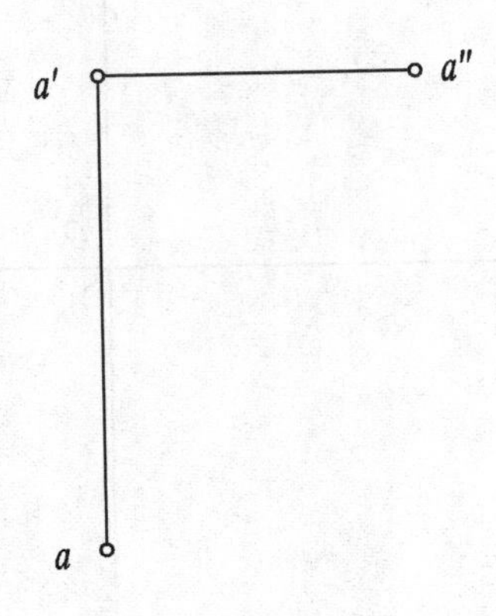

点的投影 (4)	姓名		学号	

1. 已知点A（20，15，25），B点在A点正下方的H面上，C点在A点正右方的W面上，作A，B，C三点的投影图，并判别重影点的可见性（不可见的投影加括号）。

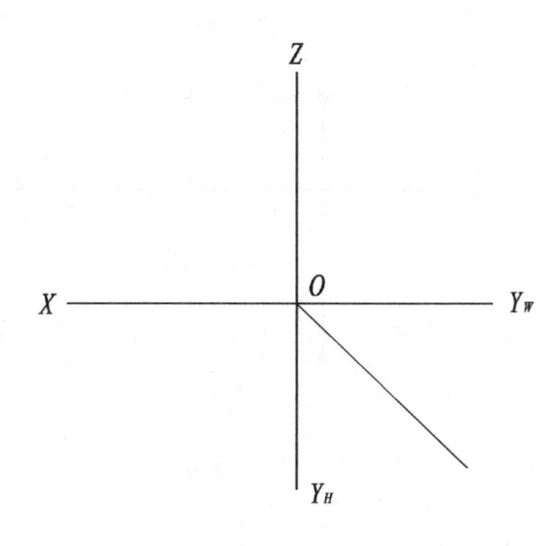

2. 已知A（30,10,20），B（15,25,15），作它们的三面投影图，并判 别其相对位置（图下填充）。

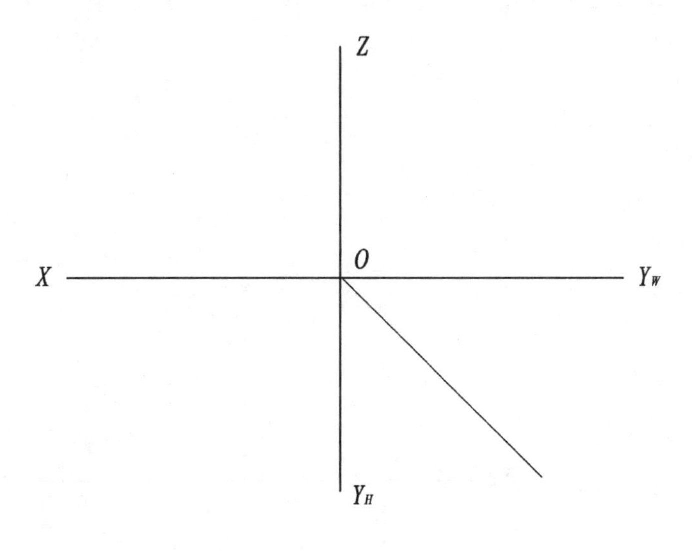

B点在A点的____方、____方、____方。

点的投影 (5)	姓名		学号	

裁

刀

1. 已知 A 点的三个投影和 B，C 两点的两个投影，作 B，C 两点的第三面投影图（无轴投影）。

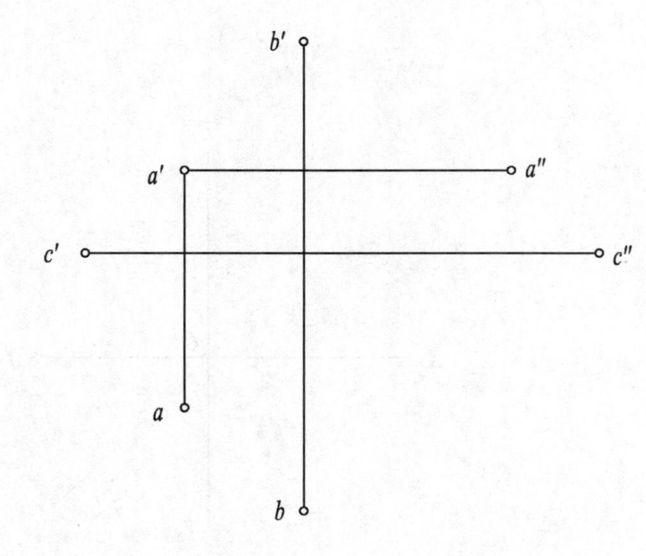

2. 已知 A 点距 V 面 25mm，B 点距 H 面 15mm, B 点在 A 点的后方 10mm 处，且它们在 H 面上的投影相距 30mm，完成 A，B 两点的两面投影图。有几解？

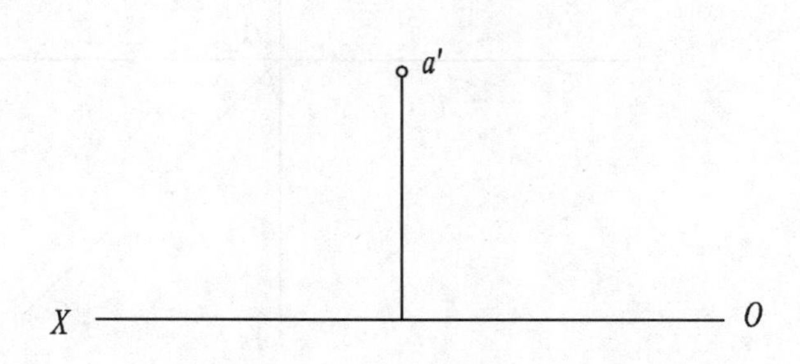

点的投影 (6)	姓名		学号	

裁 切

1. 已知直线的两端点 $A(30, 5, 5)$，$B(10, 20, 25)$，作该直线的三面投影图。

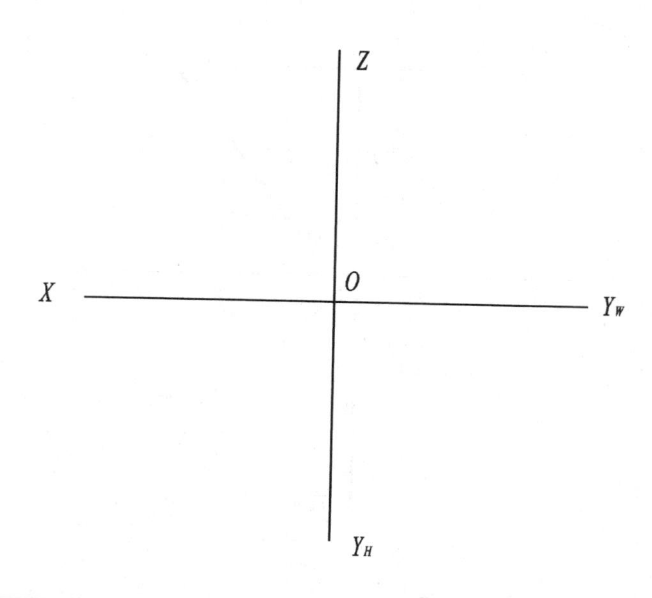

2. 判别下列直线的空间位置（图下填充）。

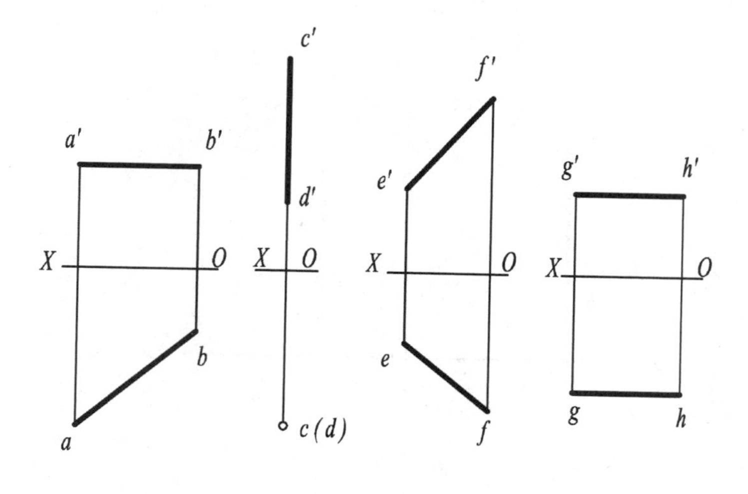

AB是______线，CD是______线，EF是______线，GH是______线。

直线的投影 (1)	姓名		学号	

1. 已知直线 EF 为侧平线，作该直线的 V 面、H 面投影，并在图上标出它与 H 面和 V 面得倾角 α 和 β。

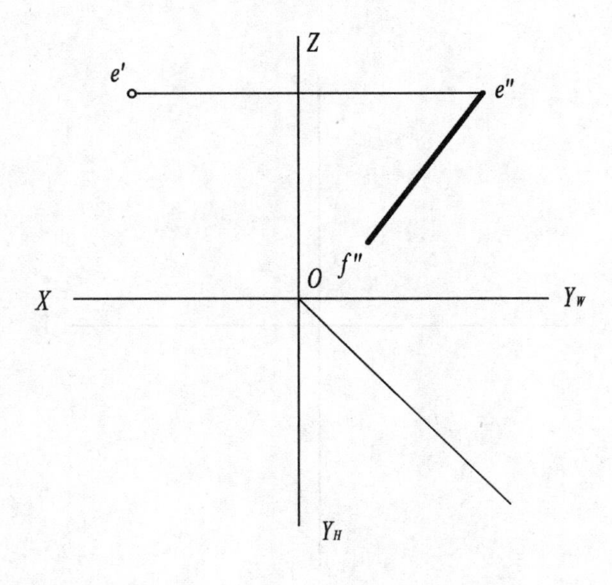

2. 已知直线 AB 为一铅垂线，它到 V 面及 W 面得距离相等，作该直线的 H 面及 W 面投影。

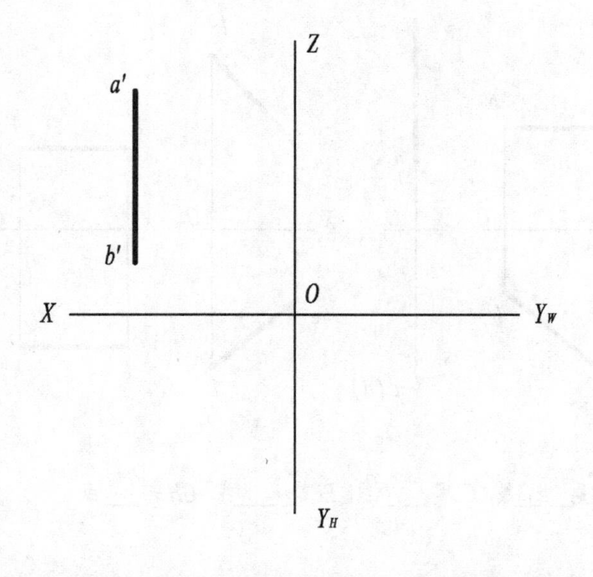

直线的投影 (2)	姓名		学号	

1. 已知 A、B、C 三点在同一直线上，完成它们的投影。

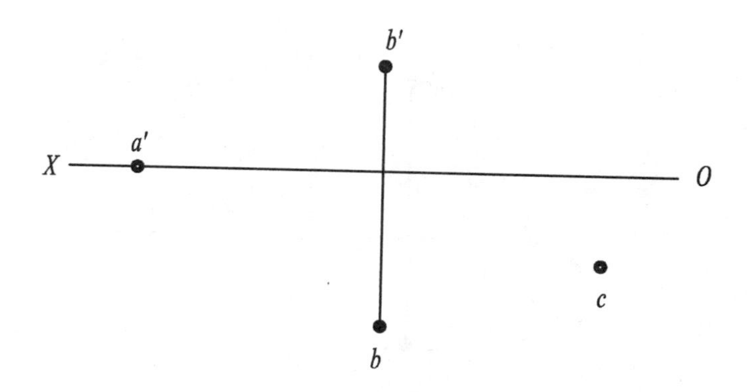

2. 已知直线 AB 在 V 面上，直线 CD 在 OY 轴上，完成它们的另两个投影。

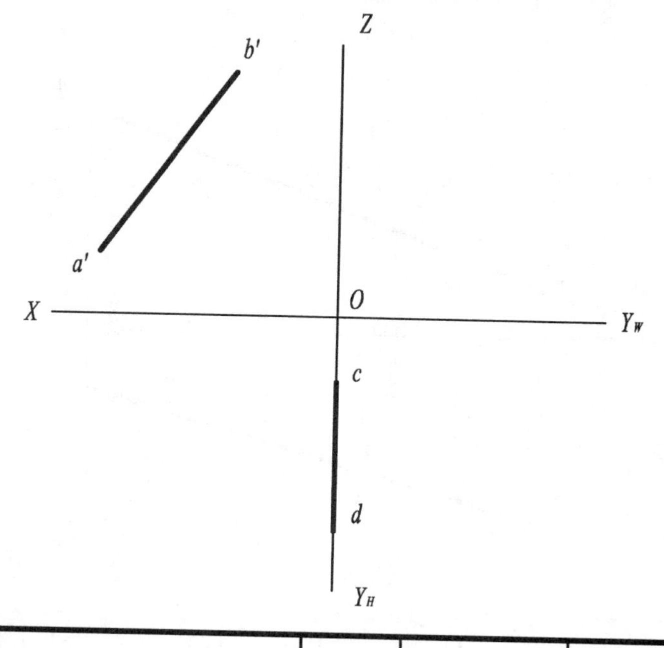

直线的投影 (3)	姓名		学号	

1. 已知水平线 AB 的实长为 45mm，它对 V 面得倾角为 30°，完成该直线的两面投影；并在 AB 上取一点 C，AC 为 30mm，作 C 点的两面投影。

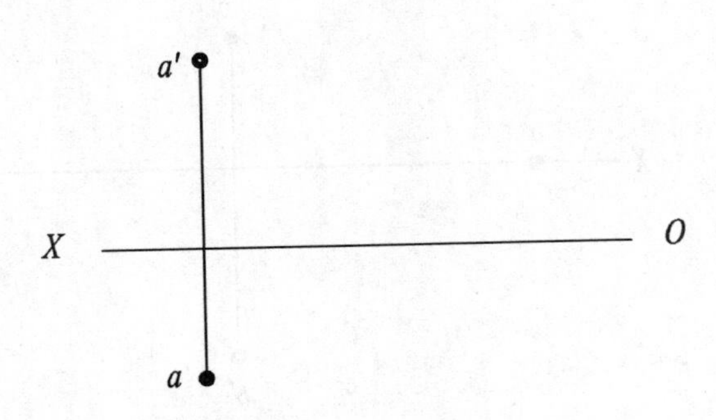

2. 已知直线 AB 的两面投影，在 AB 上取两点 M、N，使 M 点距 H 面 15mm, N 点距 V 面 15mm。完成 M 点和 N 点的两面投影。

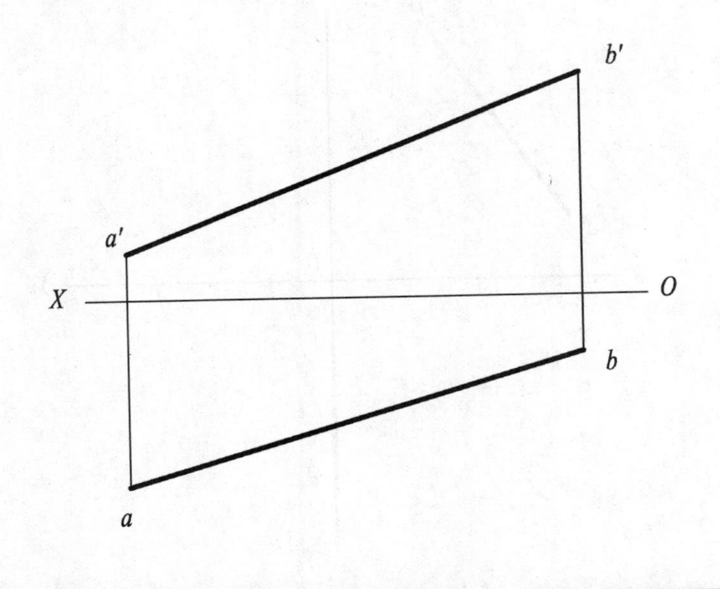

直线的投影 (4)	姓名		学号	

1. 已知C点在直线AB上，且AC∶CB = 2∶3，完成直线AB的侧面投影和C点的三面投影。

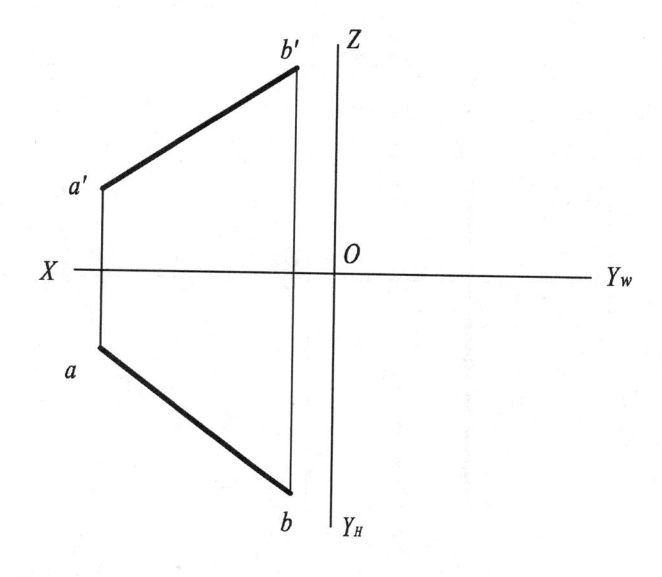

2. 已知直线AB的两面投影，在AB上取一点C，使它与H面和W面等距离，完成直线AB的侧面投影及C点的三面投影。

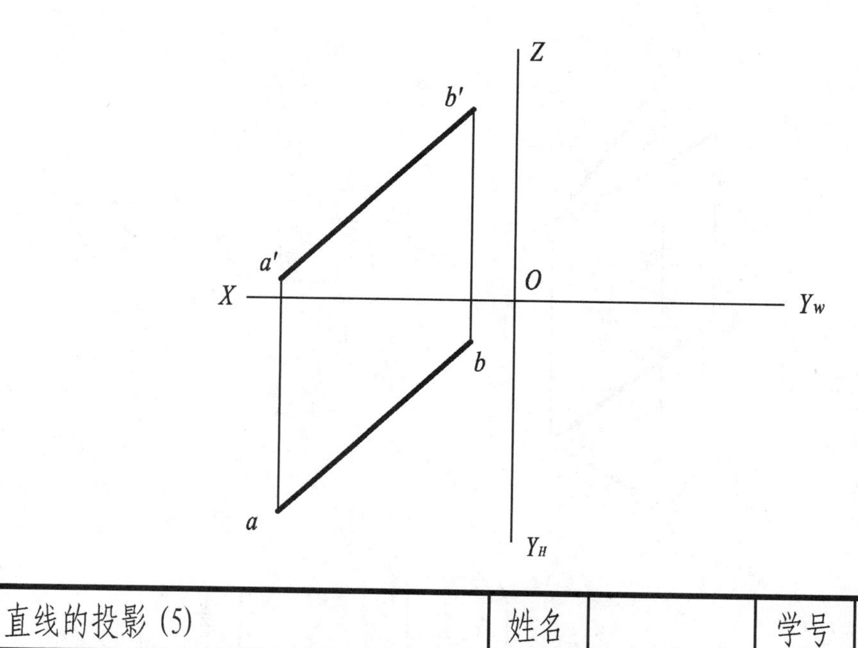

直线的投影 (5)	姓名		学号	

1. 完成直线 *AB* 的第三投影后，再求位于直线 *AB* 上的 *M* 点的另两面投影，最后作图判别点 *K* 是否在直线 *AB* 上（求出 k'' 即可）。

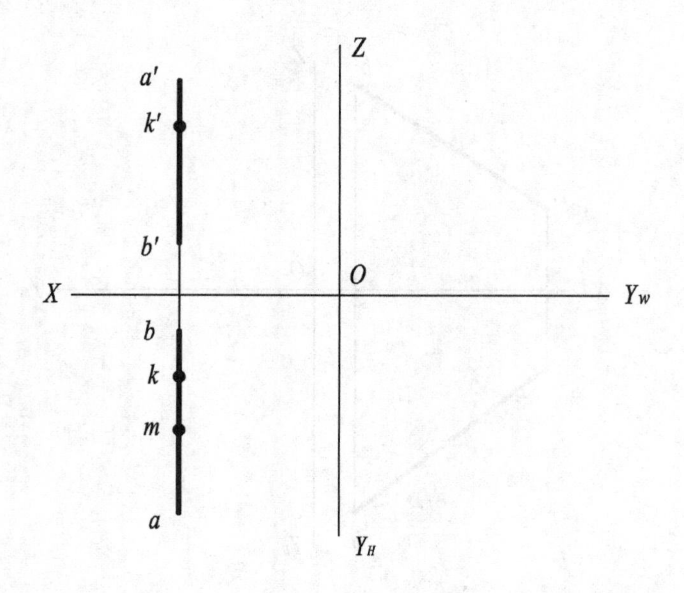

2. 画出 AB、AC 两直线的侧面投影（不得画出投影轴）。

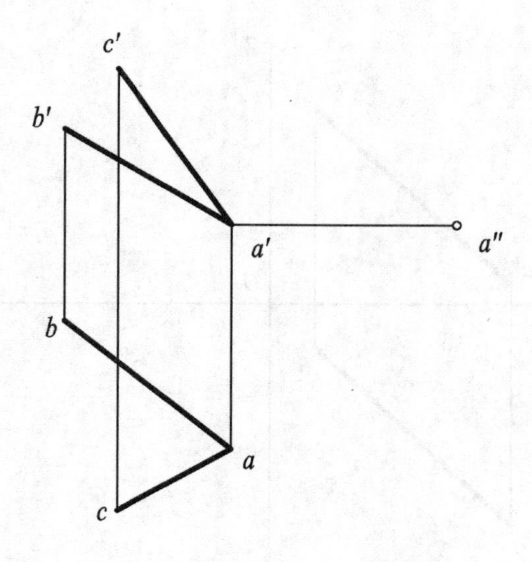

直线的投影 (6)	姓名		学号	

1. 判别 AB、CD 两直线的相对位置（平行、相交、交叉）。

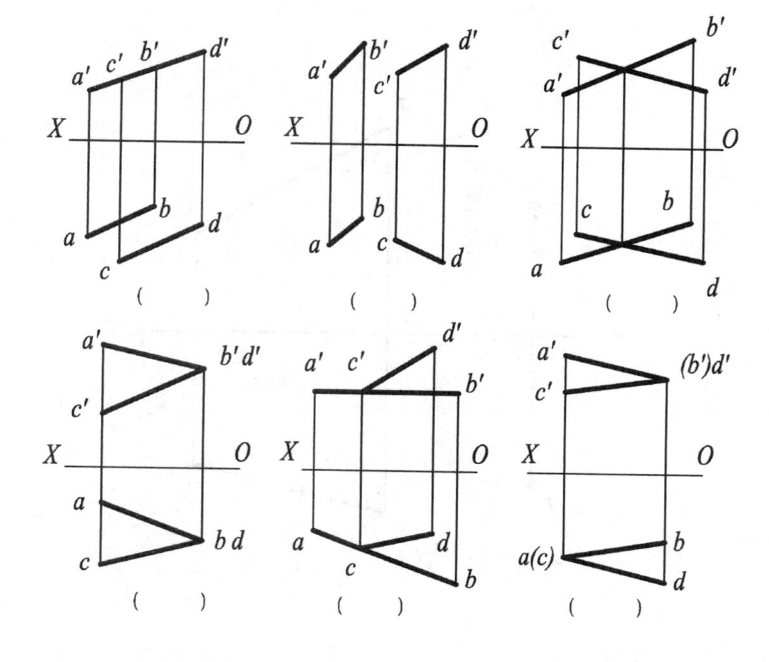

2. 过 A 点作直线 AB，使 AB 与 CD 相交，交点距 V 面 20mm 。

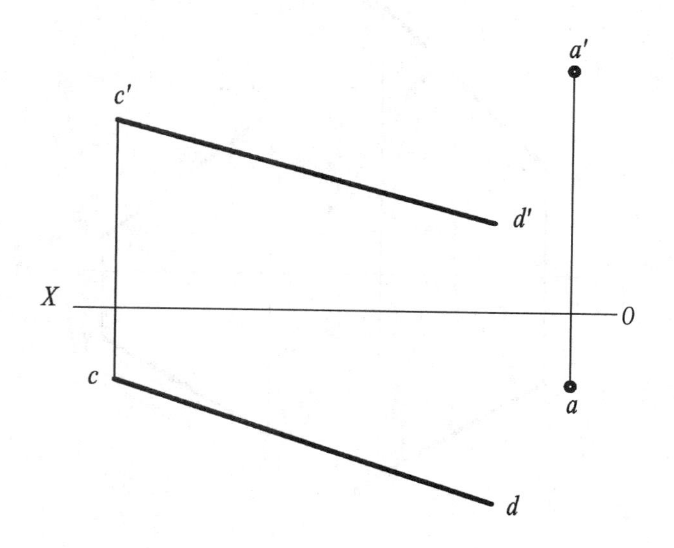

直线的投影 (7)	姓名		学号	

1. 过 M 点作直线 MN 平行于直线 AB，其中 N 点在 H 面上。

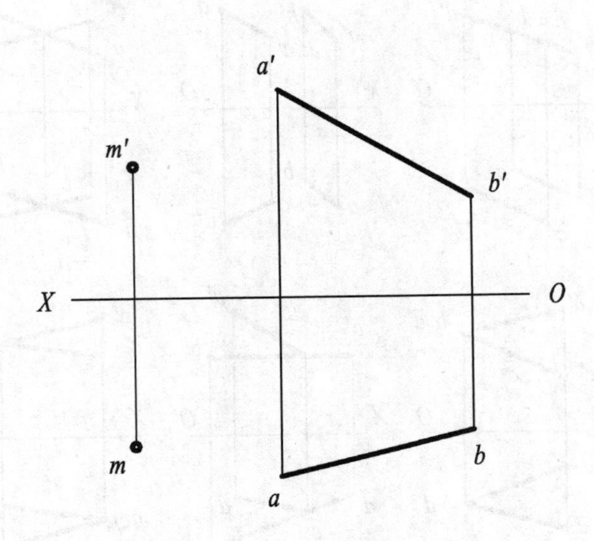

2. 过 E 点作直线 EF 与 CD 平行，且与直线 AB 相交。

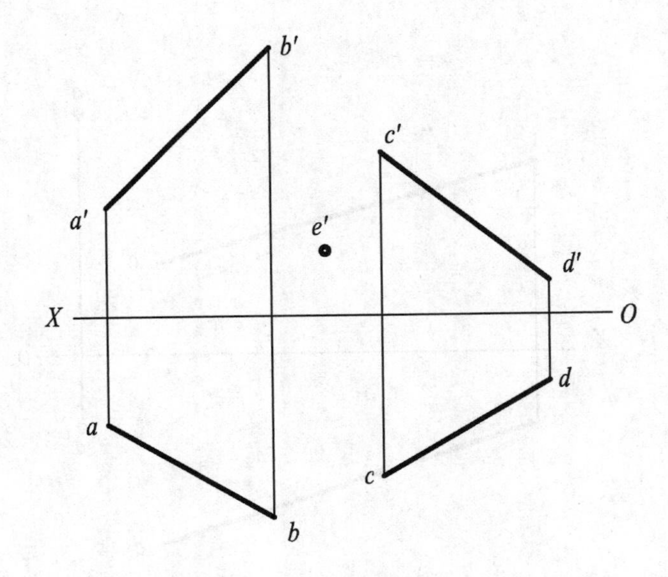

直线的投影(8)	姓名		学号	

1. 作距 H 面 20mm 的水平线 EF，使其与 AB，CD 两直线同时相交。

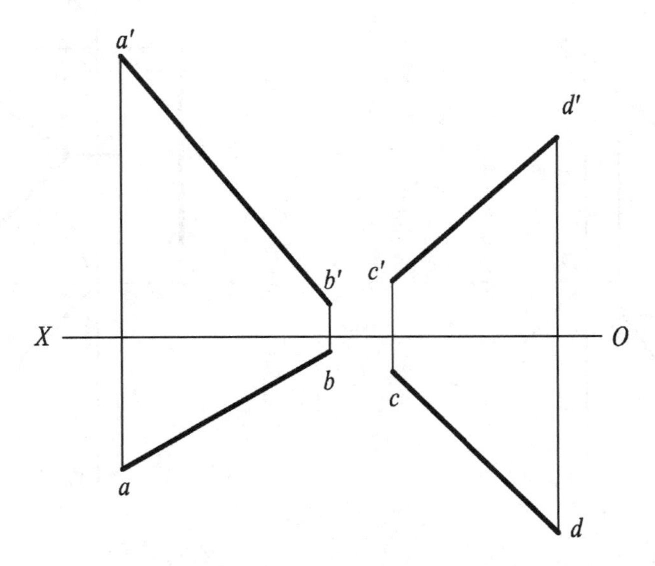

2. 已知 AB、CD 两直线相交，AB 为正平线，求 ab（不用侧面）。

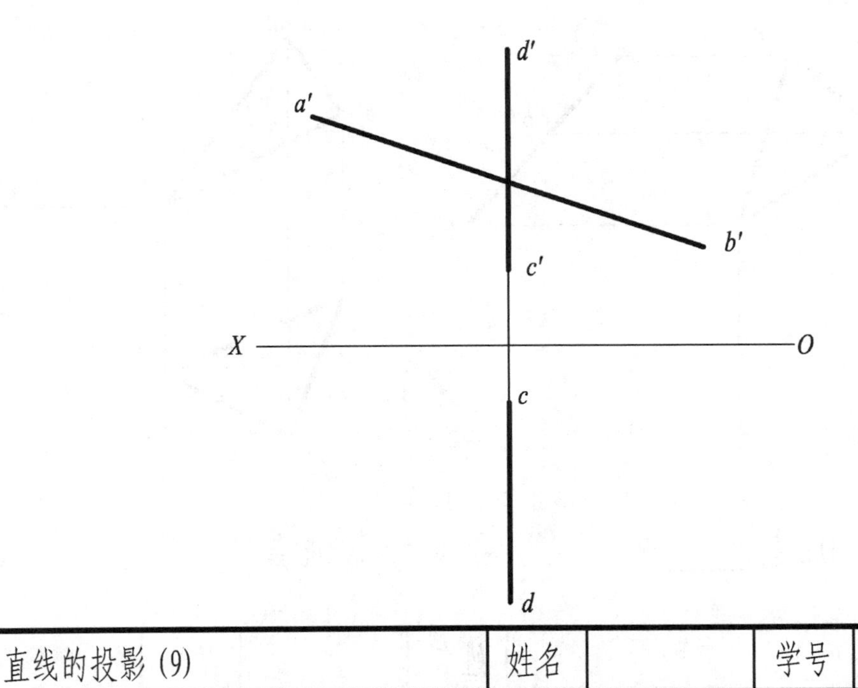

直线的投影 (9)	姓名		学号	

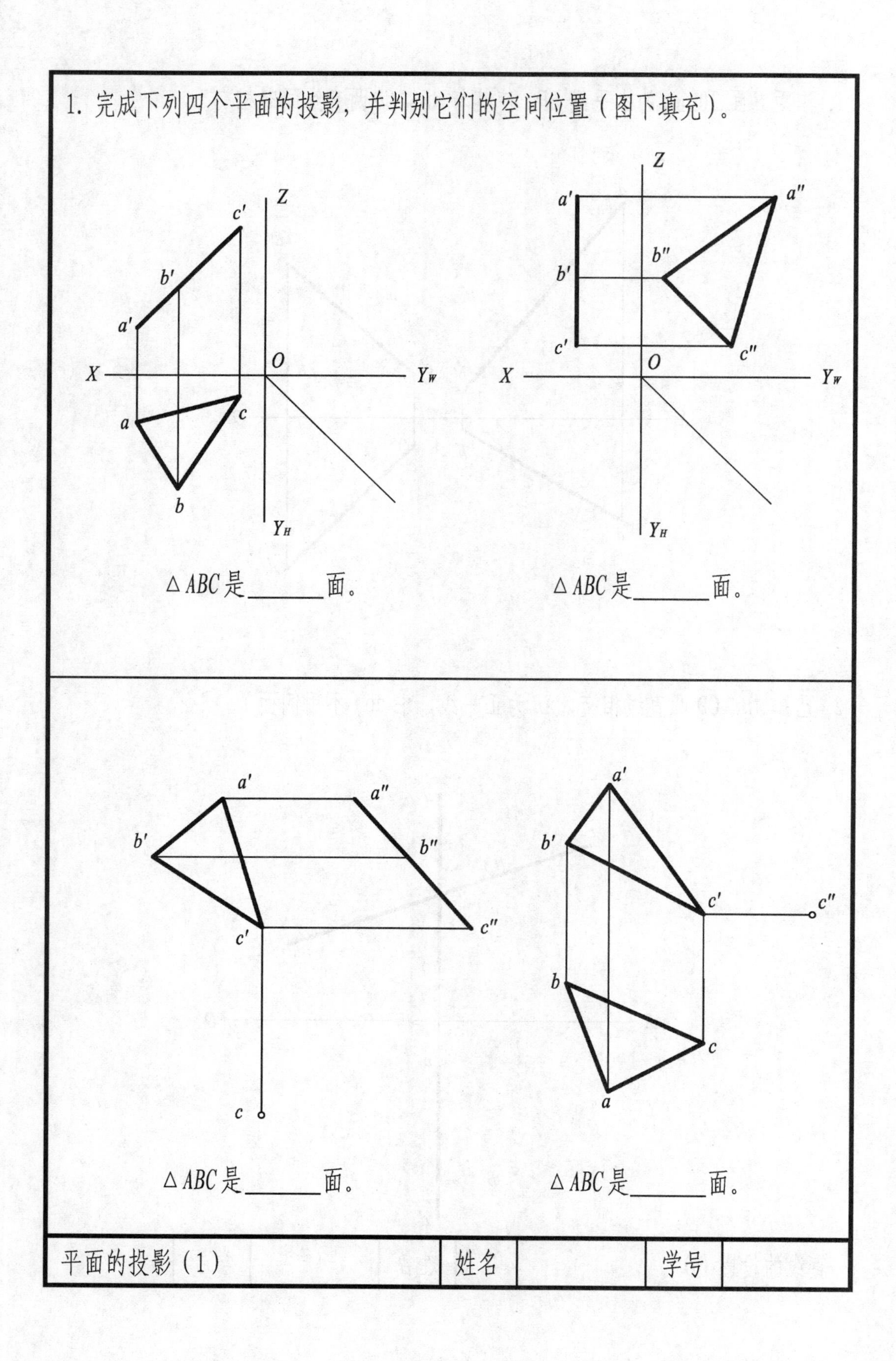
1. 完成下列四个平面的投影，并判别它们的空间位置（图下填充）。
Z
c′
b′
a′
X
O
Y_W
a
c
b
Y_H
△ABC是________面。
Z
a′
a″
b″
b′
c′
c″
X
O
Y_W
Y_H
△ABC是________面。
a′
a″
b′
b″
c′
c″
c
△ABC是________面。
a′
b′
c′
c″
b
c
a
△ABC是________面。
平面的投影（1）
姓名
学号

1. 在△ABC平面上过A点作一该面上的水平线。

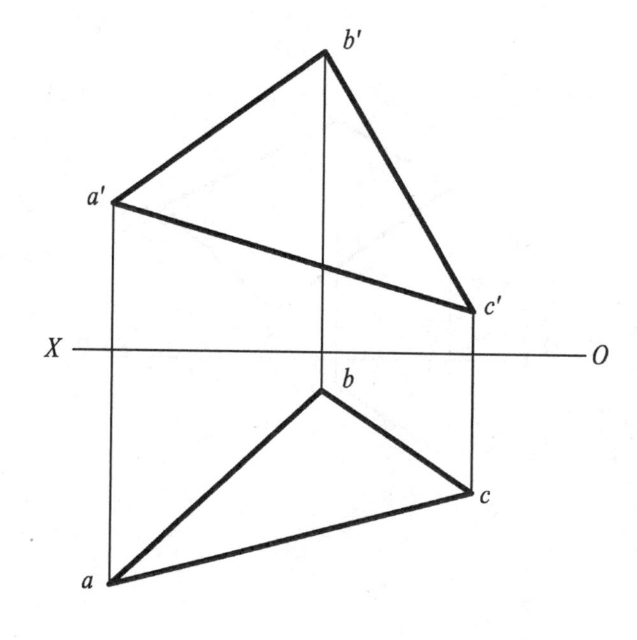

2. 已知M点在△ABC平面上，完成该面和M点的其余投影。

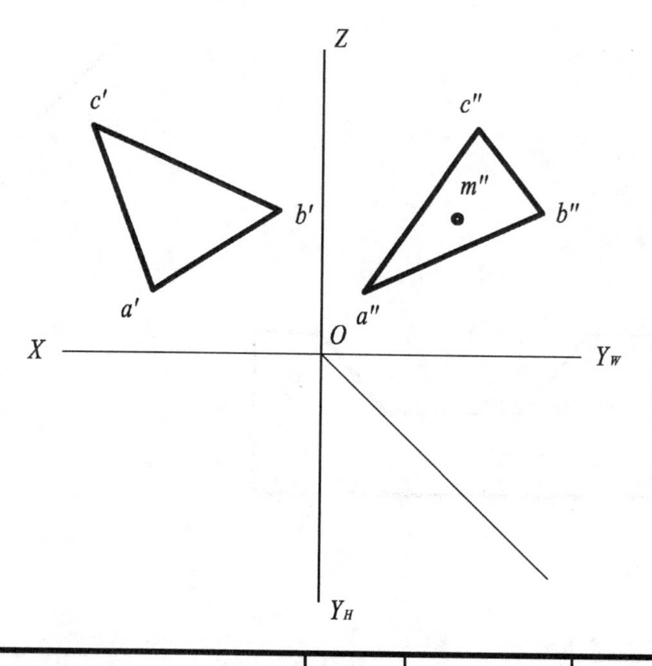

平面的投影（2）	姓名		学号	

1. 已知平面 *ABCD* 的对角线 *AC* 为正平线，完成该平面的水平投影。

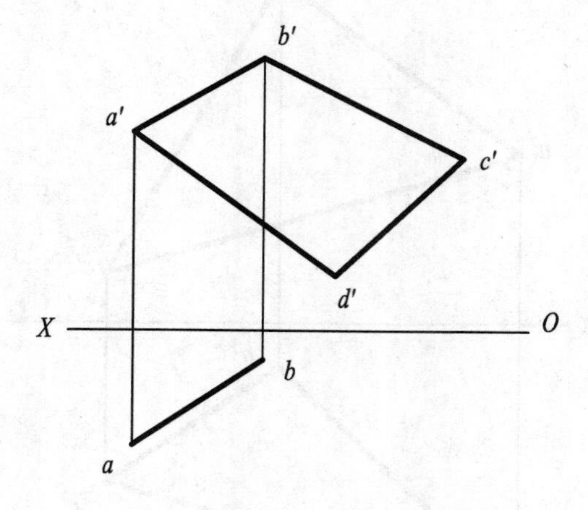

2. 完成图示平面的正面投影。

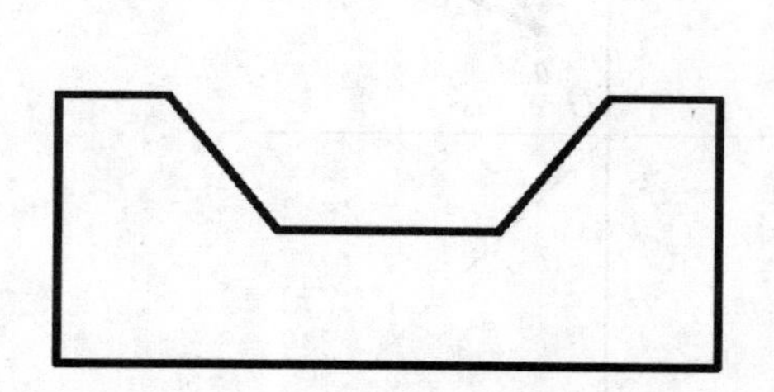

平面的投影（3）	姓名		学号	

裁

作为列平面立体的第三视图及其表面点 *A* 的另两个投影

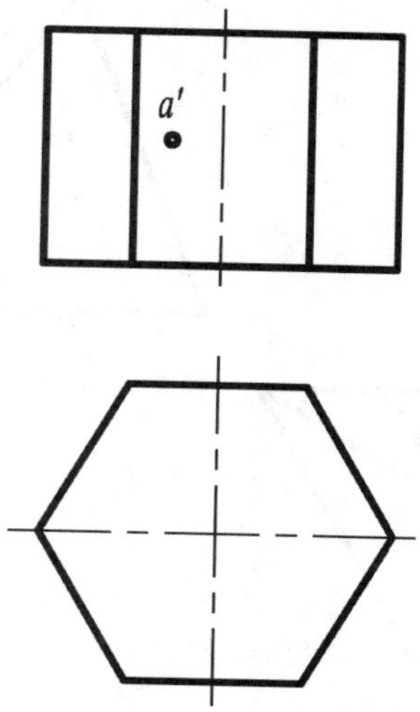

a′

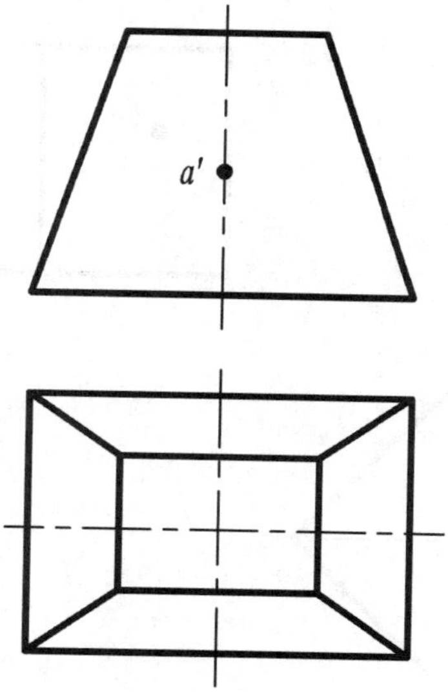

a′

立体三视图及其表面取点 (1)	姓名		学号	

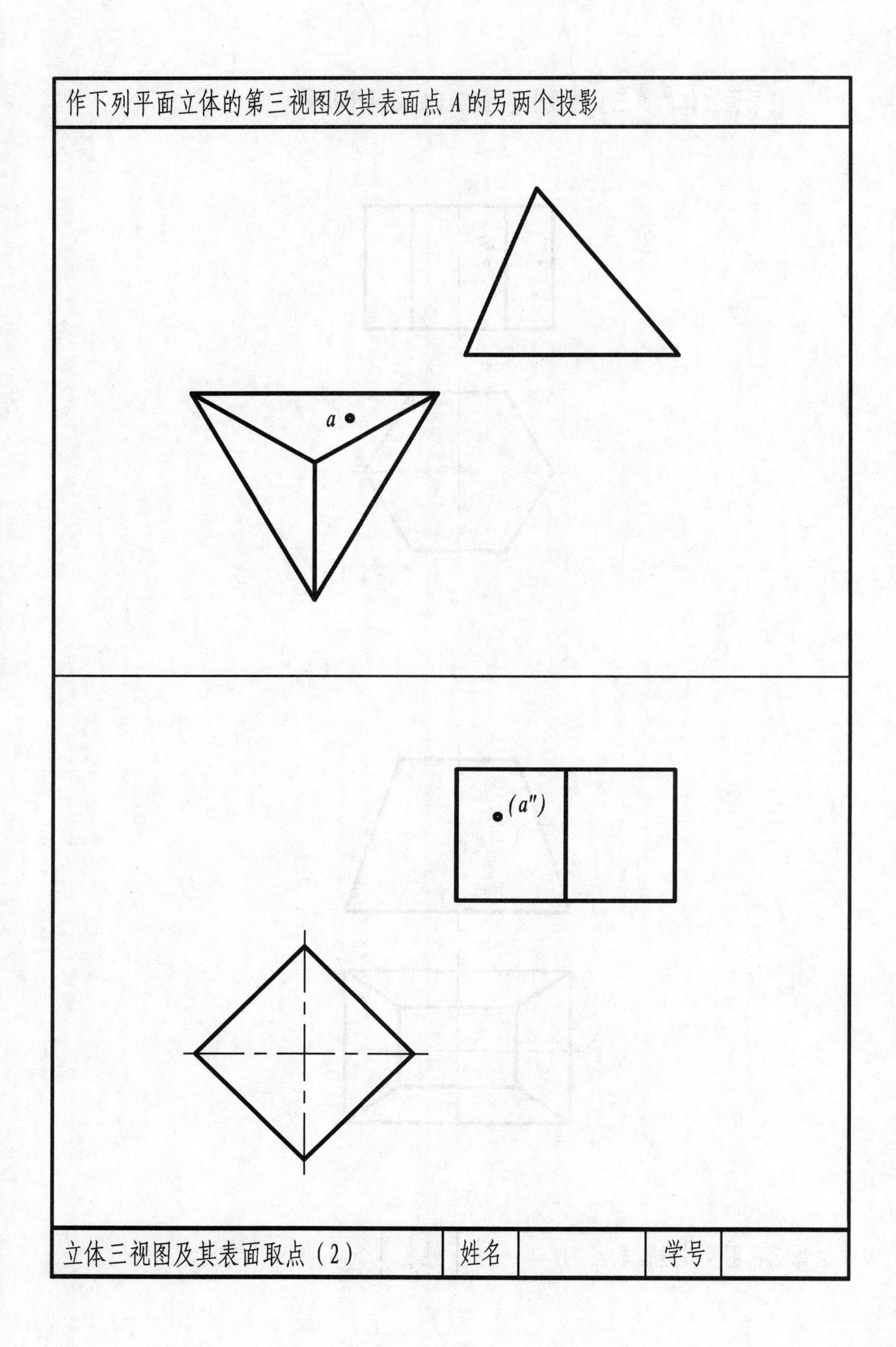
作下列平面立体的第三视图及其表面点 A 的另两个投影
a
(a″)
立体三视图及其表面取点（2）
姓名
学号

作下列平面立体的第三视图及其表面点 A 的另两个投影

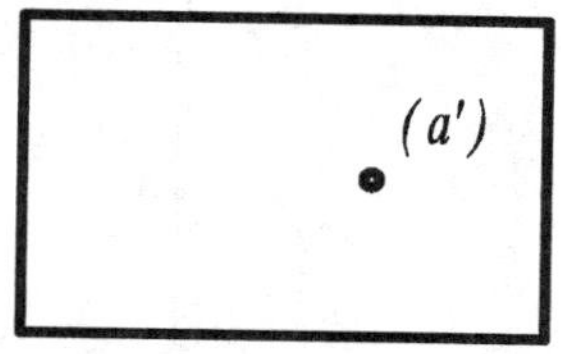

(a')

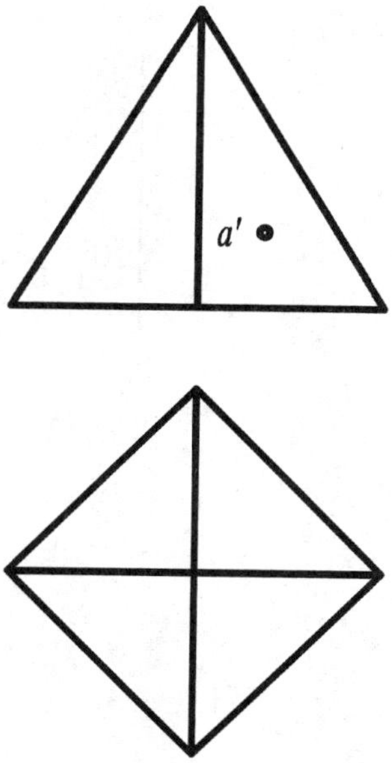

a'

立体三视图及其表面取点 (3)	姓名		学号	

裁

刀

作下列曲面立体的第三视图及其表面点 A 的另两个投影

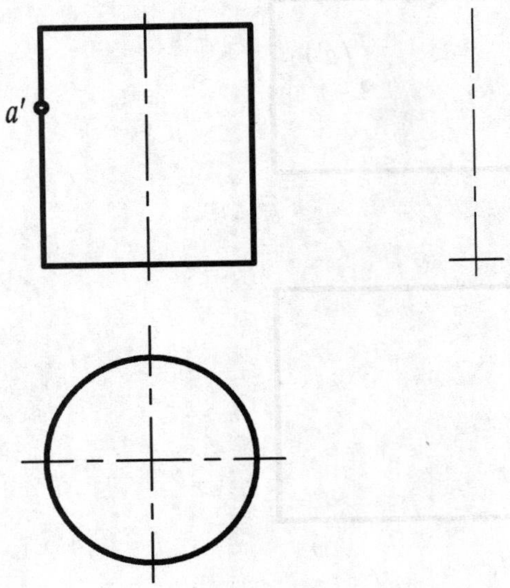

a'

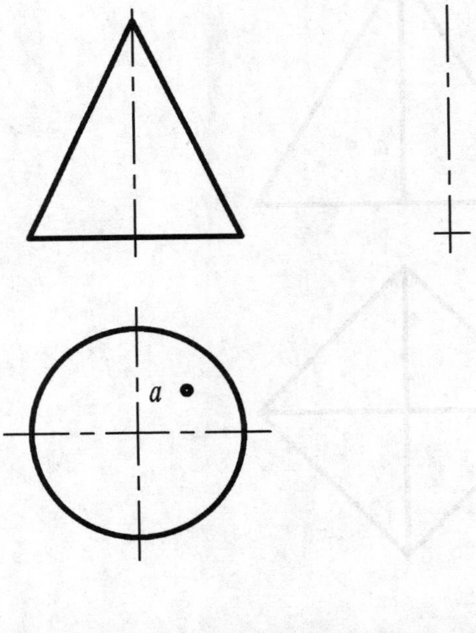

a

曲面立体三视图 (1) | 姓名 | | 学号 |

作下列曲面立体的第三视图及其表面点 *A* 的另两个投影

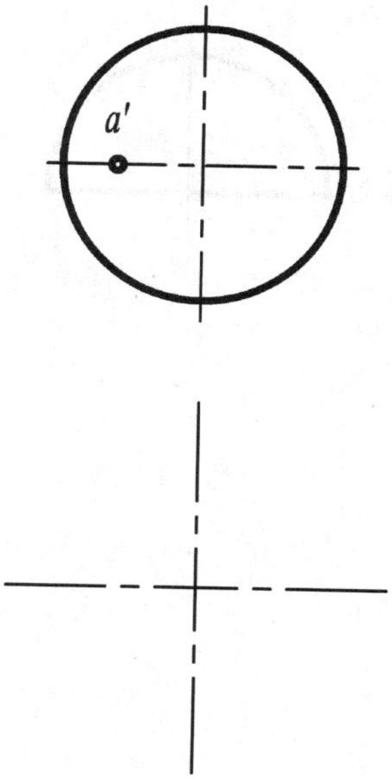

a'

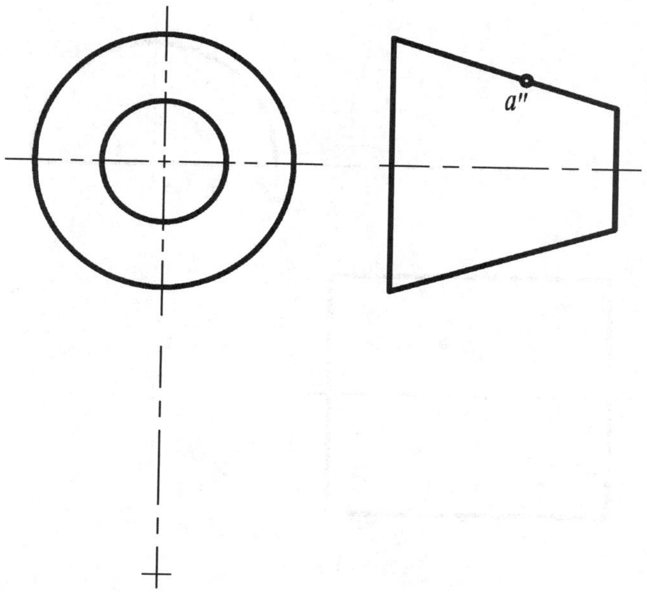

a''

曲面立体三视图 (2) | 姓名 | | 学号 |

裁

订

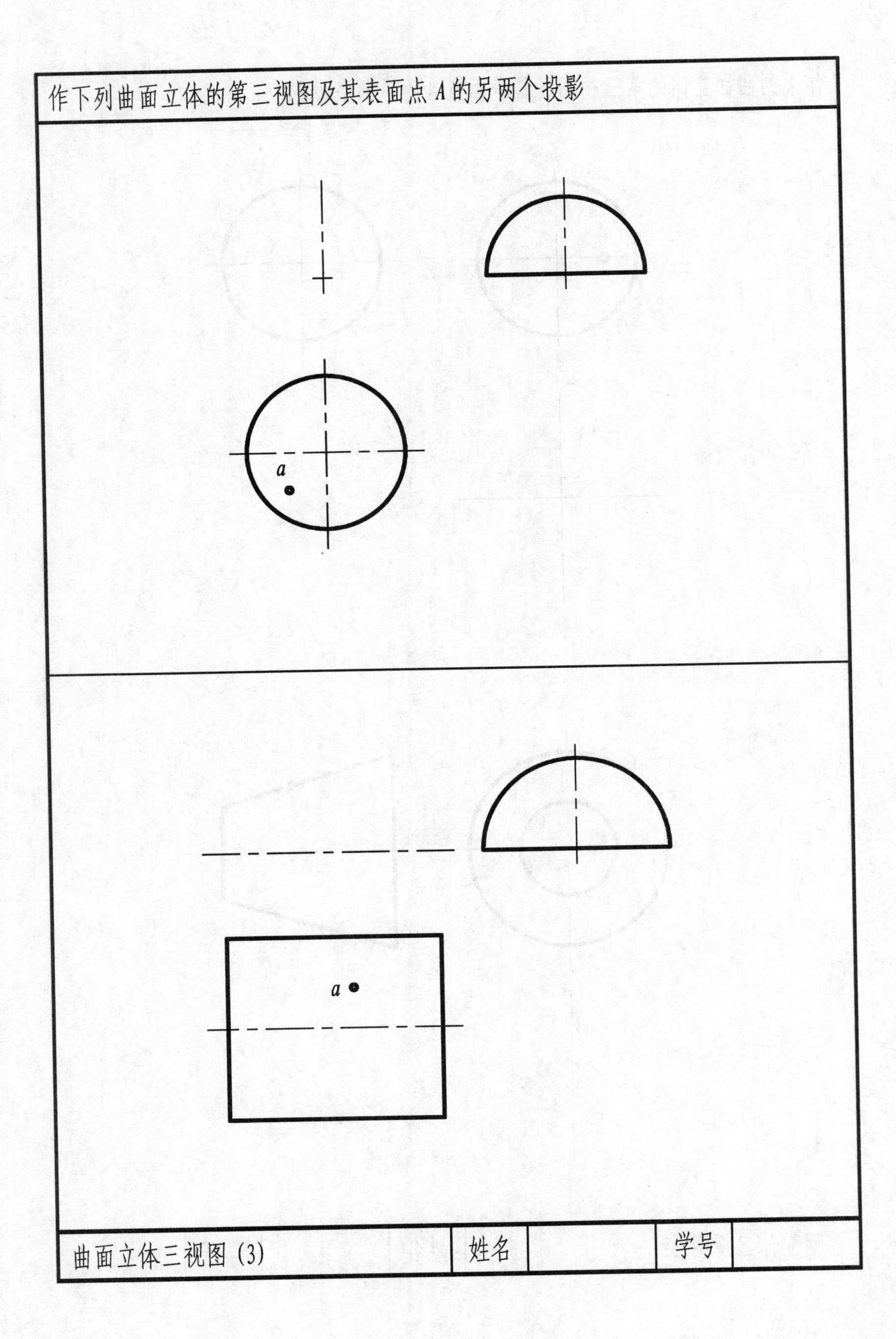
作下列曲面立体的第三视图及其表面点 A 的另两个投影
a
a
曲面立体三视图 (3)
姓名
学号

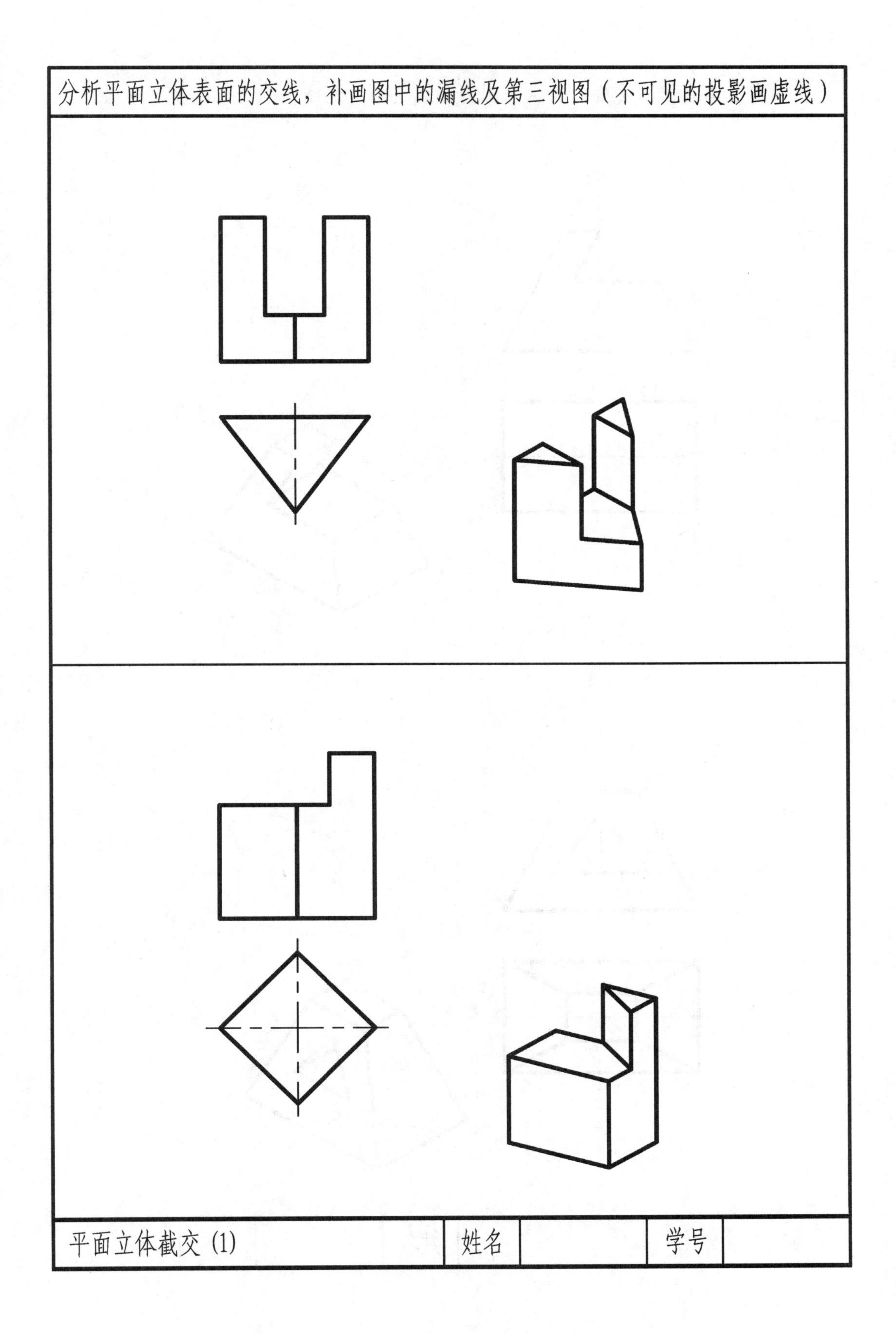
分析平面立体表面的交线，补画图中的漏线及第三视图（不可见的投影画虚线）
平面立体截交 (1)
姓名
学号

分析平面立体表面的交线，补画图中的漏线及第三视图（不可见的投影画虚线）

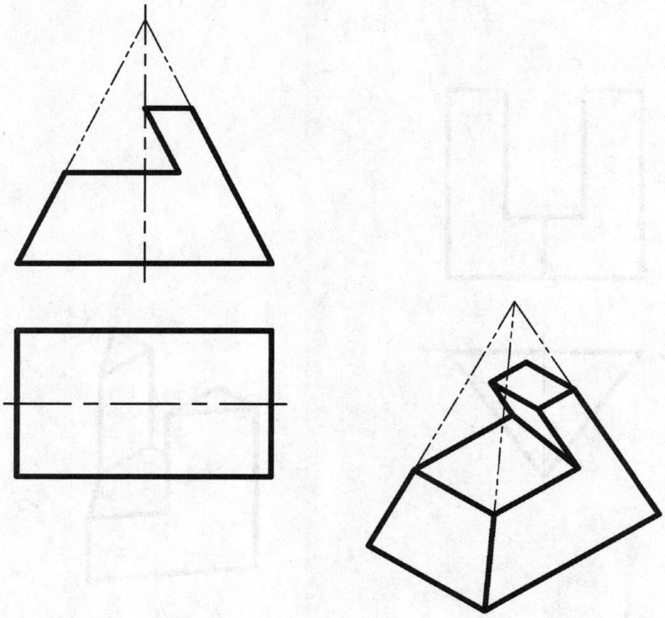

平面立体截交 (2)	姓名		学号	

分析平面立体表面的交线，补画图中的漏线及第三视图（不可见的投影画虚线）

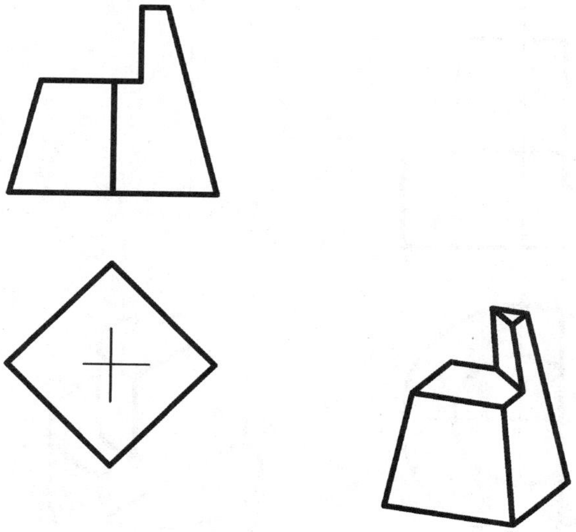

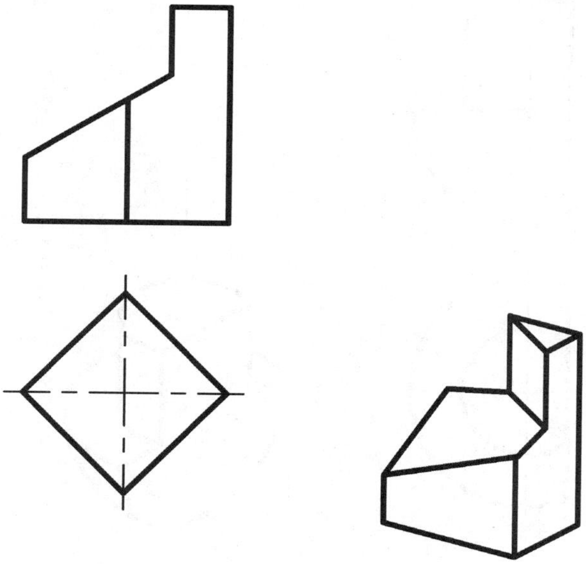

平面立体截交 (3)	姓名		学号	

分析曲面立体表面的交线，补画图中的漏线及第三视图（不可见的投影画虚线）

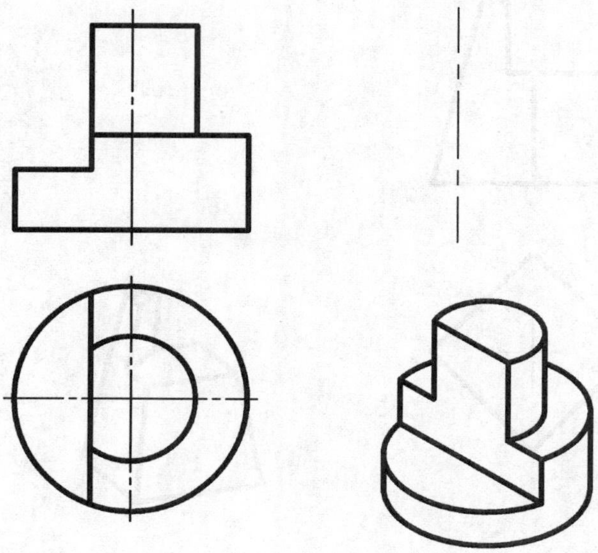

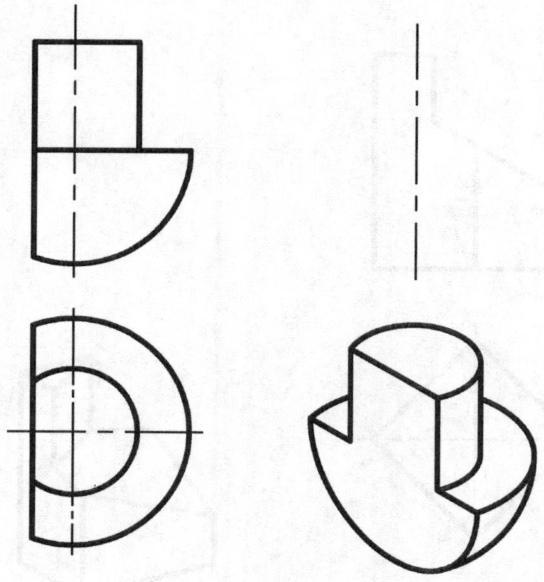

曲面立体截交 (1) | 姓名 | | 学号 |

分析曲面立体表面的交线，补画图中的漏线及第三视图（不可见的投影画虚线）

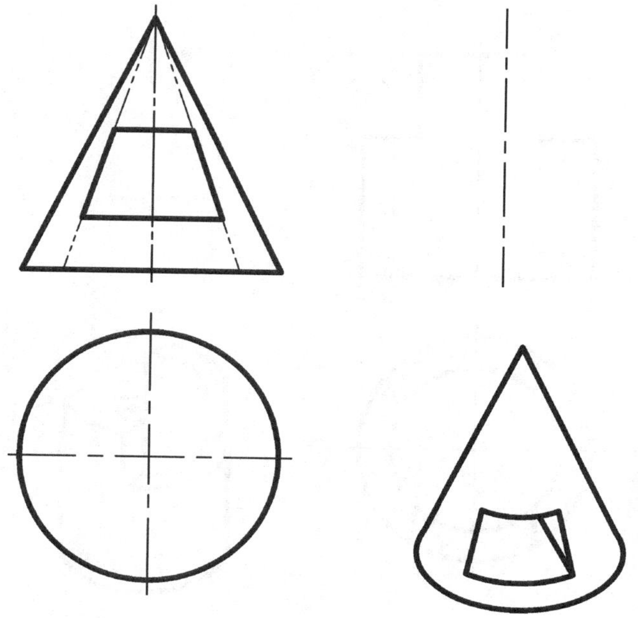

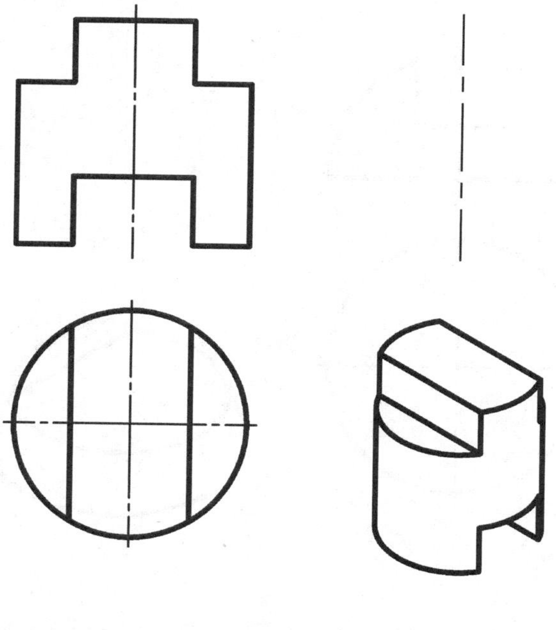

曲面立体截交 (2) | 姓名 | | 学号 |

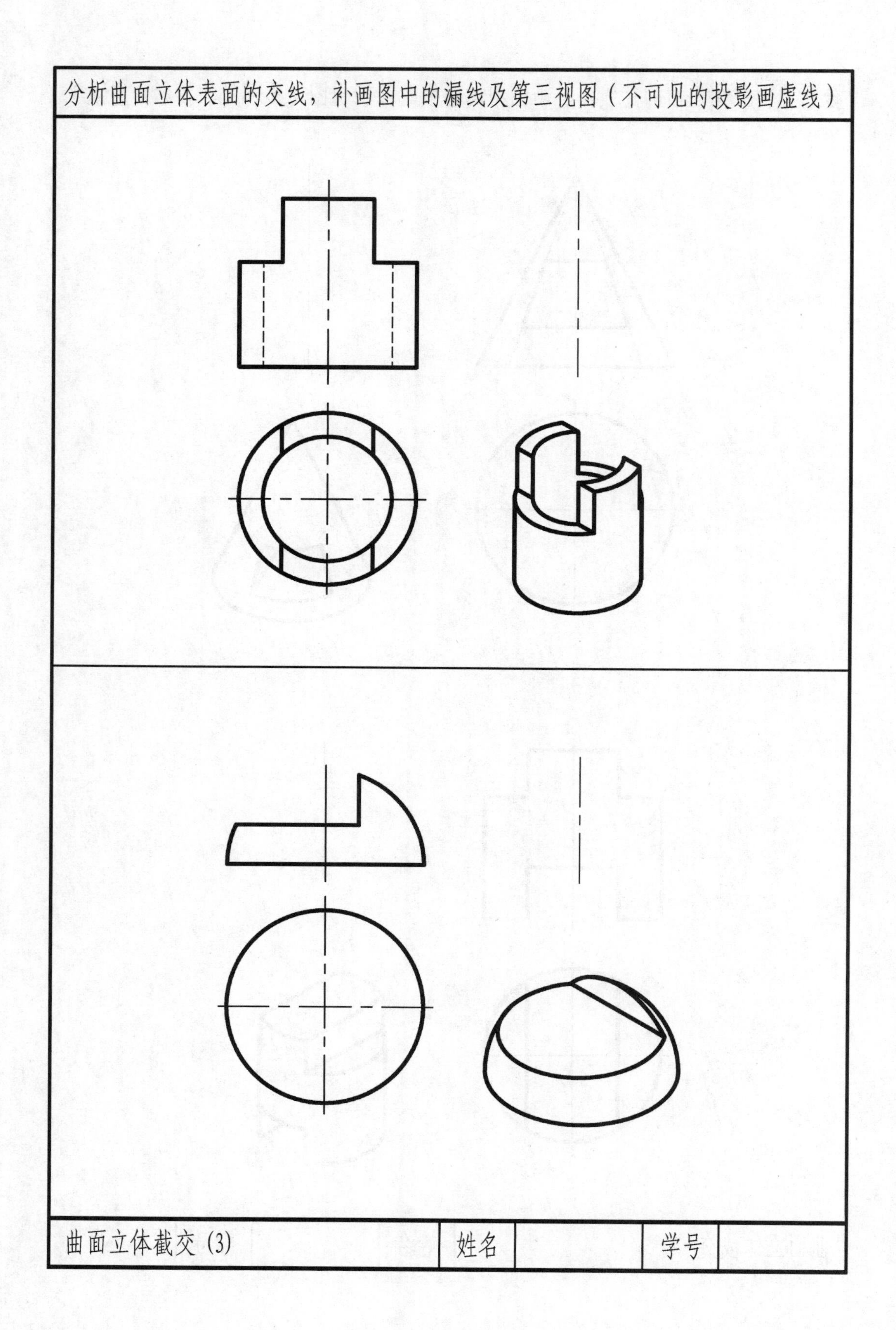

分析曲面立体表面的交线，补画图中的漏线及第三视图（不可见的投影画虚线）
曲面立体截交 (3)
姓名
学号

完成曲面立体表面相贯线的投影（第1题采用求相贯点的方法作图，其余采用相贯线的简化画法）

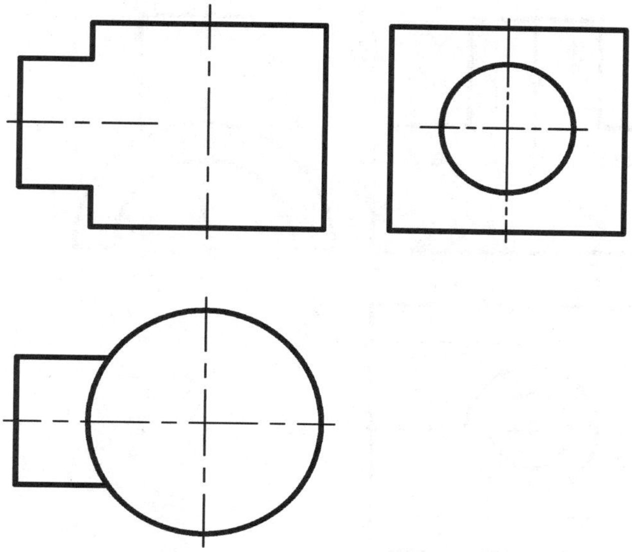

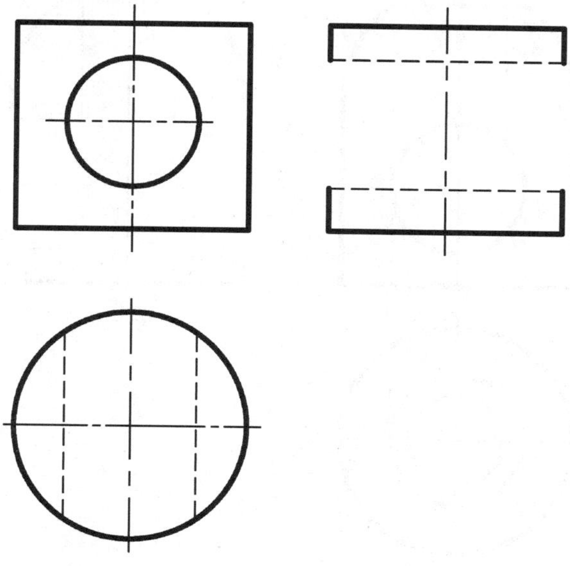

曲面立体相交 (1)	姓名		学号	

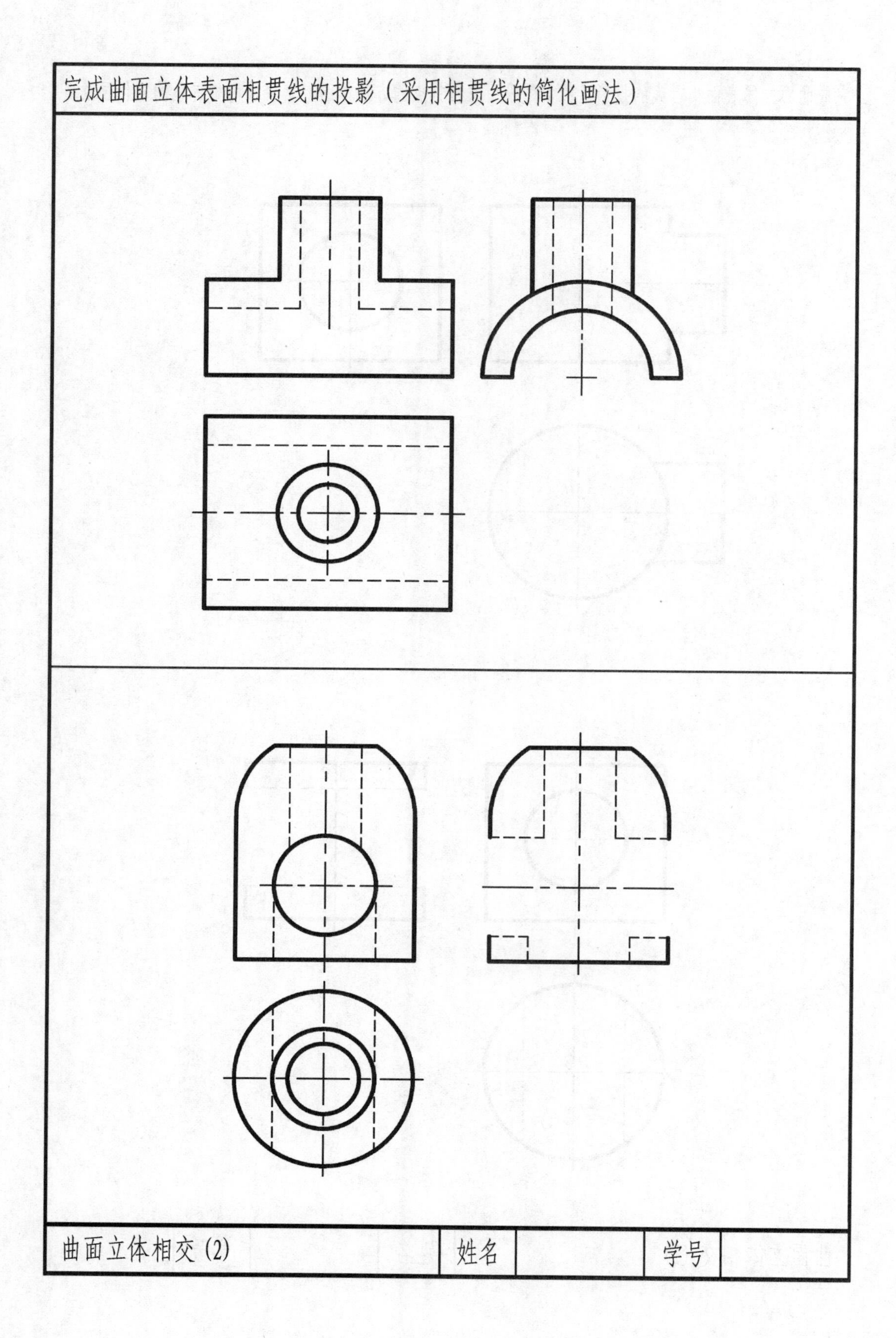
完成曲面立体表面相贯线的投影（采用相贯线的简化画法）
曲面立体相交(2)
姓名
学号

完成曲面立体表面相贯线的投影（采用相贯线的简化画法）

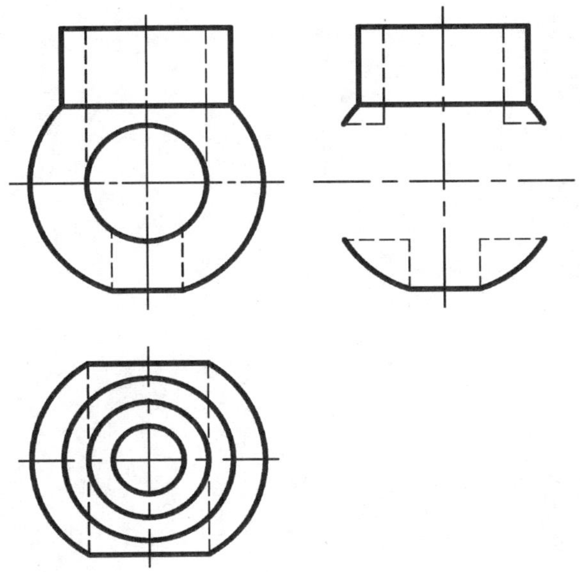

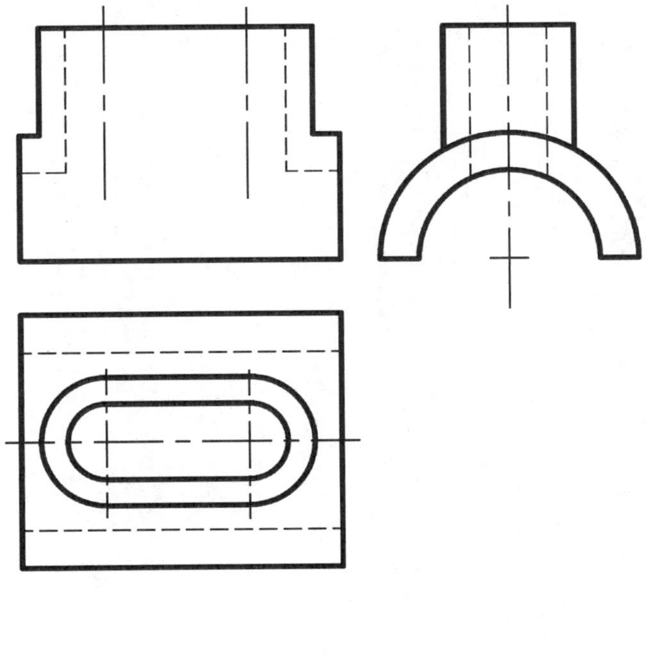

曲面立体相交 (3)	姓名		学号	

第3章 组合体视图及尺寸标注

3.1 组合体的组合形式及分析

3.1.1 组合体的组合形式

任何物体无论其形状如何纷繁复杂，千变万化，但万变不离其宗。从形体分析的角度看，都可以看作是由一些基本形体组合而成的。从这个意义上讲，凡是由两个或两个以上的基本形体组成的物体都称为组合体，如图 3.1 所示。一般把组合体的组合形式分为叠加和切割两种，实际上经常遇到的是既有叠加又有切割的组合体。

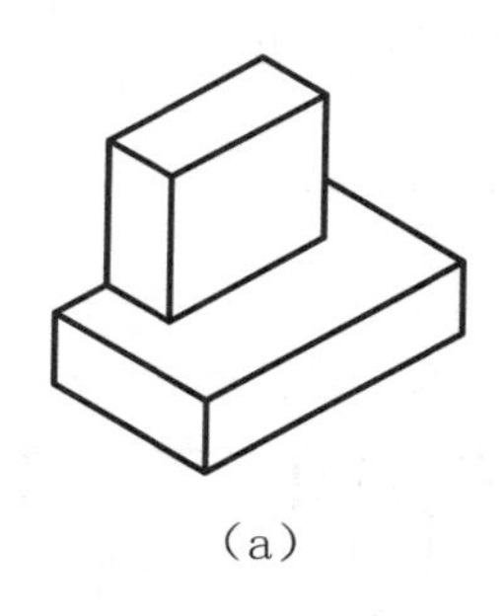

（a）

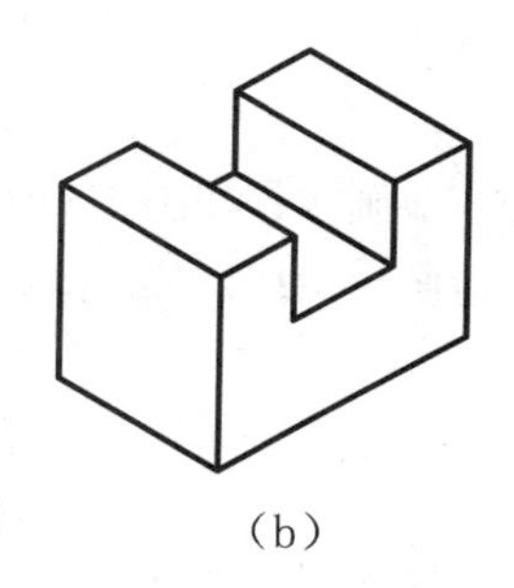

（b）

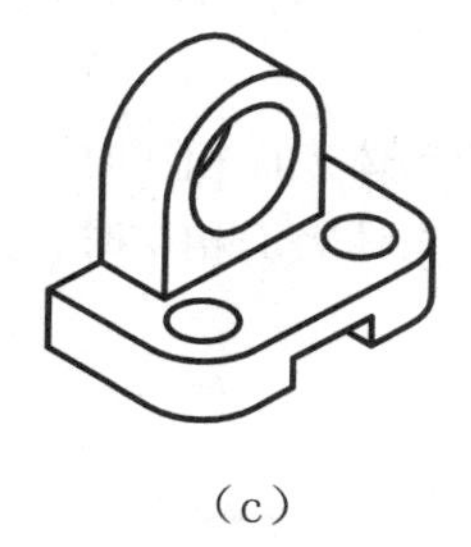

（c）

图 3.1 组合体的组合形式

根据组合体中各基本形体之间的相对位置不同，相邻各表面间的接触方式分为“错开”、“平齐”、“相切”、“相交”等情况，如图 3.2 所示。

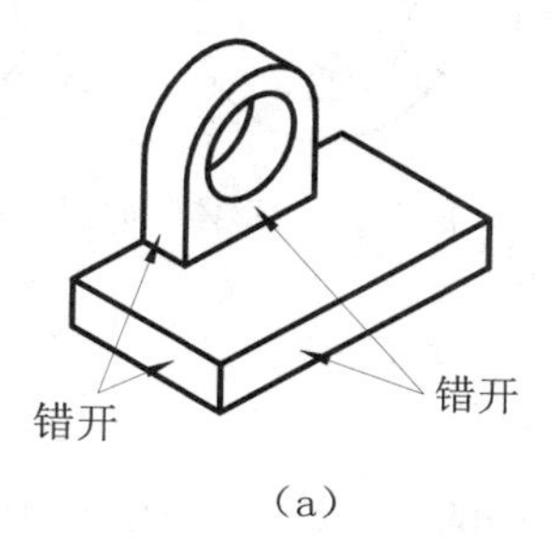

（a）

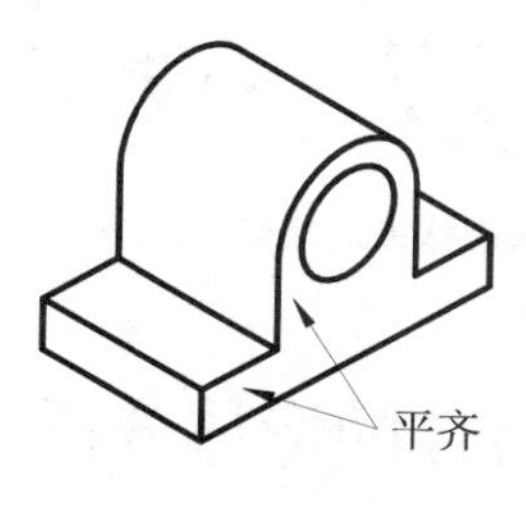

（b）

图 3.2 组合体相邻表面的接触方式

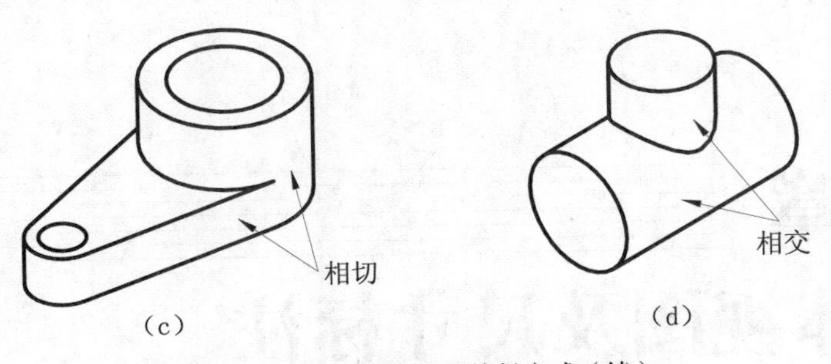

图 3.2　组合体相邻表面的接触方式（续）

当两形体表面“错开”时，其形体之间有分界线，如图 3.3 所示。
当两形体表面“平齐”时，其平齐表面之间不存在分界线，如图 3.4 所示。

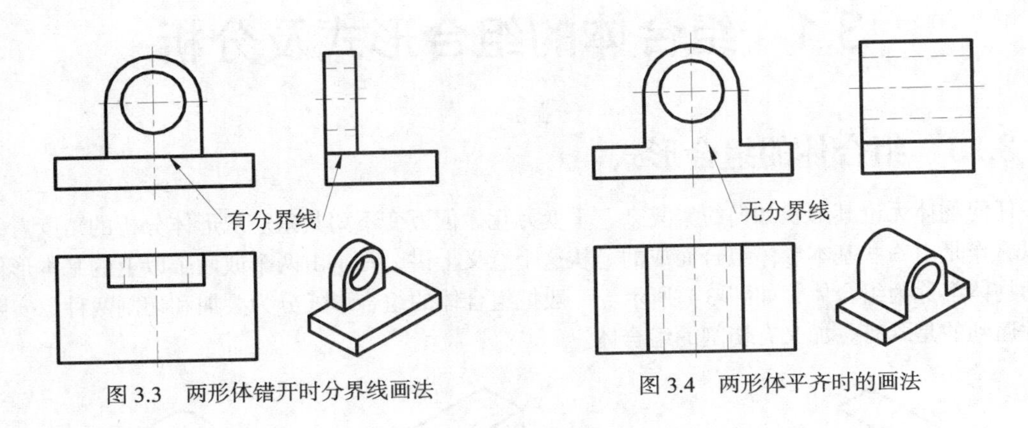

图 3.3　两形体错开时分界线画法

图 3.4　两形体平齐时的画法

当两形体表面相切时，其相切处不应画线，如图 3.5 所示。
当两形体表面相交时，其相交处应画出交线，如图 3.6 所示。

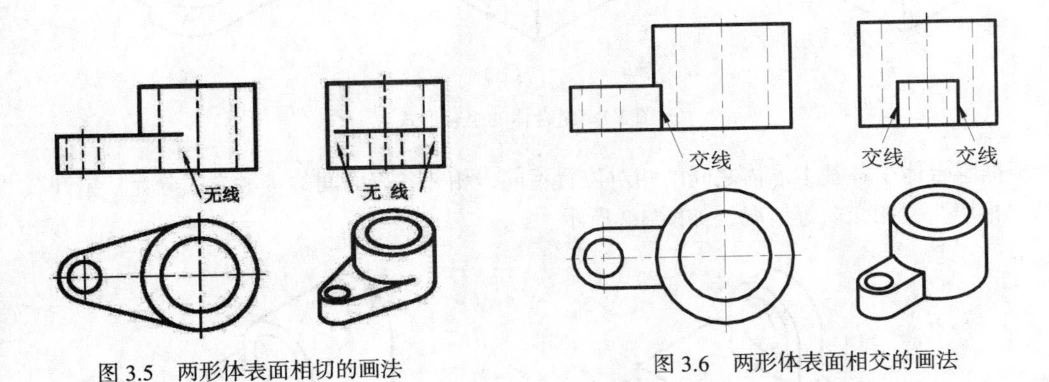

图 3.5　两形体表面相切的画法

图 3.6　两形体表面相交的画法

3.1.2　组合体的形体分析

假想地把组合体分解成若干个基本形体，并确定它们的形状、组合形式和相对位置，这种方法称为形体分析法。

如图 3.7 所示的组合体，可分解为底板 *I*（四棱柱）、套筒 *II*（空心圆柱）、筋板 *III*（三棱柱）等部分。套筒 *II* 叠加在底板 *I* 的上方中间位置，筋板 *III* 有 2 个，分别在底板 *I* 的上方和套筒 *II* 的左右对称位置。

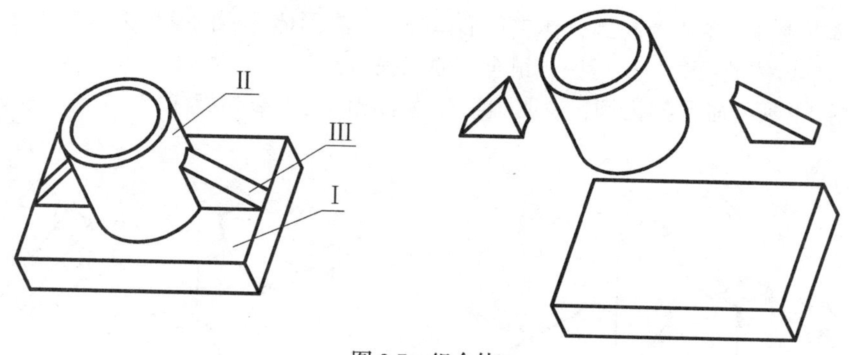

图 3.7　组合体

如图 3.8 所示的物体，可看作一个长方体，其左上角被截去一个三棱柱 *I*，右面开通槽截去一个四棱柱 *II*，这是经两次切割形成的物体。

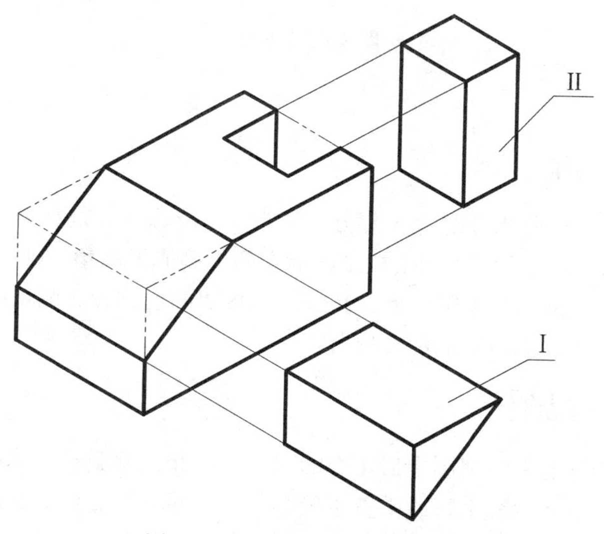

图 3.8　经两次切割形成的物体

采用形体分析法，可以把比较复杂的组合体转化为几个比较简单的形体，便于画图、看图和标注尺寸。因此，形体分析法是组合体画图、看图和标注尺寸的基本方法，必须熟练掌握，灵活运用。

练习 3.1

按要求完成本章结尾所附练习：形体表面接触方式分析（1）～（3）。

3.2 组合体三视图的画法

画组合体三视图，首先要对组合体进行形体分析。在形体分析的基础上，选择好主视图，再一一画出各基本形体的投影，最后完成组合体的三视图。

下面以图3.9所示轴承架为例，说明画组合体三视图的方法和步骤。

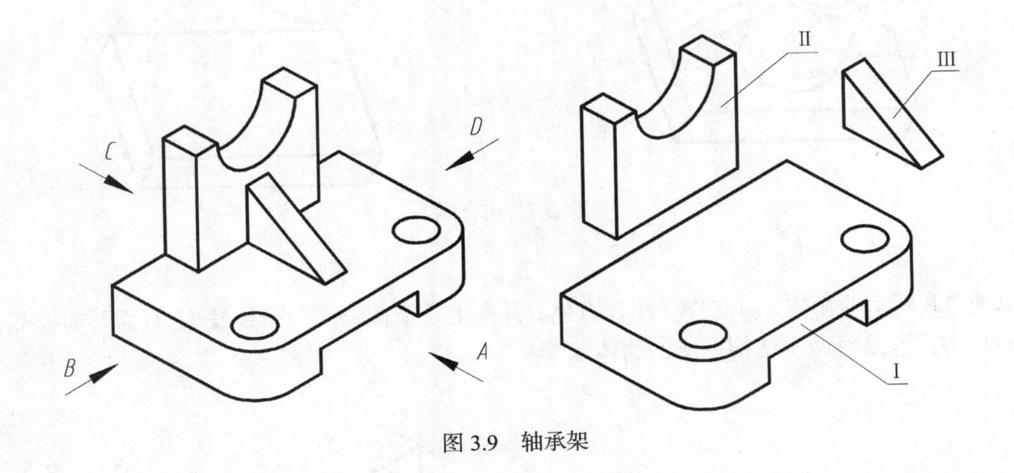

图3.9 轴承架

3.2.1 形体分析

图3.9所示轴承架，可假想分解为3部分、底板*I*、立板*II*、筋板*III*。底板*I*的外形为四棱柱，底部开一前后贯通的长方形槽，四个棱角的前面两个倒成了圆角。圆角处对称分布2个圆孔；立板*II*的外形为四棱柱，前后开半圆柱槽，它位于底板*II*的上方、后侧正中位置；筋板*III*为三棱柱，它位于底板*I*的上方、立板*II*的前方位置。

3.2.2 选择主视图

主视图是表达组合体的一组视图中最主要的视图，因此，画图时应选择好主视图。通常将组合体放正，使其主要表面或轴线平行或垂直于投影面，选择一个能较清楚地反映组合体形状特征的投影作为主视图。另外，还应考虑组合体各组成部分相互位置表达是否清楚，其他视图中的虚线是否较少。

图3.10所示为是分别按*A*、*B*、*C*、*D*四个投影方向，画出的轴承架主视图。

下面进行分析比较。

首先，*A*向与*C*向进行比较，*A*向与*C*向视图上表达的内容相同，但*C*向视图上出现虚线较多，没有*A*向好。

其次，对*B*向和*D*向进行比较，*B*向与*D*向视图上表达的内容也是相同的，假定以*B*向视图作为主视图，那么在左视图上就出现较多的虚线，没有*D*向好。

最后，*A*向和*D*向进行比较。*A*向视图能反映底板、立板的形状特征，以及筋板的厚度和高度，还能反映 3 个形体的上下位置关系和左右对称的情况。*D* 向视图能反映筋板的形状特征，以及底板、立板的高度和宽度，能反映 3 个形体的上下、左右位置关系。

由以上分析比较可知，*A* 向与 *D* 向视图各有优缺点；*A* 向更能反映轴承架的各部分形状特征，并且考虑用横幅图纸合理布图，所以确定以 *A* 向作为主视图的投影方向。

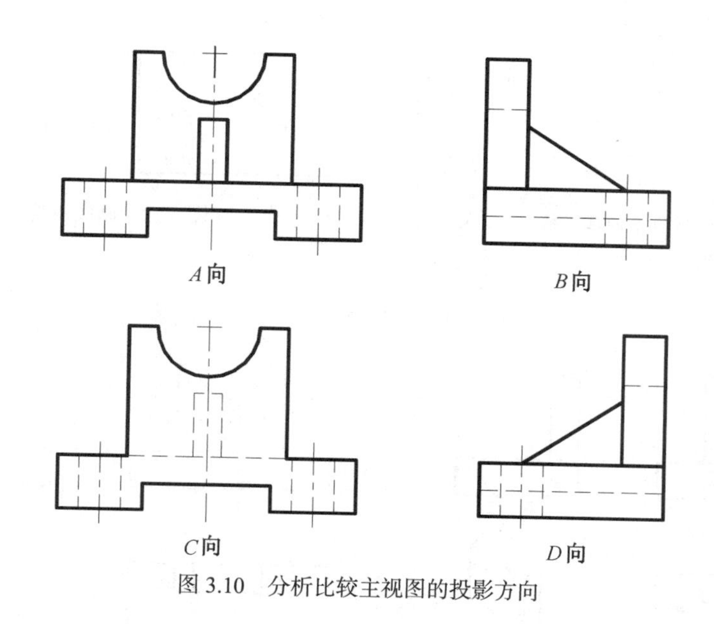

图 3.10　分析比较主视图的投影方向

3.2.3　选择比例，确定图幅

为了便于画图和看图时直接估量物体的大小。绘制图样应尽量采用 1 : 1 比例。选好比例，再计算组合体长、宽、高方向的尺寸，以及各视图之间应留出标注尺寸所需的位置，最后确定图纸幅面。本例案用 1 : 1 比例，横幅 A3 图纸。

3.2.4　画图步骤

画组合体三视图时，按形体分析法逐个画出各基本形体的视图。在画图过程中，首先画主要部分，再画其他细节部分。必须注意，应几个视图联系起来画，遇到圆柱体等曲面体时，要先画投影为圆的那个视图，这样既能保证各基本视图之间投影关系正确，又能提高绘图速度。完成底稿后，要仔细检查，擦去多余线条，再按国标中规定的线型加深。具体作图步骤如图 3.11～图 3.16 所示，最后完成的全图如图 3.17 所示。

作图步骤如下。

（1）布置视图，画各视图的基准线，如图 3.11 所示。注意视图分布要匀称，不可偏向一方。

（2）画底板，如图 3.12 所示。画底板的主要轮廓。

（3）画立板，如图 3.13 所示。先画立板上半圆槽在主视图上的投影，再画其他视图投影。

（4）画筋板，如图 3.14 所示。先画筋板在左视图的投影，再画其他视图的投影。

（5）画底板的前后通槽，如图 3.15 所示。先画通槽在主视图的投影，再画其他视图的投影。

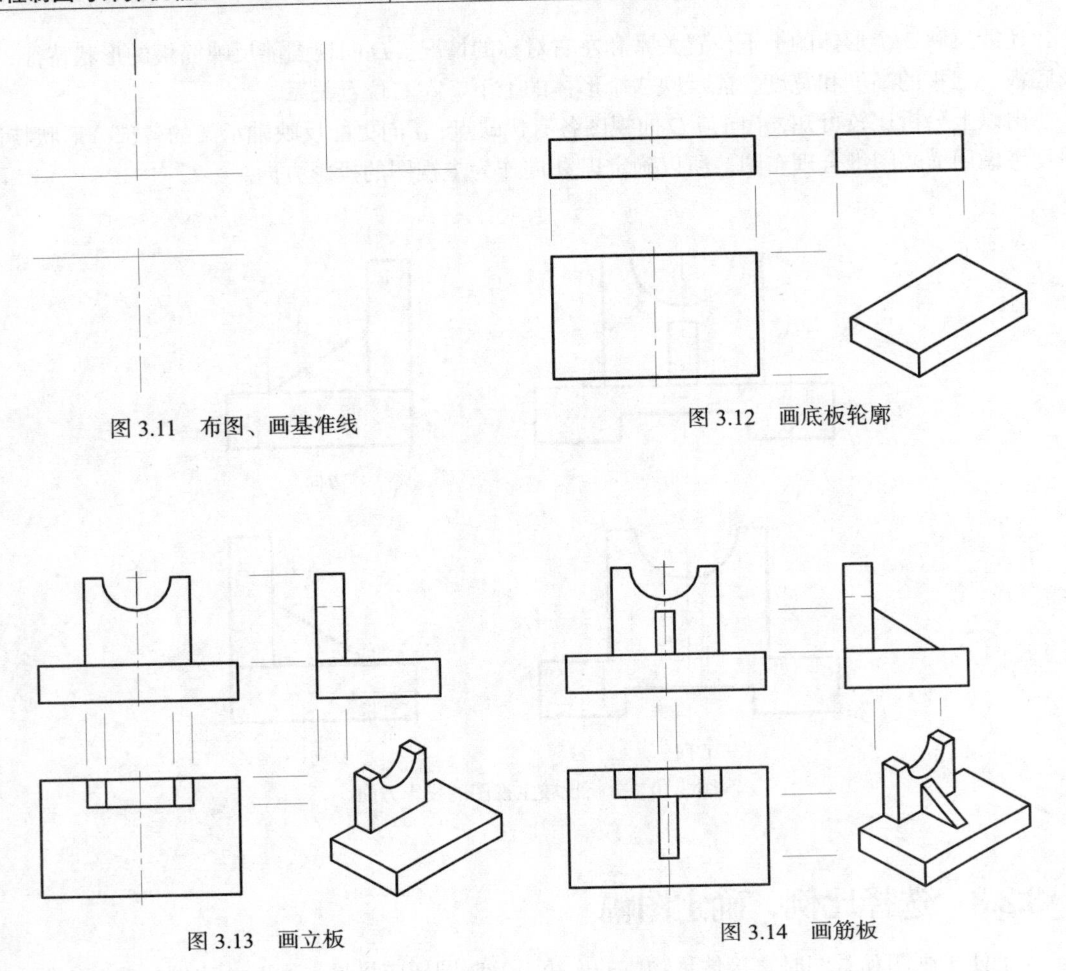

图 3.11　布图、画基准线

图 3.12　画底板轮廓

图 3.13　画立板

图 3.14　画筋板

（6）画底板上两个圆角及圆孔，如图 3.16 所示。先画俯视图投影，再画其他视图投影。

（7）检查加深，完成全图，如图 3.17 所示。检查无错误后，按国家标准规定的线型加深。

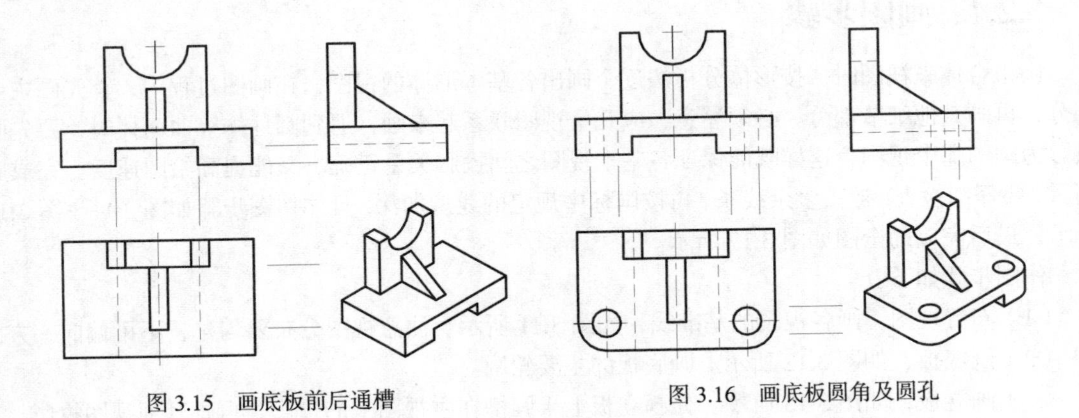

图 3.15　画底板前后通槽

图 3.16　画底板圆角及圆孔

加深时应注意：先加深圆弧后加深直线，同类图线由上而下，自左向右依次加深，力求同类图线保持粗细、浓淡一致，符合国家标准。

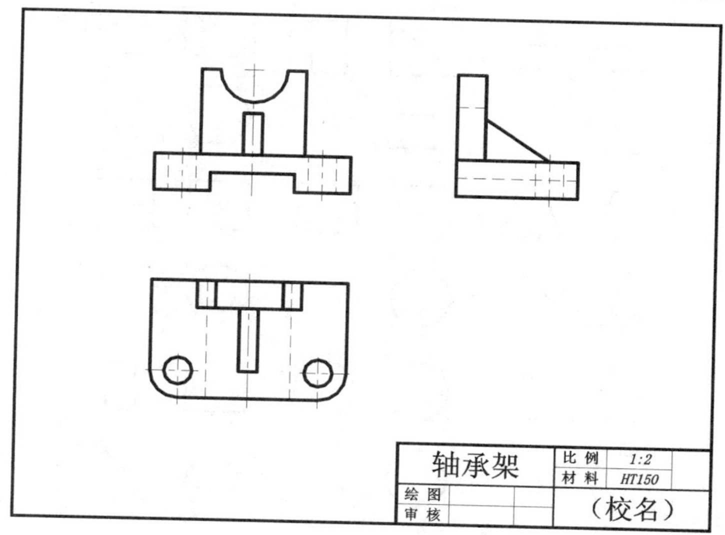

图 3.17　加深、完成全图

练习 3.2

按要求完成本章结尾所附练习：组合体三视图（1）～（3）。

3.3　组合体的尺寸标注

视图只表达组合体的形状，而组合体的大小要由图纸上所标注的尺寸数值来确定。在实际工作中，尺寸标注是很重要的环节，必须保证尺寸标注正确、完整，并力求清晰。正确是指尺寸标注要符合国家标准，完整是指尺寸标注要齐全，不遗漏，不重复；清晰是指尺寸标注要合理布置，便于看图。

3.3.1　基本形体的尺寸标注

要掌握组合体的尺寸标注，必须先掌握基本形体的尺寸注法。

1. 常见几何体的尺寸标注

图 3.18 所示为常见几何体的尺寸注法。

基本几何体一般要注出长、宽、高等 3 个方向的尺寸，但不同形状的几何体在标注尺寸时又有各种变化。

图 3.18（a）所示的四棱柱标注长、宽、高尺寸；图 3.18（b）所示的三棱柱标注长、宽、高尺寸；图 3.18（c）所示的六棱柱标注对面距以及高度尺寸，用括号标注的尺寸为参考尺寸；图 3.18（d）所示的四棱台标注顶面、底面的长、宽、高尺寸；图 3.18（e）所示的圆柱标注直径及轴向尺寸；图 3.18（f）所示的空心圆柱标注外径 ϕ、孔径 ϕ以及轴向尺寸；图 3.18（g）所示的圆锥标注底圆直径 ϕ及轴向尺寸；图 3.18（h）所示的球标注球体直径 $s\phi$；图 3.18（i）所示的半圆柱标注半径 R 和高度尺寸。

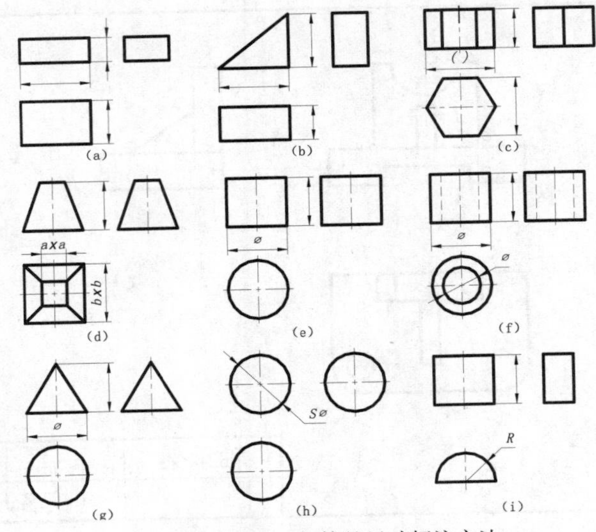

图 3.18　常见几何体的尺寸标注方法

2. 截切体和相贯体的尺寸标注

对于被平面截切或带有切口的基本形体，除了注出基本形体的尺寸外，还应注出确定截平面位置的尺寸，如图 3.19（a）～（e）中“√”所示。由于截平面与基本形体的相对位置确定以后，立体表面的截交线就完全确定，因此不必标注截交线的尺寸。

如图 3.19（f）所示，两圆柱体相贯时，应分别注出两相贯体的直径尺寸 ϕ_1、ϕ_2，以及两相贯体的相对位置尺寸。这样相贯线就完全确定，因此不需要再标注相贯线的尺寸。

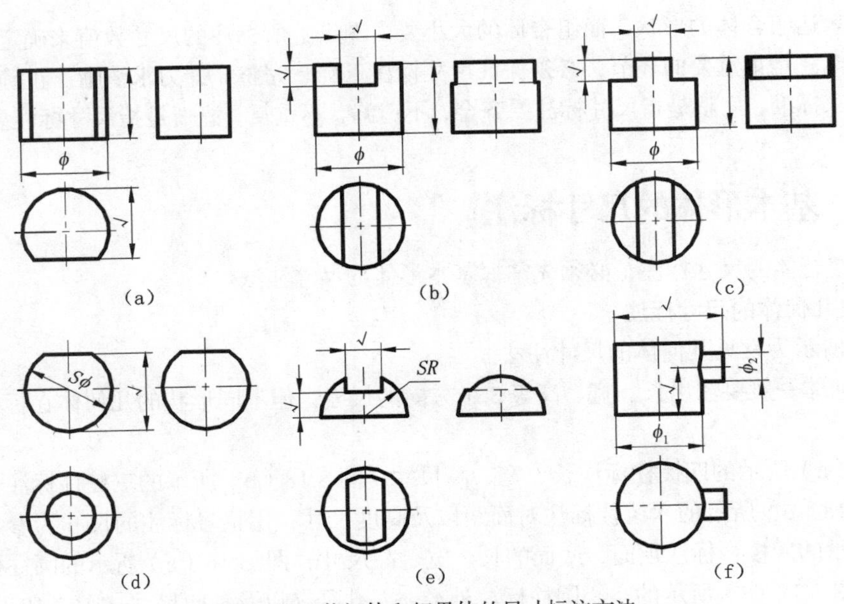

图 3.19　截切体和相贯体的尺寸标注方法

3. 常见底板的尺寸标注

图 3.20 所示为常见底板的尺寸注法。图 3.20（a）底板上有相同直径的圆柱孔时，要注明孔的数量，如 *4- ϕ10*。但是相同半径的圆弧不注其数量。如 *R10*；图 3.20（b）底板标注了半径 *R20* 和尺寸 *55*，总长尺寸已确定，故不应再标注总长 *75*；图 3.20（c）底板标注的 *ϕ75* 为总长尺寸；图 3.20（d）底板标注的 *ϕ40* 为总宽尺寸，*R10* 和尺寸 *55* 之和为总长尺寸，故不需再另标注总长尺寸。图 3.20（c）、（d）底板两端圆弧虽都小于 *180°*，但均处在同一圆周上，为方便加工，标注直径尺寸，而不按一般规则标注半径尺寸。

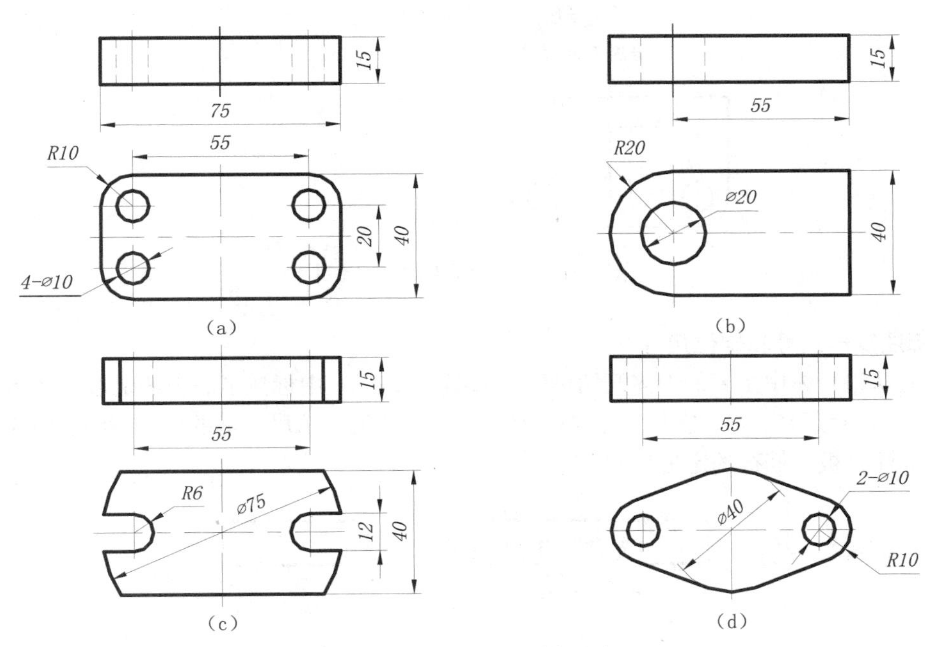

图 3.20　常见底板的尺寸标注方法

3.3.2　组合体的尺寸标注

组合体的尺寸包括以下 3 种。

（1）定形尺寸，表示各基本形体大小的尺寸。

（2）定位尺寸，表示各基本形体之间相互位置的尺寸。

（3）总体尺寸，表示组合体的总长、总宽、总高的尺寸。

组合体是由若干个基本形体组合而成的，因此，组合体的尺寸标注与其画法一样，一般仍用形体分析法。通常在形体分析的基础上，先确定组合体的长、宽、高等 3 个方向的尺寸基准，再逐个标注各基本形体的定形尺寸和定位尺寸，最后标注出总体尺寸。

下面仍以图 3.9 所示轴承架为例，说明标注组合体尺寸的方法和步骤。

1. 形体分析

在前一节中对轴承架进行了形体分析，可分解为以下 3 个基本形体：底板、立板、筋板。

2. 选择尺寸基准

标注尺寸的起点称为尺寸基准。组合体中每一个基本形体长、宽、高等 3 个方向的尺寸都要有尺寸基准。通常选择组合体对称平面、底面、端面和回转体的轴线作为尺寸基准。如图3.21所示，选择轴承架的底面作为高度方向尺寸基准，轴承架的左右对称平面作为长度方向尺寸基准，轴承架的后端面作为宽度方向尺寸基准。

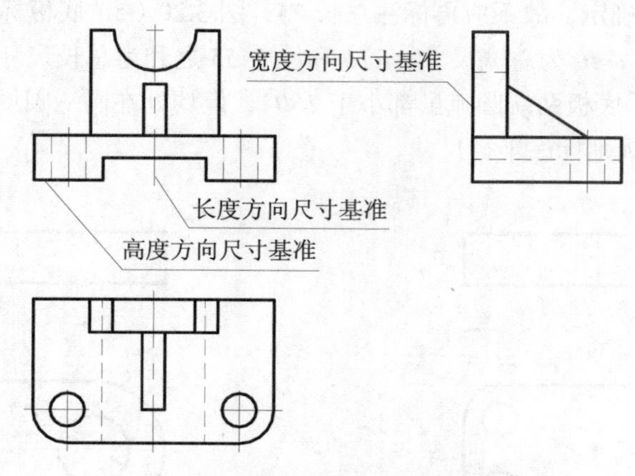

图3.21　选择轴承架的尺寸基准

3. 标注定形尺寸和定位尺寸

一般先从组合体中主要的形体开始标注，如图3.22（a）中标注了底板的定形尺寸 *105*、*65*、*20*、*2-ϕ15*、*R15*、*45*、*10*，定位尺寸 *75*、*50*；定位尺寸通常从尺寸基准出发标注。图3.22（b）、（c）分别标注立板、筋板的定形尺寸。

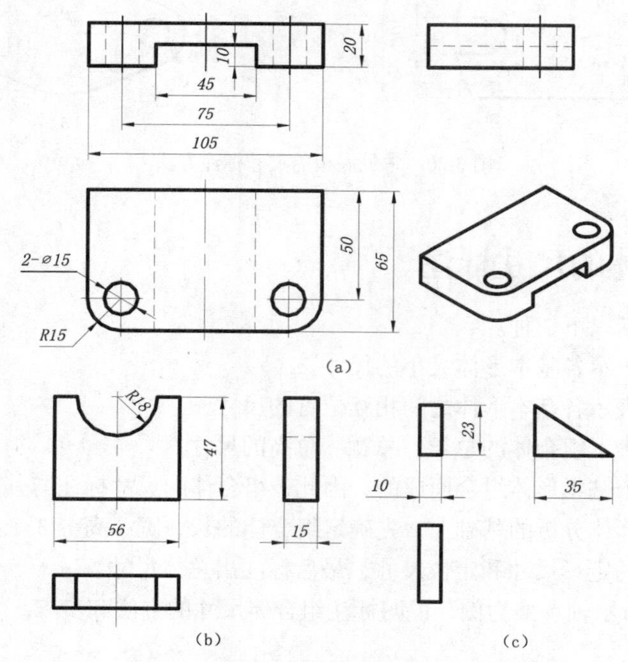

图3.22　轴承架的三个基本形体尺寸标注方法

4. 标注总体尺寸

标注组合体中各基本形体的定形尺寸和定位尺寸后再标注总体尺寸。对于在标注基本形体的定形尺寸和定位尺寸时，已经确定的总体尺寸可以不再另行标注，如需要加注总体尺寸而产生尺寸重复标注，则应进行调整。如图 3.23 中总长尺寸 *105*，总宽尺寸 *65*，在注底板定形尺寸时已注出，则不另标注。而总高尺寸若必须直接注出，显然高度方向尺寸出现重复，则调整删去立板的高度尺寸，注总高尺寸 *67*。应该注意，总体尺寸一般应直接注出，遇到端面是圆时不应直接标注，如图 3.20（b）的总长，由 *R20* 和圆心定位尺寸 *55* 两者之和确定。

5. 检查

对已标注的尺寸，按正确、完整、清晰的要求进行检查，对不符合要求的必须修改或调整。

图 3.23 所示为轴承架的尺寸标注。

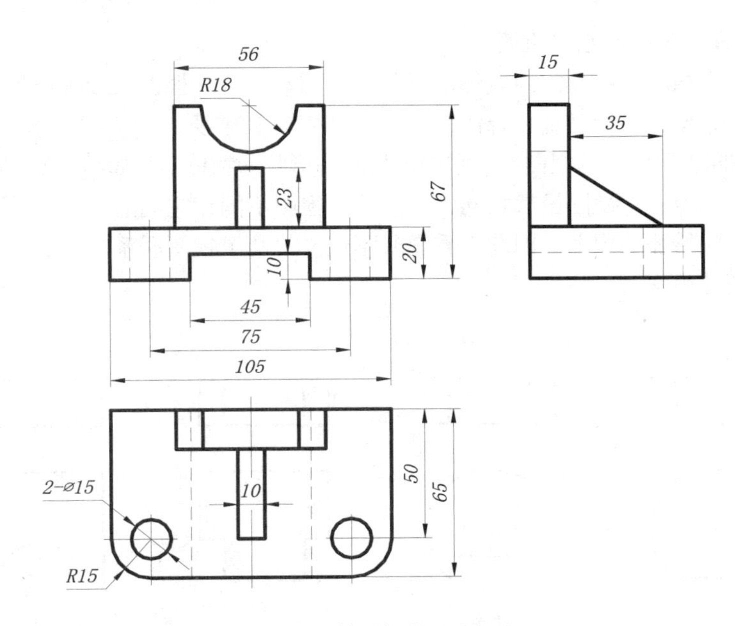

图 3.23　轴承架的尺寸标注

为了便于看图，尺寸要求标注清晰，应注意以下事项：

（1）尺寸应标注在反映形状特征的视图上，同一基本形体的尺寸尽量集中标注，如图 3.23 中底板上圆柱孔的定形尺寸 $2-\phi15$ 和定位尺寸 *50* 注在俯视图上，便于看图。

（2）尺寸尽量注在两视图之间，视图之外；同一方向的尺寸应小尺寸在里，大尺寸在外，如图 3.23 主视图中尺寸 *45* 在尺寸 *75* 里面，尺寸 *105* 在尺寸 *75* 的外面。

（3）凡具有对称平面的尺寸，按对称标注，如图 3.23 中两圆柱孔定位尺寸 *75* 的注法。

（4）虚线上尽量不标注尺寸，如图 3.23 底板上两圆柱孔的定形尺寸 $2-\phi15$ 不注在主视图或左视图的虚线上，应注在俯视图上。

（5）圆柱体和圆锥体的直径尺寸一般注在投影为非圆的视图上；圆弧的半径尺寸必须注在投影为圆弧的视图上，如图 3.23 中立板上的 *R18* 在主视图标注，底板上的 *R15* 在俯视图标注。

练习 3.3

按要求完成本章结尾所附练习：尺寸标注（1）～（5）。

3.4 看组合体视图的方法

看组合体视图，是根据已知的一组视图想象出组合体的结构形状。看图的方法有形体分析法和线面分析法。

3.4.1 看图时的注意事项

1. 看图时将几个视图联系起来看

一般来说，一个视图不能确定组合体的形状。看图时，必须根据投影规律把所有的视图联系起来，进行分析、想象，才能确定组合体的形状。例如图 3.24 所示的（a）、（b）、（c）、（d）四组视图，主视图都相同，但对照俯视图看，它们却是不同形状的物体。又如图 3.25 所示的（a）、（b）、（c）三组视图，俯视图、左视图虽然相同，但由于主视图不同，它们的形状也就不同，这里的主视图是反映物体形状特征的视图。因此，看图时不仅要将几个视图联系起来看，还要善于抓住能反映物体形状特征的视图。

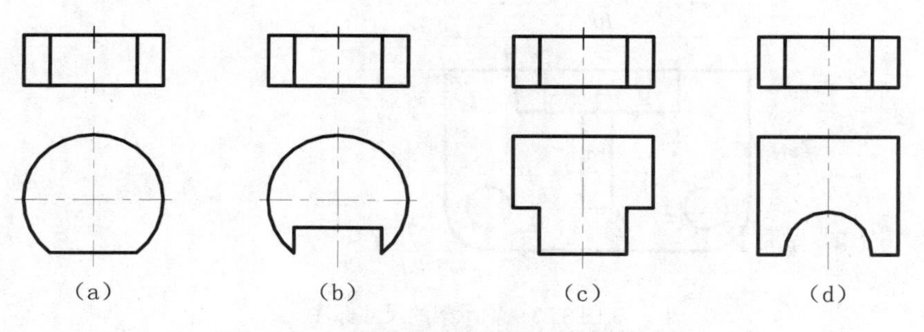

图 3.24 仅根据主视图不能确定物体的形状

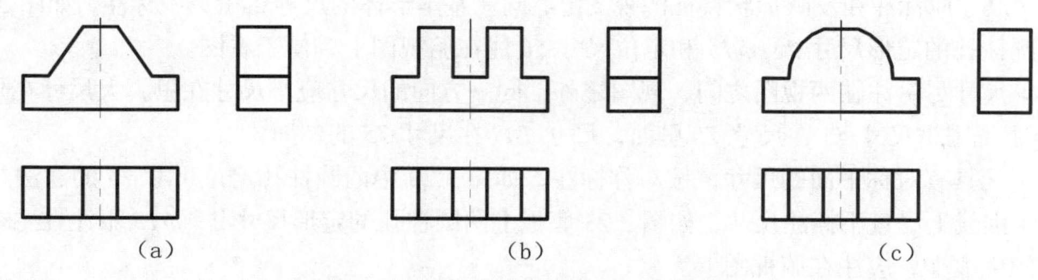

图 3.25 主视图反映了物体的形状特征

2. 看图时认真分析相邻表面间的相对位置

视图上一个闭合线框至少表示一个面的投影，如线框与线框相连，必然是两个或两个以上表面的投影。看图时要注意认真分析相邻表面间的相对位置，判别出相邻的表面间上下、左右、前后位置关系。有助于正确想象物体的形状，如图 3.26 所示。

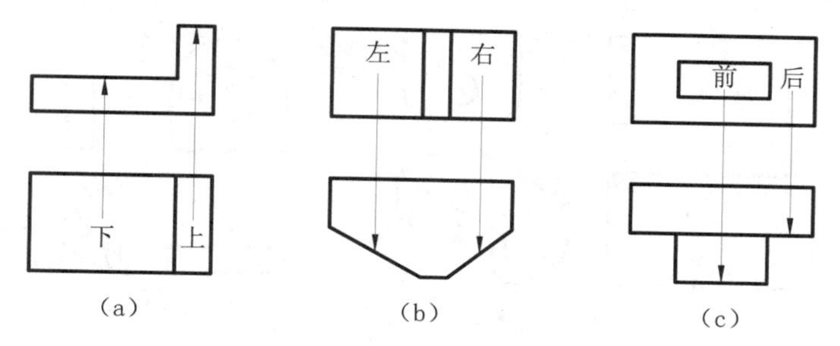

圈 3.26　相邻表面之间的位置关系

3.4.2　用形体分析的方法看图

看图和画图一样，主要是运用形体分析的方法。看图时，先看主要部分，后看细节部分，一般从反映形状特征的视图入手，结合其他视图，划线框，对投影，弄清组合体是由哪几个基本形体组成，再分析各基本形体之间的相互位置以及组合形式，最后综合起来，想象出组合体的整体形状。

通常采用已知两个视图，求画第三视图来提高看图的能力。在看懂已知视图，正确想象组合体的形状基础上，仍然用形体分析的方法，依次画出各基本形体，完成第三视图。

【例 1】　已知组合体的主视图、左视图，想象出组合体的形状，并补画俯视图，如图 3.27 所示。

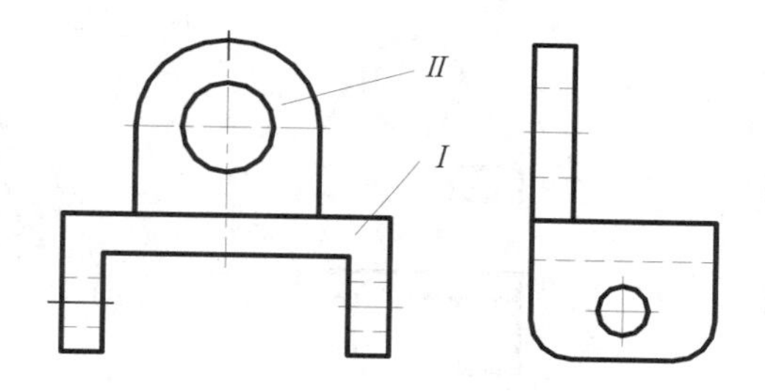

图 3.27　已知组合体的两个视图

分析　根据已知主视图和左视图，划线框对投影进行形体分析，可以将其分解为两个基本形体，如图 3.27 所示，形体 *I* 为倒“U”形，上面有 2 个圆柱孔和 4 个圆角；形体 *II* 为半圆头形，上面有 1 个圆柱孔。形体 *II* 位于形体 *I* 的上方中间靠后侧位置。最后将 2 个形体综合起来，想象出组合体的整体形状。

作图　根据形体分析方法看懂图后，补画俯视图，具体步骤如图 3.28 所示。

（1）看懂形体 *I*，如图 3.28（a）所示。

（2）看懂形体 *II*，如图 3.28（b）所示。

（3）综合组合体形状，画组合体的俯视图，如图 3.28（c）所示。

从上例可以看出，形体分析的方法归纳起来就是：对投影，分形体，明位置，综合起来想整体。

【例 2】　已知组合体的主视图、俯视图，补画左视图，如图 3.29（a）所示。

分析　用形体分析法看图，可将其分成 3 个主要线框 *I*、*II*、*III*，作为组成该组合体的 3 个形体，如图 3.29（b）、（c）。进一步对投影看形体 *I* 的左、右两侧开了圆孔，下部开了前后通槽，形体Ⅲ底部开了一前后通孔，如图 3.29（d）所示。最后，根据 3 个形体间的相互位置综合想象出整体形状，如图 3.29（c）所示。

作图　图 3.29（f）、（g）、（h）所示为补画左视图的步骤。

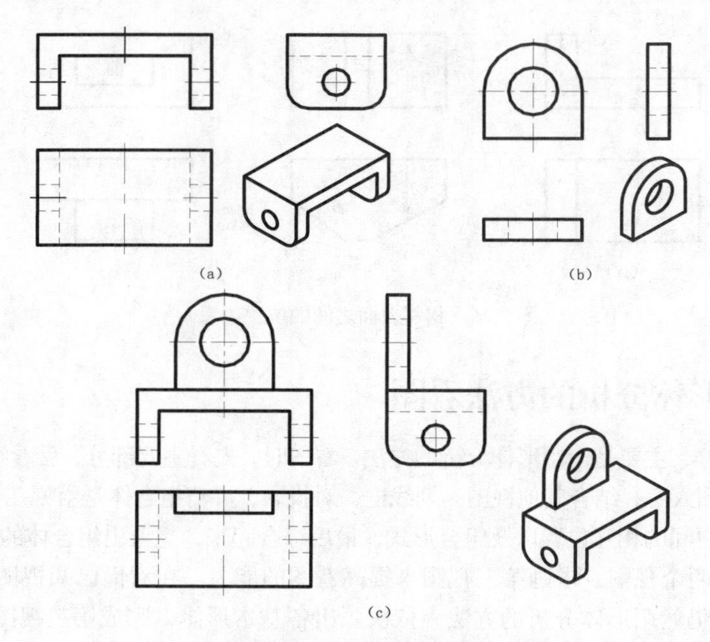

图3.28 用形体分析方法看图并补画组合体俯视图

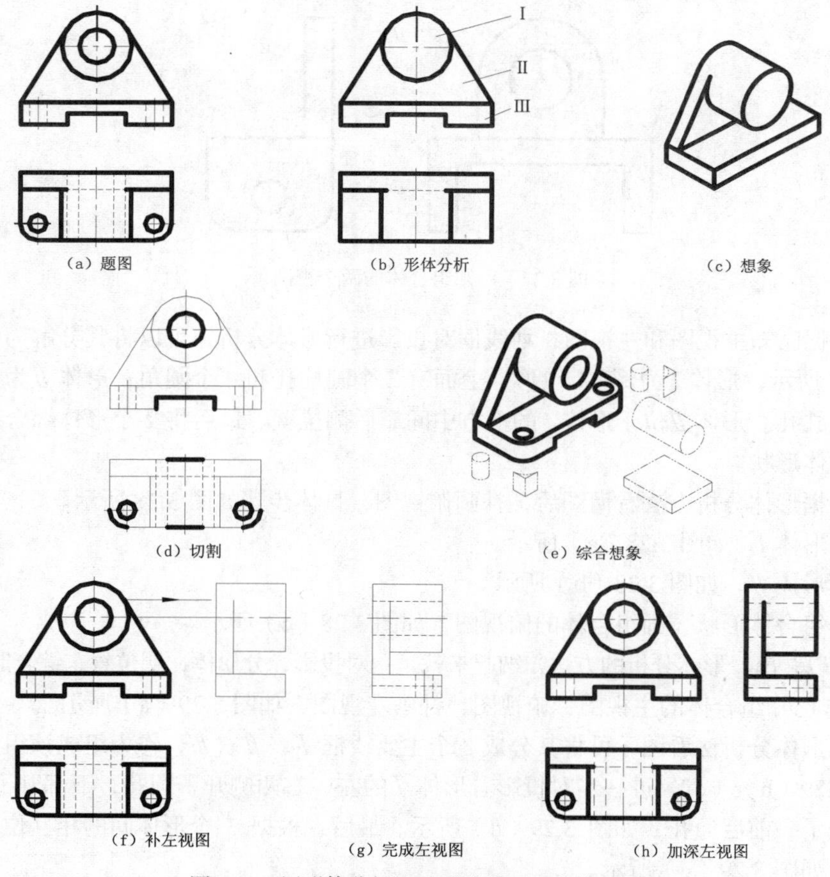

图3.29 用形体分析法看图并补画组合体左视图

3.4.3　用线面分析的方法看图

看图时，对物体上被平面斜切后不易看懂的局部，可以对其进行线面分析，以便看懂这些局部，正确想象出物体的形状。

【例 3】　已知物体的主视图、左视图，补画俯视图，如图 3.30 所示。

分析　根据已知主视图和左视图，划线框对投影先初步分析，可以将其看作一个长方体，主视图的长方形缺个角，说明长方体的左上角被截去，左视图的长方形也缺个角，说明长方体的前面又被截去一个角。因此，这是由一个长方体逐步切割而成的物体。

用线面分析的方法进一步分析，长方体所缺的左上角，可以看作被一水平面 P_{III}和一正垂面 Q 所截切。长方体所缺的前角，可以看作被一侧垂面 R 所截切。其中 P_{I}、P_{II}面都是水平面。利用线面的投影特性，看懂这些局部，正确想象出物体的形状。

作图　补画左视图的具体步骤如图 3.31 所示。

（1）画 P_{I}面投影，即先画未切割的形体轮廓。由 p_1'、p_1''可知，P_{I}面是水平面，那么，根据水平面的投影特性，在俯视图上的投影 p_1，是 P_{I}面的实形，如图 3.31（a）所示。

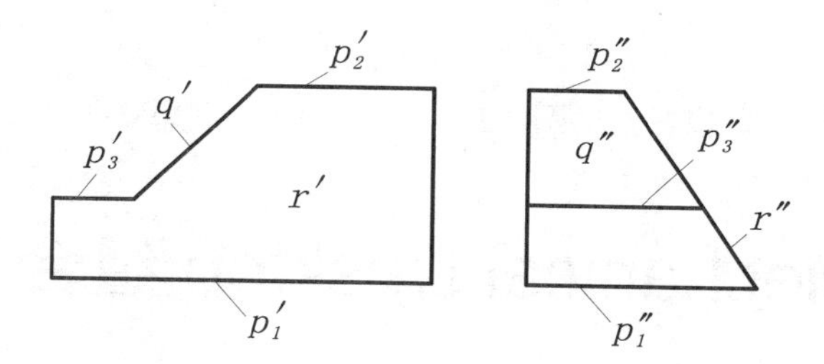

图 3.30　已知物体的两个视图求作第三视图

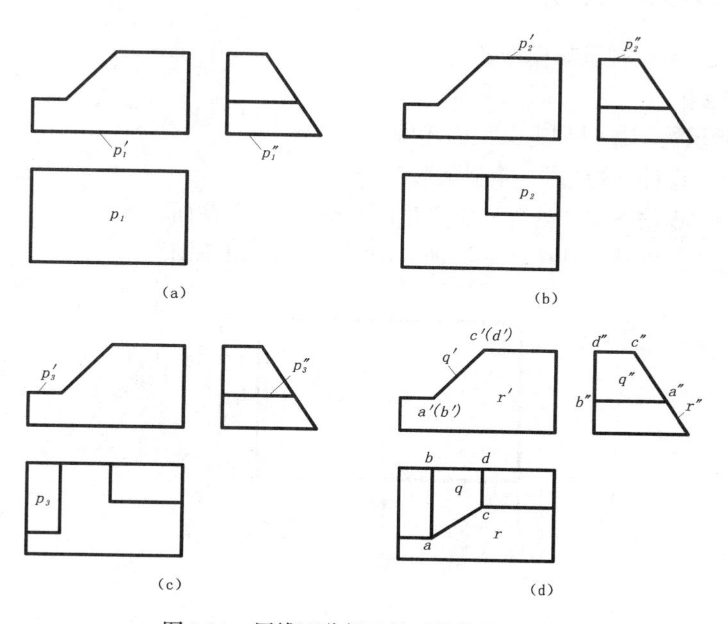

图 3.31　用线面分析法补画物体的俯视图

（2）画 P_{II}面投影。由 p_2'、p_2''可知，P_{II}面也是水平面，那么在俯视图上的投影 p_2是 P_{II}面的实形，如图 3.31（b）所示。

（3）画 P_{III}面的投影。由 p_3'、p_3''可知，P_{III}面也是水平面，那么在俯视图上的投影 p_3是 P_{III}面的实形，如图 3.31（c）所示。

（4）画 Q 面投影。q'由线框 $a'b'c'd'$确定，q''由线框 $a''b''c''d''$确定，因此可知 Q 面是正垂面，那么根据正垂面的投影特性，在俯视图上找到的 $abcd$ 为 Q 面在俯视图上的投影 q，q 与 q''为类似形，如图 3.31（d）所示。

俯视图由以上 4 个步骤完成，有时还可选择有关的线面进行验证检查，如图 3.31（d）中使用 R 面验证，由 r'和 r''可知 R 面是侧垂面，根据侧垂面的投影特性，检查俯视图上的投影 r 与 r''为类似形，说明作图正确。最后，按规定的线型加深，完成俯视图。

看组合体视图，常常是上述两种方法并用，一般以形体分析为基础，结合线面分析解决局部难点。

看图就是想象物体空间形状的过程，只要反复实践，就可以逐步培养形象思维的能力和看图能力。

练习 3.4

按要求完成本章结尾所附练习：读图（1）～（12）。

3.5 Mechanical Desktop 组合体建模

3.5.1 叠加体模型

本节创建图 3.23 所示轴承架模型。

1. 定义截面轮廓

参照图 3.32 所示按下述过程定义截面轮廓。

（1）选择菜单“设计→矩形”，绘制矩形。

（2）选择菜单“零件→草图处理→定义截面轮廓”，定义截面轮廓。

（3）选择菜单“零件→尺寸标注→添加驱动尺寸”，约束草图。

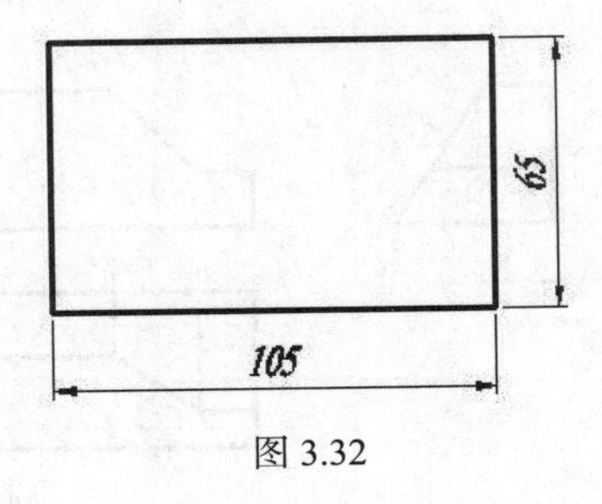

图 3.32

2. 创建拉伸特征

执行快捷键 8，切换观察方向为东南等轴测方向。

选择菜单“零件→草图特征→拉伸”，将截面轮廓向上拉伸20。

3. 设定新草图平面

命令：AMSkPln

菜单：零件→设定新草图平面

```
命令: _amskpln
选择工作平面、平面或
[WCS 的 XY 面（X）/WCS 的 YZ 面（Y）/WCS 的 ZX 面（Z）/UCS（U）]: 选择模型后侧面上底边
输入选项[下一个（N）/接受（A）]<接受（A）>: 输入 n 后回车
输入选项[下一个（N）/接受（A）]<接受（A）>: 预显平面为模型后侧面时回车
计算...
计算...
平面=参数化
选择用于对齐 X 轴的边或[反向（F）/旋转（R）/原点（O）]<接受（A）>: 输入 f 后回车
平面=参数化
选择用于对齐 X 轴的边或
[反向（F）/旋转（R）/原点（O）]<接受（A）>: x 轴向右，y 轴向上时，回车，结束命令
```

4. 定义截面轮廓

按下述步骤，参照图3.33（a）所示定义截面轮廓。

（1）执行Plan命令，正视草图平面。

（2）选择菜单“设计→矩形”，绘制矩形，此时矩形下底边与底板上平面并不重合。

（3）选择菜单“零件→草图处理→定义截面轮廓”，定义截面轮廓。

（4）选择菜单“零件→二维约束→共线”，将截面轮廓下底边约束在模型上表面上。

（5）选择菜单“零件→尺寸标注→添加驱动尺寸”，约束草图。

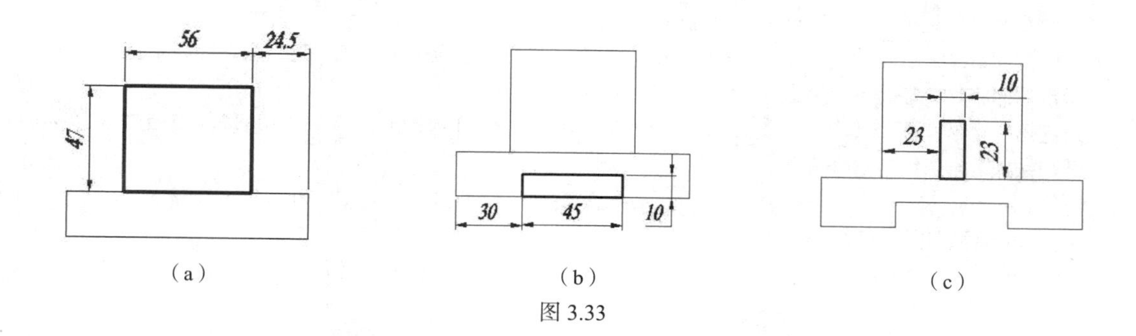

（a）　（b）　（c）

图3.33

5. 创建拉伸特征

执行快捷键8，切换观察方向为东南等轴测方向。

选择菜单“零件→草图特征→拉伸”，设定运算方式为“求和”，将截面轮廓向前拉伸15。

6. 定义截面轮廓

按下述步骤，参照图3.33（b）所示定义截面轮廓。

（1）执行Plan命令，正视草图平面。

（2）选择菜单“设计→矩形”，绘制矩形，此时该矩形下底边与底板下表面并不重合。

（3）选择菜单“零件→草图处理→定义截面轮廓”，定义截面轮廓。

（4）选择菜单“零件→二维约束→共线”，将截面轮廓上底边约束在模型下底面上。

（5）选择菜单“零件→尺寸标注→添加驱动尺寸”，约束草图。

7. 创建拉伸特征

执行快捷键8，切换观察方向为东南等轴测方向。

选择菜单“零件→草图特征→拉伸”，设定运算方式为“求差”，“终止方式”为“通过”，将截面轮廓向前贯通拉伸。

8. 定义截面轮廓

按下述步骤，参照图3.33（c）所示定义截面轮廓。

（1）执行Plan命令，正视草图平面。

（2）使用选择菜单“设计→矩形”，绘制矩形，此时该矩形下底边并不与底板上表面重合。

（3）选择菜单“零件→草图处理→定义截面轮廓”，定义截面轮廓。

（4）选择菜单“零件→二维约束→共线”，将截面轮廓上底边约束在模型底板上表面上。

（5）选择菜单“零件→尺寸标注→添加驱动尺寸”，约束草图。

9. 创建拉伸特征

执行快捷键8，切换观察方向为东南等轴测方向。

选择菜单“零件→草图特征→拉伸”，设定运算方式为“求和”，“终止方式”为“单向”，将截面轮廓向前拉伸50。

10. 创建倒角特征

命令：AMChamfer

菜单：零件→放置特征→倒角

命令: _amchamfer

在“倒角”对话框中，设置“操作方式”为“两距离”，“距离1”为35，“距离2”为23，单击“确定”按钮

选择要倒角的边或面: **选择筋板前上角短边**

按回车键继续: **回车**

指定的面将作为基础距离使用

指定第一个倒角距离（基础）的面[下一个（N）/接受（A）] <接受（A）>: **预显表面为上侧表面时回车，否则输入n，选择下一个表面**

计算...

现在的模型如图3.34（a）所示。

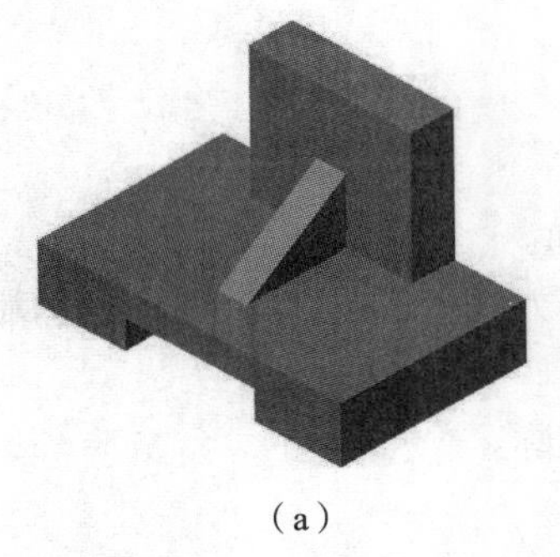

（a） 　　（b）

图3.34

11. 创建圆角特征

命令：AMFillet

菜单：零件→放置特征→圆角

命令: _amfillet

在“圆角”对话框中，设置半径为 15，单击“确定”按钮

选择要圆角的边或面: 选择底板左前侧短边

选择要圆角的边或面<继续>: 选择底板右前侧短边

选择要圆角的边或面<继续>: 回车

计算...

12. 创建打孔特征

命令：AMHole

菜单：零件→放置特征→打孔

命令: _amhole

在“打孔”对话框中，设置“终止方式”为“通过”，半径为 7.5，“定位方式”为“同心”，单击“确定”按钮

选择工作平面、平面或

[WCS 的 XY 面（X）/WCS 的 YZ 面（Y）/WCS 的 ZX 面（Z）/UCS（U）]: 选择底板上表面

输入选项[下一个（N）/接受（A）] <接受（A）>: 如果预显平面为底板上表面则回车，否则输入 n 选择下一个平面

计算...

选择同心边: 选择底板左侧圆角的上部圆弧

计算...

计算...

计算...

选择工作平面、平面或

[WCS 的 XY 面（X）/WCS 的 YZ 面（Y）/WCS 的 ZX 面（Z）/UCS（U）]: 选择底板上表面

输入选项[下一个（N）/接受（A）] <接受（A）>: 如果预显平面为底板上表面则回车，否则输入 n 选择下一个平面

计算...

选择同心边: 选择底板右侧圆角的上部圆弧

计算...

计算...

计算...

选择工作平面、平面或

[WCS 的 XY 面（X）/WCS 的 YZ 面（Y）/WCS 的 ZX 面（Z）/UCS（U）]: 回车，结束命令

命令: 回车，重复执行打孔命令

AMHOLE

在“打孔”对话框中，设置“终止方式”为“通过”，半径为 18，“定位方式”为“两边”，单击“确定”按钮

选择第一条边：**选择立板前端面上底边**

选择第二条边：**选择立板前端面左（或右）侧边**

计算...

指定孔的位置:

输入距第一条边的距离（亮显的）<18.5729>：**输入0后回车**

输入距第二条边的距离（亮显的）<23.3836>：**输入28后回车**

计算...

计算...

计算...

选择第一条边：**回车，结束命令**

完成的模型如图3.34（b）所示。

3.5.2 切割体模型

1. 选择适当样板创建新图形文件

2. 创建拉伸特征

按如下步骤创建拉伸特征：

（1）选择菜单“设计→矩形”，绘制一个80×120的矩形；

（2）选择菜单“零件→草图处理→定义截面轮廓”，将矩形转化为截面轮廓；

（3）选择菜单“零件→尺寸标注→添加驱动尺寸”，将矩形截面轮廓的长度和高度分别约束为80和120；

（4）选择菜单“零件→草图特征→拉伸”，将完全约束的截面轮廓向上拉伸80。

3. 创建倒角特征

命令：AMChamfer

菜单：零件→放置特征→倒角

操作过程中可参考图3.35（a）所示模型。

命令: 8

命令: _amchamfer

在“倒角”对话框中，设置“操作方式”为“等距离”，“距离1”为40，单击“确定”按钮，执行如下操作

选择要倒角的边或面：**选择长方体左上角棱边**

选择要倒角的边或面 <继续>：**回车，结束命令**

计算...

命令：**回车，重复执行倒角命令**

AMCHAMFER

在“倒角”对话框中，设置“操作方式”为“两距离”，“距离1”为60，“距离2”为20，单击“确定”按钮，继续执行下面的操作

选择要倒角的边或面：**选择模型左前侧棱边**

按回车键继续：**回车**

指定的面将作为基础距离使用

指定第一个倒角距离（基础）的面[下一个（N）/接受（A）] <接受（A）>: **如果预显平面不是模型前侧面，则输入 n，否则执行下一步操作**

指定第一个倒角距离（基础）的面[下一个（N）/接受（A）] <接受（A）>: **预显平面为前侧面时，回车**

计算...

命令: **回车，重复执行倒角命令**

AMCHAMFER

在“倒角”对话框中，单击“确定”按钮，继续执行如下操作

选择要倒角的边或面: **选择模型左后侧棱边**

按回车键继续: **回车**

指定的面将作为基础距离使用

指定第一个倒角距离（基础）的面[下一个（N）/接受（A）] <接受（A）>: **如果预显平面不是模型后侧面，则输入 n，否则执行下一步操作**

指定第一个倒角距离（基础）的面[下一个（N）/接受（A）] <接受（A）>: **预显平面为后侧面时，回车**

计算...

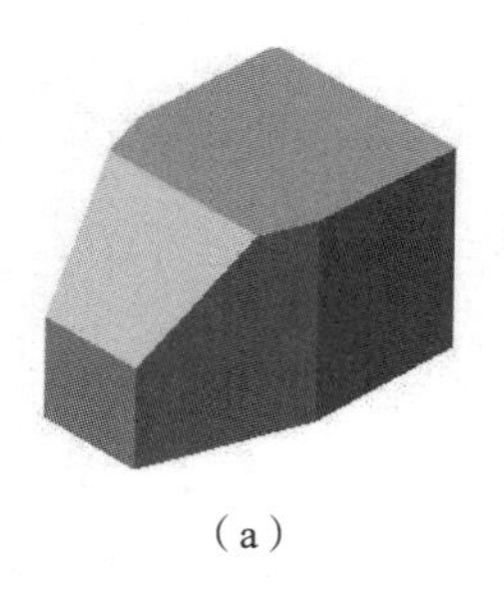

（a）

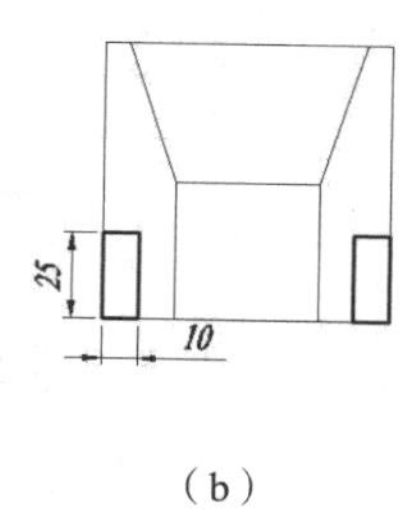

（b）

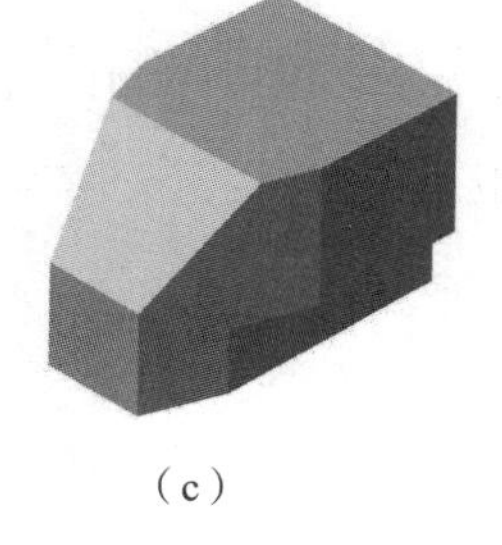

（c）

图 3.35

4. 设定新草图平面

选择菜单“零件→设定新草图平面”，选择模型左侧面，将该面设置为草图平面。操作过程中应保证 x 轴指向屏幕右下角，y 轴指向屏幕上方。

5. 创建拉伸特征

参照图 3.35（b）所示，按下列步骤创建拉伸切割特征。

（1）执行 Plan 命令，切换观察方向为正视草图平面方向。

（2）选择菜单“设计→矩形”，执行 AMRectang 命令，在模型左下角和右下角适当位置绘制 2 个矩形。

（3）选择菜单“零件→草图处理→定义截面轮廓”，执行 AMProfile 命令，将 2 个矩形转化为截面轮廓。

（4）如果需要，选择菜单“零件→二维约束→等长”，将图中左、右矩形轮廓的宽度尺寸、高度尺寸分别约束为等长。

（5）选择菜单“零件→二维约束→共线”，将 2 个矩形的下底边约束到模型下底面上，将图中左方矩形左侧边约束到模型后端面，将图中右方矩形右侧边约束到模型前端面。

（6）选择菜单“零件→尺寸标注→添加驱动尺寸”，执行 AMParDim 命令，按图 3.35（b）所示添加驱动尺寸。

（7）选择菜单“零件→草图特征→拉伸”，执行 AMExtrude 命令，设置“运算方式”为“求差”，“终止方式”为“通过”。

设计完成的模型如图 3.35（c）所示。

线

对照立体图检查三视图，补画图中所缺的投影线

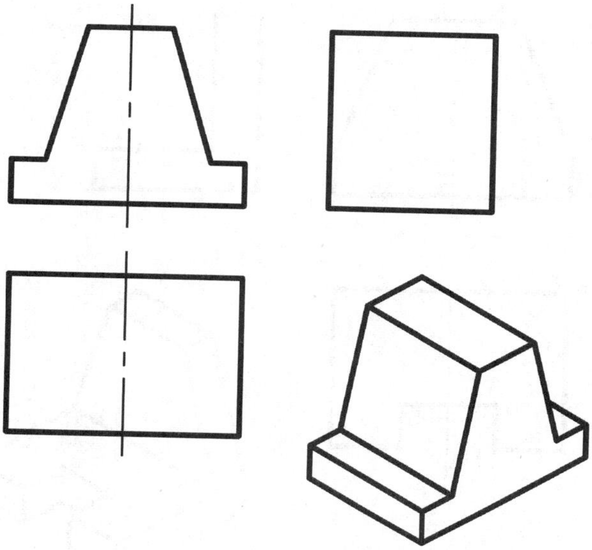

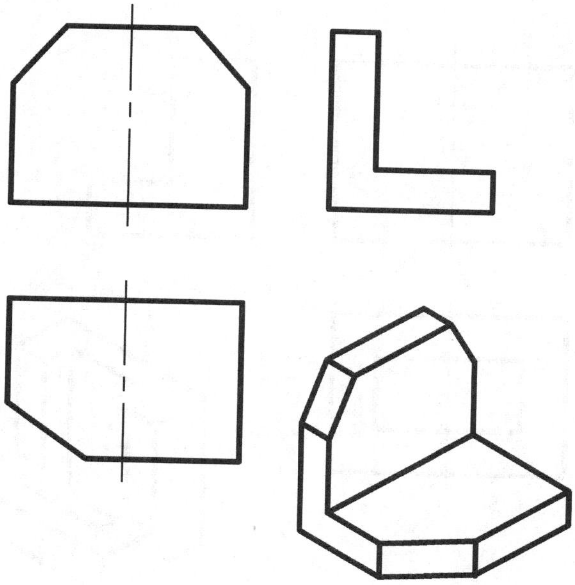

形体表面接触方式分析（1）	姓名		学号	

对照立体图检查三视图，补画图中所缺的投影线

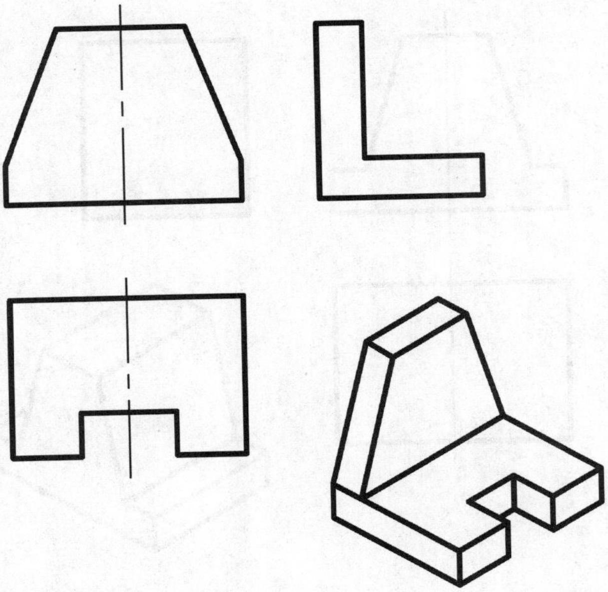

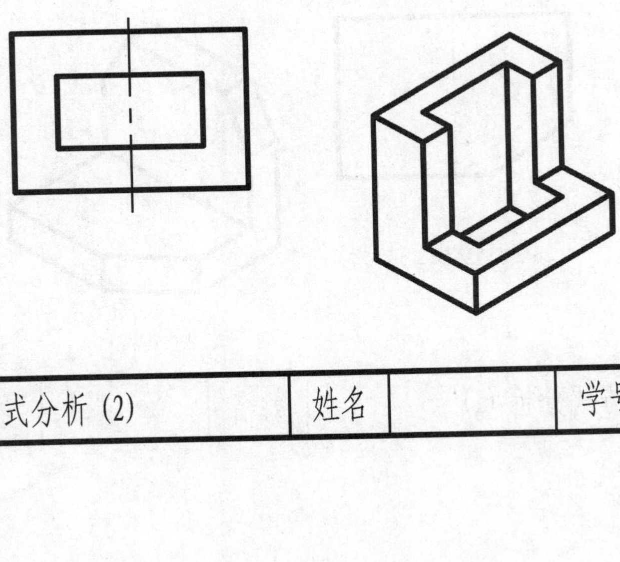

形体表面接触方式分析 (2)	姓名		学号	

对照立体图检查三视图，补画图中所缺的投影线

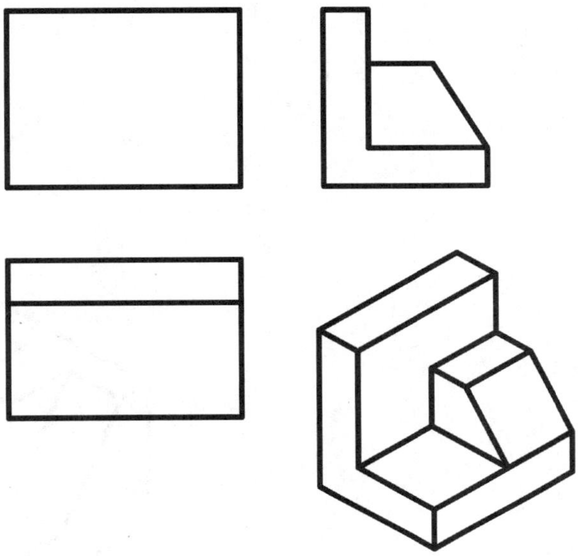

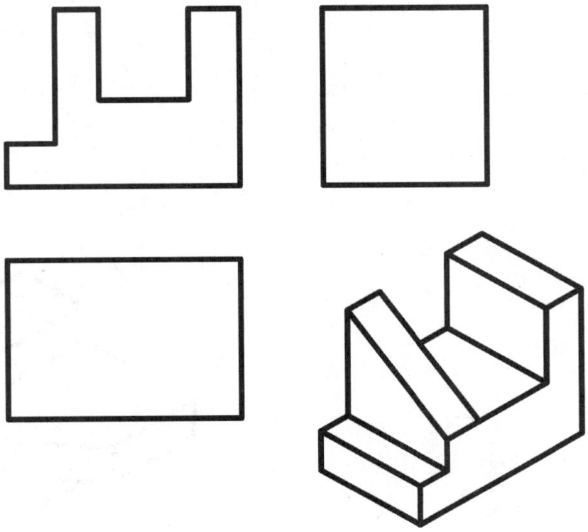

形体表面接触方式分析（3）	姓名		学号	

根据立体图画三视图（尺寸按 1:1 在立体图上直接量取并取整，箭头所指为主视图方向）

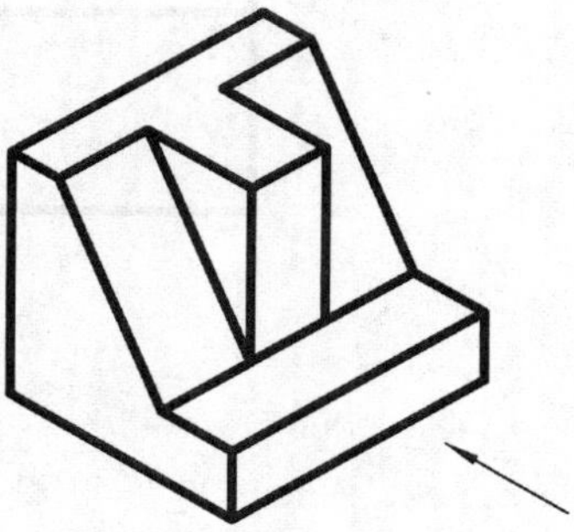

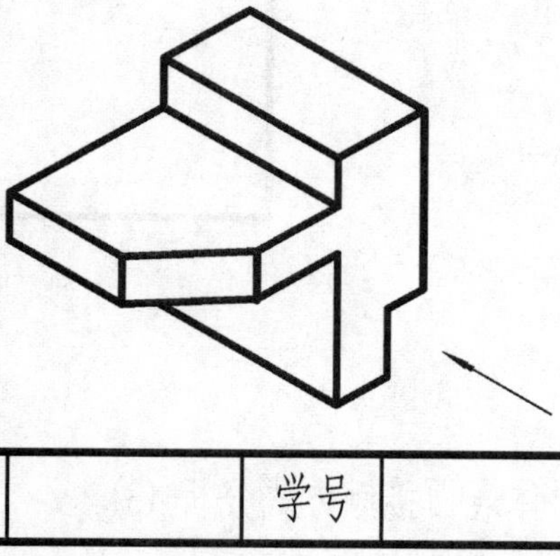

组合体三视图 (1)	姓名		学号	

根据立体图三视图（尺寸按1:1在立体图上直接量取并取整，箭头所指为主视图方向）

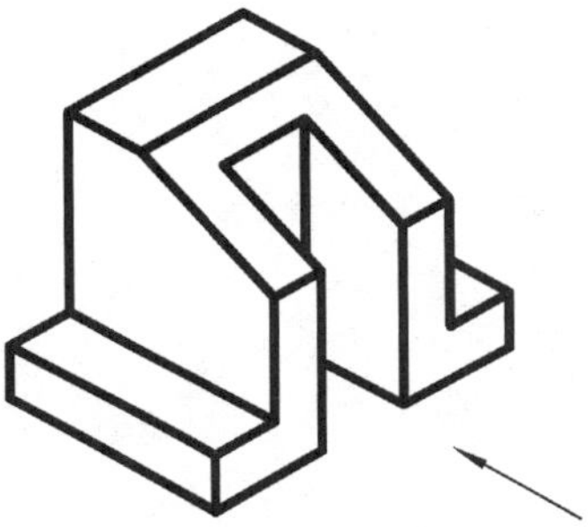

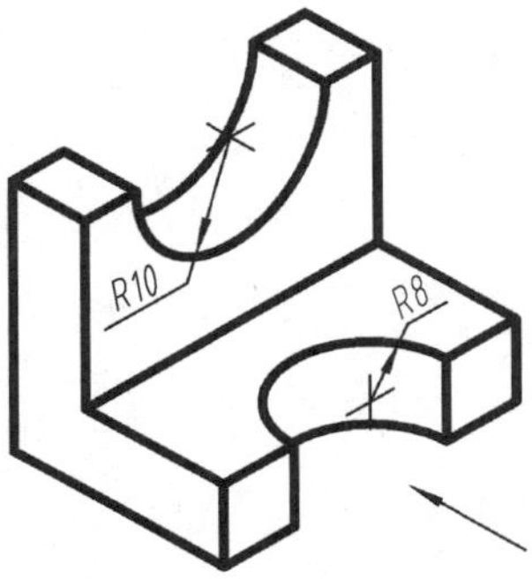

R10

R8

组合体三视图 (2)	姓名		学号	

根据立体图画三视图（尺寸按 1:1 在立体图上直接量取并取整，箭头所指为主视图方向）

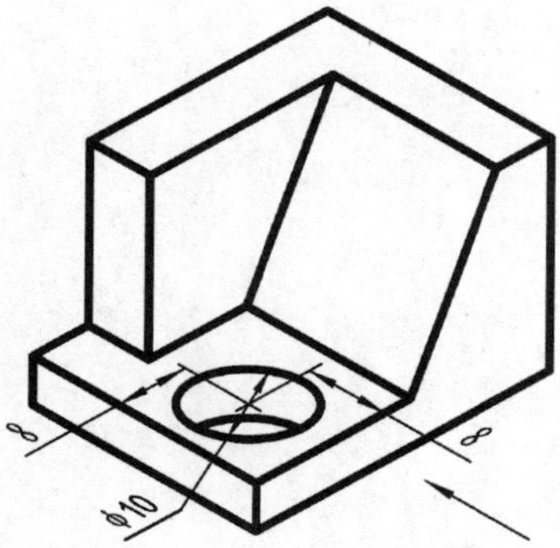

8

8

φ10

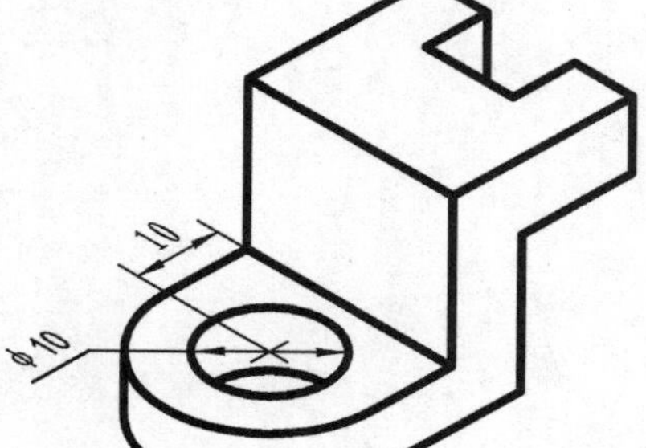

10

φ10

组合体三视图 (3)　　姓名　　学号

在视图上标注尺寸（尺寸数值在图上按 1:1 量取毫米并取整）

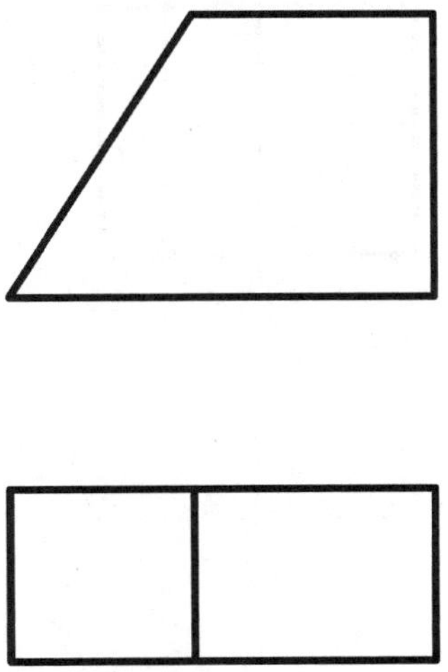

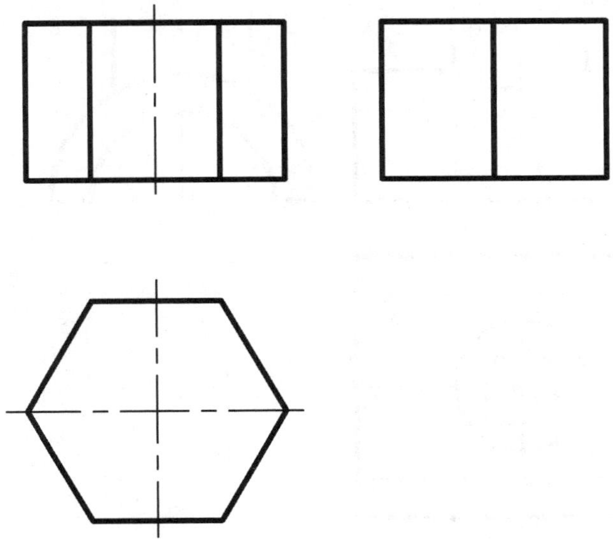

尺寸标注 (1)	姓名		学号	

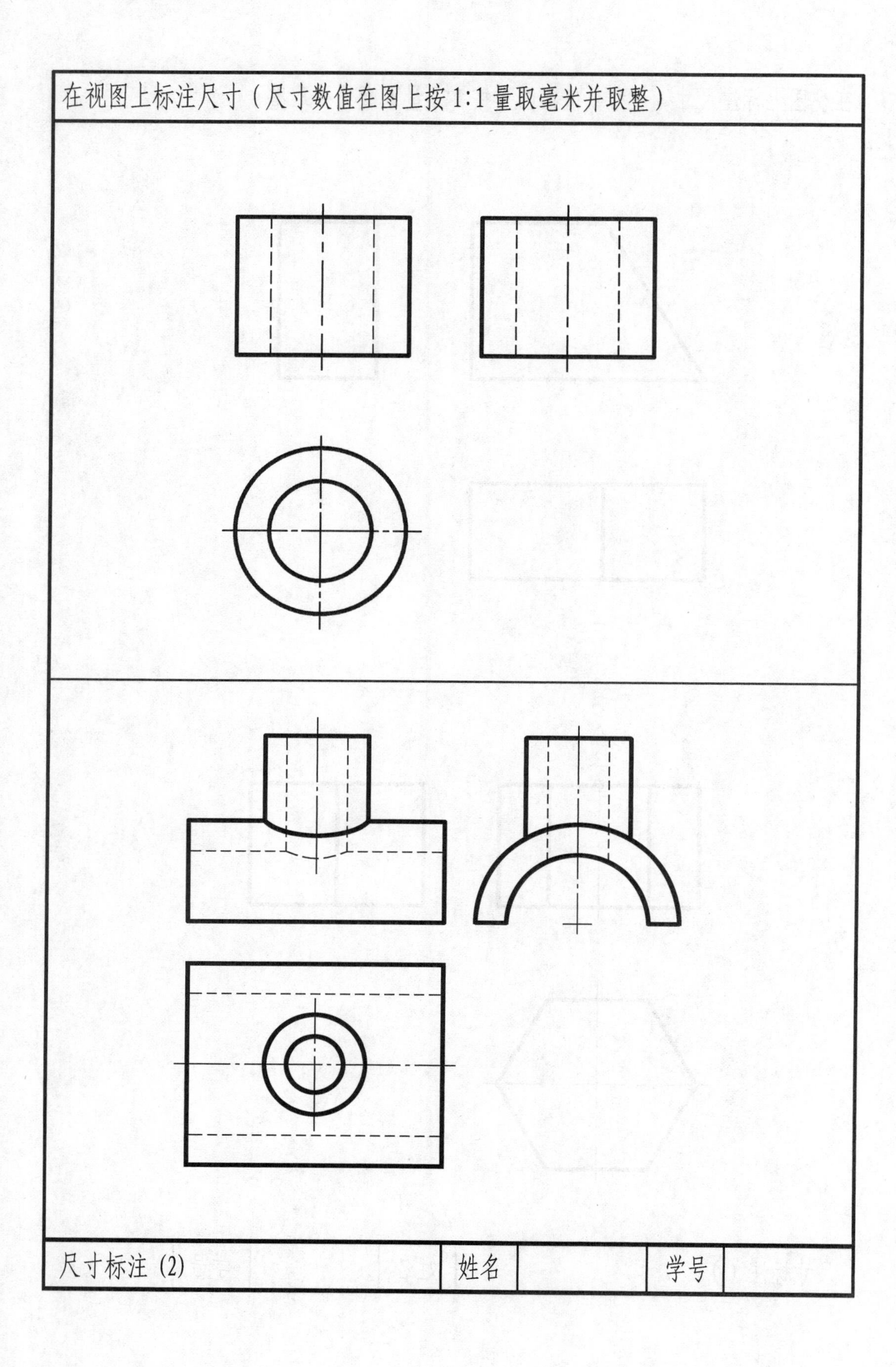
在视图上标注尺寸（尺寸数值在图上按1:1量取毫米并取整）
尺寸标注 (2)
姓名
学号

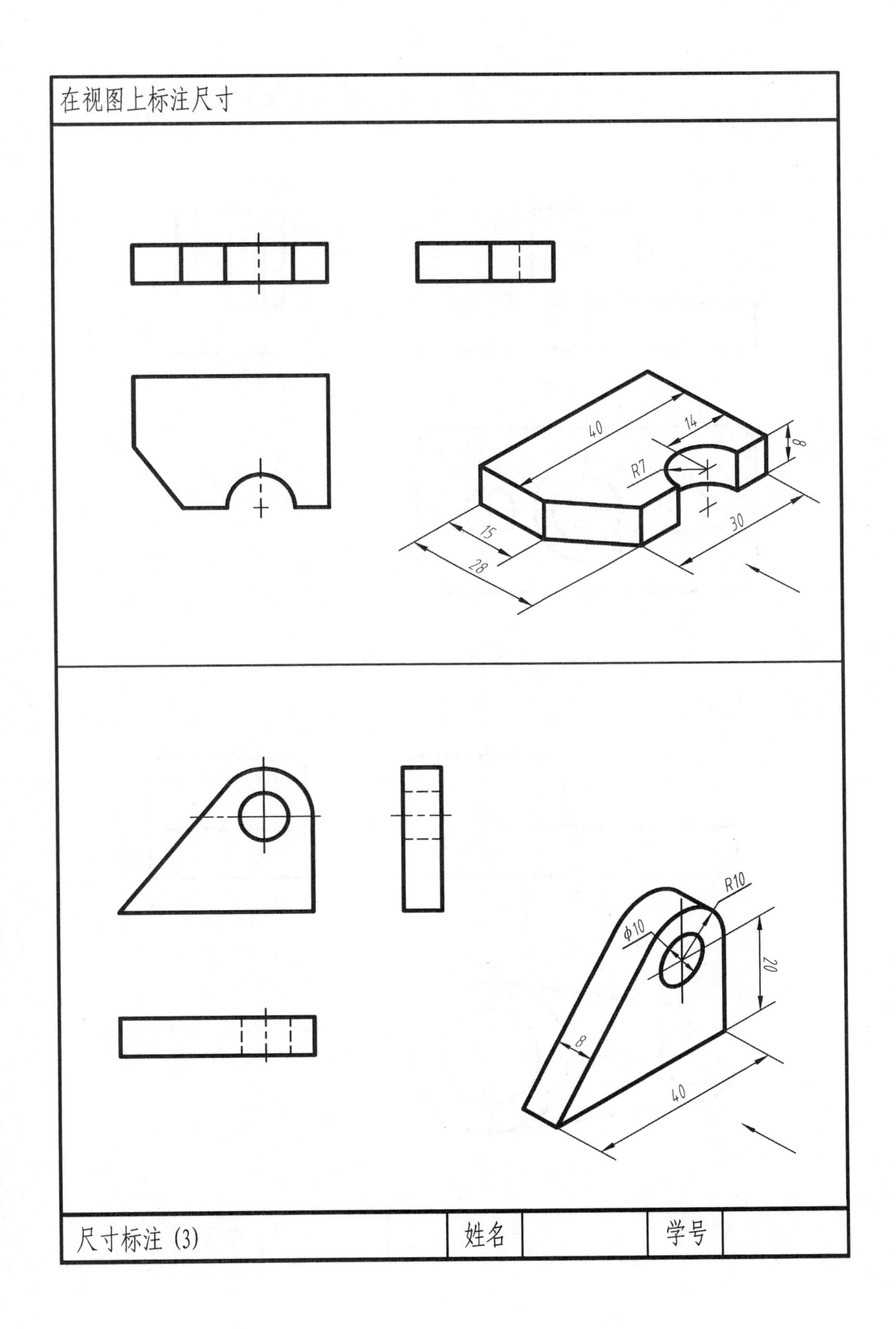
在视图上标注尺寸
40
14
8
R7
15
28
30
R10
ϕ10
20
8
40
尺寸标注 (3)
姓名
学号

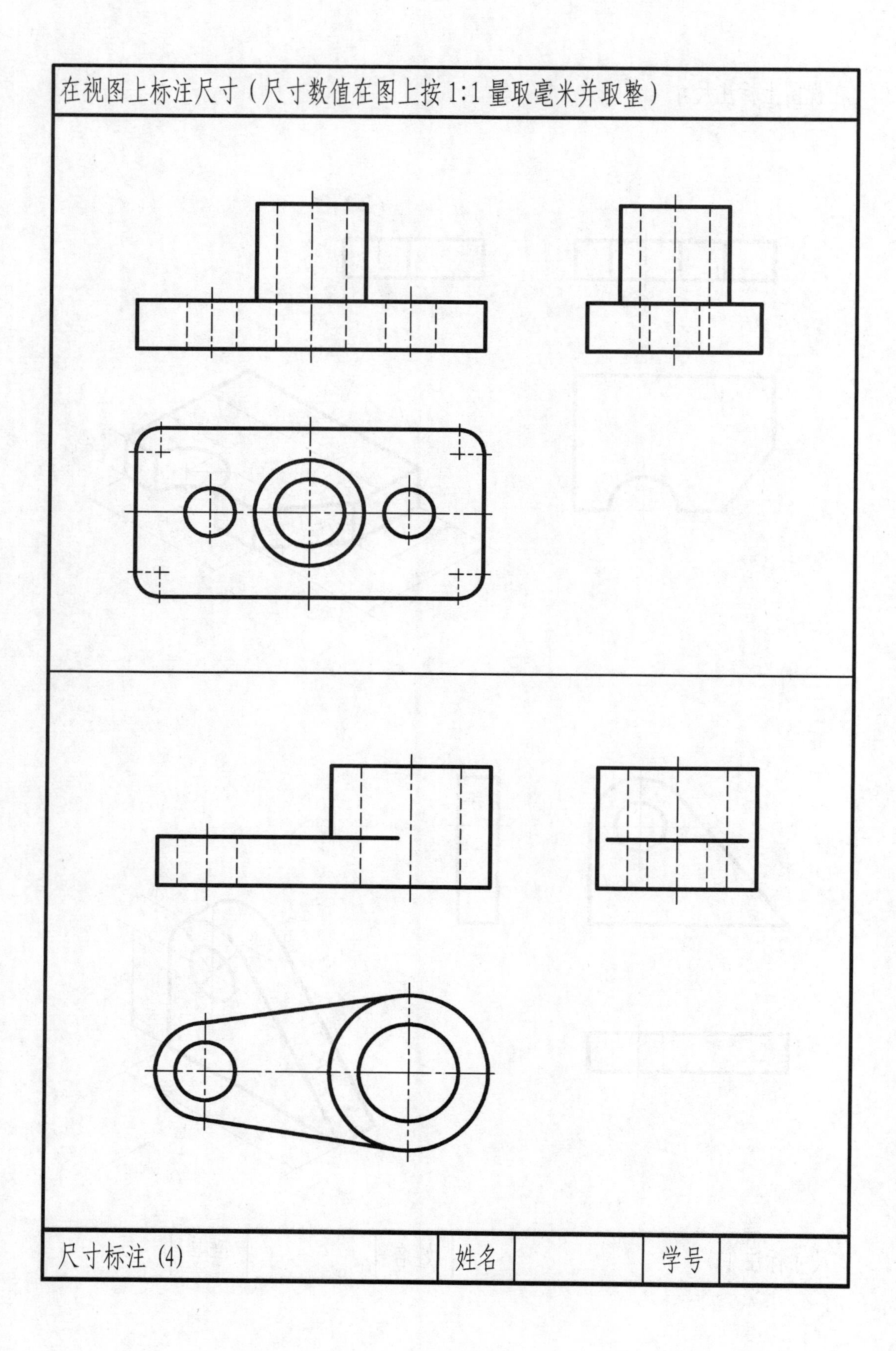
在视图上标注尺寸（尺寸数值在图上按1:1量取毫米并取整）
尺寸标注 (4)
姓名
学号

在视图上标注尺寸（尺寸数值在图上按1:1量取毫米并取整）

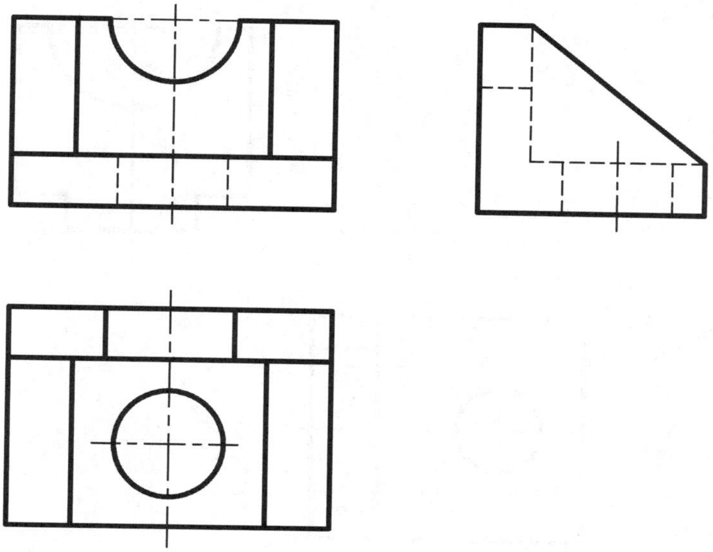

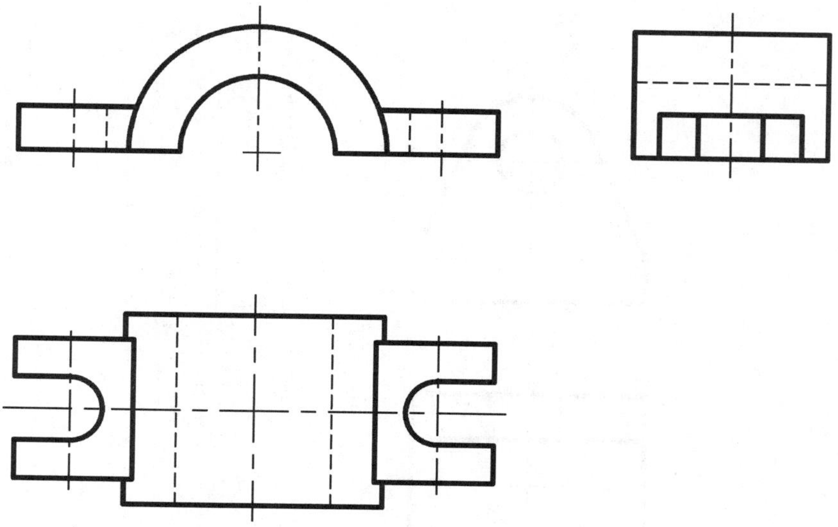

尺寸标注 (5)	姓名		学号	

已知两视图求第三视图

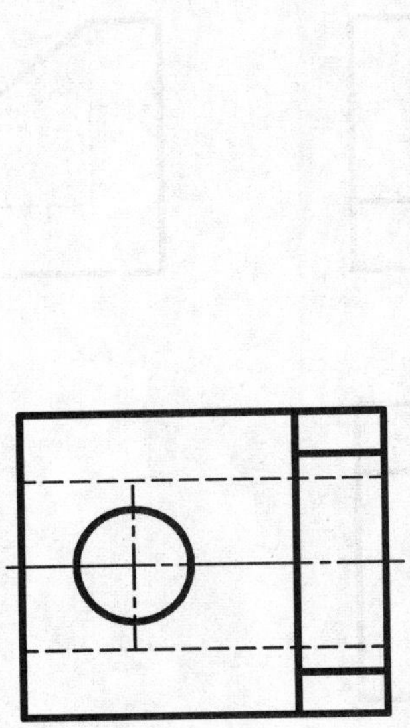

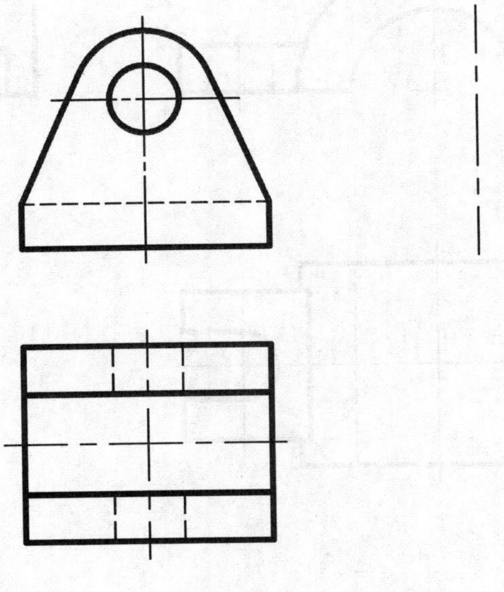

读图 (1)	姓名		学号	

裁

切

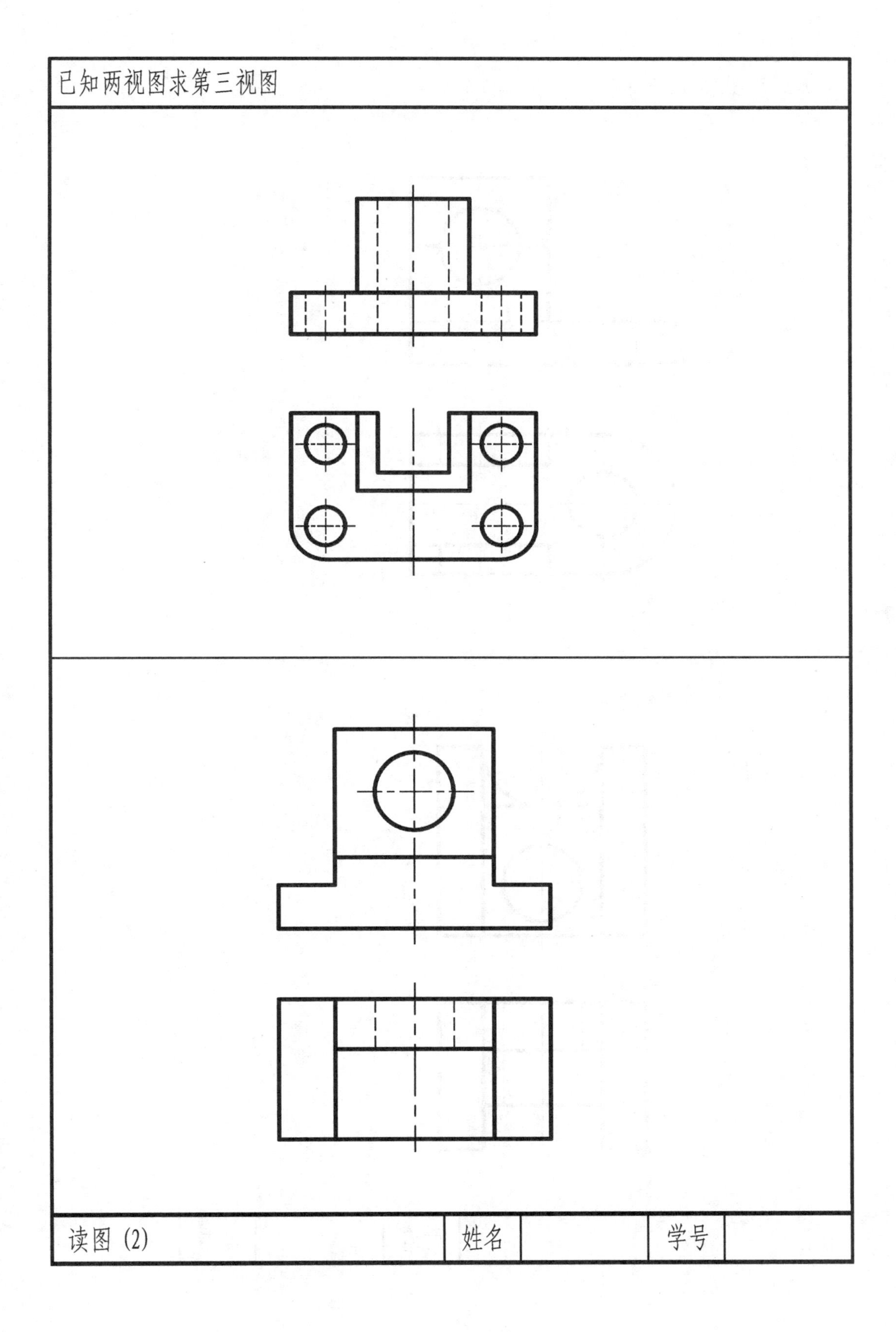
已知两视图求第三视图
读图 (2)
姓名
学号

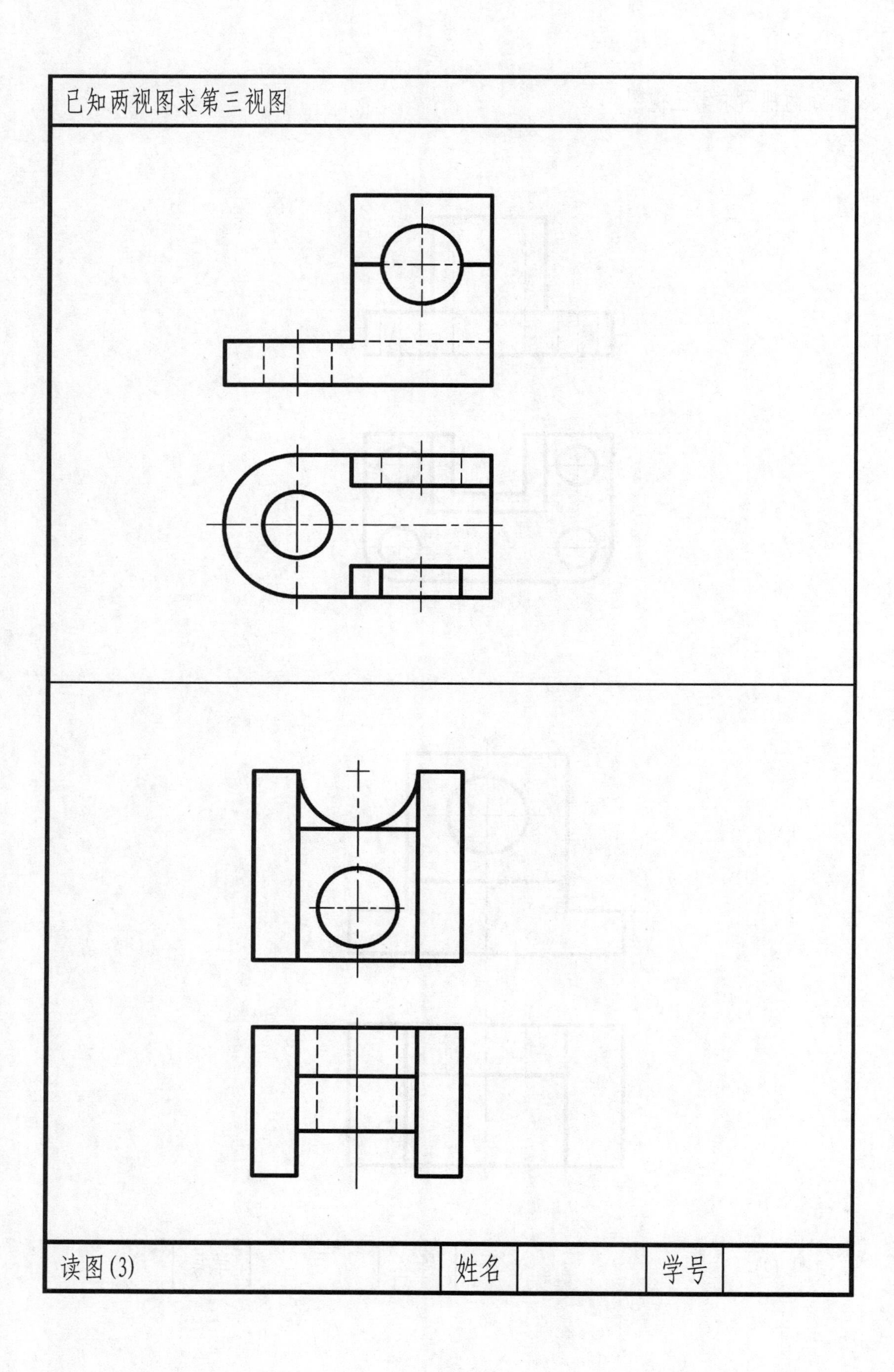
已知两视图求第三视图
读图(3)
姓名
学号

已知两视图求第三视图

读图(4) | 姓名 | | 学号 |

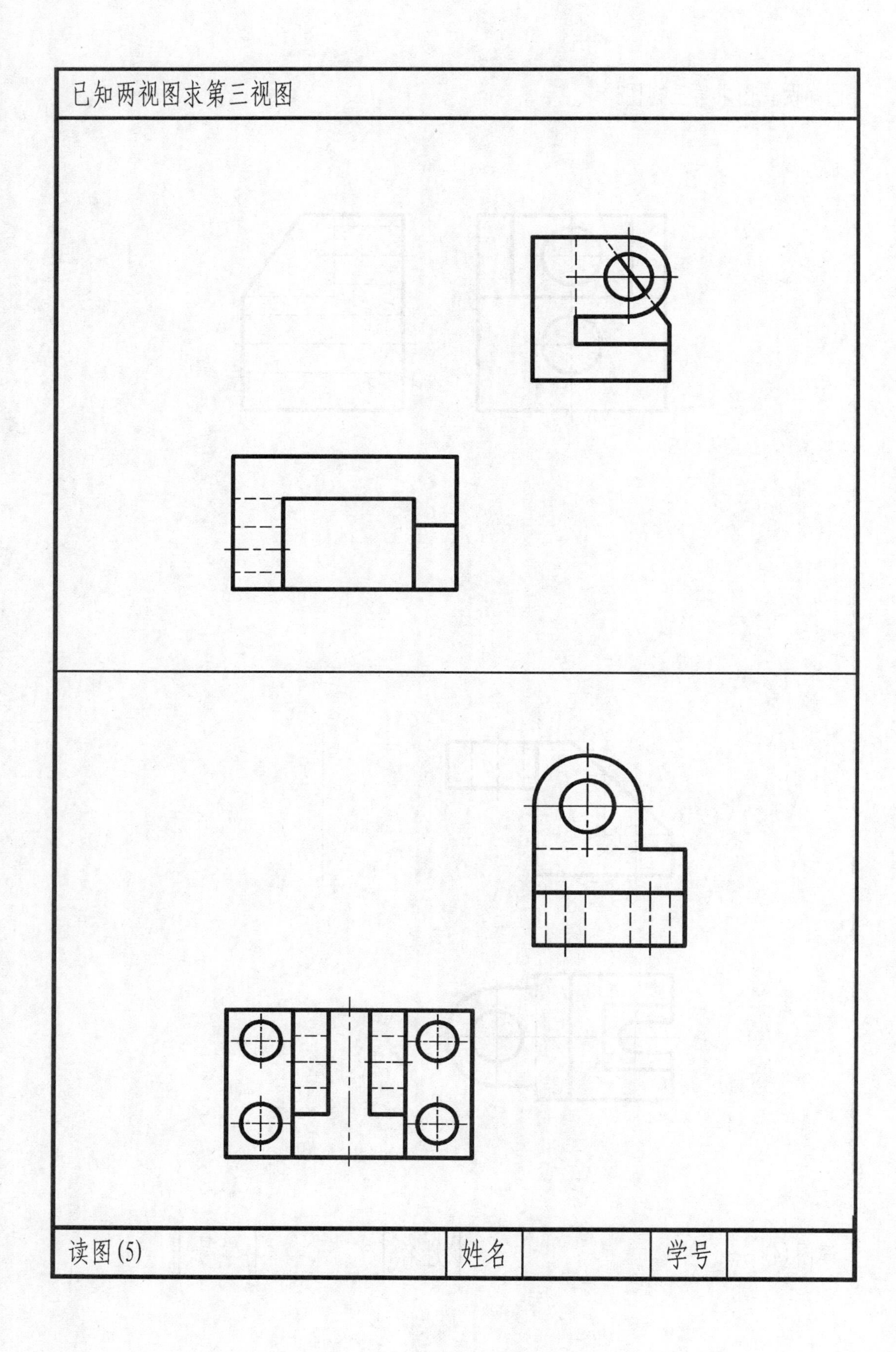
已知两视图求第三视图
读图(5)
姓名
学号

已知两视图求第三视图

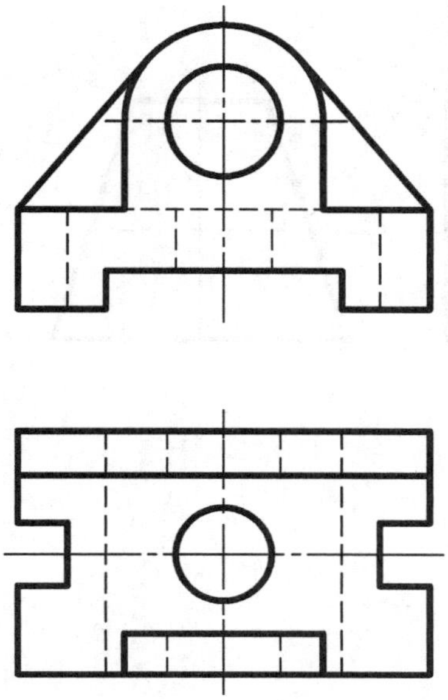

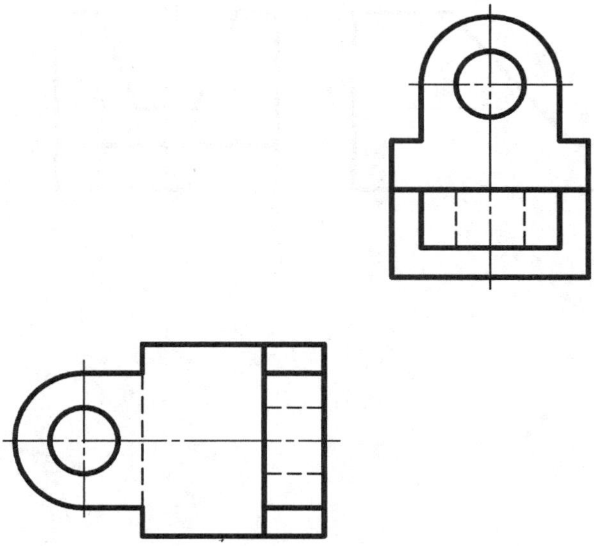

读数(6)	姓名		学号	

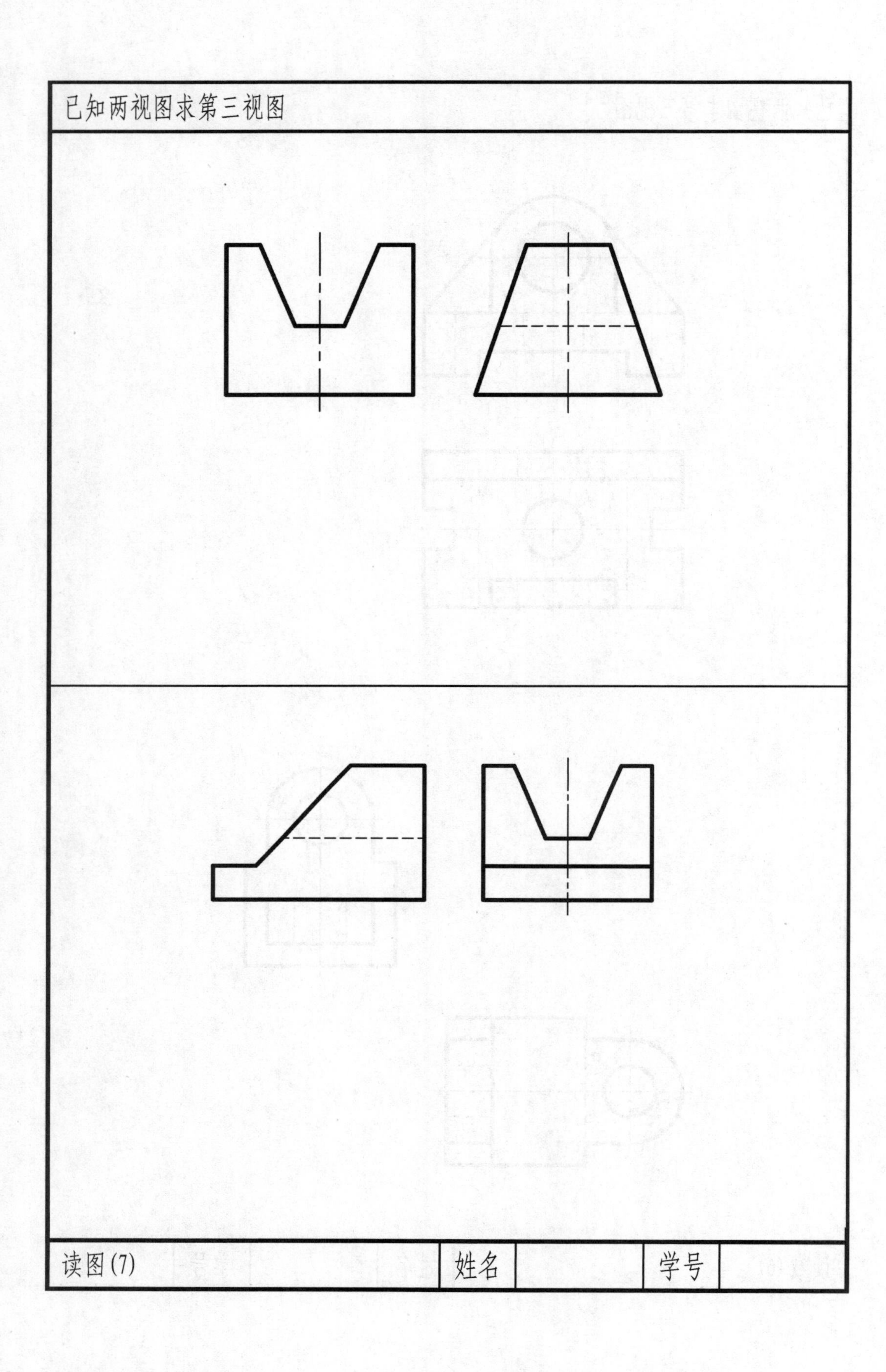
已知两视图求第三视图
读图(7)
姓名
学号

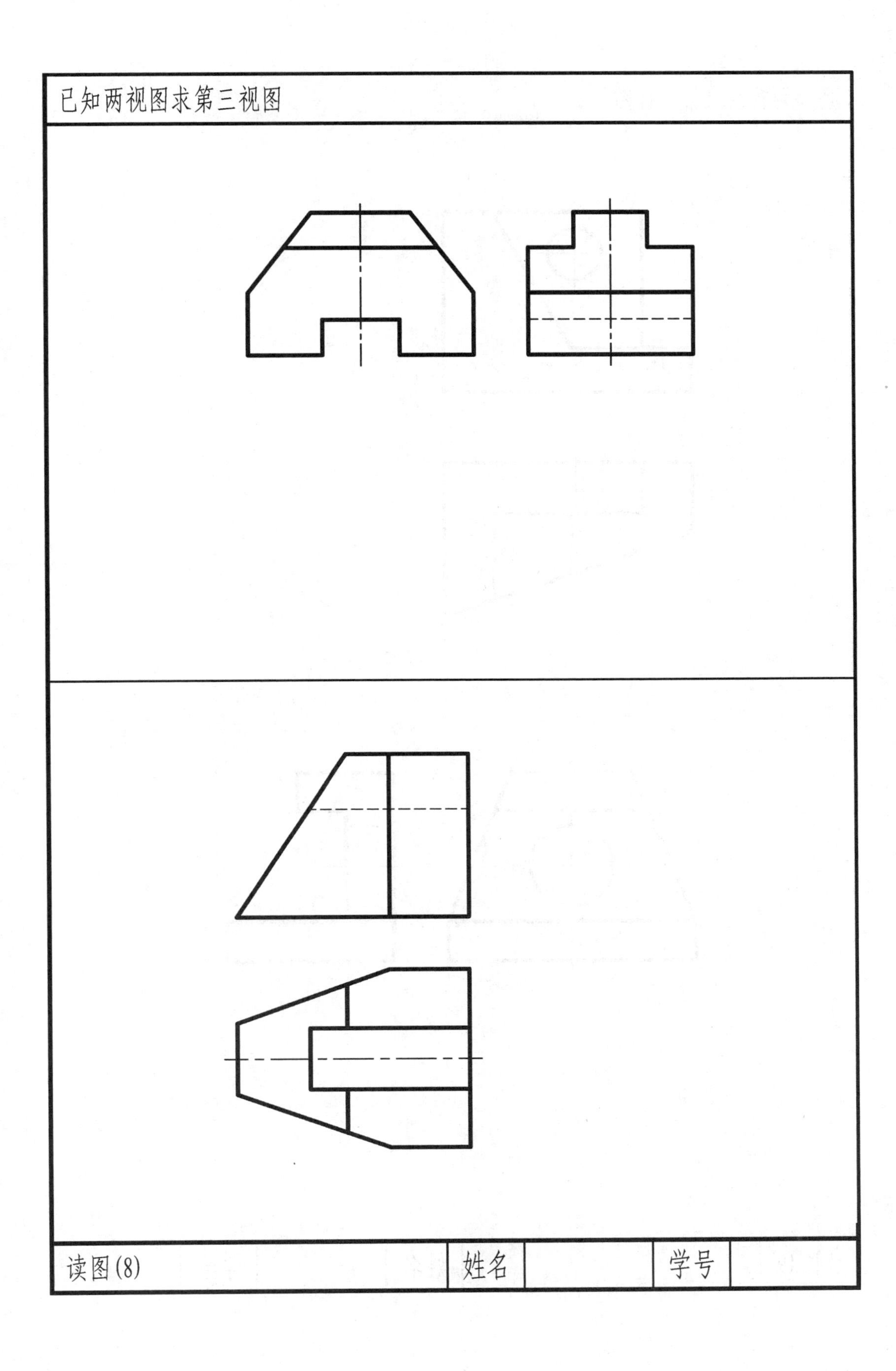
已知两视图求第三视图
读图(8)
姓名
学号

已知两视图求第三视图

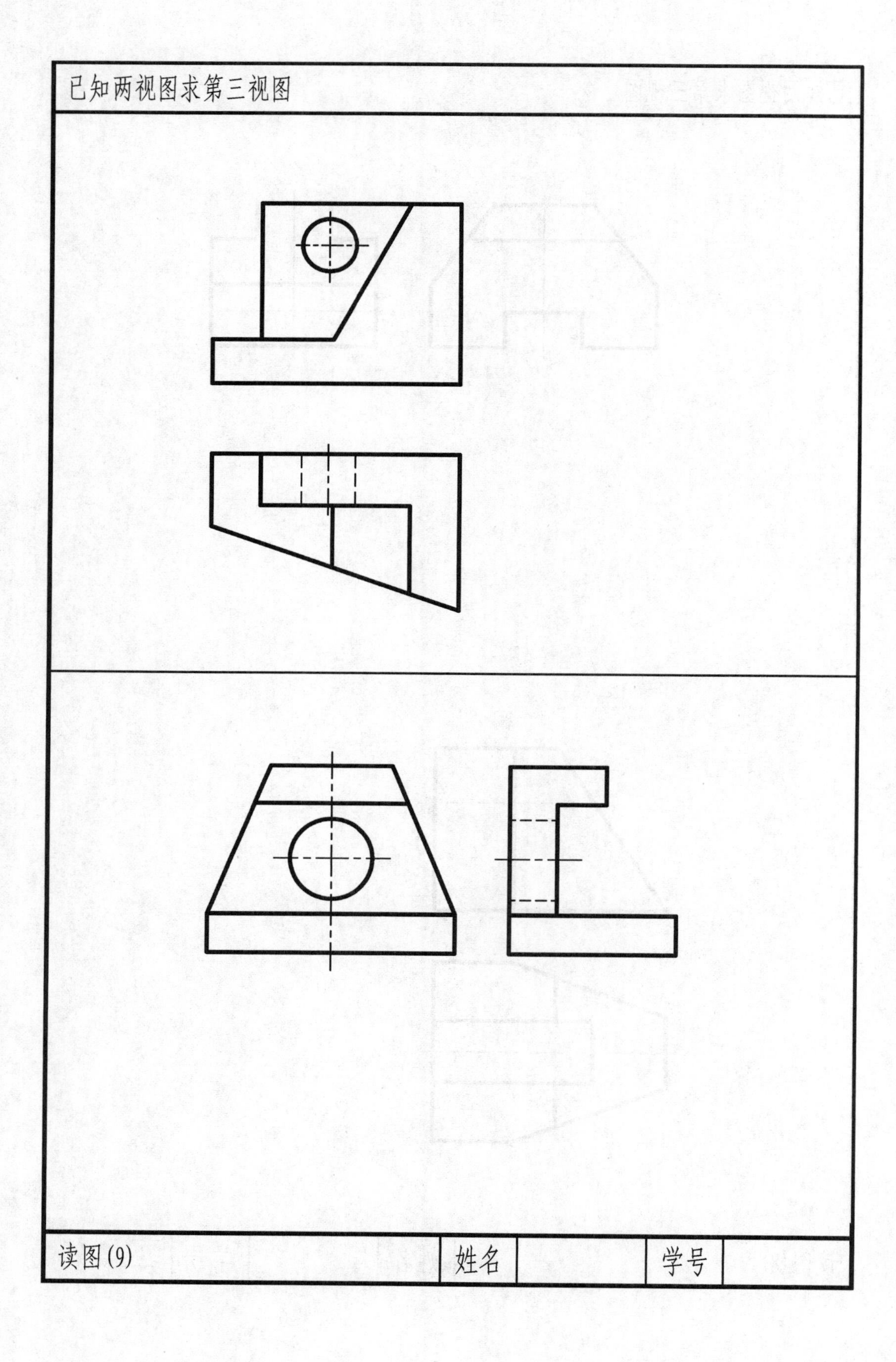

读图(9)　　姓名　　学号

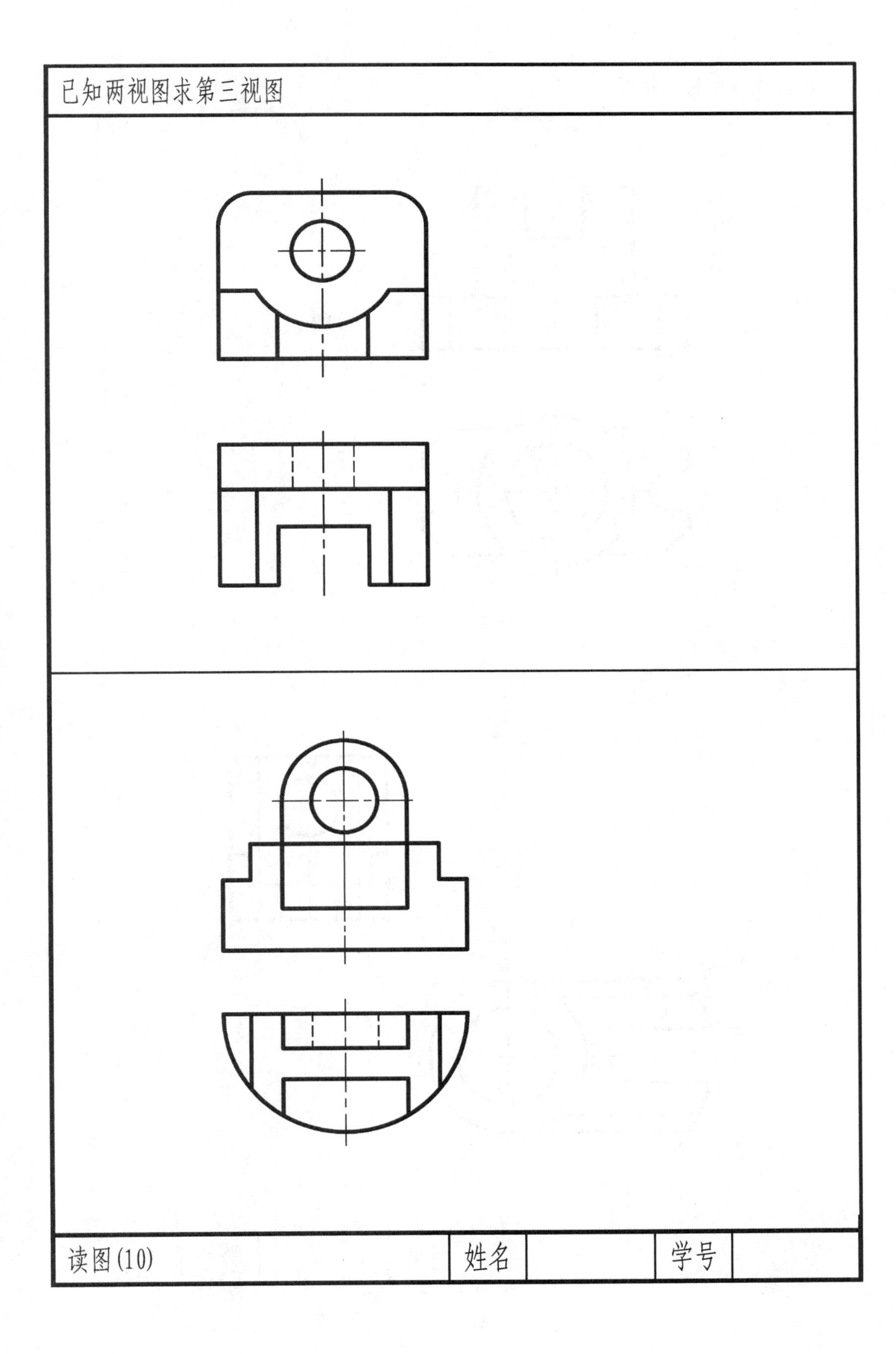
已知两视图求第三视图
读图(10)
姓名
学号

已知两视图求第三视图

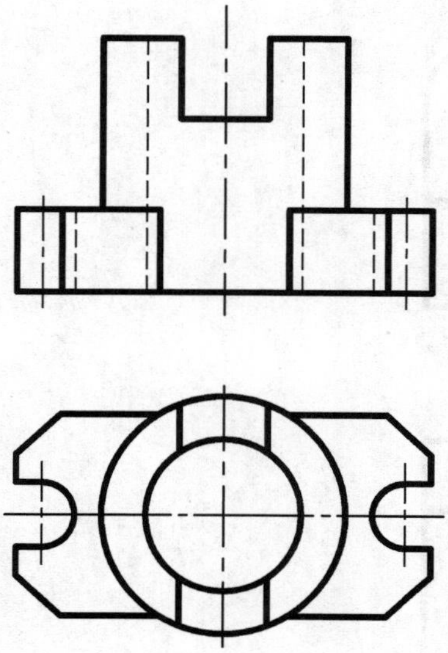

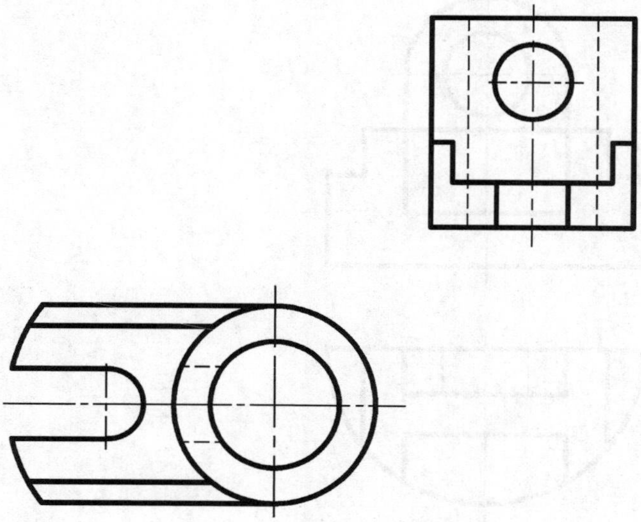

读图(11)	姓名		学号	

已知两视图求第三视图

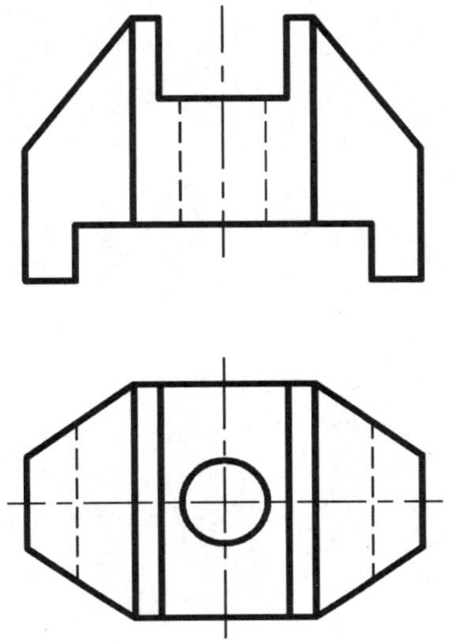

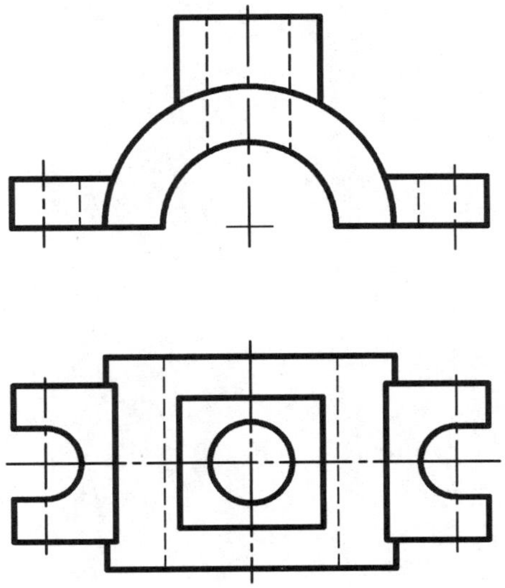

读图(12) | 姓名 | | 学号 |

第 4 章 机件常用的表达方法

在生产实际中，当机件的形状和结构比较复杂时，仅采用 3 个视图的表达方法往往是不够的。因此，在国家标准《机械制图　图样画法》(GB/T 4458.1—2002) 中，规定了机件的各种表达方法，如视图、剖视图、剖面图、局部放大图，以及各种简化画法。

4.1 视　　图

4.1.1 基本视图

工程制图中，采用正六面体的 6 个面作为基本投影面，如图 4.1 所示。机件向基本投影面投影所得的视图，称为基本视图。它在原有主视图、俯视图、左视图的基础上，增设由右向左投影所得的右视图，由下向上投影所得的仰视图，由后向前投影所得的后视图。6 个投影面的展开方法是：*V* 面不动，其余各投影面按图 4.1 所示的方向展开，使之与 *V* 面重合。展开后各视图的配置如图 4.2 (a) 所示。

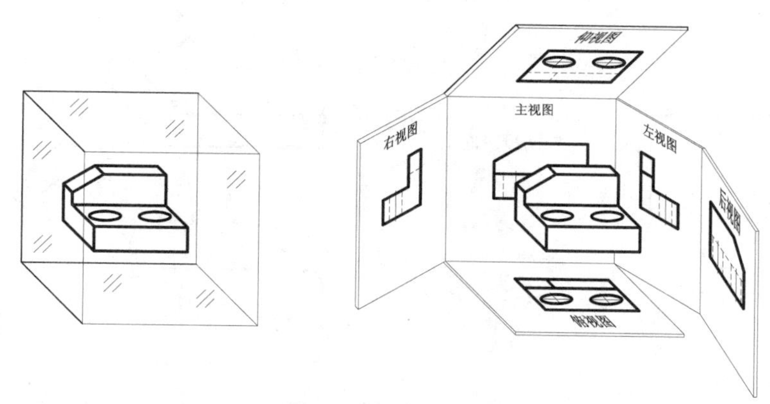

图 4.1　6 个基本视图的形成

在同一张图样上，当按图 4.2 (a) 所示的位置配置各视图时，一律不标注视图的名称。6 个基本视图之间仍然必须保持“长对正、高平齐、宽相等”这一投影规律，即主、俯、仰、后 4 个视图的长度一致；主、左、右、后 4 个视图的高度一致；左、右、俯、仰 4 个视图的宽度一致。

在选择视图时，主视图是必需的，并优先选用主、俯、左 3 个基本视图，然后再考虑其他基本视图。当某视图不能按图 4.2（a）所示的位置配置视图时，应在该视图的上方标注出视图名称“×向”，并在相应视图的附近用箭头指明其投影方向后，再注上同样的字母，如图 4.2（b）中的 *A* 向视图。

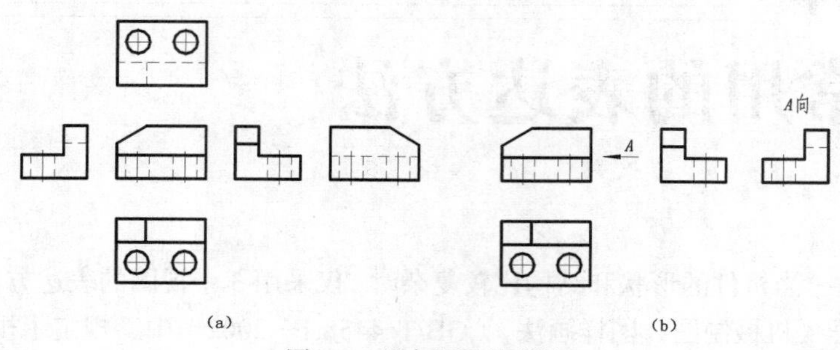

图 4.2　基本视图的配置

4.1.2　辅助视图

1. 斜视图

为了表达零件上倾斜结构的实形，可选用一个与倾斜结构平行的辅助平面（必须垂直于某一基本投影面）作为投影面，将该倾斜结构向辅助投影面投影，从而得到倾斜表面的实形，如图 4.3 所示。这种把机件向不平行于任何基本投影面的平面投影所得到的视图，称为斜视图。

画斜视图时，应注意以下事项。

（1）斜视图通常用于只要求表达该机件倾斜部分的实形，故其余部分不必全部画出，可用波浪线断开，如图 4.4 所示的“*A* 向”视图。

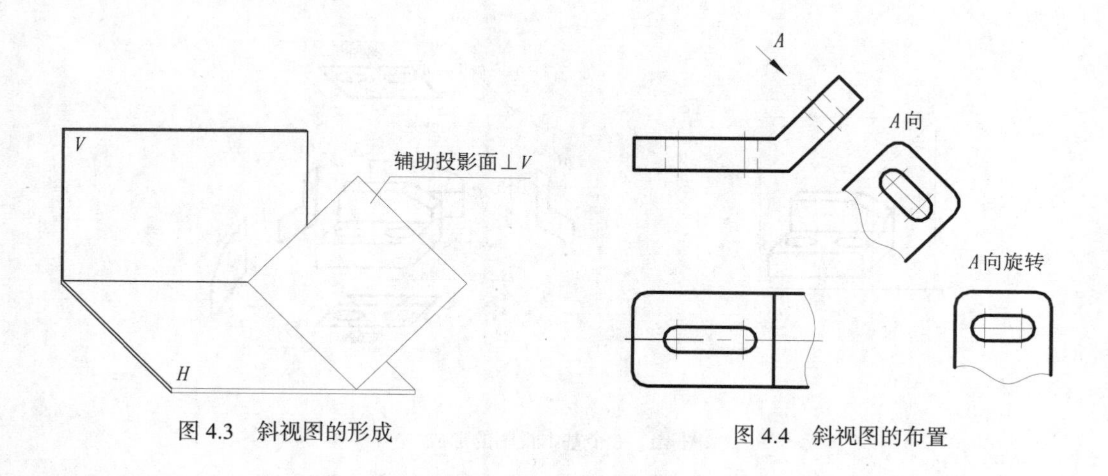

图 4.3　斜视图的形成

图 4.4　斜视图的布置

（2）斜视图应尽量配置在相关的基本视图附近，用大写字母和箭头指明其投影方向及部位，并在斜视图的上方用相同字母标注“×向”。必要时也可配置在其他适当位置，允许将斜视图旋转，但需标注“×向旋转”的字样，如图 4.4 所示。

2. 局部视图

将机件的某一局部形状向基本投影面投影所得的视图，称为局部视图。如图 4.5 所示。机件采用主、俯两个基本视图，已将机件的结构和形状基本表达清楚，只有左侧凸台尚未表达清楚。因此，可采用 *A* 向局部视图加以补充，这样可省去左视图，从而简化表达方法。

画局部视图时，应注意以下事项。

（1）必须用字母和箭头指明投影方向及表达部位，并在局部视图的上方用相同字母标注“×向”，如图 4.5 所示。

（2）局部视图最好配置在箭头所指的方向上，并在相关视图的附近，以保持投影的对应关系。必要时，也允许配置在其他适当位置。

（3）局部视图的断裂边界用波浪线表示。断裂线必须画在机件的实体上，如图 4.5 所示的 *A* 向视图。当表示的局部形体是完整的，外形轮廓线又呈封闭状态时，波浪线应省略不画。

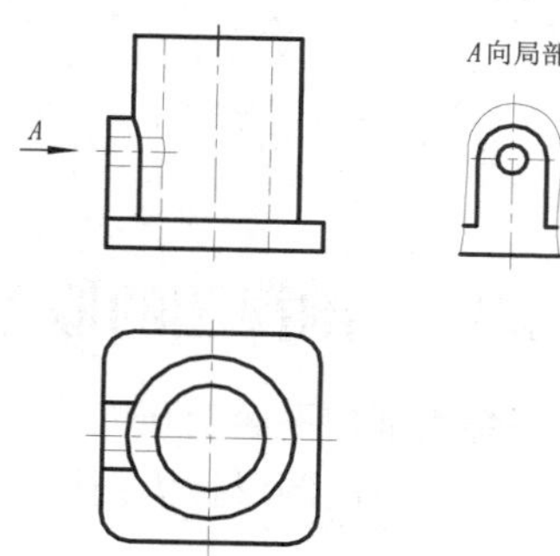

图 4.5　用两个视图加局部视图表达物体

3. 旋转视图

当机件上某一部分的结构形状是倾斜的，并且不平行于任何基本投影面，而该部分又具有回转轴时，可假想将机件上的倾斜部分先旋转到与某一选定的基本投影面平行后，再进行投影，所得到的视图，称为旋转视图。旋转视图不加任何标注，如图 4.6 所示。

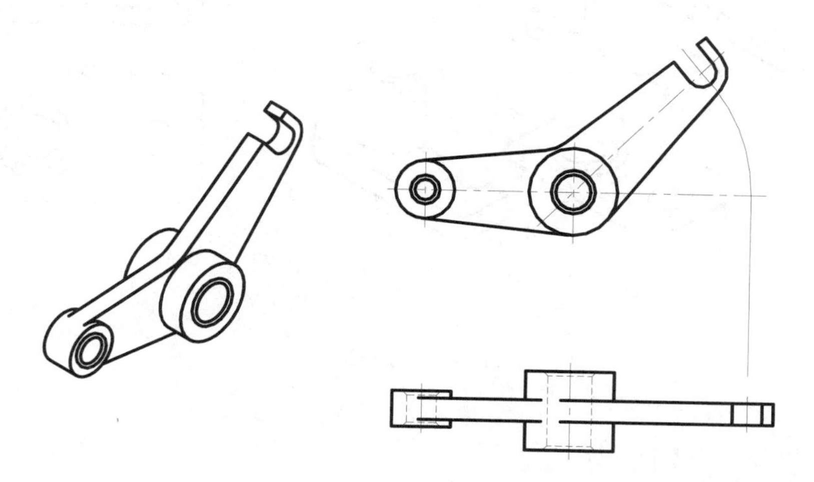

图 4.6　旋转视图的画法

4.2 剖 视 图

当机件具有内部结构时，视图上就会出现许多虚线，这些虚线与其他线条重叠在一起，影响了图形的清晰，也不便于看图及标注尺寸，如图 4.7 所示。为了解决这个问题，通常采用剖视的方法。

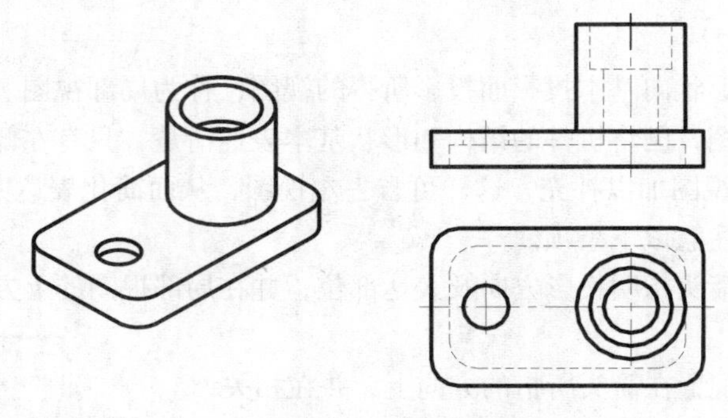

图4.7　视图

4.2.1　剖视图的概念

假想用剖切平面剖开机件，将处在观察者与剖切平面之间的部分移去，再将其余部分向投影面投影，所得的图形称为剖视图，如图4.8所示。剖视图主要用于表达机件内部结构形状。

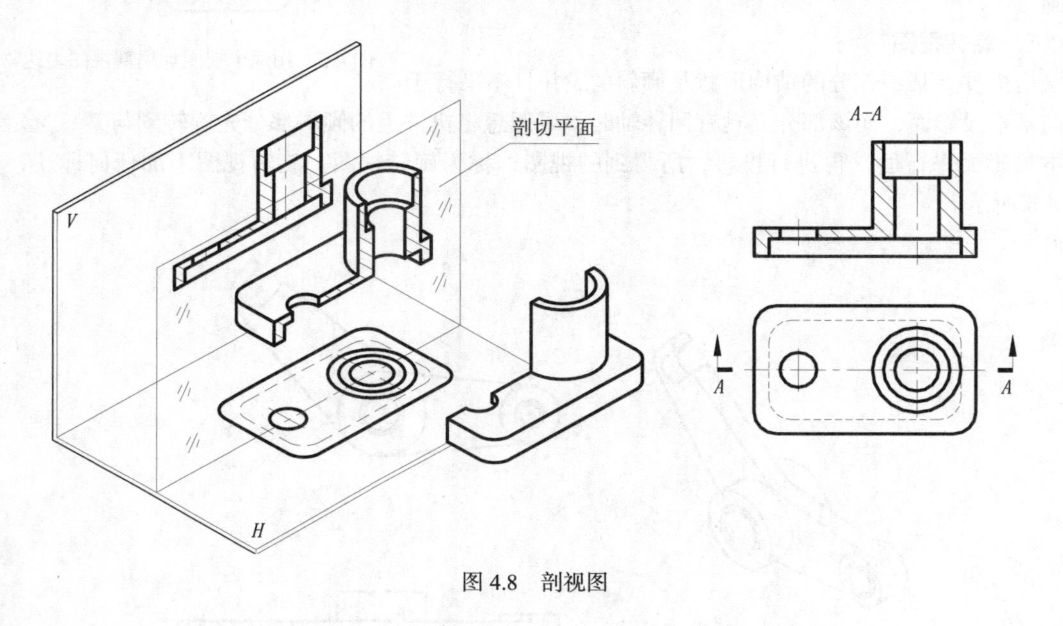

图4.8　剖视图

4.2.2　剖视图的画法

1. 剖切平面的选取及剖切位置的确定

剖切平面一般为投影面的平行面，剖切位置应是通过机件上的孔、槽的对称平面或轴线，如图4.8所示。

2. 画剖视图

在剖视图中，用粗实线画机件被剖切后断面的轮廓线，以及剖切平面后面的可见轮廓线，如图4.8所示。

剖切平面切开机件后所得的断面图形称为剖面。在剖面上应画剖面符号。剖面符号不仅用来区分机件的空心部分和实心部分，同时还表示制造该机件所用的材料类别。

国家标准《机械制图　剖面符号》（GB/T 4457.5—1984）中规定的几种常用材料的剖面符号如表 4.1 所示。

表 4.1　剖面符号

材　料		剖 面 符 号	材　料	剖 面 符 号	材　料	剖 面 符 号
金属材料（已有规定剖面符号者除外）			线圈绕组元件		混凝土	
非金属材料（已有规定剖面符号者除外）			转子、电枢、变压器和电抗器等的叠钢片		钢筋混凝土	
木材	纵剖面		型砂、填砂、砂轮、陶瓷及硬质合金刀片、粉末冶金		砖	
	横剖面		液体		地基周围泥土	
玻璃及供观察用的其他透明材料			胶合板（不分层数）		格网（筛网、过滤网等）	

金属材料的剖面符号应画成与水平成 45°，且间隔相等的细实线，常称为剖面线。在同一机件的各剖视图上，其剖面线的方向和间隔均应相同。

3. 剖视图的标注

为了确定剖视图与相关视图之间的对应关系，需要进行标注。

（1）剖切位置及投影方向。在与剖视图对应的视图上，用剖切符号（线宽为 1～1.5b 断开的粗实线）表示剖切位置。剖切符号尽可能不与图形的轮廓线相交，在它的两端画出箭头表示投影方向，并在起、迄和转折处用相同的字母标注，如图 4.8 所示。

（2）剖视图的名称。在剖视图的上方，用与标注剖切位置相同的字母，标出剖视图的名称“*X*—*X*”，如图 4.8 所示的“*A*—*A*”。

（3）标注的省略。当剖视图按投影关系配置，中间又没有其它图形隔开，这时剖视图的投影方向已很明确，故可省略箭头。因此，图 4.8 中的箭头可省略不画。当剖切平面与机件对称面重合，并且剖视图按投影关系配置，中间又没有图形隔开时，可省略标注。因此，图 4.8 中的标注可全部省略。

4. 画剖视图时的注意事项

（1）剖视只是一种假想，当机件的一个视图采用剖视以后，不影响其他视图的完整性，如图 4.8 中的俯视图。

（2）剖切平面之后的可见轮廓线应全部画出，如图 4.9 所示。

（3）视图和剖视图中不可见的结构，在表达清楚机件结构的原则下，其虚线一般省略不画，如图 4.10 所示。

（4）当剖切平面过筋板对称平面纵向剖切时，筋板内不画剖面符号，用粗实线将筋板与邻接部分分开，如图 4.11 所示。这是一种规定画法，见 4.4 节的介绍。

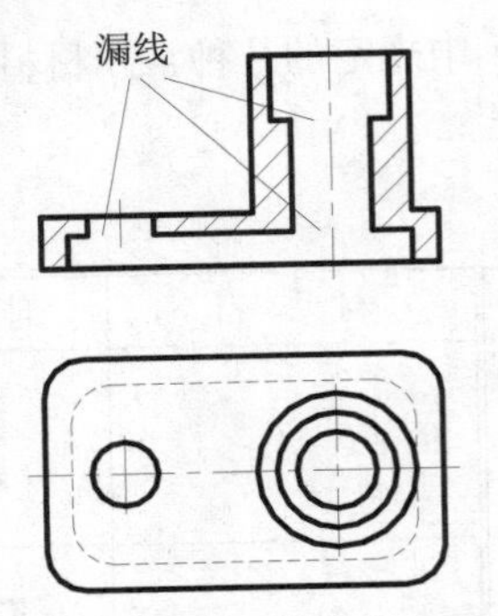

图 4.9　剖视图中容易遗漏的线

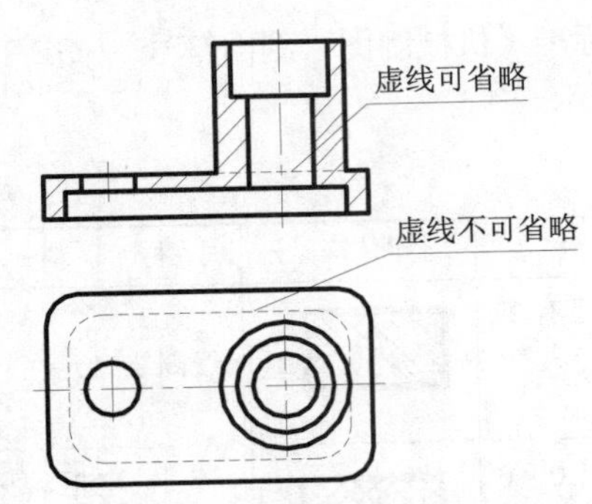

图 4.10　剖视图中的虚线

4.2.3　常用的几种剖视图

1. 剖视图的种类

剖视图分为全剖视图、半剖视图和局部剖视图 3 种。

（1）全剖视图

用剖切平面完全切开机件所得的剖视图称为全剖视图。全剖视图主要用于内腔结构比较复杂、外形比较简单的不对称机件，如图 4.11 所示。

图 4.11 中的主视图、左视图采用的都是全剖视图。主视图符合全部省略标注，左视图只符合省略箭头。对于不符合省略标注的全剖视图，应按上述剖视图的标注规定，完整地注出。

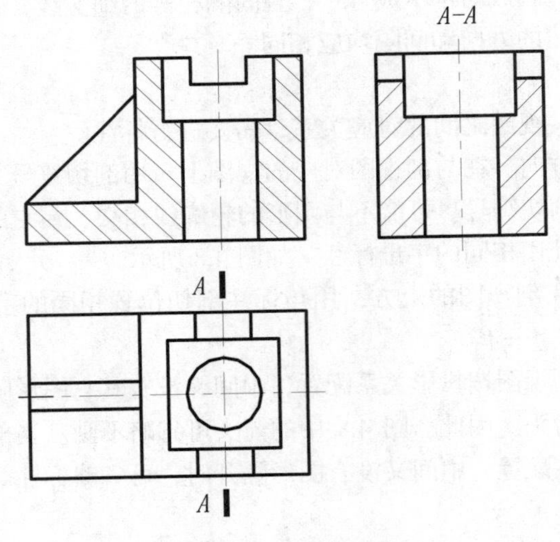

图 4.11　全剖视图

（2）半剖视图

当机件具有对称平面时，在垂直于对称平面的投影面上的投影，应以对称中心线为界，一半画成剖视图，另外一半画成以可见轮廓线为主的外形图，这样的视图称为半剖视图，如图 4.12 所示。

半剖视图主要用于内外结构都需要表达的对称机件。当机件的形状接近对称，且不对称的部分已另有图形表达清楚时，也可画成半剖视图，如图 4.12 中的左视图。

画半剖视图时应注意以下事项。

① 画剖视的一半和外形的一半其分界线必须是点划线，不应画成粗实线。当分界线处有轮廓线时，则不能画成半剖视图。

② 由于半剖视的图形对称，所以在表达外形的那半个视图上，虚线可省略不画。

③ 半剖视图的标注与全剖视图完全相同，也可酌情省略。

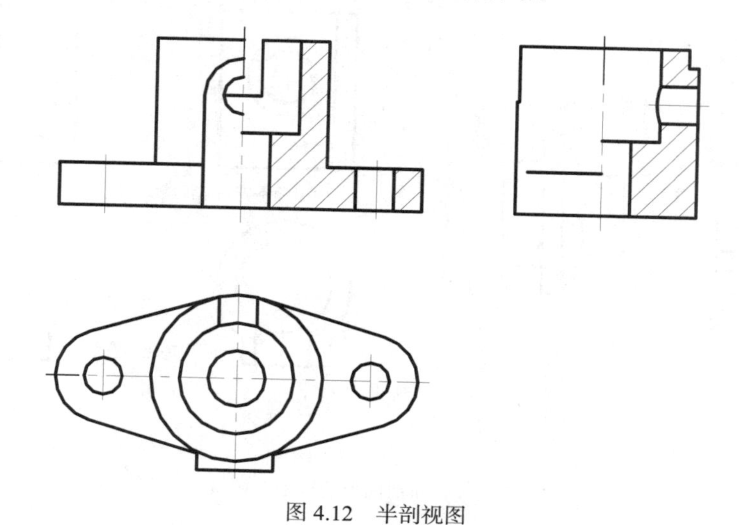

图 4.12　半剖视图

（3）局部剖视图

用剖切平面局部地剖开机件所得的剖视图，称为局部剖视图，如图 4.13 所示。

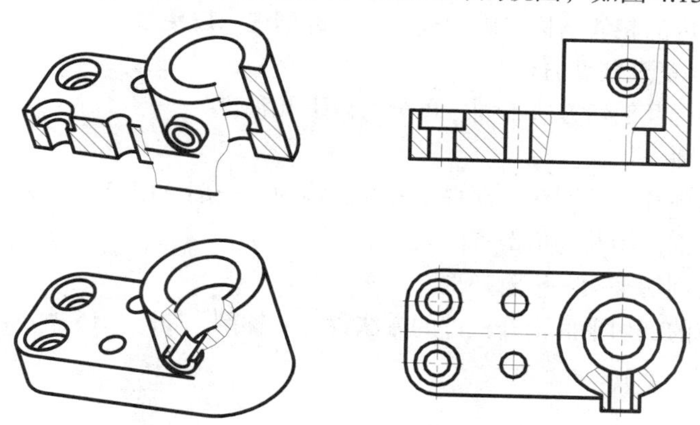

图 4.13　局部剖视图

局部剖视图适用于下列情况：当机件的外形简单，只需要表达其局部的内部结构，不宜或不必采用全剖视图时；当机件的内外结构均需要表达，但因不对称而不适合采用半剖视图时。此外，当轴、手柄等实心机件上有小孔或沟槽等局部结构需要表达时，一般也采用局部剖视，如图 4.14 所示。

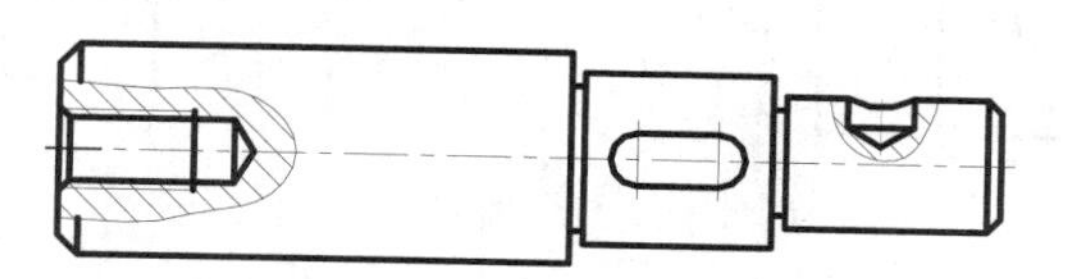

图 4.14　局部剖视表示实心零件上的孔或槽

画局部剖视时，应注意以下事项。

① 局部剖视用波浪线与视图分界。波浪线不应与其他图线重合，更不能用轮廓线代替，波浪线应画在实体上，如图 4.15 所示。

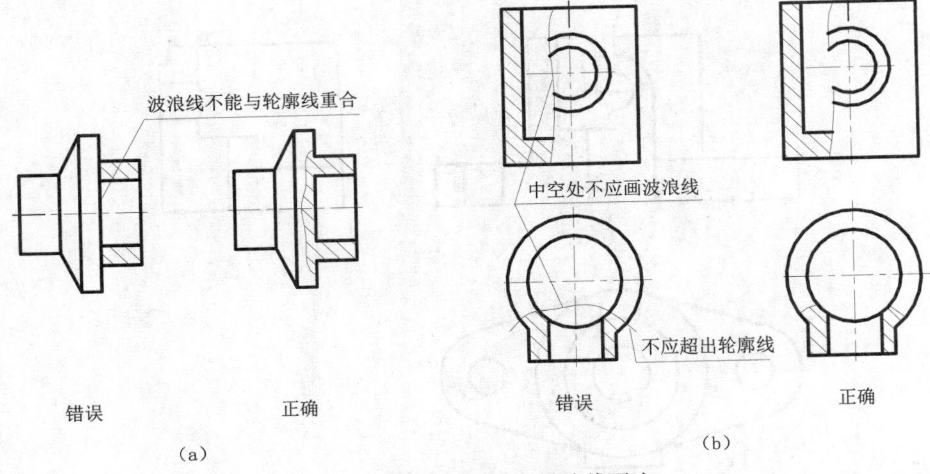

图 4.15 局部剖视中的波浪线画法

② 局部剖视一般都不加标注。

③ 局部剖视是一种比较灵活的表达方法，但在同一视图中局部剖视的数量不宜过多，尤其是处于同一剖切平面内的相邻结构，应画成一个局部剖视，以免过于零碎。

2. 剖切平面的种类及剖切方法

按剖切平面的种类及剖切方法不同，可分为以下几种。

（1）单一剖切平面

一般用一个平面剖开机件所获得剖视图的方法称为单一剖。用单一剖切平面剖切所得到的剖视图有全剖视图、半剖视图及局部剖视图。

（2）几个平行的剖切平面——阶梯剖

用几个互相平行的剖切平面剖开机件的方法称为阶梯剖，如图 4.16 所示。用阶梯剖所获得的剖视图为全剖视图。

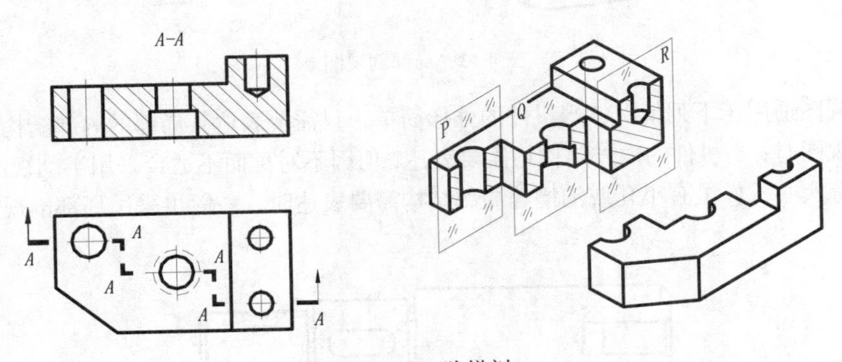

图 4.16 阶梯剖

图 4.16 所示是用 3 个平行于正面的剖切平面剖开机件而得的剖视图。阶梯剖的剖切方法适用于机件内部结构（孔、槽）的中心线排列在两个或多个互相平行的平面内的情况。

用阶梯剖画剖视图时应注意以下事项。

① 两个剖切平面转折处不存在轮廓线，如图 4.17（a）所示的是错误的。

② 剖切平面的转折处不应与视图中的轮廓线重合，如图 4.17（b）所示的错误。

③ 在图形中不应有不完整的要素，如图 4.17（b）所示的错误。

④ 必须标注出剖切平面的起、迄和转折处，要用相同字母及剖切符号表示剖切位置，用箭头指明投影方向，在剖视图上方，用相同字母标出剖视图名称“×—×”。当剖视图按投影关系配置，中间无其他视图隔开时可省箭头。

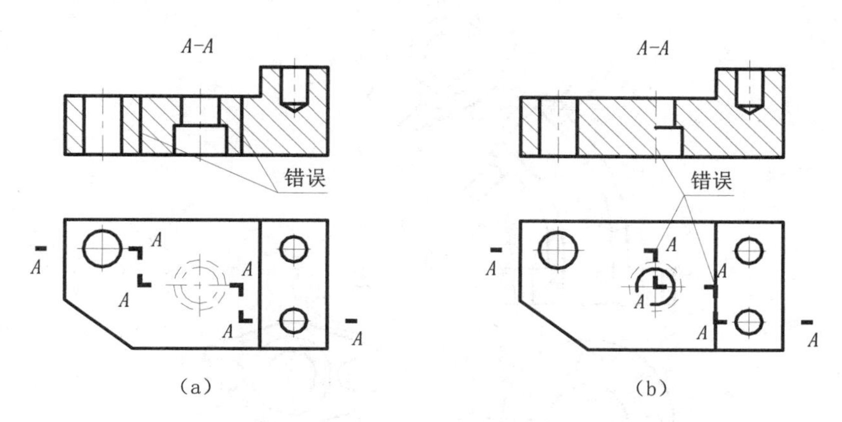

图 4.17　阶梯剖中常见的错误

（3）两相交的剖切平面——旋转剖

用两个相交的剖切平面（交线垂直于某一基本投影面）剖切机件的方法称为旋转剖。用旋转剖所得到的剖视图为全剖视图，如图 4.18 所示。

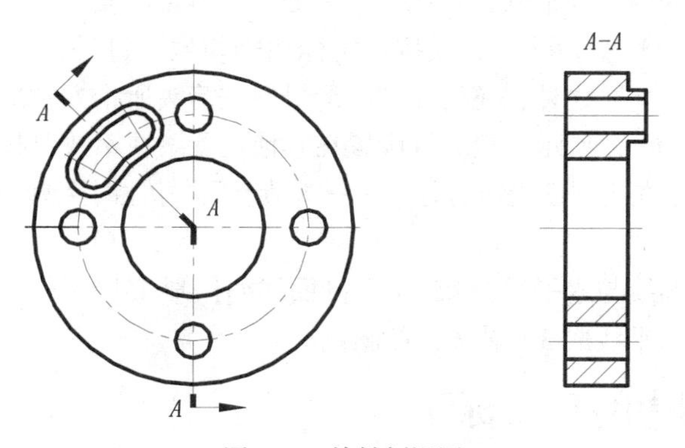

图 4.18　旋转剖视图

旋转剖切的方法主要用于盘类回转体机件上，当用一个剖切平面不能同时剖切到不同位置的孔和槽时。对于非回转体机件，必须具有一个回转中心，才可用旋转剖的方法。

用旋转剖画剖视图时应注意以下事项。

① 两剖切平面的交线与机件上的旋转轴线重合，倾斜的剖切平面必须旋转到与选定的基本

投影面平行，使其投影反映实形。

② 在剖切平面之后的其它结构，一般仍然按其原来的位置进行投影。

③ 必须标注出剖切平面的起、迄和转折处，要用相同字母及剖切符号表示剖切位置，用箭头指明投影方向，在剖视图上方。用相同字母标出剖视图名称“X—X”，如图 4.18 所示。

（4）不平行于任何基本投影面的剖切平面——斜剖

用不平行于任何基本投影面的剖切平面剖开机件的方法称为斜剖。用斜剖所得到的剖视图为全剖视图，如图 4.19 所示。

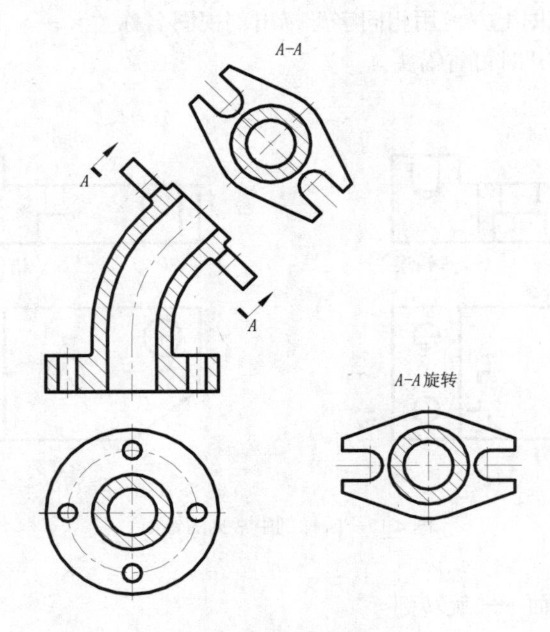

图 4.19　斜剖视图

当机件上倾斜部分的内、外形状，在基本投影面上不能反映实形时，常用斜剖的方法。

用斜剖画剖视图时应注意，除了必须按规定标注剖切位置符号，指明投影方向，用相同字母标注剖视图名称“×—×”之外，还要注意图形最好按箭头所指方向配置，并与基本视图保持投影关系，如图 4.19 中 *A—A* 所示。也允许配置在其他位置。在不致引起误解时，允许将图形旋转到其他适合位置，但应在剖视图上方标注“×—×旋转”。标注时字母一律水平书写，如图 4.19 所示。

当剖视图中主要轮廓线与水平线成 45° 时，剖面线如仍画 45° 斜线，容易与轮廓线混淆不清，这时，剖面线应画成与水平线成 30° 或 60° 的斜线。

4.2.4　剖视图中的尺寸标注

对机件的表达采用剖视的方法后，一般情况下，尺寸标注仍然与组合体的标注方法相同，但应注意在剖视图中标注尺寸时，出现剖面线穿过尺寸数字的情况，绘制的剖面线应中断，如图 4.20 中尺寸“*8*”。当采用半剖视图时，机件的内部结构只画出一半，这时，尺寸界线、尺寸线以及箭头只能注出一半，并且尺寸线应超出内外结构的分界线，如图 4.20 中尺寸“$\phi 42$”和“$\phi 22$”。

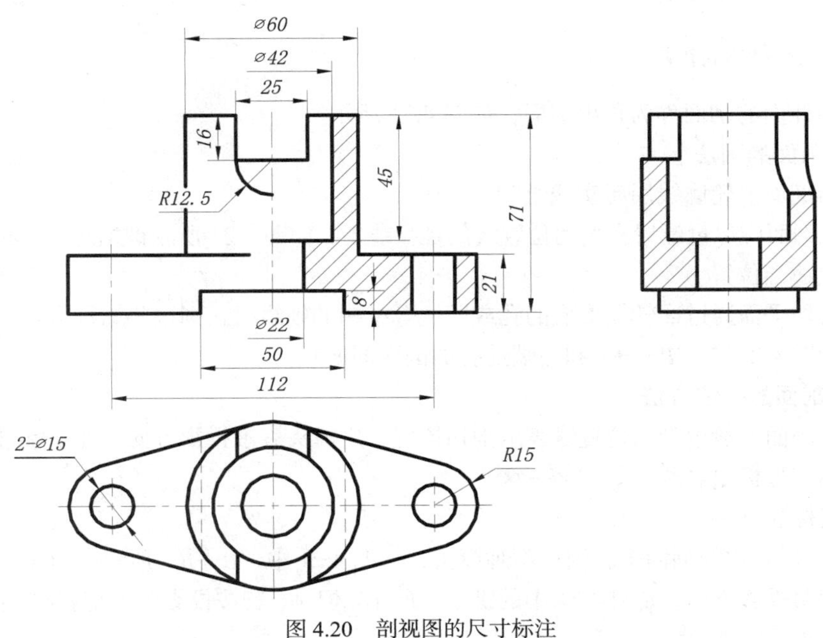

图 4.20　剖视图的尺寸标注

4.3 剖　面　图

假想用剖切平面把机件的某部分切断，仅画出断面的图形，称为剖面图，简称剖面，如图 4.21 所示。剖面图与视图配合使用，常用来表示机件上某些局部的断面形状，如轴上的键槽和孔、型材的断面形状等。

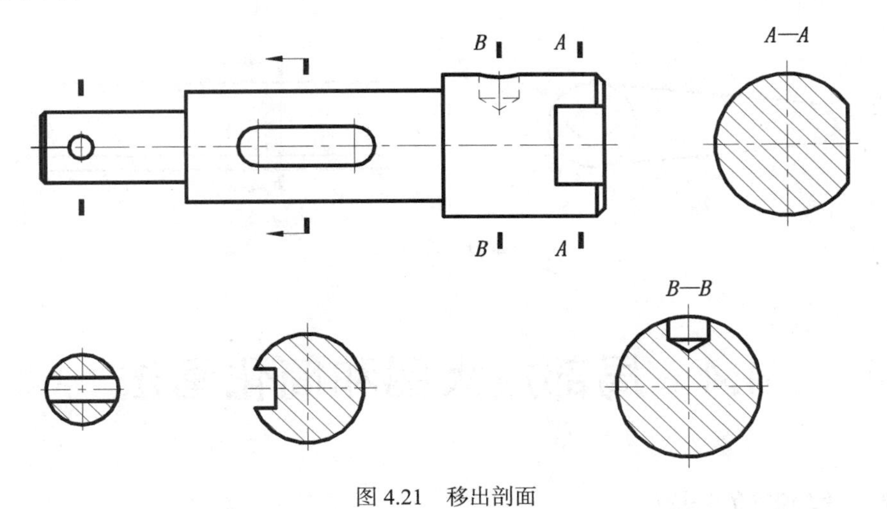

图 4.21　移出剖面

剖面图分为移出剖面和重合剖面两种。

4.3.1 移出剖面

画在视图外面的剖面称为移出剖面，如图4.21所示。

1. 移出剖面的画法

（1）移出剖面的轮廓线用粗实线绘制。

（2）移出剖面应尽量配置在剖切位置线的延长线上，如图4.21所示键槽剖面。必要时也可配置在图上其他适当位置。

（3）当剖切平面通过回转面形成的孔或凹坑等结构的轴线时，则这些结构应按剖视图绘制成封闭结构，如图4.21中“*B—B*”和左端通孔的剖面图所示。

2. 移出剖面的标注方法

（1）移出剖面一般用剖切位置线表示剖切位置，用箭头表示投影方向并注上字母，在剖面图上方用相同的字母标出名称，如“×—×”。

（2）省略标注方法。

① 凡是图形对称的剖面图，则可不画箭头，如图4.21中“*B—B*”所示。对于不对称的剖面图需用箭头指明投影方向，如图4.21中的键槽处所示。但是，若按投影关系配置时，亦可省箭头，如图4.21中“*A—A*”所示。

② 剖面图画在剖切位置线延长线上时，一般不标注字母和名称“×—×”，如左端通孔、键槽剖面图所示。

4.3.2 重合剖面

画在被剖切部分的投影轮廓内的剖面称为重合剖面，如图4.22所示。重合剖面的轮廓线用细实线绘制；当剖面轮廓线与视图中的轮廓线重合时，仍按视图的轮廓线画出，不可间断。

对称的重合剖面不加标注，如图4.22（a）所示；不对称的重合剖面要标注剖切符号和箭头，如图4.22（b）所示。

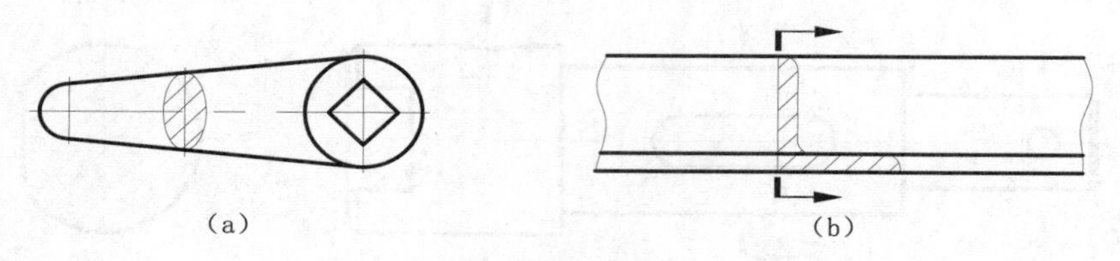

图4.22 重合剖面

4.4 局部放大图和简化画法

4.4.1 局部放大图

当机件上的某些细小结构在已有视图中表达不清晰，或者不便于标注尺寸时，可将这部分结构用大于原图所采用的比例画出，这种图称为局部放大图，如图4.23所示。

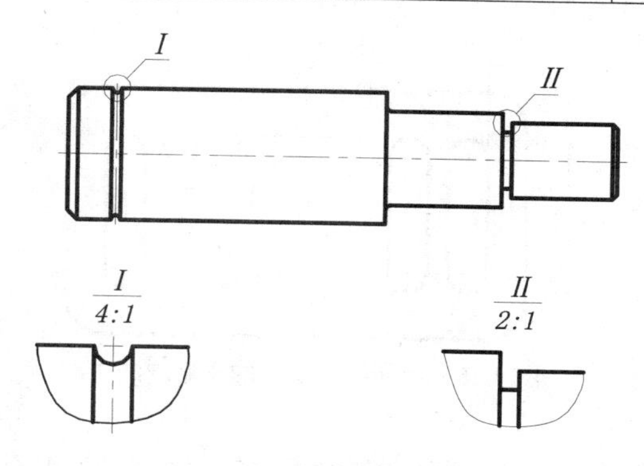

图 4.23　局部放大视图

画局部放大图时，应用细实线圈出放大部位，并尽量将局部放大图放在放大部位附近。在放大图的上方注明放大比例，如放大不止一处，还要用罗马数字编号，以示区别。局部放大图可根据需要画成视图、剖视图或剖面图。

4.4.2　简化画法

在不影响完整、清晰地表达机件的前提下，为了画图简便起见，国家标准《机械制图剖面符号》(GB/T 4457.5—1984) 规定了一些简化画法。下面介绍几种常用的简化画法。

（1）对于机件上的筋板、轮辐及薄壁等，如果剖切平面通过这些结构的基本轴线或对称平面时 (即按纵向剖切)，这些结构都不画剖面符号，而是用粗实线将它与其邻接部分分开，如图 4.24 所示。当需要表达机件回转体结构上均匀分布的筋、轮辐、孔等，而这些结构又不处于剖切平面上时，可将这些结构旋转到剖切平面上画出，不需加任何标注，如图 4.25 所示。

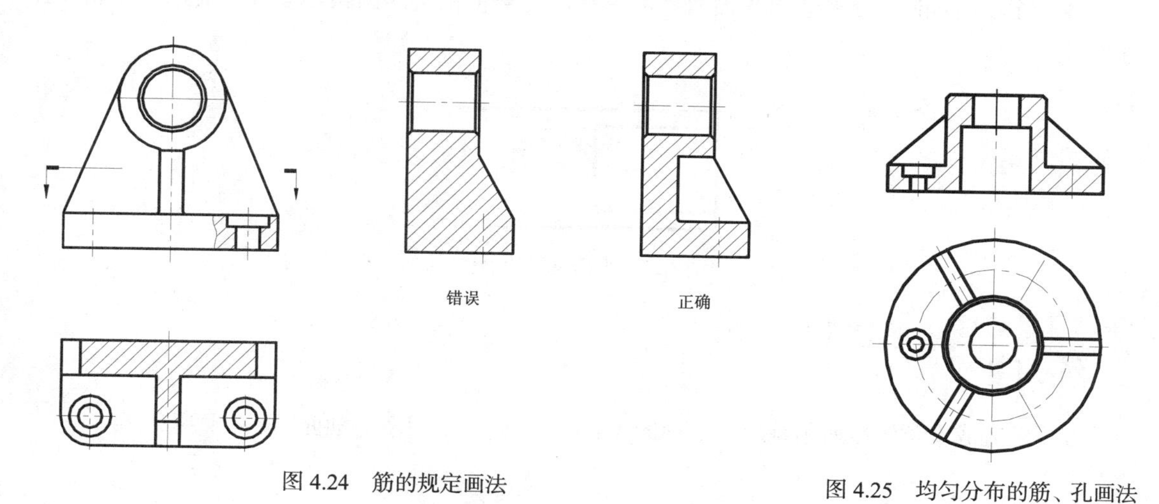

图 4.24　筋的规定画法

图 4.25　均匀分布的筋、孔画法

（2）当机件具有相同结构要素（如齿、孔、槽等），并按一定规律分布时，只需画出几个完整的结构要素，其余的可用细实线连接或画出它们的中心位置，并注明该结构要素的总数，如图 4.26 所示。

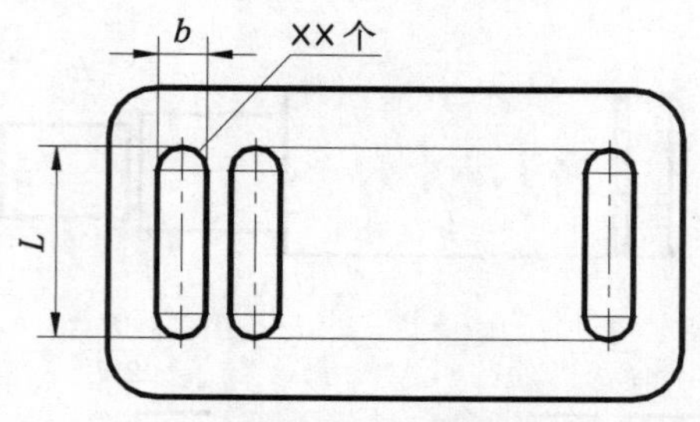

图 4.26　相同结构要素的省略画法

（3）在不致于引起误解的情况下，图形对称时，除主视图外，其他图形可只画其 1/4 或一半或略大于一半，如图 4.27 所示。画 1/4 或一半时，在对称线两端画出两条与它垂直的平行细线，如图 4.27（a)、图 4.27（b）所示。画大于一半时，用波浪线表示省略界线，如图 4.27（c）所示。

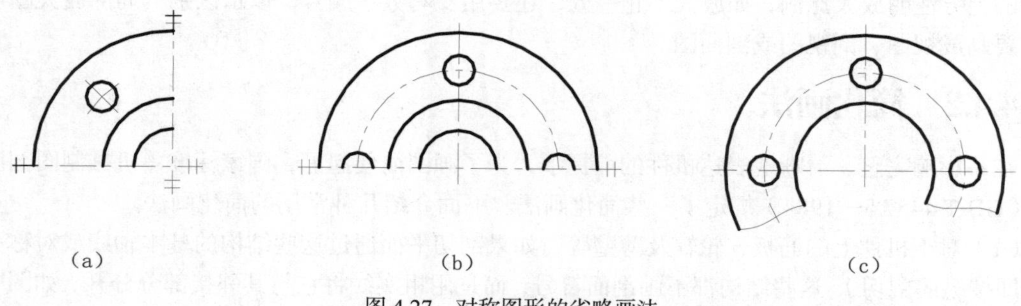

图 4.27　对称图形的省略画法

（4）当图形不能充分表达出平面时，可用平面符号（相交的两条细实线）表示，如图 4.28 所示。

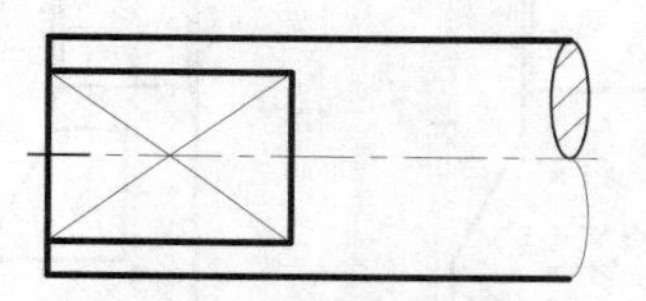

图 4.28　平面符号的画法

练习 4

按要求完成本章结尾所附练习：剖视图（1）～（8)、剖视图与剖面图。

补画下列全剖视图中所缺的投影线和剖面线。

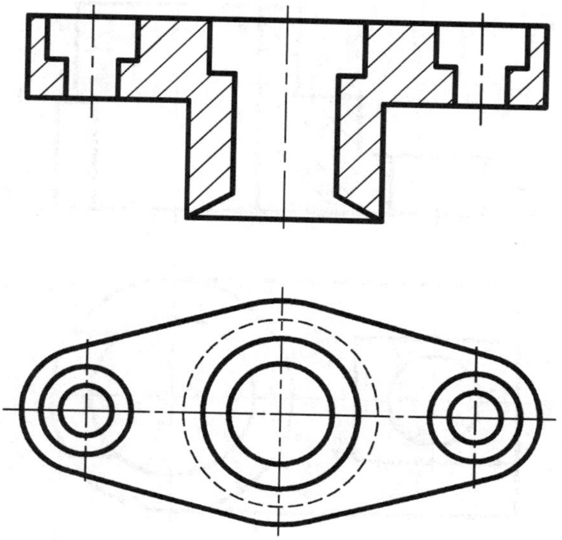

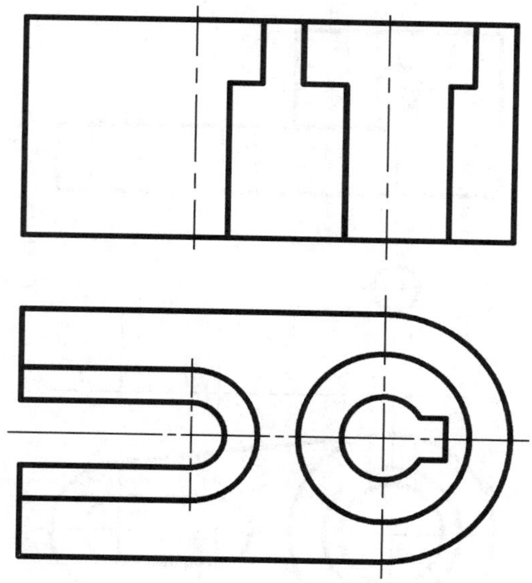

剖视图(1) | 姓名 | | 学号 |

按要求完成下列各题。

1. 补画全剖视图中所缺的投影线和剖面线。

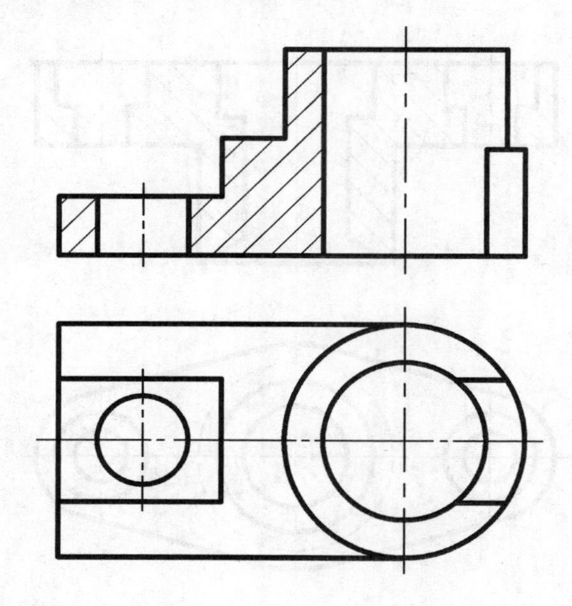

2. 在指定的位置将主视图改画成全剖视图。

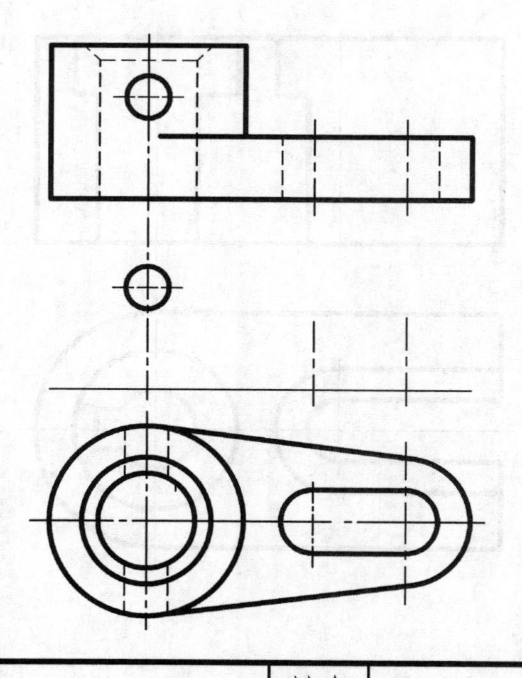

剖视图(2)	姓名		学号	

在指定的位置将主视图改画成全剖视图。

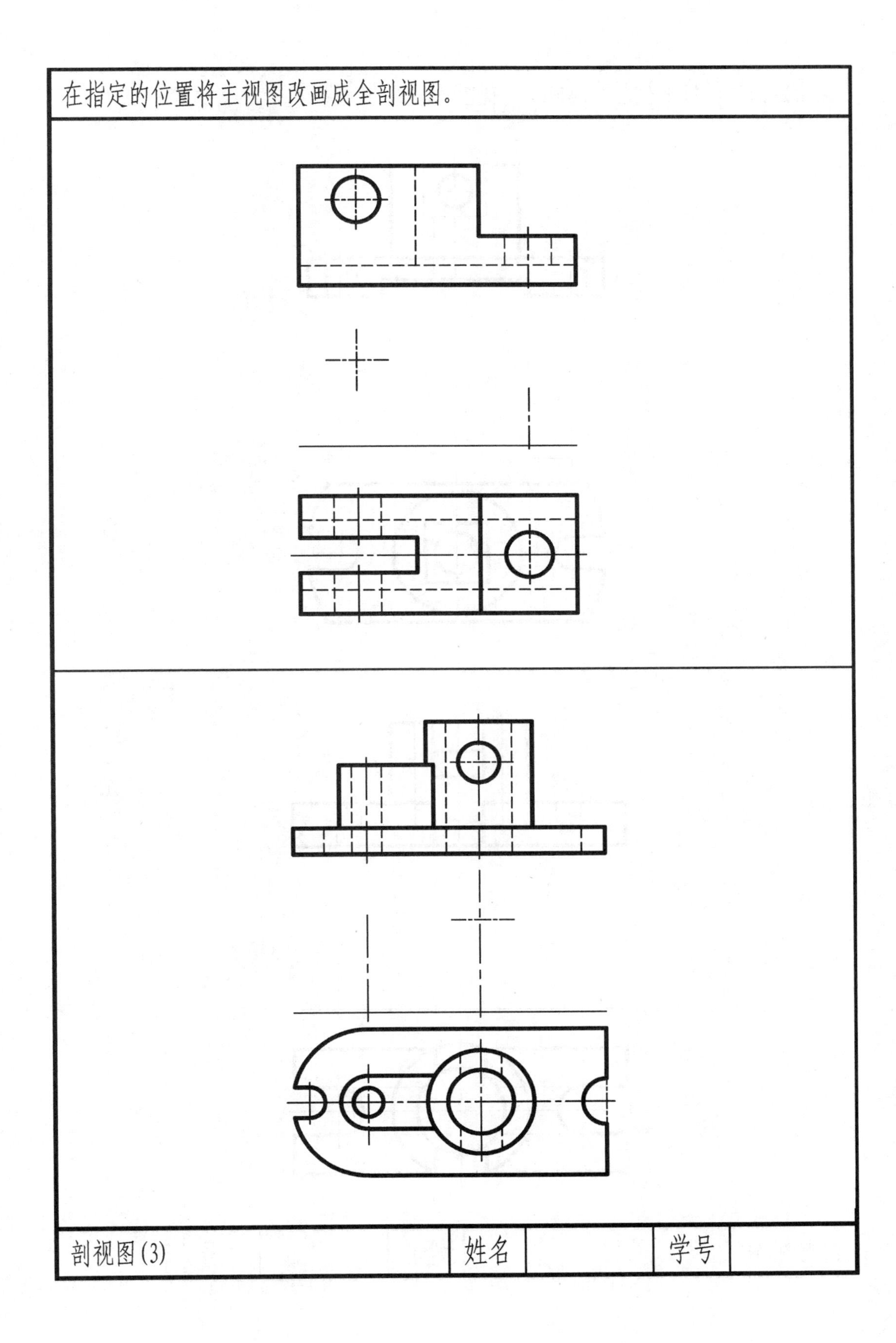

剖视图(3)	姓名		学号	

在指定的位置将主视图改画成半剖视图。

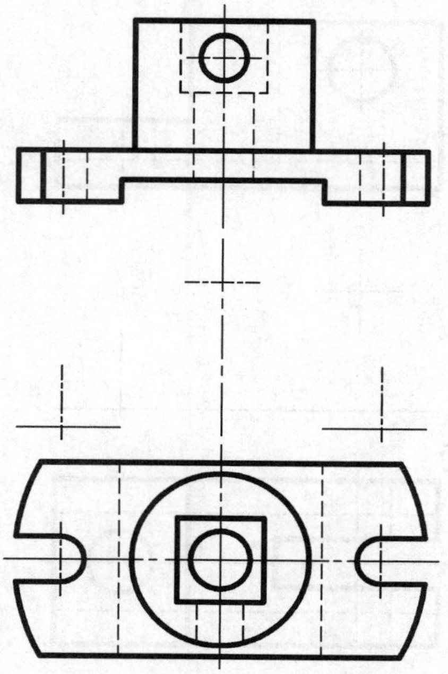

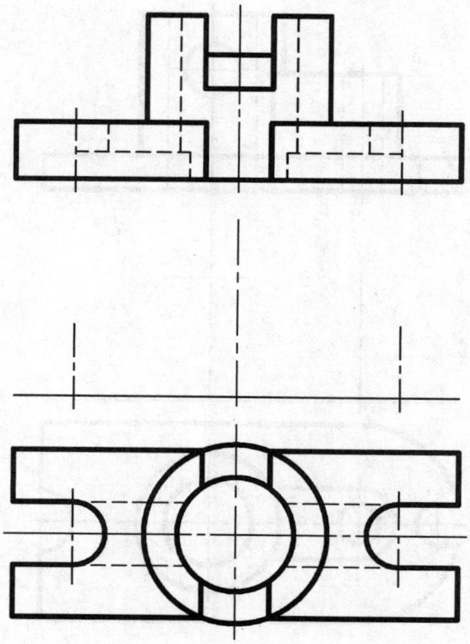

剖视图(4)	姓名		学号	

按要求完成下列各题。

1. 在指定的位置将主视图改画成半剖视图。

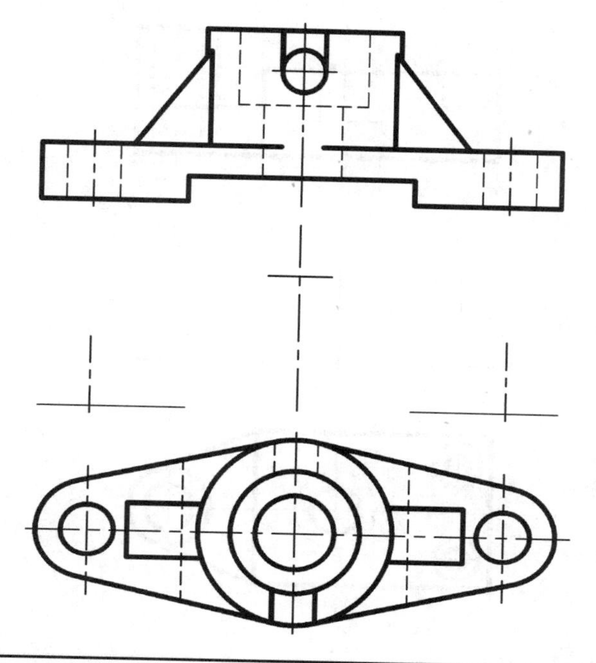

2. 在指定的位置将主视图画成阶梯剖视图。

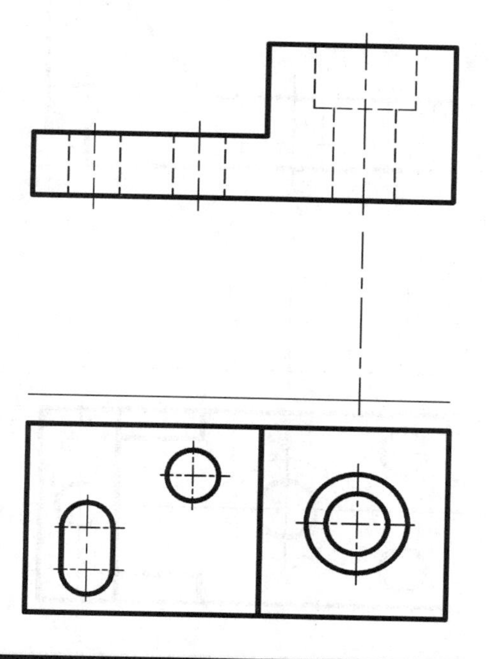

剖视图 (5)	姓名		学号	

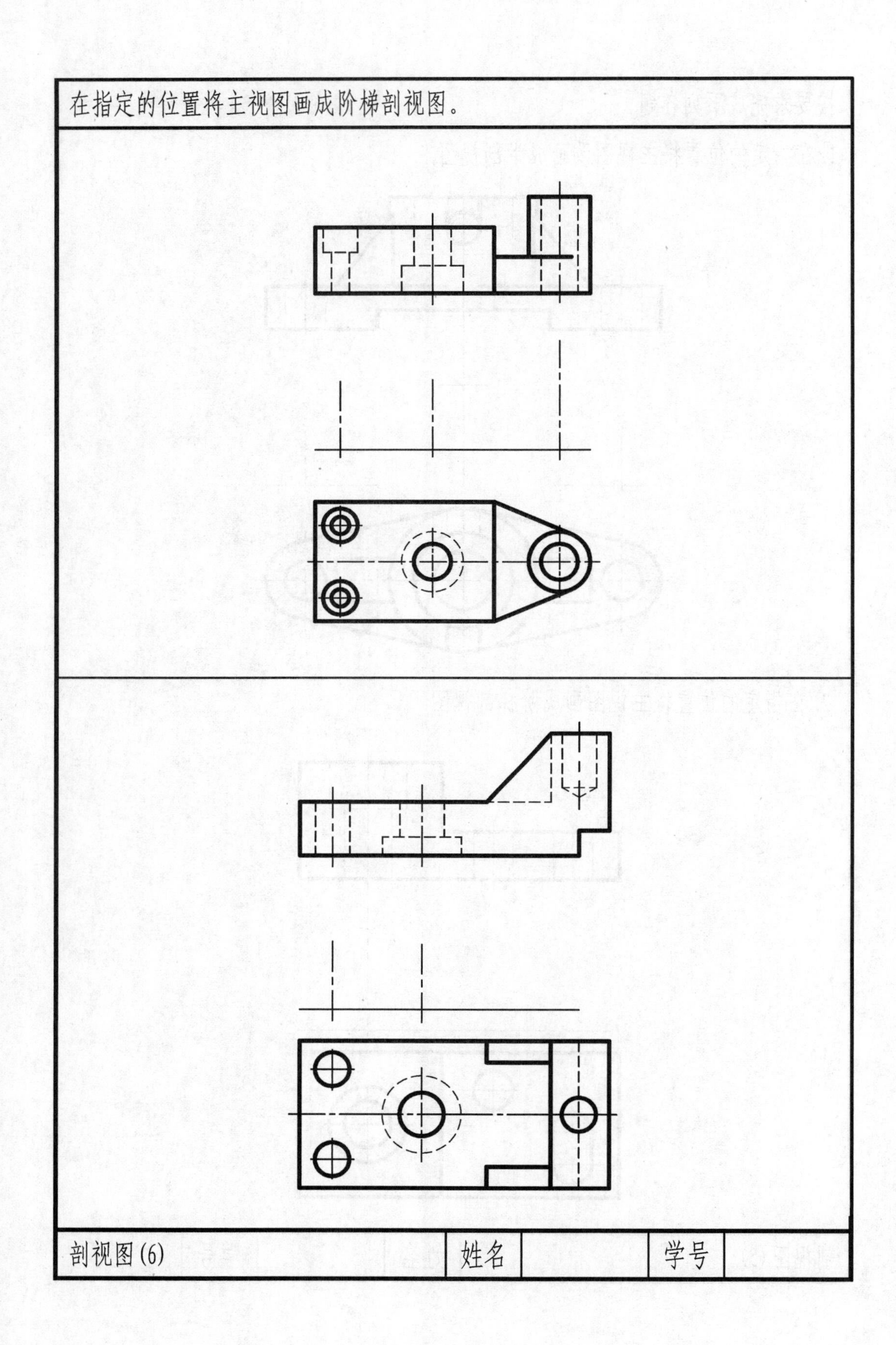
在指定的位置将主视图画成阶梯剖视图。
剖视图(6)
姓名
学号

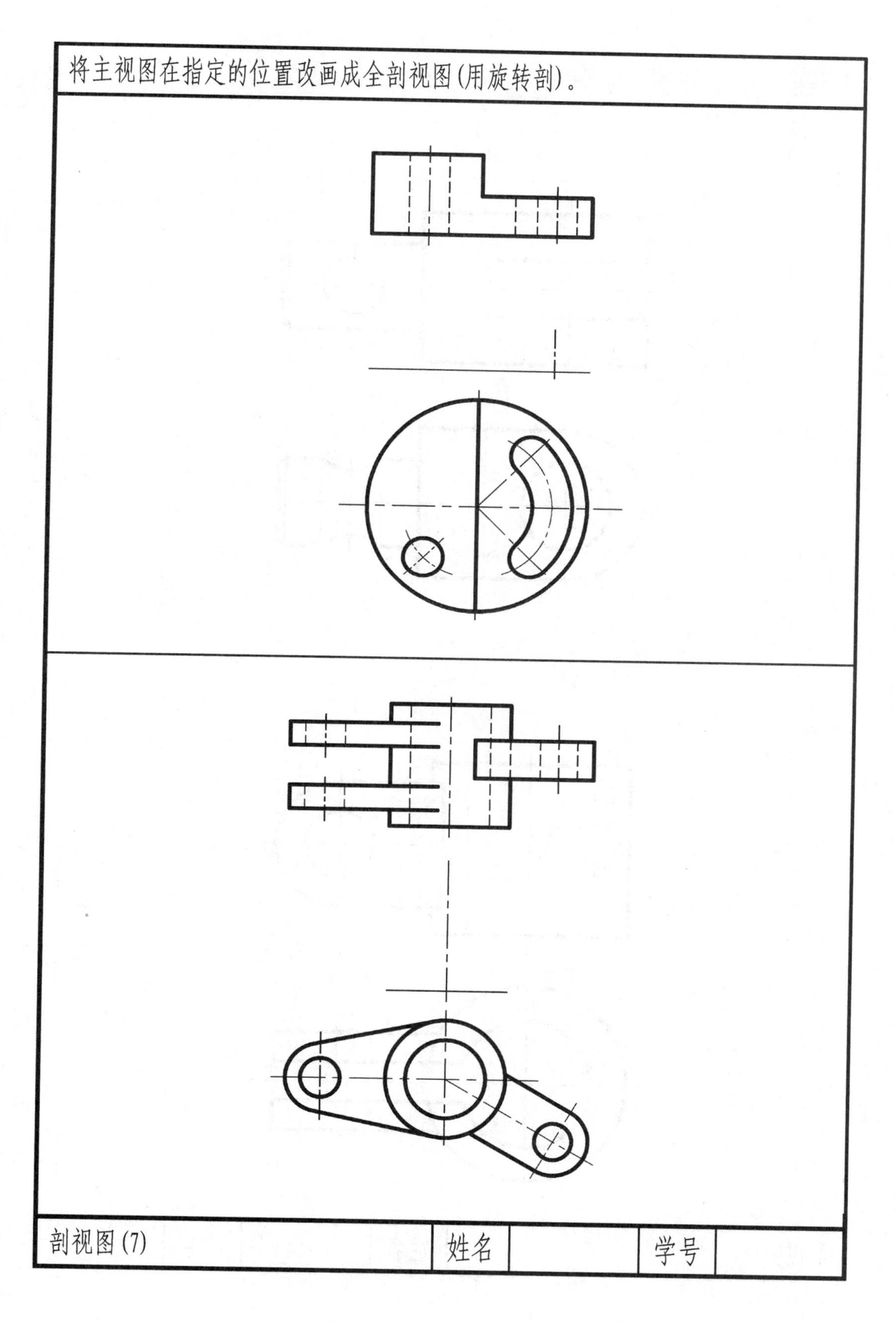
将主视图在指定的位置改画成全剖视图(用旋转剖)。
剖视图(7)
姓名
学号

将给出的两视图分别作局部剖视。

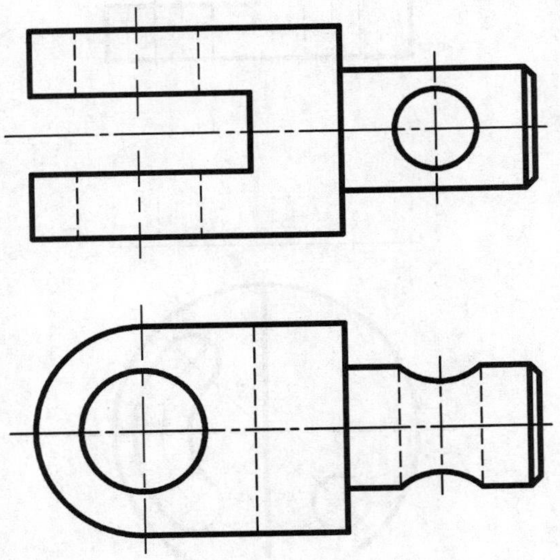

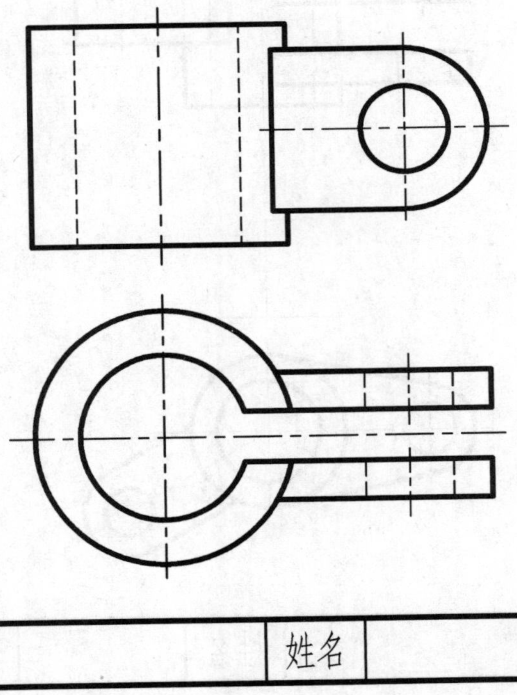

剖视图(8)	姓名		学号	

裁

切

完成下列各题。

1. 分析下面局部剖视图中的错误，作正确的剖视图。

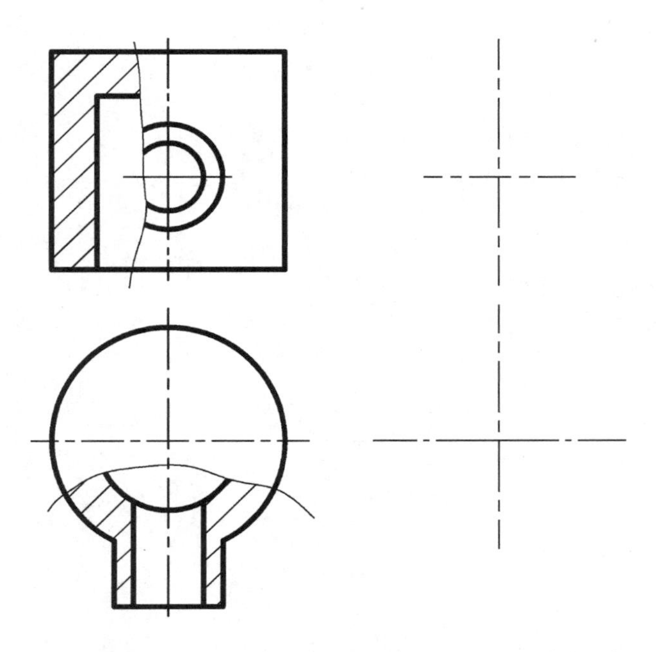

2. 在指定的位置作剖面图，并作适当的标注。

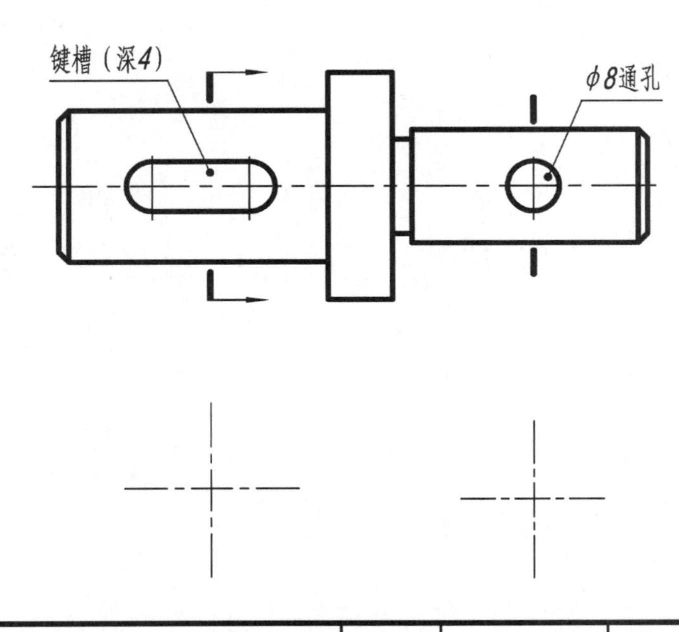

剖视图与剖面图	姓名		学号	

第 5 章 轴测图

5.1 轴测图的基本知识

轴测图是常见的一种立体图，如图 5.1 所示。它是用一个投影面来表达物体的三维形状，具有立体感强和直观性好的特点。

但是，由于轴测图的作图过程比较复杂，而且它不能确切地反映物体的真实形状与大小，因而它只能作为一种辅助图样，用来帮助理解对物体的空间形状，为设计构思和技术交流提供方便。

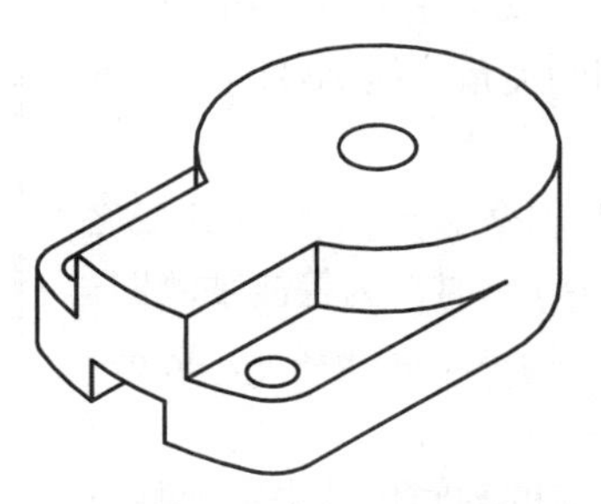

图 5.1 微调电容器基座的轴测图

5.1.1 轴测图的形成

如图 5.2（a）所示，首先选定一个投影面，将物体连同确定它空间位置的直角坐标系倾斜地放在投影面之前，采用平行投影中的正投影法，其结果是：由于物体上的主要平面与投影面相倾斜，因而所得的投影图能够同时反映出物体在 X、Y、Z 3 个方向上的形状。

若更改以上设置，如图 5.2（b）所示。投影面保持不动，将物体及其坐标轴端正位置，采用平行投影中的斜投影法。这样，由于投影方向与物体和投影面均倾斜，所以其投影图也能同时反映出物体的三维形状。

在上述轴测图的形成过程中，选定的投影面称为轴测投影面；所得的投影图称为轴测投影图，简称轴测图。根据轴测图的这两种形成过程，工程上将轴测图分为正轴测图和斜轴测图两大类，如图 5.2 所示。

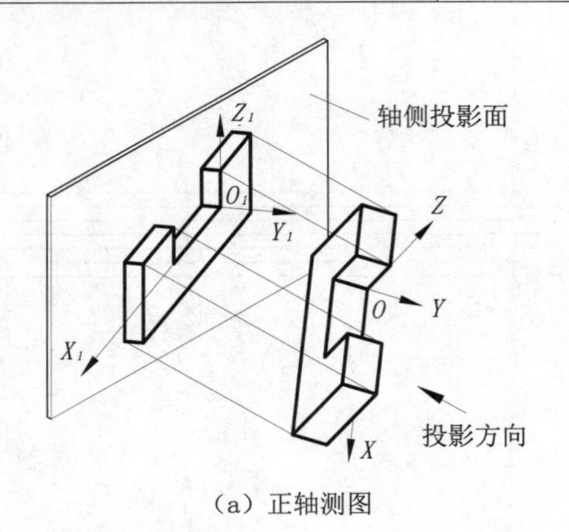

（a）正轴测图

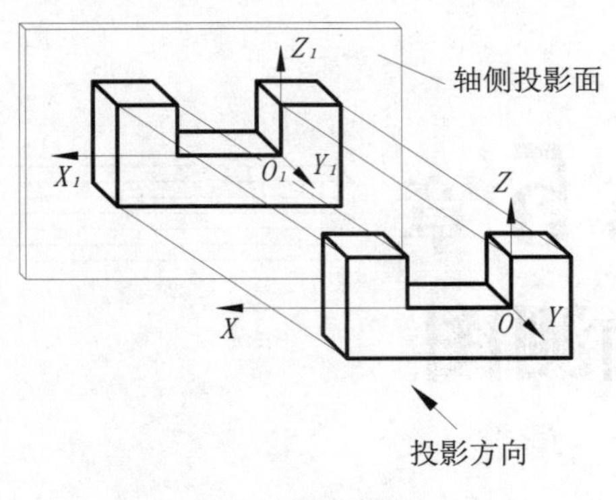

（b）斜轴测图

图 5.2　轴测图的形成

5.1.2　轴向变化率

假想将正轴测投影中的物体移去。剩下的空间直角坐标轴 X、Y、Z 在轴测投影面上的投影 X_1、Y_1、Z_1 称为轴测投影轴，简称轴测轴，如图 5.3 所示。此时，由于空间的坐标轴倾斜于投影面，因而在 X、Y、Z 上截取的一定长度，投影到轴测轴 X_1、Y_1、Z_1 上必然相应变短。

因此，所谓轴向变化率，是指轴测轴与坐标轴上相应长度的比值。在不同种类的轴测图上，这一比值有的相等，有的不相等。并且，3 根轴测轴之间的夹角，简称轴间角，也有相应的变化。

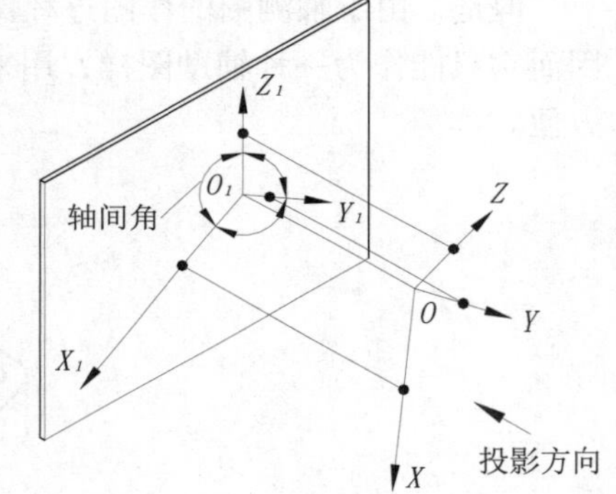

图 5.3　轴向变化率示意图

为了便于分析，设 X 轴向的变化率为 p，Y 轴向的变化率为 q，Z 轴向的变化率为 r。当 $p=q=r$ 时，为等测轴测图；当 $p\neq q\neq r$ 时，为三测轴测图；当 $p=q\neq r$，或 $p\neq q=r$ 或 $p=r\neq q$ 时，为二测轴测图。

由此可见，轴向变化率及其相应的轴间角是决定轴测图种类的基本参数，也是绘制轴测图的主要依据。所谓“轴测”就是沿着各轴向进行测量的意思。

5.1.3　轴测图的投影特性

轴测图是根据平行投影的原理作出的。因此，在绘制轴测图时应掌握以下投影特性。

（1）物体上与某根坐标轴平行的直线。在轴测图中也必定平行于相应的轴测轴。

（2）物体上相互平行的线段，在轴测图中也必定互相平行。

（3）物体上不平行于坐标轴的直线，在轴测图中应以两端点的轴测投影的连线来确定，绝不可在物体上或三视图上直接量取其长度。

5.2　正等轴测图的画法

在正轴测投影中，当坐标轴 X、Y、Z 对轴测投影面的倾斜程度都相同时，其轴向变化率和轴间角也必然分别相等。即有：$p=q=r=0.82$，轴间角均为 120°。

像这样具有相同的轴向变化率和相等的轴间角的正轴测图，称为正等测轴测图，简称正等测图，如图 5.4 所示。

在上述关系式中，轴向变化系数 0.82 为理论分析的结果。但在实际作图过程中，一般简化为 1。即取：$p=q=r=1$。不过，采用简化轴向变化系数所作的正等测图与物体的实际大小相比，在轴向上放大了 1.22 倍。

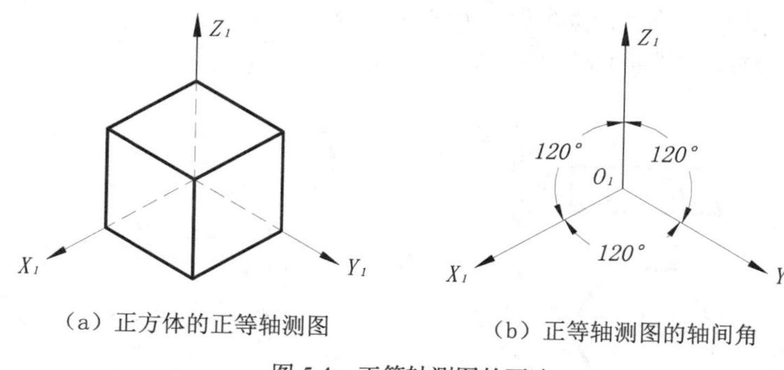

（a）正方体的正等轴测图　　（b）正等轴测图的轴间角

图 5.4　正等轴测图的画法

5.2.1　常用的正等测图画法

1. 坐标法

坐标法又称定点法，它是按坐标关系先画出物体上各特殊点的轴测投影，然后逐点连线而成。这种画法常用于比较完整的多面平面立体。

【例 1】　根据长方体的两视图绘制其正等测图，如图 5.5 所示。

作图

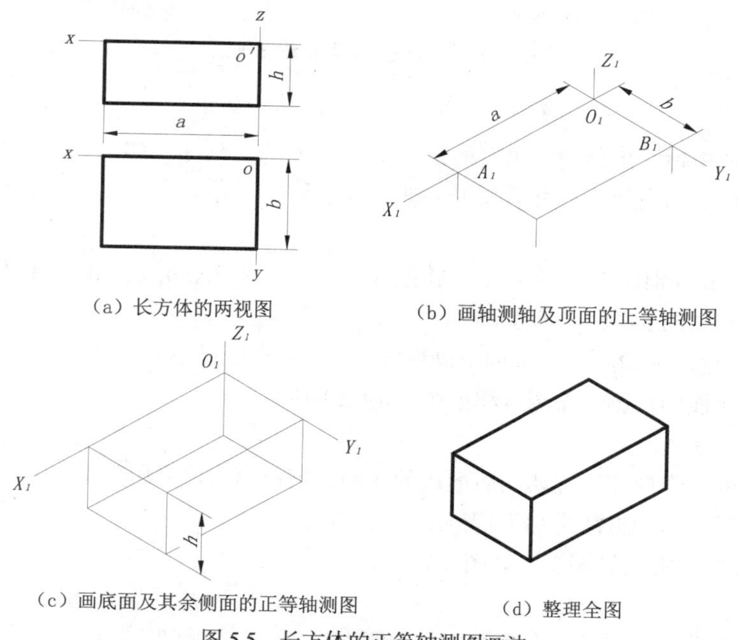

（a）长方体的两视图　　（b）画轴测轴及顶面的正等轴测图

（c）画底面及其余侧面的正等轴测图　　（d）整理全图

图 5.5　长方体的正等轴测图画法

（1）按 120° 的轴间角画轴测轴（Z_1 处于竖直方向）；按尺寸 a、b 在 X_1、Y_1 上截取长度 O_1A_1 和 O_1B_1（1 : 1）；根据平行关系分别由 A_1 和 B_1，作平行线，画出顶面（或底面）的轴测投影图。作图过程如图 5.5（b）所示。

（2）按尺寸 h 沿 Z_1 轴向截取高度（1 : 1）；按平行关系完成底面（或顶面）的轴测投影图。作图过程如图 5.5（c）所示。

（3）将底面后方不可见的棱线改为虚线或擦去；将轴测轴及其他作图过程线擦去；按规定的线型进行全图加深。作图过程如图 5.5（d）所示。

【例 2】 画六棱柱的正等测图，如图 5.6 所示。

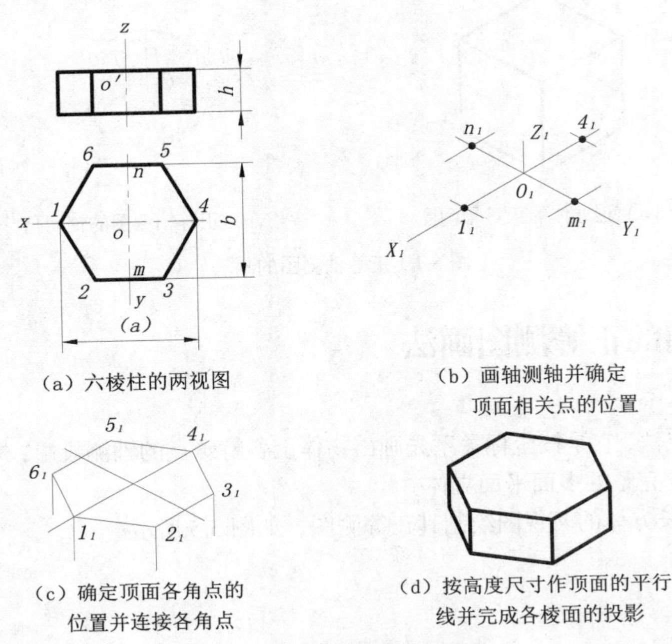

（a）六棱柱的两视图

（b）画轴测轴并确定顶面相关点的位置

（c）确定顶面各角点的位置并连接各角点

（d）按高度尺寸作顶面的平行线并完成各棱面的投影

图 5.6　六棱柱的正等轴测图画法

作图

（1）在俯视图中标注出顶面各角点的记号 *1*、*2*、*3*、*4*、*5*、*6*，如图 5.6（a）所示。

（2）按轴间角画轴测轴（Z_1 可不画）；按尺寸 a、b 沿 X_1 截取点 1_1、4_1，沿 Y_1 截取点 m_1、n_1。如图 5.6（b）所示。

（3）过 m_1 和 n_1 分别作 X_1 的平行线，并截取点 2_1、3_1 和 5_1、6_1；连接顶面各角点，完成顶面的投影。作图过程如图 5.6（c）所示。

（4）分别由角点 1_1、2_1、3_1、6_1 向下画棱线（4_1、5_1 点处可不画）；按尺寸 h 截取高度，并根据平行关系画出底面的投影。作图过程如图 5.6（d）所示。

2. 切割法

对于由单一的基本形体经过切割后形成的斜面、槽口等，可采用先画出完整的形体后再逐步切除的方法来作图。这种方法常称为切割法。

【例 3】 画楔块的正等测图，如图 5.7 所示。

作图

（1）看懂三视图，确定基本形体类型，此例为长方体。如图 5.7（a）所示。

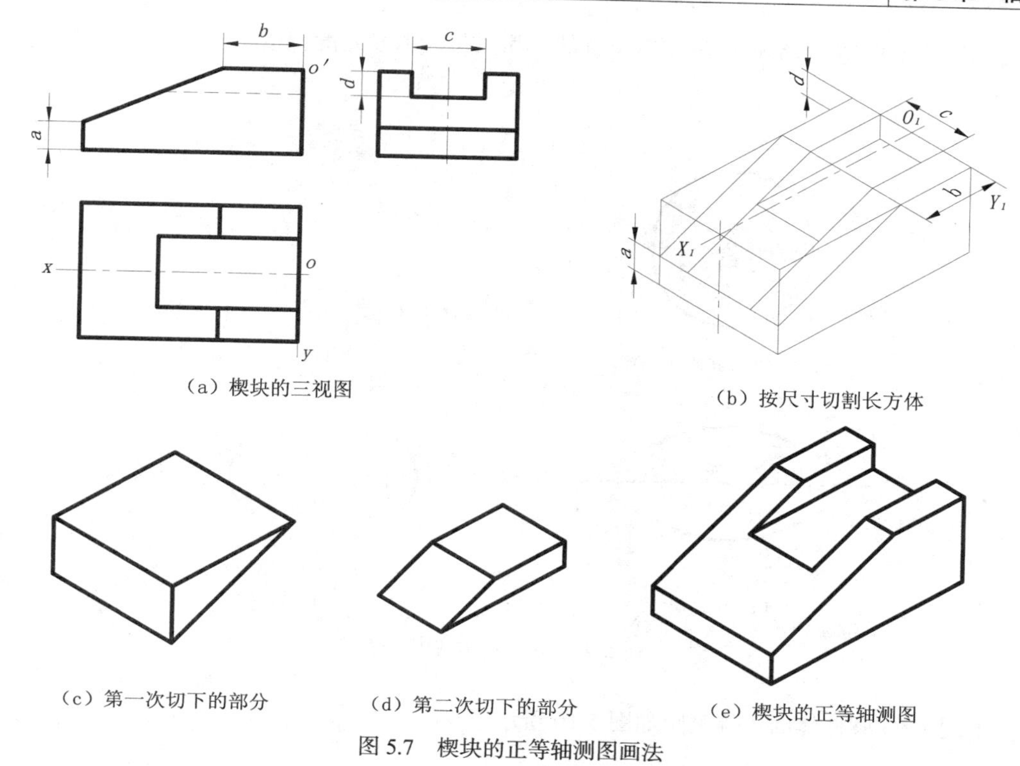

（a）楔块的三视图

（b）按尺寸切割长方体

（c）第一次切下的部分

（d）第二次切下的部分

（e）楔块的正等轴测图

图 5.7　楔块的正等轴测图画法

（2）画长方体的正等测图；按尺寸 a、b 截切左端斜面；按尺寸 d、c 截切右部槽口（注意对称性）。作图过程如图 5.7（b）、（c）、（d）所示。

（3）擦去作图过程线，按线型要求加深，如图 5.7（e）所示。

5.2.2　圆的正等测图画法

1. 平行于坐标面的圆的正等测图

当物体上的圆位于直角坐标系中的任一坐标面内或平行于任一坐标面时。其正等测图均为椭圆，如图 5.8 所示。

椭圆的画法原则上应采用坐标法绘制，即逐点连线成光滑的椭圆弧。但在工程上常采用各种近似画法，如图 5.9 所示的四心圆弧法等。

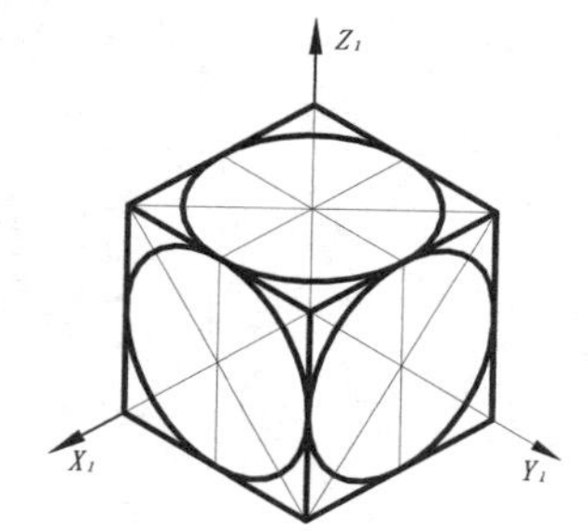

图 5.8　平行于坐标面的圆的正等轴测图

采用四心圆弧法画椭圆。必须掌握椭圆的长、短半轴与轴测轴之间的对应关系，即椭圆的长轴与垂直于该坐标面的轴测轴垂直，椭圆的短轴与垂直于该坐标面的轴测轴平行。

【例 4】　用四心圆弧法作水平圆的正等测图，如图 5.9 所示。

作图

（1）作与该水平圆外切的正方形的正等测图，如图 5.9（a）、（b）所示。

（2）分别以 O_1、O_2 为圆心，以 R_1 为半径，画前后位置的大弧段，如图 5.9（c）所示。

（3）作 O_1（或 O_2）与对应大弧段的起点（或终点）的连线，交椭圆长轴于 O_3、O_4。分别以

O_3、O_4 为圆心，以 R_2 为半径，画左右位置的小弧段与大弧段光滑相接。作图过程如图 5.9（d）所示。

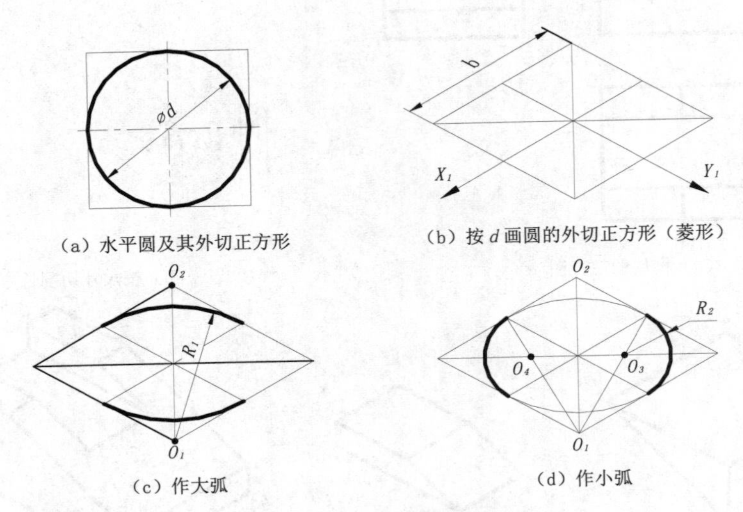

（a）水平圆及其外切正方形　　（b）按 d 画圆的外切正方形（菱形）

（c）作大弧　　（d）作小弧

图 5.9　四心圆弧法画椭圆

【例 5】　作圆柱体的正等测图如图 5.10 所示。

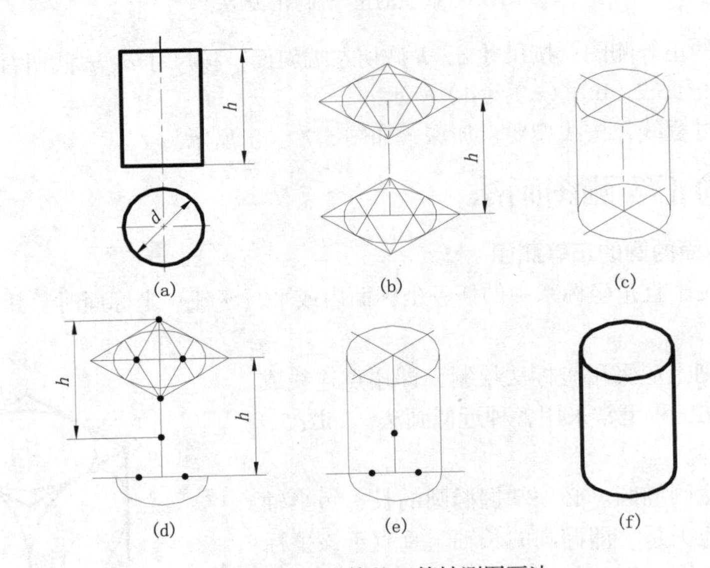

(a)　(b)　(c)　(d)　(e)　(f)

图 5.10　圆柱体的正等轴测图画法

作图　有以下 2 种方法。

（1）如图 5.10（a）、（b）、（c）、（f）所示，即先按尺寸 *d* 和 *h* 用四心圆弧法分别画出顶面和底面的椭圆；再作上、下两椭圆的纵向外切线；最后擦去底面后半个椭圆。

（2）如图 5.10（a）、（b）、（e）、（f）所示，即先按尺寸 *d* 用四心圆弧法画出顶面椭圆；再按尺寸 *h* 将画顶面椭圆时的 3 个圆心下移（称为移心法）；最后只需画出前半个椭圆及其上、下圆弧的纵向外切线。

2. 底板圆角的简化画法

常见的四棱柱底板，其圆角都是 1/4 个圆的弧，它们的正等测图也是 1/4 个椭圆的弧。

应当特别指出的是，虽然底板圆角在三视图上的画法完全相同，但在轴测图上的画法却有所不同。一个圆角画成椭圆的大弧，相邻的另一圆角则要画成椭圆的小弧。

底板圆角的正等测图，原则上可采用坐标面内圆的画法。先画出完整的椭圆，然后将多余的 3/4 个椭圆擦去。但在作图过程中，常采用直接画 1/4 个椭圆的简化画法。

【例 6】 画圆角底板的正等测图，如图 5.11 所示。

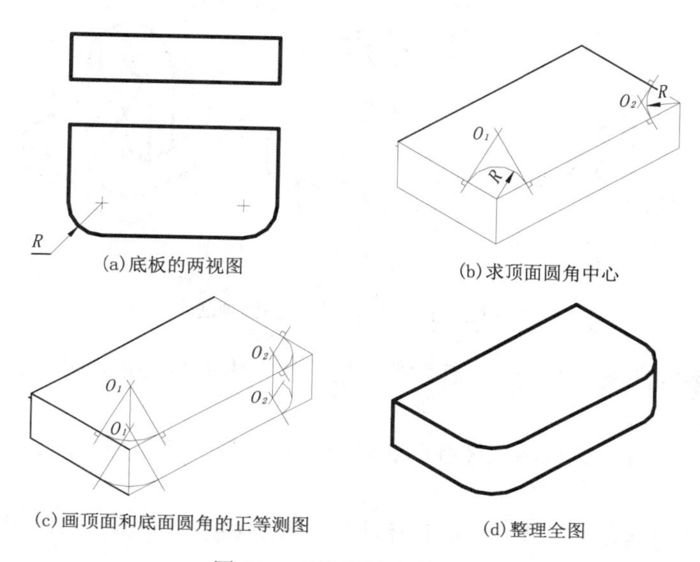

图 5.11　底板圆角的简化画法

作图

（1）画四棱柱底板的正等测图；按圆角半径 R 在底板的棱角处画弧，交顶面菱形边得到两交点；分别过两交点作菱形边的垂线，此两垂线的交点即为 1/4 椭圆的圆心 O_1（或 O_2）。作图过程如图 5.11（b）所示。

（2）分别以 O_1、O_2 为圆心，以 O_1（或 O_2）到菱形边的垂直距离为半径画 1/4 椭圆弧（O_1 处为大弧，O_2 处为小弧）；用移心法分别将 O_1、O_2 下移（按底板高度值）之后，再用同样的方法画椭圆弧；在 O_2 处沿高度方向作上下椭圆弧的切线。作图过程如图 5.11（c）所示。

（3）擦去作图过程线，按线型要求加深，如图 5.11（d）所示。

5.2.3　组合体正等测图画法

由多个简单形体通过叠加或者切割所形成的较为复杂的物体称为组合体。

画组合体的轴测图时，首先要用形体分析的方法弄清各简单形体的基本类型及其相互位置关系，采取逐个叠加和局剖切割的方式作图。

【例 7】 画轴承架的正等测图（尺寸按 1：1 从图中量取），如图 5.12 所示。

作图

（1）画完整的四棱柱底板的正等测图，并作左右对称线。如图 5.12（b）所示。

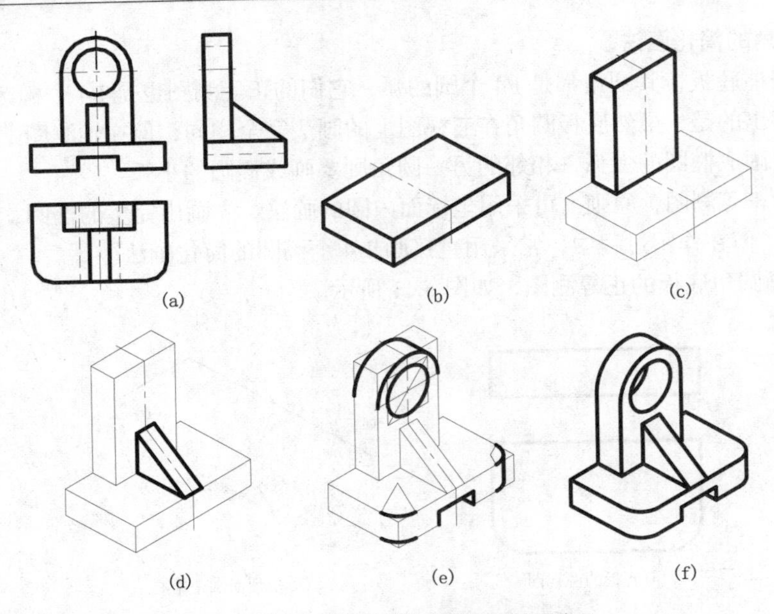

图 5.12　轴承架的正等轴测图画法

（2）按对称关系在底板的上、中、后方画立板（长方体）的正等测图（后面与底板平齐），如图 5.12（c）所示。

（3）按连接关系和对称关系画三棱柱的正等测图，其斜面应采用坐标法定点连线而成，如图 5.12（d）所示。

（4）画立板上端的圆孔和半圆柱形的正等测图（椭圆和半椭圆弧）。其后面的椭圆弧可用移心法只画出可见部分。

（5）用简化画法画底板圆角的正等测图，用切割法画底板中下部方槽的正等测图。

（6）沿 Z_1 轴向画底板右边圆角的椭圆弧切线，沿 Y_1 轴向画立板上端半圆柱形的右上部椭圆弧的切线，如图 5.12（e）所示。

（7）擦去多余的作图线，加深线型，如图 5.12（f）所示。

5.3　斜二测图的画法

在斜轴测投影中，当令坐标系中的坐标面 *XOZ*（也可令其他坐标面）平行于轴测投影面时，那么，物体上凡是平行于该坐标面的图形在轴测图上都将反映实形，即 *X*、*Z* 轴的轴向变化率相等；而另两个坐标面 *XOY* 和 *YOZ* 由于不与轴测投影面平行。因此，物体上凡是平行于这两个坐标面的图形不能反映实形，且发生轴向变化，即 *Y* 轴向变化率与 *X*、*Z* 轴不等。

为此，若取 *Y* 轴向变化率为 *X* 或 *Z* 轴的 1/2，即 $p=r=1$，$q=1/2$，那么，具有这种轴向变化特性的轴测图就称为斜二等轴测图，简称斜二测图，如图 5.13 所示。

在画斜二测图时应特别注意，在物体上或三视图上度量的 Y 向尺寸都必须乘以 1/2 之后再画到轴测图上。

此外，由于斜二测图具有能真实反映物体上平行于某一坐标面的图形且作图方便的优点，因此，它常用来绘制某些单方向多圆弧的物体的轴测图。

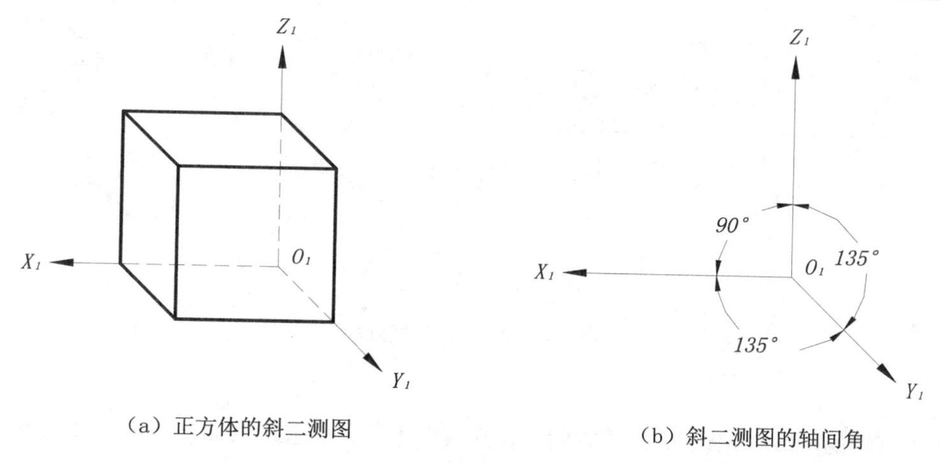

（a）正方体的斜二测图　　（b）斜二测图的轴间角

图 5.13　斜二测图的画法

【例 8】　画支架的斜二测图，如图 5.14 所示。

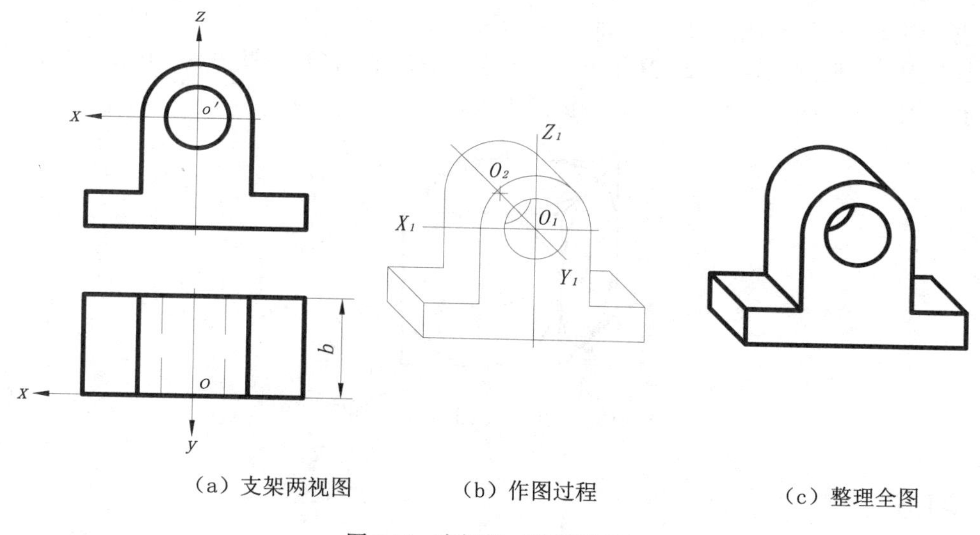

（a）支架两视图　　（b）作图过程　　（c）整理全图

图 5.14　支架斜二轴测图画法

作图

（1）画 *XOZ* 平面内的图形。将 O_1 沿 Y_1 轴向移 $b/2$ 于 O_2，以 O_2 为圆心画与前面相同的弧（不必完全画出）；沿 Y_1 轴向作前后两半圆弧的切线；完成底部投影。作图过程如图 5.14（b）所示。

（2）整理全图。可加画曲面上的阴影线（注意阴影线的方向和疏密程度），如图 5.14（c）所示。

【例 9】　画轴的斜二测图，如图 5.15 所示。

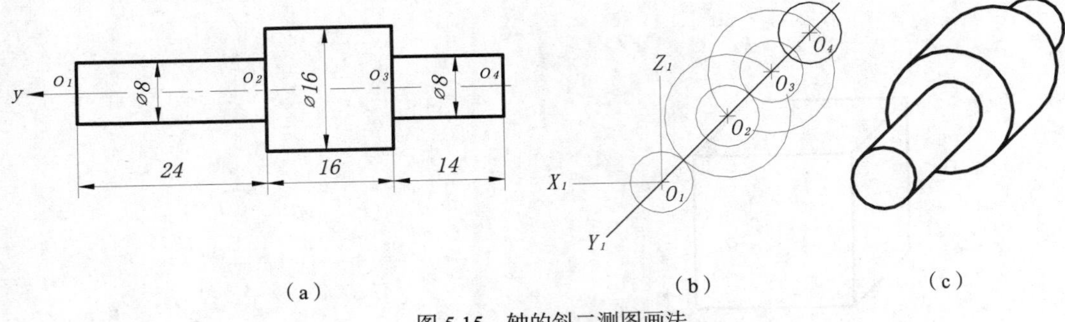

（a）（b）（c）

图 5.15　轴的斜二测图画法

作图

（1）将该轴的轴线方向设为 Y 轴方向，再在视图上给各轴段的端面作标记，如图 5.15（a）所示。

（2）画与水平成 45° 的轴测轴 Y_1，在 Y_1 上确定 O_1～O_4 的位置，并画出相应端面的轴测投影，如图 5.15（b）所示。

（3）沿 Y_1 轴向作各端面圆的切线，并整理全图后画上阴影线，如图 5.15（c）所示。

当物体在多个方向上有圆或圆弧时，只能将某一方向上的圆或圆弧按实形画出，而其他方向上的圆或圆弧要画成椭圆或椭圆弧，如图 5.16 所示。

斜二测图上的椭圆呈扁形状，其作图过程较为复杂，并且图形有些失真。因此，当物体在多个方向上有圆或圆弧时，一般都采用正等测图画法。

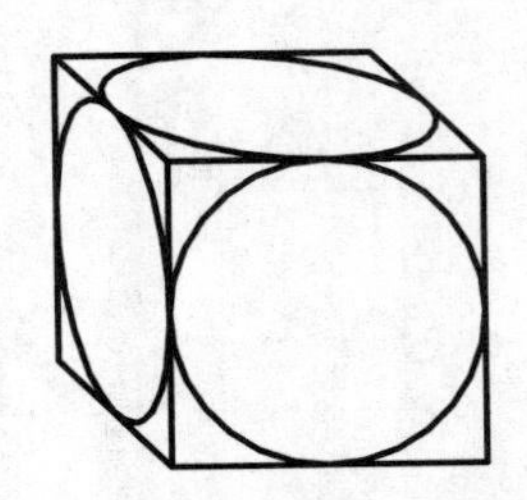

图 5.16　各坐标面上圆的斜二测图

练习 5

按要求完成本章结尾所附练习：正等轴测图和斜二等轴测图练习。

根据两视图或三视图画正等轴测图(尺寸按1:1直接在图中量取并取整，单位：mm)。

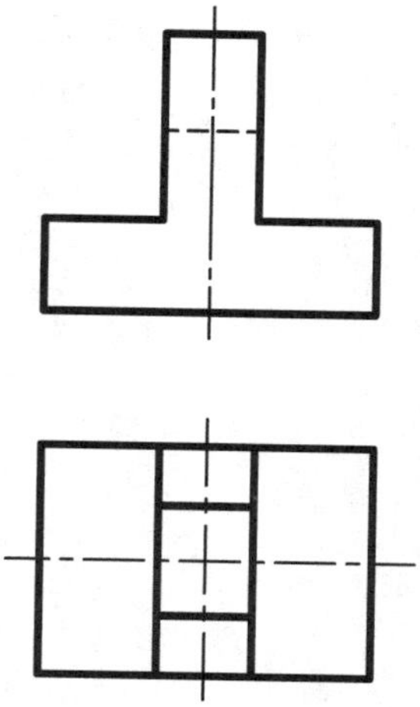

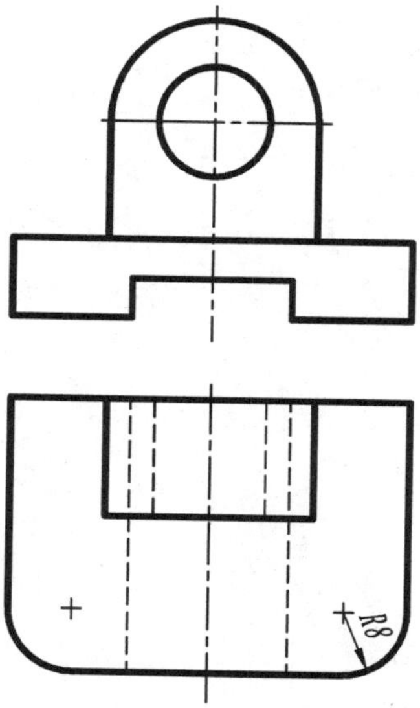

R8

正等轴测图	姓名		学号	

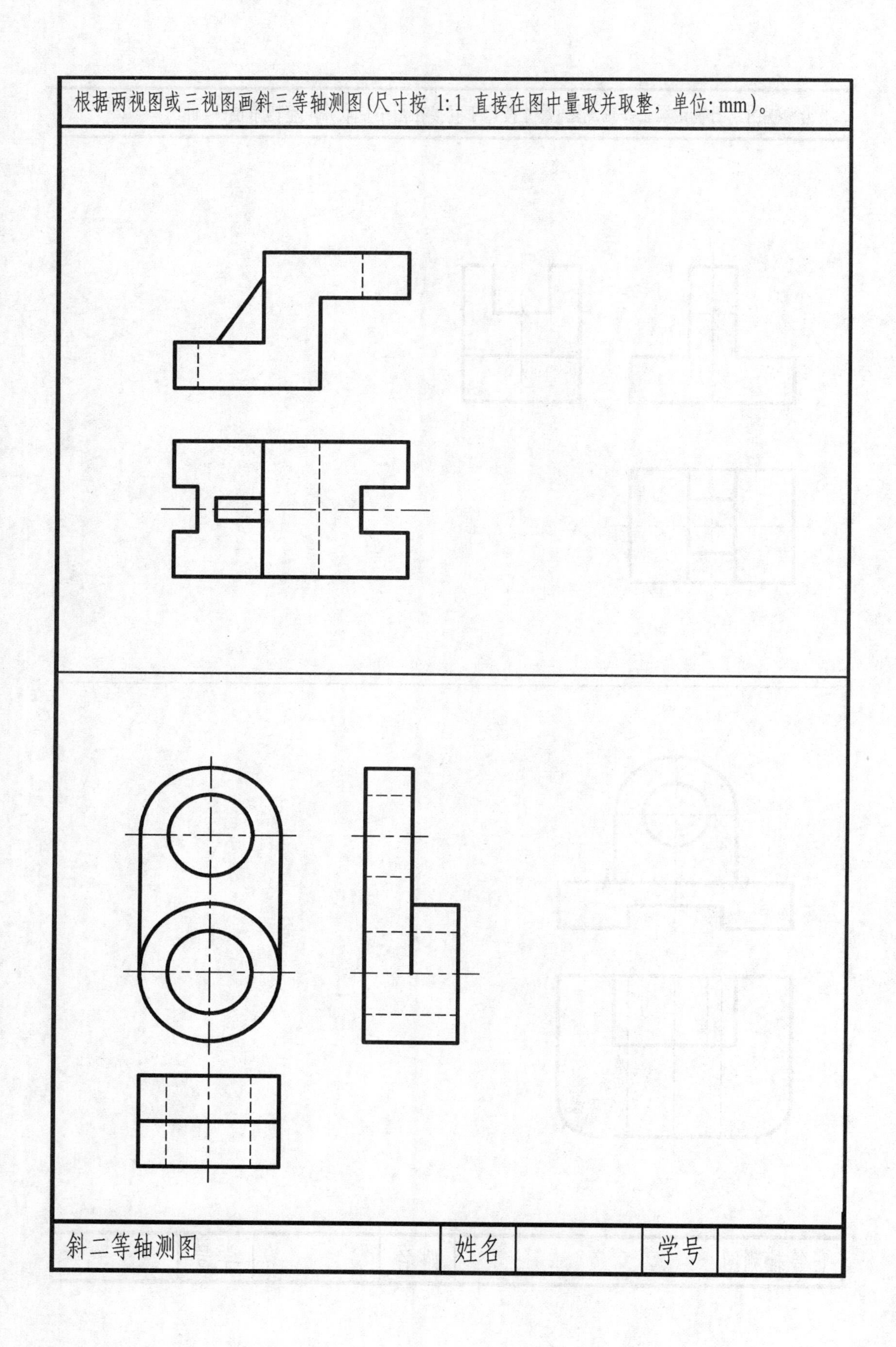
根据两视图或三视图画斜三等轴测图(尺寸按 1:1 直接在图中量取并取整，单位: mm)。
斜二等轴测图
姓名
学号

第6章 标准件和常用件

在各种机械设备上，经常应用螺栓、螺钉、螺母、垫圈、键、销、轴承等零件。为了适应专门化大批量生产，这些零件的结构形式、尺寸规格、技术要求等都已标准化、系列化，通常把这些零件称为标准件。对有些零件的结构形式、尺寸规格部分实行了标准化，通常把这些零件称为常用件，如各种齿轮、蜗轮、蜗杆、弹簧等。

在绘图时，标准件和常用件不必完全按照其真实投影绘制，而是按照国家标准的规定画法进行绘制。因此，本章重点介绍这类零件的规定画法和标注方法。

6.1 螺纹及螺纹紧固件

6.1.1 螺纹

1. 螺纹的形成

螺纹是指在圆柱（锥）表面上沿螺旋线所形成的具有相同剖面的连续凸起和沟槽。

在圆柱（锥）外表面上加工的螺纹称为外螺纹，在圆柱（锥）内表面加工的螺纹称内螺纹。内外螺纹成对使用，可用于紧固连接、传递动力、机械微调等。

螺纹加工方法很多。生产实际中，通常是在车床上加工形成的。工件匀速旋转，车刀沿轴向匀速移动，当刀具切入工件一定深度时，即可加工出螺纹，如图6.1所示。批量生产的螺纹件，要在专用机床上成批生产。

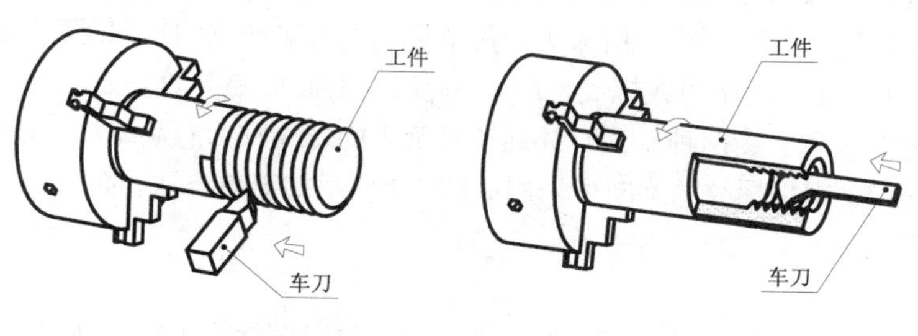

（a）车削外螺纹　　（b）车削内螺纹

图6.1　车削螺纹

2. 螺纹的种类

根据牙型不同，螺纹可分为三角形螺纹、梯形螺纹、矩形螺纹、锯齿形螺纹等。

根据所起的作用不同，螺纹可分为连接螺纹和传动螺纹。

根据规范，螺纹可分为标准螺纹、非标准螺纹和特殊螺纹。标准螺纹是指牙型、大径、中径、螺距等都符合国标的螺纹；非标准螺纹是指牙型等都不符合国标的螺纹；特殊螺纹是指牙型符合国标规定，大径、螺距等不符合国标规定的螺纹。

根据制式不同，螺纹可分为公制螺纹和英制螺纹。公制螺纹牙型角为 60°，英制螺纹牙型角为 55°。

3. 螺纹的要素

（1）牙型，是指在通过螺纹轴线的剖面上螺纹的轮廓形状。其凸起的顶端称为螺纹的牙顶，沟槽的底部称为螺纹的牙底。常用的螺纹牙型有三角形、梯形、矩形等。图 6.2 所示为三角形螺纹示意图。

（2）大径，是指与外螺纹牙顶或内螺纹牙底相重合的假想圆柱面直径，如图 6.2 所示。外螺纹与内螺纹的大径分别用 d 和 D 表示。螺纹公称直径一般是指螺纹大径；管螺纹的公称直径则是指管子通孔的直径，简称通径。管螺纹的大径不等于公称直径。

（3）小径，是指与外螺纹牙底或内螺纹牙顶相重合的假想圆柱面直径。外螺纹与内螺纹的小径分别用 d_1 和 D_1 表示。

（4）中径，是指牙宽和沟槽宽相等处的假想圆柱面直径。外螺纹与内螺纹的中径分别用 d_2 和 D_2 表示。中径是衡量螺纹互换性的主要指标。

（5）螺纹线数，分为单线螺纹和多线螺纹，如图 6.3 所示。螺纹线数用 n 表示。单线螺纹是指沿一条螺旋线所形成螺纹，多线螺纹是指沿两条或两条以上的螺旋线所形成的螺纹。

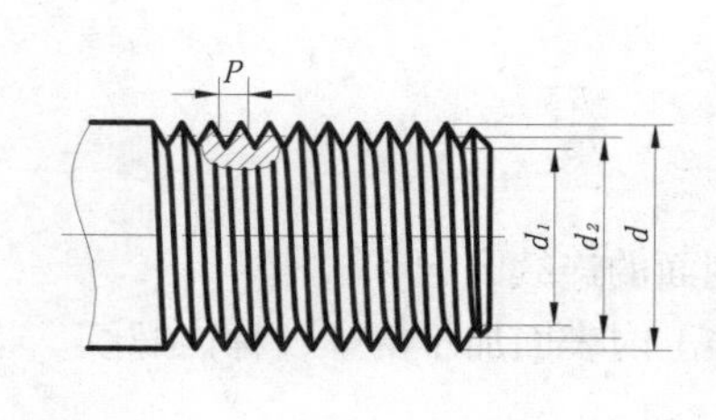

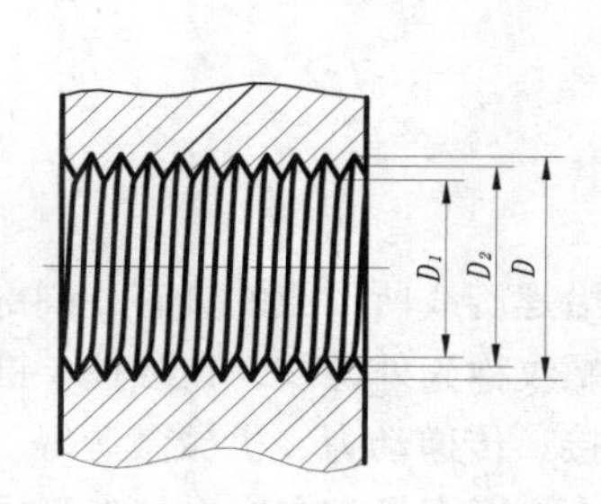

图 6.2　螺纹的牙型、直径与螺距示意图

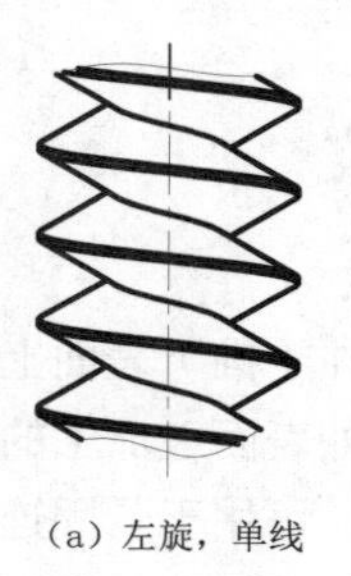

（a）左旋，单线

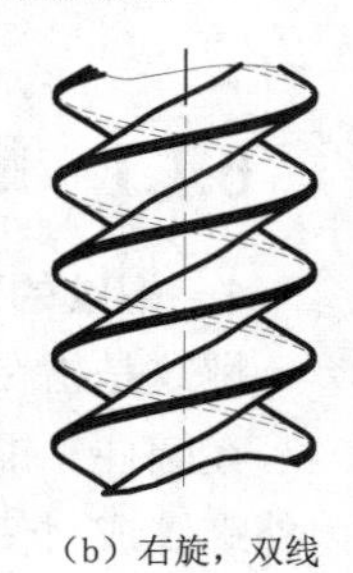

（b）右旋，双线

图 6.3　螺纹的线数与旋向示意图

（6）螺距，是指相邻两牙在中径线上对应两点的轴向距离，用 P 表示。

（7）导程，是指同一条螺旋线上相邻两牙在中径线上对应两点的轴向距离，用 L 表示。螺距与导程的关系是：$L = nP$。对于单线螺纹，$L=P$，此时，螺距就是导程。

（8）旋向，分左旋和右旋两种。顺时针旋转时旋入的螺纹称为右旋螺纹，逆时针旋转时旋入的螺纹称为左旋螺纹。判别螺纹的旋向可采用如图 6.3 所示的简单方法，面对轴线竖直的外螺纹，螺纹自左向右上升的为右旋，反之为左旋。

4. 螺纹的画法

螺纹的标准画法见国家标准《机械制图　螺纹与螺纹紧固件表示法》（GB/T 4459.1—1995）。

（1）外螺纹的画法

外螺纹的画法如图 6.4 所示。

外螺纹牙顶（大径）用粗实线表示；牙底（小径）用细实线表示，一般在螺纹的起端制成 45° 倒角，牙底线要画入倒角。螺纹终止线用粗实线表示。

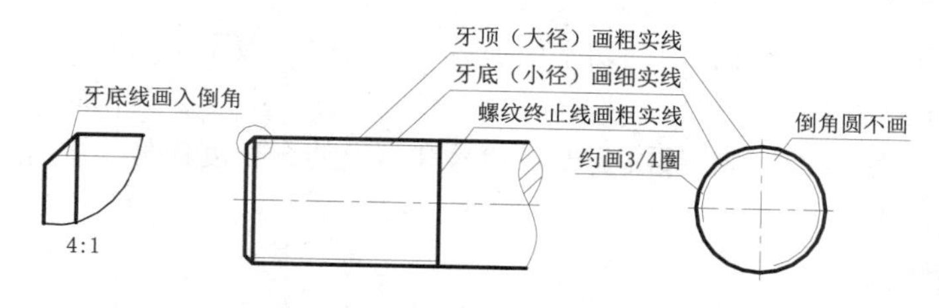

图 6.4　外螺纹的画法

在投影为圆的视图上，表示大径的牙顶圆用粗实线表示，表示小径的牙底圆用 3/4 圈细实线圆表示，倒角圆省略不画。

（2）内螺纹的画法

内螺纹的画法如图 6.5 所示。

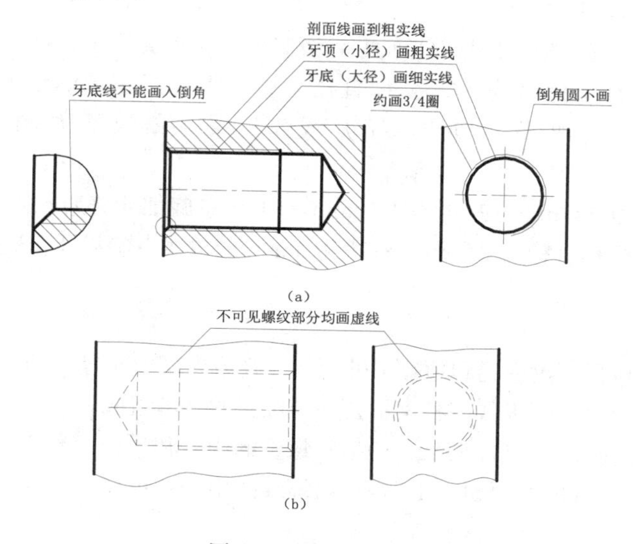

图 6.5　内螺纹的画法

在投影为非圆的视图上，一般采用剖视图来表示内螺纹。

牙顶（小径）用粗实线表示；牙底（大径）用细实线表示，牙底线不能画入倒角。螺纹终止线用粗实线表示。

在投影为圆的视图上，表示大径的牙底圆用细实线画约 3/4 圈，表示小径的牙顶圆用粗实线表示，倒角圆省略不画。

剖面线要画到牙顶（粗实线）处。

绘制不穿通的螺纹孔时，一般应将钻孔深度与螺纹部分深度分别画出，钻头角按 120° 画，如图 6.5（a）、（b）的主视图所示。

不可见螺纹的所有图线都用虚线绘制，如图 6.5（b）所示。

（3）内外螺纹连接的画法

绘制螺纹时，螺纹要素相同的内外螺纹才能连接在一起，内外螺纹连接时一般采用剖视图表示，此时内外螺纹旋合部分按外螺纹画法绘制，其余部分仍按各自画法绘制，如图 6.6 所示。

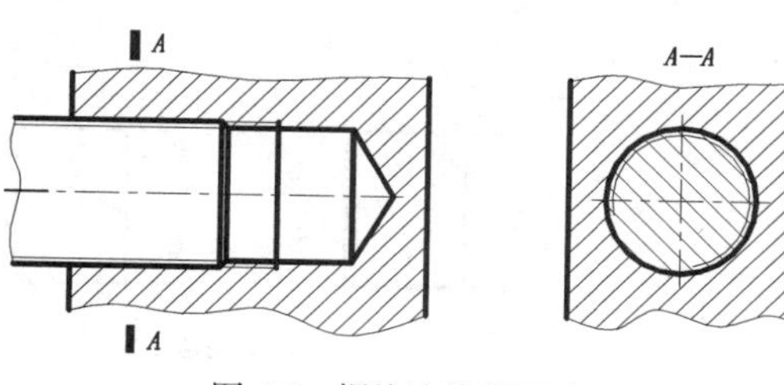

图 6.6　螺纹连接的画法

需要指出，对于实心螺纹杆，当剖切平面通过其轴线时，按不剖来画。

5. 螺纹的标注方法

螺纹的标注主要由螺纹代号、螺纹公差带代号和螺纹旋合长度代号3部分组成。由于螺纹种类不同，标记的项目也不同。

（1）普通公制螺纹

普通公制螺纹是最常用的螺纹，其牙型为三角形，牙顶角为60°。根据其螺距大小，可分为粗牙和细牙两种，其直径、螺距系列见附录A表A.1，基本尺寸见附录A表A.2、A.3。

普通螺纹的完整标记通式为：

螺纹代号－公差带代号－旋合长度代号

① 螺纹代号

普通公制螺纹的螺纹代号为：

螺纹种类代号 公称直径×螺距（导程/线数）旋向

普通公制螺纹的种类代号为*M*，公称直径为螺纹大径。粗牙螺纹不需标注螺距，细牙单线螺纹应注出螺距；多线螺纹应注“导程/线数”；右旋螺纹不注旋向；左旋螺纹应注出“左”字。

例如，公称直径为24 mm，螺距为1.5 mm的单线左旋细牙普通螺纹的螺纹代号应标记为M24×1.5左。又如，公称直径为24 mm，螺距为3 mm的单线右旋粗牙普通螺纹的螺纹代号应标记为M24。

② 公差带代号

螺纹公差带代号包括螺纹中径和顶径（外螺纹大径或内螺纹小径）的公差带代号；公差带代号由表示公差带大小的公差等级数字和表示公差带位置的字母组成。

例如，外螺纹的公差带代号为5g6g，是指外螺纹的中径和顶径（大径）的公差带代号分别为5g和6g；内螺纹的公差带代号为5H6H，是指内螺纹的中径和顶径（小径）的公差带代号分别为5H和6H。

当螺纹中径和顶径的公差带代号相同时，只注一个代号。内外螺纹最常用的公差带代号分别为6H和6g。

内外螺纹连接时，其公差带代号之间用斜线分开。斜线左边为内螺纹公差带代号；右边为外螺纹公差带代号，例如6H/6g，5H6H/5g6g。

③ 旋合长度代号

旋合长度是指内外螺纹连接在一起的部分的长度。普通螺纹旋合长度分为短、中等和长旋合长度等3种，相应代号分别为S、N、L。中等旋合长度最常用，代号N在标记中省略。

在图中，普通螺纹的标记应注在螺纹大径尺寸处，非螺纹密封的管螺纹的标记应采用指引线的方式标注，如图6.7所示。

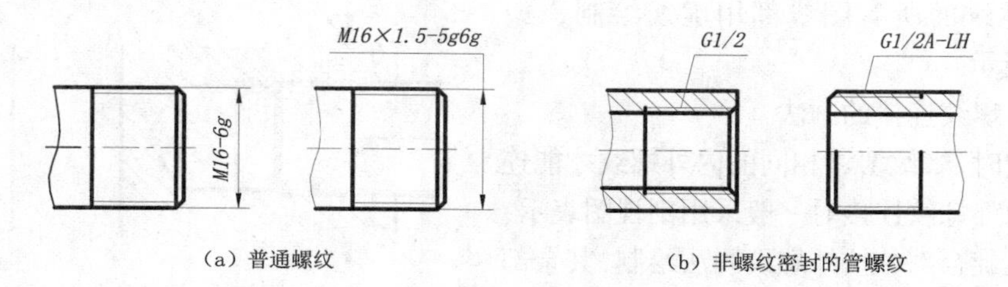

（a）普通螺纹　　（b）非螺纹密封的管螺纹

图6.7　螺纹的标注方法

（2）非螺纹密封的管螺纹

非螺纹密封的管螺纹用于零部件、旋塞、辅助装置等的机械装配。其牙型为三角形，牙顶角为 55°，基本尺寸见附录 A 表 A.4。

非螺纹密封的管螺纹的标记通式为：

螺纹特征代号　尺寸代号　公差等级代号 – 旋向

非螺纹密封的管螺纹的螺纹特征代号为 G。外螺纹的公差等级分为 A、B 两种。A 级为精密级，B 级为粗糙级。内螺纹只有一种公差等级，故不用标记。

左旋螺纹需标注 LH；右旋螺纹不注旋向。

例如，1 英寸非螺纹密封的管螺纹标记如下：

内螺纹　　G1

A 级外螺纹　　G1A

B 级外螺纹　　G1B

左旋 A 级外螺纹　　G1A-LH

内外螺纹旋合在一起 G1/G1B

6.1.2 螺纹紧固件及其装配画法

1. 螺纹紧固件的标记方法

螺纹紧固件的种类很多，常用的有螺栓、螺钉、螺母、垫圈等，其中每一种又有若干类别。因为它们都是标准件，所以一般情况下都不需单独画出它们的零件图，只需按规定进行标记。根据标记，可从相应国家标准中查到它们的结构型式和尺寸数据，见附录 B 表 B.1～表 B.3。

螺纹紧固件的完整标记由名称、标准编号、型式与尺寸、性能等级或材料、热处理及表面处理组成。排列顺序如下：

名称　标准编号　形式　规格精度　其他要求—材料牌号或机械性能等级　材料热处理—表面处理

例如，普通粗牙螺纹公称直径为 10mm、长度为 100mm、性能等级为 8.8 级、镀锌钝化为 A 级的六角头螺栓的标记为：

螺栓 GB 5782—86—M10 × 100-8.8-Zn · D

标记的简化原则如下。

（1）名称和标准年代号允许省略。

（2）产品标准中只规定一种形式、精度、性能等级或材料、热处理、表面处理时，允许省略。

（3）产品标准中规定两种以上形式、精度、性能等级或材料、热处理及表面处理时，可规定省略其中的一种，但必须在相应紧固件标准的标记示例中明确规定。例如：

GB 5785-M12X1.5 × 80（省略名称，标准年代号、性能等级及表面处理）

螺钉、螺母等其他螺纹紧固件的结构型式及标记示例如表 6.1 所示。

表 6.1　　螺纹紧固件及其标记示例

各类	结构形式和规格尺寸	标 记 示 例	说　明
六角头螺栓	(图：d, L)	螺栓 GB 5782—86—M10 × 30	螺纹规格 d=M10，L=30mm（当螺杆上为全螺纹时，应选取 GB 5783—86）

续表

各类	结构形式和规格尺寸	标 记 示 例	说 明
开槽圆柱头螺钉		螺钉 GB 65—85—M10×45	螺纹规格 d=M10，L=45mm（L 值在 40mm 以内时为全螺纹）
Ⅰ型六角螺母		螺母 GB 6170—86—M10	螺纹规格 D=M10 的Ⅰ型六角螺母
平垫圈		垫圈 GB 97.1—85—10—140HV	与螺纹规格 M10 配用的平势圈，性能等级为 140HV

2. 螺栓连接的画法

螺栓连接是工程上应用较广泛的一种连接方式。由螺栓穿过被连接件的通孔，加上垫圈，拧紧螺母，便可把两个零件连接在一起。这种连接适用于被连接件不太厚，而且又允许钻成通孔的情况。

在绘制螺栓装配图时，应注意以下事项（见图 6.8）。

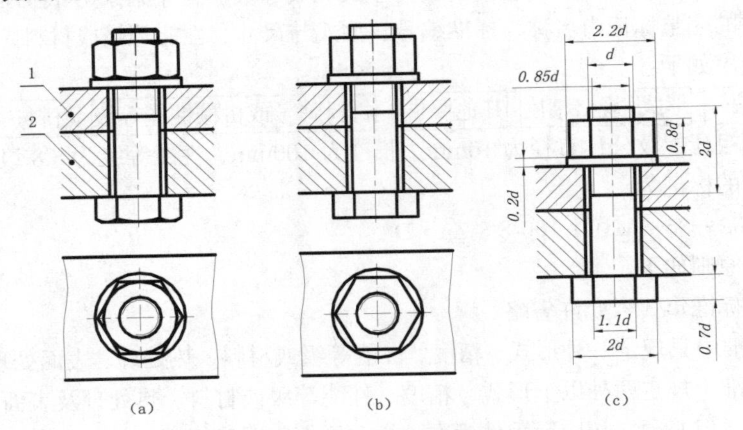

图 6.8 螺纹连接的装配画法

（1）件 1 和件 2 的通孔均按 1.1d 来画（d 为螺栓公称直径）。

（2）两个零件的接触面只画一条线，不接触表面画两条线。

（3）两金属零件邻接时，其剖面线方向应相反，或者剖面线方向一致而间隔不等。

（4）螺栓、螺母、垫圈等在剖切平面通过其基本轴线时，均按不剖绘制，如图 6.8（a）所示。

（5）螺栓简化画法可省略倒角、倒圆等，如图 6.8（b）所示。

当螺栓规格确定以后，可查附录 B 表 B.1，获得具体尺寸，并按上述规定画法绘制装配图。

另外，在画图时，除了螺纹的公称直径和公称长度 L 外，其余绘图所需的尺寸均可按螺纹公称直径 d 的比例数确定，即按比例画法绘制，如图 6.8（c）所示。当螺栓为全螺纹结构时，应在整个螺栓杆上画出螺纹。

3. 螺钉连接的画法

螺钉连接用于尺寸较小、受力不大，不需经常拆卸的地方。螺钉连接时一个零件应加工出螺纹孔，另一个零件应加工出通孔或沉孔。

螺钉连接的装配画法如图 6.9（b）、（c）所示。

螺钉连接中的有关尺寸可根据螺钉公称直径 d 查附录 B 附表 B.2 获得，也可按图 6.9（a）中的比例数确定。

绘制时应注意以下事项。

（1）通孔按 1.1d 绘制（d 为螺钉公称直径）。

（2）俯视图槽口画成与水平线成 45° 并向右上方倾斜的两条斜粗实线，如图 6.9（b）所示。当槽宽小于 2mm 时，槽口可全部涂黑，如图 6.9（c）所示。

（3）当剖切平面通过螺钉轴线时，螺钉按不剖绘制。

（4）当螺钉杆未全部制成螺纹时，应使螺钉的螺纹长度大于旋入深度，以保证连接可靠。

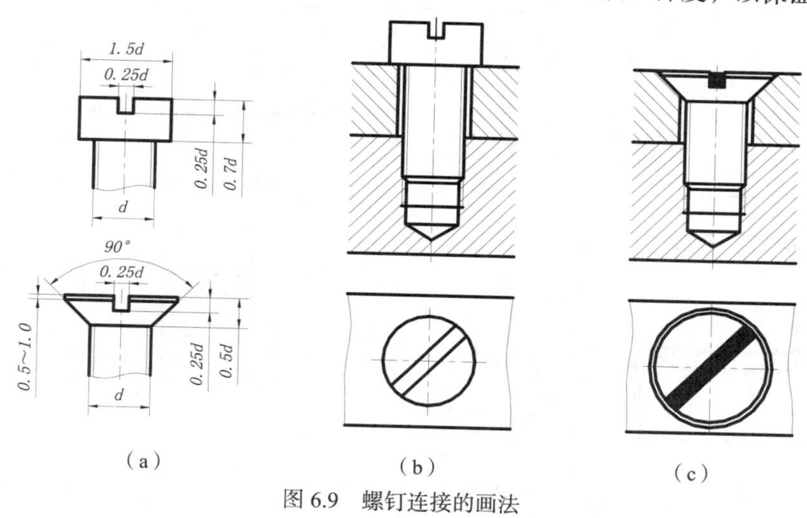

图 6.9 螺钉连接的画法

6.2 键

键是一种标准件。用来连接轴与安装在轴上的齿轮、皮带轮等传动零件，起着传递扭矩的作用。常用的键有普通平键、半圆键、勾头楔键等，如图 6.10 所示。本节只介绍普通平键。键的型式及尺寸在国家标准中有统一规定。在机械设计中，键可根据轴径大小选取，不需要单独画出其图样，但要正确标记。例如，普通平键有圆头（A 型）、平头（B 型）和单圆头（C 型）3 种形式，其形式及标记示例如表 6.2 所示。

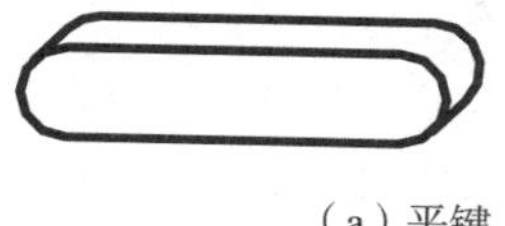

（a）平键

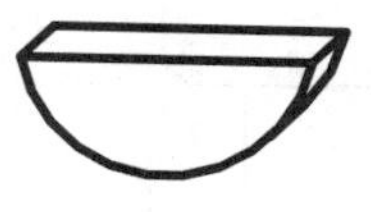

（b）半圆键

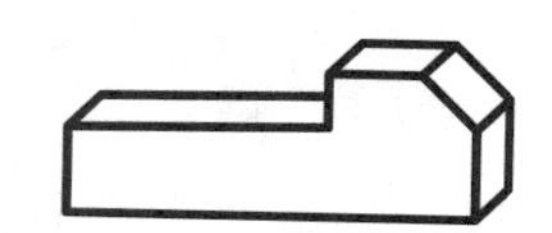

（c）勾头楔键

图 6.10 键的种类

键安装在轴和轮毂的键槽内。在零件图上，轴上键槽深度、宽度常用局部剖视和剖面表示；轮毂上的键槽深度、宽度常用局部视图表示。键槽的画法和尺寸标注如图 6.11 所示。

表 6.2　　普通平键的结构形式及标记示例

名　称	形式	图　例	标 记 示 例
普通平键	A	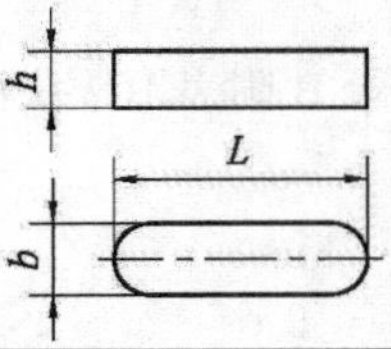	键 5×30 GB 1096—79 圆头普通平键，b=5mm，L=30mm。标记中省略“A”
	B	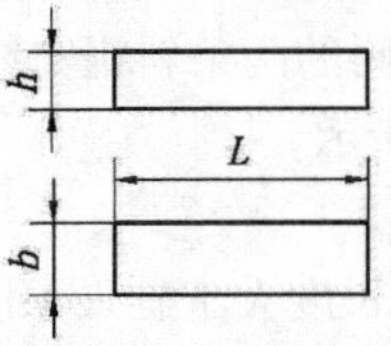	键 B18×100 GB 1096—79 方头普通平键，b=18mm，L=100mm
	C	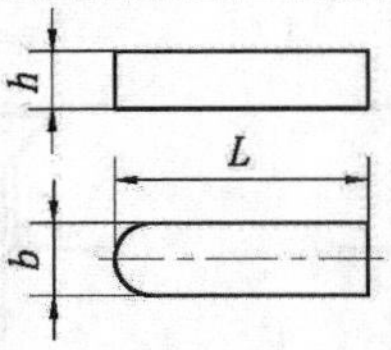	键 C5×30 GB 1096—79 半圆头普通平键，b=5mm，L=30mm

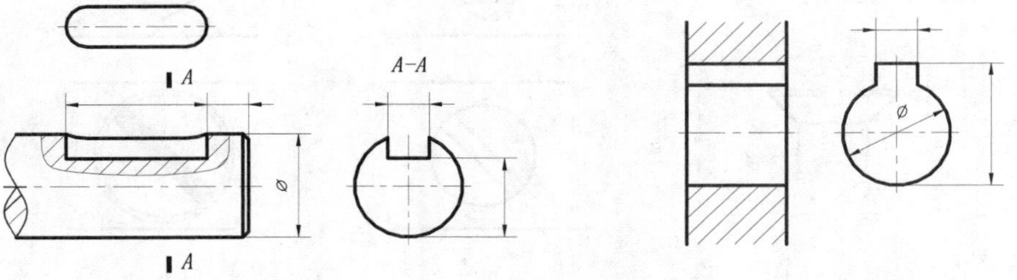

（a）轴上键槽　　（b）轮毂上键槽

图 6.11　键槽的画法和尺寸标注

在普通平键连接的装配图上，普通平键的两个侧面与轮、轴上的键槽侧面是接触面，键底面与轴上键槽底面也是接触面，它们在图上应画成一条线；平键的顶面与轮毂的键槽底面之间留有间隙，应画成两条线。键按实心零件画法画出。轴上的键槽常用局部剖视表示。键连接的装配画法如图 6.12 所示。

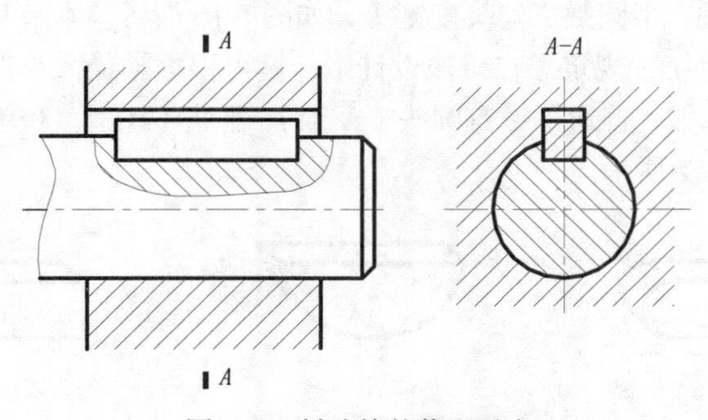

图 6.12　键连接的装配画法

6.3 销

销也是一种标准件，主要用于零件间的连接或定位。常用的销有圆柱销、圆锥销和开口销，圆柱销和圆锥销的形式、规定标记、装配画法如表 6.3 所示。

表 6.3　销的标记示例及其装配画法

名　称	圆　柱　销	圆　锥　销
结构形式及规格尺寸		
标记示例	销 GB 119—86—A5 × 20	销 GB 117—86—A6 × 24
说明	d=5mm，L=20mm 的 A 型圆柱销	d=6mm，L=24mm 的 A 型圆锥销
装配画法		

6.4 齿　　轮

齿轮是广泛用于各种机械传动中的一种常用件，用来传递动力、改变运动速度、方向等。常见的齿轮有圆柱齿轮、圆锥齿轮等。本节只介绍圆柱齿轮中直齿圆柱齿轮。圆柱齿轮用于两平行轴之间的传动。圆柱齿轮的轮齿有直齿、斜齿、人字齿等。

6.4.1 直齿圆柱齿轮的几何要素

根据 GB/T 2821—2003、GB/T 3374—2011，直齿圆柱齿轮的几何要素如下（见图 6.13）。

（1）轮齿、齿槽和齿厚。齿轮上每一个用于啮合的凸起部分称为轮齿，其数目用 z 表示；相邻轮齿凹下的空间称为齿槽，其宽度用 e 表示。每个轮齿在分度圆上的弧长称为齿厚，用 s 表示。

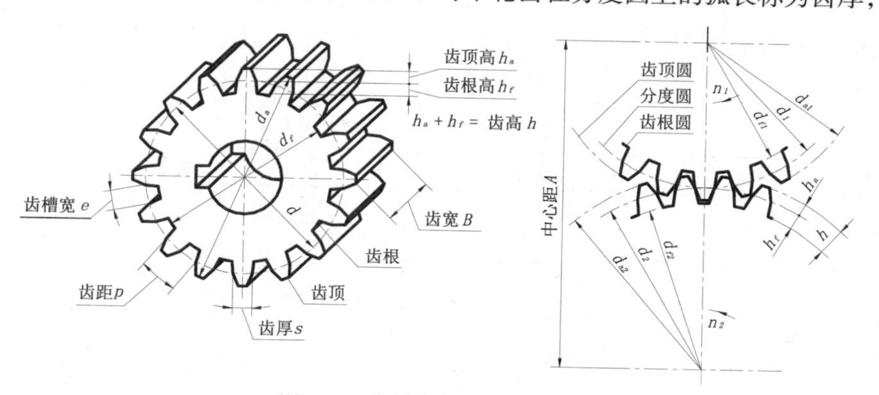

图 6.13　齿轮各部分名称及参数

（2）齿顶圆。通过齿轮各齿顶端的圆称为齿顶圆，其直径用 d_a 表示。

（3）齿根圆。通过齿轮各齿槽底部的圆称为齿根圆，其直径用 d_f 表示。

（4）分度圆。齿轮上齿厚 s 与齿槽宽度相等的假想圆称为分度圆，其直径用 d 表示。

（5）齿顶高。介于齿顶圆和分度圆之间的轮齿部分称为齿顶，其径向距离称为齿顶高，用 h_a 表示。

（6）齿根高。介于齿根圆和分度圆之间的轮齿部分称为齿根，其径向距离称为齿根高，用 h_f 表示。

（7）齿高。齿顶圆与齿根圆之间的径向距离称为齿高，用 h 表示，$h=h_a+h_f$。

（8）齿距。在分度圆上，相邻两齿同侧齿廓间的弧长称为齿距，用 p 表示，$p=s+e$。

（9）模数。齿距被圆周率 π 除所得的商称为齿轮模数，用 m 表示，$m=p/\pi$。

由于分度圆周长 $\pi d=zp$，所以

$$d = z\frac{p}{\pi} = mz$$

模数是齿轮的一个重要参数，齿轮的模数越大，则它的轮齿越厚，承载能力越大。因此模数体现了轮齿的大小和强度。为了便于设计和加工，模数已标准化，如表 6.4 所示。

表 6.4　标准模数（摘自 GB 1357—87）

第一系列	0.12	0.15	0.2	0.25	0.3	0.4	0.5	0.6	0.8
	1	1.25	1.5	2	2.5	3	4	5	6
	8	10	12	16	20	25	32	40	50
第二系列	0.35	0.7	0.9	1.75	2.25	2.75	（3.25）	3.5	（3.75）
	4.5	5.5	（6.5）	7	9	（11）	14	18	22
	28	36	45						

注意，在选用模数时，应优先采用第一系列。括号内的模数最好不选用；一对啮合齿轮，其模数必须相等。

（10）压力角。一般情况下，两啮合齿轮齿廓在节点 P 处的公法线与齿轮两中心线的垂线的夹角称为压力角，用 α 表示。标准齿轮的压力角一般为 20°。

（11）传动比。用 i 表示，$i=n_1/n_2=z_2/z_1$，其中 n_1、n_2 分别为主动齿轮和从动齿轮的转速。

（12）中心距。两齿轮啮合时，两轮中心间的距离称为中心距，用 a 表示。a 可表达为

$$a = \frac{1}{2}(d_1 + d_2) = \frac{1}{2}m(z_1 + z_2)$$

6.4.2　齿轮的尺寸计算

直齿圆柱齿轮各部分尺寸的计算公式及举例如表 6.5 所示。其中，基本参数为 m、z；已知：$m=2.5$，$z_1=16$，$z_2=40$。

表 6.5　直齿圆柱齿轮尺寸计算

名　称	代　号	尺寸计算公式	计 算 举 例
齿顶高	ha	$h_a=m$	$h_a=2.5$
齿根高	h_f	$h_f=1.25m$	$h_f=3.13$
齿高	h	$h=2.25m$	$h=5.63$
分度圆直径	d	$d=mz$	$d_1=40$，$d_2=100$
齿顶圆直径	d_a	$d_a=m$（z+2）	$d_{a1}=45$，$d_{a2}=105$
齿根圆直径	d_f	$d_f=m$（z−2.5）	$d_{f1}=33.75$，$d_{f2}=93.75$
齿距	p	$p=m\pi$	$p=7.85$

续表

名　称	代　号	尺寸计算公式	计 算 举 例
齿厚	s	$s=\frac{m\pi}{2}$	s=3.93
中心距	a	$a=\frac{1}{2}m(z_1+z_2)$	a=70
传动比	i	$i=\frac{z_2}{z_1}$	i=2.5

6.4.3 直齿圆柱齿轮的规定画法

直齿圆柱齿轮的规定画法见国家标准《机械制图齿轮画法》(GB 4459.2—84)。

1. 单个齿轮画法

(1)绘制齿轮一般用两个视图或者一个视图加上局部视图，如图6.14所示。

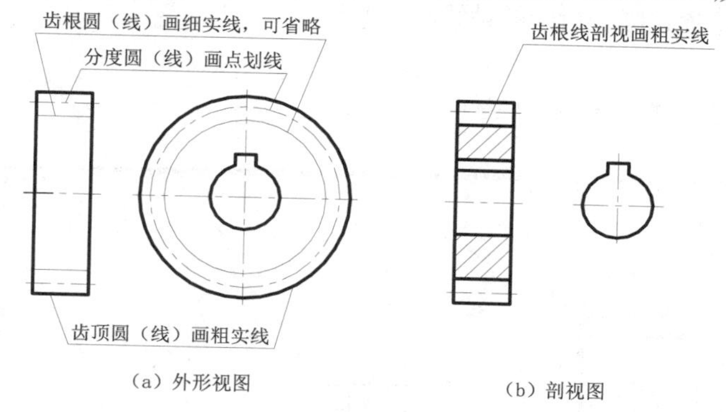

图6.14 直齿圆柱齿轮的画法

(2)轮齿的齿顶圆或齿顶线用粗实线绘制。

(3)分度圆或分度线用点划线绘制。

(4)齿根圆或齿根线用细实线绘制，也可省略不画。在剖视图中，齿根线用粗实线绘制。

(5)在剖视图中，当剖切平面通过齿轮的轴线时，轮齿按不剖处理。

2. 齿轮的啮合画法

两齿轮啮合时，其接触点轨迹圆称为节圆。标准齿轮在正确安装的情况下，其节圆和分度圆相重合。两齿轮啮合画法如图6.15所示。

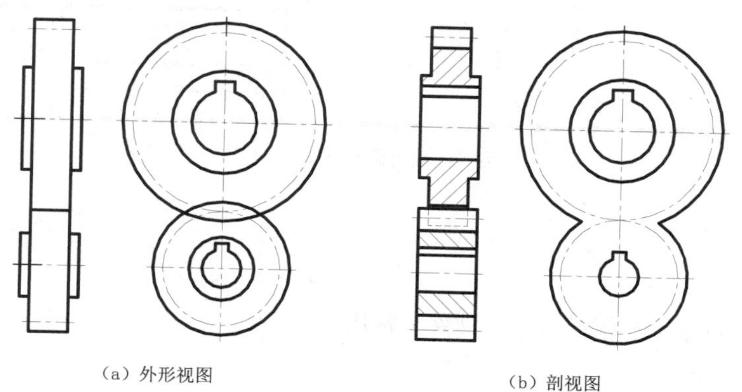

图6.15 齿轮的啮合画法

（1）齿轮未被剖切时，在非圆视图上，啮合区内的齿顶线、齿根线不画，两齿轮的分度线重合为一线，用粗实线绘制；在投影为圆的视图上，齿根圆不画，齿顶圆、分度圆分别用粗实线、点画线绘制，如图 6.15（a）所示。啮合区内的齿顶圆部分也可省略不画，如图 6.15（b）所示。注意，两齿轮分度圆（节圆）在画图时应相切。

（2）齿轮被剖切时，剖切平面通过两齿轮的轴线时，在剖视图中的啮合区内，主动轮的轮齿用粗实线绘制；从动轮轮齿被遮住部分用虚线绘制，也可省略不画。由于齿顶高比齿根高小 0.25m，因此，在啮合部分应留 0.25m 间隙（一齿轮齿顶与另一齿轮齿根之间）。如图 6.15（b）和 6.16 所示。

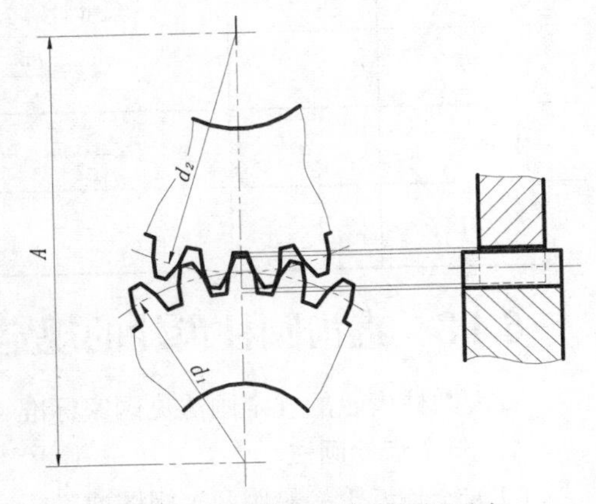

图 6.16　齿轮的啮合与剖视画法

（3）当剖切平面不通过啮合齿轮的轴线时，齿轮一律按不剖绘制。

图 6.17 所示为一直齿圆柱齿轮的零件图。

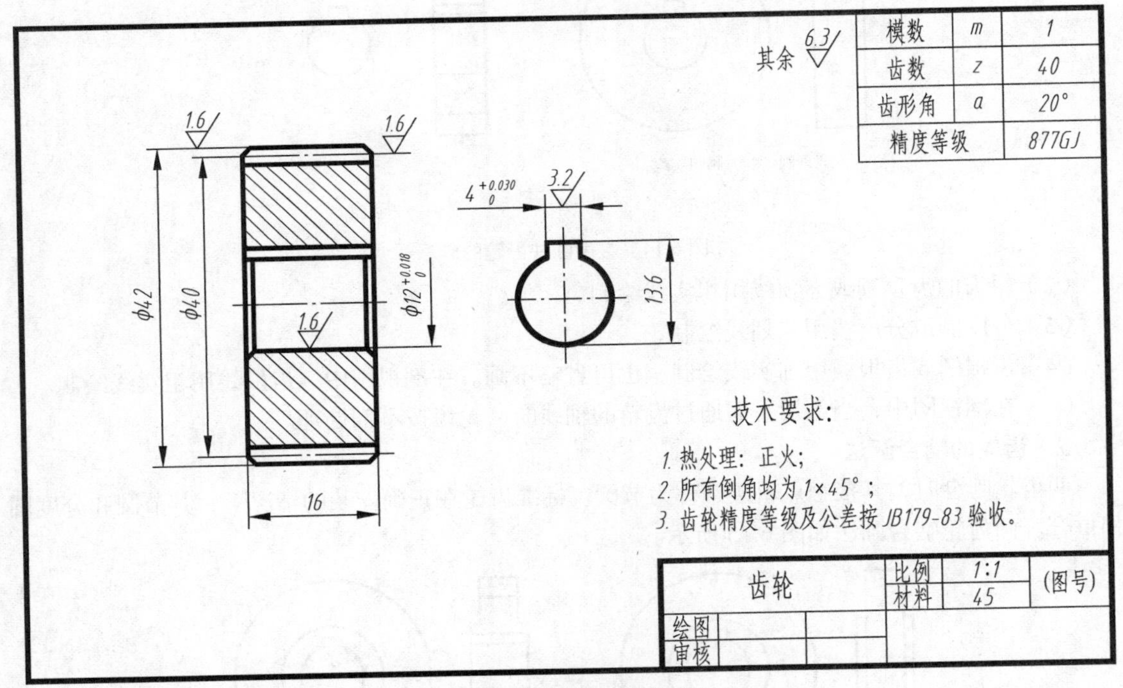

图 6.17　直齿圆柱齿轮零件图

练习 6

按要求完成本章结尾所附练习：标准件和常用件（1）～（5）。

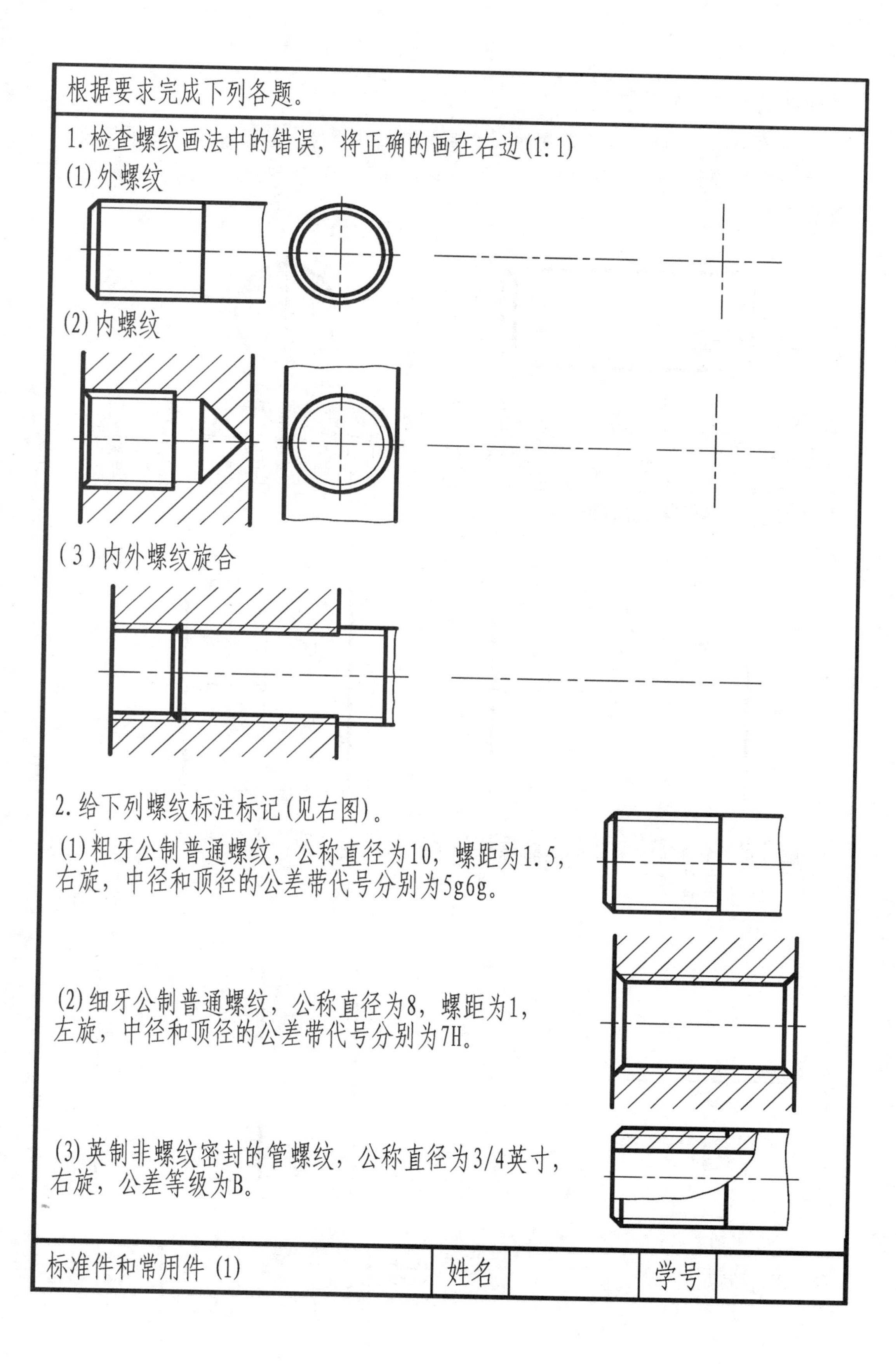

根据要求完成下列各题。

1. 检查螺纹画法中的错误，将正确的画在右边(1:1)

(1) 外螺纹

(2) 内螺纹

(3) 内外螺纹旋合

2. 给下列螺纹标注标记(见右图)。

(1) 粗牙公制普通螺纹，公称直径为10，螺距为1.5，右旋，中径和顶径的公差带代号分别为5g6g。

(2) 细牙公制普通螺纹，公称直径为8，螺距为1，左旋，中径和顶径的公差带代号分别为7H。

(3) 英制非螺纹密封的管螺纹，公称直径为3/4英寸，右旋，公差等级为B。

标准件和常用件 (1)	姓名		学号	

根据要求完成下列各题。

1. 在直径为20的圆杆上全部加工出公制普通粗牙螺纹。其螺纹中径和顶径的公差带代号均为6g，倒角2.5×45°完成螺杆的主、左两视图后，按所给参数标注尺寸。

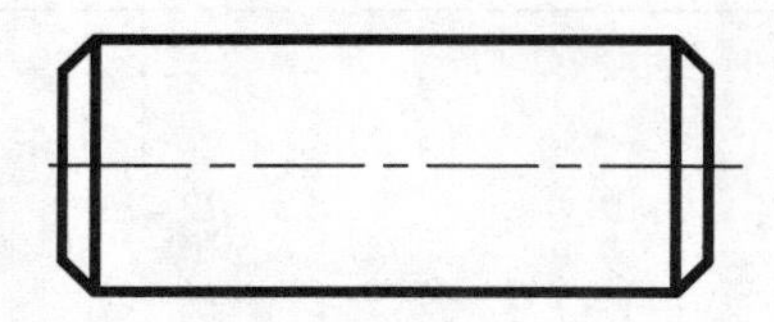

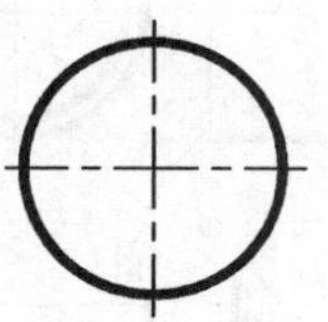

2. 在零件的左边加工出一个公称直径为20的公制普通粗牙螺纹的螺孔。其螺纹中径和顶径的公差带代号均为6H；该螺孔的钻孔深度为36，其中有螺纹的部分深度为30。在指定的位置画出螺孔的主、左两视图（主视图采用全剖视）后，按所给参数标注尺寸。

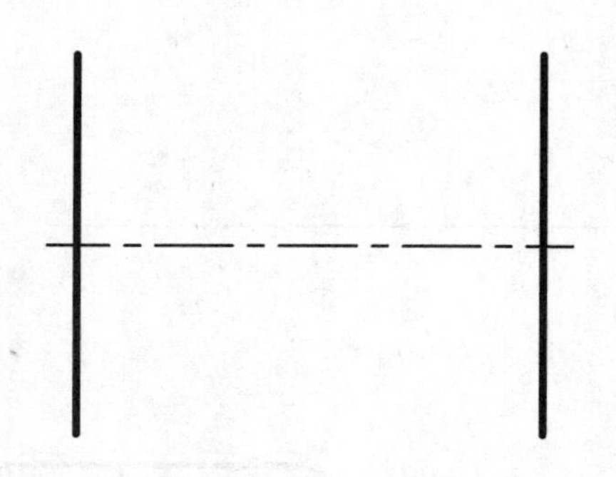

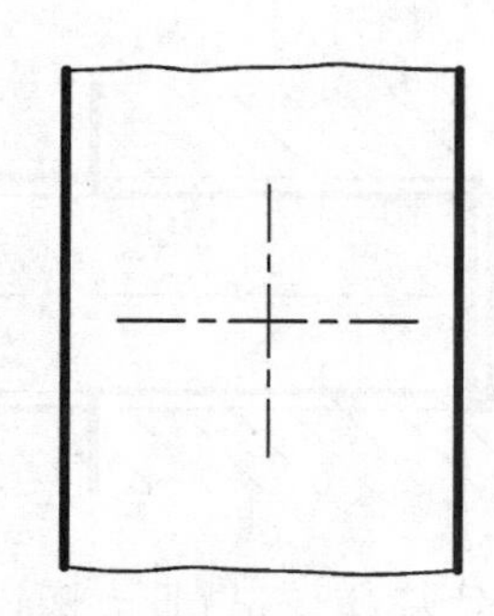

3. 在指定的位置将1、2两题的螺杆和螺孔画成连接图，它们的旋合长度为20（不必标注尺寸）。

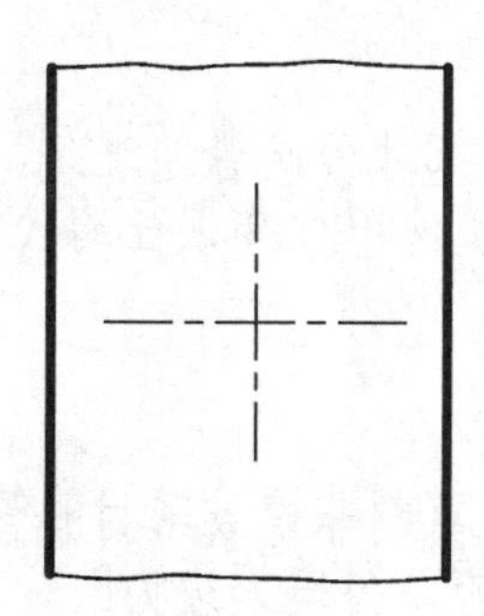

标准件和常用件（2）	姓名		学号	

根据螺纹连接件的代号查附录表标注全部尺寸。

1. 公称直径为 M12 的六角头螺栓 (GB 5782—86)，长度 L=50。

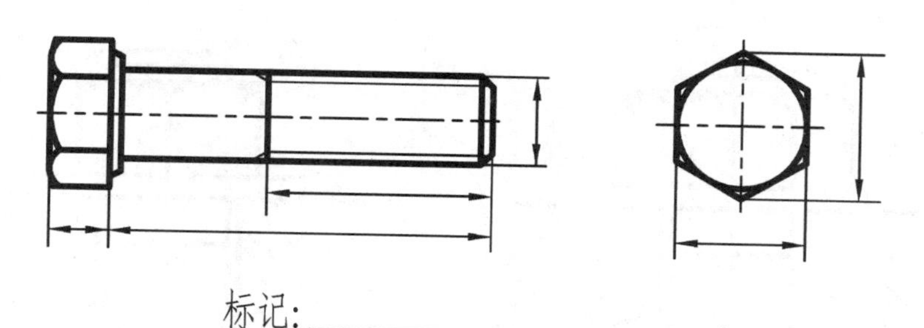

标记：________________。

2. 公称直径为 M6 的开槽圆柱头螺钉 (GB 65—85)，长度 L=45。

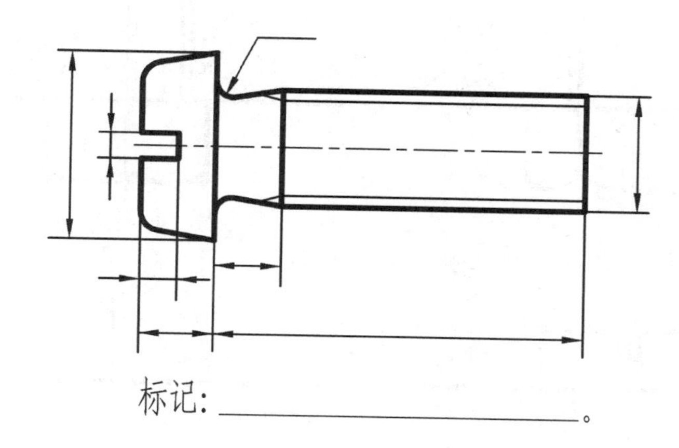

标记：________________。

3. 公称直径为 10 的小垫圈 (GB 848—85)。

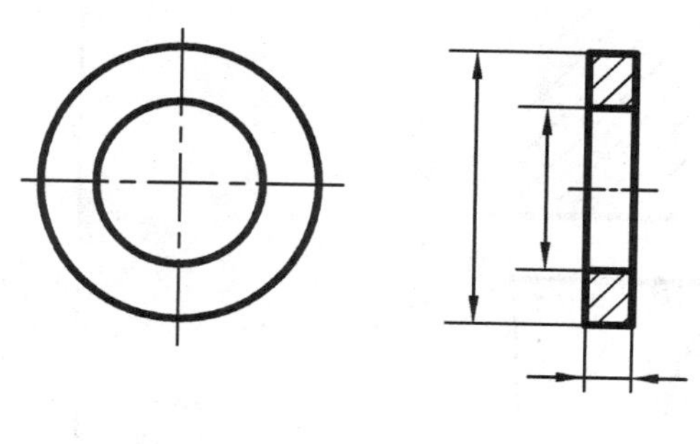

标记：________________。

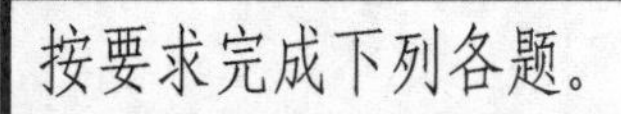
按要求完成下列各题。

1. 检查螺栓连接图中的错误，补全所缺的投影线。

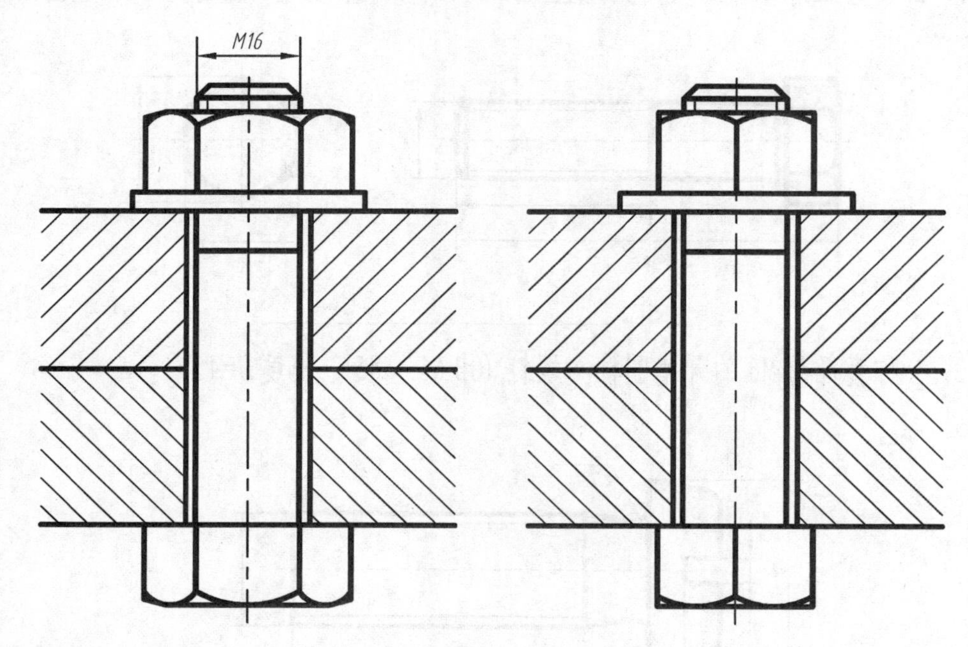

2. 检查螺钉连接图中的错误，将正确的画于右边。

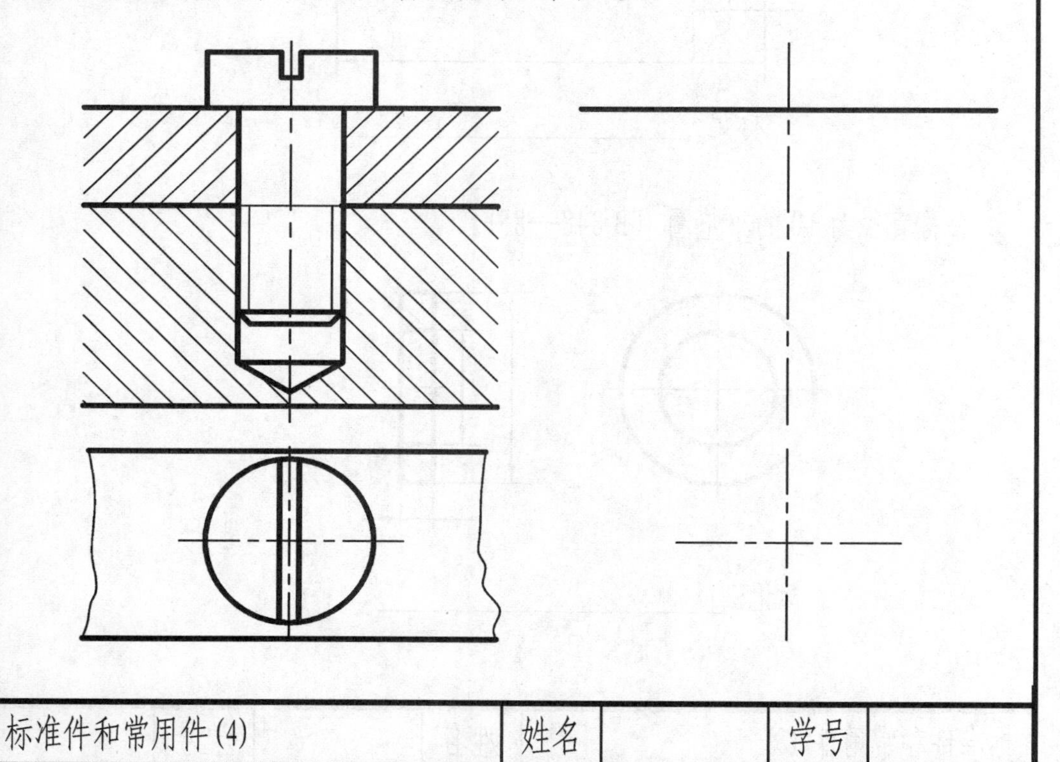

标准件和常用件(4)	姓名		学号	

按要求完成下列各题。

已知圆柱正齿轮的模数m=5，齿数z=40。先计算出该齿轮的三个参数填入下表，再按1:2完成该齿轮轮齿部分的主、俯两视图。

分度圆直径d	齿顶圆直径d_a	齿根圆直径d_f

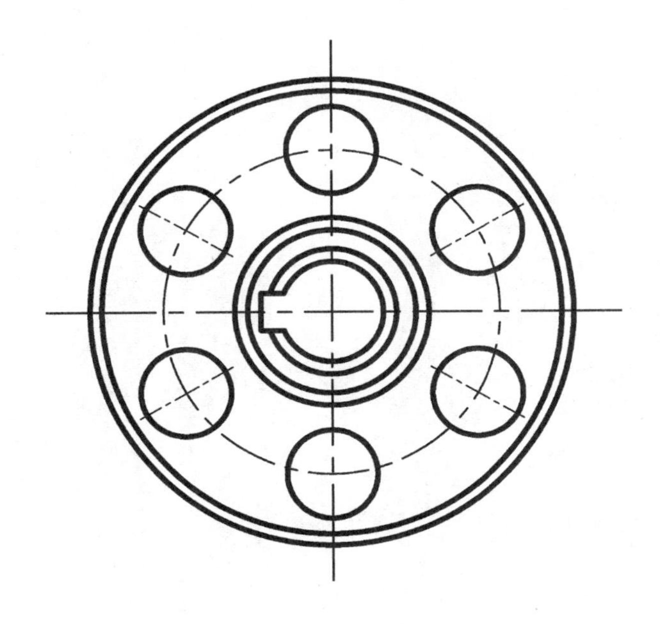

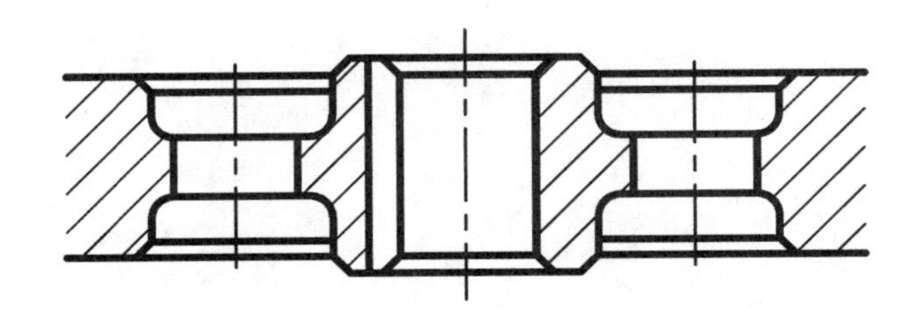

标准件和常用件（5）	姓名		学号	

第 7 章 零件图

零件图是指导零件生产的技术性图样。它应完整地表达零件的内外形状、尺寸大小及加工检验所必需的全部技术参数。因此，零件图的绘制应当标准化、规范化，如图 7.1 所示。

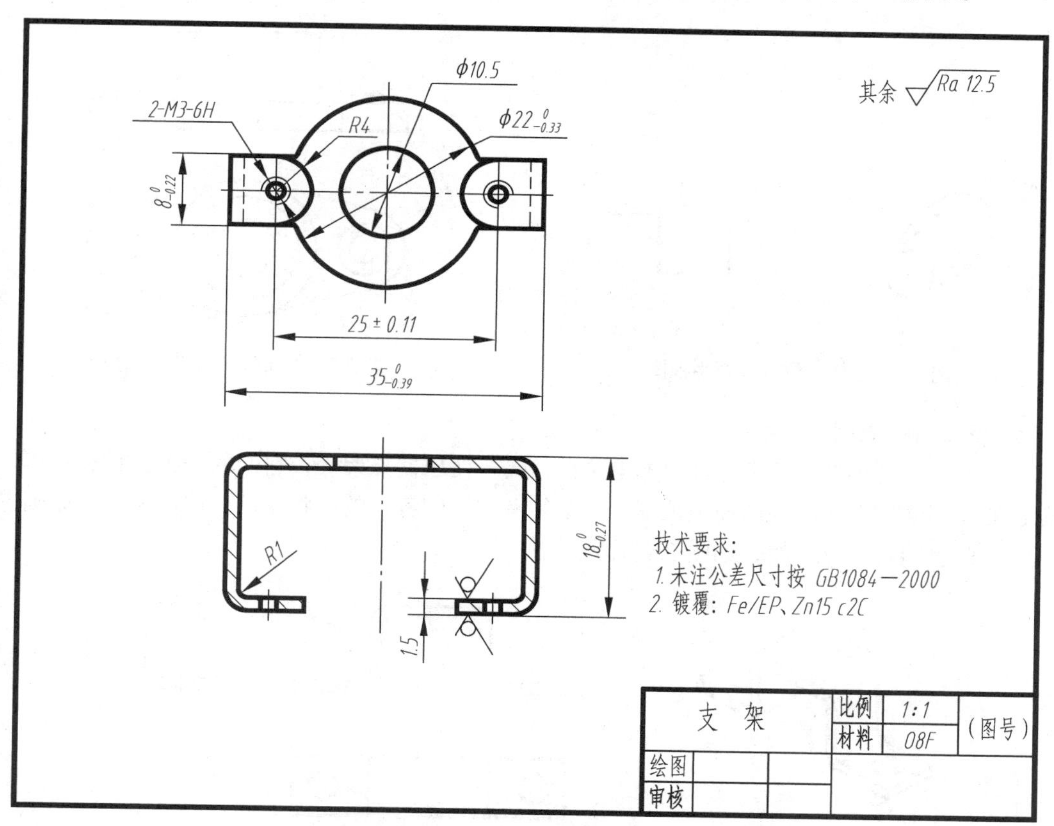

图 7.1　支架的零件图

零件图的主要内容包括视图表达、尺寸标注、技术要求、标题栏等。

7.1　零件图的视图选择

根据零件的结构特点，运用投影作图知识，选取一组视图（基本视图、剖视剖面及其他视图），将零件的每一部分表达得完整、正确、清楚，这是绘制零件图必须遵守的基本原则。

为了正确选择和配置好一组视图，首先应当考虑主视图的选择问题。

7.1.1 主视图的选择原则

1. 加工位置原则

轴、套、盘状类零件主要是在车床上加工的。加工时，它们的轴线相对操作者而言，总是处于水平横放状态。因此，选择这类零件的主视图时，应按加工位置原则，将其轴线水平横放，以便操作者看图和测量，如图 7.2 所示。

2. 工作位置原则

底座、箱体类零件的结构较复杂，加工面多，需要在各种机床上加工。因此，这类零件难以按加工位置选择主视图。然而，它们在机器中的位置大多数是底面水平放置的。因此，在选择主视图时，应按工作位置原则来考虑，使其底面处于水平，为设计和装配提供方便，如图 7.3 所示。

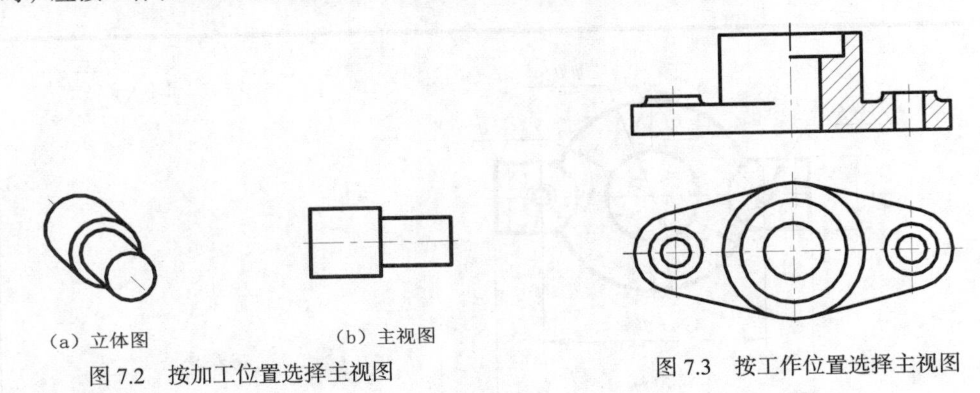

（a）立体图　（b）主视图

图 7.2　按加工位置选择主视图

图 7.3　按工作位置选择主视图

3. 反映特征原则

电子产品中的小型薄板类零件，如电位器外壳、变压器支架等，它们的加工位置和工作位置情况各异，不便按上述原则选择主视图，而必须考虑它们各自的形状特征，按反映特征原则选择主视图，使看图者一目了然，如图 7.4 所示。

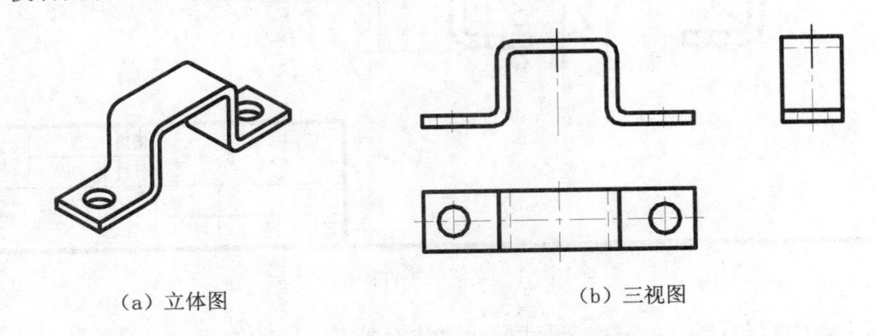

（a）立体图　（b）三视图

图 7.4　主视图应反映形体特征

4. 视图清晰原则

对于某一个具体零件，在按照上述某种原则选择主视图的同时，还应考虑该主视图对其他基本视图的影响，即能否减少虚线投影，使整个视图清晰，便于画图与看图，这就是所谓的视图清晰原则。

图 7.5 所示为两种主视图选择方案，图 7.5（b）方案优于图 7.5（a）方案。

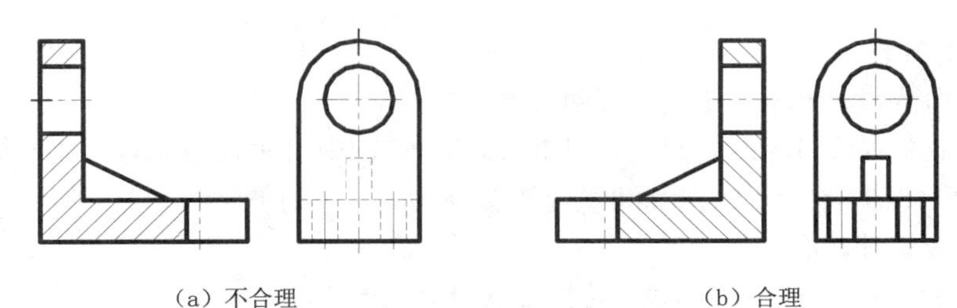

图 7.5　主视图应使其他视图减少虚线投影

7.1.2　其他视图的选择原则

对于一般零件，仅画一个主视图是不够的，需要配置其他视图（基本视图、局部视图、旋转视图等），并恰当地运用各种剖视、剖面来综合表达。

在选择其他视图时，应遵循以下原则。

（1）每个视图都应有表达的重点，不得随意增加视图数量。

（2）优先采用基本视图或在基本视图上作剖视、剖面。

（3）充分利用图幅，做到布局合理、图面整洁。

综上所述，无论是选择主视图或是配置其他视图，都必须根据零件的具体情况，灵活地运用视图选择的各种原则，拟定出几种表达方案，经过比较，选取最佳方案。

7.2　零件图的尺寸标注

7.2.1　尺寸标注的要求

零件的尺寸是零件生产过程中加工、检验的依据，它将直接影响产品质量和成本。在零件图上标注尺寸应做到：

- 正确——标注方法符合国家标准的规定；
- 完整——定形、定位，总体等 3 类尺寸不遗漏，不重复；
- 清晰——尺寸布置得当，数字注写工整，便于看图；
- 合理——符合工艺要求，满足设计意图。

关于正确、完整、清晰三方面的内容，已在第 3 章中作了介绍，这里仅对尺寸标注的合理问题作如下说明。

为了使尺寸标注得合理，必须首先了解该零件的设计思想，即功能要求、性能指标、技术参数等；其次需要考虑该零件的工艺过程，即设备条件、加工方法、检测手段等；最后对上述情况加以综合分析，适当调整，力求使零件的所有尺寸都处于最佳状态。

然而，尺寸标注要做到完全合理是不容易的，它要求工作者不仅具备相关的基础理论，而且还应有丰富的实践知识。

7.2.2　尺寸基准

所谓尺寸基准，是指标注尺寸的起点（见第 3 章）。正确地选择尺寸基准，是合理标注尺寸的关键。

1. 基准分类方法

尺寸基准可分为设计基准和工艺基准两大类。

设计基准是指标注设计尺寸的起点，如图7.6所示。图中尺寸E、F、G是以左侧平面Ⅰ为基准标注的；尺寸A、B、C是以底平面Ⅱ为基准标注的。这里的平面Ⅰ、Ⅱ称为主要设计基准。

尺寸D的基准则是孔O_1的中心线，称为辅助设计基准。

工艺基准是指零件在加工过程中用来定位或测量所依据的零件本身的面、线、点。其中，零件在机床上装夹和固定的表面常被选作定位基准面。为了度量某一尺寸，选取与其相关的表面作为度量起点，这种相关表面可称为测量基准面。

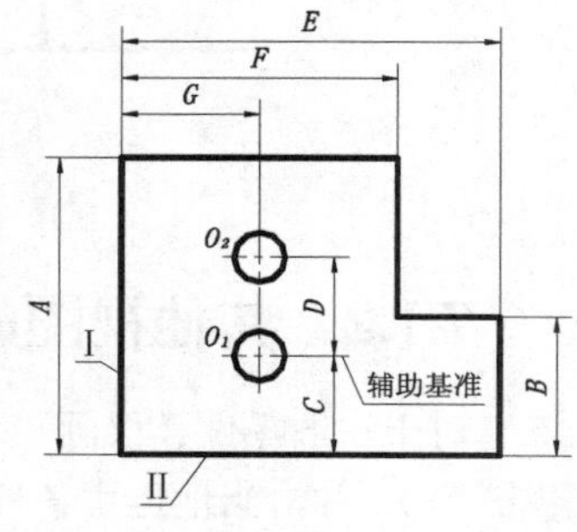

图7.6 尺寸基准分析

2. 基准选择原则

正确、合理地选择尺寸基准，是提高产品质量、满足设计要求的关键。在选择基准时，应遵循以下两项基本原则。

① 基准重合原则。尽可能将设计基准与工艺基准合二为一，以免增加额外误差。

② 基准统一原则。尽可能使加工时的各道工序采用零件的同一表面作为定位基准，以减少加工误差。

7.2.3 尺寸标注

1. 重要尺寸从基准直接注出

所谓重要尺寸，是指反映产品性能和规格的设计尺寸。将这些尺寸从基准直接注出，可减少积累误差，保证制造精度。图7.7（a）中标注的尺寸a、f，分别以底平面和左右对称面为基准直接注出，是正确的，而图7.7（b）中的注法，尺寸b、c、L是不合理的。

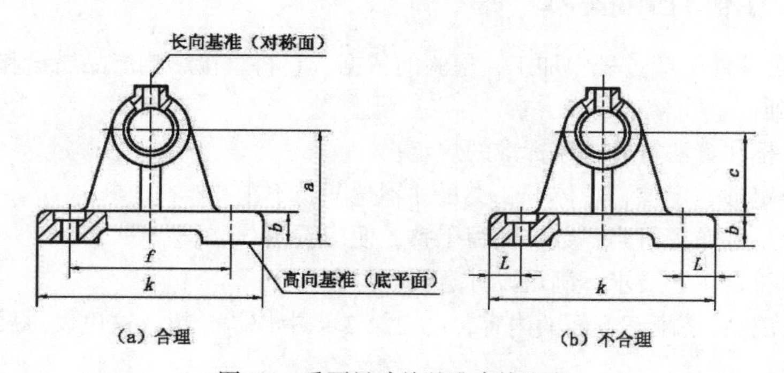

图7.7 重要尺寸从基准直接注出

2. 尺寸标注应考虑测量方便

对于台阶孔之类的结构，在选择尺寸基准和标注尺寸时，应考虑测量方法并力求方便，否则将影响尺寸度量的准确性。如图7.8所示。图中尺寸B不能在中间段标注，应改为以左端面为基准标注。

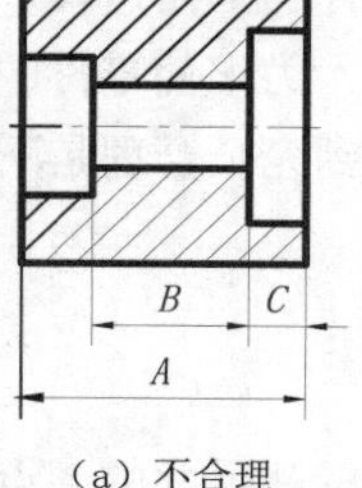

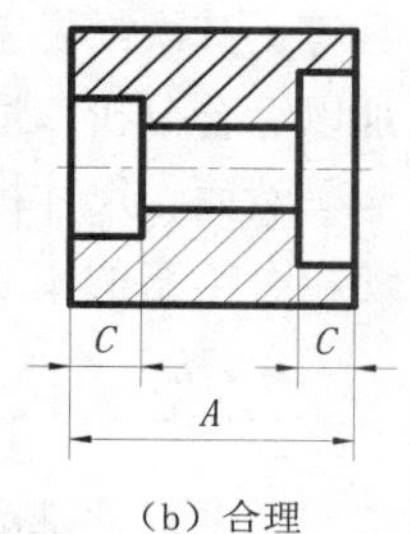

图7.8 尺寸标注应考虑测量方便

3. 避免出现封闭尺寸链

如图7.9（a）所示，尺寸A、B、C、L互相衔接，形如链状，称为尺寸链。组成尺寸链的每一尺寸称为尺寸链的环。可见，这 4 个尺寸形成了封闭的尺寸链，是错误的注法。

正确的注法如图 7.9（b）所示。首先标注总长尺寸 L，再在尺寸 A、B、C 中选取一个次要尺寸作为开口环（不注），使加工误差积累在开口环内，从而保证了其余尺寸的精确度。

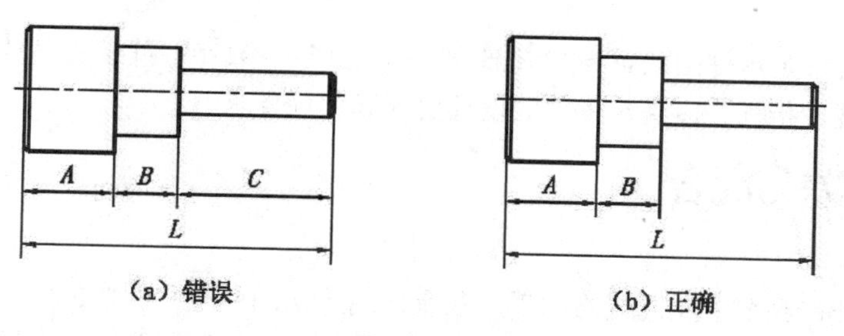

图 7.9　避免出现封闭尺寸链

4. 标准结构要素的统一标注

所谓标准结构要素，是指零件上某些功能结构或工艺结构，如锥度、斜度、倒角、倒圆、退刀槽、越程槽、光孔、沉孔、螺孔、滚花等。这些结构的尺寸往往不只一个，并且应按设计与工艺要求选取标注值。因此，在标注这类结构的尺寸时，要求采用规定的统一注法，以利于刀具的集中管理和质量的统一控制。

标准结构要素的标注示例如表 7.1 所示。

表 7.1　标准结构要素的尺寸标注

结构名称	标准示例	说　明
倒角	1.5×45°　φ20 1.5×45°　φ16	数字 1.5 为倒角处的轴向距离，它是根据轴或孔的实际大小，在有关标准中选取的标准值（代号为 C）这种连注形式一般只适用于倒角为 45°时的情况
退刀槽	M24 4×φ20 或 4×2)	尺寸数字 4 表示退刀槽宽度，2 为槽深，$\phi20$ 为轴颈直径。括号内是另一种注法
锥形沉孔	6−φ7 沉孔φ13×90°	表示该零件上有 6 个$\phi7$ 的光孔，锥形沉孔的大直径为$\phi13$，锥角为 90°
盲孔螺孔	3−M6−7H 深 10 孔深 12	表示该零件上有 3 个同样的螺纹孔，螺纹部分的深度为 10，整个孔深 12，7H 是螺纹公差

7.3 零件的技术要求

零件的技术要求是零件图的重要组成部分，是用文字、数字、符号、代号等对零件的生产过程提出的一系列技术指标，以满足零件的设计要求和使用要求。

7.3.1 公差与配合

1. 尺寸公差

现代化的工业产品要求相同规格的零件具有通用互换的性质，例如，公称直径相同的同类型螺母可以互相取代（称为“互换性”）。然而，在实际生产中却不可能把每个螺母的尺寸做得绝对准确，总会存在一定的误差。那么，到底允许多大的误差才能既满足互换又保证使用呢?

为此，国家标准按照不同的精度要求规定了相应的尺寸误差范围。这个统一规定的尺寸误差范围就是尺寸公差，简称公差。

如图 7.10 所示的轴，在零件图上注出直径尺寸 $\phi6_{-0.022}^{-0.010}$，表示该直径的实际尺寸最大不得超过 $\phi5.990$（称为最大极限尺寸）；最小不得小于 $\phi4.978$（称为最小极限尺寸）。否则，该轴就不是合格产品。

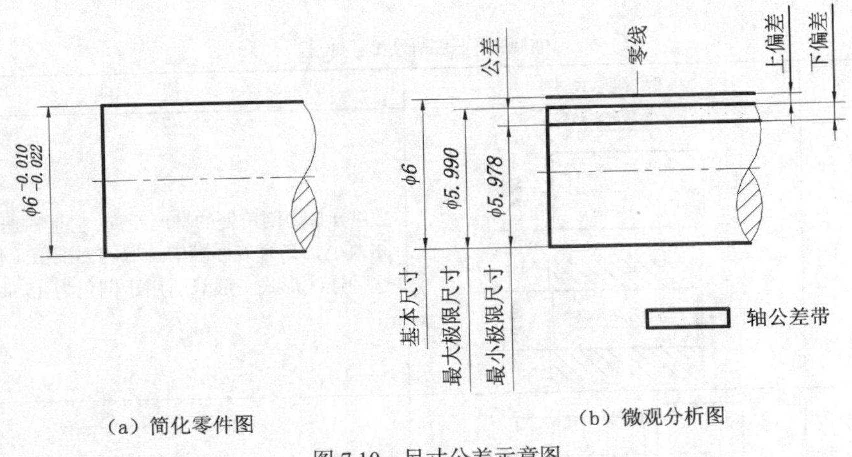

（a）简化零件图　　（b）微观分析图

图 7.10　尺寸公差示意图

在尺寸 $\phi6_{-0.022}^{-0.010}$ 中，$\phi6$ 称为基本尺寸；$_{-0.022}^{-0.010}$ 称为极限偏差；−0.010 与−0.022 分别称为上偏差和下偏差；公差就是上、下偏差之差，为 0.012，即

$$公差 = 上偏差-下偏差 = 最大极限尺寸-最小极限尺寸$$

可见，公差是一个不可为零、也不能为负的数值。

公差值的大小可用称为公差带的图形（宽度）来描述，如图 7.10（b）所示。

按国家标准规定，标准公差分为 20 个等级，即 IT01、IT0～IT18（见附录 D 表 D.1）。其中，IT 为国际标准公差代号，数字表示公差等级。公差等级的应用范围大体是：IT0～IT7 用于量规公差和相当线性值的测量仪器；IT8～IT12 用于有配合要求的尺寸公差；IT14～IT18 用于不重要的或非配合的尺寸公差以及粗糙连接的尺寸公差。

必须说明，同一基本尺寸选取的公差等级数字越大，表示其公差值越大，即对制造的精确程度要求越低；而同一公差等级对所有不同的基本尺寸来说，应视为具有相同的精确程度。

2. 基本偏差

基本偏差是指上、下偏差中靠近零线的那个偏差。例如，上例中的上偏差−0.010 就是基本偏差。基本偏差的实际意义如图 7.11 所示。

当基本尺寸为 $\phi60$ 的轴，取 7 级公差时，公差值为 30μm。但是取不同的上、下偏差均可组合得到 30μm。这就是说，公差只限制了误差范围的大小（公差带的宽度），而误差变动的起点（公差带的位置）还要靠基本偏差来确定。只有在选取公差等级的同时，又确定基本偏差，上、下偏差才是唯一不变的。

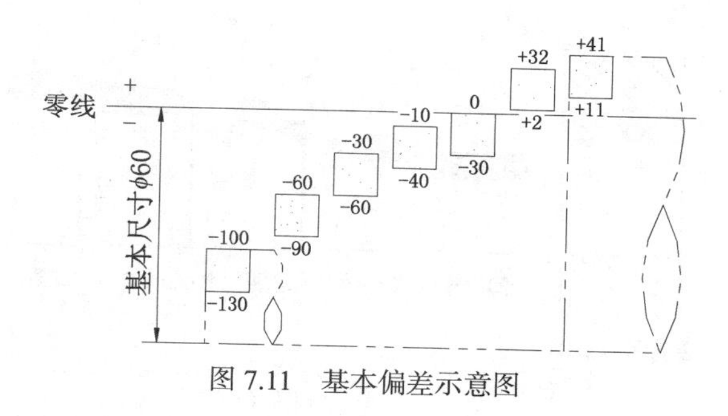

图 7.11　基本偏差示意图

国家标准规定了 28 个基本偏差系列，其代号用字母表示，大写表示孔，小写表示轴，如图 7.12 所示。公差带在零线上方时，基本偏差为下偏差；公差带在零线下方时，基本偏差为上偏差。由于基本偏差只限制了公差带的起点，所以公差带的另一端呈开口状。

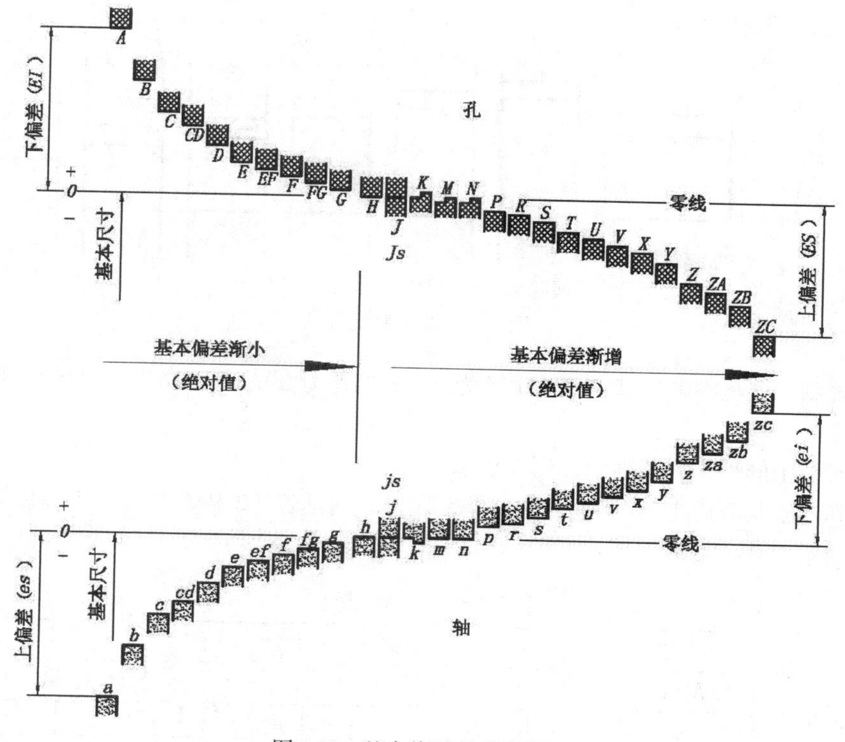

图 7.12　基本偏差系列示意图

3. 配合种类

基本尺寸相同，相互结合的孔和轴的公差带关系，称为配合。

根据使用要求的不同，孔和轴的配合有紧有松。因此，国家标准将配合分为3类，即间隙配合、过渡配合和过盈配合。

基本尺寸确定后，虽然可以通过改变轴和孔的基本偏差来达到某种配合，但是，如果两者的偏差都任意变动，则变化情况太多，因此，国家标准又规定了两种配合制度。即基孔制配合与基轴制配合。

基孔制配合如图7.13所示。

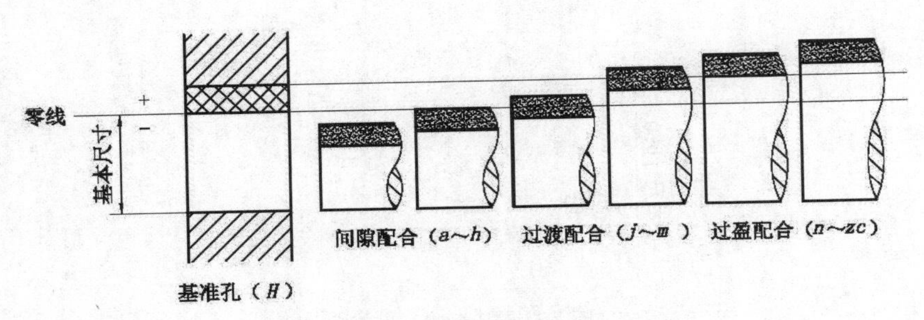

图7.13　基孔制配合

所谓基孔制，就是将孔的基本偏差确定为*H*（下偏差为0），通过改变轴的基本偏差来达到某种配合。

基孔制配合中的孔称为基准孔，用*H*表示。

基轴制配合如图7.14所示。

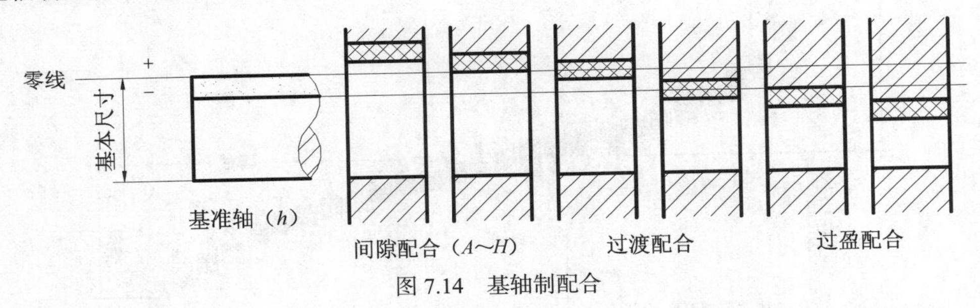

图7.14　基轴制配合

所谓基轴制，就是将轴的基本偏差确定为*h*（上偏差为0），通过改变孔的基本偏差来达到某种配合。

基轴制配合中的轴称为基准轴，用*h*表示。

基孔制和基轴制的优先、常用配合的公差带代号分别见表7.2和表7.3，相应的极限偏差值（优先部分）见附录C表C.2和C.3。

表7.2　基孔制优先、常用配合

基准孔	轴																				
	间隙配合								过渡配合			过盈配合									
	a	b	c	d	e	f	g	h	js	k	m	n	p	r	s	t	u	v	x	y	z
H6						H6/f5	H6/g5	H6/h5	H6/js5	H6/k5	H6/m5	H6/n5	H6/p5	H6/r5	H6/s5	H6/t5					

续表

基准孔	轴																				
	间隙配合								过渡配合			过盈配合									
	a	b	c	d	e	f	g	h	js	k	m	n	p	r	s	t	u	v	x	y	z
H7						$\frac{H7}{f6}$	◥ $\frac{H7}{g6}$	◥ $\frac{H7}{h6}$	$\frac{H7}{js6}$	◥ $\frac{H7}{k6}$	$\frac{H7}{m6}$	◥ $\frac{H7}{n6}$	◥ $\frac{H7}{p6}$	$\frac{H7}{r6}$	◥ $\frac{H7}{s6}$	$\frac{H7}{t6}$	◥ $\frac{H7}{u6}$	$\frac{H7}{v6}$	$\frac{H7}{x6}$	$\frac{H7}{y6}$	$\frac{H7}{z6}$
H8					$\frac{H8}{e7}$	◥ $\frac{H8}{f7}$	$\frac{H8}{g7}$	◥ $\frac{H8}{h7}$	$\frac{H8}{js7}$	$\frac{H8}{k7}$	$\frac{H8}{m7}$	$\frac{H8}{n7}$	$\frac{H8}{p7}$	$\frac{H8}{r7}$	$\frac{H8}{s7}$	$\frac{H8}{t7}$	$\frac{H8}{u7}$				
				$\frac{H8}{d8}$	$\frac{H8}{e8}$	$\frac{H8}{f8}$		$\frac{H8}{h8}$													
H9			$\frac{H9}{c9}$	◥ $\frac{H9}{d9}$	$\frac{H9}{e9}$	$\frac{H9}{f9}$		◥ $\frac{H9}{h9}$													
H10			$\frac{H10}{c10}$	$\frac{H10}{d10}$				$\frac{H10}{h10}$													
H11	$\frac{H11}{a11}$	$\frac{H11}{b11}$	◥ $\frac{H11}{c11}$	$\frac{H11}{d11}$				◥ $\frac{H11}{h11}$													
H12		$\frac{H12}{b12}$						$\frac{H12}{h12}$													

注：带◥者为优先配合

表 7.3　　基轴制优先、常用配合

基准孔	轴																				
	间隙配合								过渡配合			过盈配合									
	A	B	C	D	E	F	G	H	JS	K	M	N	P	R	S	T	U	V	X	Y	Z
h5						$\frac{F6}{h5}$	$\frac{H6}{g5}$	$\frac{H6}{h5}$	$\frac{JS6}{h5}$	$\frac{K6}{h5}$	$\frac{M6}{h5}$	$\frac{N6}{h5}$	$\frac{P6}{h5}$	$\frac{R6}{h5}$	$\frac{S6}{h5}$	$\frac{T6}{H5}$					
h6						$\frac{F7}{h6}$	◥ $\frac{G7}{h6}$	◥ $\frac{H7}{h6}$	$\frac{JS7}{h6}$	◥ $\frac{K7}{h6}$	$\frac{M7}{h6}$	◥ $\frac{N7}{h6}$	◥ $\frac{P7}{h6}$	$\frac{R7}{h6}$	◥ $\frac{S7}{h6}$	$\frac{T7}{h6}$	◥ $\frac{U7}{h6}$				
h7					$\frac{E8}{h7}$	◥ $\frac{F8}{h7}$		◥ $\frac{H8}{h7}$	$\frac{JS8}{h7}$	$\frac{K8}{h7}$	$\frac{M8}{h7}$	$\frac{N8}{h7}$									
h8				$\frac{D8}{h8}$	$\frac{E8}{h8}$	$\frac{F8}{h8}$		$\frac{H8}{h8}$													
h9				◥ $\frac{D9}{h9}$	$\frac{E9}{h9}$	$\frac{F9}{h9}$		◥ $\frac{H9}{h9}$													
h10				$\frac{D10}{h10}$				$\frac{H10}{h10}$													
h11	$\frac{A11}{h11}$	$\frac{B11}{h11}$	◥ $\frac{C11}{h11}$	$\frac{D11}{h11}$				◥ $\frac{H11}{h11}$													
h12		$\frac{B12}{h12}$						$\frac{H12}{h12}$													

注：带◥者为优先配合

4. 公差与配合的查表及标注

查表的目的是为了确定相互配合的轴和孔的极限偏差值。查表之前，必须明确装配图上所注配合尺寸中各种代号的含义。例如，图 7.15（a）所示的配合尺寸 $\phi20\frac{H7}{g6}$，表示基本尺寸均为 ϕ 20 的轴和孔，组成了基孔制的间隙配合。其分子 *H7* 和分母 *g6* 分别为孔和轴的公差带代号，字母 *H* 和 *g* 分别为孔和轴的基本偏差代号（*H* 也表示基孔制配合中的基准孔），数字 7 和 6 分别为孔和轴的公差等级。

在装配图上标注配合尺寸的一般形式为

$$\text{基本尺寸}\frac{\text{孔的基本偏差代号（大写）公差等级}}{\text{轴的基本偏差代号（小写）公差等级}}\text{或}\frac{\text{孔的公差带代号}}{\text{轴的公差带代号}}$$

查表方法如下。

（1）对于优先配合，可根据基本尺寸、基本偏差代号、公差等级，从附录 C 表 C.2 和 C.3 中分别查得孔和轴的上、下偏差值。

（2）对于非配合的轴或孔以及零件图中未注公差的尺寸，当公差等级确定之后，也可直接查一般公差表（见附录 C 表 C.4）。

（3）对于配合尺寸中的基准轴或基准孔，只要按基本尺寸和公差等级查出公差值（见附录 C 表 C.1）即可，因为基准件的基本偏差为 0，另一偏差的绝对值等于公差值（注意正、负号）。

图 7.15 中的公差值由查附录 C 表 C.2 和 C.3 获得。

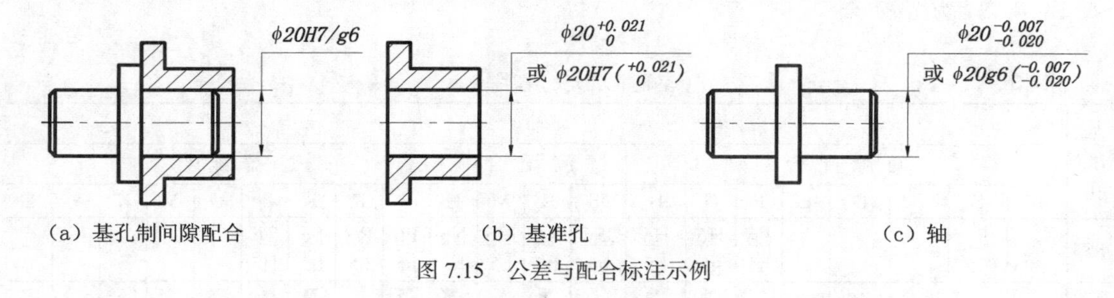

图 7.15　公差与配合标注示例

在零件图上标注尺寸公差，即上、下偏差值，一般有两种标注形式，在同一份图样中，采用一种标注形式，如图 7.15（b）、(c）所示。标注时，应注意以下事项。

（1）查表所得的偏差值单位为 μ m，必须换算成 mm 单位。

（2）上、下偏差的数位必须对齐，当某一偏差值为 0 时，只注 0，且与另一偏差的个位对齐。

（3）偏差值的正、负号不可省略，不为 0 的偏差值为 3 位小数，不足时补 0。

7.3.2　表面粗糙度

1. 基本概念

零件的表面即使加工得像镜面一样平整、光亮，但在显微镜下仍然是高低不平的。这种高低不平的程度，称为表面粗糙度。

表面粗糙度的测定方法很多，其中常用的方法是测定表面轮廓的算术平均偏差 *Ra* 值，如图 7.16 所示。

国家标准规定了 *Ra* 的取值范围，如表 7.4 所示（优先选用第 1 系列）。

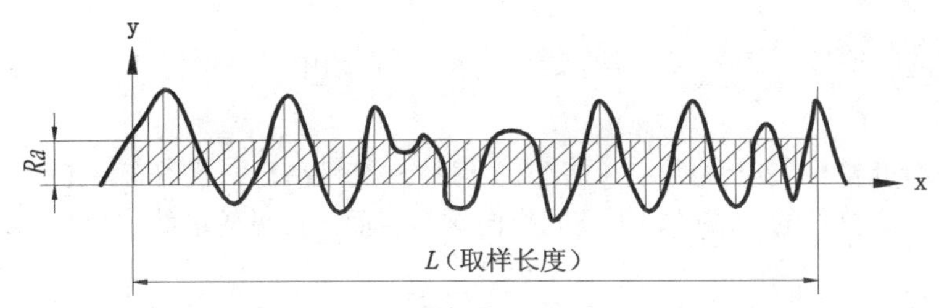

图 7.16　轮廓算术平均偏差 *Ra* 示意图

表 7.4　　轮廓算术平均偏差 *Ra* 数值（摘自 GB/T 103l—2009）　单位：μm

第 1 系列	第 2 系列	第 1 系列	第 2 系列	第 1 系列	第 2 系列	第 1 系列	第 2 系列
	0.008						
	0.010						
0.012			0.125		1.25	12.5	
	0.016		0.160	1.6			16.0
	0.020	0.20			2		20
0.025			0.25		2.5	25	
	0.032		0.32	3.2			32
	0.040	0.40			4.0		40
0.050			0.50		5.0	50	
	0.063		0.63	6.3			63
	0.080	0.80			8.0		80
0.1			1.00		10.0	100	

零件的表面粗糙度不仅影响零件的外观，而且对机械性能、电气性能也有很大的影响。因此，设计时应根据零件的使用要求和加工条件，合理地确定各个表面的粗糙度，即选取不同的 *Ra* 值。一般有如下选择原则。

（1）公差值越小，*Ra* 值越小，见附录 D 表 D.1。

（2）配合表面比非配合表面的 *Ra* 值要小。

（3）电子产品的接触导电表面比非传导表面的 *Ra* 值要小。

（4）有装饰要求的表面比一般表面的 *Ra* 值要小。

2. 图纸标注

根据零件表面加工方法的不同，表面粗糙度在零件图中的标注符号也不相同，见表 7.5 中的说明。

表 7.5　　表面粗糙度符号说明

符号	意　义
	基本符号，表示表面可用任何方法获得，当不加注粗糙度参数值或有关说明时，仅适用于简化代号标注
	基本符号加一短划，表示表面是用去除材料的方法获得。如车、铣、钻、磨、剪切、抛光、腐蚀、电火花加工、气割等
	基本符号加一小圆，表示表面是用不去除材料的方法获得。如铸、锻、冲压、变形热轧、冷轧、粉末冶金等。或者是用于保持原供应善的表面（包括保持上道工序的状况）

标注表面粗糙度时的注意事项如下。

（1）表面粗糙度符号▽ 和▽ 均用细实线绘制，并在图中始终保持其伸长线在右边。（顺时针方向）。

（2）表面粗糙度符号▽ 上的数字（*Ra* 值）保持与符号平行，且符合一般尺寸数字的方向。

（3）表面粗糙度符号的尖端必须由空间指向材料表面（可见轮廓线、尺寸界线、引出线或它们的延长线）。

（4）同一表面只标注一次，并尽量靠近相关的尺寸线，以便看图。

（5）当零件上的部分或全部表面选取相同的 *Ra* 值时，可以在图纸的右上角统一标注，如图 7.17 所示。

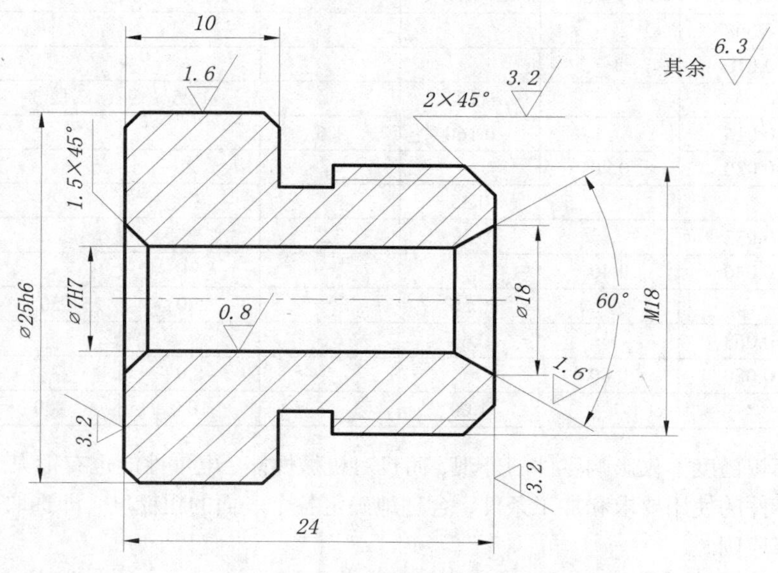

图 7.17　表面粗糙度标注示例

（6）零件上的小型结构要素，如中心孔、沉孔、键槽、倒角等，可采用简化标注法。表面粗糙度标注示例如图 7.18 所示。

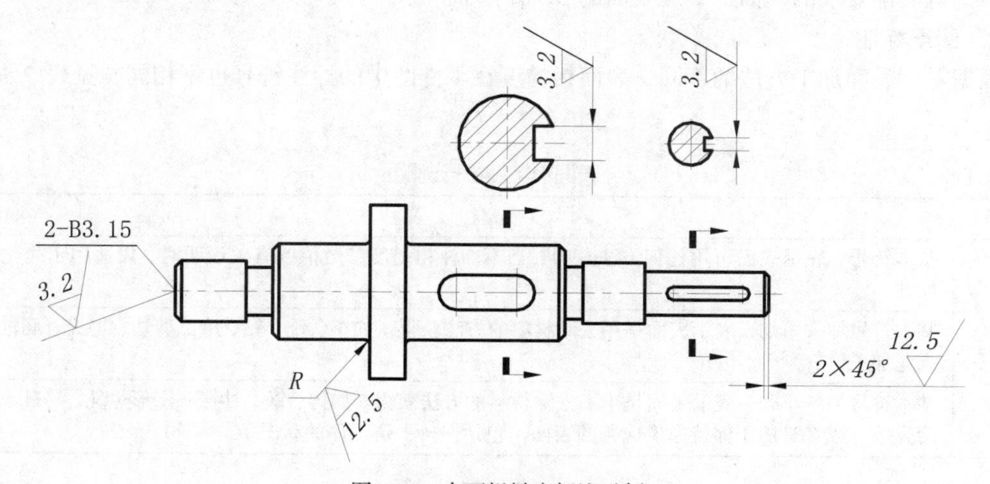

图 7.18　表面粗糙度标注示例

7.3.3　热处理知识简介

所谓热处理，就是将金属零件在固态范围内加热，经过保温后以一定的速度冷却，以便改变材料内部的组织结构，提高零件机械性能的工艺过程。

根据加热、保温、冷却等 3 个阶段的不同情况，热处理分为淬火、回火、正火、退火等工艺。

热处理工艺也是采用代号和文字在“技术要求”中注明，如图 7.19 所示的调质处理 HB220～250，表示：淬火后再高温回火，要求表面达到布氏硬度 220～250 kg/cm^2。

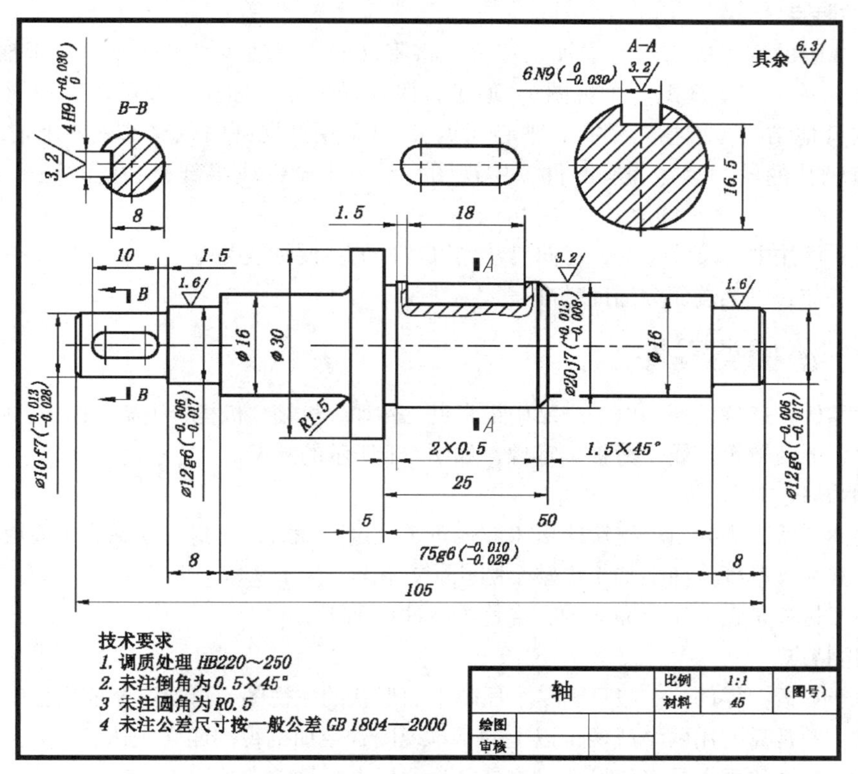

图 7.19　轴的零件图

7.4　零件的分类与分析

任何一台机器，包括通信设备和电子产品，都是由若干个零件组装而成的。所谓零件，常指机器中不可分离的加工单元体。零件的品种繁多，功能各异，因而其分类也十分复杂。

一般是根据零件的结构形状、加工工艺或工作特点将其划分为以下 5 大类：轴套类零件、薄板类零件、箱座类零件、接合类零件、型材类零件。

由于每一类零件在其形体特征、材料选择、加工方法、技术要求、检测手段等方面都存在许多相似之处，因此，了解和掌握各类零件的这些基本情况及其相互之间的差别，是绘制零件图或阅读零件图时不可缺少的重要环节。

7.4.1 轴套类零件

轴套类零件包括轴、套筒、轮子、圆盘、端盖等，如图 7.19 所示的轴。

1. 基本特征

（1）主体形状表现为在同一轴线上形成的多个圆柱面的回转体。实心体一般为轴，空心体一般为套，径向尺寸明显大于轴向尺寸者一般称为轮、盘、盖等。

（2）加工方法常以车削为主，辅以钻（孔）、铣（槽）、磨（外圆）等其他切削加工方法。

2. 表达特点

（1）主视图的选择应重点考虑加工位置，将零件的主要轴线水平横放。对于轴的零件图，一般只需要画一个基本视图（主视图），通过各段直径尺寸的标注，即可表达轴的主体形状。至于轴上的其他结构（键槽、销孔、中心孔等），可采用剖视剖面或局部视图来辅助表达；对于套筒或有轴孔的轮、盘、盖等零件，主视图一般要求全剖或半剖，必要时还可增加其他基本视图。

（2）尺寸标注中的尺寸基准，径向尺寸均以零件的主要轴线为基准，轴向尺寸一般以重要结合面为主要基准，以某端面为辅助基准。

7.4.2 薄板类零件

薄板类零件在通信设备和电子产品中最常见。例如，机箱、机柜、机架、面板、底板、压板、支架、簧片、屏蔽罩等都属于薄板类零件，如图 7.1 所示的支架。

1. 基本特征

（1）主体形状表现为由一整块薄板（或板条）经过剪裁后，弯折（或翻边）而成的结构件。根据需要，常在其厚度方向上加工出整个圆孔、方孔等。

（2）加工过程是在冲床上完成的，常称为冷冲压加工。

2. 表达特点

（1）对于平板型零件，一般只画一个反映平面形状的主视图，再加注厚度尺寸即可。对于非平板型零件，常常需要用两个或两个以上的基本视图，或加剖视剖面来表达。

（2）尺寸标注的重点是定位尺寸，这是因为薄板类零件常常被用来固定和安装电气元件。只有正确标注出所有圆孔、方孔及缺口等的定位尺寸，才能保证固定和安装时的位置准确。

7.4.3 箱座类零件

箱座类零件包括箱体、底座、外壳等，如图 7.20 所示的底座。

1. 基本特征

（1）主体表现为具有复杂内外形状的腔体。根据使用要求，通常在这类零件上设置了轴孔、油孔、螺孔、凸台、凹坑、加强筋等结构。

（2）这类零件多为铸造毛坯，需在各种机床上轮番加工。加工过程中装夹复杂、位置多变。

2. 表达特点

（1）主视图的选择。在重点考虑工作位置的同时，适当兼顾反映特征原则和视图清晰原则，因为这类零件通常需要用两个以上的基本视图和其他辅助视图来综合表达。

（2）尺寸标注比较复杂，一般在长、宽、高等 3 个方向上都要有尺寸基准，包括主要基准、辅助基准、定位基准和测量基准。

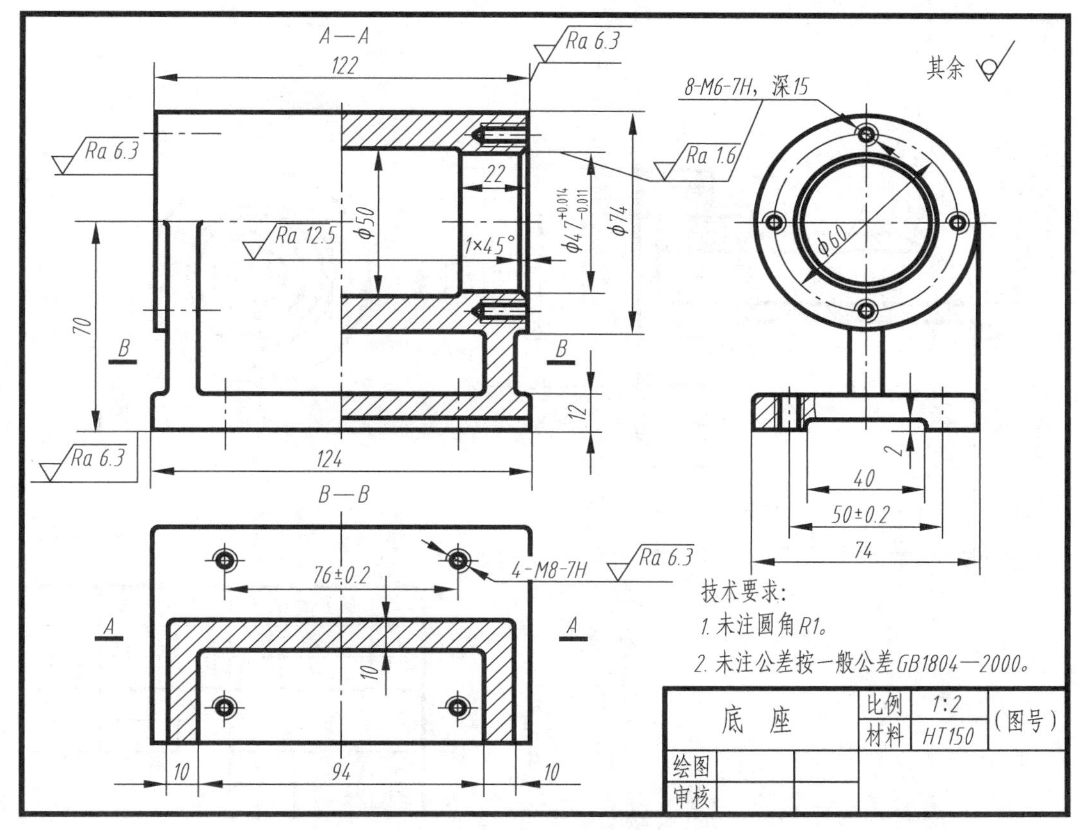

图 7.20 底座的零件图

7.4.4 接合类零件

所谓接合件，是指由两个或两个以上的零件采用某种方式连接起来成为一个整体的组件。如图 7.21 所示的同轴电缆的插塞芯，就是由金属插脚和塑料旋扭镶嵌在一起形成的接合件。此外，各种微型直流电源插头以及耳机、耳塞的音频信号插塞等，也都是常见的接合类零件。

1. 基本特征

（1）从外观或功能上可视为一个零件，但实际上是几个零件的结合体，具有装配体的特征。

（2）从材料与工艺上来看。它是由同种或不同种材料焊接、铆接、胶接或者镶合而成，其目的在于扩大零件的使用范围以及简化生产工艺等。

2. 表达特点

（1）视图表达上具有装配图的特点，即重点表达出相互之间的接合关系，包括材料剖面符号的画法区别（见第 8 章中的有关说明）。但对于金属与非金属的结合体，还必须将非金属部分的形状完全表达清楚。

（2）尺寸标注与视图表达相同。除重点标注各接合面之间的定位尺寸之外，还必须标注出塑料部分的全部尺寸，这是因为在生产实际中常常需要另外画出被镶嵌的金属部分的零件图，以便将其事先加工出来。

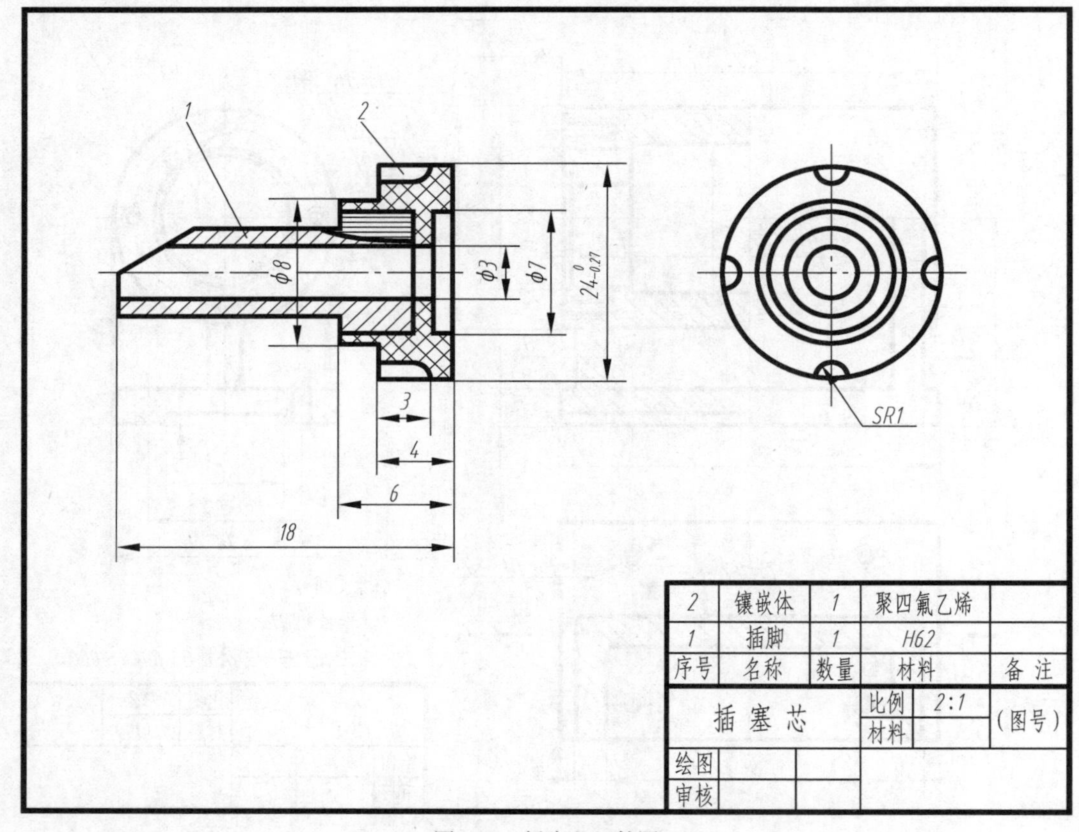

图 7.21　插塞芯组件图

7.4.5　型材类零件

所谓型材，是指按特殊截面形状专门供应的原材料，如波导管铜型材、机箱铝型材、散热器铝型材等。都是通信和电子工业部门广泛应用的结构件型材。

按照设计要求，选取适当的型材（截面），加工成一定尺寸规格，用来组装机箱、机柜等的结构件，称为型材类零件，如图 7.22 所示的机箱前围框。

1. 基本特征

（1）主体形状表现为筋条式的框架结构，并根据需要，在上面加工出各种孔或槽，以便安装和连接。

（2）主要加工方法是利用材料塑性变形原理的成形工艺。

2. 表达特点

（1）主视图的选择一般是在考虑反映特征的同时兼顾工作位置，通常还需要用其他基本视图与主视图来配合表达。

（2）尺寸标注的重点是整个围框的外形尺寸和用于安装的定位尺寸，型材的断面尺寸一般不必标注。

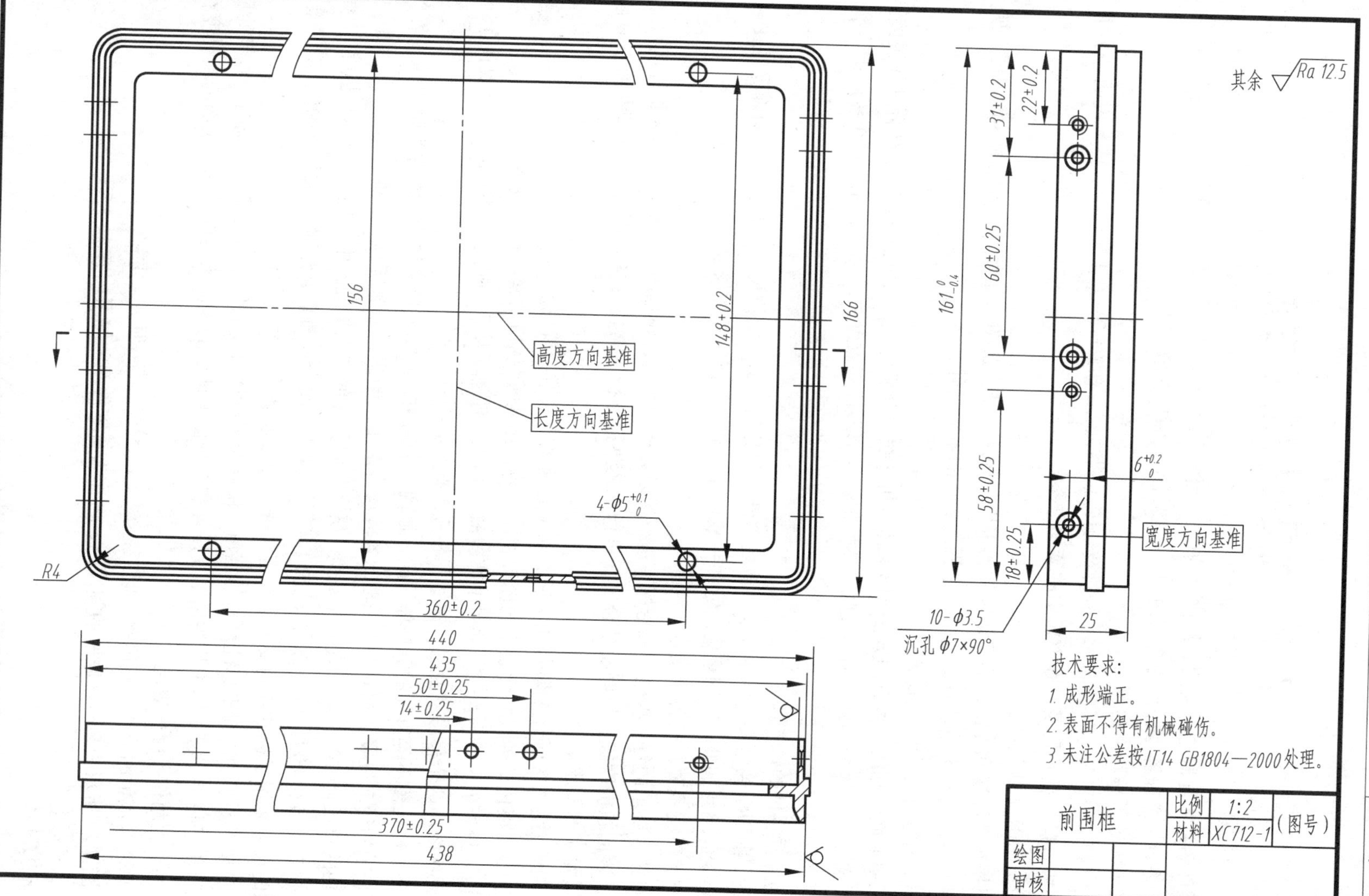

图 7.22　机箱前围框零件图

7.5 看零件图的方法

零件图是零件制造、使用、维修时的依据，作为工程技术人员，必须熟练掌握零件图的看图方法，并能完全理解零件图的所有内容。一般说来，看图步骤如下。

（1）大致了解基本内容

从标题栏中了解零件的名称、材料及绘图比例等，从有关资料（装配草图、技术说明等）中了解该零件的主要功用及其在整机中的装配关系等。

（2）明确视图表达方式

根据视图配置和标注，明确该零件图采用了哪几个基本视图，配置了什么样的其他视图，所作剖视、剖面的种类及位置如何，每个视图表达的重点是什么。

（3）看零件各部分的形状

应用前面学到的基本看图方法，以形体分析和线面分析为主，从主视图出发，结合其他视图，逐一看懂零件上每一部分的结构形状，然后根据局部形体和位置关系综合想象出整个零件的真实形状。

（4）看零件的每一尺寸

运用前面学到的尺寸标注知识，清楚零件各部分的定形、定位尺寸其及公差，明确零件在3个方向上的尺寸基准，区别重要尺寸和一般尺寸，最好能记住总体尺寸。

（5）看技术要求的各项内容

对技术要求的每一项内容和指标，进行逐条分析和理解，包括图中已标注的和未标注的尺寸公差、表面粗糙度等，最好能结合实际进行工艺过程分析（需要具备实践知识），以做到心中有数，满足工艺要求。

下面以图7.19所示的零件图为例，对上述看图方法进行说明。

这是一根传动轴，实际大小与图形相同，将采用45号优质碳素结构钢制造。

该轴只画了一个主视图，并对中部键槽作了局部剖视。为了反映两个键槽的实形，又画了一个局部视图和两个移出剖面图，并做了相应的标注。

该轴由几段不等直径的圆柱体构成，显现出中间粗、两端细的阶梯状，常称为阶梯轴。两个键槽在轴的径向位置上相差90°，轴的各段均有倒角或倒圆，中部还有一个退刀槽。

轴的总长为105，最大直径为$\phi30$；所有径向尺寸的基准是轴的中心轴线，轴向尺寸的主要基准是直径$\phi30$的右端面，尺寸8是以直径$\phi16$的端面为辅助基准分别注出的。倒角、退刀槽、键槽的尺寸采用了标准结构要素的规定注法。已注公差的尺寸为重要尺寸。

在技术要求中。对未标注尺寸的倒角、倒圆及未标注公差的尺寸进行了统一说明；对热处理工艺提出了技术指标。图中只注出了3段轴和2个键槽侧面的表面粗糙度，其余表面的粗糙度在图纸的右上角作了统一规定。

总之，该轴的形状虽然简单，但工艺要求十分严格，必须引起重视。

图7.20所示为某机器底座的零件图，可作为看零件图的练习内容。

练习7

按要求完成本章结尾所附练习：零件图（1）～（4）。

解释图中所注配合尺寸含义（填充），标注零件的相关尺寸极限偏差（查表）

1. 它们属于基____制 ____ 配合，$\phi 15$ 为____ 尺寸，*H*代表 __________。

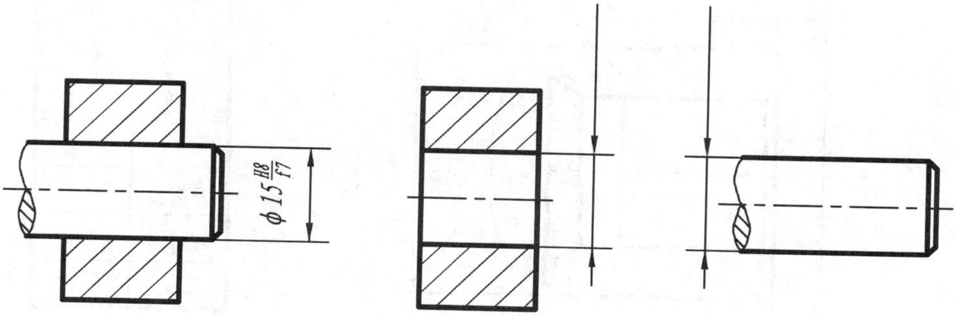

2. 它们属于基____制 ____ 配合，*P7* 为____ 尺寸，7 代表 ________。

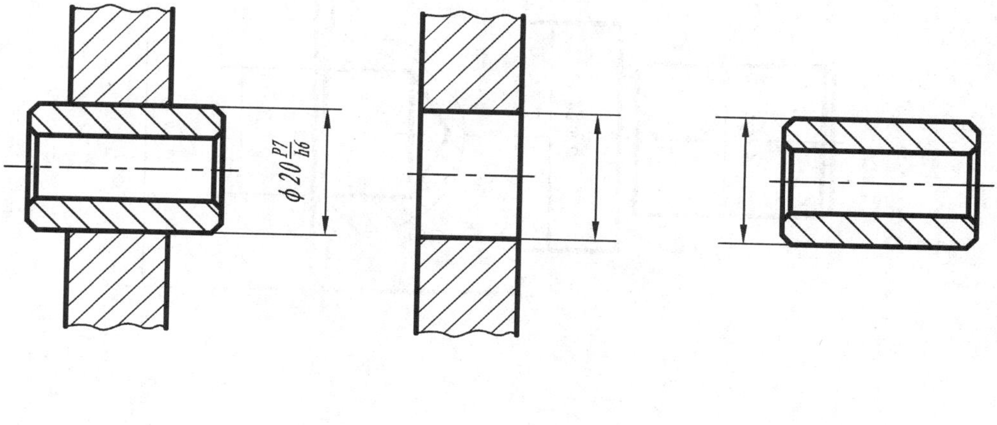

零件图 (1)	姓名		学号	

为下列零件标注表面粗糙度。

1. 按右表所给 *Ra* 值标注。

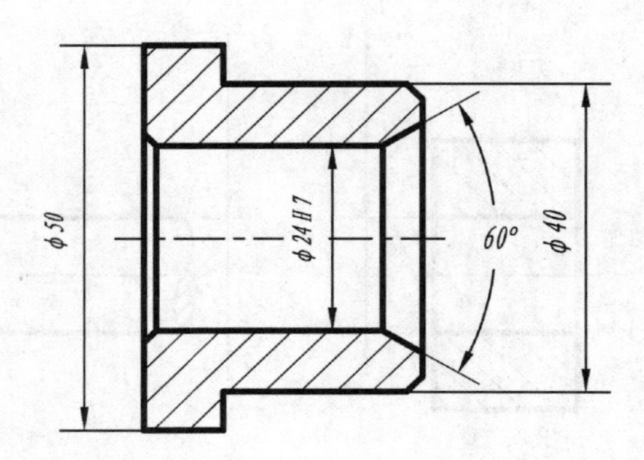

表面	*Ra*值
φ24H7	1.6
φ40	3.2
60°	3.2
左端面	3.2
右端面	6.3
其余	12.5

2. 按图中所注尺寸的公差带代号，查表选取标准的 *Ra* 值标注。

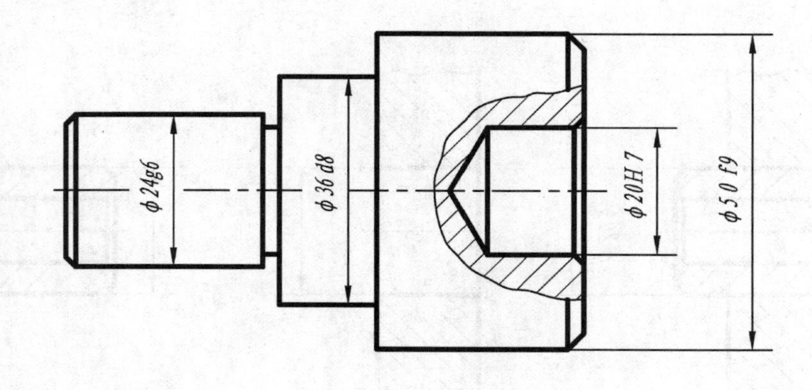

零件图 (2)	姓名		学号	

裁

看教材中图 7-20 所示的零件图，回答（填充）下列问题。

（1）关于标题栏　零件名称：________；

作图比例：________；制造材料：________。

（2）关于视图表达　主视图的选择是按____________原则；

主视图采用的是______剖视；

俯视图采用的是______剖视；

在主视图的右下部（省略了剖面线），采用的是__________规定画法。

（3）关于尺寸标注　该零件的总高为________；

尺寸 $\phi 50$ 是________尺寸；其尺寸基准是__________；

尺寸 70 是__________尺寸；其尺寸基准是__________。

（4）关于技术要求　表面粗糙度 Ra 值的单位是________；

查表确定图中未注公差尺寸的极限偏差值为__________；

尺寸 $\phi 74$ 取 $IT14$ 时为________；

尺寸 40 取 $IT14$ 时为 ________。

零件图 (3)	姓名		学号	

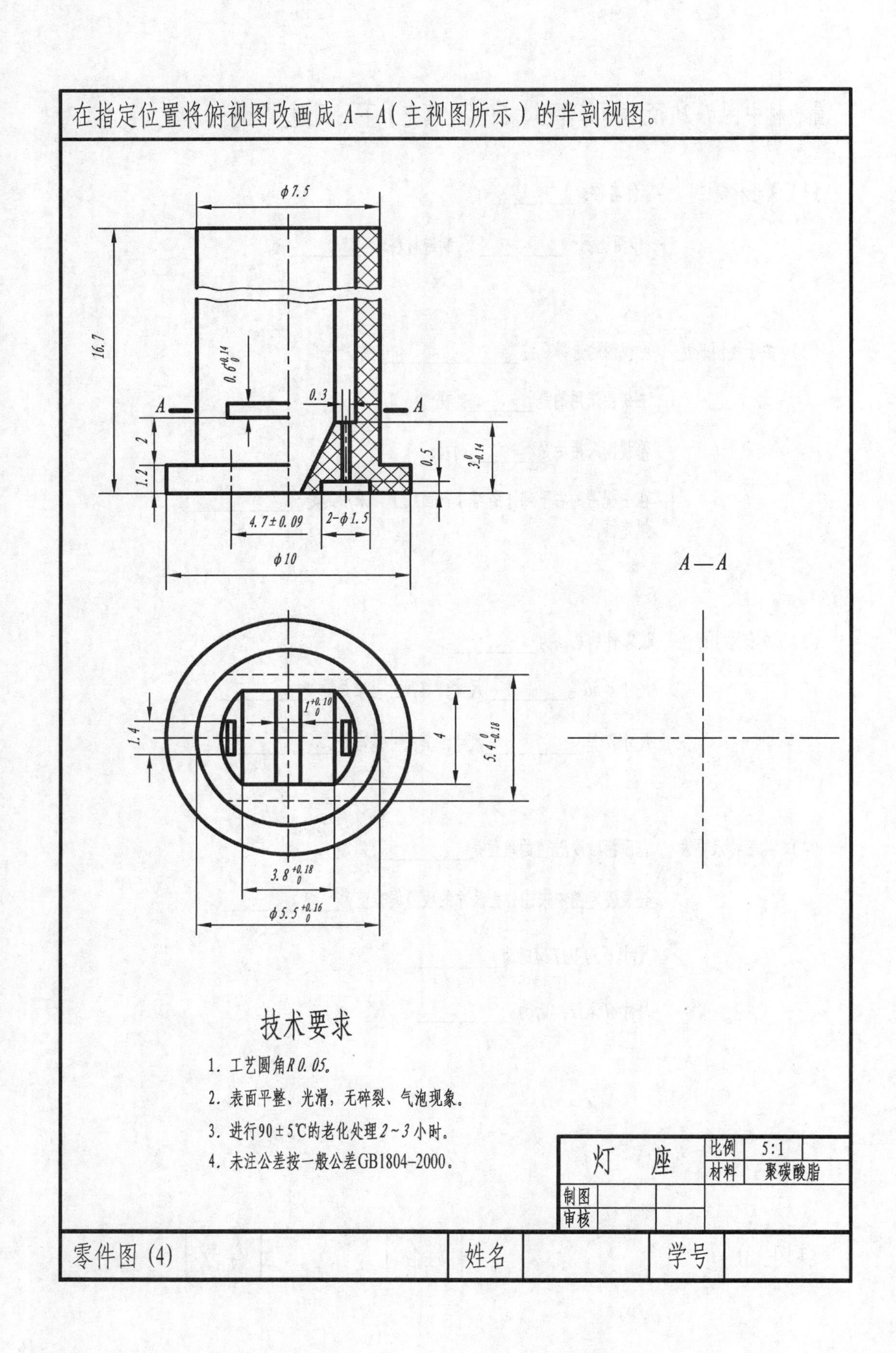

在指定位置将俯视图改画成 A—A（主视图所示）的半剖视图。
ϕ7.5
16.7
0.6
0.3
A
A
2
1.2
0.5
3
4.7±0.09
2-ϕ1.5
ϕ10
A—A
1.4
4
5.4
3.8
ϕ5.5
技术要求
1. 工艺圆角R0.05。
2. 表面平整、光滑，无碎裂、气泡现象。
3. 进行90±5℃的老化处理2～3小时。
4. 未注公差按一般公差GB1804-2000。
灯　座
比例
5:1
材料
聚碳酸脂
制图
审核
零件图 (4)
姓名
学号

第 8 章 装配图

装配图是用来表达整机或部件的总体结构及其零件间相互位置关系的图样。

装配图一般分为设计装配图、工艺装配图、整机装配图和部件装配图。

图 8.1 所示为发讯器的设计装配图。

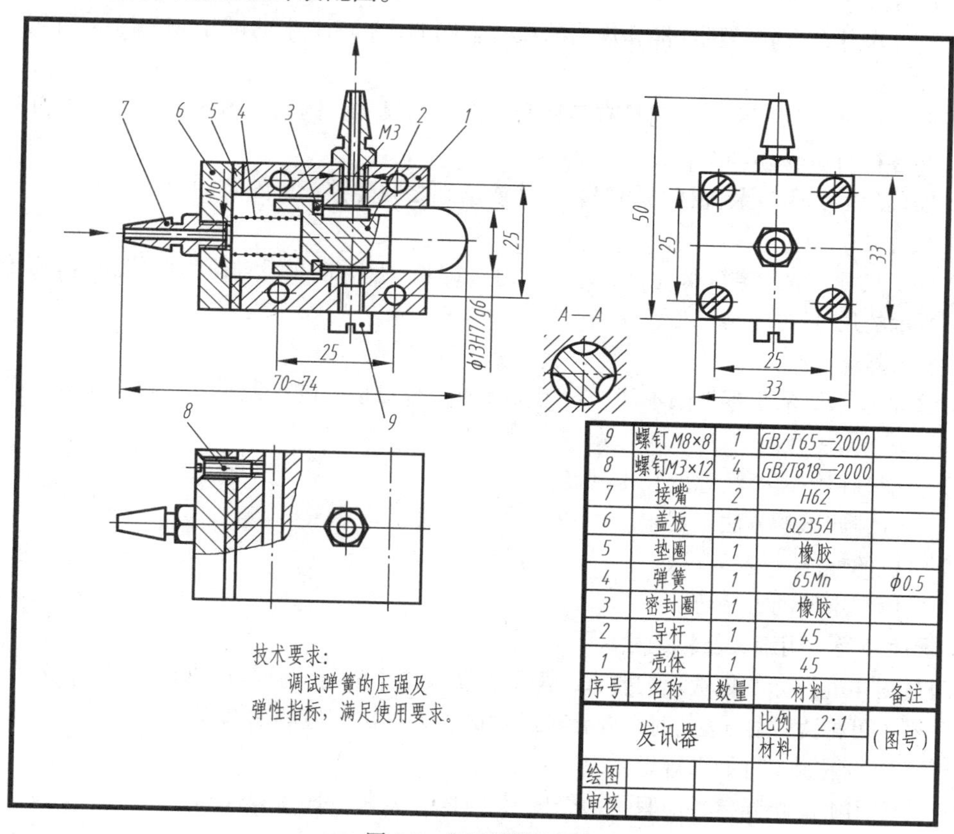

图 8.1　发讯器装配图

8.1　装配图的基本内容

一张完整的装配图，一般包括一组视图、必要的尺寸、技术要求和零件序号、明细表及标题栏等 4 方面内容。

1. 一组视图

一组视图的作用是：根据装配体的结构特征，综合运用视图表达的各种方法，着重反映其主体形状、工作原理以及所有零件间的装配关系等。

在装配图的视图表达中应注意以下事项。

（1）关于零件图的各种基本表达方法原则上也适用于装配图，如视图选择原则和剖视剖面画法等。但由于装配图是为了表达机器的总体，因此，不必要也不可能将机器中的每一个零件的形状都表达得完全清楚，这是装配图与零件图的主要区别之一。

（2）当对装配图采用剖视画法时，其剖切平面必须通过主体结构或局部结构的对称平面，或者是多个圆柱体的共有轴线。这一点与零件图类似。图 8.1 中主视图和俯视图的剖切位置均为导杆的轴线。

（3）有关机械制图的国家标准中对装配图提出了一些规定画法和特殊画法（见 8.2 节）。

2. 必要的尺寸

由于装配图是以反映设计思想和装配关系为主的图样。因此，不必标注所有零件的全部尺寸，而一般只需标注出以下几种尺寸（这也是与零件图的主要区别之一）。

（1）特征尺寸：反映整机性能和规格的尺寸。例如，图 8.1 中的尺寸 M3 就是反映接头规格的特征尺寸。

（2）配合尺寸：保证零件之间具有某种配合性质的尺寸。例如，图 8.1 中的尺寸 $\phi 13\frac{H7}{g6}$ 就是保证导杆与壳体良好接触的配合尺寸。

（3）安装尺寸：保证装配体与相邻装配体或基础之间能够正确安装的尺寸，如图 8.1 所示主视图上的尺寸 25。

（4）外形尺寸：表示装配体总体大小的尺寸，即长、宽、高尺寸，可为包装和运输提供参考，如图 8.1 所示的尺寸 70～74、33、50。

3. 技术要求

装配图的技术要求与零件图不同，是用文字或符号对整机进行说明，其内容一般包括以下几个方面。

（1）装配过程中需要注意的技术问题。

（2）安装、调试的方法及要求。

（3）整机的性能、规格参数。

（4）使用和维护的方法等。

4. 零件序号、明细表及标题栏

按照对图样进行标准化管理的要求，需要给装配体中的每一种零件进行编号，这种编号称为零件的序号（可称为件号）。同时，要在标题栏的上方列出相应的明细表。

关于序号的编制，有如下规定。

（1）装配图中的相同零件应只有一个编号（序号），每一序号只注写一次。

（2）零件的序号应注写在位于视图之外的指引线的水平线上。序号的数字应比图中尺寸数字大一号。

（3）序号的指引线用细实线绘制，并从相应零件投影的实体部分引出，其引出端为一圆点。

（4）整个装配图上的序号应按水平或垂直方向逆时针或顺时针的顺序整齐排列，且应有匀称、醒目之感。

（5）序号在明细表中的顺序是由标题栏的上边线向上编排。位置不够时，再在标题栏的左边由下向上继续编排。

装配图除了上述 4 项基本内容之外，有时还需要用文字简要叙述其工作原理、工作特点等。正式装配图一般都有一份产品说明书。

8.2 装配图的规定画法与特殊画法

如前所述，在装配图的视图表达中，除了有类似于零件图的表达方法之外，还有装配图固有的规定画法和特殊画法。

8.2.1 规定画法

为了正确、清晰地表达装配体上零件之间的位置关系和连接方式，国家标准规定如下。

（1）两相邻零件的接触面或基本尺寸相同的配合面，只画一条线。但是，当两相邻零件的基本尺寸不相同时，即使间隙很小，也必须画成两条线。例如，图 8.1 中导杆右端的圆柱面与壳体的接触面，由于它们的基本尺寸均为 $\phi 13$，故按规定只画一条线。

（2）两相邻零件的剖面符号应有区别。当几个零件相互接触或互相配合时，如果它们的材料类型本来就不同，则它们的剖面符号必然互不相同；但是，当它们的材料类型相同，例如都是金属材料时，就应采取改变剖面线方向或间隔的方法来加以区别，并且要使同一零件在各个视图中的剖面符号保持一致。图 8.2 所示为 3 个金属零件相邻时的剖面线画法。

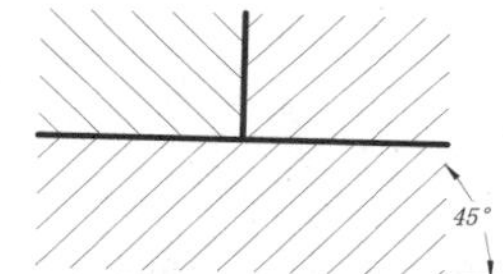

图 8.2 金属零件相邻剖面线的画法

（3）纵向剖切实心件时不画剖面符号（剖面线）。实心件是指轴、销、键、杆件、筋板、各种螺纹紧固件等，纵向剖切是指剖切平面通过这些实心体的基本轴线或厚度方向的对称面。图 8.1 所示的螺钉在剖视图中就没有画剖面线。

8.2.2 特殊画法

对于难以用基本表达方法反映清楚的装配关系、局部形体以及不必重复的内容等，可酌情选用下列特殊表达方法。

1. 拆卸画法

在装配图的某个视图上，当某些零件遮住了需要表达的其他结构时，可以假想将这些零件拆卸后绘制视图。必要时。可以在该视图的上方注明“拆去 × × ×”的字样，如图 8.3 所示的“A—A”剖视图的上方所示。

2. 假想画法

在装配图中，当需要表达装配体与相邻部分的安装或连接关系时，应以双点画线表示相邻部分的轮廓。当需要表达装配体中某个工作零件的运动范围或极限位置时，也可用双点画线表示其极限位置的外形，如图 8.3 所示件号 1 的最高位置画法。

3. 单个画法

当某零件的某些结构比较重要，而在装配图中难以表达清楚时，可将该零件的某些结构在适当的位置单独画出，如图 8.3 所示件号 1 的“*A—A*”剖视图。

4. 夸大画法

在装配图中，对于 2 mm 以下的间隙或厚度，难以按实际比例画出，可适当地夸大画，以便看图，如图 8.4 所示垫片的厚度（涂黑）的画法。

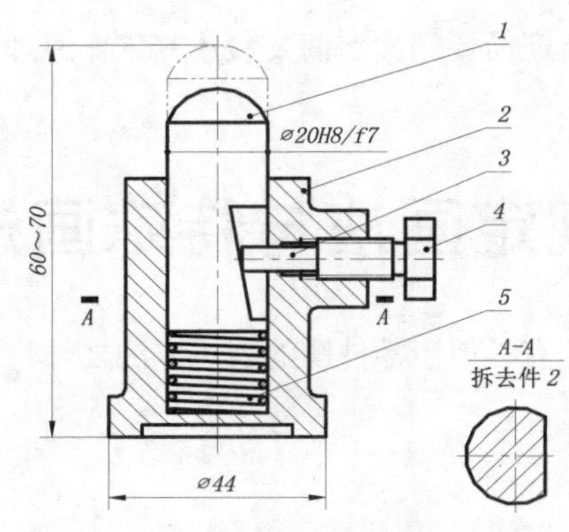

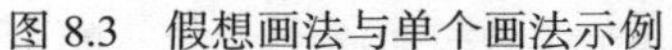

图 8.3 假想画法与单个画法示例

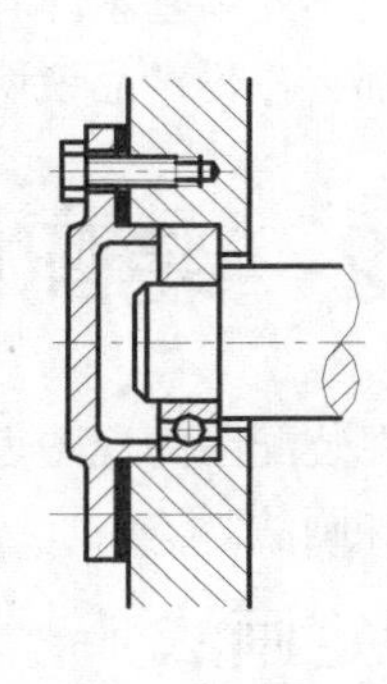

图 8.4 夸大画法与简化画法示例

5. 简化画法

在装配图的剖视图中，对于均匀分布和对称布置的若干个相同的螺纹连接件，允许只在一处或几处详细画出，其余的用点画线表示其位置即可，如图 8.4 所示的螺钉连接。对于常见的滚动轴承等，也允许采用图 8.4 所示的简化画法。此外，对于零件上的某些工艺结构，如圆角、倒角、退刀槽等，在装配图中也允许省略不画。

8.3 看装配图的方法

装配图作为一种技术文件，在机器的设计、制造、安装、调试、使用与维修等方面有着重要的指导作用。同时，它也是进行技术革新和技术交流不可缺少的基本依据。因此，工程技术人员必须具备阅读装配图的能力。

8.3.1 看装配图的一般步骤

1. 概括了解

看标题栏和有关说明：了解装配体的名称、用途、性能、工作原理等。

看明细表和主要视图：了解零件的序号、名称以及各零件在视图中的相对位置等。

看视图表达和投影关系：了解装配体采用什么样的表达方式，以及投影的方向和剖视的位置关系如何。

2. 详细阅读

看零件的形体结构：按照编号次序，逐个地看懂所有零件的形状和结构。同时，从明细表中了解每个零件的材料、数量及规格。

看尺寸标注：阅读和理解每一尺寸的数字和代号，并按装配图的尺寸类型进行分类。

看装配关系和连接方式：根据剖面符号区分各零件之间的形体界限，弄清相互关系和连接方式。

3. 重点分析

看主要零件：分析主要零件的结构特点，如果形体复杂，还应勾画其草图，以便分析。

看重要尺寸：分析重要尺寸，一般指性能规格尺寸和配合尺寸等，以明确装配体的最高技术指标。

看技术要求：分析技术要求的内容和参数，以便在工艺上加以保证。

4. 总结、归纳

通过以上阅读过程，产生对该装配体的总体印象，如结构类型、形体特征、主要工艺、技术难点、尺寸规格、零件数量、材料品种、标准件和非标准件所占的比例等。当然，情况掌握得越详细越好。

必须指出，上述步骤只是阅读装配图的一般过程。对具体的装配图而言，有些步骤是可以省去或者交替进行的。只有通过多次读图训练才能逐步掌握其规律。

8.3.2　看装配图示例

图 8.5 所示为某“旋塞”的装配图。其“产品说明”如下。

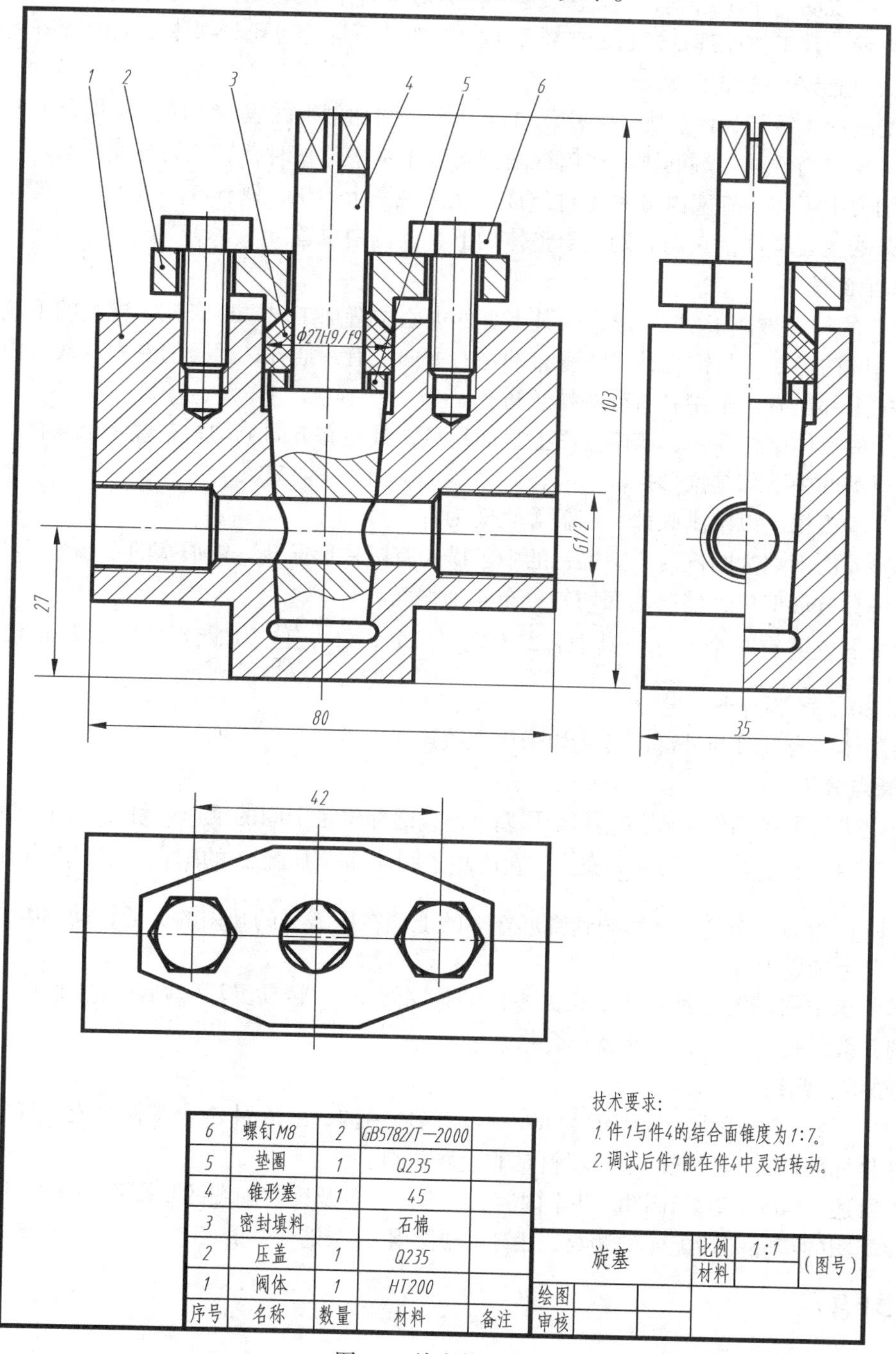

序号	名称	数量	材料	备注
6	螺钉M8	2	GB5782/T—2000	
5	垫圈	1	Q235	
4	锥形塞	1	45	
3	密封填料		石棉	
2	压盖	1	Q235	
1	阀体	1	HT200	

图 8.5　旋塞装配图

旋塞是以螺纹连接于管道上的开关设备，具有开关迅速、使用方便的特点。图示为开启状态，即锥形塞4的下端通孔处于与阀体1的左右端孔相接通的位置。欲将旋塞关闭，只需将件4的上端旋转90°即可。为避免泄漏，在锥形塞与阀体之间填以石棉材料，并用压盖压紧。

现以“旋塞”为例，简要说明其读图过程。

1. 概括了解

从“产品说明”中了解到，“旋塞”是一种类似于自来水龙头的单向阀，是用于液体管道传输的开关装置。其工作原理是通过旋转锥形塞4，使其下端的通孔与阀体1上的管道接头孔导通或关闭，从而起到开关作用。

从装配图中了解到，该装配体采用了3个基本视图加剖视的表达方法。从投影关系和“产品说明”中可知，当件4上端的槽口在俯视图方向处于水平位置时，旋塞为导通状态。

从明细表中可知，旋塞由6种零件组成。从主视图上看出，阀体1、压盖2、锥形塞4是形体较为复杂的主要零件，它们分别处于整体的下、上、中位置。

2. 详细阅读

阀体1的外观类似于“T”形，在其上部的中心位置加工出锥形盲孔，锥孔的下端为工艺扁孔，上端为圆柱形孔。与锥孔轴线相垂直的左右方向上有一通孔，通孔的左右两端有内螺纹。此外，阀体的上部还有两个左右对称的螺纹盲孔。

压盖2的形体结构在主、俯两视图上显而易见，其左右方向上均匀布置3个通孔，中间的孔比较大。压盖的中下部是锥形孔。

填料3为石棉，以塞满阀体、压盖等之间为宜。

锥形塞4的下端为圆锥台，圆锥台的中段横向有圆柱形通孔。锥形塞的上端为杆状圆柱体，其顶部有一长方形槽口，槽口侧面均匀分布4个平面。

此装配图上共有7个尺寸。其中$G\frac{1}{2}$为规格尺寸；$\phi 27\frac{H9}{f9}$为配合尺寸；27和42为安装尺寸；103、80、35为外形尺寸。

该装配体本身及其与外部的连接均采用螺纹连接方式。

3. 重点分析

该装配体的主要零件是阀体1和锥形塞4，关键部位是中间的锥形接触面，应予以重视。

此装配图上的重要尺寸是$\phi 27\frac{H9}{f9}$，它反映了阀体1与压盖2的配合关系，其作用不仅是保证压紧. 防止泄漏，而且直接影响到锥形塞4的上端在压盖2的孔内的灵活转动。因此，这一尺寸应在工艺上加以保证。

技术要求中的锥度比是对两个相关零件的共同要求；“转动灵活”则体现整机性能，满足使用要求的关键所在。否则，产品就不合格。

4. 总结、归纳

“旋塞”是一个外形尺寸为$103\times 80\times 30$的阀体结构，由6种7个零件组成，其中有3个螺纹连接件是标准件，非标准件中的填料是非金属材料。

综上所述，本章仅对装配图的基本内容、表达方法以及读装配图的步骤作了较为详细的叙述，而对画装配图的步骤和装配体的测绘，由于篇幅所限，未能一一介绍。

练习8

按要求完成本章结尾所附练习。

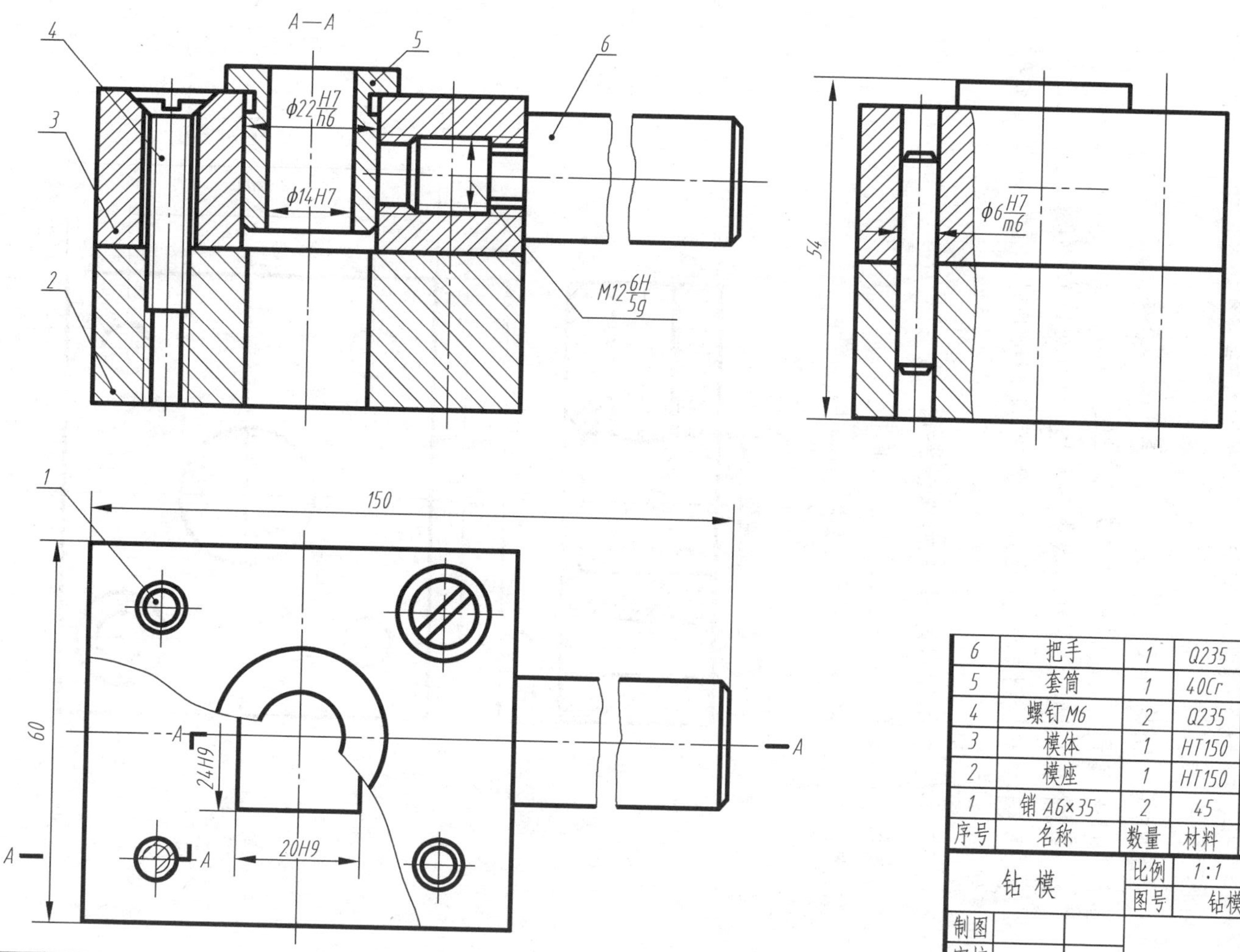

6	把手	1	Q235	
5	套筒	1	40Cr	
4	螺钉 M6	2	Q235	GB/T69—2000
3	模体	1	HT150	
2	模座	1	HT150	
1	销 A6×35	2	45	GB/T119.2—2000
序号	名称	数量	材料	备注

钻模	比例	1:1
	图号	钻模-装-01
制图		
审核		

看懂前页“钻模”的装配图，解答下列各项问题。

说 明

钻模是用于在零件的特殊部位（凸台或杆件端面）钻孔时进行对中定位的一种辅助装置。其操作过程：手持把手6将钻模下部的孔套在需要钻孔的结构上，使钻头由套筒5导向进入，从而实现钻孔加工时的对中定位。

在生产实际中，可根据被加工零件形状和结构的不同，选用不同的模座2来满足；对于不同孔径的加工，可通过更换套筒5来实现。

1. 装配图中尺寸$\phi 6H7/m6$属于________尺寸，其配合制度是基______制。

2. 尺寸$\phi 14H7$属于________尺寸，尺寸60属于______尺寸。

3. 在3号零件的零件图（见下图），尺寸60属于______尺寸，尺寸40属于________尺寸。

4. 在3号零件的零件图上标注指定表面的粗糙度：顶面和底面的Ra值均为3.2μm，孔$\phi 22$的Ra值为1.6μm。

5. 看懂零件3的零件图，补画下图中所缺的投影线。

6. 装配图中1号零件起到________________作用。

7. 钻模由______个零件组成，其中标准件有_____个。

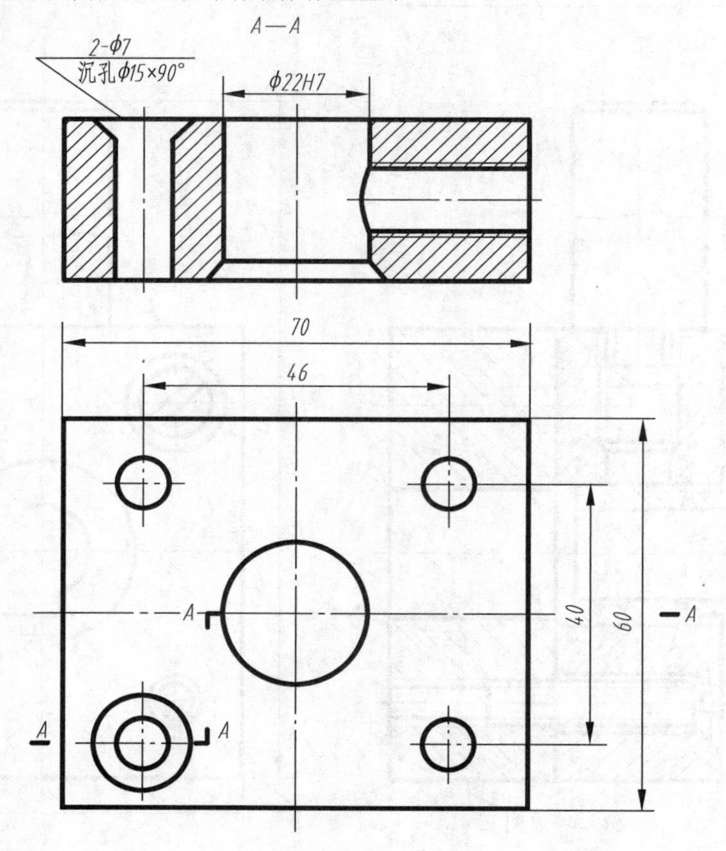

装配图	姓名		学号	

第9章 计算机辅助设计

随着社会的发展，市场竞争日趋激烈，改善设计方法，缩短设计周期，抢占市场前沿已成为商家赢得市场的最重要手段。传统的手工绘图，甚至二维计算机辅助设计方法已经越来越不能够适应这种需要。因此，基于特征的三维参数化设计方法产生了。

基于特征的三维参数化设计方法直接构造零件的三维计算机模型，并在此基础上进行工程分析，运动模拟，直至NC加工，从而真正实现CAD、CAE、CAM的集成，为企业赢得市场创造时间。

基于特征的三维参数化设计方法包括2个方面的内容：特征设计和参数化设计。

基于特征的设计认为，复杂零件可以看成是由简单体经由叠加、切割、求交等布尔运算得到，而简单体可通过拉伸、旋转、扫描截面的方法得到。这种思想与组合体分析方法是相同的。

参数化设计方法认为，零件的大小由尺寸决定，并且是先有零件（图形），然后才有尺寸，这与传统的将尺寸与图形对等看待的方法有着本质的区别。零件的形状主要由零件结构要素之间的约束（如平行、垂直等）决定，当决定零件的大小和形状的驱动尺寸或约束发生改变时，零件理所当然地发生相应变化。这个方法使得原本枯燥的设计过程变得非常有意义，因为设计过程变得就像制造过程一样。

本章通过操作使用设计软件Mechanical Desktop 2009，帮助读者了解基于特征的三维参数化设计方法的基本过程。

Autodesk Mechanical Desktop是镶嵌在著名CAD软件AutoCAD内部的一个模块，因此本章首先讲述一些AutoCAD 2009的基本概念和操作方法。

9.1 Autodesk Mechanical Desktop 2009基本概念

9.1.1 操作界面简介

安装Autodesk Mechanical Desktop 2009后，会在Windows“程序”菜单中产生3个主要的快捷方式，分别是AutoCAD 2009、AutoCAD Mechanical 2009、Autodesk Mechanical Desktop 2009。本书介绍的所有内容均应运行“Autodesk Mechanical Desktop 2009”快捷方式，因为Autodesk Mechanical Desktop 2009包含了前两者的所有内容，并且定义了大量快捷键，使得用户操作非常得心应手。

在Windows XP经典式开始菜单中，启动Autodesk Mechanical Desktop 2009的方法是在“开始”菜单中选择“程序→Autodesk→Autodesk Mechanical Desktop 2009→Autodesk Mechanical Desktop 2009”。

在 Autodesk Mechanical Desktop 2009 运行过程中，选择菜单“文件→新建”，或按组合键 Ctrl+N，用户可以选择合适的模板创建新模型文件，如图 9.1 所示，其中以“gb”开头的样板文件提供了我国国家标准推荐的图框、标题栏样式，并对文字样式、尺寸标注样式等内容按国家标准进行了设置。

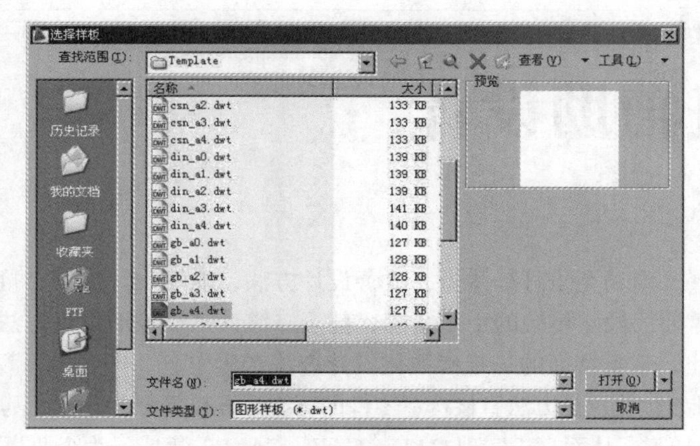

图 9.1　选择样板对话框

Autodesk Mechanical Desktop 文件的缺省扩展名为 DWG，样板文件的扩展名为 DWT。

每次启动 Autodesk Mechanical Desktop 2009 都会打开 Mechanical Desktop 窗口。这一窗口是用户的设计工作空间，它包括用于设计和接收设计信息的基本组件。图 9.2 显示了 Autodesk Mechanical Desktop 2009 窗口的主要部分。

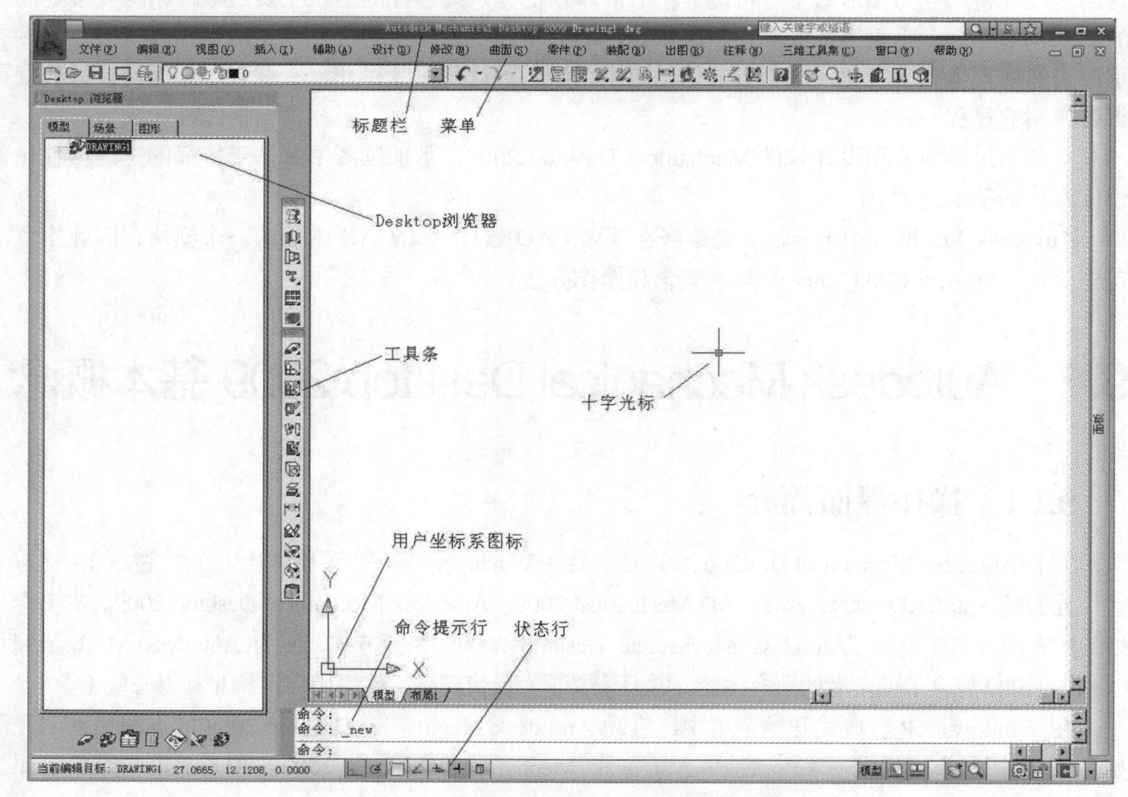

图 9.2　Autodesk Mechanical Desktop 2009 窗口

（1）标题栏。标题栏显示当前正在编辑的模型文件名称。

（2）菜单。菜单包括下拉菜单和快捷菜单，由菜单文件定义，用户可以修改或设计自己的菜单文件。

（3）工具条。工具条是用来方便用户执行常用命令的按钮组合，右下角带有小黑三角的工具按钮是弹出按钮。弹出按钮包含了若干工具，这些工具可以调用与第一个按钮有关的命令。单击第一个按钮并按住拾取键，可以显示弹出图标。

显示或关闭工具栏的方法是在工具栏（如“标准”或“绘图”工具栏）的背景或标题栏的任何地方单击鼠标右键，从快捷菜单中选择要显示或关闭的工具栏。

（4）Desktop 浏览器。该窗口用于显示零件的特征构成，装配体的零件构成等信息。通过选择该窗口上方的相应标签，可在“零件”、“场景”、“工程图”3 种设计状态模式之间切换，在不同的状态模式下，特征浏览器窗口显示的内容不同。

（5）工作区。工作区用于图形的绘制与编辑，根据窗口大小和显示的其他组件（如工具栏和对话框）数目，绘图区域的大小将有所不同。

（6）十字光标。十字光标用于在绘图区域标识拾取点和绘图点。十字光标由定点设备控制。可以使用十字光标定位点、选择和绘制对象。

（7）坐标系。坐标系图标显示的是用户坐标系，缺省为世界坐标系（WCS）。

（8）模型布局标签。用于模型空间与图纸空间的切换，用鼠标右键单击模型布局标签可以创建新布局，或对已有布局进行页面设置。使用多布局的好处是可以在一个模型文件中创建多个工程图样。

（9）命令提示行。显示命令提示和信息。

（10）状态栏。状态栏显示在 Mechanical Desktop 窗口的下方，用于显示光标坐标，同时状态栏还包含一些按钮，分别是正交模式、极轴追踪、对象捕捉、对象捕捉追踪、动态输入、显示/隐藏线宽和快捷特性，如图 9.3 所示。使用这些按钮可以打开或关闭常用的绘图辅助工具，用户应牢记这些按钮的含义。

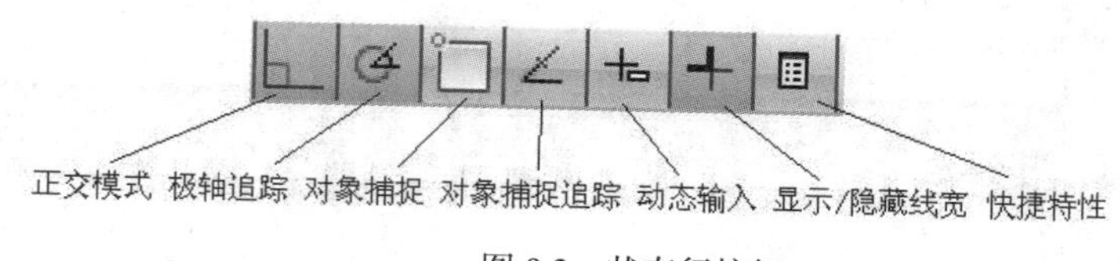

图 9.3　状态行按钮

9.1.2　模型空间与图纸空间

启动新图形使用的样板包含了图纸图框、标题栏、投影方法、尺寸标注样式等标准信息，这样做的好处是用户无需为每一张图纸设置相同的信息，从而提高设计效率。然而前面启动的 Autodek Mechanical Desktop 2009 窗口中并没有显示图纸图框和标题栏，这是因为处于模型空间的缘故。

在 Autodek Mechanical Desktop 2009 中，存在 3 种基本空间，分别为模型空间、场景空间和图纸空间（或称布局）。用户在模型空间中构建零件的三维实体模型，在场景空间设置材质、光源、背景，在图纸空间中生成零件的二维工程图样，就好像在办公室设计图纸，在展示台展示产品，在车间制造产品一样。图纸图框和标题栏被放置在图纸空间。

有多种方法实现模型空间与图纸空间的切换。

（1）使用快捷键 W 可以实现模型空间与图纸空间双向切换，即在模型空间时执行该命令切换到图纸空间，而在图纸空间时执行该命令切换到模型空间。

```
命令: w
正在重生成布局。（进入图纸空间）
命令: w
正在重生成模型（返回模型空间）。
```

（2）单击特征浏览器窗口上方的相应标贴按钮“模型”或“图形”。

（3）如图 9.2 所示，单击工作区下方的“模型”或“布局”标签。

图纸空间的 Mechanical Desktop 窗口如图 9.4 所示。

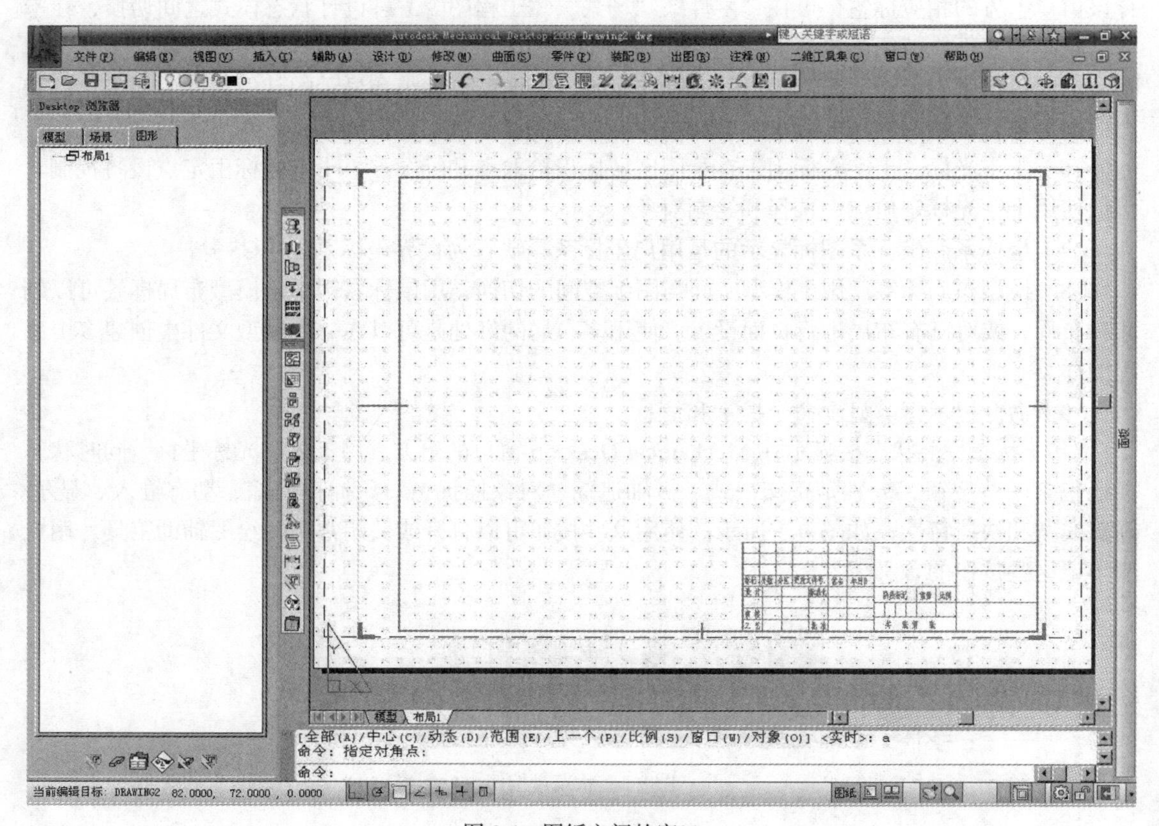

图 9.4　图纸空间的窗口

9.1.3　AutoCAD 图形实体的基本特性

为了方便复杂图形的管理，在 AutoCAD 中，图形实体（三维模型、二维图线、文字等）除具有通常意义上的几何信息外，还具有图层、颜色、线型、线宽等逻辑信息。图层就像是透明的覆盖图，运用它可以很好地组织不同类型的图形信息。用户创建的对象都具有的特性包括图层、颜色、线型、线宽等，对象可以直接使用其所在图层定义的特性，也可以专门给各个对象指定特性。颜色有助于区分图形中相似的元素，线型则可以轻易地区分不同的绘图元素（如中心线或隐藏线）。线宽用来为不同的图线设定相应的宽度。

1. 图层（Layer）

任何图形对象都是绘制在图层上的。该图层可能是缺省图层，或者是自己创建和命名的图层。每个图层都有与其相关联的颜色、线型。例如，可以创建一个用于绘制中心线的图层，并为该图层指定中心线需具备的特性（如颜色、线型、宽度）。在绘制中心线时切换到中心线图层开始绘图，而无需在每次绘制中心线时去设置线型、颜色。

选择菜单“辅助→Mechanical 图层管理器”，或执行 AMLayer 命令，通过“图层特性管理器”可以对图层进行下列操作，如图 9.5 所示。

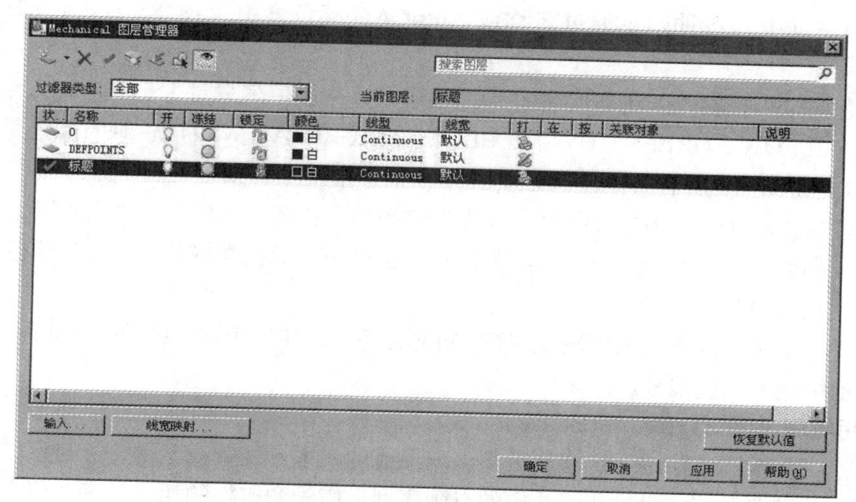

图 9.5　Mechanical 图层管理器

（1）创建和命名图层：在图层列表区域按鼠标右键，在快捷菜单中选择相应的菜单项。

（2）使图层成为当前图层：双击相应的图层名称。

（3）控制图层的可见性：单击“开”或“冻结”下方与图层名称对应的图标。

（4）锁定和解锁图层：单击“锁定”下方与图层名称对应的图标。

（5）指定图层颜色：单击“颜色”下方与图层名称对应的图标。

（6）指定图层线型：单击“线型”下方与图层名称对应的图标。

（7）指定图层线宽：单击“线宽”下方与图层名称对应的图标。

绘图操作总是在当前图层上进行的。将某个图层设置为当前图层后，则后面创建的对象都将在该图层上面，并使用它的颜色、线型、线宽（前提条件是所有对象特性设置是“随层”）。不能将被冻结的图层或依赖外部参照的图层设置为当前图层。

AutoCAD 不显示和打印绘制在不可见图层上的对象。但关闭的图层与图形一起重生成。

在图形中，被冻结或关闭的图层上对象是不可见的。可以冻结长时间不需要显示的图层。在重生成、消隐或渲染对象时，被冻结图层上的图形对象不参与计算，从而能够加速缩放、平移等命令的执行，提高对象选择的性能，减少复杂图形的重生成时间。

如果要编辑与特殊图层相关联的对象，同时又想查看但不编辑其他图层对象，那么可以锁定图层。锁定图层上的对象不能被编辑或选择。然而，如果该图层处于打开状态并被解冻，上面的对象仍是可见的。可以使被锁定的图层成为当前图层并在其中创建新对象。

2. 使用图层特性（Layer）

在 Autodesk Mechanical Desktop 2009 中，新对象的缺省特性设置是“随层”的颜色、线型、线宽。以“随层”设置绘制的对象都将采用所在图层的特性。例如，如果当前层的颜色为绿色、线型为 Continuous（连续），所有新绘制的对象都具有这些特性。将颜色、线型等特性设置为“随层”缺省对象特性可以把图形组织得井井有条。

如果要使特定的对象具有与其所在的图层不同的颜色、线型，则可以修改对象特性设置。一个对象特性可以被设置为特定的特性值（如颜色为红色）。对象专有的特性设置将替代图层特性设置，除非将其值设置为“随层”。

3. 使用颜色（Color）

在 AutoCAD 中，各种颜色通过名称或 AutoCAD 颜色索引（ACI）号（1～255 的整数）标识。

指定颜色时，可以输入颜色名或它的 ACI 编号。标准颜色名只对 1～7 号 ACI 颜色有效，分别是 RED、YELLOW、GREEN、CYAN、BLUE、MAGENTA、WHITE。缺省颜色是 7，白色或黑色（由背景色决定）。所有其他颜色必须由 ACI 编号指定（8～255）。

可以给图层指定颜色，为新建的对象设置当前颜色（包括“随层”或“随块”），或者改变图形中现有对象的颜色。要使用一种颜色绘图，必须选择一种颜色并将其设置为当前色。所有新创建的对象都使用当前色。

使某种颜色成为当前颜色的方法是执行 Color 命令，在“选择颜色”对话框中选择一种颜色名，或在“颜色”框中输入颜色编号。

4. 使用线型（LineType、LTScale）

线型是点、横线和空格按一定规律重复出现形成的图案。复杂线型是符号与点、横线、空格组合的图案。线型名及其定义描述了一定的点画序列、横线和空格的相对长度。用户可以创建自定义线型。

要使用线型，必须首先将其加载到图形中。Mechanical Desktop 自动加载多种线型到当前模型中。加载线型的方法是选择菜单“辅助→格式→线型...”，或从键盘输入 LineType 命令，在“线型管理器”对话框中进行。线型定义必须已存在于扩展名为 LIN 的库文件中。

使线型成为对象的当前线型的方法是在“线型管理器”对话框中选择一个线型，然后选择“当前”。

有的时候，图形显示并不能反映图线线型设置效果，这是因为 AutoCAD 通过线型比例控制每个绘图单位中画出的线型图案重复次数。在缺省情况下，AutoCAD 的全局线型缩放比例为 1.0，该比例等于一个绘图单位。

设置全局线型缩放比例的方法是使用 LTScale 命令。

```
命令: ltscale
输入新线型比例因子 <1.0000>: 25.4
正在重生成模型
```

重设全局线型缩放比例后，AutoCAD 自动重新生成图形，用户可尝试设置不同的值，取其效果最佳者。

可以使用“特性”窗口为每一个对象设置独立的线型比例，称为局部线型比例。全局线型缩放比例与局部线型缩放比例同时影响对象的线型显示效果。

5. 图层特性应用实例

（1）使用 GB_A3.dwt 作为样板开启一个新图形文件，并切换至图纸空间。

（2）选择菜单“修改→删除→清除”，执行 Erase 命令删除图纸图框及标题栏。

命令: _erase
选择对象: **选择标题栏或图框**
找到 1 个
1 个在锁定的图层上。
选择对象: **回车，结束命令**

不能删除图纸图框和标题栏，这是因为它们位于被锁定的图层上。

（3）用光标选择 Autodesk Mechanical Desktop 2009 主工具条上图层下拉列表框中“标题”层前的锁状图标，解除对标题层的锁定（图框和标题栏位于名为“标题”的图层），如图 9.6 所示。

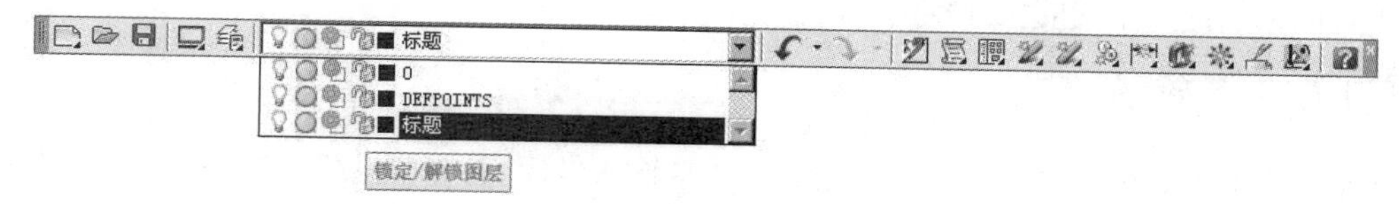

图 9.6　Mechanical 主工具栏

（4）重复执行删除命令，现在可以删除图框和标题栏。

（5）设置标题层为当前层。

9.1.4　命令输入方法

在 Mechanical Desktop 中，可以按下列几种方式启动命令：从菜单或快捷菜单中选择菜单项、单击工具栏上的按钮、在命令行输入命令。但是，即使是从菜单和工具栏中选择命令，Mechanical Desktop 也会在命令窗口显示命令提示和命令记录。

几乎所有 Mechanical Desktop 命令的每一步都有很多选项，这些选项可能包含在菜单中，但是如果从命令行输入命令，就必须由用户在执行过程中选择，除非全部使用默认选项。例如，绘制一个圆，可以选择菜单“设计→圆”下的一个子菜单项（见图 9.7），这些子菜单项包含了画圆命令的全部选项，应根据已知条件或要求选择，也可以从键盘输入命令，在命令执行过程选择相应的选项。在下面的例子中，如果选择菜单“设计→圆→圆心→直径”，则在执行过程中用户无需输入“D”选项（该选项由系统自动输入）。

图 9.7　画圆命令子菜单

命令：Circle（从键盘输入命令）
指定圆的圆心或[三点（3P）/两点（2P）/相切、相切、半径（T）]：**使用默认选项，输入中心坐标**
指定圆的半径或[直径（D）]　**输入 D，表示将指定直径**
指定圆的直径：　**输入直径，命令结束**

重复执行命令的方式是键入回车，在 Mechanical Desktop 中，输入回车的方式有 2 种：键盘上的 Enter 键和空格键。也有例外的情况，就是在使用单行文字或多行文字命令书写文字时，在输入文字的过程中，系统不再响应空格键为回车。

为了方便用户操作，提高设计效率，Autodesk Mechanical Desktop 2009 设计了大量快捷键，常用的快捷键如下。

数字键 1～4：设置工作区视口数量，方便用户同时从不同角度观察模型。

数字键 5～9，55～99：切换观察方向。

数字键 0：消除隐藏线。

字母 A：执行画圆弧命令 Arc。

字母 C：执行画圆命令 Circle。

字母 E：执行删除命令 Erase。

字母 L：执行画直线命令 Line。

字母 P：执行平移命令 Pan。

字母 R：执行重画命令 Redraw。

字母 W：执行空间切换命令。

字母 Z：当前屏幕图形缩小一半显示。

用户应记住这些常用的快捷键。

9.1.5 点输入方法

几乎所有的 Mechanical Desktop 命令都会要求输入坐标点，大多数时候即使是要求数值也可以通过输入两个坐标点的方式实现，这时候系统将两点之间的距离作为用户输入，或将两点连线相对于零度方向（默认情况下为水平向右的方向）的夹角作为角度输入。一个例外的情况是，当系统要求输入的是一个整型值时，如多边形的边数，就只能使用键盘输入数字。

点输入方法主要有下述几种。

1. 用鼠标左键拾取

当系统提示点输入时，在绘图区域任意位置按下鼠标左键。

2. 输入绝对坐标

绝对坐标使用单字节逗号隔开的 3 个数字，分别表示点 *x*、*y*、*z* 3 个坐标分量。如

```
命令: line
指定第一点: 50，60，0
指定下一点或[放弃（U）]: 回车
```

表示第一点的坐标为（50，60，0）。

输入绝对坐标时，可以不输入 *z* 坐标，此时，默认的 *z* 坐标为 0。因此，上例中，第一点的坐标可以按下述格式输入，其结果是一样的。

```
命令: line
指定第一点: 50，60
指定下一点或[放弃（U）]: 回车
```

每次开启一个新的图形文档时，AutoCAD 总是创建一个内置坐标系以确定图线的位置，这个坐标系是三维笛卡儿坐标系，通常被称为世界坐标系（World Coordinate System，WCS），就是开始时看到的绘图区域左下角的坐标系图标，此时，*z* 轴是垂直于屏幕指向用户的。

然而，在绘图过程中使用的坐标系却是用户坐标系（User Coordinate System，UCS），顾名思义，就是用户定义的坐标系。可以随时改变坐标系的原点位置和坐标轴的方向。用户的所有绝对坐标输入都是相对于用户坐标系的原点而言的。开始绘图时，用户没有定义用户坐标系，此时用户坐标系与世界坐标系重合。

3. 相对坐标

在实际作图过程中，一般仅在开始时才可能使用绝对坐标，如指定图纸图框左下角点的位置，其他时候极少使用绝对坐标，更多的是使用相对坐标，因为用户一般只关心图线之间的相对位置。

在实际绘图过程中，如果已经有一个点输入，并且知道下一点相对于上一点的相对位置时，可以使用相对坐标。相对坐标包括相对直角坐标和相对极坐标。

（1）相对直角坐标系。

当知道第二点与第一点的 x、y、z 坐标差时，可使用相对直角坐标系，其一般格式为

$$@\Delta x,\Delta y,(\Delta z)$$

其中括号内的 z 坐标差可以省略，此时表示 z 坐标差为 0。下述过程绘制了一条直线，该直线的端点相对于起点，x 坐标增加了 100，y 坐标增加了−50（减少了 50）。

```
命令: line
指定第一点: 用左键在绘图区域任意拾取一点
指定下一点或[放弃（U）]: @100，−50
指定下一点或[放弃（U）]: 回车，结束命令
```

值得注意的是，当输入“@ 100，−50”字样时，往往在命令提示行不能实时地看到输入结果，而是在绘图区光标位置显示，直到按 Enter 键后才能在命令行看到，这是因为状态行的“动态输入”按钮处于打开的缘故，默认情况下，该按钮是打开的。

当“动态输入”功能打开时，只能输入相对坐标，而不能输入绝对坐标。此时，用户无需在坐标数字对前输入前缀@符号。因此，当“动态输入”按钮打开时，下述过程得到的结果与上例完全相同。

```
命令: line
指定第一点: 用左键在绘图区任意拾取一点
指定下一点或[放弃（U）]: 100，−50
指定下一点或[放弃（U）]: 回车，结束命令
```

在指定下一点的过程中，屏幕光标位置处显示如图 9.8 所示。

因此，如果下一点的坐标为绝对坐标，必须关闭状态行“动态输入”按钮。

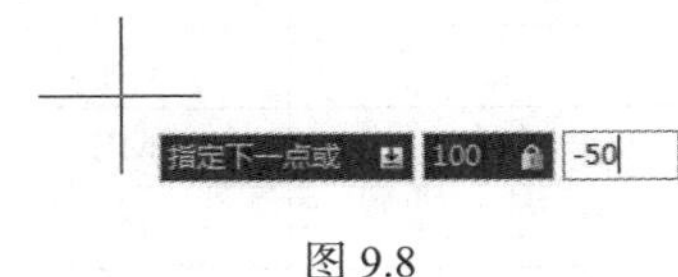

图 9.8

（2）相对极坐标。

如果知道下一点相对于上一点的距离和方位，可使用相对极坐标。其格式为

$$@Dist<Angle$$

其中 Dist 表示下一点相对于上一点的距离，必须大于 0。Angle 指上一点与下一点的连线与 0°方向的夹角。默认情况下，系统规定水平向右为 0°方向，逆时针方向为角度正方向。

下述操作绘制一条长度为 100，指向右上角，与水平方向夹角为 30°的直线。

```
命令: line
指定第一点: 用左键在绘图区任意拾取一点
指定下一点或[放弃（U）]: @100<30
指定下一点或[放弃（U）]: 回车，结束命令
```

当“动态输入”按钮打开时，用户无需在坐标数据前输入前缀@符号。下述过程得到的结果与上例完全相同。

```
命令: line
指定第一点: 用左键在绘图区任意拾取一点
指定下一点或[放弃（U）]:100<30
指定下一点或[放弃（U）]: 回车，结束命令
```

在指定下一点的过程中，可先输入距离，然后按 Tab 键，切换到角度输入，如图 9.9 所示。

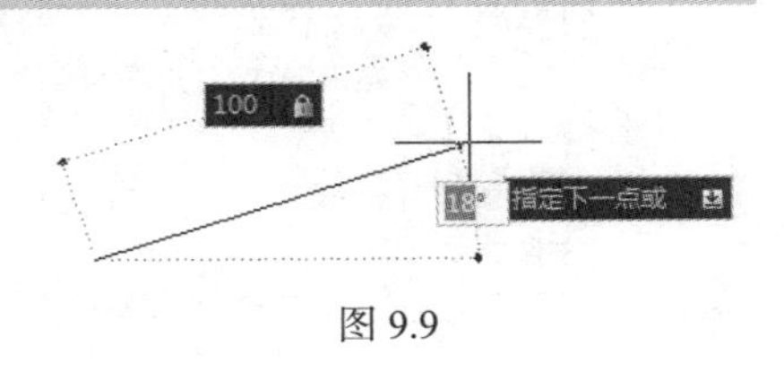

图 9.9

4. 直接距离输入

在绘图过程中，当指定了第一点后，移动光标，往往可以看到一条与第一点相连的动态直线，该直线称为“橡皮筋

线”。此时如果输入一个数值后回车，就表明下一点距离第一点为输入的数值，方向为橡皮筋线方向。该方法与正交功能结合使用，可以非常方便地绘制工程图上常见的特定长度的水平竖直线条，参见下例。

5. 目标捕捉模式（OSnap）

在绘图命令运行期间，可以用目标捕捉功能捕捉对象上的特征点，如端点、中点、圆心、交点等。

捕捉对象上特征点的一般方法是：启动需要指定点的命令（如 Line、Circle、Arc、Copy、Move 等），当命令提示指定点时，使用以下方法之一选择一种对象捕捉方法。

（1）单击状态行“对象捕捉”按钮，或按功能键 F3，打开自动对象捕捉功能，缺省情况下该功能是打开的。

（2）按 Shift 键并在绘图区域中单击鼠标右键，然后从快捷菜单中选择一种对象捕捉。

（3）在命令行中输入一种对象捕捉的缩写（见表 9.1），然后将光标移动到特征点所在图线上单击。

如果选择对象捕捉点以外的任意点，Mechanical Desktop 将提示所选的点无效。表 9.1 描述了 Mechanical Desktop 的主要对象捕捉方式，以及用于启动它们的命令行缩写。

在本书以后的描述中，均采用在命令行提示中输入对象捕捉命令行缩写的方式启动特定对象捕捉功能。

表 9.1　对象捕捉方式

对象捕捉方式	命令行缩写	捕　捉　到
端点	END	对象端点
中点	MID	对象中点
交点	INT	对象交点
外观交点	APP	对象的外观交点
中心点	CEN	圆、圆弧及椭圆的中心点
节点	NOD	用 Point 命令绘制的点对象
象限点	QUA	圆弧、圆或椭圆的最近象限
插入点	INS	块、形、文字、属性或属性定义的插入点
垂足	PER	对象上的点，构造垂足（法线）对齐
切点	TAN	圆或圆弧上一点，与最后一点连接可以构造对象的切线
最近点	NEA	与选择点最近的对象捕捉点
无	NON	下一次选择点时关闭对象捕捉

下面的过程通过捕捉节点、切点、圆心绘制图 9.10（b）所示的圆的切线和半径。

选择菜单“设计→直线”，或从键盘输入 Line 命令，参照图 9.10（a）选点。

命令: _line
指定第一点: **输入 nod 后回车，启动节点捕捉功能，或用其他方式启动结点捕捉功能**
于 **拾取点 1**
指定下一点或[放弃（U）]: **输入 tan 后回车，启动切点捕捉功能，或用其他方式启动该功能**
到 **拾取点 2**
指定下一点或[放弃（U）]: **输入 cen 后回车，启动圆心捕捉功能，或用其他方式启动该功能**
于 **拾取点 3**
指定下一点或[闭合（C）/放弃（U）]: **回车，结束命令**

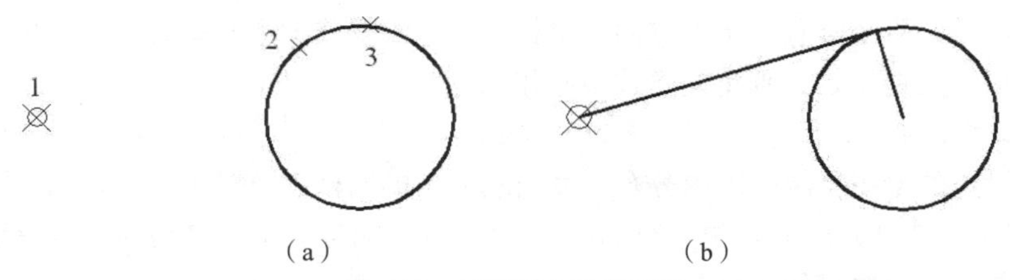

图 9.10　捕捉圆心绘制直线

自动对象捕捉功能使对象捕捉功能始终处于运行状态，每当系统提示输入坐标点时，设定的目标捕捉方式自动开启，除非将其关闭。缺省情况下，自动对象捕捉功能只能捕捉端点、圆心和交点。欲自动捕捉其他特征点，可执行 OSnap 命令，或在状态行“对象捕捉”按钮上按鼠标右键，选择“设置”菜单，在“对象捕捉设置”对话框中选择适当的对象捕捉模式，如图 9.11 所示。

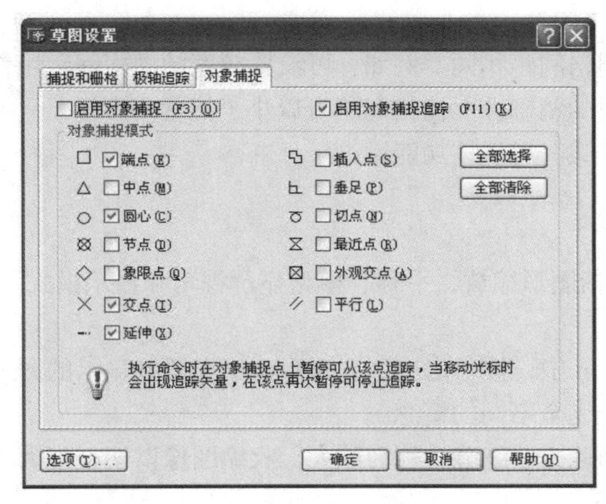

图 9.11　对象捕捉设置

同时使用多个对象捕捉模式时，如果对象捕捉靶框在一个对象上，可以按 Tab 键在可用的捕捉点之间循环切换。例如，如果打开了“象限点”和“圆心”捕捉，靶框在圆上，则按 Tab 键将循环切换圆的对象捕捉点：4 个象限点和圆心。

9.1.6　AutoCAD 辅助绘图功能

为了实现精确作图，提高设计效率，AutoCAD 提供了许多有用的辅助功能，如正交模式、栅格模式、捕捉模式等。

1. 正交模式（Ortho）

在 AutoCAD 中，坐标点除了可以使用键盘输入外，还可以使用鼠标直接输入。在设计过程中，遇到的最多的情况往往是水平线或竖直线，为此系统提供了正交功能。该功能使得用户在进行某些操作时只能沿水平方向或垂直方向进行（实际上是沿用户坐标系 x 或 y 轴方向），如在正交模式下只能画水平或竖直直线，复制实体时也只能沿水平或竖直方向进行。

选择状态行正交按钮，或按功能键 F8，可以在打开或关闭正交模式之间切换。

实际操作中（如绘制直线），输入第一点后移动光标，可以看到第一点与十字光标之间出现一条直线，称为拖引线或橡皮筋线，打开正交模式后，拖引线显示为竖直或水平直线，这取决于当前光标位置与第一点的竖直、水平方向的坐标差，最终操作发生在坐标差大的方向。

如果使用目标捕捉模式，则正交模式不起作用。

2. 栅格模式（Grid）

栅格是在设定的绘图界限范围内分布一些间隔均匀的网格点，以帮助用户确立图形的整体感觉，如图 9.4 所示。沿 *X*、*Y* 方向的栅格间距可分别设定。可以在运行其他命令的过程中打开或关闭栅格。输出图纸时不能打印栅格。

如果放大或缩小图形，可能需要调整栅格间距，使其更适合新的缩放比例。

缺省情况下，栅格模式在图纸空间是打开的，按功能键 F7 可以打开或关闭栅格。

3. 捕捉模式（Snap）

捕捉模式用于控制十字光标，使其按照用户指定的间距移动。当捕捉模式打开时，光标似乎附着或捕捉了一个不可见的栅格。捕捉模式有助于使用键盘或定点设备来精确地定位点。通过设置 *X* 和 *Y* 的间距可控制捕捉精度。捕捉模式有开关控制，并且可以在其他命令执行期间打开或关闭。

捕捉间距不需要和栅格间距相同。例如，可设置较宽的栅格间距用作参考，同时使用较小的捕捉间距以保证定位点时的精确性。栅格间距可以小于捕捉间距。

要打开或关闭捕捉模式，可以按功能键 F9。

9.1.7 图形观察

Desktop 图形观察包括图形缩放、平移、模型显示视角和显示模式。

1. 缩放（Zoom）

在 Mechanical Desktop 中，按一定比例、观察位置和角度显示的图形称为视图（这里的视图与立体的投影视图是两个完全不同的概念）。

增大图像以便更详细地查看细节，称为放大。收缩图像以便在更大范围内查看图形全貌，称为缩小。

缩放并没有改变图形的绝对大小。它仅仅改变了绘图区域中视图的大小。缩放图形的最简便方法是滚动鼠标中键滚轮，向上滚动滚轮放大图形，向下滚动滚轮缩小图形。滚动光标放大图形时，应先将光标移到需要放大区域的中心位置。

也可以指定显示窗口、按指定比例缩放、显示整个图形等方式缩放图形，对应菜单“视图→缩放→…”下的各个子菜单项。

2. 使用平移（Pan）

在 Mechanical Desktop 中实现快速平移的方法是按住鼠标中键，移动光标。

3. 三维模型的观察视角和显示模式

使用 Desktop 观察工具条可以改变三维模型的显示模式，如图 9.12 所示。

Desktop 观察工具条按钮如下。

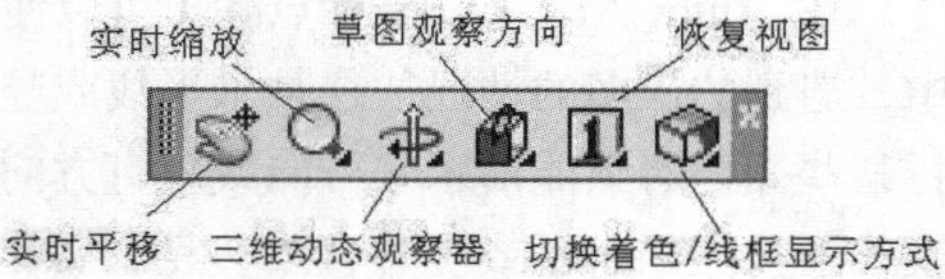

实时缩放　草图观察方向　恢复视图

实时平移　三维动态观察器　切换着色/线框显示方式

图 9.12　Desktop 观察工具条

实时平移：选择该按钮后，在绘图区按住鼠标左键不放，移动光标，可实现实时平移，等价于按住鼠标中键移动光标。

实时缩放：单击此按钮后，在绘图区按住左键上下移动，可实现实时缩放，等价于滚动光标滚轮。

三维动态观察器按钮：选择此按钮后，绘图区显示球状圆圈，如图 9.13 所示。此时，在圆圈内按住左键移动光标，可对模型进行实时旋转。在圆圈外按住左键鼠标移动光标，可对模型绕圆圈中心转动。

草图观察方向按钮：选择此按钮，观察方向转为正视于当前草图平面，等价于命令 Plan。

恢复视图按钮：切换观察方向为用户保存的视图。

切换着色/线框显示方式：使显示模式在着色和线框两种模式间切换，选择该按钮下的子按钮，还可以将显示模式切换为二维线框、三维线框视觉样式、三维隐藏视觉样式、真实视觉样式、概念视觉样式等。

当用户切换模型显示模式为着色时，绘图区的右上角会出现三维观察器，如图 9.14 所示。用户单击三维观察器中六面体上、下、左、右、前、后面，可以切换观察方向为正视于这些平面，单击六面体的 8 个顶点，将正视于这些顶点显示相应轴测图。

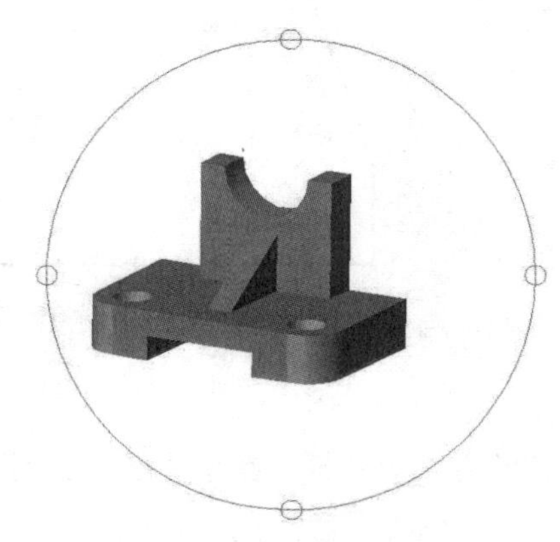

图 9.13 三维动态观察器

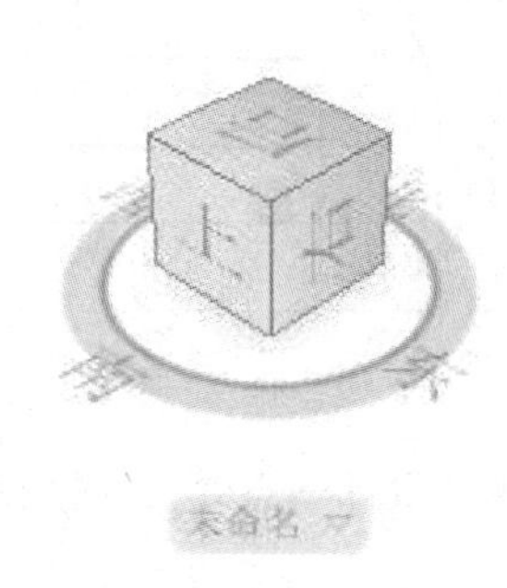

图 9.14 三维观察器

为了最大限度地方便用户观察，Mechanical Desktop 提供了几个从特定方向观察模型的快捷键，并且用数字作为命令的名称，对应于“视图→三维视图”菜单下的各个子菜单项，适合从命令行快速输入，它们是：东南等轴测方向观察命令 8；西南等轴测方向观察命令 88；俯视方向观察命令 5；仰视方向观察命令 55；左视方向观察命令 6；右视方向观察命令 66；前视方向观察命令 7；后视方向观察命令 77。

Mechanical Desktop 提供了同时从几个方向观察物体的方法，就是将绘图区域拆分成几个视口，每个视口显示从不同方向观察模型得到的视图。这些命令的名称分别是 1、2、3、4，分别将窗口拆分成 1、2、3、4 个视口，通常情况下视口只有 1 个，就是开启 1 个新图形的情形。1 个图形最多可以拆分成 4 个视口。

每个时刻只有 1 个视口是活动的，平移、缩放等操作只反映在该视口中，但是对模型的编辑操作实时地反映到其它所有视口中。使 1 个视口活动的方法是在该视口中单击鼠标左键。

9.1.8 校正错误

操作过程中发生错误是不可避免的，有多种方法可以放弃最近一个或多个操作。最简单的就是使用 Ctrl+Z 组合键、U 或 Undo 命令来放弃单个操作。

放弃最近操作可从“编辑”菜单中选择“放弃”，或从命令行输入 U 命令或 Undo 命令。

要重做 Undo 放弃的最后一个操作，可以使用 Redo 命令，从“编辑”菜单中选择“重做”，或用键盘输入 Redo 命令。

也可以取消命令执行过程中的误操作。当命令提示中有“放弃（U）”选项时，可以输入“U”取消上一步操作。如绘制直线时，可以输入“U”放弃所输入点，直到放弃起点。

按 Esc（即退出）键可以终止任何正在执行的命令。

9.1.9　坐标输入操作实例

本实例以点（200，160）为起点，绘制图 9.15 所示平面图形，在操作过程中使用了前述有关点输入的所有方法，读者应认真体会，在打开或关闭动态输入功能的情况下，使用各种坐标输入方法反复练习。

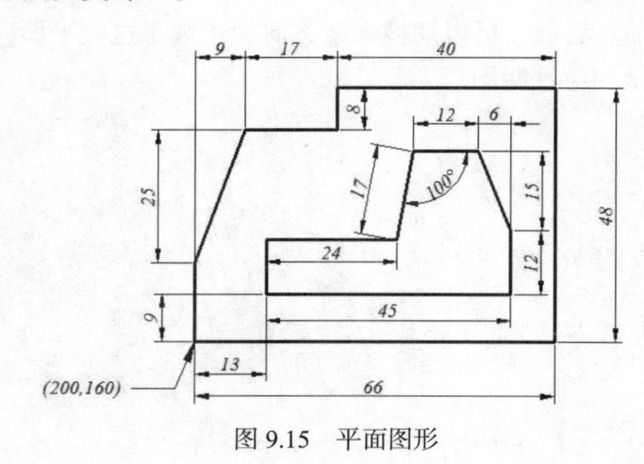

图 9.15　平面图形

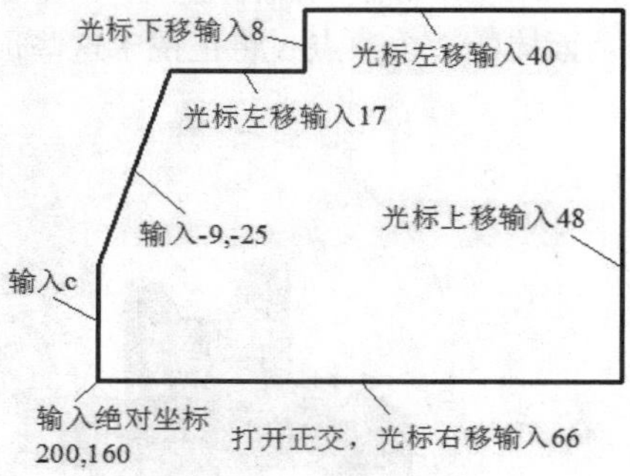

图 9.16　外边框绘制过程

选择菜单“设计→直线”，或用键盘输入 Line 命令绘制外边框，操作过程可参考图 9.16 所示提示进行操作。

命令: _line
指定第一点：　**输入 200，160 后回车**
指定下一点或[放弃（U）]：　**打开正交功能，光标右移，橡皮筋线显示为水平时输入 66，回车**
指定下一点或[放弃（U）]: **光标上移，橡皮筋线显示为竖直线时输入 48，回车**
指定下一点或[闭合（C）/放弃（U）]: **光标左移，橡皮筋线显示为水平向左时输入 40，回车**
指定下一点或[闭合（C）/放弃（U）]:　**光标下移，橡皮筋线显示为竖直向下时输入 8，回车**
指定下一点或[闭合（C）/放弃（U）]:　**光标左移，橡皮筋线显示为水平向左时输入 17，回车**
指定下一点或[闭合（C）/放弃（U）]: **如果动态输入按钮打开，输入-9，-25 或@-9，-25 后回车，如果动态输入按钮关闭，则必须输入@-9，-25**
指定下一点或[闭合（C）/放弃（U）]: **输入 c 后回车**

下面的过程绘制内图框，操作过程可参考图 9.17 所示提示进行操作。

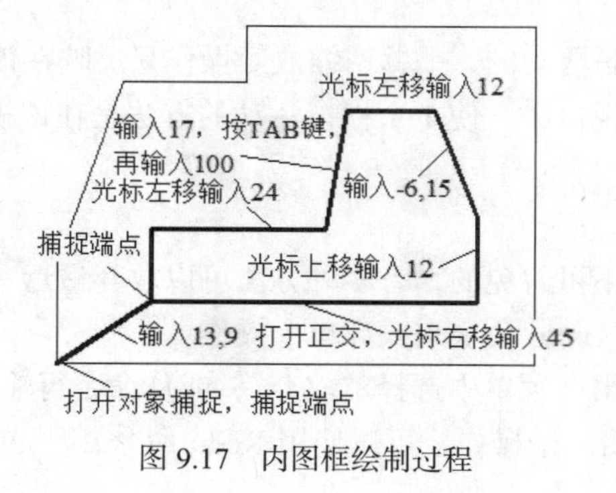

图 9.17　内图框绘制过程

命令: 回车，重复执行直线命令（如果在绘制完外边框后执行了其他命令，则必须重新输入画直线命令）

LINE

指定第一点: **输入 end 启动端点捕捉功能**

于 **捕捉外边框左下角点**

指定下一点或[放弃（U）]: **输入@13，9（动态输入关闭时）或 13，9（动态输入打开时）后回车**

指定下一点或[放弃（U）]: **光标右移，橡皮筋线显示为向右水平时输入 45，回车**

指定下一点或[闭合（C）/放弃（U）]: **光标上移，橡皮筋线显示为竖直向上时输入 12，回车**

指定下一点或[闭合（C）/放弃（U）]: **输入@-6，15（动态输入关闭时）或-6，15（动态输入打开时）后回车**

指定下一点或[闭合（C）/放弃（U）]: **光标左移，橡皮筋线显示为水平向左时输入 12，回车**

指定下一点

或[闭合（C）/放弃（U）]: **动态输入关闭时，输入@17<-100 或@17<260 后回车，动态输入打开时，光标下移，输入 17 后按 Tab 键，输入 100 后回车**

指定下一点或[闭合（C）/放弃（U）]: **光标左移，橡皮筋线显示为水平向左时输入 24，回车**

指定下一点或[闭合（C）/放弃（U）]: **输入 end，启动端点捕捉功能**

于 **捕捉内图框左下角点**

指定下一点或[闭合（C）/放弃（U）]: **回车，结束命令**

命令: erase（执行删除命令）

选择对象: **选择内、外图框左下角点间的辅助线条**

找到 1 个

选择对象: **回车，结束命令**

9.2 常用二维图形绘制命令

Autodesk Mechanical Desktop 提供了丰富的绘制二维图形实体的命令，包括直线、圆、圆弧、椭圆、矩形、复合线等，这些命令位于设计菜单。本节介绍本书涉及的 AutoCAD 二维图线绘制命令，这些命令是构建本书所述及的三维模型截面轮廓所必需的。

9.2.1 直线

命令：Line

菜单：设计→直线

快捷键：L

绘制直线使用 Line 命令。选择菜单“设计→直线”，或从命令行输入 Line 命令，操作过程如下。

命令：Line

指定第一点：**（输入起点）**

指定下一点或[放弃（U）]：**（输入端点）**

指定下一点或[放弃（U）]：**（输入端点，或回车结束命令）**

指定下一点或[闭合（C）/放弃（U）]:

系统会不停地提示“指定下一点或[放弃（U）]”或“指定下一点或[闭合（C）/放弃（U）]”，提示用户输入端点坐标。因此，用户可以在一次命令执行过程中绘制首尾相接的直线链。用户可以用如下方式响应直线命令提示。

1. 输入回车，结束命令。

2. 输入坐标点，绘制一段直线，注意使用最恰当的坐标输入方式。

3. 当绘制了 2 条以上的直线段后，系统提示由“指定下一点或[放弃(U)]”变为“指定下一点或[闭合（C）/放弃（U）]”，输入字母“C”，将最后一点与起点相连，结束命令。

4. 输入字母“U”，放弃最后一点输入，可以放弃起点输入。

9.2.2 圆

命令：Circle

菜单：设计→圆

快捷键：C

绘制圆使用 Circle 命令，AutoCAD 提供了 5 种画圆方式，分别是“圆心、半径，圆心、直径”，“两点”，“三点”，“相切、相切、半径”；分别与菜单“设计→圆”下的子菜单对应，其中“切点、切点、切点”画圆方式是“三点”方式的特例。

如果从命令行输入 Circle 命令，执行过程中的默认选项为最常用的圆心、半径方式，用户可以输入一点作为圆心，输入一数值作为半径，也可以输入两点，第一点为圆心，第二点为圆周上的点。

9.2.3 矩形

命令：Rectang、AMRectang

菜单：设计→矩形

矩形是闭合的多段线。绘制矩形使用 Rectang 命令，下述过程绘制一个 100×60 的矩形。

```
命令: rectang
指定第一个角点或
[倒角（C）/标高（E）/圆角（F）/厚度（T）/宽度（W）]: 在图形中适当位置拾取一点
指定另一个角点或[面积（A）/尺寸（D）/旋转（R）]:  输入@100，60 后回车
```

如果选择菜单“设计→矩形”，将执行 AMRectang 命令，而不是 Rectang 命令，这两个命令的执行过程有不同之处，但基本功能是相同的。

矩形命令 Rectang 主要选项的简要解释如下。

（1）默认选项是以第一角点和第二角点为顶点绘制一个水平方向的矩形。

（2）“倒角”选项在画出的矩形 4 个角点处绘制倒角，如果矩形长宽不满足绘制倒角的条件，则忽略此选项。

（3）“标高”选项是将矩形放置在指定 z 坐标值的平面上。

（4）“圆角”选项在画出的矩形 4 个角点处绘制圆角，如果矩形长宽不满足绘制圆角的条件，则忽略此选项。

（5）“厚度”选项为绘制的矩形指定厚度，使其称为一个长方体。

（6）“宽度”选项为矩形的 4 条边设定宽度，因为矩形本身就是闭合的多段线。

（7）“面积”选项通过设定面积绘制特定大小的矩形。

（8）“尺寸”选项通过指定长、宽绘制矩形。

（9）“角度”选项通过设定角度绘制特定方向的矩形。

上述选项中，除默认选项外，其余选项很少使用。

9.2.4 多段线

命令：PLine。

菜单：设计→多段线

快捷键：PL

多段线也称复合线，是首尾相接的系列直线段和圆弧，AutoCAD 将它们作为同一实体处理。多段线可以是封闭的，也可以是开放的。

多段线的不同部分可以有不同的宽度，即使是多段线中的同一直线段或弧线段，其首尾宽度也可以不同，由此可以形成非常复杂的图形。

使用多段线可以方便地绘制工程中常见的箭头符号。下述过程绘制一个水平向右的箭头。

```
命令: _pline
指定起点: 在屏幕适当位置拾取一点
当前线宽为 0.0000
指定下一个点或
[圆弧（A）/半宽（H）/长度（L）/放弃（U）/宽度（W）]: 打开正交，光标右移，输入 10，回车
指定下一点或[圆弧（A）/闭合（C）/半宽（H）/长度（L）/放弃（U）/宽度（W）]: 输入 w，回车
指定起点宽度 <0.0000>: 输入 1.5，回车
指定端点宽度 <1.5000>: 输入 0，回车
指定下一点或
[圆弧（A）/闭合（C）/半宽（H）/长度（L）/放弃（U）/宽度（W）]: 光标右移，输入 4，回车
指定下一点或[圆弧（A）/闭合（C）/半宽（H）/长度（L）/放弃（U）/宽度（W）]: 回车，结束命令
```

多段线的另一重要用途是绘制印刷电路板（PCB）导电图形。

9.2.5 文字

命令：DText、MText

菜单：设计→单行文字、多行文字

快捷键：DT、MT

书写文字使用 Dtext 或 MText 命令，分别对应菜单“设计→文字”下的 2 个子菜单项。

在工程图样中，文字用来注释用图形难以表述清楚的内容。AutoCAD 为用户提供了两个书写文字的命令：单行文字和多行文字。

单行文字命令（DText 或 Text）用来书写只有 1 行且无特殊格式要求的文本。在单行文字命令执行过程中，可连续书写多行文字，但每一行文字被作为独立图形对象处理。也可以随时使用鼠标拾取一点，作为一个单行文字的起点。

一般情况下，在书写单行文字前应设置文字样式。

选择菜单“辅助→格式→文字样式→字型”，执行 Style 命令，在弹出的“文字样式”对话框中，可新建新文字样式，将某种文字样式设为当前样式，或对某种文字样式的字体、大小、效果进行设置，如图 9.18 所示。

以 acadiso.dwt 为样板创建的 AutoCAD 图形文档的缺省情况文字样式为 Standard，它使用大字体文件（AutoCAD 定义的矢量文字）gbcbig.shx 作为中文字体，txt.shx 文件作为西文字体。在计算机软硬件处理能力日益强大的今天，一般可以使用操作系统提供的 Truetype 字体，即取消“使用大字体”选项，选择一种 Truetype 字体作为文字样式的字体。当一幅图形文件中含有大量的 Truetype 文字时，系统反应速度可能明显减慢。因此，一般在绘图的最后阶段书写文字。

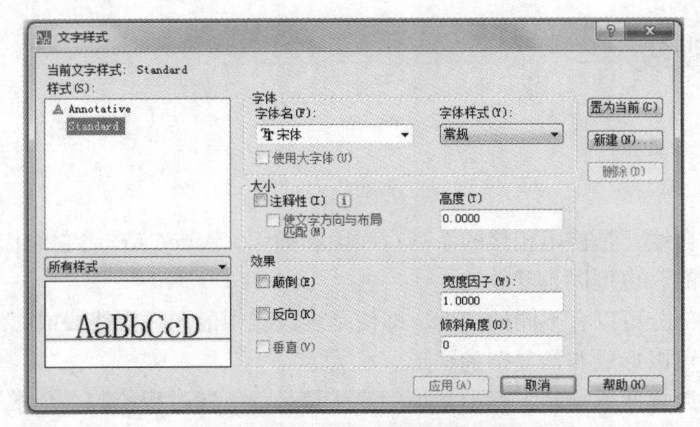

图 9.18　文字样式对话框

缺省情况下，“文字样式”对话框中文字的高度数值被设为 0，这意味着在使用该样式书写单行文字时，AutoCAD 必定提示输入文字高度。如果“文字样式”对话框中设置文字高度不等于 0，则使用该样式书写单行文字时不再提示输入文字高度，而使用该高度数值作为缺省高度。

可以为文字设置颠倒和反向的效果，如图 9.19 所示。

颠倒效果　反向效果

图 9.19　文字颠倒和反向效果

在“文字样式”对话框中还可设置宽度比例因子和倾斜角度，读者可改变其缺省值观察其效果。

AutoCAD 为单行文字提供了 11 种对正方式，其中 9 种对正方式分别对应于单行文字上的 9 个特征点，如图 9.20 所示。

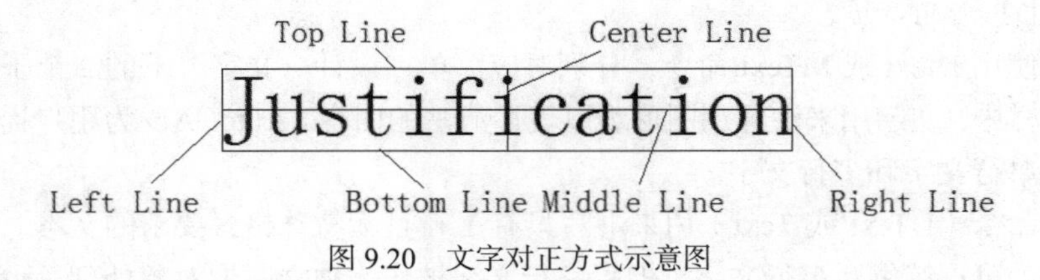

图 9.20　文字对正方式示意图

如图 9.20 所示，可以认为一个单行文字位于一个矩形框内，在这个矩形框内绘制等分矩形的水平线和竖直线，这样就有了 6 根线，分别为 Top Line、Middle Line、Bottom Line、Left Line、Center Line、Right Line。这 6 根线的交点分别记为 TL、TC、TR、ML、MC、MR、BL、BC、MR，分别对应单行文字的 9 种对正方式。所谓对正的含义是，当文字长度发生变化时，输入的文字起点（对正点）是不变的。例如，文字的对正方式为 TR，则当文字长度发生变化时，文字的右上角点位置始终不变。

另外两种对正方式为调整和对齐。

调整的对正方式需指定两点和文字高度，不管文字长短，通过自动调整文字的宽高比使文字始终位于指定两点之间，但文字高度不变。

对齐的对正方式只指定两点，不管文字长短，通过自动调整文字的高度使文字始终位于指定两点之间，文字的宽高比不变。

当文字注释内容分为多行，且有复杂的格式要求时，可使用多行文字命令（MText），使用多行文字命令可以像 Word 一样对文本进行编辑，如图 9.21 所示。

书写多行文字需首先指定一个矩形区域用于编辑文本，在文本编辑过程中，可通过“文字格式”工具条对文字格式进行编辑，也可通过该工具条输入工程图样中特有的特殊字符。

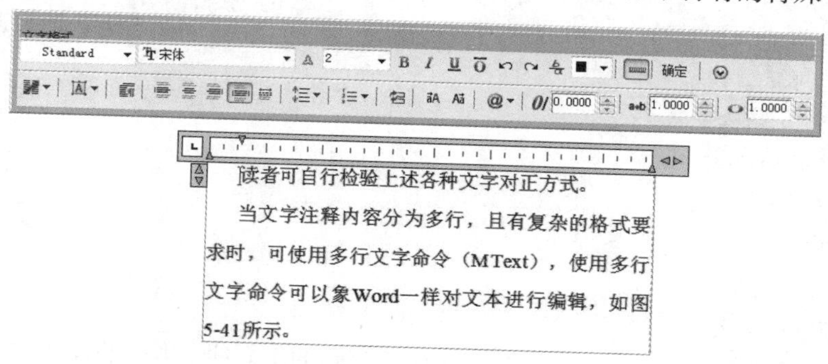

图 9.21　书写多行文字示意图

9.2.6　二维图形绘制实例

在上节中，已经绘制了主要由直线构成的平面图形，本例介绍主要由圆弧组成的平面图形画法，其中用到了下一节介绍的一些编辑命令。

下面绘制图 9.22 所示平面图形。

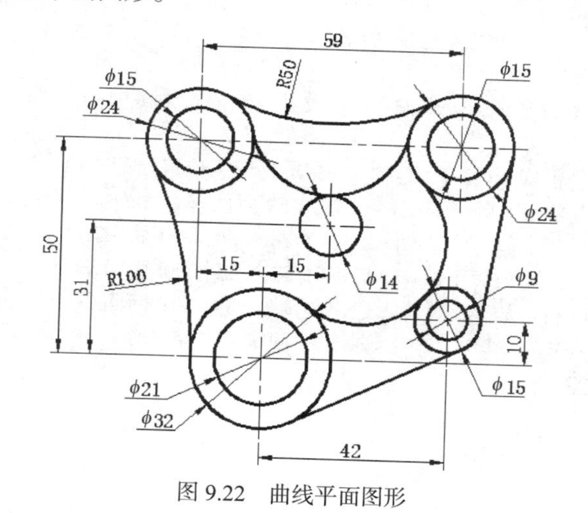

图 9.22　曲线平面图形

1. 绘制圆心点划线

命令：Line

菜单：设计→直线

快捷键：L

命令: _line
指定第一点: 在屏幕适当位置拾取一点
指定下一点或
[放弃（U）]: 打开正交功能，光标右移，当橡皮筋线为水平向右时输入 **10** 后回车

指定下一点或[放弃（U）]: **光标下移，橡皮筋线显示为竖直向下时输入 10 后回车**
指定下一点或[闭合（C）/放弃（U）]: **回车结束命令**

选择其中一条直线，使其端点和中点处出现蓝色夹点，单击中点处的夹点，该夹点变为红色，移动光标，按下述过程操作。

命令:
** 拉伸 **
指定拉伸点或[基点（B）/复制（C）/放弃（U）/退出（X）]: **输入 mid 启动中点捕捉功能（或用其他方式启动该功能，下同）**
于 **捕捉另外一条直线中点**

按 Ecs 键取消选择。

2. 复制中心线

命令：Copy
菜单：修改→复制
快捷键：CO 或 CP

根据图 9.22 所示各圆的中心位置，复制生成所有圆的中心线。下面的操作过程假设动态输入功能处于打开状态，否则应在各坐标点对前加输@。

命令: _copy
选择对象: **选择一条直线**
找到 1 个
选择对象: **选择另外一条直线**
找到 1 个，总计 2 个
选择对象: **回车，结束选择**
当前设置: 复制模式=多个

（注意，如果复制模式不是多个，应先输入 o，设置复制模式为多个后再执行下面的操作）

指定基点或[位移（D）/模式（O）]<位移>: **在屏幕任意位置拾取一点**
指定第二个点或 <使用第一个点作为位移>: **输入 59 后回车**
指定第二个点或[退出（E）/放弃（U）]<退出>: **输入 30，-19 后回车**
指定第二个点或[退出（E）/放弃（U）]<退出>: **输入 15，-50 后回车**
指定第二个点或[退出（E）/放弃（U）]<退出>: **输入 57，-40 后回车**
指定第二个点或[退出（E）/放弃（U）]<退出>: **回车，结束命令**

现在的图形如图 9.23 所示。

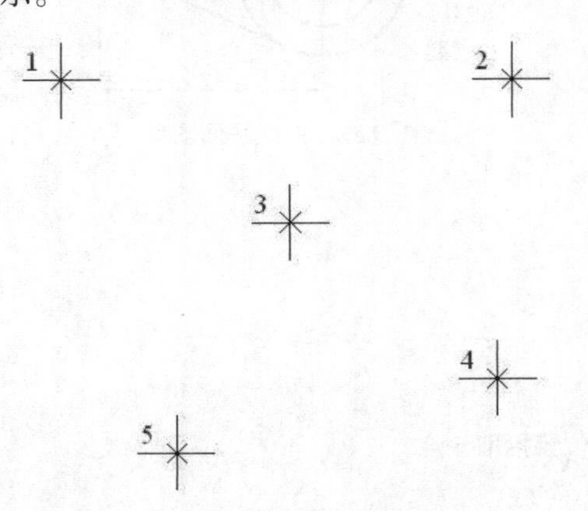

图 9.23

3. 绘制圆

命令：Circle

菜单：设计→圆→圆心、半径

快捷键：C

执行过程参考图 9.23 所示输入点。

命令: _circle
指定圆的圆心或[三点（3P）/两点（2P）/切点、切点、半径（T）]: **输入 int，启动交点捕捉功能**
于 捕捉点 1
指定圆的半径或[直径（D）]: **输入 12 后回车**

命令: **回车，重复画圆命令**
CIRCLE
指定圆的圆心或[三点（3P）/两点（2P）/切点、切点、半径（T）]: **输入 int，启动交点捕捉功能**
于 捕捉点 1
指定圆的半径或[直径（D）] <12.0000>: **输入 7.5 后回车**

命令: **回车，重复画圆命令**
CIRCLE
指定圆的圆心或[三点（3P）/两点（2P）/切点、切点、半径（T）]: **输入 int，启动交点捕捉功能**
于 捕捉点 2
指定圆的半径或[直径（D）] <7.5000>: **回车，采用缺省半径**

命令: **回车，重复画圆命令**
CIRCLE
指定圆的圆心或[三点（3P）/两点（2P）/切点、切点、半径（T）]: **输入 int，启动交点捕捉功能**
于 捕捉点 2
指定圆的半径或[直径（D）] <7.5000>: **输入 12 后回车**

命令: **回车，重复画圆命令**
CIRCLE
指定圆的圆心或[三点（3P）/两点（2P）/切点、切点、半径（T）]: **输入 int，启动交点捕捉功能**
于 捕捉点 3
指定圆的半径或[直径（D）] <12.0000>: **输入 7 后回车**

命令: **回车，重复画圆命令**
CIRCLE
指定圆的圆心或[三点（3P）/两点（2P）/切点、切点、半径（T）]: **输入 int，启动交点捕捉功能**
于 捕捉点 4
指定圆的半径或[直径（D）] <7.0000>: **输入 10.5 后回车**

命令: **回车，重复画圆命令**
CIRCLE
指定圆的圆心或[三点（3P）/两点（2P）/切点、切点、半径（T）]: **输入 int，启动交点捕捉功能**
于 捕捉点 4
指定圆的半径或[直径（D）] <10.5000>: **输入 16 后回车**

命令: **回车，重复画圆命令**

CIRCLE
指定圆的圆心或[三点（3P）/两点（2P）/切点、切点、半径（T）]: **输入 int，启动交点捕捉功能**
于 **捕捉点 5**
指定圆的半径或[直径（D）] <16.0000>: **输入 4.5 后回车**

命令: **回车，重复画圆命令**
CIRCLE
指定圆的圆心或[三点（3P）/两点（2P）/切点、切点、半径（T）]: **输入 int，启动交点捕捉功能**
于 **捕捉点 5**
指定圆的半径或[直径（D）] <4.5000>: **输入 7.5 后回车**

现在的图形如图 9.24 所示。

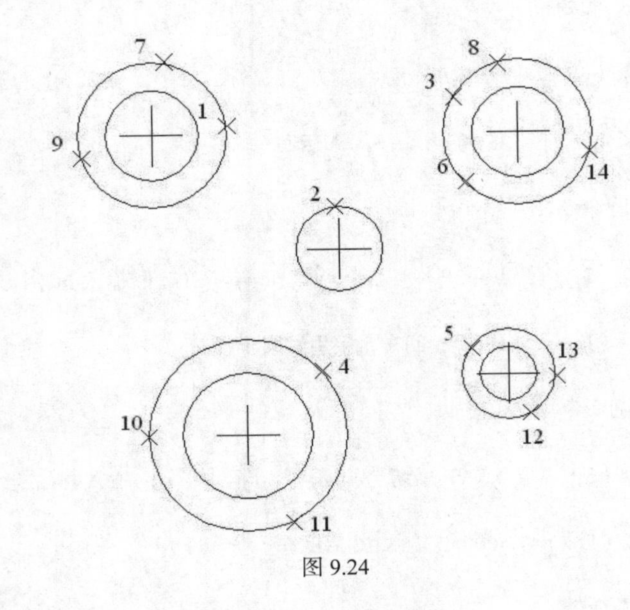

图 9.24

4. 绘制公切圆

命令：Circle

菜单：设计→圆→相切、相切、相切

快捷键：C

下面过程中的两次画圆命令都必须选择菜单“设计→圆→相切、相切、相切”，切点捕捉功能由系统自动启动，操作过程参照图 9.24 输入点。

命令: _circle
指定圆的圆心或[三点（3P）/两点（2P）/切点、切点、半径（T）]: _3p
指定圆上的第一个点: _tan 到 **拾取点 1**
指定圆上的第二个点: _tan 到 **拾取点 2**
指定圆上的第三个点: _tan 到 **拾取点 3**

命令: _circle
指定圆的圆心或[三点（3P）/两点（2P）/切点、切点、半径（T）]: _3p
指定圆上的第一个点: _tan 到 **拾取点 4**
指定圆上的第二个点: _tan 到 **拾取点 5**
指定圆上的第三个点: _tan 到 **拾取点 6**

绘制完成的公切圆如图 9.25 所示。

5. 绘制公切圆弧

命令：AMFillet2d

菜单：修改→圆角

操作过程参照图 9.24 所示输入点。

命令: amfillet2d

（标注模式:关）（修剪模式）当前圆角半径=10

选择第一个对象或[多段线（P）/设置（S）/添加标注（D）]: <设置>**输入 s 后回车**

在“圆角”对话框中设置圆角半径为 50

（标注模式:关）（修剪模式）当前圆角半径=50

选择第一个对象或[多段线（P）/设置（S）/添加标注（D）]: <设置> **拾取点 7**

选择第二个对象或<按回车键表示多段线>: **拾取点 8**

（标注模式:关）（修剪模式）当前圆角半径=50

选择第一个对象或[多段线（P）/设置（S）/添加标注（D）]: <设置>**输入 s 后回车**

在“圆角”对话框中设置圆角半径为 100

（标注模式:关）（修剪模式）当前圆角半径=100

选择第一个对象或[多段线（P）/设置（S）/添加标注（D）]: <设置> **拾取点 9**

选择第二个对象或<按回车键表示多段线>: **拾取点 10**

（标注模式:关）（修剪模式）当前圆角半径=100

选择第一个对象或[多段线（P）/设置（S）/添加标注（D）]: <设置> **按 Esc 键结束命令**

6. 绘制公切线

命令：Line

菜单：设计→直线

快捷键：L

操作过程参照图 9.24 所示输入点。

命令: _line

指定第一点: **输入 tan 启动切点捕捉功能**

到 **拾取点 11**

指定下一点或[放弃（U）]: **输入 tan 启动切点捕捉功能**

到 **拾取点 12**

指定下一点或[放弃（U）]: **回车，结束命令**

命令: **回车，重复画圆命令**

LINE

指定第一点: **输入 tan 启动切点捕捉功能**

到 **拾取点 13**

指定下一点或[放弃（U）]: **输入 tan 启动切点捕捉功能**

到 **拾取点 14**

指定下一点或[放弃（U）]: **回车，结束命令**

现在的图形如图 9.25 所示。

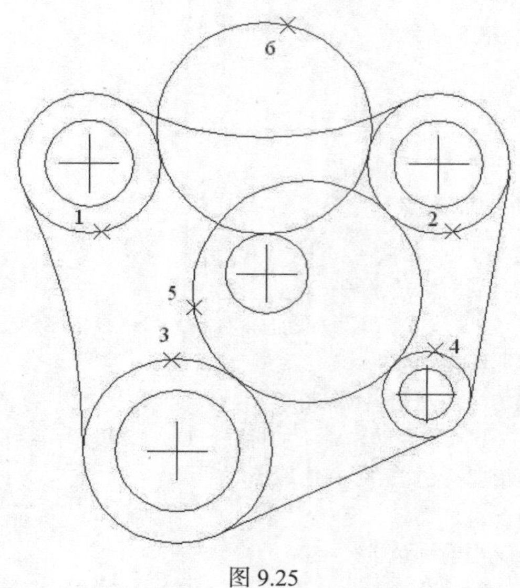

图 9.25

7. 修剪图线

命令：Trim

菜单：修改→修剪

快捷键：TR

执行过程参照图 9.25 所示选择图线。

```
命令: _trim
当前设置:投影=UCS，边=无
选择剪切边...
选择对象或 <全部选择>: 拾取点 1
找到 1 个

选择对象: 拾取点 2
找到 1 个，总计 2 个
选择对象: 拾取点 3
找到 1 个，总计 3 个
选择对象: 拾取点 4
找到 1 个，总计 4 个
选择对象: 回车，结束选择

选择要修剪的对象，或按住 Shift 键选择要延伸的对象，或
[栏选（F）/窗交（C）/投影（P）/边（E）/删除（R）/放弃（U）]: 拾取点 5
选择要修剪的对象，或按住 Shift 键选择要延伸的对象，或
[栏选（F）/窗交（C）/投影（P）/边（E）/删除（R）/放弃（U）]: 拾取点 6
选择要修剪的对象，或按住 Shift 键选择要延伸的对象，或
[栏选（F）/窗交（C）/投影（P）/边（E）/删除（R）/放弃（U）]: 回车，结束命令
```

8. 拉长中心线

命令：Scale

菜单：修改→比例缩放→比例缩放

对每一个圆的中心线执行下面的操作，使其超出圆周一定长度，以适应工程制图规范。

命令: _scale
选择对象: **选择一组中心线**
选择对象：　**回车，结束选择**
指定基点: **输入 int，启动交点捕捉功能**
于 **捕捉该组中心线交点**
指定比例因子或[复制（C）/参照（R）] <1.0000>: **关闭对象捕捉功能，移动光标，当十字中心线超出圆周边界适当长度后按左键**

9. 修改图线特性

命令：Properties

菜单：修改→特性→特性

按下述步骤修改图线特性：

（1）使用 Linetype 命令加载线型；

（2）执行 Layer 命令，利用“图层特性管理器”对话框创建名为 Solid 和 Center 的图层，分别用来绘制粗实线和点划线，分别设置其线宽为 0.3 和默认，线型为 Continuous 和 Center2；

（3）执行 Properties 命令显示“特性”窗口；

（4）选择所有轮廓线，利用特性窗口将其图层特性改为 Solid；

（5）按 Esc 键取消所有选择，再选择图中所有应该显示为点划线的直线段，修改其图层特性为 Center。如果点划线显示效果不理想，可用 Ltscale 修改其线型比例。

编辑完成的图形应如图 9.22 所示。

9.3　常用二维图形编辑命令

Mechanical Desktop 提供了大量的二维图线编辑命令，如修剪、圆角、延伸、修改特性、删除等，这些命令位于修改菜单。本节介绍 AutoCAD 常用二维图线编辑命令，这些命令也是构建三维实体模型草图必需的。

9.3.1　构造选择集

修改图形对象时，AutoCAD 提供 2 种操作模式：先选择对象，再执行命令；或者先执行命令，再选择对象。

如执行删除操作时，可先选择欲删除的对象，然后选择菜单“修改→删除→清除”，执行 Erase 命令，被选择的对象就被删除。也可以先选择菜单“修改→删除→清除”，执行 Erase 命令，AutoCAD 在将在命令行显示“选择对象:”，提示用户选择欲删除的对象。

不同的修改命令对于选择对象的处理方式是不同的。大多数修改命令只需构造一个选择集，如删除、移动、复制等命令。但是也有的命令需要构造 2 个以上的选择集，如修剪、延伸命令，就需要先构造一个选择集作为剪切边或延伸边界，因为只有这样才能实现图线的修剪或延伸。在这种情况下，用户的预选对象作为剪切边或延伸边界使用。

几乎所有的修改命令都需要选择被修改的对象。准确且快速地选择图形对象对于提高绘图效率，降低错误发生的几率是十分重要的。为此 AutoCAD 提供了多种构造选择集的方法。所谓选择集，此处指用户响应“选择对象:”提示而选择的图形对象的集合。

构造选择集的各种方法隐含在“选择对象:”提示中，一般情况下是不显示的，但是用户可以如同响应所有其他命令一样直接输入这些选项指导 AutoCAD 按用户要求完成操作。

显示构造选择集的方法是在“选择对象:”提示下输入“？”，然后回车，参见下述过程。

选择对象: **输入?后回车**

无效选择

需要点或窗口（W）/上一个（L）/窗交（C）/框（BOX）/全部（ALL）/栏选（F）/圈围（WP）/圈交（CP）/编组（G）/添加（A）/删除（R）/多个（M）/前一个（P）/放弃（U）/自动（AU）/单个（SI）/子对象（SU）/对象（O）

选择对象:

下面介绍常用的几种构造选择集的方法。

（1）点选：对应“需要点”选项，即将光标移动到图形对象上按左键选择该对象。

（2）上一个(L)：最后生成的图形对象。

（3）窗口(W)：使用“窗口”方式响应“选择对象:”提示的方法是先将光标移到屏幕空白处按一下左键拾取一点，再将光标右移，可以看到一个动态的细实线显示的矩形框，这个矩形框的一个角点就是刚才拾取的点，另一个角点位于当前光标处，如果此时按下左键，则只有全部被这个矩形框包围的图线才被选中，如图 9.26 所示。在图 9.26 中，只有 4 条短直线被选中。这种方式一般称为“窗选”。

（4）窗交(C)：使用“窗交”方式响应“选择对象:”提示的方法是先将光标移到屏幕空白处按一下左键拾取一点，再将光标左移，可以看到一个动态的虚线显示的矩形框，这个矩形框的一个角点就是刚才拾取的点，另一个角点位于当前光标处，如果此时按下左键，则任何全部或部分位于这个矩形框中的图线都被选中，如图 9.27 所示。在图 9.27 中，不仅全部被矩形框包围的 4 条短直线被选中，另外 5 条长直线也被选中。这种方式一般称为“交叉窗口”。

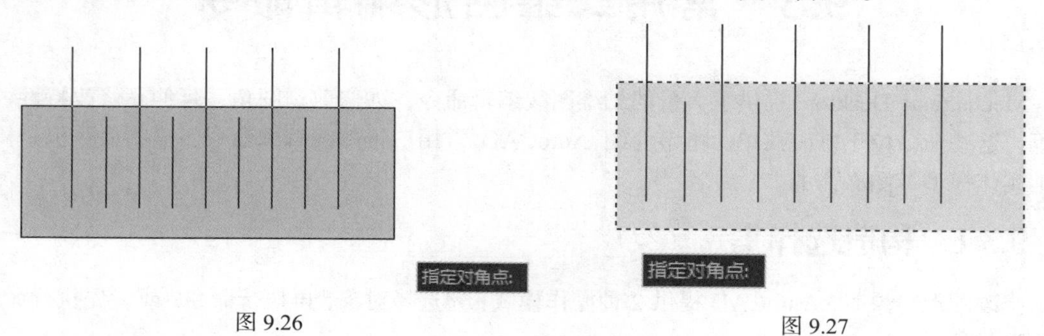

图 9.26　　　　图 9.27

（5）全部(ALL)：该选项选择当前图形中的所有对象（但冻结和锁定图层上图线例外）。如果当前操作涉及当前图形中的大多数对象，就可以用“ALL”响应“选择对象:”提示，然后用下面所述的方法剔除不需要的少数对象。

（6）删除(R)：使用“R”响应“选择对象:”提示，表示从当前选择集中移除不需要的对象。如可以先用“ALL”响应“选择对象:”提示，选择全部图形对象，然后继续用“R”响应“选择对象:”提示，可以从选择集中剔除少部分对象。

（7）添加(A)：与删除（R）选项相反，该选项使用户可以添加新对象到当前选择集中。

（8）前一个(P)：选择前一个编辑命令执行过程中选择的对象。如选择某些对象完成一次复制操作后，立即执行移动命令，在“选择对象:”提示下，输入 P 进行响应，AutoCAD 就选择上一次复制命令中选择的那些对象。前一个选择集不是一定存在的，如果前一次执行的是删除命令，就不存在前一个选择集，因为选择集中的对象已被删除，选择集空了。

9.3.2　删除

命令：Erase

菜单：修改→删除→清除

快捷键：E

在 Autodesk Mechanical Desktop 2009 中，有多种方式删除对象，用户可以选择下述方法之一删除对象，实际上，所有方法都是执行删除命令 Erase。

（1）选择欲删除的图线后，单击鼠标右键，在快捷菜单中选择“删除”。

（2）选择欲删除的图线后，按键盘上的 Delete 键。

（3）选择欲删除的图线后，输入字母“e”回车。

（4）选择菜单“修改→删除→清除”，然后选择欲删除的对象。

9.3.3　复制

命令：Copy

菜单：修改→复制

快捷键：CO、CP

复制命令是创建已有图形对象的副本，与“编辑”菜单中的“复制”命令是不同的，后者是将选定的图形对象复制到剪贴板（计算机临时分配的内存区域）。

复制命令的一般过程如下。

```
命令: _copy
选择对象:（选择欲复制的对象）
选择对象:（回车，结束选择）
当前设置: 复制模式=多个
指定基点或[位移（D）/模式（O）] <位移>:（指定基点）
指定第二个点或 <使用第一个点作为位移>:（指定第二点）
```

如果在命令执行前选择了图形对象，则复制命令执行过程中不再提示选择对象。

用户应根据需要设置复制模式，一般应保持复制模式为“多个”。

应灵活运用对象捕捉模式实现精确复制。

可使用界标编辑功能实现复制命令功能。

图形间的图形对象复制可使用剪贴板操作。

9.3.4　镜像

命令：Mirror

菜单：修改→镜像

镜像命令绕指定轴翻转对象创建对称的镜像图像。

镜像对创建对称的对象非常有用，因为可以快速地绘制半个对象，然后将其镜像，而不必绘制整个对象。

镜像命令的执行过程中需指定两点，以设定镜像线。可以选择是删除原对象还是保留原对象。其一般执行过程如下（见图 9.28）。

```
命令：_mirror
选择对象:（选择欲镜像的图形对象）
```

```
选择对象:
指定镜像线的第一点:
指定镜像线的第二点:
要删除源对象吗? [是（Y）/否（N）] <N>:
```

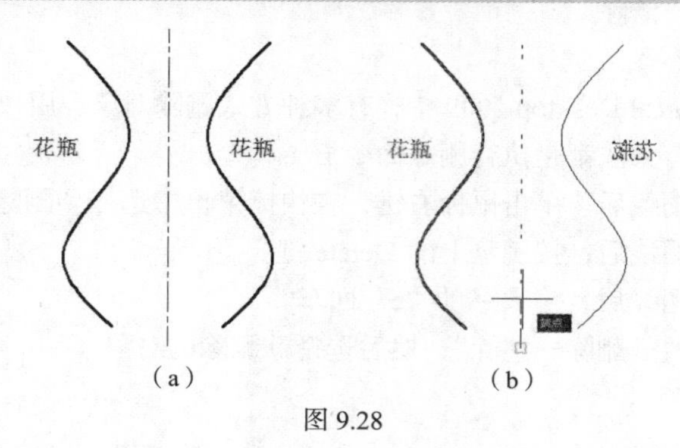

（a）　　　　（b）

图 9.28

默认情况下，镜像文字、属性和属性定义时，它们在镜像图像中不会反转或倒置（见图 9.28（a））。文字的对齐和对正方式在镜像对象前后相同。如果确实要反转文字，请将 MIRRTEXT 系统变量设置为 1，反转文字的效果如图 9.28（b）所示。

```
命令: mirrtext
输入 MIRRTEXT 的新值 <0>: 1
```

9.3.5　比例缩放

命令：Scale

菜单：修改→比例缩放→比例缩放

使用比例缩放命令，可以将对象按统一比例放大或缩小。缩放对象时应指定基点和比例因子。比例因子大于 1 时将放大对象。比例因子介于 0 和 1 之间时将缩小对象。

在实际应用中，经常需要采用放大的或缩小的比例绘制工程图样，这是因为受到图纸幅面大小、图形的复杂程度等因素限制的缘故。然而在使用 CAD 工具绘制工程图样的过程中，不应该使用放大或缩小的比例，而应该使用 1：1 的方法绘制，这样做的好处是，用户不需要进行长度换算。当图形绘制完成后（建议在标注尺寸之前），使用比例缩放命令（Scale）对整个图样进行放大或缩小，使其能够合理地布置绘制在指定幅面的图纸上。

在绘图比例不是 1：1 的工程图样中，标注尺寸时应设置合适的测量单位比例因子。

9.3.6　修剪

命令：Trim

菜单：修改→修剪

快捷键：TR

修剪命令使图线精确地终止于由其他图形对象定义的边界。

在修剪命令执行过程中，对象既可以作为剪切边，也可以是被修剪的对象。

修剪对象的一般步骤如下。

（1）选择菜单“修改→修剪”，启动 Trim 命令。

（2）选择作为剪切边的对象。要选择所有显示的对象作为可能剪切边，按 Enter 键而不选择任何对象。

（3）选择要修剪的对象。

9.3.7 圆角

命令：AMFillet2d

菜单：修改→圆角

圆角使用于对象相切并且具有指定半径的圆弧连接两个对象，如图 6-25 所示。

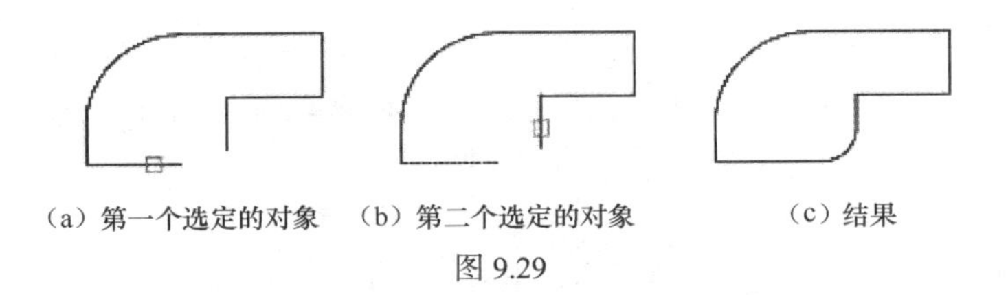

（a）第一个选定的对象　（b）第二个选定的对象　（c）结果

图 9.29

圆角命令的一般操作过程如下。

选择菜单“修改→圆角”，执行 AMFFillet2d 命令。

命令: amfillet2d

（标注模式:关）（修剪模式）当前圆角半径=10

选择第一个对象或[多段线（P）/设置（S）/添加标注（D）]: <设置>

如果欲创建的圆角半径不等于缺省半径，可输入 s 后回车，或直接回车，通过“圆角”对话框设置圆角半径，或设置其他选项

（标注模式:关）（修剪模式）当前圆角半径=100

选择第一个对象或[多段线（P）/设置（S）/添加标注（D）]: <设置> **选择第一个对象**

选择第二个对象或<按回车键表示多段线>: **选择第二个对象，或回车**

（标注模式:关）（修剪模式）当前圆角半径=100

选择第一个对象或[多段线（P）/设置（S）/添加标注（D）]: <设置> **可继续创建圆角，或回车设置圆角半径，或按 Esc 键结束命令**

圆角半径是连接被圆角对象的圆弧半径。修改圆角半径将影响后续的圆角操作。如果设置圆角半径为 0，则被圆角的对象将被修剪或延伸直到它们相交，并不创建圆弧，如图 9.30 所示。

可以使用“修剪”选项（在“圆角”对话框中设置）指定是否修剪选定对象、将对象延伸到创建的弧的端点，或不作修改，如图 9.31 所示。

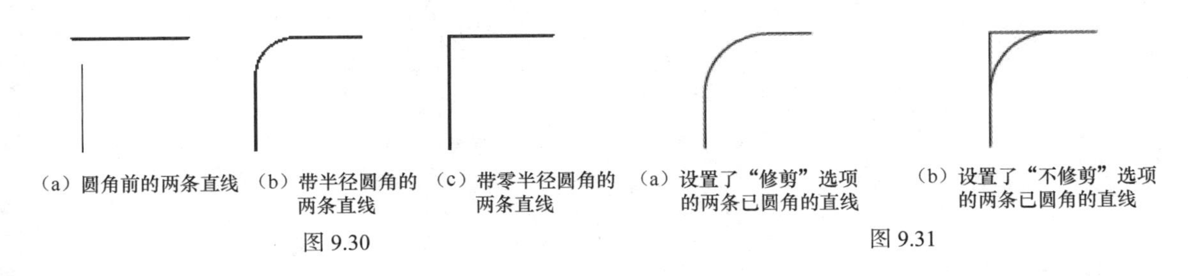

（a）圆角前的两条直线　（b）带半径圆角的两条直线　（c）带零半径圆角的两条直线

图 9.30

（a）设置了“修剪”选项的两条已圆角的直线　（b）设置了“不修剪”选项的两条已圆角的直线

图 9.31

由于指定的位置不同，会产生不同的圆角，AutoCAD 保留用户选择对象时选择的部分，如图 9.32 所示。

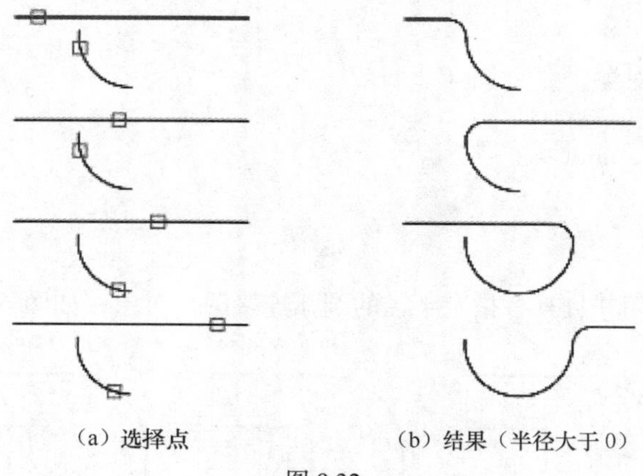

（a）选择点　　（b）结果（半径大于 0）

图 9.32

可以为平行直线圆角，AutoCAD 临时调整当前圆角半径以创建与两个对象相切且位于两个对象的共有平面上的圆弧，如图 9.33 所示。

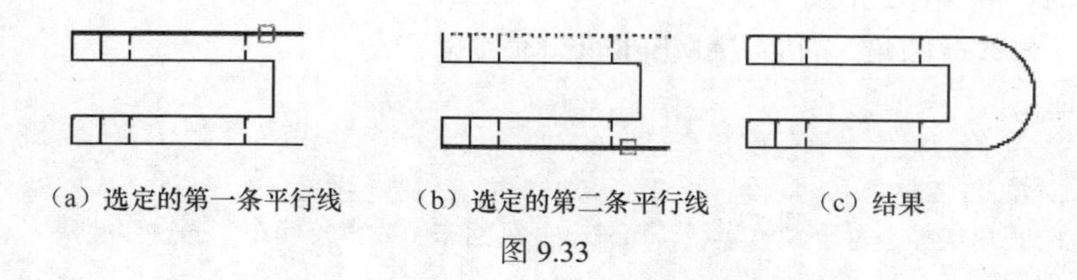

（a）选定的第一条平行线　　（b）选定的第二条平行线　　（c）结果

图 9.33

AutoCAD 可以创建圆或椭圆与其他图线的圆角，但是不修剪圆或椭圆，如图 9.34 所示。

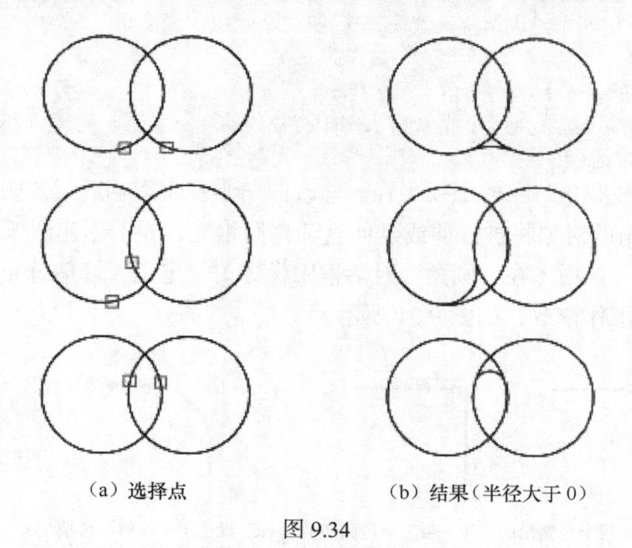

（a）选择点　　（b）结果（半径大于 0）

图 9.34

9.3.8 偏移

命令：AMOffset

菜单：修改→偏移

偏移命令创建与原始对象平行的新对象。偏移圆或圆弧可以创建更大或更小的圆或圆弧，取决于向哪一侧偏移。可以偏移直线、圆弧、圆、椭圆和椭圆弧、二维多段线、构造线（参照线）和射线、样条曲线。

偏移命令的一般执行过程如下。

```
命令: amoffset
模式=普通
指定偏移距离或[通过（T）/模式（M）] <10|20|30>: 指定偏移距离
选择要偏移的对象或<退出>: 选择偏移对象
在要偏移的一侧指定点:

选择要偏移的对象或<退出>: 可以继续偏移对象，也可以输入回车，结束命令
```

可以使用两种方法指定偏移生成的新对象位置：以指定的距离偏移对象、使偏移对象通过一点。

1. 以指定的距离偏移对象

（1）选择“修改→偏移”，执行 AMOffset 命令。

（2）指定偏移距离：可以输入值或使用光标指定值。

（3）选择要偏移的对象。

（4）指定要放置新对象的一侧上的一点。

（5）选择另一个要偏移的对象，或按 Enter 键结束命令。

2. 使偏移对象通过一点

（1）选择“修改→偏移”，执行 Offset 命令。

（2）输入 t（通过点）。

（3）选择要偏移的对象。

（4）指定通过点。

（5）选择另一个要偏移的对象，或按 Enter 键结束命令。

9.3.9　快速编辑图线

使用界标（或称夹点）可以快速编辑相应的图形。

在“命令”提示下（即没有执行任何命令时）选择任何图形对象，均会在图形对象相应位置上出现蓝色正方形小框，称为界标或夹点。用光标选择这些界标，界标变成红色，然后移动光标到新的位置，按下鼠标左键，可以实现图形的快速编辑。确定界标新位置时可使用 AutoCAD 提供的任意一种点输入方法。

选择界标时按住键盘上的 Shift 键，可同时选择多个界标，选中的界标以红色显示。选择了多个界标后，松开 Shift 键，再选择其中的任意一个红色界标，可实现对多个对象的同时编辑。

图形对象通过界标编辑后，界标依然保留，可继续使用界标编辑。按键盘上的 Esc 键可以清除所有界标。

不同图形对象的界标位置和数量是不同的。下面归纳常用图形对象的界标位置和数量，以及可实现的编辑内容。

1. 直线

选择直线，AutoCAD 在直线的两个端点和中点处显示 3 个界标。选择端点处界标可以改变端点位置，选择中点处界标可以移动直线。选择界标后移动光标位置时，按下键盘上的 Ctrl 键，再按下鼠标左键，可以保留原直线，实现复制功能，如图 9.35 所示。

2. 圆

选择圆，AutoCAD 在圆心和四个象限点上显示 4 个界标。选择圆心界标可移动或复制圆，选择象限点界标，可改变圆的半径或创建同心圆，如图 9.36 所示。

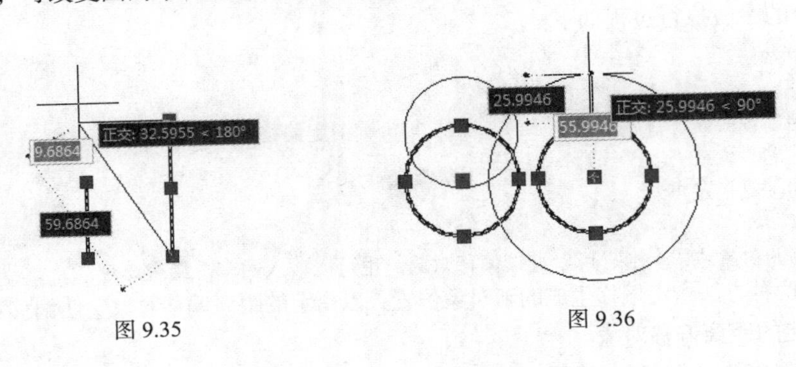

图 9.35　　图 9.36

3. 圆弧

被选择的圆弧上会出现 7 个界标，分别是位于圆心、圆弧端点、中点处的 4 个方形界标和位于圆弧端点、中点处 3 个三角形界标，如图 9.37 所示。

选择圆心处界标可移动或复制圆弧。

选择端点处方形界标改变该端点位置，圆弧半径、圆心位置都发生改变。

选择圆弧中点处方形界标，改变圆弧半径，圆心位置发生变化。

选择圆弧端点处三角形界标，仅改变该端点位置，圆弧半径、圆心、另外一个端点均不变，用该方法可方便地延长圆弧，如图 9.37 所示。

选择圆弧中点处三角形界标，可改变圆弧半径，圆弧角度保持不变。

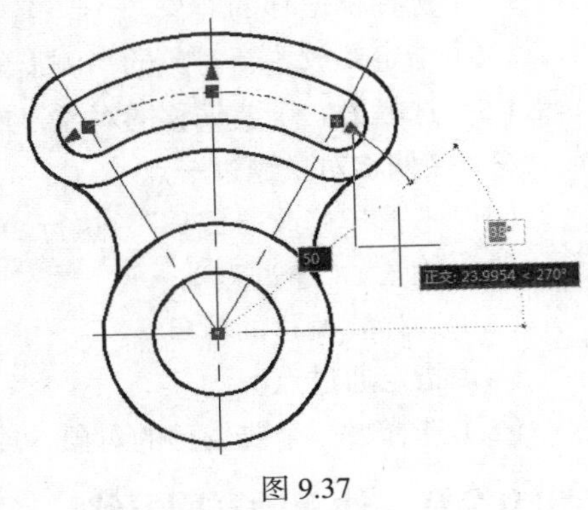

图 9.37

4. 单行文字

单行文字在文字的左下角点和对正点（书写文字时的输入点）显示 2 个界标，这两个界标的作用是相同的。

灵活运用界标编辑方式可非常方便地对图形进行快速编辑，图 9.38 显示了运用界标将（a）图编辑成（b）图的情形。

（1）选择图 9.38（a）所示的 4 条直线。

（2）按住 Shift 键，选择界标 G1、G2，这 2 个界标变为红色，松开 Shift 键，选择这 2 个红色界标中的一个，移动光标，捕捉该光标所在直线与圆的上交点，完成竖直线下端点移动。

（3）按住 Shift 键，选择界标 G3、G4，这 2 个界标变为红色，松开 Shift 键，选择这 2 个红色界标中的一个，移动光标，捕捉该光标所在直线与水平线的交点，完成竖直线上端点移动。

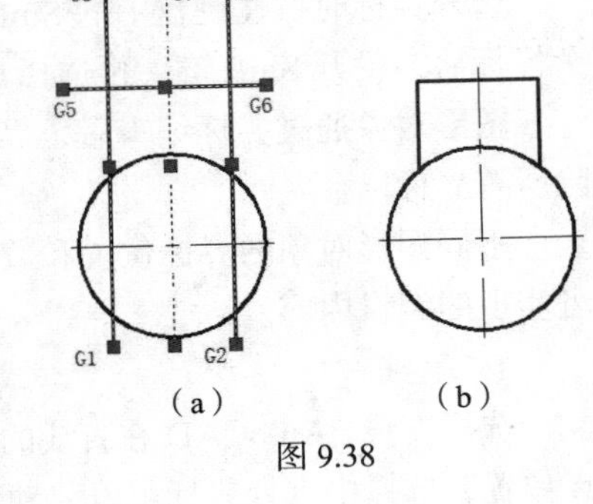

图 9.38

（4）分别选择界标 G5、G6，移动光标，捕捉水平线与相应竖直线交点。

（5）关闭对象捕捉功能，选择点划线界标 G7，光标下移到水平线上方少许时按下左键，完成编辑。

（6）按 Esc 键，图形应显示为 9.38（b）所示形状。

使用界标可以完成移动、复制、修剪、延伸、偏移、旋转等命令的功能，在使用界标编辑的过程中应灵活运用对象捕捉、正交等功能。

9.3.10　图形特性

命令：Properties

菜单：修改→特性→特性

快捷键：Ctrl +1

修改图形特性使用 Properties 命令在“特性”窗口中进行。可以一次修改多个实体的特性，但此时只能修改图层、颜色、线型等图形实体的共有特性。如果一次只选择一个实体，则同时还可以修改图形实体的点位性质，如直线的端点，圆的圆心、半径等，从而改变实体的大小。

9.3.11　二维图形编辑实例

绘制编辑图 9.39 所示的二维平面图形，该图形在下一节中将作为截面轮廓使用。

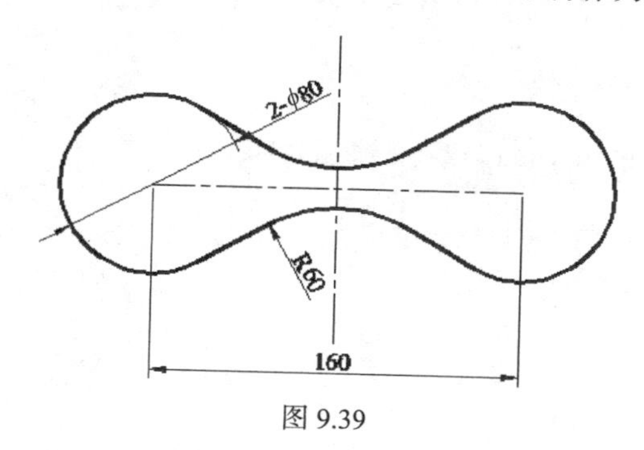

图 9.39

1. 绘制圆

命令：Circle

菜单：设计→圆→圆心、半径

快捷键：C

命令：_circle
指定圆的圆心或[三点（3P）/两点（2P）/切点、切点、半径（T）]: **在屏幕适当位置拾取一点**
指定圆的半径或[直径（D）]：**输入 40 后回车**

2. 复制圆

命令：Copy

菜单：修改→复制

快捷键：CO、CP

命令: _copy
选择对象: **选择半径为 40 的圆**
找到 1 个
选择对象: **回车，结束选择**
当前设置:　复制模式=多个

指定基点或[位移（D）/模式（O）] <位移>: **在屏幕任意位置拾取一点**
指定第二个点或
<使用第一个点作为位移>: **打开正交功能，光标右移，当橡皮筋线水平向右时输入 160，回车**
指定第二个点或[退出（E）/放弃（U）] <退出>: **回车，结束命令**

现在的图形如图 9.40（a）所示。

3. 绘制公切线

命令：Line
菜单：设计→直线
快捷键：CO、CP
操作过程按图 9.40（a）所示输入点。

命令:_ line
指定第一点: **输入 tan 启动切点捕捉功能**
到 **拾取点 1**
指定下一点或[放弃（U）]: **输入 tan 启动切点捕捉功能**
到 **拾取点 2**
指定下一点或[放弃（U）]: **回车，结束命令**

命令: **回车，重复执行画直线命令**
LINE
指定第一点: **输入 tan 启动切点捕捉功能**
到 **拾取点 3**
指定下一点或[放弃（U）]: **输入 tan 启动切点捕捉功能**
到 **拾取点 4**
指定下一点或[放弃（U）]: **回车，结束命令**

绘制完成的直线如图 9.40（b）所示。

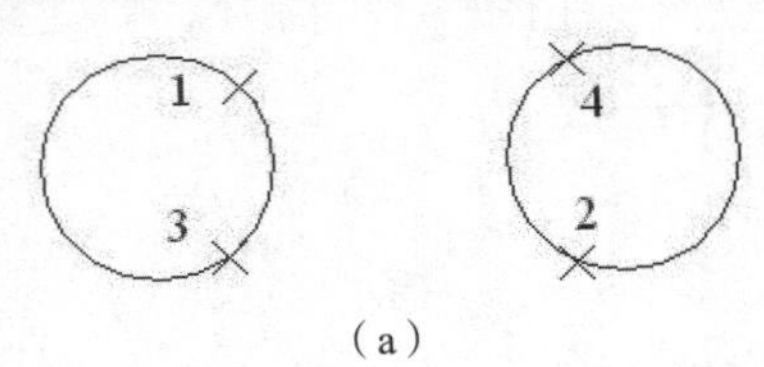

（a）

1 2

（b）

图 9.40

4. 创建圆角

命令：AMFillet2d
菜单：修改→圆角
执行过程参照图 9.40（b）所示选择图线。

命令: amfillet2d
（标注模式:关）（修剪模式）当前圆角半径=10
选择第一个对象或[多段线（P）/设置（S）/添加标注（D）]: <设置> **回车**

在“圆角”对话框中，设置圆角半径为 60，选择“确定”按钮

（标注模式:关）（修剪模式）当前圆角半径=60
选择第一个对象或[多段线（P）/设置（S）/添加标注（D）]: <设置> **拾取点 1**
选择第二个对象或<按回车键表示多段线>: **拾取点 2**
选择对象以创建原始长度: **回车，结束命令**

现在的图形如图 9.41（a）所示。

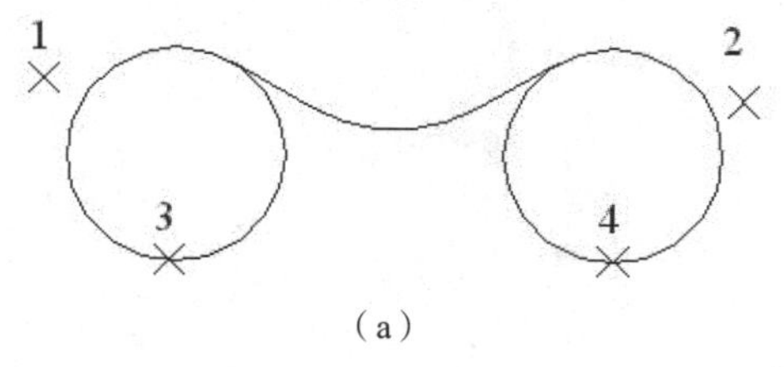

（a）

1
2

（b）

图 9.41

5. 镜像图形

命令：Mirror

菜单：修改→镜像

操作过程参照图 9.41（a）所示输入点。

命令: _mirror
选择对象: **拾取点 1（注意：点 1 一定要在屏幕空白处）**
指定对角点: **拾取点 2**
找到 3 个
选择对象: **回车，结束选择**
指定镜像线的第一点: **输入 cen 启动圆心捕捉功能**
于 **拾取点 3**
指定镜像线的第二点: **输入 cen 启动圆心捕捉功能**
于 **拾取点 4**
要删除源对象吗? [是（Y）/否（N）] <N>: **回车，结束命令**

6. 修剪图线

命令：Trim

菜单：修改→修剪

快捷键：TR

操作过程参考图 9.41（b）所示选择图线。

命令: _trim
当前设置:投影=UCS，边=无
选择剪切边...
选择对象或 <全部选择>: **回车，选择全部图线**
选择要修剪的对象，或按住 Shift 键选择要延伸的对象，或
[栏选（F）/窗交（C）/投影（P）/边（E）/删除（R）/放弃（U）]: **拾取点 1**
选择要修剪的对象，或按住 Shift 键选择要延伸的对象，或
[栏选（F）/窗交（C）/投影（P）/边（E）/删除（R）/放弃（U）]: **拾取点 2**
选择要修剪的对象，或按住 Shift 键选择要延伸的对象，或
[栏选（F）/窗交（C）/投影（P）/边（E）/删除（R）/放弃（U）]: **回车，结束命令**

7. 绘制直线

命令：Line

菜单：设计→直线

快捷键：L

命令: _line
指定第一点: **输入 cen 启动圆心捕捉功能**
于 **在左侧圆周上拾取一点**

指定下一点或[放弃（U）]: **输入 cen 启动圆心捕捉功能**
于 **在右侧圆周上拾取一点**
指定下一点或[放弃（U）]: **回车，结束命令**

命令: **回车，重复画直线命令**
LINE
指定第一点: **输入 cen 启动圆心捕捉功能**
于 **在中间上方圆弧上拾取一点**
指定下一点或[放弃（U）]: **输入 cen 启动圆心捕捉功能**
于 **在中间下方圆弧上拾取一点**
指定下一点或[放弃（U）]: **回车，结束命令**

8. 修改图形特性

命令：Properties

菜单：修改→特性→特性

快捷键：Ctrl + 1

按下述步骤修改图中 2 条直线的线型：

（1）使用 Linetype 命令加载线型；

（2）执行 Properties 命令显示“特性”窗口；

（3）选择步骤 7 绘制的水平线和竖直线，利用特性窗口将其线型改为 Center2，如果点划线显示效果不理想，可修改其线型比例。

编辑完成的图形应如图 9.39 所示，不含尺寸标注。

9.4 定义截面轮廓

拉伸、旋转、扫描、放样等命令生成的特征称为草图特征。

创建草图特征的第一步就是创建一个表示特征截面形状和大小的轮廓，对于扫掠特征，还必须创建一个表示截面轮廓运动路径的扫掠路径。由于 Mechanical Desktop 2009 架构在 AutoCAD 2009 基础之上，因此 MDT 中草图绘制应使用 AutoCAD 的二维绘图命令完成。

创建草图特征的一般步骤是：

（1）设定草图平面；

（2）绘制截面轮廓草图；

（3）定义截面轮廓；

（4）约束截面轮廓；

（5）创建草图特征。

本节讲述创建特征截面轮廓的一般方法和步骤。

9.4.1 设定草图平面

命令：AMSkPln

菜单：零件→设定新草图平面

在 Mechanical Desktop 中，二维草图（特征截面轮廓的粗略图形）的绘制与编辑始终是在用户坐标系中进行的，用户坐标系依托已有的图形实体或 UCS 构建，一般隐含在设定草图平面命令

AMSkPln 中，即设定草图平面时系统自动建立用户坐标系。

构造三维实体模型的第一个特征时一般使用默认坐标平面（世界坐标系（WCS）的 *XY* 面）作为草图平面，用户无须使用 AMSkPln 命令设置新的草图平面，除非出于观察视角等原因需要在其他平面上构建第一特征（也称基本特征）截面轮廓。

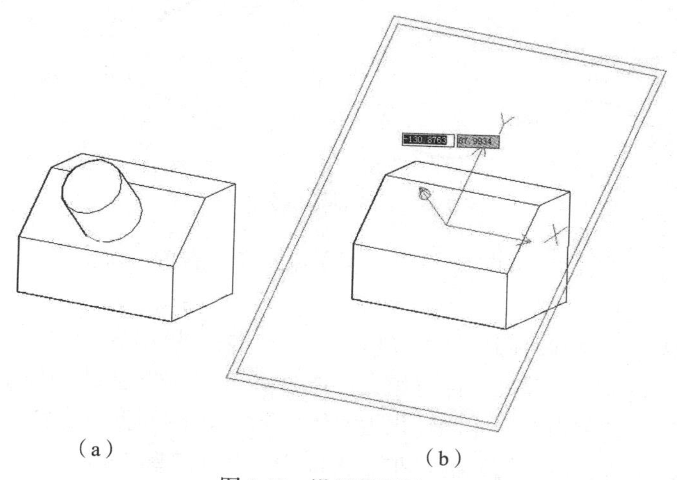

（a）　（b）

图 9.42　设置草图平面

很多时候，特征截面轮廓必须在特定平面上绘制，此时须先将特定平面设置为草图平面。如图 9.42（a）所示的模型中，定义在倒角斜面上的圆柱体特征，应该通过拉伸定义在倒角斜面上的圆形截面轮廓创建。因此，在绘制该截面轮廓草图前应先设定草图平面为倒角斜面。下面的过程将倒角斜面设置为草图平面，操作过程屏幕预显图 9.42（b）所示坐标系原点位置和坐标轴方向。

命令: _AMSKPLN

选择工作平面、平面或[WCS 的 XY 面（X）/WCS 的 YZ 面（Y）/WCS 的 ZX 面（Z）/UCS（U）]: **在倒角斜面区域内单击左键**

输入选项[下一个（N）/接受（A）] <接受（A）>: **当预显选中平面为倒角斜面时回车，否则输入 n 选择下一平面**

计算...

计算...

平面=参数化

选择用于对齐 X 轴的边或[反向（F）/旋转（R）/原点（O）] <接受（A）>: **选择用于指定 X 轴方向的边，或输入 f、r、o 等字母设定坐标系参数，直到满足用户习惯后回车**

草图平面可以是立体表面上的平面，工作平面或世界坐标系（WCS）的坐标面。

如果即将创建的新特征截面轮廓位于当前 UCS 的 XY 平面，则无需设定新草图平面。

9.4.2　绘制截面轮廓草图

设定新草图平面后，一般应执行 Plan 命令，正视于草图平面，以便绘制特征截面草图。

特征截面轮廓草图使用 AutoCAD 二维图形设计和编辑命令绘制。

Mechanical Desktop 2009 允许用户绘制特征截面轮廓的概略草图，即草图形状和大小与特征截面轮廓不一定需要严格相同，但特征截面轮廓中的所有图形元素必须在草图中全部绘制。当将特征截面草图转化为截面轮廓后，用户可以通过添加几何约束、驱动尺寸等手段将截面草图约束成所需形状。

图 9.43 显示了将草图（a）约束成截面轮廓（b）的情形。在截面轮廓（b）中，圆弧与圆弧之间存在等半径约束，圆弧与直线之间添加了相切约束、直线与直线之间存在共线约束。图中尺寸 0 将左右圆弧约束在同一水平线上。

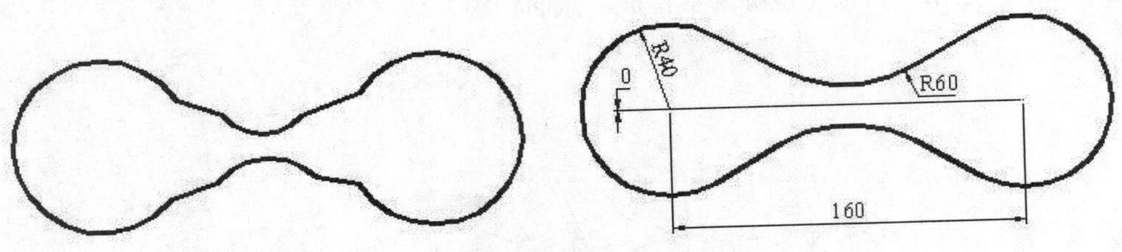

图 9.43　约束前后的截面轮廓

然而，为了使特征截面草图的约束过程不至于太复杂，在 Mechanical Desktop 2009 中绘制草图应该遵循：

（1）保持草图简单，这样草图更易于操作，复杂的形状可以通过简单的草图组合而成；

（2）草图应大致符合实际尺寸，以避免在添加驱动尺寸时发生难以预料的变形。

只有满足一定条件的截面轮廓才能转化为实体特征。用于拉伸、旋转、放样和扫掠的截面草图中，连续线不能形成交迭的封闭线框。在图 9.44 中，截面轮廓（a）、（b）、（c）、（d）均可以进行拉伸操作，而（e）则不可以。

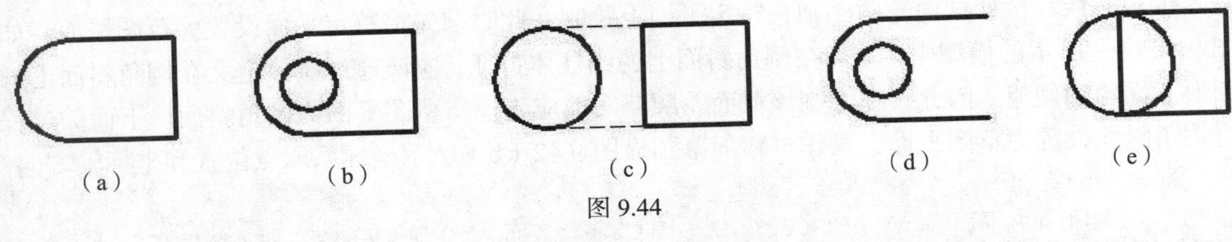

图 9.44

作为扫掠特征扫掠路径的草图，可以是封闭的，也可以是开放的，但是草图中的连续线只能形成唯一首尾相接的（开放的或封闭的）曲线（直线）链。

无论是在截面轮廓还是在扫掠路径中，都可以存在不限数量的非连续线，这些非连续线被当成辅助线（或称构造几何）参与草图的约束，但对特征形状不产生直接影响。

9.4.3　定义截面轮廓

命令：AMProfile

菜单：零件→草图处理→定义截面轮廓

对于已经绘制完毕的草图，可以根据不同的需要将其定义为截面轮廓、扫掠路径、剖切路径、分模线、打断线等。

处理二维草图的方法包括：定义单一截面轮廓、定义截面轮廓、定义二维扫掠路径、定义截面线、定义剖切路径、定义分模线、文字草图等，这些方法均位于“零件→草图处理”子菜单下。草图只有转化为特征截面草图才能够被拉伸、旋转、扫描或放样而成为三维实体特征。

将二维草图转化为特征截面草图使用 AMProfile 命令。选择菜单“零件→草图处理→定义截面轮廓”，或从命令行输入 AMProfile 命令后回车，定义特征截面草图的一般执行过程如下。

命令: _amprofile
选择要生成草图的对象: 选择截面轮廓应包含的所有图线

```
选择要生成草图的对象: 选择完成后回车

还需要 ** 个驱动尺寸或草图约束才能完全约束草图。
计算...
```

草图转化为截面轮廓后，系统提示需要的驱动尺寸或几何约束的数量。

9.4.4 约束截面轮廓

当将粗略草图转化为截面轮廓草图、或扫掠路径时，系统会根据默认的草图规则自动添加一部分约束。草图可以在既有约束下改变大小和形状的余地称为草图自由度。每增加一个约束，自由度就会相应减少一个，直到草图被完全约束。

草图约束包括几何约束和尺寸约束。

要完全约束草图，可能还需要添加一个或多个约束，这取决于绘制草图的准确性。通过完全约束草图，可以很容易控制草图形状的每个方面。几何约束确定几何元素的定位方向和相互间关系，尺寸约束指定草图中几何元素的位置、长度、半径或角度。通常在进行尺寸约束之前应该先进行几何约束。

Mechanical Desktop 不要求特征截面轮廓或扫描路径全约束。

1. 几何约束

命令：AMAddCon

菜单：零件→二维约束

在 Mechanical Desktop 2009 中能够使用的主要几何约束方式如表 9.2 所示。这些约束方式对应于菜单“零件→二维约束→”下的各个子菜单项。

表 9.2 几何约束种类

约束类型	含义	显示代表字符
水平	直线平行于 UCS 的 X 轴	H
竖直	直线平行于 UCS 的 Y 轴	V
垂直	直线垂直于直线或平面	L
平行	直线平行于直线或平面	P
相切	直线与圆（弧）、圆（弧）与圆（弧）相切	T
共线	直线与直线共线，或直线在平面上	C
同心	圆（弧）与圆（弧）中心重合	N
投影	特征点位于指定图线上	J
合并	两点重合	
X 坐标相等	两图线的 *X* 坐标相等	X
Y 坐标相等	两图线的 *Y* 坐标相等	Y
等半径	两圆（弧）的半径相等	R
等长	两直线的长度相等	E
镜像	两点对称于一直线	M
固定	点固定不动	F

显示几何约束可以选择菜单“零件→二维草图约束→显示草图约束”执行 AMDT_Show_Cons 命令。图 9.45 为几何约束显示样例。从约束的显示方式可以看出，Mechanical Desktop 将草图中

的图线按①、②、③、④…的形式进行编号，图线之间的约束以约束方式缩写加图线编号的方式显示，如左圆弧（编号为⑦）与右圆弧（编号为⑥）存在等半径约束，显示为R6和R7，编号为②的直线与编号为④的直线平行，约束显示为P4和P2。

删除几何约束可以选择菜单“零件→二维草图约束→删除草图约束”执行 AMDelCon 命令，然后选择相应的约束即可。

添加几何约束可通过选择“零件→二维草图约束”下的相应子菜单项进行。

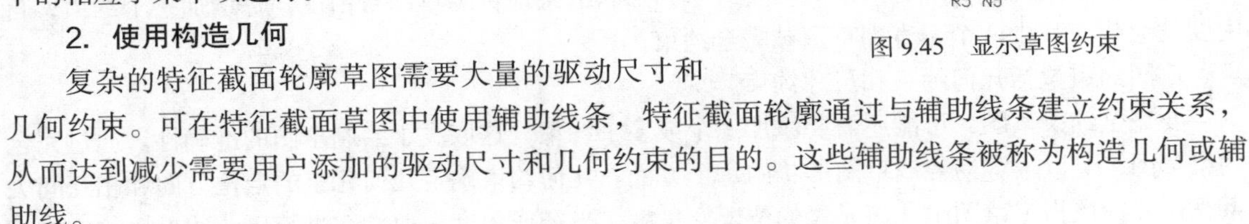

图 9.45　显示草图约束

2. 使用构造几何

复杂的特征截面轮廓草图需要大量的驱动尺寸和几何约束。可在特征截面草图中使用辅助线条，特征截面轮廓通过与辅助线条建立约束关系，从而达到减少需要用户添加的驱动尺寸和几何约束的目的。这些辅助线条被称为构造几何或辅助线。

构造几何可以是任何非连续线型，但不可以是实连续线。

下面以约束一个正六边形截面轮廓为例说明构造几何的使用及其优点。

（1）使用 GB_A3.dwt 为样板开启一个新文件。

（2）选择菜单“设计→正多边形”，绘制一个正六边形。

```
命令: _polygon
输入边的数目 <4>: 输入6后回车
指定正多边形的中心点或[边（E）]: 在屏幕适当位置拾取一点
输入选项[内接于圆（I）/外切于圆（C）] <I>: 回车
指定圆的半径: 打开正交功能，光标右移，当橡皮筋线显示为水平时单击左键
```

正六边形如图 9.46（a）所示。

（3）选择菜单“零件→草图处理→定义截面轮廓”，将正六边形转化为特征截面草图。

```
命令: _amprofile
选择要生成草图的对象: 选择正六边形
找到 1 个
选择要生成草图的对象: 回车，结束选择
还需要 6 个驱动尺寸或草图约束才能完全约束草图。
计算...
```

系统显示需要 6 个驱动尺寸或草图约束才能完全约束草图。

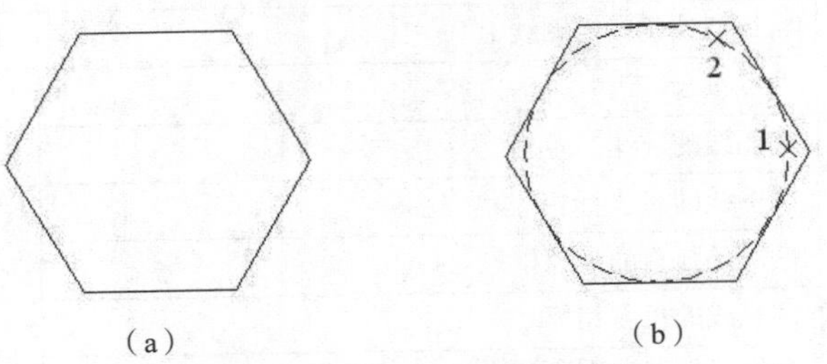

（a）　　（b）

图 9.46　约束正六边形截面轮廓

（4）利用构造几何重新构建一个正六边形特征截面轮廓。

使用 Circle 命令绘制一个虚线圆。

```
命令：Circle
```

```
指定圆的圆心或
[三点(3P)/两点(2P)/相切、相切、半径(T)]: 在屏幕适当位置拾取一点
指定圆的半径或[直径(D)]: 在屏幕适当位置拾取另一点
```

执行 Properties 命令，修改圆的线型为虚线。

如果圆显示为实连续线，可使用 LTScale 命令将线型比例设为 12 或更大。

（5）使用 Polygon 命令以虚线圆圆心为中心绘制一个外切于虚线圆的正六边形。参照图 9.46（b）所示选点。

```
命令: _polygon
输入边的数目 <6>: 回车
指定正多边形的中心点或[边（E）]:  输入 cen 启动圆心捕捉功能
于 拾取点 1
输入选项[内接于圆（I）/外切于圆（C）] <I>: 输入 c 后回车
指定圆的半径: 输入 qua 启动象限点捕捉功能
于 拾取点 2
```

现在图中有一个实线正六边形和一个内切于它的虚线圆。使用 AMProfile 命令将它们转化为特征截面草图。

```
命令: _amprofile
选择要生成草图的对象: 拾取虚线圆
找到 1 个
选择要生成草图的对象: 选择正六边形
找到 1 个，总计 2 个
选择要生成草图的对象: 回车，结束选择
还需要 3 个驱动尺寸或草图约束才能完全约束草图。
计算...
```

现在系统显示只需要 3 个驱动尺寸或草图约束就能完全约束草图，这是因为正六边形的 6 条边均与虚线圆存在相切的约束关系。

恰当的构造几何能有效的减少驱动尺寸或约束的数量。但是，不恰当的构造几何不仅不能减少驱动尺寸或约束的数量，相反地，可能会增加。

在特征截面轮廓转化为三维实体后，构造几何并不显示。

3. 驱动尺寸

命令：AMParDim

菜单：零件→尺寸标注→添加驱动尺寸

为特征截面草图添加驱动尺寸使用 AMParDim 命令，选择菜单“零件→尺寸标注→添加驱动尺寸”，一般执行过程如下。

```
命令: _ampardim
选择第一个对象:
选择第二个对象或定位驱动尺寸:
```

选择第一个对象后有两种选项。

（1）用鼠标左键在图中空白处拾取一点，定位驱动尺寸位置。

如果第一个对象选择的是直线段，在指定驱动尺寸位置后，系统做如下提示：

```
输入尺寸值或[放弃（U）/水平（H）/竖直（V）/对齐（A）/平行（P）/角度（N）/坐标（O）/直径（D）/定位点（L）]<xx.xxxx>:
```

用户可以根据实际情况输入不同选项，以标注不同类型的尺寸。

如果标注的是单个圆或圆弧的直径或半径，在指定驱动尺寸位置后，系统做如下提示：

```
输入尺寸值或[放弃（U）/半径（R）/坐标（O）/定位点（P）]<xx.xxxx>:
```

可以输入 *R* 或 *D*，将尺寸类型在直径和半径之间切换，或者直接输入尺寸数值，图形大小随之改变，也可以回车使用系统测量值（上述提示中 xx.xxxx）。

（2）选择第二个对象，系统做如下提示。

```
指定驱动尺寸位置:
输入尺寸值或[放弃（U）/水平（H）/竖直（V）/对齐（A）/平行（P）/角度（N）/坐标（O）/直径（D）/定位点（L）]<xx.xxxx>:
```

此时可以输入数值或回车完成此驱动尺寸标注，或使用 H、V 等选项改变尺寸标注的方向后再输入数值。如果用户的选择是两条直线，可以使用角度选项切换为标注角度。

完成了一个驱动尺寸的定义后，Mechanical Desktop 并不结束添加驱动尺寸命令，而是继续定义下一个驱动尺寸。

Mechanical Desktop 赋予每一个驱动尺寸一个变量名称，分别按定义的顺序以 *d0*、*d1*、*d2*、*d3*……的形式表示。驱动尺寸的显示形式有 3 种：变量形式、数值形式、等式形式。如一个名称为 *d0*，大小为 *20* 的尺寸，3 种显示方式分别为 *d0*、*20*、*d0=20*，如图 9.47 所示。

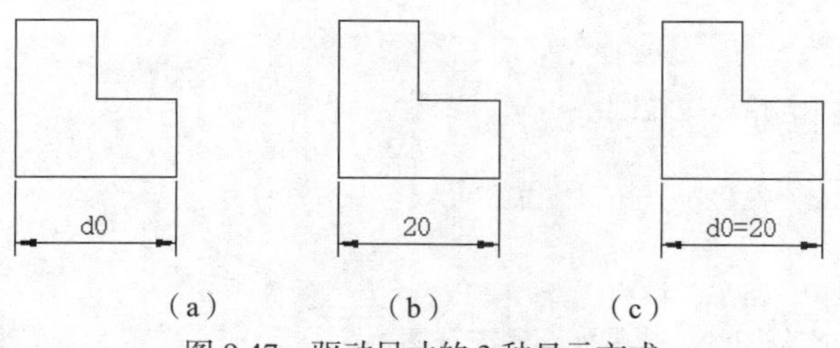

图 9.47　驱动尺寸的 3 种显示方式

改变驱动尺寸显示方式的方法是选择菜单"零件→尺寸标注→参数形式显示尺寸"、"零件→尺寸标注→数值形式显示尺寸"或"零件→尺寸标注→等式形式显示尺寸"。

输入尺寸数值时可以使用表达式。表达式使零件不同部分的尺寸相互联系起来，如要使正在定义的驱动尺寸大小为驱动尺寸 *d0* 的一半，可以输入 *d0/2*，当驱动尺寸 *d0* 大小发生变化时，与其关联的尺寸随之变化，如图 9.48 所示。

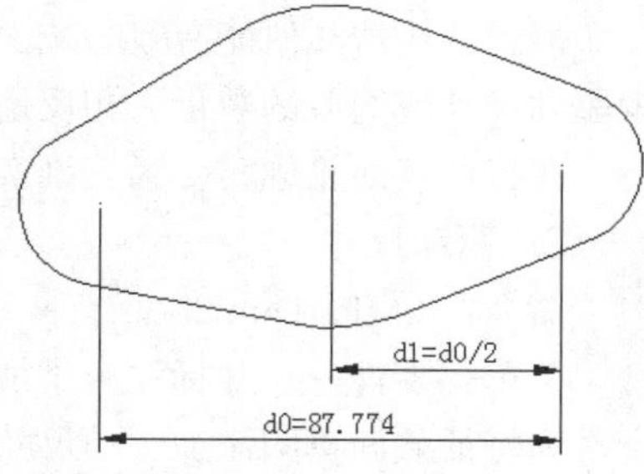

图 9.48　驱动尺寸之间的关联

在添加驱动尺寸的过程中，如果输入的尺寸数值与测量数值（上述提示中的 xx.xxxx）相差太大，可能会导致图形畸变。一般应先标注数值较大的尺寸。

9.4.5　定义截面轮廓实例

本节分别通过概略草图和精确草图定义图 9.39 所示截面轮廓，使读者能够掌握定义和约束截面轮廓的过程，理解定义截面轮廓过程中的一些注意事项。

1. 使用概略草图定义截面轮廓

（1）新建图形文件

命令：New

菜单：文件→新建

快捷键：Ctrl + N

（2）图形缩放

命令：Zoom→All

菜单：视图→缩放→全部

（3）绘制闭合多段线

命令：PLine

菜单：设计→多段线

使用 PLine 命令绘制图 9.49 所示闭合多段线，操作过程参照图 9.49 所示大约位置输入点。

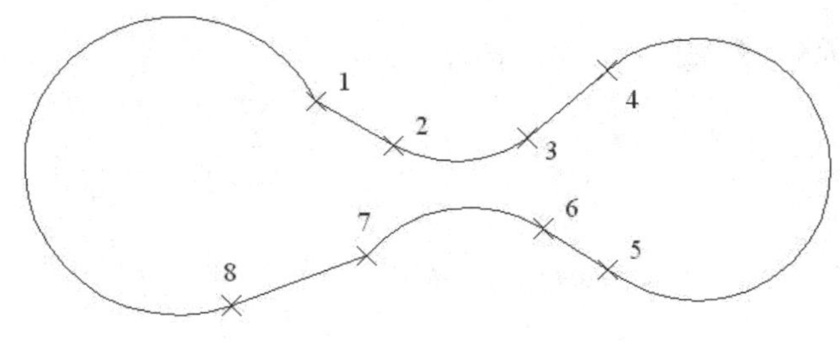

图 9.49

命令: _pline

指定起点: **拾取点 1**

当前线宽为 0.0000

指定下一个点或[圆弧（A）/半宽（H）/长度（L）/放弃（U）/宽度（W）]: **拾取点 2**

指定下一点或[圆弧（A）/闭合（C）/半宽（H）/长度（L）/放弃（U）/宽度（W）]: **输入 a，回车**

指定圆弧的端点或[角度（A）/圆心（CE）/闭合（CL）/方向（D）/半宽（H）/直线（L）/半径（R）/第二个点（S）/放弃（U）/宽度（W）]: **拾取点 3**

指定圆弧的端点或[角度（A）/圆心（CE）/闭合（CL）/方向（D）/半宽（H）/直线（L）/半径（R）/第二个点（S）/放弃（U）/宽度（W）]: **输入 L，回车**

指定下一点或[圆弧（A）/闭合（C）/半宽（H）/长度（L）/放弃（U）/宽度（W）]: **拾取点 4**

指定下一点或[圆弧（A）/闭合（C）/半宽（H）/长度（L）/放弃（U）/宽度（W）]: **输入 a，回车**

指定圆弧的端点或[角度（A）/圆心（CE）/闭合（CL）/方向（D）/半宽（H）/直线（L）/半径（R）/第二个点（S）/放弃（U）/宽度（W）]: **拾取点 5**

指定圆弧的端点或[角度（A）/圆心（CE）/闭合（CL）/方向（D）/半宽（H）/直线（L）/半径（R）/第二个点（S）/放弃（U）/宽度（W）]: **输入 L，回车**

指定下一点或[圆弧（A）/闭合（C）/半宽（H）/长度（L）/放弃（U）/宽度（W）]: **拾取点 6**

指定下一点或[圆弧（A）/闭合（C）/半宽（H）/长度（L）/放弃（U）/宽度（W）]:　**输入 a，回车**

指定圆弧的端点或[角度（A）/圆心（CE）/合（CL）/方向（D）/半宽（H）/直线（L）/半径（R）/第二个点（S）/放弃（U）/宽度（W）]: **拾取点 7**

指定圆弧的端点或[角度（A）/圆心（CE）/闭合（CL）/方向（D）/半宽（H）/直线（L）/半径（R）/第二个点（S）/放弃（U）/宽度（W）]: **输入 L，回车**

指定下一点或[圆弧（A）/闭合（C）/半宽（H）/长度（L）/放弃（U）/宽度（W）]: **拾取点 8**

指定下一点或[圆弧（A）/闭合（C）/半宽（H）/长度（L）/放弃（U）/宽度（W）]: **输入 a，回车**
指定圆弧的端点或[角度（A）/圆心（CE）/闭合（CL）/方向（D）/半宽（H）/直线（L）/半径（R）/第二个点（S）/放弃（U）/宽度（W）]: **输入 CL，回车**

注意，由于各点输入位置不同，每个人通过上述步骤绘制出的图形是不一样的，在图 9.49 中，除第 8 点处对应的圆弧和直线必然相切，其余位置都可以不（近似）相切。

（4）定义截面轮廓

命令：AMProfile

菜单：零件→草图处理→定义截面轮廓

命令: _amprofile
选择要生成草图的对象: **选择上一步绘制的闭合多段线**
找到 1 个
选择要生成草图的对象: **回车，结束命令**
计算...
计算...
还需要 10 个驱动尺寸或草图约束才能完全约束草图。
计算...

注意，由于闭合多段线形状不同，系统提示的完全约束截面轮廓所需要的驱动尺寸或草图约束数量与上述过程中的提示可能是不一样的。

（5）添加几何约束

命令：AMAddCon

菜单：零件→二维约束→...

选择菜单“零件→二维约束→相切”，按下述过程操作。

命令: amdt_addcon_tangent

有效的选择: 直线、圆、圆弧、椭圆或样条曲线段
选择要重定位的对象: **选择不相切的（相邻直线—圆弧对）中的直线**
有效的选择: 圆、圆弧或椭圆
选择与之相切的对象: **选择与之不相切的相邻圆弧**
还需要 9 个驱动尺寸或草图约束才能完全约束草图。

重复上面的过程，使所有（相邻直线—圆弧对）都相切，如此最多重复 7 次。

还需要 8 个驱动尺寸或草图约束才能完全约束草图。

有效的选择: 直线、圆、圆弧、椭圆或样条曲线段
选择要重定位的对象: **所有（相邻直线—圆弧对）都相切后，回车**

输入选项[水平（H）/竖直（V）/……/固定（F）/退出（X）]<退出>: **如果斜角相对的 2 对直线段没有共线约束（显示为“Cx”字样），选择快捷菜单中的“共线”**

有效的选择: 直线或样条曲线段
选择要重定位的对象: **选择没有共线约束的直线对中的一条**
有效的选择: 直线或样条曲线段
选择与之共线的对象: **选择另一条直线**

如果另一对斜角直线对也没有共线约束，重复上述过程

还需要 6 个驱动尺寸或草图约束才能完全约束草图
有效的选择：直线或样条曲线段

选择要重定位的对象：回车
输入选项[水平（H）/竖直（V）/……/固定（F）/退出（X）]<退出>:**如果上下或左右圆弧对不存在等半径约束（显示为“Rx”字样），选择快捷菜单中的等半径**

有效的选择：圆弧或圆
选择被调整大小的对象：**选择没有等半径约束的圆弧对中的一条**
有效的选择：圆弧或圆
选择作为基准的对象半径：**选择圆弧对中的另一条**
还需要 5 个驱动尺寸或草图约束才能完全约束草图。

如果另一对圆弧不存在等半径约束，重复上述过程

还需要 4 个驱动尺寸或草图约束才能完全约束草图
有效的选择：圆弧或圆
选择被调整大小的对象：**回车**
输入选项[水平（H）/竖直（V）/……/固定（F）/退出（X）]<退出>：**回车，结束命令**

添加几何约束后的截面轮廓如图 9.50 所示，图中显示了截面轮廓中的所有约束，如果读者草图中存在与之不同的约束，应该予以删除。

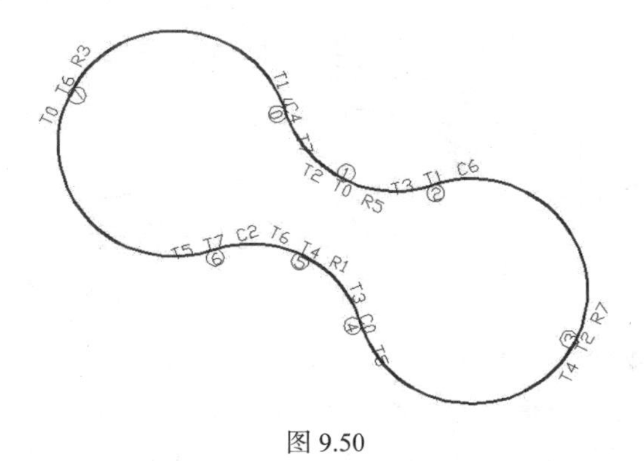

图 9.50

（6）添加驱动尺寸

命令：AMParDim

菜单：零件→尺寸标注→添加驱动尺寸

命令: _ampardim
选择第一个对象：**拾取左圆弧**
选择第二个对象或定位驱动尺寸：**拾取右圆弧**
指定驱动尺寸位置：**截面轮廓右侧空白处拾取一点**
输入尺寸值或[放弃（U）/水平（H）/竖直（V）/对齐（A）/平行（P）/角度（N）/坐标（O）/直径（D）/定位点（L）]<74.7972>：**如果预显尺寸是竖直尺寸，输入 0 后回车，否则，先输入 v 后再回车，设置尺寸为竖直尺寸，再输入 0 后回车**
还需要 3 个驱动尺寸或草图约束才能完全约束草图

选择第一个对象: **拾取左圆弧**
选择第二个对象或定位驱动尺寸: **拾取右圆弧**
指定驱动尺寸位置: **在截面轮廓下方拾取一点**
输入尺寸值或[放弃（U）/水平（H）/竖直（V）/对齐（A）/平行（P）/角度（N）/坐标（O）/直径（D）/定位点（L）]<119.7682>: **如果预显尺寸为水平尺寸，输入 160 后回车，否则，先输入 h 后回车，设置尺寸为水平，再输入 160 后回车**
还需要 2 个驱动尺寸或草图约束才能完全约束草图

选择第一个对象: **拾取上下圆弧中的一个**
选择第二个对象或定位驱动尺寸: **在屏幕空白处拾取一点**
输入尺寸值或[放弃（U）/半径（R）/坐标（O）/定位点（P）]<31.287>: **输入 60 后回车**
还需要 1 个驱动尺寸或草图约束才能完全约束草图

选择第一个对象: **拾取左右圆弧中的一个**
选择第二个对象或定位驱动尺寸: **在屏幕空白处拾取一点**
输入尺寸值或[放弃（U）/半径（R）/坐标（O）/定位点（P）]<56.6573>: **输入 40 后回车**
草图已被完全约束

选择第一个对象: **回车，结束命令**

完全约束的截面轮廓如图 9.51 所示，图中同时显示了几何约束和驱动尺寸。

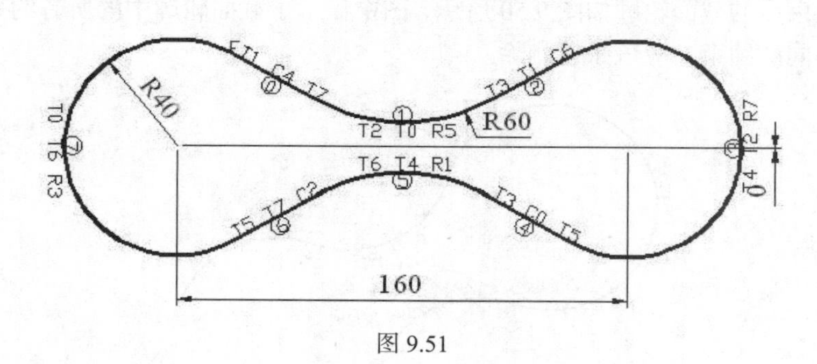

图 9.51

2. 使用精确草图定义截面轮廓

精确绘制截面轮廓草图，合理使用构造几何，可以明显减少用户约束截面轮廓工作量，因为 Mechanical Desktop 在定义截面轮廓时，自动将近似的关系转化为几何约束。例如，它可以为半径近似相等的圆或圆弧添加等半径约束，近似平行的直线添加平行约束。下面的过程验证了这个结论。

（1）精确绘制截面轮廓草图

按 9.3.11 小节的步骤，精确绘制图 9.39 所示草图，不需要标注尺寸。

（2）定义截面轮廓

命令：AMProfile

菜单：零件→草图处理→定义截面轮廓

命令: _amprofile
选择要生成草图的对象: **选择草图中所有图线（含点画线）**
总计 10 个
选择要生成草图的对象: **回车，结束选择**

```
计算...
计算...
还需要 3 个驱动尺寸或草图约束才能完全约束草图
计算...
```

显然，需要用户添加的驱动尺寸或草图约束数量远少于粗略截面轮廓。事实上，在本例中，Mechanical Desktop 自动添加了所有几何约束，用户不需要手动添加任何几何约束。

CAD 软件自动添加几何约束的智能特性给用户带来便利的同时，也会造成很大的困惑，因为有时候“近似的”并不能认为“就是的”，如三维模型上近似平行的 2 个平面事实上就是不平行的。

（3）添加驱动尺寸

按照第 1 部分步骤 6 添加 3 个驱动尺寸：2 个半径尺寸和 1 个中心距尺寸。

完全约束的截面轮廓如图 9.51 所示。

9.5 创建草图特征

特征截面轮廓经过拉伸、旋转、扫描、放样等操作得到的特征称为草图特征，草图特征通过求和、求差、求交等布尔运算形成复杂的立体。

9.5.1 特征间布尔运算方式

复杂的零件由许多特征组成，特征可以是草图特征，也可以是用于特征定位的工作点、工作轴或工作平面。草图特征之间的布尔运算方法有求和、求差、求交、分割。

求差是从已有特征上去除新特征；求和是将新特征添加到已有特征；求交是取得新特征与已有特征相交的部分；分割是使用新特征切削已有特征，同时新特征成为一单独零件，一般用于装配体设计或模具设计。

零件的第一个草图特征称为基础特征，不参与特征间布尔运算。随后创建的任意草图特征（含放置特征）均与其前面的所有特征进行布尔运算。图 9.52 所示清楚表明了绘制在半球形底面上的截面轮廓经过拉伸，与半球特征进行求和、求差、求交的 3 种情形。

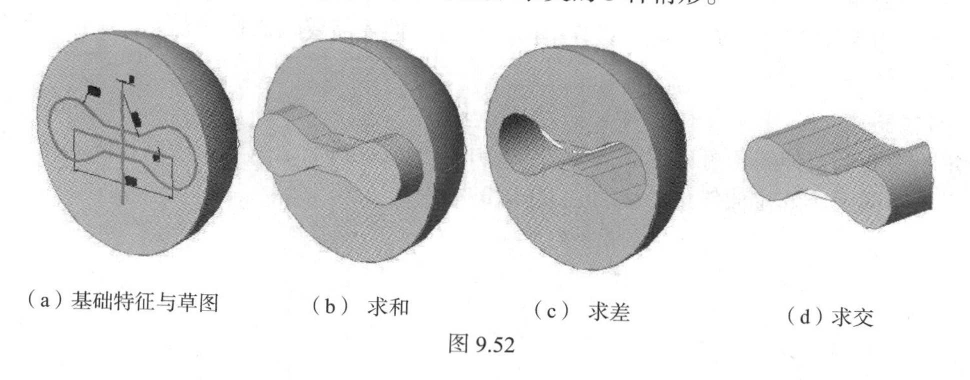

（a）基础特征与草图　（b）求和　（c）求差　（d）求交

图 9.52

9.5.2 拉伸

命令：AMExtrude

菜单：零件→草图特征→拉伸

拉伸是将特征截面轮廓沿当前用户坐标系 Z 轴方向（也即与当前草图平面垂直的方向）拉伸指定距离，形成三维特征的方法。

拉伸特征截面轮廓中，连续线可以是封闭的，也可以是开放的，前者生成实体特征，后者创建曲面特征；封闭的与开放的连续线也可以并存（开放的连续线不能交迭在封闭的连续线上），此时忽略开放的连续线，根据封闭的连续线创建实体特征；封闭的连续线也可以是相互嵌套的（不交迭的），此时创建中空的实体特征。

定义完成特征截面草图后，选择菜单“零件→草图特征→拉伸...”，或在命令行输入AMExtrude，一般执行过程如下。

```
命令: _amextrude
在“拉伸”对话框中设置拉伸选项。
计算...
```

Mechanical Desktop 首先弹出“拉伸”对话框，如图 9.53（b）所示。

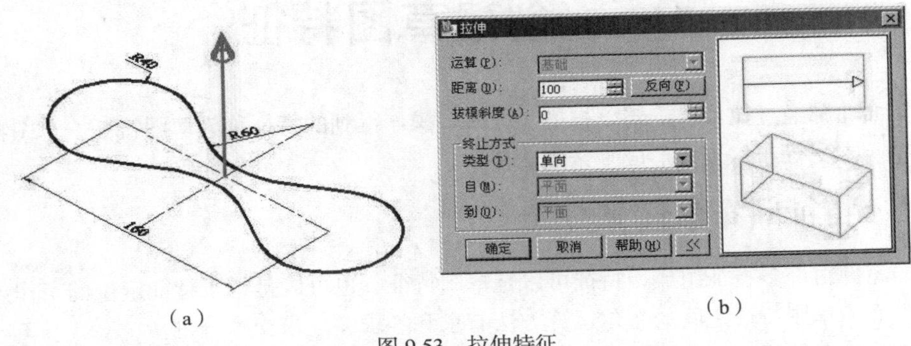

（a）　（b）

图 9.53　拉伸特征

用户应在对话框中设置运算方式、拉伸距离、拔模斜度、终止方式。

1. 特征操作方式

如果该拉伸特征为第一个草图特征，该特征称为基础特征，他不与其他特征进行布尔运算。否则，该拉伸特征将与已有特征进行求和、求差、求交、分割等布尔运算。

2. 拉伸距离

拉伸距离由特征终止方式确定，只有单向、对称拉伸才需要输入拉伸距离。单击“反向”按钮可以改变拉伸方向。

3. 拔模斜度

设定不为 0 的拉伸斜角可以形成锥体，一般用于形成模具制造或铸造中的拔模斜角。图 9.54 所示为设定不同大小的拉伸斜角（α）进行拉伸的结果。

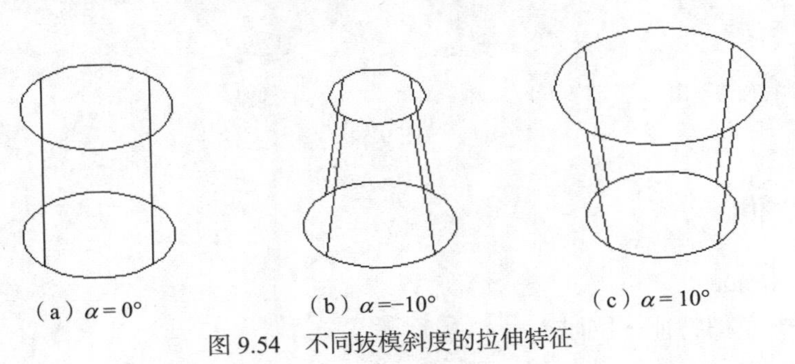

（a）$\alpha=0°$　（b）$\alpha=-10°$　（c）$\alpha=10°$

图 9.54　不同拔模斜度的拉伸特征

4. 终止方式

拉伸特征的终止方式有：单向、通过、对称、对称贯通等。用户能够使用的特征终止方式由运算方式决定，如通过终止方式不能用于求和运算方式，系统不显示不可用的终止方式。用户应该熟悉各种特征终止方式，这样就可以在不同的草图平面上构建特征截面轮廓，创建复杂的立体。

设置完成拉伸参数后，选择“确定”按钮，Mechanical Desktop 根据特征终止方式不同，在命令行作出不同的操作提示。

9.5.3 旋转

命令：AMRevolve

菜单：零件→草图特征→旋转

特征截面轮廓绕指定轴线旋转形成回转体特征。轴线可以是工作轴、草图中的边线、草图中的构造线或已有特征的直线边。

对旋转轴线或截面轮廓的要求是旋转生成的实体或曲面不能相互交迭。

定义旋转特征使用 AMRevolve 命令。选择菜单“零件→草图特征→旋转...”，命令执行如下。

```
命令: _amrevolve
选择旋转轴:
在“旋转”对话框中设置旋转选项
计算...
```

Mechanical Desktop 首先提示用户选择旋转轴，然后弹出“旋转”对话框，如图 9.55（b）所示。

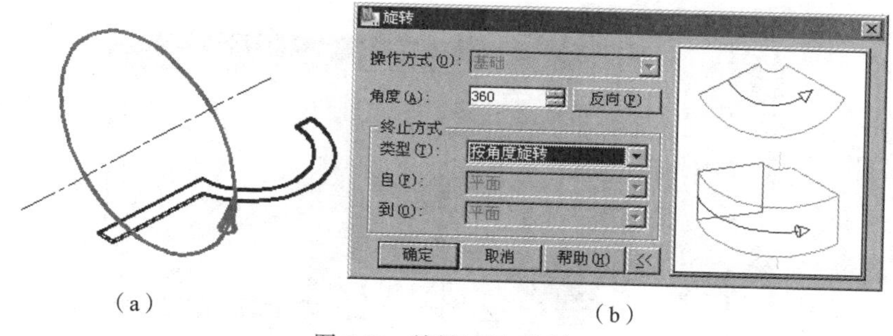

图 9.55 旋转特征对话框

旋转特征的运算、旋转角度、终止方式与拉伸特征基本类似，在此不再赘述。

设置完成旋转参数后，单击“确定”按钮，退出对话框。系统根据特征终止方式的不同，或结束命令，或作出相应的提示。

9.5.4 扫掠特征

命令：AMSweep

菜单：零件→草图特征→扫掠

扫掠是使用截面轮廓沿指定路径运动形成的特征，理论上说，拉伸特征和旋转特征都是扫掠特征的特例。

扫掠特征要求截面轮廓在扫掠路径上不同位置时不能相互交迭。

创建扫掠特征使用 AMSweep 命令。其一般步骤如下。

1. 定义扫掠路径

定义扫描路径的方法有：

（1）使用 AutoCAD 二维图形绘制命令在草图平面上绘制草图，然后使用“零件→草图处理→定义二维扫掠路径”命令定义二维扫掠路径；

（2）使用“零件→草图处理→定义三维边界扫掠路径”命令，选择当前零件的边界线（可以是三维的）作为扫掠路径；

（3）定义三维螺旋扫掠路径；

（4）定义三维管道扫掠路径；

（5）定义三维样条扫掠路径。

这些方法均位于“零件→草图处理”子菜单，用户应根据命令提示进行操作。

2. 创建工作平面并将其设为草图平面

在定义扫掠路径结束时，系统提示用户指定扫掠起始点，在用户指定起始点后，系统接着提示是否创建工作平面，如果得到用户肯定的答复，系统将在用户指定的起始点创建一个在起始点垂直于扫掠路径的工作平面，并将该工作平面设为草图平面，用户在接下来的操作中直接在该平面绘制扫掠特征截面轮廓草图。

3. 定义截面轮廓

用户在系统定义的工作平面内绘制草图，并将其定义为截面轮廓。

4. 特征操作

定义扫掠路径和截面轮廓后，选择菜单“零件→草图特征→扫掠...”，进行扫掠特征操作，如图 9.56（b）所示。

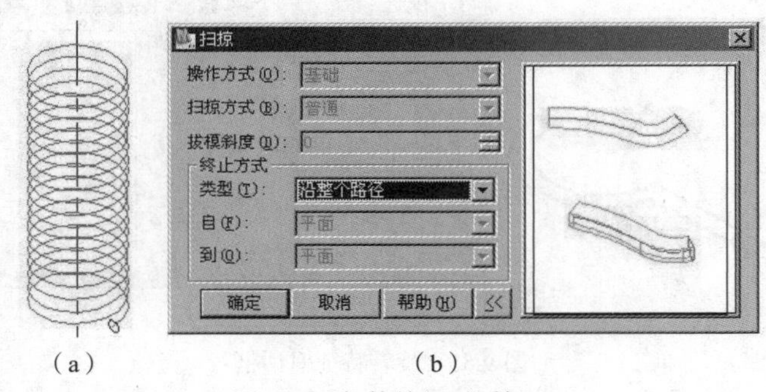

（a）　　　　　　（b）

图 9.56　扫掠特征对话框

9.5.5　放样特征

命令：AMLoft

菜单：零件→草图特征→放样

放样是通过一组平面封闭回路或截面混合来创建一个复杂的实体特征。闭合的回路可以是截面轮廓、零件平面回路和工作点。

创建放样特征的一般步骤如下。

（1）在不同草图平面定义一组截面轮廓，截面轮廓可以是现有零件的平面边界或工作点。

（2）选择菜单“零件→草图特征→放样”，启动放样命令 AMLoft。

```
命令: _amloft
```

选择要放样的截面轮廓或平面: **依次序选择第一个截面轮廓**
用户可以依次选择数量不限的截面轮廓
选择要放样的截面轮廓或平面或[重新定义截面（R）]: **选择完截面轮廓后回车**
在“放样”对话框中设置放样选项。
按回车继续:
计算...

完成截面轮廓选择后，系统弹出“放样” 对话框，如图 9.57 所示。

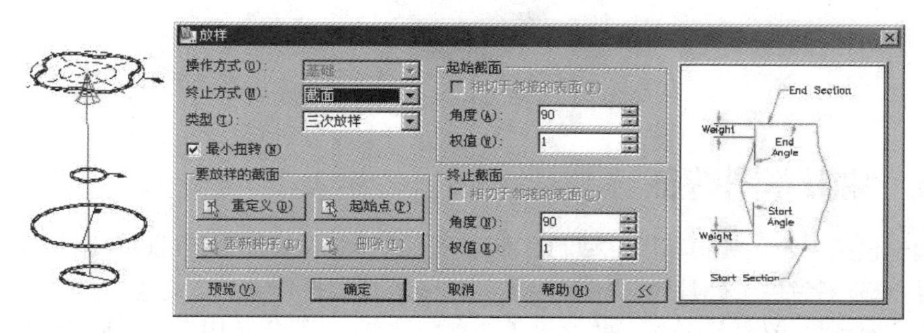

（a）放样截面轮廓　　　　（b）放样特征对话框

图 9.57　放样特征操作

（3）在对话框进行适当设置后，选择“确定”按钮完成操作。

放样命令的操作方式、终止方式与其他草图特征类似。

对放样而言，没有最大截面数目限制，但必须至少指定两个截面。截面越多，特征的计算越复杂。指定要放样的截面后，放样特征将按所选的顺序创建。因此在选择截面轮廓时应注意选择顺序，不可随机选择。

可创建 3 种不同类型的放样特征：线性放样、三次放样、封闭的三次放样。

线性放样是在两个截面轮廓之间创建一个线性过渡的放样。线性放样只对 2 个截面轮廓有效。线性放样是创建棱锥、圆锥的最简捷方法（此时使用工作点作为一个截面轮廓），如图 9.58（a）、（b）所示。

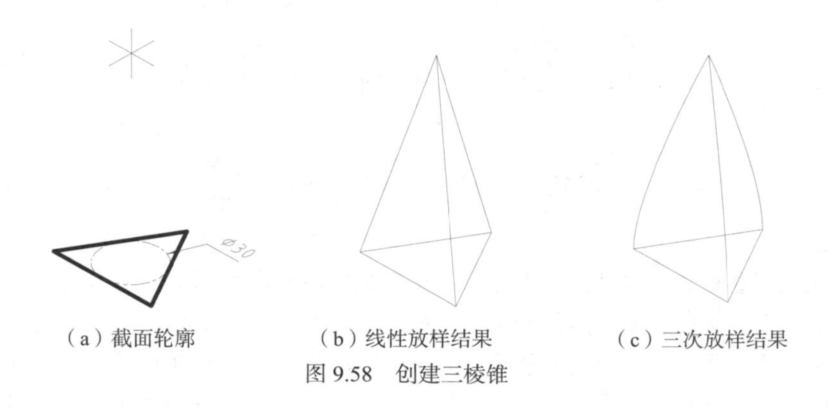

（a）截面轮廓　　　（b）线性放样结果　　　（c）三次放样结果

图 9.58　创建三棱锥

三次放样是在多个截面轮廓间创建平滑过渡。图 9.58（c）为三次放样结果。

封闭的三次放样是在多个截面轮廓间沿封闭路径创建平滑过渡。

图 9.59 所示为使用四个截面轮廓（见图 9.57）进行三次放样创建的花瓶模型。

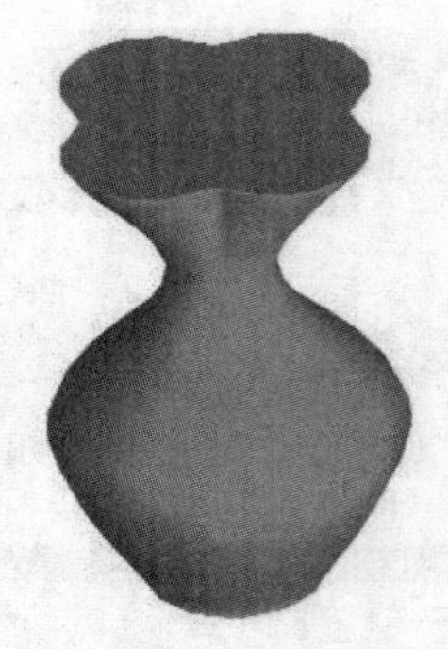

图9.59　三次放样创建的花瓶模型

9.5.6　编辑草图特征

特征编辑包括编辑、编辑草图、抑制、删除等。对于定位特征，还可以控制其显示与否。

编辑是重显示特征定义对话框，使得用户可以重新设定操作方式、终止方式等。完成编辑命令显示的相应对话框操作后，特征编辑命令不会立即结束，而是提示用户选择特征截面轮廓尺寸，允许修改特征参数，直到回车，结束命令。

编辑命令结束后，必须选择"零件→更新零件"，才能得到编辑后的模型。

编辑草图是将零件退化到特征的草图状态（其后定义的所有特征均被暂时抑制），使得用户可以在截面轮廓形状层面上修改零件。草图编辑完成后应使用"零件→更新零件"命令更新模型。

删除一个特征也将删除与之相关的子特征，子特征是指创建时使用其他特征用于定位的特征。例如，一个旋转特征截面轮廓定义在某个工作平面上，当删除这个工作平面时，旋转特征同时被删除。

抑制特征用于控制特征的显示，如果某个特征被抑制，与之关联的子特征也将被抑制，被抑制的特征不显示在零件上。与抑制特征对应的是解除特征抑制（不抑制）。

编辑特征的一般方法是在 Desktop 浏览器窗口中模型树的相应特征节点上按右键，在快捷菜单中选择相应的菜单项。对于草图特征，该快捷菜单如图9.60所示，用户还可以利用该菜单为特征设置颜色。

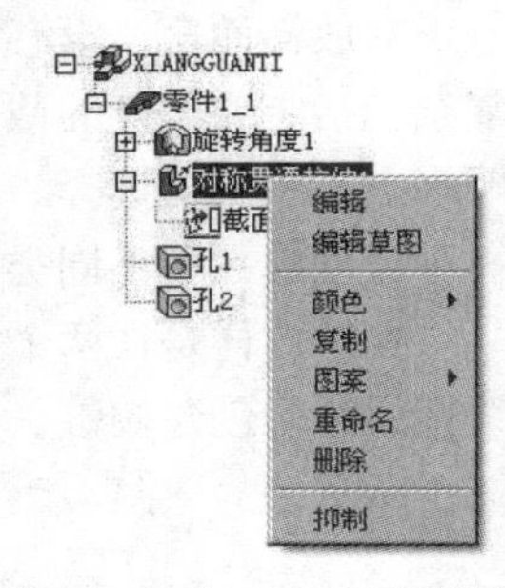

图9.60　在Desktop浏览器窗口中使用快捷菜单

AutoCAD 的 U、Undo、Redo 等错误校正命令同样适用于特征操作。

9.6　定位特征

定义草图特征必须先定义特征截面轮廓，特征截面轮廓在草图平面上定义。可用作草图平面的平面有：坐标系的坐标平面，零件的平面表面以及用户定义的平面。缺省情况下，如果基础特征（一般为第一个草图特征）的草图平面为世界坐标系的 *XY* 平面，用户就无需设定新草图平面，除非出于建模需要。或者，如果正在创建的特征的草图平面与上一个特征相同，用户也无需设定草图平面。

模型表面的平面是参数化的平面，因为它随模型的驱动尺寸和约束的变化而变化，比如一个高度为10的四棱柱特征的上表（平）面，当棱柱高度变为20后，其高度也变成20。通常情况下，除基础特征以外的特征均应使用参数化草图平面创建。

很多时候，零件表面现有平面无法满足构建新特征的要求，这时，用户可以利用已有特征定义新的平面，用户定义的平面称为工作平面。工作平面是参数化的平面。

定位特征是一种可以帮助用户定位难于参数化定位的特殊结构特征。通过将草图特征或放置特征约束到这些已经被约束到零件上的定位特征之上，就可以实现参数化控制草图特征的目的。

在 Mechanical Desktop 中有 3 种类型的定位特征：工作点、工作轴和工作平面。定位特征也称为工作特征。

9.6.1　工作点

命令：AMWorkPt

菜单：零件→定位特征→工作点

工作点在当前草图平面上定义，这意味着如果想放置工作点的平面不是当前草图平面，必须使用 AMSKPln 命令设置其为草图平面。

定义工作点使用 AMWorkPt 命令，选择菜单“零件→定位特征→工作点”，其操作过程一般如下。

```
命令: _amworkpt
工作点将放在当前草图平面上。
指定工作点的位置: 在当前工作平面上拾取一点
计算...
```

定义后的工作点应通过驱动尺寸或草图约束加以约束。

工作点一般用于定位参考、装配基准、环形阵列中心、扫掠路径起点、打孔定位等。

图 9.61 显示了在四棱柱上表面定义的工作点特征。

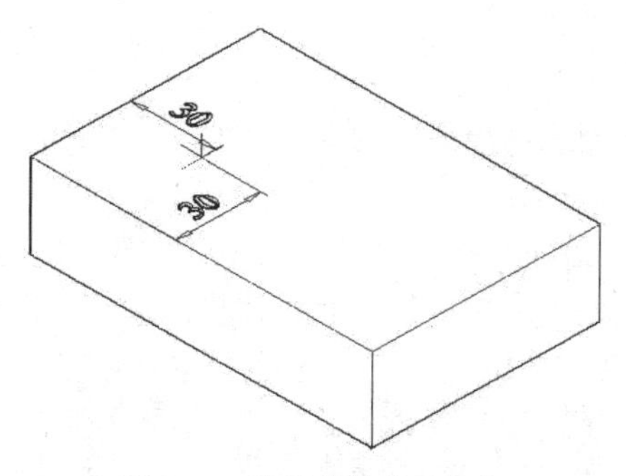

图 9.61　定义并约束工作点

9.6.2　工作轴

命令：AMWorkAxis

菜单：零件→定位特征→工作轴

工作轴是一个参数化直线，可以利用圆柱、圆锥或圆环创建，也可以在草图平面上绘制草图作为工作轴。

工作轴主要用途是：指示回转体轴线、定义工作平面的参照、参数化标注参照、作为旋转特征的旋转轴、螺旋扫描轴等。

定义工作轴使用 AMWorkAxis 命令，选择菜单“零件→定位特征→工作轴”，其操作过程一般如下。

命令: _amworkaxis
选择圆柱、圆锥、圆环或[草图（S）]: **输入 s，表示草绘一根轴线**
在当前草图平面上画一根连接两点的直线。
指定第一点:
指定第二点:
还需要 4 个驱动尺寸或草图约束才能完全约束草图。
计算...

定义工作轴时，用户有两种响应方式。

（1）选择一个圆柱、圆锥或圆环，系统将这些特征的轴线定义为工作轴。

（2）使用草图选项，系统将用户输入的 2 点连线作为工作轴，该工作轴需要驱动尺寸或草图的约束，参见上述操作过程。

9.6.3 工作平面

命令：AMWorkPln

菜单：零件→定位特征→工作平面

使用工作平面，可以在还没有参照的零件上创建参照。也可以根据一个工作平面进行标注，就好像它是一条边。

工作平面有两类：一类是参数化的工作平面，其位置可以通过定义它的元素确定，例如通过偏移四棱柱某表面一定距离定义的工作平面，当四棱柱参数发生变化时，该工作平面随之变化（相对偏移距离不变）；另一类是非参数化工作表面，如世界坐标系平面。

工作平面的一般作用如下。

（1）作为草图特征的草绘平面。

（2）作为驱动尺寸的定位基准。

（3）作为创建其他工作平面或草绘平面的参考平面。

（4）作为剖切面等。

定义工作平面使用 AMWorkPln 命令，或选择菜单“零件→定位特征→工作平面”。下面的过程通过模型上的一个顶点和一条边定义工作平面，并将创建的工作平面设置为草图平面。

命令: _amworkpln
在“工作平面”对话框中设置定义选项和参数
选择顶点或基准点: 选择相应顶点（无需对象捕捉功能）
选择工作轴、直边或[WCS 的 X 轴（X）/WCS 的 Y 轴（Y）/WCS 的 Z 轴（Z）]: **选择相应棱边**
计算...
计算...
计算...
平面=参数化
至此，工作平面定义完成，下面的过程设定该工作平面为草图平面
选择用于对齐 X 轴的边或[反向（F）/旋转（R）/原点（O）] <接受（A）>: **输入 f、r 或 O，改变草图平面用户坐标系设置，直到符合用户习惯**
平面=参数化
选择用于对齐 X 轴的边或[反向（F）/旋转（R）/原点（O）] <接受（A）>: **回车，结束命令**

系统首先弹出“工作平面”对话框，如图 9.62 所示。通过指定第一修改方式和第二修改方式，可以实现定义工作平面的所有方式。

由于工作平面主要用于绘制特征截面草图，因此在“工作平面”对话框的下方有一个“同时创建草图平面”复选框，一般应选中该选项。这时，AMWorkPln 命令执行完毕后，系统自动执行设定新草图平面（AMSKPln）命令，这样用户就可以直接在新定义的工作平面上绘制特征截面草图，而无需再使用 AMSKPln 命令设置新草图平面。

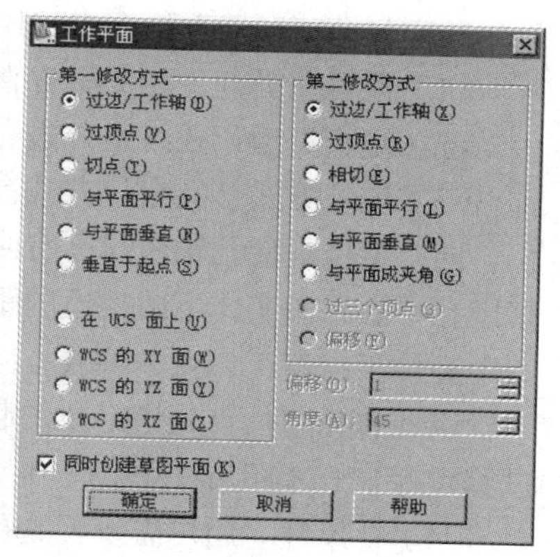

图 9.62　“工作平面”对话框

9.7 放置特征

放置特征是指诸如圆孔、倒角、圆角、抽壳之类的具有固定或规则截面形状的结构要素，Mechanical Desktop 使用单一命令创建这些特征。

9.7.1 打孔

命令：AMHole

菜单：零件→放置特征→打孔

下面的过程以两边定位方式创建一个直孔。选择菜单“零件→放置特征→打孔...”。

命令: _amhole

在“打孔特征”对话框中设置孔类型、终止方式、直径、打孔深度、定位方式等（见图 9.63）

选择第一条边:

选择第二条边:

计算...

指定孔的位置: **移动光标，在适当位置单击**

输入距第一条边的距离（亮显的）<0>: **30**

输入距第二条边的距离（亮显的）<80>: **40**

计算...

选择第一条边: **可以继续指定边创建打孔特征，也可以回车，结束命令**

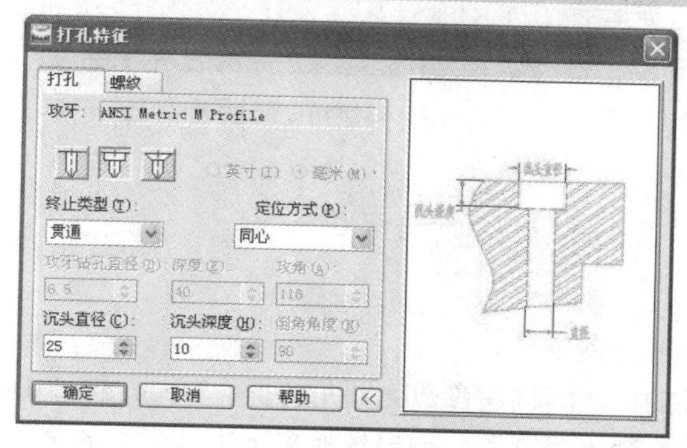

图 9.63　“打孔特征”对话框

在“打孔特征”对话框中，用户应进行如下操作。

（1）设置孔类型：孔类型有直孔、沉头孔、倒角孔，在对话框中分别用图标按钮表示。

（2）终止类型：孔终止方式有通过、盲孔、到平面3种。

（3）定位方式：孔定位方式有两边、同心、过工作点、以现有孔定位。

同心定位是使孔轴线与已有回转体的轴线重合，轴线方向与指定平面垂直；两边定位是通过指定孔中心距离实体上两棱边的距离确定孔的位置，轴线与指定平面垂直；过工作点是使孔的起始中心位于指定工作点，轴线方向为定义工作点时草图平面的Z轴方向。

以现有孔定位首先指定孔的起始平面，并创建一个临时草图平面，再指定一个已有孔，通过给定距离已有孔中心的X、Y方向距离创建孔特征。

（4）孔尺寸。用户需设置的孔尺寸数量随孔类型和终止方式的不同而有所改变。如果用户在“螺纹”页中设置了螺纹尺寸，则在“打孔”页中无需设定攻牙钻孔直径。

设置完成打孔参数后，单击“确定”按钮，退出对话框，系统会根据孔定位方式不同做不同的提示，用户可根据提示操作。

9.7.2 倒角

命令：AMChamfer

菜单：零件→放置特征→倒角

使用 AMChamfer 命令在零件边上创建倒角。如果选择一条边，其端点处有两条边相连并连续相切，则倒角将自动地延伸到非连续的端点。同一命令中创建的多个倒角成为由一个倒角定义控制的单个特征。

倒角操作方式有等距离、两距离、距离和角度3种方式。

倒角命令的一般执行过程如下。

```
命令: _amchamfer
在“倒角”对话框中设置操作方式、倒角距离或角度，如图 9.64 所示。
选择要倒角的边或面:
选择要倒角的边或面 <继续>:
计算...
```

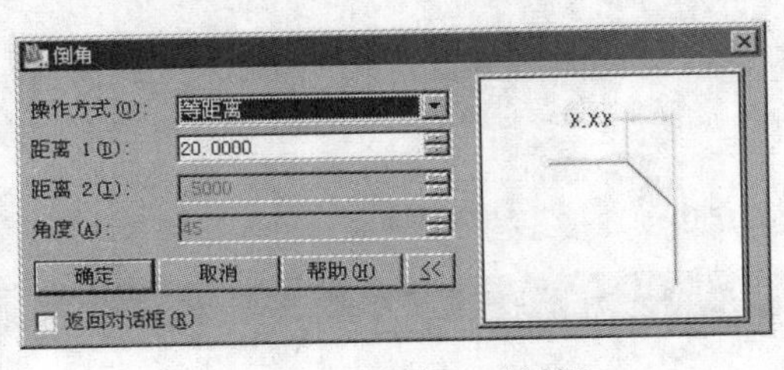

图 9.64 “倒角”对话框

9.7.3 圆角

命令：AMFillet

菜单：零件→放置特征→圆角

圆角命令在激活零件的面之间创建参数化圆角特征。Mechanical Desktop 可以创建定半径、定弦长、三次变半径和线性变半径圆角，如果选择多个边，产生的圆角将被看作一个特征。

创建圆角特征使用 AMFillet 命令，一般执行过程如下。

命令: _amfillet
在“圆角”对话框设置圆角方式或半径等参数，如图 9.65 所示。
选择要圆角的边或面:
选择要圆角的边或面<继续>:
计算...

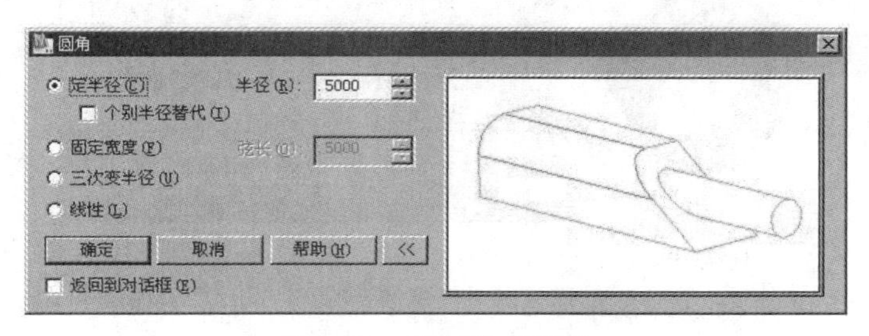

图 9.65　“圆角”对话框

可使用的圆角方式有：定半径、定弦长、三次变半径、线性变半径。

单击“确定”按钮后，系统将按用户选择的圆角方式的不同做相应的提示。例如，如果用户选择的圆角方式为等半径，则可以选择多个不连续（相切）的边一同圆角；如果用户选择了三次变半径圆角方式，则只可以选择一组连续边进行圆角，但用户可以在不同顶点设置不同的半径。

9.7.4　抽壳

命令：AMShell

菜单：零件→放置特征→抽壳

抽壳是将零件现有面向内、或向外、或同时向内向外偏移一定距离（壁厚），并去除零件中间实体部分，形成壳体的过程。

一个零件只能有一个抽壳特征。

为零件抽壳使用 AMShell 命令，一般执行过程是如下。

命令: _amshell
在“抽壳”对话框（图 9.66）中设置默认厚度及厚度方向，单击“开口面—添加”按钮，系统提示
选择要开口的面:　**选择开口面，如图 9.66 中花瓶上端面**
输入选项[下一个（N）/接受（A）]<接受（A）>:　**回车**
选择要开口的面: **开口面选择完毕后回车**
选择“抽壳”对话框中“特殊厚度—面—设定”按钮，系统提示
选择要设定的面:　**选择特殊厚度表面，如图 9.66 所示花瓶下底面**
输入选项[下一个（N）/接受（A）]<接受（A）>: **回车**
选择要设定的面: **选择完成所有特殊厚度表面后回车**
单击“抽壳”对话框中“确定”按钮
计算...

创建抽壳特征的内容如下。

（1）默认厚度及其方向：壳体厚度可以是向内、向外、或内外对称。

（2）开口面。单击“添加”按钮，设置开口面。

（3）特殊厚度。为某些面设定不同于默认厚度的值，通过选择对话框中“新建”按钮，然后单击“设定”按钮，选择需要单独设置厚度的表面。

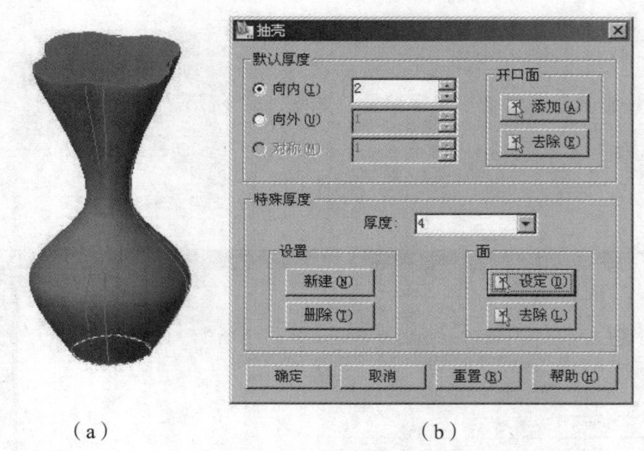

（a）　　　　　　　　　　（b）

图 9.66　创建抽壳特征

9.7.5　矩形阵列

命令：AMDT_RectPattern

菜单：零件→放置特征→矩形阵列

矩形阵列命令沿指定方向创建特征的定间距副本。其中默认列方向为用户坐标系 *X* 轴方向，可以通过设置“平面方向”改变（见图 9.67）。缺省情况下，行方向与列方向夹角为 90°，可以通过“角度”编辑框改变。

矩形阵列命令一般执行过程如下。

命令: amdt_rectpattern

选择要生成图案的特征: **如图 9.67 中的打孔特征**

输入选项[下一个（N）/接受（A）]<接受（A）>:　**如果预显的选中对象是正确的，则回车，否则输入 n，选择下一个对象**

选择要生成图案的特征或[列表（S）/删除（R）]<接受（A）>: **选择完成后回车**

在“图案”对话框中进行阵列参数设置，完成后单击“确定”按钮，如图 9.67 所示

计算...

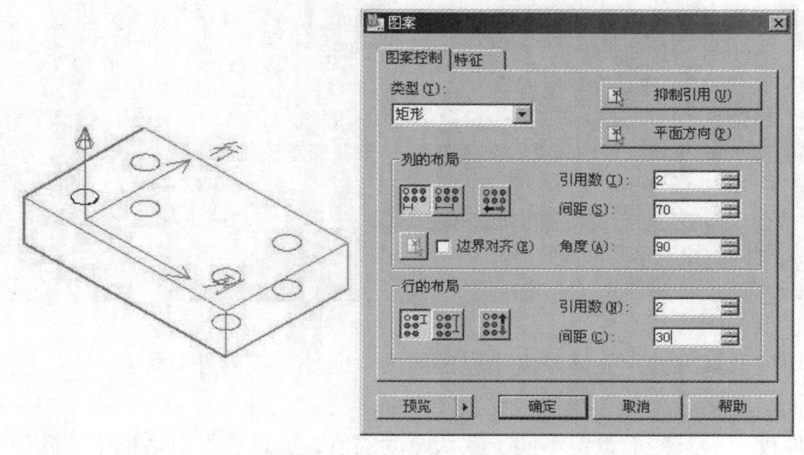

图 9.67　矩形阵列对话框

9.7.6　环形阵列

命令：AMDT_PolarPattern

菜单：零件→放置特征→环形阵列

环形阵列命令沿指定中心的圆周方向创建特征的定角度间距副本。创建环形阵列前可能需要创建作为阵列中心的工作点。

环形阵列命令一般执行过程如下。

命令: amdt_polarpattern
选择要生成图案的特征: **选择要阵列的特征**
选择要生成图案的特征或[列表（S）/删除（R）] <接受（A）>: **选择完成后回车**

有效的选择:工作点、工作轴、圆柱边/面
选择旋转中心:
在“图案”对话框中设置环形阵列参数，完成后单击“确定”按钮，如图 9.68 所示
计算...

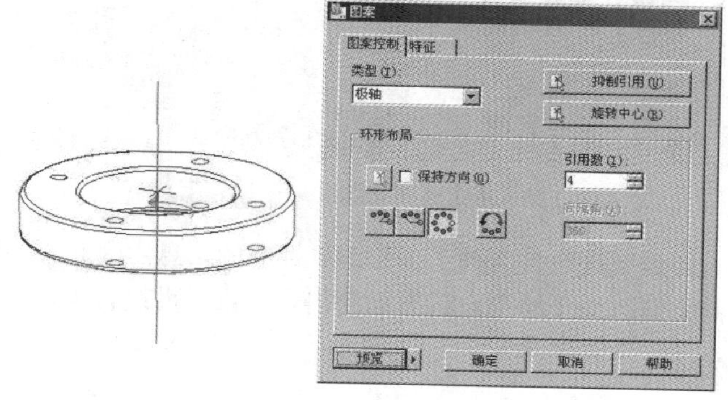

图 9.68　环形阵列对话框

9.8　工　程　图

在 Mechanical Desktop 中，通过三维实体模型，可以方便地生成二维工程图样。与二维工程图样有关的命令都被放置在“出图”、“注释”菜单中。

本节以图 9.69 所示底座模型为例，说明在 Autodesk Mechanical Desktop 中绘制工程图样的方法。

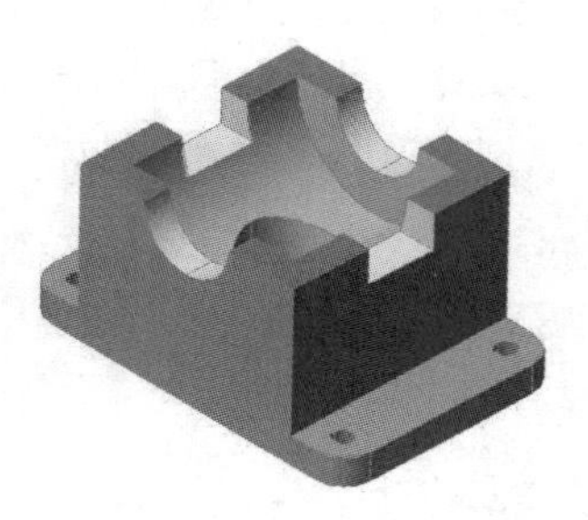

图 9.69　底座模型

9.8.1 绘图设定

工程图样应符合相应的标准，这些标准包括投影方法、线型、符号等多方面的内容，通过选择菜单“出图→工程图选项”，可以改变这些标准设置，如图 9.70 所示。

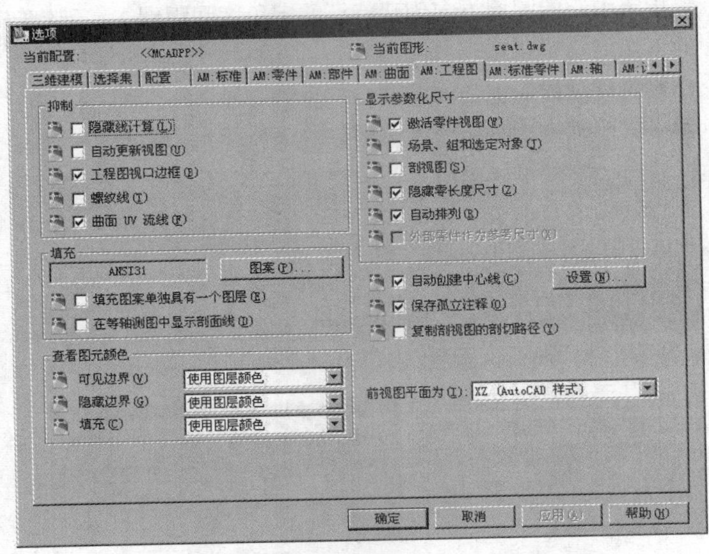

图 9.70　系统选项对话框——工程图设置

在通常的情况下，样板文件包含着关于工程图样标准的信息。因此，如果是使用样板文件创建的文件，用户并不需要修改关于绘图设置方面的内容，或只需进行少量的调整。

9.8.2 创建视图

命令：AMDWGView

菜单：出图→新建视图

使用 AMDWGView 命令，可以方便地创建模型基础视图、正交视图、等轴测视图、辅助视图、局部视图和打断视图等工程图样中常用的视图。

1. 基础视图

在 Mechanical Desktop 2009 中，所有视图均通过 AMDWGView 命令创建。用户创建的第一个视图被称为基础视图，其一般执行过程如下。

命令: _amdwgview

在“创建工程视图”对话框中全部采用缺省设置，如图 9.71 所示。

选择平面、工作平面或[标准视图（T）/Ucs（U）/视图（V）/wcs 的 xy 面（X）/wcs 的 yz 面（Y）/wcs 的 zx 面（Z）]: **选择投影平面，此处输入 u，表示投影方向正视于当前 UCS 的 XY 平面（当前草图平面）**

调整方位[反向（F）/旋转（R）] <接受（A）>: **按屏幕上坐标系图标显示方向创建视图，在视图中，该 x 轴水平向右，该 y 轴竖直向上，可根据实际需要调整**

正在重生成布局

指定基础视图位置: **在屏幕适当位置拾取一点**

指定基础视图位置: **调整视图位置，回车，结束命令**

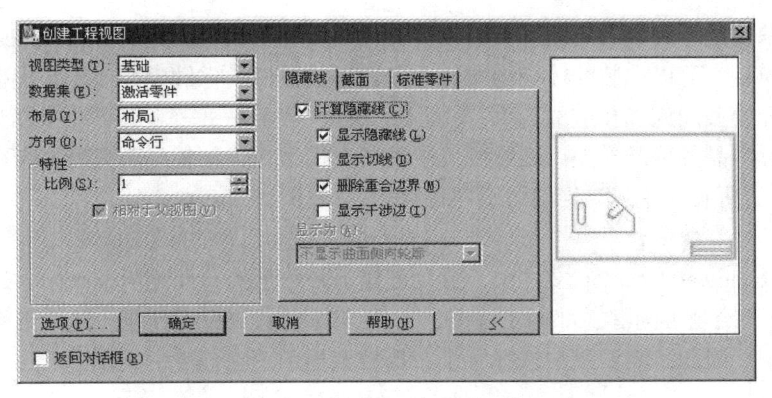

图 9.71　创建工程视图对话框

按上述过程生成的视图如图 9.72 所示，该视图被用作俯视图。

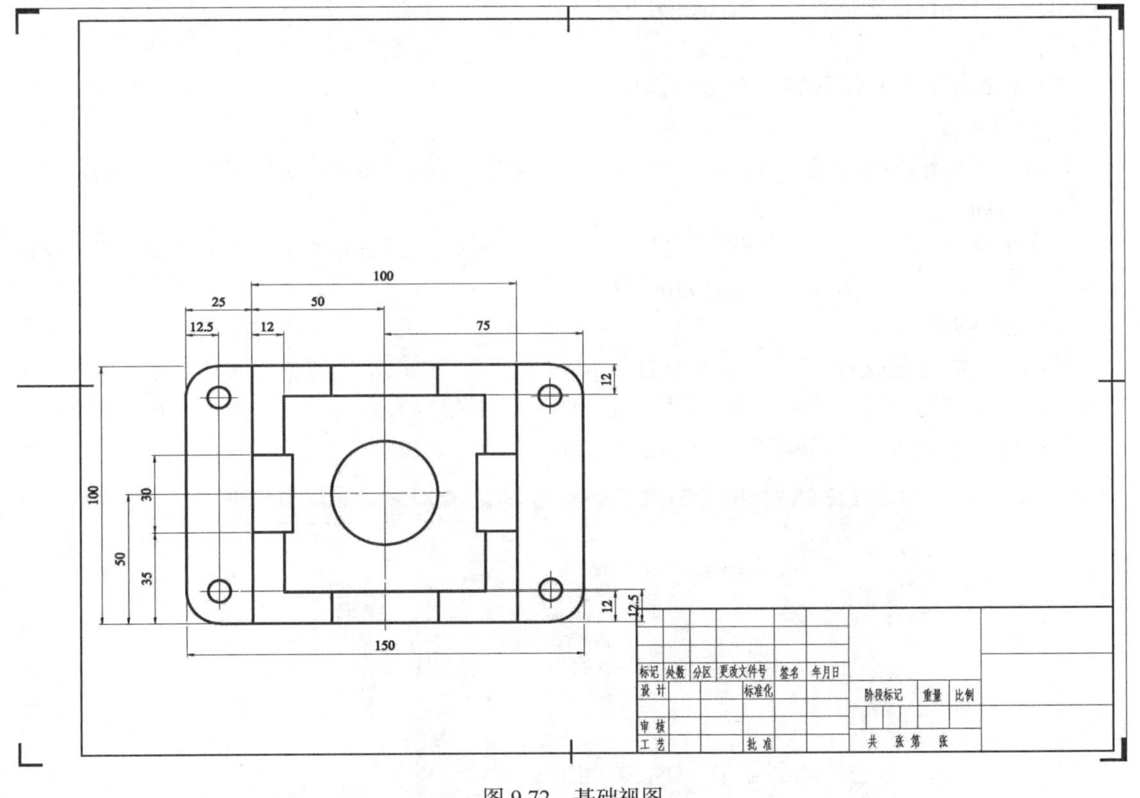

图 9.72　基础视图

创建视图时，“创建工程视图”对话框选项如下。

（1）视图类型

创建基础视图时，视图类型有基础、重复执行、打断视图等 3 种选项，其中“重复执行”是指基础视图创建完成后，立即以基础视图为父视图创建正交视图或轴测图，据此可以方便地创建三视图，等价于“出图→多重视图”命令。

（2）数据集

数据集是指视图所表达的零件。缺省情况下，视图所表达的零件是激活零件，所谓激活零件是指当前正在编辑的零件。缺省情况下，以“文件→新建”命令创建的 Mechanical Desktop 模型是一个装配体模型，可以在装配体模型文件中创建不限数量的零件模型或子装配模型，在这些零件模型或子装配模型间施加相应的约束，如配合、插入、表面平齐等（见菜单“装配→三维约束”），就形成一个实际产品的装配模型。在装配体中的所有模型中，某一时刻只有一个零件是激活的，“零件”菜单中的所有命令只对当前激活零件有效。

（3）布局

在一个 Mechanical Desktop 文件中，可以创建不限数量的布局（所谓布局，通俗地说，就是图纸页面），用于绘制不同零、部件工程图，这样，装配体中的所有零、部件工程图样就可以放置在同一文件中。因此，需要用户选择一个布局放置当前正在创建的视图。

（4）方向

即视图的投影方向以及绘制方向，用户可以选择前视、后视、左视、右视、俯视、仰视等 6 个标准视图方向以及左前、右前、左后、右后等 4 个等轴测视图方向。缺省选项是“命令行”，允许用户在命令行设置投影面和视图绘制方向。

（5）比例

用户可根据实际情况设置视图比例。

（6）隐藏线

设置不可见轮廓线的显示方式。应选择计算隐藏线，并根据需要决定隐藏线显示与否。

（7）截面

用于创建剖视图，用户可以设置剖视类型、剖面符号、图案填充类型。如果基础视图必须按剖视图绘制，则基础视图投影面必须为剖切面。

2. 正交视图

基础视图创建完成后，执行 AMDWGView 命令，就可以以基础视图（或其它已有视图）为父视图创建正交视图，如图 9.73 所示。所谓正交视图，是指投影方向与父视图投影方向垂直的视图，据此可以方便地创建工程图样中常用的三视图。

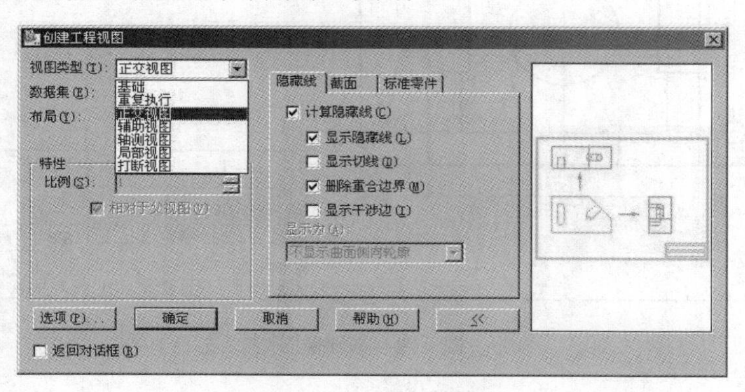

图 9.73　视图类型选择

将正交视图放置在父视图的不同方位，可以得到从不同方向投影的视图。例如，以主视图为父视图，将正交视图分别放在父视图的左、右、上或下方，将得到模型的右视图、左视图、仰视图或父视图。

创建正交视图时，不能设置视图比例，但可以设置数据集、布局、隐藏线和截面选项。下面的过程以基础视图为父视图，创建正交视图，该视图被用作主视图。操作结果如图 9.74 所示。

命令: _amdwgview
在“创建工程视图”对话框中，设置“视图类型”为正交视图，其余均采用缺省选项
选择父视图: 在基础视图中拾取一点
指定正交视图位置: 在基础视图上方拾取一点
指定正交视图位置: 移动光标，单击左键调整视图位置，视图位置合适后按回车键，结束命令

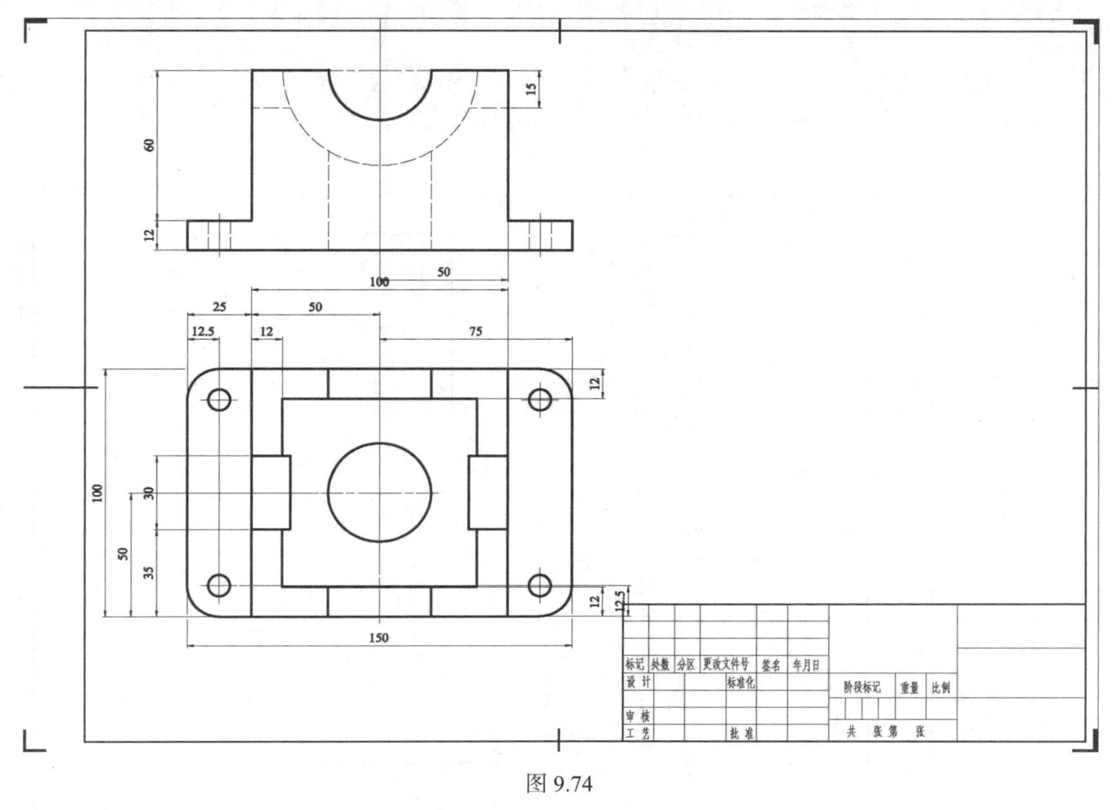

图 9.74

3. 剖视图

使用 AMDWGView 命令创建基础视图、正交视图等类型的视图时，可以通过“创建工程视图”中“截面”选项页创建剖视图，如图 9.75 所示。已经剖视的视图不能用作剖视图的父视图。

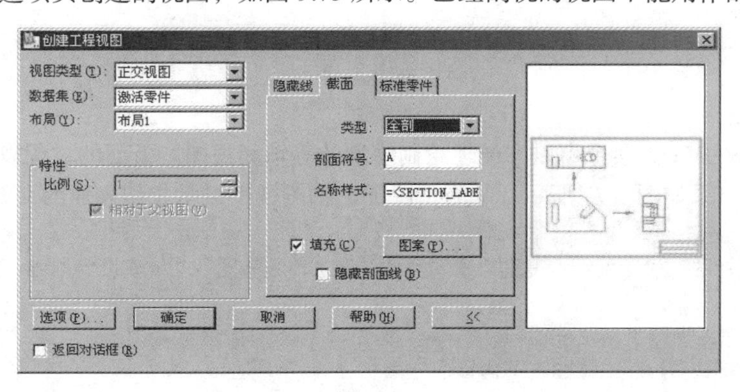

图 9.75

下面的过程使用 AMDWGView 命令创建与主视图正交的剖视图，该视图被用作左视图，结果如图 9.76 所示。

命令: _amdwgview

在“创建工程视图”对话框中，设置“视图类型”为“正交视图”，单击“截面”选项页，设置“类型”为“全剖”，“剖面符号”为“A”，其余选项均采用缺省设置

选择父视图: **在主视图区域拾取一点**

指定正交视图位置: **在主视图右侧适当位置拾取一点**

指定正交视图位置: **移动光标，单击左键调整视图位置，视图位置合适后回车**

输入剖视类型[点（P）/工作平面（W）] <工作平面（W）>: **输入字母 p，回车**

在父视图中为剖切深度选择点: **在主视图半圆上单击左键**

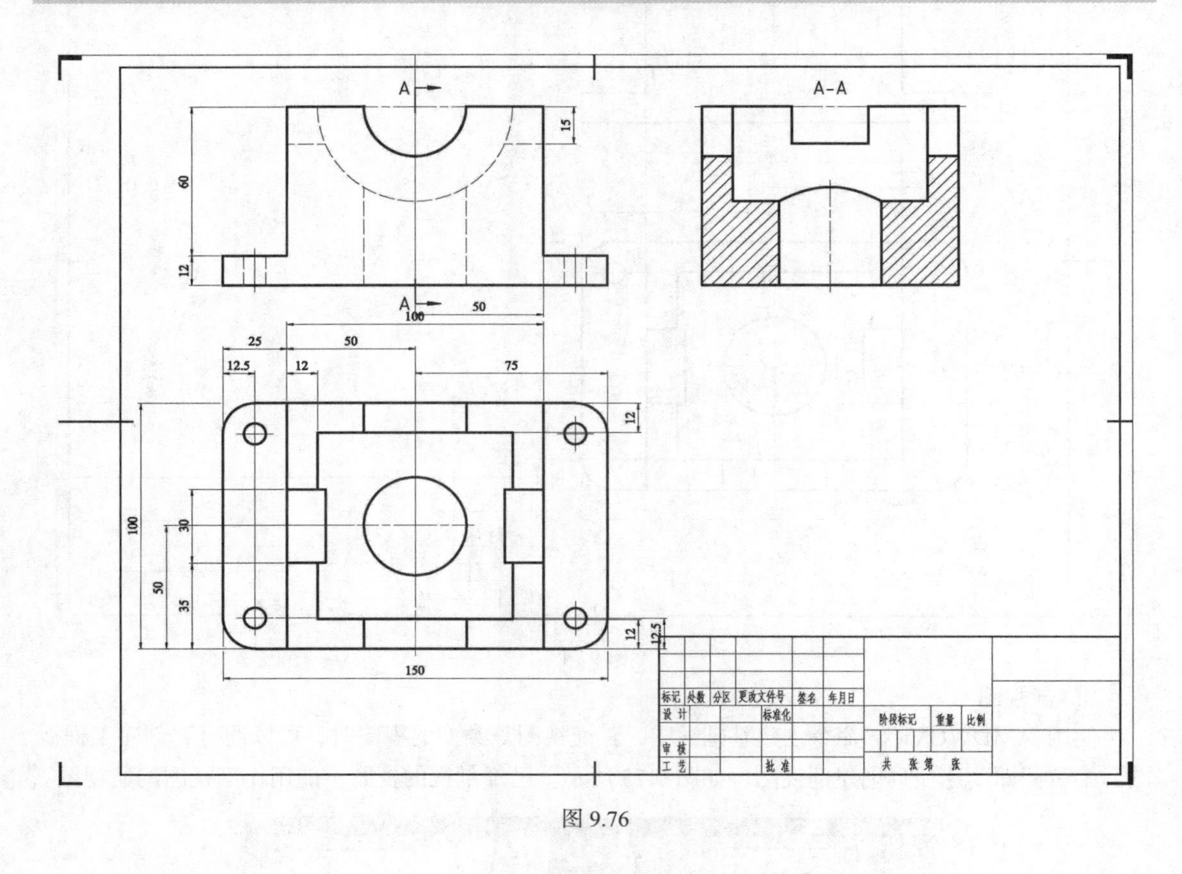

图 9.76

4. 轴测视图

使用 AMDWGView 命令可以方便地绘制模型的等轴测视图。下面的过程以主视图为父视图创建轴测视图，结果如图 9.77 所示。缺省情况下，轴测视图显示相切表面的交线。

命令: _amdwgview

在“创建工程视图”对话框中，设置“视图类型”为“轴测视图”，“比例”为 0.75，其余选项均采用缺省设置。

选择父视图: **在主视图上单击左键**

指定等轴测视图位置: **在主视图右下角拾取一点**

指定等轴测视图位置: **移动光标，调整视图位置，合适后单击左键，回车，结束命令**

以不同的视图为父视图，或者将轴测视图放在父视图的不同方位，可以得到从不同方向投影的轴测视图。

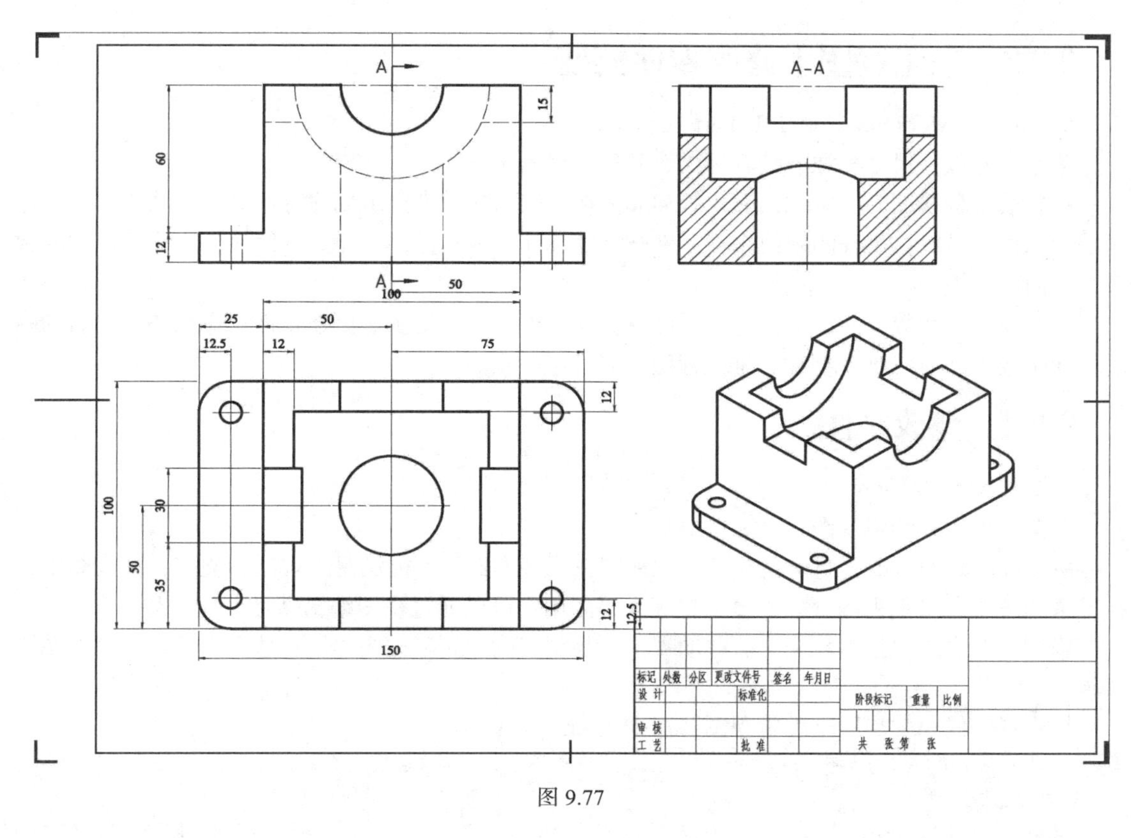

图 9.77

5. 辅助视图

使用 AMDWGView 命令可以创建辅助视图(斜视图)。下面的过程绘制图 9.78 所示的斜视图，操作过程按图 9.78 所示提示操作。

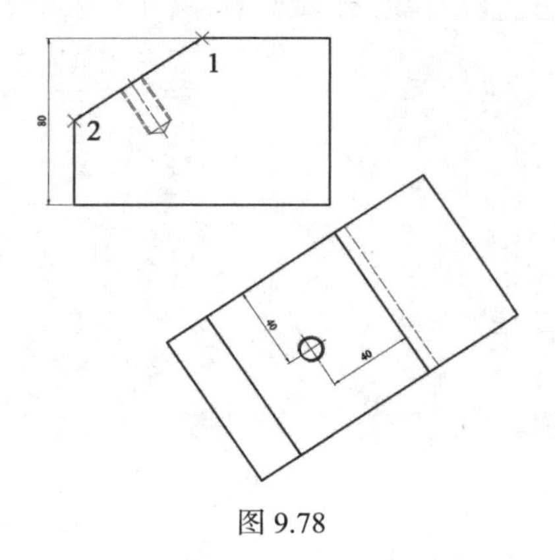

图 9.78

命令: _amdwgview
在“创建工程视图”对话框中，设置“视图类型”为“辅助视图”
为投影方向选择第一点或[工作平面（W）]: **拾取点 1 或选择父视图中斜线**
选择第二点或<按回车键>以选择边: **拾取点 2 或回车**
指定视图位置: **在父视图右下角单击鼠标左键**
指定视图位置: **移动光标，调节辅助视图位置，合适后回车，结束命令**

9.8.3 在工程图中修改零件模型

命令：AMModDim、AMDT_Part _Update

菜单：零件→尺寸标注→编辑标注、零件→更新零件

在生成工程视图时，Mechanical Desktop 在相应的视图中显示创建特征时的驱动尺寸，颜色显示为绿色。可以在工程图中使用“零件→尺寸标注→编辑标注”命令，修改这些驱动尺寸的数值，从而改变模型。

改变驱动尺寸数值后，应执行“零件→更新零件”或“出图→更新零件”命令使变更后的驱动尺寸生效，此时三维模型和二维工程图同时发生改变。

9.8.4 修改视图

命令：AMEditView

菜单：出图→编辑视图

Mechanical Desktop 自动生成的工程视图在很多方面还不能满足工程制图规范，如视图中存在多余的虚线，半剖视图分界处显示轮廓线等。用户可以通过视图编辑满足工程规范要求。

修改视图命令包括编辑视图、移动视图、复制视图、删除视图等，这些命令均位于“出图”菜单中。

编辑视图使用“出图→编辑视图”命令（AMEditView）。

```
命令: _ameditview
选择要编辑的视图:
```

Mechanical Desktop 提示用户选择要编辑的视图，随后弹出“编辑工程视图”对话框，如图 9.79 所示。对于不同类型的视图，“编辑工程视图”对话框略有区别，用户可以根据实际需要执行相应的操作。

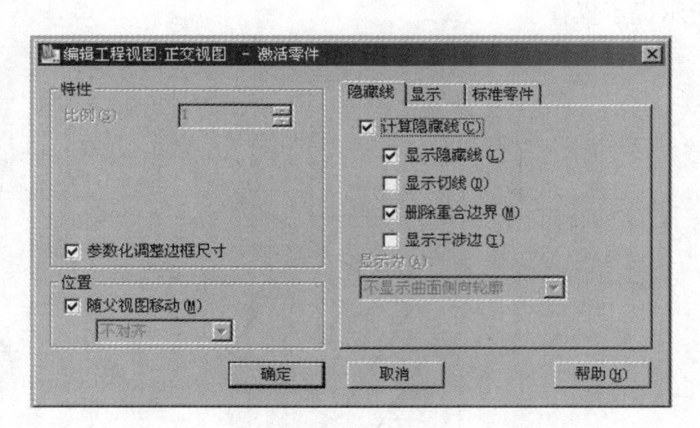

图 9.79

9.8.5 标注工程图

命令：AMRefDim

菜单：注释→参考尺寸

Mechanical Desktop 在创建工程视图时能自动生成一些标注信息，如驱动尺寸、剖面符号、回转体轴线等，如图 9.77 所示。

从图 9.77 可以看出，系统自动生成的许多标注信息不符合工程制图规范，其中以驱动尺寸显示最为典型，此外，有时候点划线绘制也不符合工程规范。

可以使用 AutoCAD 删除（Erase）命令删除不需要的驱动尺寸或点划线，或使用其他二维图形修改命令改变点划线的长度。

工程视图整理完成后，应使用“注释→参考尺寸”（AMRefDim）命令添加参考尺寸，以使工程图尺寸标注完整。参考尺寸标注命令与添加驱动尺寸命令基本相同（唯一区别在于标注参考尺寸时用户不能改变尺寸数值，但可以通过“特性”窗口使用文字替代，如图 9.80 中的尺寸“4−ϕ8.5”）。

整理、标注完成的底座工程视图如图 9.80 所示。

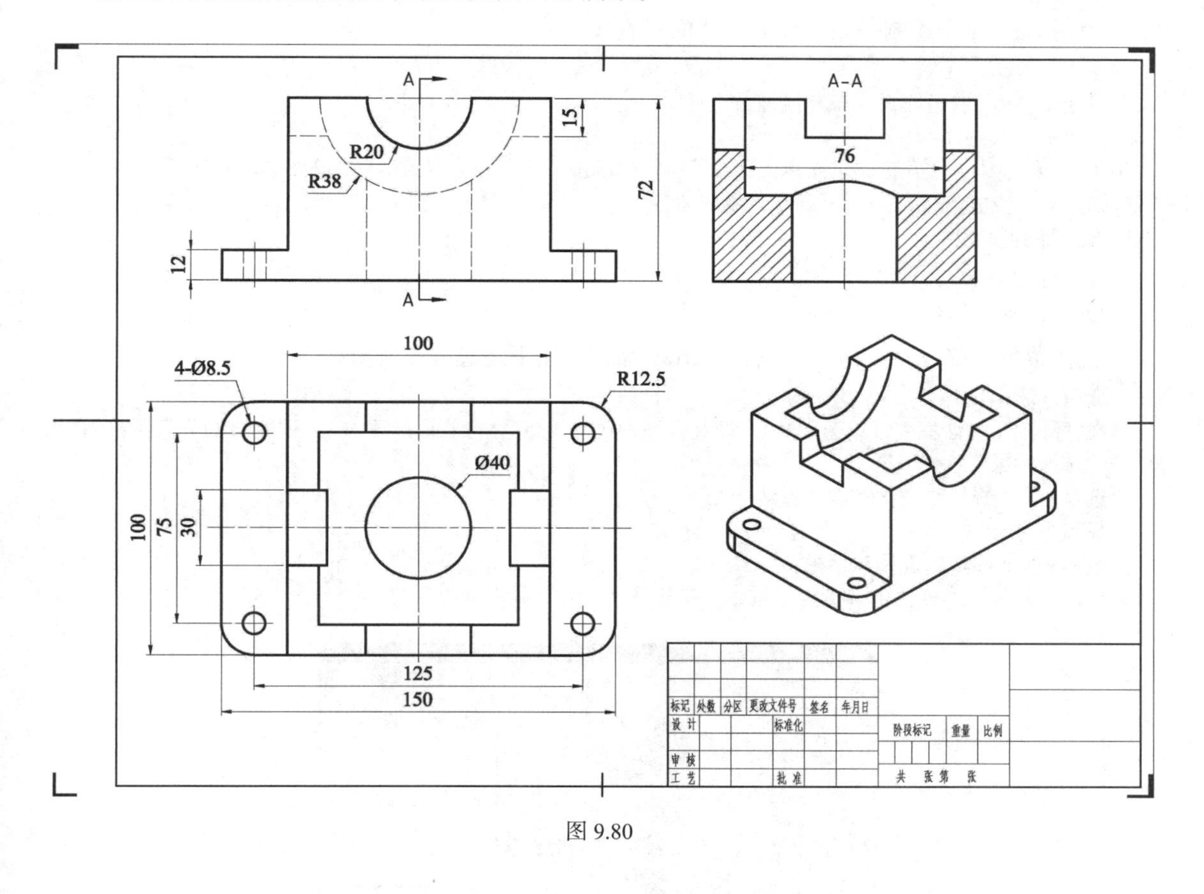

图 9.80

9.9　Mechanical Desktop 典型建模实例

在前面的相关章节中，已经创建了各种基本体和组合体模型，本节通过 3 个实例，介绍扫掠特征、放样特征和组合体建模方法。

9.9.1　冷凝器管路模型

形似冷凝器管道、电缆等形状的零件一般可使用扫掠方式创建特征。

1. 创建新文件

命令：New

菜单：文件→新建

快捷键：Ctrl + N

以 gb_a3.dwt 为样板创建一个新文件。

2. 绘制直线

命令：Line

菜单：设计→直线

快捷键：L

使用 Line 命令绘制一条长度为 300 的竖直线。

命令: _line
指定第一点: **在屏幕适当位置拾取一点**
指定下一点或
[放弃（U）]: **打开正交，光标上移或下移，当橡皮筋线显示为竖直线时输入 300，回车**
指定下一点或[放弃（U）]: **回车，结束命令**

3. 阵列直线

命令：Array

菜单：修改→阵列

选择菜单“修改→阵列”，或输入 Array 命令，按下述过程复制直线。

命令: _array
在“阵列”对话框中（见图 9.81），设置阵列方式为“矩形阵列”、行数为 1、列数为 11、列偏移为 30，单击“选择对象”按钮
选择对象: **选择步骤 2 绘制的直线**
找到 1 个
选择对象: **回车，返回对话框**
单击“阵列”对话框中“确定”按钮，完成阵列

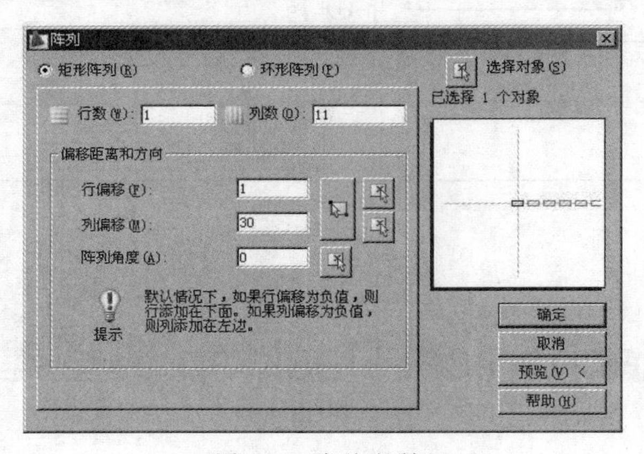

图 9.81　阵列对话框

4. 创建圆弧

命令：AMFillet2d

菜单：修改→圆角

选择菜单“修改→圆角”，按下述过程创建圆弧，操作过程按图 9.82（a）所示拾取点。

命令: amfillet2d
(标注模式:关)(修剪模式:关)当前圆角半径=10
选择第一个对象或[多段线(P)/设置(S)/添加标注(D)]: <设置> **拾取点 1**
选择第二个对象或<按回车键表示多段线>: **拾取点 2**
重复上述过程，在接下来的提示中，依次拾取点 3 和 4，5 和 6，……，17 和 18
(标注模式:关)(修剪模式:关)当前圆角半径=10
选择第一个对象或[多段线(P)/设置(S)/添加标注(D)]: <设置> **拾取点 19**
选择第二个对象或<按回车键表示多段线>:**拾取点 20**

(标注模式:关)(修剪模式:关)当前圆角半径=10
选择第一个对象或[多段线(P)/设置(S)/添加标注(D)]: <设置> **按 ESC 键结束命令**

操作结果如图 9.82(b)所示。

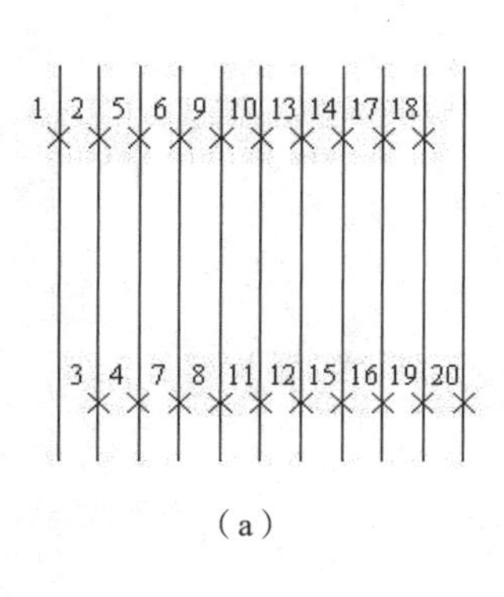

(a)

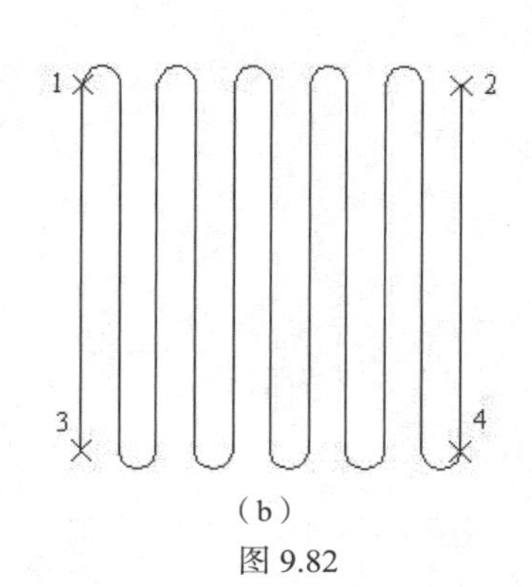

(b)

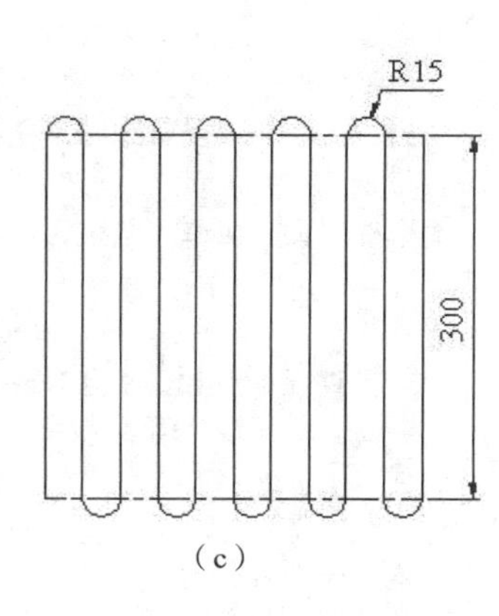

(c)

图 9.82

5. **绘制构造几何**

命令：Line

菜单：设计→直线

快捷键：L

选择菜单“设计→直线”，按下述过程参照图 9.82(b)绘制 2 条直线。

命令: _line
指定第一点: **end**
于 **拾取点 1**
指定下一点或[放弃(U)]: **end**
于 **拾取点 2**
指定下一点或[放弃(U)]: **回车，结束命令**

命令: **回车，重复执行直线命令**
LINE
指定第一点: **end**
于 **拾取点 3**
指定下一点或[放弃(U)]: **end**
于 **拾取点 4**
指定下一点或[放弃(U)]: **回车，结束命令**

6. **修改图线特性**

命令：Properties

菜单：修改→特性→特性

选择菜单“修改→特性→特性”，执行 Properties 命令，出现“特性”窗口，选择步骤 5 创建的 2 条直线，通过特性窗口将其线型由 Bylayer 改为 Center，线型比例由 1 改为 25。

按 Esc 键取消选择。

现在的路径草图如图 9.82（c）所示（不含尺寸标注）。

7. 定义二维扫掠路径

命令：AM2dPath

菜单：零件→草图处理→定义二维扫掠路径

选择菜单“零件→草图处理→定义二维扫掠路径”，将前述步骤创建的草图转化为二维扫掠路径。

命令: _am2dpath
选择对象: **在草图左上角空白处拾取一点**
指定对角点: **在草图右下角拾取一点**
找到 23 个
选择对象: **回车，结束选择**
计算...
计算...
选择路径的起始点: **选择最左侧直线下端点**
还需要 2 个驱动尺寸或草图约束才能完全约束草图。
计算...
计算...
垂直于路径创建一个截面轮廓平面? [是（Y）/否（N）] <是（Y）>: **回车**
计算...
计算...
平面=参数化
选择用于对齐 X 轴的边或[反向（F）/旋转（R）/原点（O）] <接受（A）>: **回车**

在上述过程中，系统在路径起点创建了一个工作点，过该工作点，垂直于路径创建了一个工作平面，并将该工作平面设置为草图平面，用户在该草图平面绘制扫掠特征截面轮廓。

8. 约束扫掠路径

命令：AMParDim

菜单：零件→尺寸标注→添加驱动尺寸

在本例中，由于构造几何（截面轮廓草图中的 2 条水平虚线）的应用，极大地减少了需要用户添加的几何约束数量（只需要 2 个驱动尺寸或草图约束）。可以验证，在没有这 2 条构造几何时，需要 12 个驱动尺寸或草图约束才能完全约束草图。

按下述过程为扫掠路径添加驱动尺寸约束，约束完成的扫掠路径如图 9.82（c）所示。

命令: _ampardim
选择第一个对象: **选择路径中任一条竖直线**
选择第二个对象或定位驱动尺寸: **在屏幕空白处拾取一点**
输入尺寸值或[放弃（U）/水平（H）/竖直（V）/对齐（A）/平行（P）/角度（N）/坐标（O）/直径（D）/定位点（L）]<300>: **回车**
还需要 1 个驱动尺寸或草图约束才能完全约束草图。

选择第一个对象: **选择图中任一圆弧**
选择第二个对象或定位驱动尺寸: **在屏幕空白处拾取一点**

输入尺寸值或[放弃（U）/半径（R）/坐标（O）/定位点（P）]<15>: **回车**
草图已被完全约束

选择第一个对象: **回车，结束命令**

9. 改变视图观察方向

命令：Plan

菜单：视图→三维视图→当前 UCS

选择菜单“视图→三维视图→当前 UCS”，执行 Plan 命令，切换视图为正视于草图平面方向。

命令: _plan
输入选项[当前 UCS（C）/UCS（U）/世界（W）] <当前 UCS>: 从键盘输入 Plan 命令时，在该处由用户输入回车，从菜单输入命令，该处回车由系统自动输入
正在重生成模型

10. 绘制截面轮廓草图

命令：Circle

菜单：设计→圆→圆心、半径

快捷键：C

命令: _circle
指定圆的圆心或[三点（3P）/两点（2P）/切点、切点、半径（T）]: **end**
于 **在工作点处单击左键**
指定圆的半径或[直径（D）]: **输入 5，回车**

命令: **回车，重复画圆命令**
CIRCLE 指定圆的圆心或[三点（3P）/两点（2P）/切点、切点、半径（T）]: **end**
于 **在工作点处单击左键**
指定圆的半径或[直径（D）]<5.0000>: **输入 4，回车**

11. 定义截面轮廓

命令：AMProfile

菜单：零件→草图处理→定义截面轮廓

命令: _amprofile
选择要生成草图的对象: **选择步骤 10 绘制的圆**
找到 1 个
选择要生成草图的对象: **选择步骤 10 绘制的另外一个圆**
找到 1 个，总计 2 个
选择要生成草图的对象: **回车，结束选择**

还需要 2 个驱动尺寸或草图约束才能完全约束草图。
计算...

12. 约束截面轮廓

命令：AMParDim

菜单：零件→尺寸标注→添加驱动尺寸

按图 9.83（a）所示的尺寸约束截面轮廓。

命令: _ampardim
选择第一个对象: **选择截面轮廓中的大圆**
选择第二个对象或定位驱动尺寸: **在屏幕空白处拾取一点**
输入尺寸值或[放弃（U）/半径（R）/坐标（O）/定位点（P）]<10>: **回车**

还需要 1 个驱动尺寸或草图约束才能完全约束草图

选择第一个对象: **选择截面轮廓中的小圆**
选择第二个对象或定位驱动尺寸: **在平面空白处拾取一点**
输入尺寸值或[放弃（U）/半径（R）/坐标（O）/定位点（P）]<8>: **回车**
草图已被完全约束

选择第一个对象: **回车，结束命令**

13. 创建扫掠特征

命令：AMSweep

菜单：零件→草图特征→扫掠

先执行快捷键 8，切换观察方向为等轴测方向，然后选择菜单“零件→草图特征→扫掠”，执行扫掠命令。

命令: _amsweep
单击“扫描”对话框中“确定”按钮。
检测到多个闭合回路 - 某些终止类型不能用于多个回路（下一个、平面、表面、延伸面和从表面到表面）。
计算...

生成冷凝器管路模型如图 9.83（b）所示。

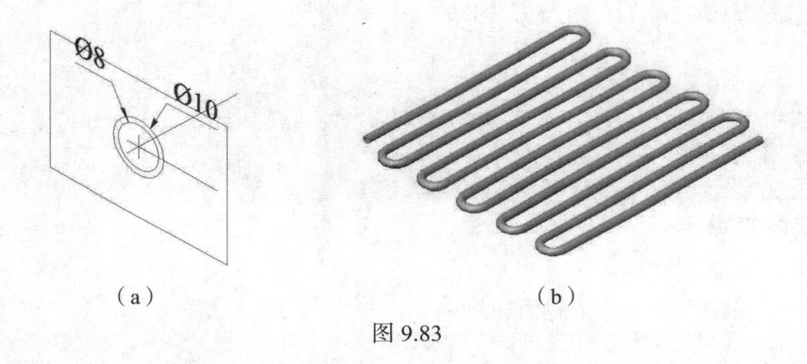

（a）　　（b）

图 9.83

9.9.2 花瓶模型

形似花瓶状的不同位置处截面轮廓形状不同的零件可使用同样命令创建。

1. 创建新文件

命令：New

菜单：文件→新建

快捷键：Ctrl + N

以 gb_a3.dwt 为样板创建一个新文件。

2. 绘制圆

命令：Circle

菜单：设计→圆→圆心、半径

快捷键：C

使用 Circle 命令在缺省草图平面上以用户坐标系原点为圆心绘制一个直径为 100 的圆。

命令: _circle

指定圆的圆心或[三点（3P）/两点（2P）/切点、切点、半径（T）]: **输入 0，0，回车**
指定圆的半径或[直径（D）]: **输入 50，回车**

3. 定义截面轮廓（一）

命令：AMProfile

菜单：零件→草图处理→定义截面轮廓

命令: _amprofile
选择要生成草图的对象: **选择步骤 2 绘制的圆**
找到 1 个
选择要生成草图的对象: **回车，结束选择**
计算...
计算...
还需要 1 个驱动尺寸或草图约束才能完全约束草图
计算...

4. 约束截面轮廓

命令：AMParDim

菜单：零件→尺寸标注→添加驱动尺寸

命令: _ampardim
选择第一个对象: **选择步骤 2 绘制的圆**
选择第二个对象或定位驱动尺寸: **在屏幕空白处拾取一点**
输入尺寸值或[放弃（U）/半径（R）/坐标（O）/定位点（P）]<100>: **回车**
草图已被完全约束

选择第一个对象: **回车，结束命令**

至此，截面轮廓（一）定义完成。

5. 创建工作平面

命令：AMWorkPln

菜单：零件→定位特征→工作平面

按下述过程创建一个工作平面，并将其设为草图平面。

命令: _amworkpln
在“工作平面”对话框中，将“第一修改方式”设置为“与平面平行”，“第二修改方式”设置为“偏移”，并将偏移距离设为 100，其余均采用缺省设置，单击“确定”按钮
选择工作平面、平面或
[WCS 的 XY 面（X）/WCS 的 YZ 面（Y）/WCS 的 ZX 面（Z）/UCS（U）]: **输入 x，回车**
计算...
输入选项[反向（F）/接受（A）] <接受（A）>: **回车**
计算...
计算...
平面=参数化
选择用于对齐 X 轴的边或[反向（F）/旋转（R）/原点（O）] <接受（A）>: **回车**

6. 绘制圆

命令：Circle

菜单：设计→圆→圆心、半径

快捷键：C

使用 Circle 命令在草图平面上以当前用户坐标系原点为圆心绘制一个直径为 200 的圆。

命令: _circle
指定圆的圆心或[三点（3P）/两点（2P）/切点、切点、半径（T）]: **输入0，0，回车**
指定圆的半径或[直径（D）]<50>: **输入100，回车**

7. 定义截面轮廓（二）

命令：AMProfile

菜单：零件→草图处理→定义截面轮廓

命令: _amprofile
选择要生成草图的对象: **选择步骤6绘制的圆**
找到1个
选择要生成草图的对象: **回车，结束选择**
计算...
计算...
还需要1个驱动尺寸或草图约束才能完全约束草图。
计算...

8. 约束截面轮廓

命令：AMParDim

菜单：零件→尺寸标注→添加驱动尺寸

命令: _ampardim
选择第一个对象: **选择步骤6绘制的圆**
选择第二个对象或定位驱动尺寸: **在屏幕空白处拾取一点**
输入尺寸值或[放弃（U）/半径（R）/坐标（O）/定位点（P）]<200>: **回车**
草图已被完全约束

选择第一个对象: **回车，结束命令**

至此，截面轮廓（二）定义完成。

9. 创建工作平面

命令：AMWorkPln

菜单：零件→定位特征→工作平面

按下述过程创建一个工作平面，并将其设为草图平面。

命令: _amworkpln
在“工作平面”对话框中，将“第一修改方式”设置为“与平面平行”，“第二修改方式”设置为“偏移”，并将偏移距离设为200，其余均采用缺省设置，单击“确定”按钮
选择工作平面、平面或
[WCS的XY面（X）/WCS的YZ面（Y）/WCS的ZX面（Z）/UCS（U）]: **输入x，回车**
计算...
输入选项[反向（F）/接受（A）]<接受（A）>: **回车**
计算...
计算...
平面=参数化
选择用于对齐X轴的边或[反向（F）/旋转（R）/原点（O）]<接受（A）>: **回车**

10. 绘制圆

命令：Circle

菜单：设计→圆→圆心、半径

快捷键：C

使用Circle命令在草图平面上以当前用户坐标系原点为圆心绘制一个直径为60的圆。

```
命令: _circle
指定圆的圆心或[三点（3P）/两点（2P）/切点、切点、半径（T）]: 输入 0, 0, 回车
指定圆的半径或[直径（D）]<100>: 输入 30, 回车
```

11. 定义截面轮廓（三）

命令：AMProfile

菜单：零件→草图处理→定义截面轮廓

```
命令: _amprofile
选择要生成草图的对象: 选择步骤 10 绘制的圆
找到 1 个
选择要生成草图的对象: 回车, 结束选择
计算...
计算...
还需要 1 个驱动尺寸或草图约束才能完全约束草图。
计算...
```

12. 约束截面轮廓

命令：AMParDim

菜单：零件→尺寸标注→添加驱动尺寸

```
命令: _ampardim
选择第一个对象: 选择步骤 10 绘制的圆
选择第二个对象或定位驱动尺寸: 在屏幕空白处拾取一点
输入尺寸值或[放弃（U）/半径（R）/坐标（O）/定位点（P）]<60>: 回车
草图已被完全约束。

选择第一个对象: 回车, 结束命令
```

至此，截面轮廓（三）定义完成。

13. 创建图层

命令：Layer

菜单：辅助→Mechanical 图层管理器

在“图层管理器”对话框中图层列表区域，单击右键，选择“新建图层”，创建一个名为 Profile123 的图层，并关闭该图层。

14. 隐藏截面轮廓

命令：Properties

菜单：修改→特性→特性

快捷键：Ctrl + 1

选择菜单“修改→特性→特性”，执行 Properties 命令，显示特性窗口。

选择截面轮廓（一）、（二）、（三）中的圆及相应驱动尺寸，在特性窗口中将它们的图层特性改为 Profile123，按键盘上的 Esc 键，取消选择，截面轮廓（一）、（二）、（三）被隐藏。

15. 创建工作平面

命令：AMWorkPln

菜单：零件→定位特征→工作平面

按下述过程创建一个工作平面，并将其设为草图平面。

```
命令: _amworkpln
在“工作平面”对话框中，将“第一修改方式”设置为“与平面平行”，“第二修改方式”设置为“偏移”，
```

并将偏移距离设为 400，其余均采用缺省设置，单击“确定”按钮

选择工作平面、平面或

[WCS 的 XY 面（X）/WCS 的 YZ 面（Y）/WCS 的 ZX 面（Z）/UCS（U）]: **输入 x，回车**

计算...

输入选项[反向（F）/接受（A）] <接受（A）>: **回车**

计算...

计算...

平面=参数化

选择用于对齐 X 轴的边或[反向（F）/旋转（R）/原点（O）] <接受（A）>: **回车**

16. 绘制圆

命令：Circle

菜单：设计→圆→圆心、半径

快捷键：C

绘制图 9.84（a）所示的 6 个圆。

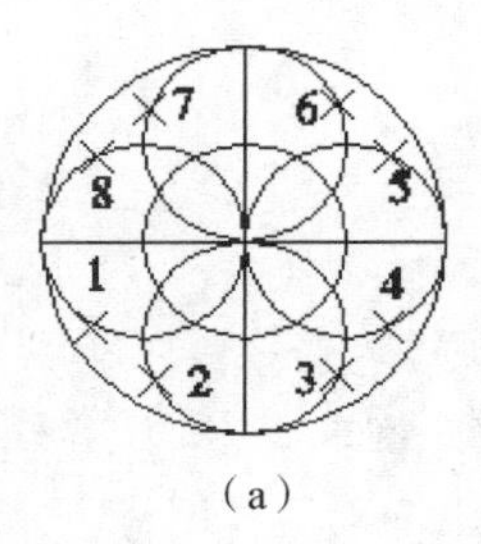

（a）

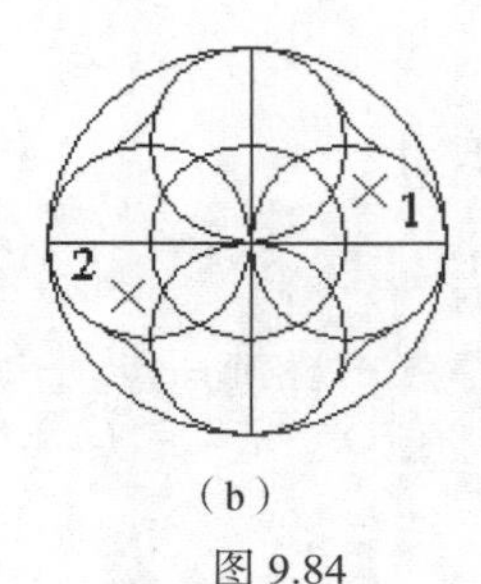

（b）

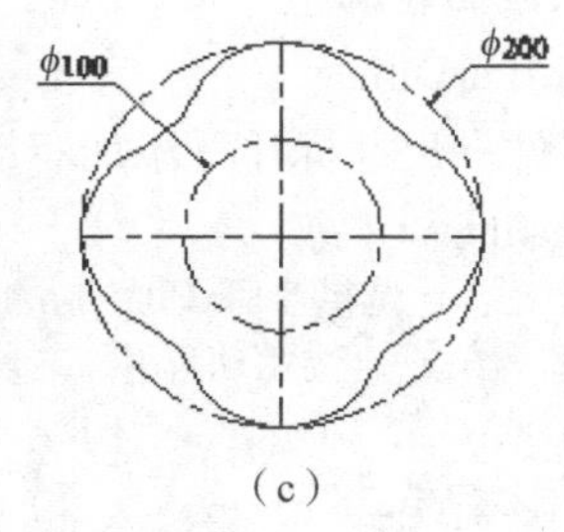

（c）

图 9.84

命令: _circle

指定圆的圆心或[三点（3P）/两点（2P）/切点、切点、半径（T）]: **输入 0，0，回车**

指定圆的半径或[直径（D）] <30.0000>: **输入 100，回车**

命令: **回车，重复画圆命令**

CIRCLE

指定圆的圆心或[三点（3P）/两点（2P）/切点、切点、半径（T）]: **输入 0，0，回车**

指定圆的半径或[直径（D）] <100.0000>: **输入 50，回车**

命令: **回车，重复画圆命令**

CIRCLE 指定圆的圆心或[三点（3P）/两点（2P）/切点、切点、半径（T）]: **qua**

于 **拾取内部圆的第一个象限点**

指定圆的半径或[直径（D）] <50.0000>: **回车**

命令: **回车，重复画圆命令**

CIRCLE 指定圆的圆心或[三点（3P）/两点（2P）/切点、切点、半径（T）]: **qua**

于 **拾取内部圆的第二个象限点**

指定圆的半径或[直径（D）] <50.0000>: **回车**

命令: **回车，重复画圆命令**

CIRCLE 指定圆的圆心或[三点（3P）/两点（2P）/切点、切点、半径（T）]: **qua**

于 **拾取内部圆的第三个象限点**

指定圆的半径或[直径（D）] <50.0000>: **回车**

命令: **回车，重复画圆命令**
CIRCLE 指定圆的圆心或[三点（3P）/两点（2P）/切点、切点、半径（T）]: **qua**
于 **拾取内部圆的第四个象限点**
指定圆的半径或[直径（D）] <50.0000>: **回车**

17. 绘制直线

命令：Line

菜单：设计→直线

快捷键：L

为步骤 16 绘制的同心圆绘制十字形中心线，如图 9.84（a）所示。

命令: _line
指定第一点: **int**
于 **拾取大圆左象限点处**
指定下一点或[放弃（U）]: **int**
于 **拾取大圆右象限点处**
指定下一点或[放弃（U）]: **回车**

命令: **回车，重复画直线**
LINE
指定第一点: **int**
于 **拾取大圆上象限点处**
指定下一点或[放弃（U）]: **int**
于 **拾取大圆下象限点处**
指定下一点或[放弃（U）]: **回车**

18. 创建圆角

命令：AMFillet2d

菜单：修改→圆角

按图 9.84（a）所示选点位置创建圆角，结果如图 9.84（b）所示。

命令: amfillet2d
（标注模式:关）（修剪模式:关）当前圆角半径=10
选择第一个对象或[多段线（P）/设置（S）/添加标注（D）]: <设置> **回车**
在“圆角”对话框中设置圆角半径为 50，单击“确定”按钮
（标注模式:关）（修剪模式:关）当前圆角半径=50
选择第一个对象或[多段线（P）/设置（S）/添加标注（D）]: <设置> **拾取点 1**
选择第二个对象或<按回车键表示多段线>: **拾取点 2**

（标注模式:关）（修剪模式:关）当前圆角半径=50
选择第一个对象或[多段线（P）/设置（S）/添加标注（D）]: <设置> **拾取点 3**
选择第二个对象或<按回车键表示多段线>:**拾取点 4**

（标注模式:关）（修剪模式:关）当前圆角半径=50
选择第一个对象或[多段线（P）/设置（S）/添加标注（D）]: <设置> **拾取点 5**
选择第二个对象或<按回车键表示多段线>:**拾取点 6**

（标注模式:关）（修剪模式:关）当前圆角半径=50
选择第一个对象或[多段线（P）/设置（S）/添加标注（D）]: <设置> **拾取点 7**

选择第二个对象或<按回车键表示多段线>：**拾取点 8**
（标注模式:关）（修剪模式:关）当前圆角半径=50
选择第一个对象或[多段线（P）/设置（S）/添加标注（D）]: <设置> **按 ESC（退出）键，结束命令**

19. 修剪图线

命令：Trim

菜单：修改→修剪

快捷键：Tr

以步骤 18 创建的 4 个圆角为剪切边修剪图线，结果如图 9.84（c）所示。

命令: _trim
当前设置:投影=UCS，边=无
选择剪切边...
选择对象或 <全部选择>： **选择步骤 18 创建的第一个圆弧**
找到 1 个
选择对象: **选择步骤 18 创建的第二个圆弧**
找到 1 个，总计 2 个
选择对象: **选择步骤 18 创建的第三个圆弧**
找到 1 个，总计 3 个
选择对象: **选择步骤 18 创建的第四个圆弧**
找到 1 个，总计 4 个
选择对象: **回车，结束选择**

选择要修剪的对象，或按住 Shift 键选择要延伸的对象，或
[栏选（F）/窗交（C）/投影（P）/边（E）/删除（R）/放弃（U）]: **拾取图 9.84（b）所示内部空白处点 1**
指定对角点: **拾取图 9.84（b）所示内部空白处点 2**
选择要修剪的对象，或按住 Shift 键选择要延伸的对象，或
[栏选（F）/窗交（C）/投影（P）/边（E）/删除（R）/放弃（U）]: **回车，结束命令**

20. 修改图线特性

命令：Properties

菜单：修改→特性→特性

快捷键：Ctrl + 1

选择菜单“修改→特性→特性”，执行 Properties 命令，出现“特性”窗口，选择半径为 100 和 50 的同心圆，以及图中的 2 条直线，通过特性窗口将其线型由 Bylayer 改为 Center，线型比例由 1 改为 25。

按 Esc 键取消选择。

现在图形如图 9.84（c）所示，不含驱动尺寸。

21. 定义截面轮廓（四）

命令：AMProfile

菜单：零件→草图处理→定义截面轮廓

标注图 9.84（c）所示驱动尺寸。

命令: _amprofile
选择要生成草图的对象: **在截面草图左上角空白处拾取一点**
指定对角点: **在截面草图右下角空白处拾取一点**
找到 12 个
选择要生成草图的对象: **回车，结束选择**

还需要 2 个驱动尺寸或草图约束才能完全约束草图。
计算...

22. 约束截面轮廓

命令：AMParDim

菜单：零件→尺寸标注→添加驱动尺寸

命令: _ampardim
选择第一个对象: **选择点划线大圆**
选择第二个对象或定位驱动尺寸: **在屏幕空白处拾取一点**
输入尺寸值或[放弃（U）/半径（R）/坐标（O）/定位点（P）]<200>: **回车**
还需要 1 个驱动尺寸或草图约束才能完全约束草图

选择第一个对象: **选择点划线小圆**
选择第二个对象或定位驱动尺寸: **在屏幕空白处拾取一点**
输入尺寸值或[放弃（U）/半径（R）/坐标（O）/定位点（P）]<100>: **回车**
草图已被完全约束

选择第一个对象: **回车，结束命令**

至此，截面轮廓（四）定义完成。

23. 开启图层

命令：Layer

菜单：辅助→Mechanical 图层管理器

在“图层管理器”对话框中图层列表区域，单击 Profile123 图层右侧灯泡图标，打开 Profile123 图层。

按快捷键 8，显示等轴测观察方向。

现在的模型如图 9.85（a）所示。

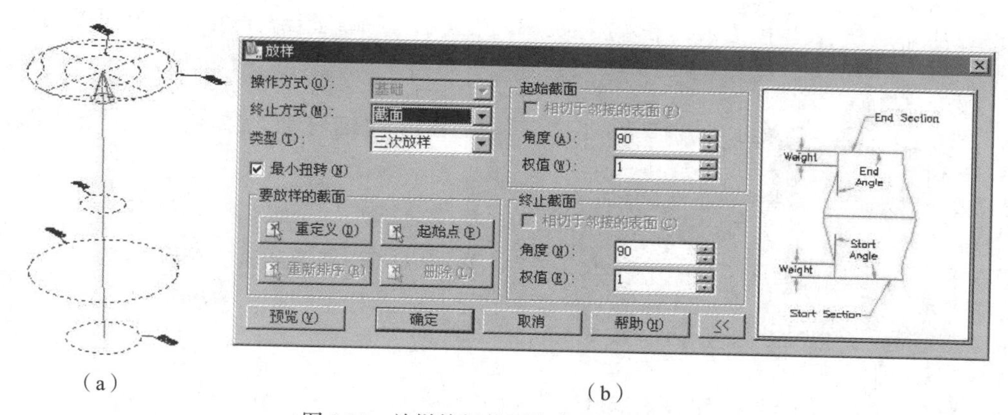

（a）　　（b）

图 9.85　放样特征截面轮廓和放样对话框

24. 创建放样特征

命令：AMLoft

菜单：零件→草图特征→放样

命令: amloft
选择要放样的截面轮廓或平面: **选择截面轮廓（一）**
选择要放样的截面轮廓或平面: **选择截面轮廓（二）**

选择要放样的截面轮廓或平面或[重新定义截面（R）]: **选择截面轮廓（三）**
选择要放样的截面轮廓或平面或[重新定义截面（R）]: **选择截面轮廓（四）**
选择要放样的截面轮廓或平面或[重新定义截面（R）]: **回车**
在“放样”对话框中（如图 9.85（b）所示），单击“确定”按钮。
计算...

25. 创建抽壳特征

命令：AMShell

菜单：零件→放置特征→抽壳

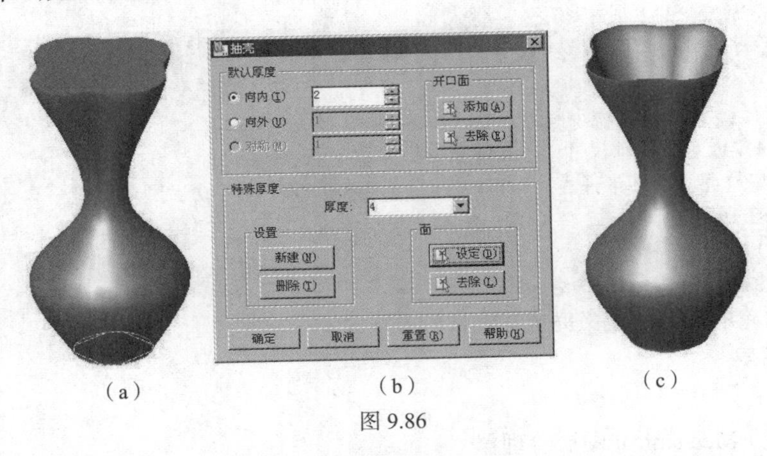

（a）（b）（c）

图 9.86

操作过程参照图 9.86（a）、（b）进行，完成后的模型如图 9.86（c）所示。

命令: _amshell
在“抽壳”对话框中，设置“默认厚度”为“向内”，厚度值为 2，单击“开口面—添加”按钮
选择要开口的面: **选择花瓶模型上底面边缘**
（4 个重复）
输入选项[下一个（N）/接受（A）]<接受（A）>: **输入 n，回车，直到显示的选中面为上表面**
输入选项[下一个（N）/接受（A）]<接受（A）>: **回车**
选择要开口的面: **回车**
在“抽壳”对话框中，单击“特殊厚度—设置—新建”按钮，设置特殊厚度为 4，单击“特殊厚度—面—设定”按钮
选择要设定的面: **选择花瓶模型下底面边缘**
（2 个重复）
输入选项[下一个（N）/接受（A）] <接受（A）>: **输入 n，回车，直到显示的选中面为下底面，如图 9.86（a）所示**
输入选项[下一个（N）/接受（A）]<接受（A）>: **回车**
选择要设定的面: **回车**
在“抽壳”对话框中，单击“确定”按钮
计算...

9.9.3 组合体模型

本节从绘制概略特征截面草图开始，详细讲述组合体模型的创建过程。

1. 创建新文档

命令：New

菜单：文件→新建

快捷键：Ctrl + N

在“选择样板”对话框中，选择“gb_a3.dwt”，然后单击“打开”按钮。

2. 保存文件

命令：Save

菜单：文件→保存

快捷键：Ctrl + S

在“图形另存为”对话框中，输入“Bracket”作为文件名，回车或单击“保存”按钮。

3. 显示图形全貌

命令：Zoom

菜单：视图→缩放→全部

快捷键：Z↙ A↙

命令: '_zoom
指定窗口的角点，输入比例因子（nX 或 nXP），或者
[全部（A）/中心（C）/动态（D）/范围（E）/上一个（P）/比例（S）/窗口（W）/对象（O）] <实时>: _all
正在重生成模型

4. 绘制直线

命令：Line

菜单：设计→直线

快捷键：L

命令: _line
指定第一点: **在屏幕适当位置拾取一点**
指定下一点或[放弃（U）]:　**单击状态行正交按钮**
<正交 开>
光标右移，使橡皮筋线显示为水平向右，输入 100，回车
指定下一点或[放弃（U）]: **回车，结束命令**

按 Ctrl + S 组合键，保存文件。

5. 绘制圆

命令：Circle

菜单：设计→圆→圆心、半径

快捷键：C

将光标移动到直线中点附近，向上滚动鼠标滚轮，适当放大图形，按下述过程绘制 3 个圆，结果如图 9.87（a）所示。

命令: _circle
指定圆的圆心或[三点（3P）/两点（2P）/切点、切点、半径（T）]: **end**
于 **拾取直线左端点**
指定圆的半径或[直径（D）]: **参考图 9.87（a），在屏幕适当位置单击左键**

命令: **回车，重复画圆命令**
CIRCLE
指定圆的圆心或[三点（3P）/两点（2P）/切点、切点、半径（T）]: **end**
于 **拾取直线右端点**
指定圆的半径或[直径（D）] <xx.xxxx>: **回车**

命令: **回车，重复画圆命令**
CIRCLE
指定圆的圆心或[三点（3P）/两点（2P）/切点、切点、半径（T）]: **mid**
于 **拾取直线中点处**
指定圆的半径或[直径（D）] <xx.xxxx>: **参考图 9.87（a），在屏幕适当位置单击左键**

6. 绘制直线

命令：Line

菜单：设计→直线

快捷键：L

关闭正交功能和对象捕捉功能，参考图 9.87（a），绘制 4 条斜线，绘制过程应避免直线端点位于圆周外侧。

命令: <正交 关>
命令: <对象捕捉 关>
命令: _line
指定第一点: **在左侧圆的左象限点右方单击左键**
指定下一点或[放弃（U）]: **在中间圆的上象限点下方单击左键**
指定下一点或[放弃（U）]: **在右侧圆的右象限点左侧单击左键**
指定下一点或[闭合（C）/放弃（U）]: **在中间圆的下象限点上方单击左键**
指定下一点或[闭合（C）/放弃（U）]: **输入 c，回车**

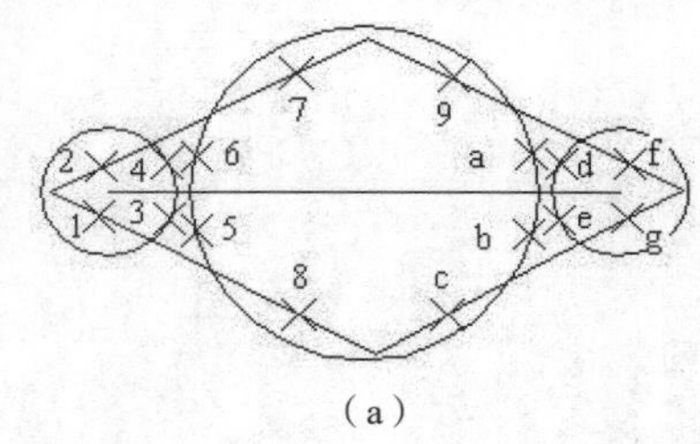

（a）

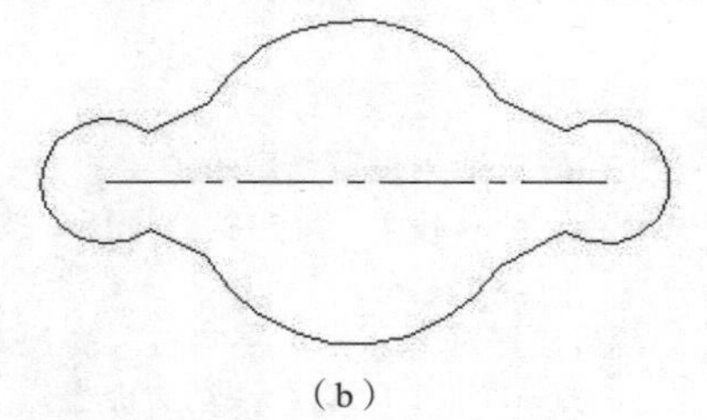
（b）

图 9.87

7. 修剪图线

命令：Trim

菜单：修改→修剪

快捷键：TR

操作过程参考图 9.87（a）所示选择图线相应部分（注意，图线选择顺序对操作结果没有影响，如果误选了不该删除的图线，应及时输入“放弃”选项“U”予以恢复），操作结果如图 9.87（b）所示。

命令: _trim
当前设置:投影=UCS，边=无
选择剪切边...
选择对象或 <全部选择>: **回车，选择全部对象作为剪切边**

选择要修剪的对象，或按住 Shift 键选择要延伸的对象，或
[栏选（F）/窗交（C）/投影（P）/边（E）/删除（R）/放弃（U）]: **拾取点 1**
……（此处省略的操作步骤一次拾取点 2、3……f、g）
选择要修剪的对象，或按住 Shift 键选择要延伸的对象，或
[栏选（F）/窗交（C）/投影（P）/边（E）/删除（R）/放弃（U）]: **回车，结束命令**

8. 修改图线特性

命令：Properties

菜单：修改→特性→特性

快捷键：Ctrl + 1

选择菜单“修改→特性→特性”，执行 Properties 命令，出现“特性”窗口，选择图中水平直线，通过特性窗口将其线型由 Bylayer 改为 Center，线型比例由 1 改为 25。

按 Esc 键取消选择。

现在图形如图 9.87（b）所示。

9. 定义截面轮廓

命令：AMProfile

菜单：零件→草图处理→定义截面轮廓

命令: _amprofile
选择要生成草图的对象: **选择图中所有直线和圆弧**
…
选择要生成草图的对象: **回车，结束选择**
计算...
计算...
还需要 10 个驱动尺寸或草图约束才能完全约束草图。
计算...

注意，由于每个人绘图精度不同，上述过程中提示的需要驱动尺寸或草图约束数量可能有所不同。

10. 删除平行约束

命令：AMDelCon

菜单：零件→二维约束→删除草图约束

下面的操作删除截面轮廓中 2 组斜对边可能存在的平行约束，平行约束以“Px”字样显示，如图 9.88 中的 P1 和 P3，P2 和 P4。命令执行时，如果 2 组斜对边不存在平行约束，直接输入回车，结束命令。

命令: _amdelcon
选择或[大小（S）/全部（A）]: **选择一个平行约束，比如图 9.88 中的 P2**
还需要 11 个驱动尺寸或草图约束才能完全约束草图
选择或[大小（S）/全部（A）]: **选择另一组平行约束（如果存在的话），比如图 9.88 中的 P3**
还需要 12 个驱动尺寸或草图约束才能完全约束草图
选择或[大小（S）/全部（A）]: **回车，结束命令**

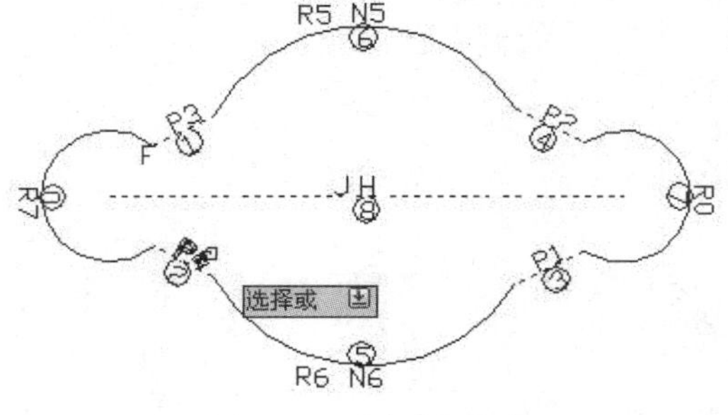

图 9.88　删除平行约束

11. 添加相切约束

命令：AMDT_AddCon_Tangent

菜单：零件→二维约束→相切

下面的过程为所有相邻的直线段和圆弧添加相切约束，操作过程中应注意：

（1）最后添加固定点 F 处的相切约束，在本例中，该点位于图 9.88 所示线段 1 与圆弧 0 的交点（不同用户的图形中，固定点位置可能有所不同）；

（2）除固定点 F 处外，添加其它位置的相切约束时，应先选择直线段作为要重定位的对象，后选择相应圆弧作为与之相切的对象。

（3）在最后添加固定点处相切约束时，应先选择圆弧（图 9.88 中的圆弧 0）作为要重定位的对象，后选择相应直线（图 9.88 中的线段 1）作为与之相切的对象。

命令: amdt_addcon_tangent
有效的选择: 直线、圆、圆弧、椭圆或样条曲线段
选择要重定位的对象: **选择线段 1**
有效的选择: 圆、圆弧或椭圆
选择与之相切的对象: **选择圆弧 6**
还需要 11 个驱动尺寸或草图约束才能完全约束草图

有效的选择: 直线、圆、圆弧、椭圆或样条曲线段
选择要重定位的对象: **选择线段 2**
有效的选择: 圆、圆弧或椭圆
选择与之相切的对象: **选择圆弧 6**
还需要 10 个驱动尺寸或草图约束才能完全约束草图

有效的选择: 直线、圆、圆弧、椭圆或样条曲线段
选择要重定位的对象: **选择线段 2**
有效的选择: 圆、圆弧或椭圆
选择与之相切的对象: **选择圆弧 7**
还需要 9 个驱动尺寸或草图约束才能完全约束草图

有效的选择: 直线、圆、圆弧、椭圆或样条曲线段
选择要重定位的对象: **选择线段 3**
有效的选择: 圆、圆弧或椭圆
选择与之相切的对象: **选择圆弧 7**
还需要 8 个驱动尺寸或草图约束才能完全约束草图

有效的选择: 直线、圆、圆弧、椭圆或样条曲线段
选择要重定位的对象: **选择线段 3**
有效的选择: 圆、圆弧或椭圆
选择与之相切的对象: **选择圆弧 5**
还需要 7 个驱动尺寸或草图约束才能完全约束草图

有效的选择: 直线、圆、圆弧、椭圆或样条曲线段
选择要重定位的对象: **选择线段 2**

有效的选择: 圆、圆弧或椭圆
选择与之相切的对象: **选择圆弧 5**

还需要 6 个驱动尺寸或草图约束才能完全约束草图

有效的选择：直线、圆、圆弧、椭圆或样条曲线段
选择要重定位的对象：**选择线段 2**
有效的选择：圆、圆弧或椭圆
选择与之相切的对象：**选择圆弧 0**
还需要 5 个驱动尺寸或草图约束才能完全约束草图

有效的选择：直线、圆、圆弧、椭圆或样条曲线段
选择要重定位的对象：**选择圆弧 0**
有效的选择：直线、圆、圆弧、椭圆或样条曲线段
选择与之相切的对象：**选择线段 1**
还需要 4 个驱动尺寸或草图约束才能完全约束草图

有效的选择：直线、圆、圆弧、椭圆或样条曲线段
选择要重定位的对象：**回车**
输入选项
[水平（H）/竖直（V）/垂直（PE）/平行（PA）/相切（T）/共线（CL）/同心（CN）/投影（PR）/连接（J）/X 坐标相等（XV）/Y 坐标相等（YV）/等半径（R）/等长（L）/镜像（M）/固定（F）/退出（X）]<退出>：**回车，结束命令**

现在的截面轮廓如图 9.89 所示。

12. 以等式形式显示驱动尺寸

命令：DimAsEqu

菜单：零件→尺寸标注→等式形式显示尺寸

命令: amdt_dimasequ

13. 添加驱动尺寸

命令：AMParDim

菜单：零件→尺寸标注→添加驱动尺寸

参照图 9.90 所示添加驱动尺寸。

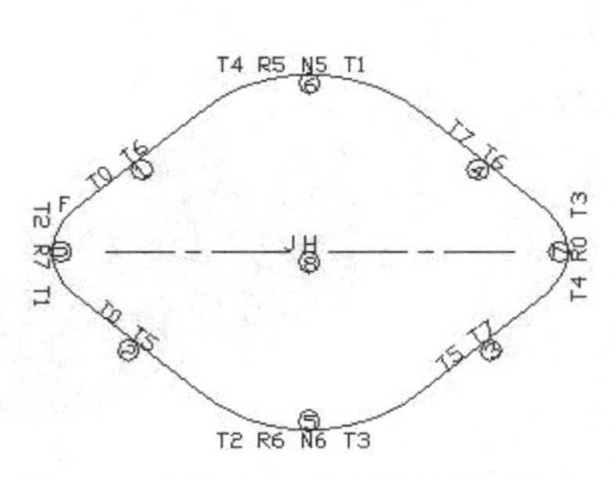

图 9.89 添加相切约束后的截面轮廓

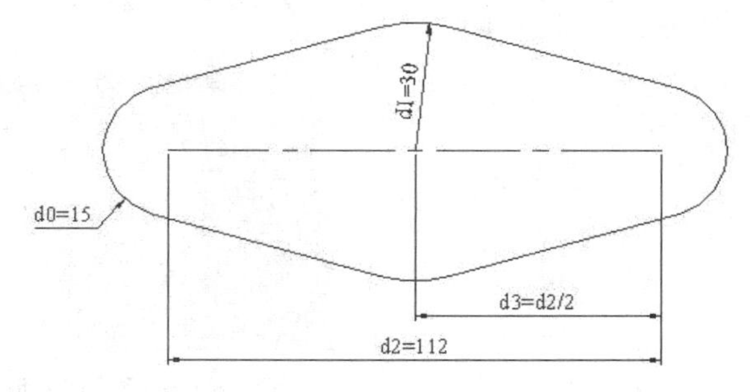

图 9.90 添加驱动尺寸

命令: _ampardim
选择第一个对象：**选择截面轮廓左侧圆弧**
选择第二个对象或定位驱动尺寸：**在屏幕空白处拾取一点**
输入尺寸值或[放弃（U）/半径（R）/坐标（O）/定位点（P）]<xx.xxxx>：**输入 15，回车**
还需要 3 个驱动尺寸或草图约束才能完全约束草图

选择第一个对象: **选择截面轮廓上方圆弧**
选择第二个对象或定位驱动尺寸: **在屏幕空白处拾取一点**
输入尺寸值或[放弃（U）/半径（R）/坐标（O）/定位点（P）]<xx.xxxx>: **输入 30，回车**
还需要 2 个驱动尺寸或草图约束才能完全约束草图

选择第一个对象: **选择截面轮廓左侧圆弧**
选择第二个对象或定位驱动尺寸: **选择截面轮廓右侧圆弧**
指定驱动尺寸位置: **在截面轮廓下方拾取一点**
输入尺寸值或[放弃（U）/水平（H）/竖直（V）/对齐（A）/平行（P）/角度（N）/坐标（O）/直径（D）/定位点（L）]<xx.xxxx>: **输入 112，回车**
还需要 1 个驱动尺寸或草图约束才能完全约束草图

选择第一个对象: **选择截面轮廓右侧圆弧**
选择第二个对象或定位驱动尺寸: **选择截面轮廓下方圆弧**
指定驱动尺寸位置: **在截面轮廓下方拾取一点**
输入尺寸值或[放弃（U）/水平（H）/竖直（V）/对齐（A）/平行（P）/角度（N）/坐标（O）/直径（D）/定位点（L）]<xx.xxxx>: **输入"d2/2"，回车**
草图已被完全约束

选择第一个对象: **回车，结束命令**

14. 创建拉伸特征

命令：AMExtrude

菜单：零件→草图特征→拉伸

先执行快捷键"8"，切换观察方向为等轴测方向，然后拉伸截面轮廓，创建拉伸特征。

命令: 8
*** 切换至 WCS ***
*** 返回 UCS ***

命令: _amextrude
如图 9.91 所示，在"拉伸"对话框中设置距离为 20，单击"确定"按钮。
计算...

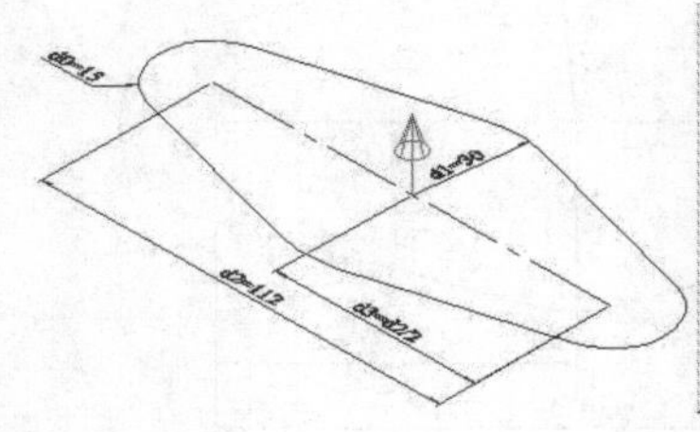

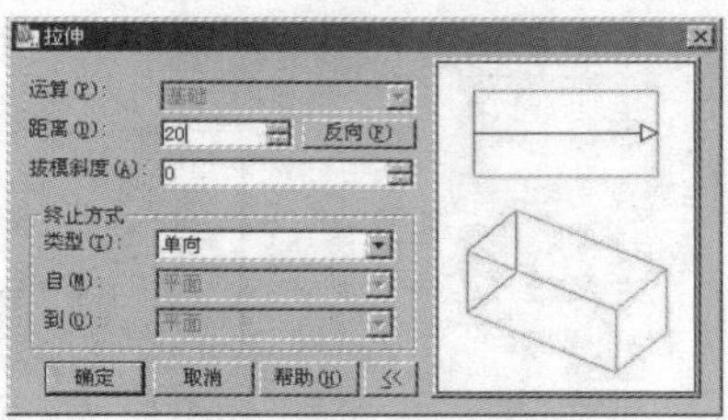

图 9.91　拉伸截面轮廓

15. 定义工作轴

命令：AMWorkAxis

菜单：零件→定位特征→工作轴

命令: _amworkaxis
选择圆柱、圆锥、圆环或[草图（S）]: 选择模型中间部位的圆柱面部分
计算...

16. 定义工作平面

命令：AMWorkPln

菜单：零件→定位特征→工作平面

命令: _amworkpln

如图 9.92（a）所示，在“工作平面”对话框中，设置“第一修改方式”为“过边/工作轴”，“第二修改方式”为“与平面平行”，单击“确定”按钮

选择工作轴、直边或

[WCS 的 X 轴（X）/WCS 的 Y 轴（Y）/WCS 的 Z 轴（Z）]: **选择步骤 15 创建的工作轴**

选择工作平面、平面或

[WCS 的 XY 面（X）/WCS 的 YZ 面（Y）/WCS 的 ZX 面（Z）/UCS（U）]: **输入 z，回车**

计算...

平面=参数化

选择用于对齐 X 轴的边或[反向（F）/旋转（R）/原点（O）]<接受（A）>: **输入 r，回车**

平面=参数化

选择用于对齐 X 轴的边或[反向（F）/旋转（R）/原点（O）]<接受（A）>: **输入 r，回车**

平面=参数化

选择用于对齐 X 轴的边或[反向（F）/旋转（R）/原点（O）]<接受（A）>: **输入 r，回车**

平面=参数化

选择用于对齐 X 轴的边或

[反向（F）/旋转（R）/原点（O）]<接受（A）>: **当显示的坐标轴方向与图 9.92（b）所示相同时，回车**

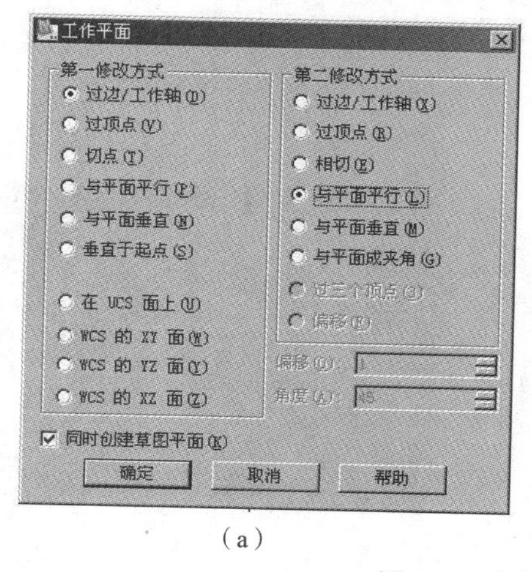

（a）

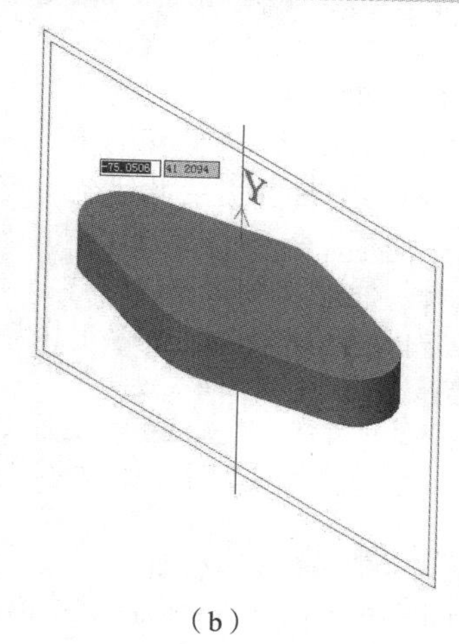

（b）

图 9.92　定义工作平面

17. 绘制截面草图

命令：AMRectang

菜单：设计→矩形

先执行 Plan 命令，使观察方向正视于草图平面方向，然后按图 9.93（a）所示大概位置绘制矩形。

命令: plan

输入选项[当前 UCS（C）/UCS（U）/世界（W）]<当前 UCS>: C

命令: _amrectang

指定第一个角点或

[基础（B）/高度（H）/中心点（C）] <对话框（D）>: **按图 9.93（a）所示大概位置指定一点**
指定第二个角点或[整个基准（F）/一半基准（H）] <整个基准（F）>: **拾取第二角点**

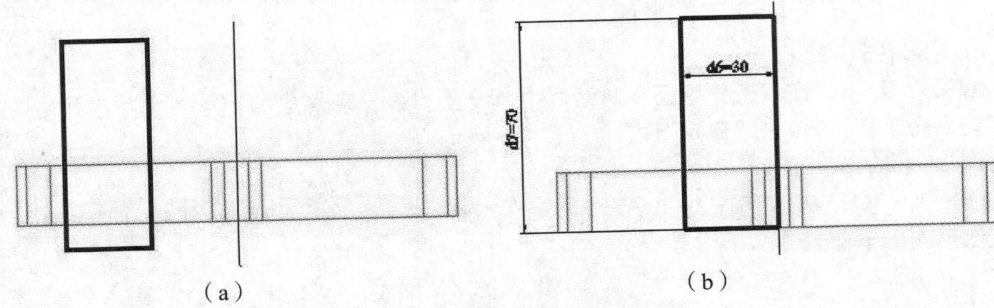

（a）　　　　（b）

图 9.93　旋转特征截面草图与轮廓

18. 定义截面轮廓

命令：AMProfile

菜单：零件→草图处理→定义截面轮廓

命令: _amprofile
选择要生成草图的对象: **选择步骤 17 绘制的矩形**
找到 1 个
选择要生成草图的对象: **回车，结束选择**
还需要 4 个驱动尺寸或草图约束才能完全约束草图。
计算...

19. 约束截面轮廓

命令：AMDT_AddCon_Collinear

菜单：零件→二维约束→共线

命令: amdt_addcon_collinear
有效的选择: 直线或样条曲线段
选择要重定位的对象: **选择矩形截面轮廓下底边**
有效的选择: 直线或样条曲线段
选择与之共线的对象: **选择底板下底面（屏幕上显示为直线）**
还需要 3 个驱动尺寸或草图约束才能完全约束草图

有效的选择: 直线或样条曲线段
选择要重定位的对象: **选择矩形截面轮廓右侧边**
有效的选择: 直线或样条曲线段
选择与之共线的对象: **选择工作轴**
还需要 2 个驱动尺寸或草图约束才能完全约束草图

有效的选择: 直线或样条曲线段
选择要重定位的对象: **按 Esc 键，结束命令**

20. 添加驱动尺寸

命令：AMParDim

菜单：零件→尺寸标注→添加驱动尺寸

按图 9.93（b）所示内容添加驱动尺寸。

命令: _ampardim
选择第一个对象: **选择矩形截面轮廓上底边**

选择第二个对象或定位驱动尺寸: **在截面轮廓上方空白处拾取一点**

输入尺寸值或[放弃（U）/水平（H）/竖直（V）/对齐（A）/平行（P）/角度（N）/坐标（O）/直径（D）/定位点（L）]<xx.xxxx>: **输入 30，回车**

还需要 1 个驱动尺寸或草图约束才能完全约束草图

选择第一个对象: **选择矩形截面轮廓左侧边**

选择第二个对象或定位驱动尺寸: **在截面轮廓左侧空白处拾取一点**

输入尺寸值或[放弃（U）/水平（H）/竖直（V）/对齐（A）/平行（P）/角度（N）/坐标（O）/直径（D）/定位点（L）]<xx.xxxx>: **输入 70，回车**

草图已被完全约束

选择第一个对象: **回车，结束命令**

21. 创建旋转特征

命令：AMRevole

菜单：菜单：零件→草图特征→旋转

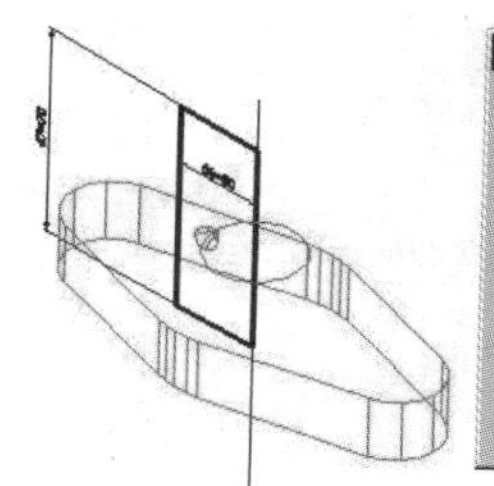
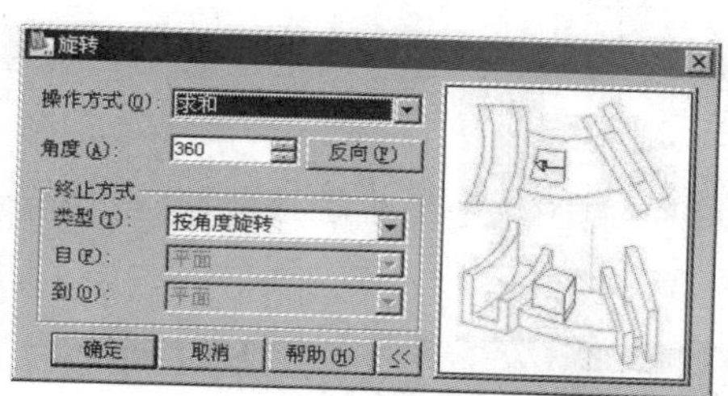

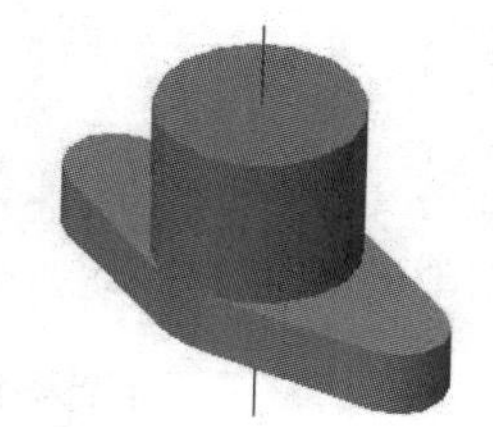

图 9.94 旋转特征

先执行快捷键“8”，切换观察方向为等轴测方向，然后旋转截面轮廓，创建旋转特征。

命令: 8

*** 切换至 WCS ***

*** 返回 UCS ***

命令: _amrevolve

选择旋转轴: **选择工作轴**

在“旋转”对话框中，设置“操作方式”为“求和”，其余选项采用缺省设置，单击“确定”按钮

计算...

22. 打孔

命令：AMHole

菜单：零件→放置特征→打孔

命令: _amhole

如图 9.95 所示，在“打孔”对话框中，设置打孔类型为沉头孔，终止方式为通过，直径为 20，沉头直径为 40，沉头深度为 40，定位方式为同心，单击“确定“按钮

选择工作平面、平面或[WCS 的 XY 面（X）/WCS 的 YZ 面（Y）/WCS 的 ZX 面（Z）/UCS（U）]: **选择中间圆柱上底面圆周**

计算...

选择同心边: **选择中间圆柱上底面圆周**

计算...

选择工作平面、平面或

[WCS 的 XY 面（X）/WCS 的 YZ 面（Y）/WCS 的 ZX 面（Z）/UCS（U）]: **回车，结束命令**

命令: **回车，重复打孔命令**
AMHOLE
在“打孔”对话框中，设置打孔类型为直孔，终止方式为通过，直径为 15，定位方式为同心，单击“确定“按钮
选择工作平面、平面或[WCS 的 XY 面（X）/WCS 的 YZ 面（Y）/WCS 的 ZX 面（Z）/UCS（U）]: **选择底板左侧上表面圆弧**
计算...
选择同心边: **选择底板左侧上表面圆弧**
计算...

选择工作平面、平面或[WCS 的 XY 面（X）/WCS 的 YZ 面（Y）/WCS 的 ZX 面（Z）/UCS（U）]: **选择底板右侧上表面圆弧**
计算...
选择同心边: **选择底板右侧上表面圆弧**
计算...

选择工作平面、平面或
[WCS 的 XY 面（X）/WCS 的 YZ 面（Y）/WCS 的 ZX 面（Z）/UCS（U）]: **回车，结束命令**

现在的模型如图 9.95 所示。

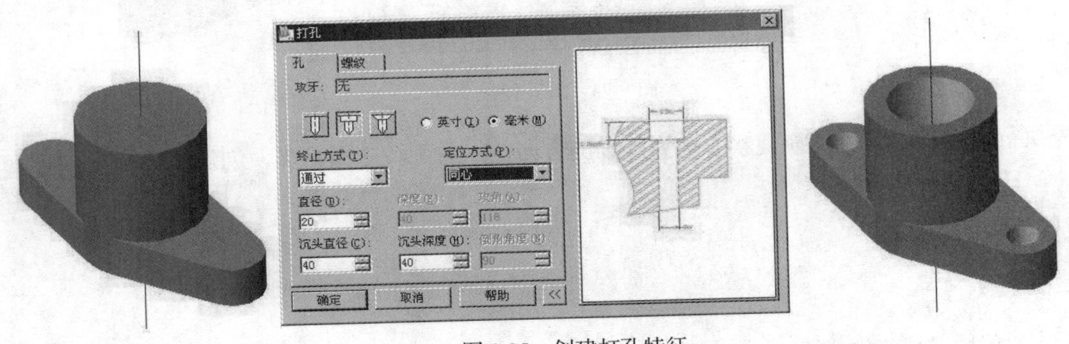

图 9.95　创建打孔特征

23. 绘制截面轮廓草图

命令：AMRectang
菜单：设计→矩形
先执行 Plan 命令，使观察方向正视于草图平面方向，然后按图 9.96（a）所示大概位置绘制矩形。

命令: plan
输入选项[当前 UCS（C）/UCS（U）/世界（W）] <当前 UCS>: C

命令: _amrectang
指定第一个角点或[基础（B）/高度（H）/中心点（C）] <对话框（D）>: **按图 9.96（a）所示大概位置拾取上方矩形的一个角点**
指定第二个角点或[整个基准（F）/一半基准（H）] <整个基准（F）>: **拾取上方矩形的另一个角点**

命令：回车重复画矩形命令
_AMRECTANG
指定第一个角点或[基础（B）/高度（H）/中心点（C）] <对话框（D）>：**按图 9.96（a）所示大概位置拾取下方矩形的一个角点**
指定第二个角点或[整个基准（F）/一半基准（H）] <整个基准（F）>：**拾取下方矩形的另一个角点**

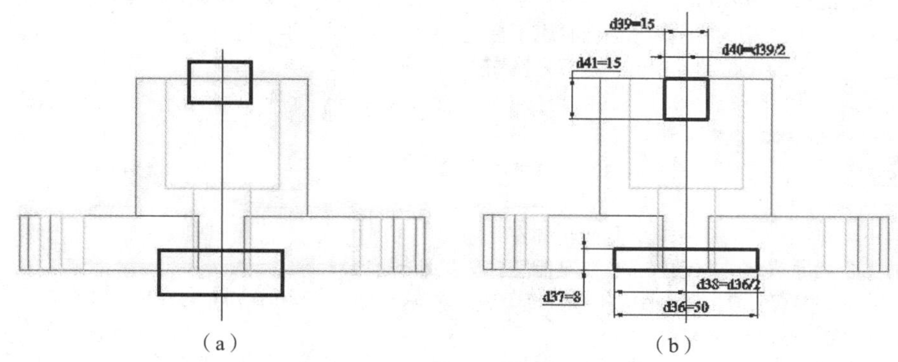

（a）　　　　（b）

图 9.96　截面草图与截面轮廓

24. 定义截面轮廓

命令：AMProfile

菜单：零件→草图处理→定义截面轮廓

命令：_amprofile
选择要生成草图的对象：**选择步骤 23 绘制的一个矩形**
找到 1 个
选择要生成草图的对象：**选择步骤 23 绘制的另一个矩形**
找到 1 个，总计 2 个
选择要生成草图的对象：**回车，结束选择**
还需要 8 个驱动尺寸或草图约束才能完全约束草图
计算...

25. 约束截面轮廓

命令：AMDT_AddCon_Collinear

菜单：零件→二维约束→共线

命令：amdt_addcon_collinear
有效的选择：直线或样条曲线段
选择要重定位的对象：**选择上方矩形截面轮廓的上底边**
有效的选择：直线或样条曲线段
选择与之共线的对象：**选择中间圆柱的上底面（屏幕上显示为直线）**
还需要 7 个驱动尺寸或草图约束才能完全约束草图

有效的选择：直线或样条曲线段
选择要重定位的对象：**选择下方矩形截面轮廓下底边**
有效的选择：直线或样条曲线段
选择与之共线的对象：**选择底板下底面（屏幕上显示为直线）**
还需要 6 个驱动尺寸或草图约束才能完全约束草图

有效的选择：直线或样条曲线段
选择要重定位的对象：**按 ESC（退出）键，结束命令**

26. 添加驱动尺寸

命令：AMParDim

菜单：零件→尺寸标注→添加驱动尺寸

按图 9.96（b）所示内容添加驱动尺寸。

命令: _ampardim

选择第一个对象: **选择下方矩形截面轮廓下底边**

选择第二个对象或定位驱动尺寸: **在下方空白处拾取一点**

输入尺寸值或[放弃（U）/水平（H）/竖直（V）/对齐（A）/平行（P）/角度（N）/坐标（O）/直径（D）/定位点（L）]<xx.xxxx>: **输入 50，回车**

还需要 5 个驱动尺寸或草图约束才能完全约束草图

选择第一个对象: 选择下方矩形截面轮廓左侧边

选择第二个对象或定位驱动尺寸: **在左侧空白处拾取一点**

输入尺寸值或[放弃（U）/水平（H）/竖直（V）/对齐（A）/平行（P）/角度（N）/坐标（O）/直径（D）/定位点（L）]<xx.xxxx>: **输入 8，回车**

还需要 4 个驱动尺寸或草图约束才能完全约束草图

选择第一个对象: **选择下方矩形截面轮廓左侧边**

选择第二个对象或定位驱动尺寸: **选择工作轴**

指定驱动尺寸位置: **在下方适当位置拾取一点**

输入尺寸值或[放弃（U）/水平（H）/竖直（V）/对齐（A）/平行（P）/角度（N）/坐标（O）/直径（D）/定位点（L）]<xx.xxxx>: **输入 h，回车**

输入尺寸值或[放弃（U）/水平（H）/竖直（V）/对齐（A）/平行（P）/角度（N）/坐标（O）/直径（D）/定位点（L）]<xx.xxxx>: **输入“d36/2”，回车。此处“d36”表示下方矩形截面轮廓长度，用户应根据自己图形中的参数予以替换**

还需要 3 个驱动尺寸或草图约束才能完全约束草图

选择第一个对象: **选择上方矩形截面轮廓上底边**

选择第二个对象或定位驱动尺寸: **在该轮廓上方空白处拾取一点**

输入尺寸值或[放弃（U）/水平（H）/竖直（V）/对齐（A）/平行（P）/角度（N）/坐标（O）/直径（D）/定位点（L）]<xx.xxxx>: **输入 15，回车**

还需要 2 个驱动尺寸或草图约束才能完全约束草图

选择第一个对象: **选择上方截面轮廓矩形左侧边**

选择第二个对象或定位驱动尺寸: **选择工作轴**

指定驱动尺寸位置: **在上方空白处拾取一点**

输入尺寸值或[放弃（U）/水平（H）/竖直（V）/对齐（A）/平行（P）/角度（N）/坐标（O）/直径（D）/定位点（L）]<xx.xxxx>: **输入 h，回车**

输入尺寸值或[放弃（U）/水平（H）/竖直（V）/对齐（A）/平行（P）/角度（N）/坐标（O）/直径（D）/定位点（L）]<xx.xxxx>: **输入“d39/2”，回车。此处“d39”表示上方矩形截面轮廓长度，用户应根据自己图形中的参数予以替换。**

还需要 1 个驱动尺寸或草图约束才能完全约束草图

选择第一个对象: **选择上方截面轮廓矩形左侧边**

选择第二个对象或定位驱动尺寸: **在左侧空白处拾取一点**

输入尺寸值或[放弃（U）/水平（H）/竖直（V）/对齐（A）/平行（P）/角度（N）/坐标（O）/直径（D）/定位点（L）]<xx.xxxx>: **输入 15，回车**

草图已被完全约束

选择第一个对象: **回车，结束命令**

27. 创建对称贯通拉伸切削特征

命令：AMExtrude

菜单：零件→草图特征→拉伸

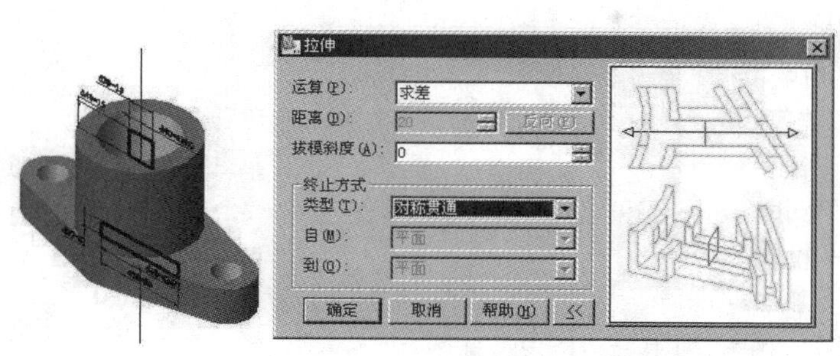

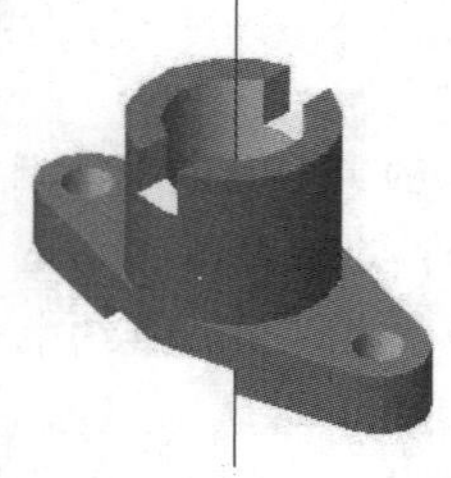

图 9.97　创建对称贯通拉伸切削特征

先执行快捷键“8”，切换观察方向为等轴测方向，然后拉伸截面轮廓，创建拉伸特征，结果如图 9.97 所示。

命令: 8
*** 切换至 WCS ***
*** 返回 UCS ***

命令: _amextrude
在“拉伸”对话框中，设置“运算方式”为“求差”，“终止方式”为“对称贯通”，单击“确定”按钮。
检测到多个闭合回路 — 某些终止类型不能用于多个回路（下一个、平面、表面、延伸面和从表面到表面）。
计算...

28. 绘制截面轮廓草图

命令：Circle

菜单：设计→圆→圆心、半径

快捷键：C

先执行 Plan 命令，使观察方向正视于草图平面方向，然后按图 9.98（a）所示大概位置绘制圆。

命令: plan
输入选项[当前 UCS（C）/UCS（U）/世界（W）] <当前 UCS>: C
命令: _circle
指定圆的圆心或[三点（3P）/两点（2P）/切点、切点、半径（T）]: **在屏幕空白处拾取一点**
指定圆的半径或[直径（D）] <xx.xxxx>: **在屏幕上拾取另一点**

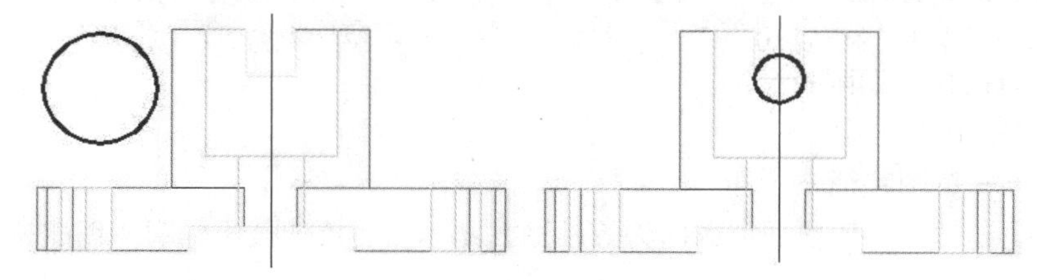

图 9.98　圆形截面草图与截面轮廓

29. 定义截面轮廓

命令：AMProfile

菜单：零件→草图处理→定义截面轮廓

命令: _amprofile
选择要生成草图的对象: **选择步骤 28 绘制的圆**
找到 1 个
选择要生成草图的对象: **回车，结束选择**
还需要 3 个驱动尺寸或草图约束才能完全约束草图
计算...

30. 约束截面轮廓

命令：AMDT_AddCon_Project

菜单：零件→二维约束→投影

命令: amdt_addcon_project
有效的选择: 直线、圆、圆弧、椭圆、工作点或样条曲线段
指定投影点:**cen**
于 **选择截面轮廓圆**
有效的选择: 直线、圆、圆弧、椭圆或样条曲线段
选择被投影的对象: **选择模型上部缺口下底面（屏幕上显示为直线）**
还需要 2 个驱动尺寸或草图约束才能完全约束草图
有效的选择: 直线、圆、圆弧、椭圆、工作点或样条曲线段
指定投影点:**cen**
于 **选择截面轮廓圆**
有效的选择: 直线、圆、圆弧、椭圆或样条曲线段
选择被投影的对象: **选择工作轴**
还需要 1 个驱动尺寸或草图约束才能完全约束草图

有效的选择: 直线、圆、圆弧、椭圆、工作点或样条曲线段
指定投影点: **回车**
输入选项[水平（H）/……/退出（X）]<退出>: **输入 T，回车**
有效的选择: 直线、圆、圆弧、椭圆或样条曲线段
选择要重定位的对象: **选择截面轮廓圆**
有效的选择: 直线、圆、圆弧、椭圆或样条曲线段
选择与之相切的对象: **选择模型上部缺口侧面（屏幕上显示为直线）**
草图已被完全约束

有效的选择: 直线、圆、圆弧、椭圆或样条曲线段
选择要重定位的对象: **回车**
输入选项[水平（H）/ ……/退出（X）]<退出>: **回车，结束命令**

31. 创建单向拉伸切削特征

命令：AMExtrude

菜单：零件→草图特征→拉伸

先执行快捷键“8”，切换观察方向为等轴测方向，然后拉伸截面轮廓，创建拉伸特征，结果如图 9.98 所示。

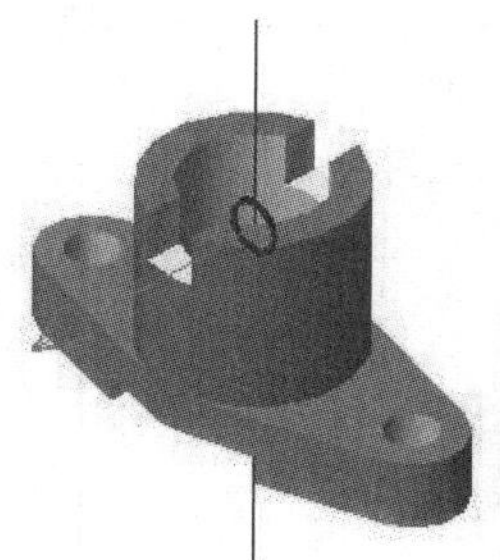
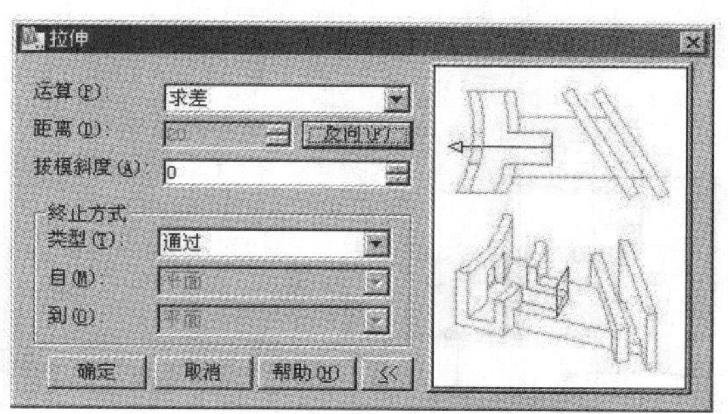

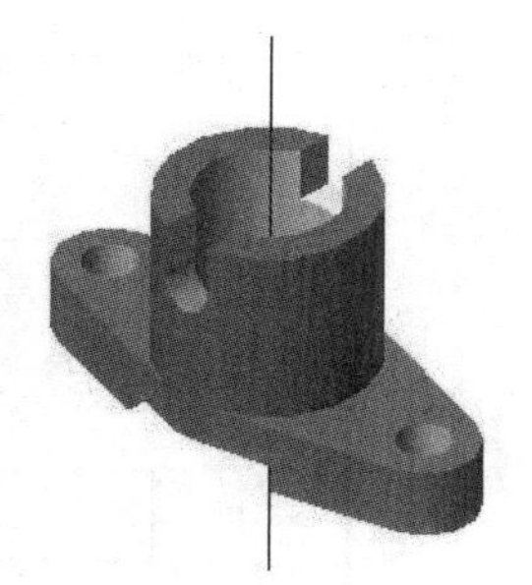

图 9.99　创建单项拉伸切削特征

命令: 8
*** 切换至 WCS ***
*** 返回 UCS ***
命令: _amextrude
在“拉伸”对话框中，设置“运算方式”为“求差”，“终止方式”为“通过”，单击“反相”按钮，使拉伸方向指向前方。单击“确定”按钮。
计算...

32. 创建基础视图

命令：AMDWGView
菜单：出图→新建视图

命令: _amdwgview
在“创建工程视图”对话框中。单击“确定”按钮
选择平面、工作平面或[标准视图（T）/Ucs（U）/视图（V）/wcs 的 xy 面（X）/wcs 的 yz 面（Y）/wcs 的 zx 面（Z）]: **输入 u，回车**
调整方位[反向（F）/旋转（R）]<接受（A）>: **回车**
正在重生成布局。
指定基础视图位置: **在图框左上角适当位置拾取一点**
指定基础视图位置: **调整基础视图位置**
指定基础视图位置: **回车，结束命令**

生成的工程视图如图 9.100 所示，该视图被用作主视图。

33. 创建正交视图

命令：AMDWGView
菜单：出图→新建视图

命令: _amdwgview
在“创建工程视图”对话框中，设置视图类型为正交视图。单击“确定”按钮
选择父视图: **在基础视图上单击左键**

指定正交视图位置: **在基础视图下方拾取一点**
指定正交视图位置: **调节正交视图位置**
指定正交视图位置: **回车，结束命令**

现在的工程图如图 9.101 所示，创建的正交视图被用作俯视图。

34. 创建剖视图

命令：AMDWGView
菜单：出图→新建视图

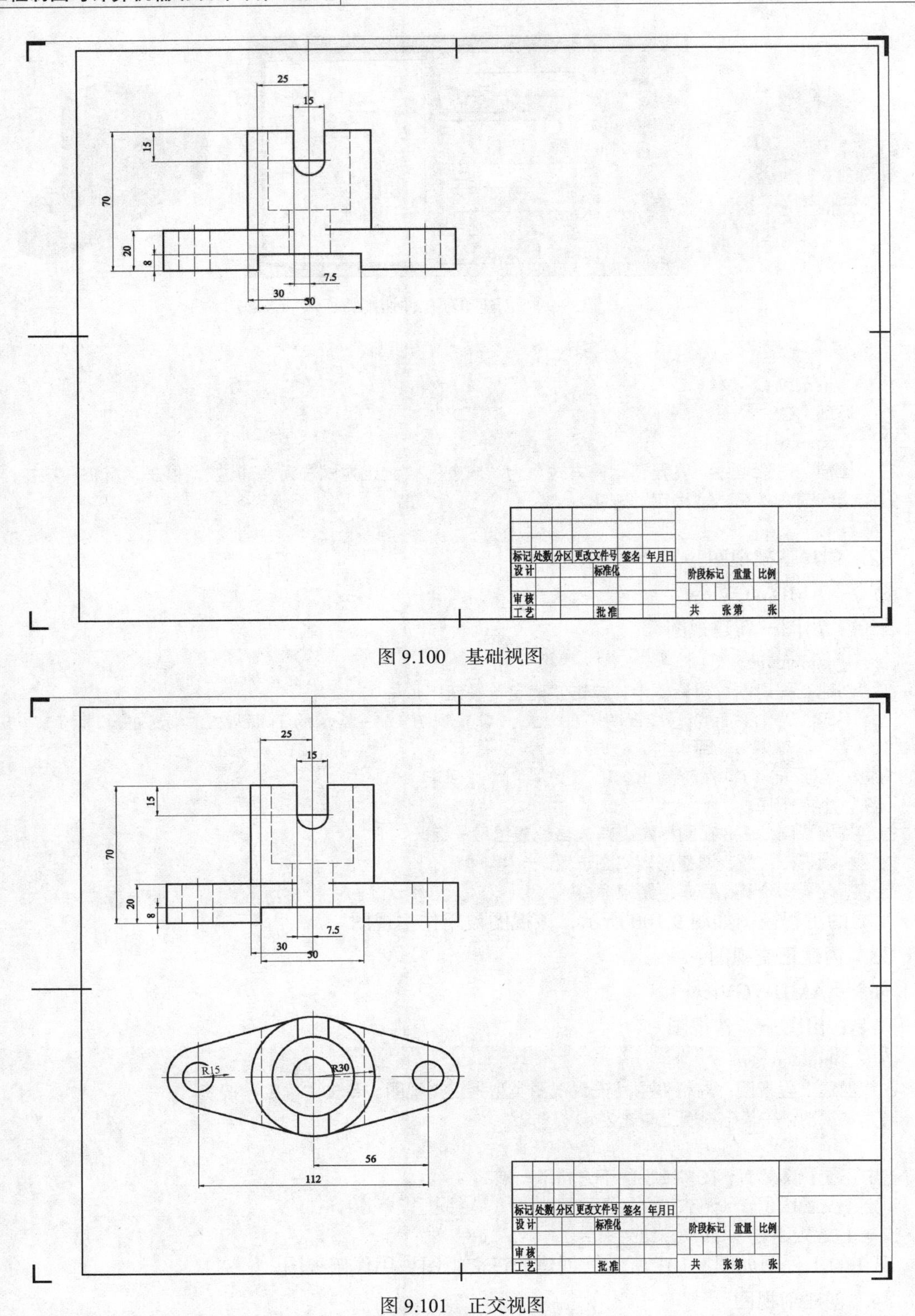

图 9.100　基础视图

图 9.101　正交视图

命令: _amdwgview

在“创建工程视图”对话框中，设置视图类型为正交视图，打开“截面“页，设置类型为”全剖“，剖面符号为 **A**，单击“确定”按钮

选择父视图：**选择基础视图**
指定正交视图位置：**在基础视图右侧拾取一点**
指定正交视图位置：**调整视图位置**
指定正交视图位置：**回车**
输入剖视类型[点（P）/工作平面（W）]<工作平面（W）>：**输入 P，回车**
在父视图中为剖切深度选择点：**选择基础视图中的半圆**

现在的工程图如图 9.102 所示，创建的全剖视图被用作左视图。

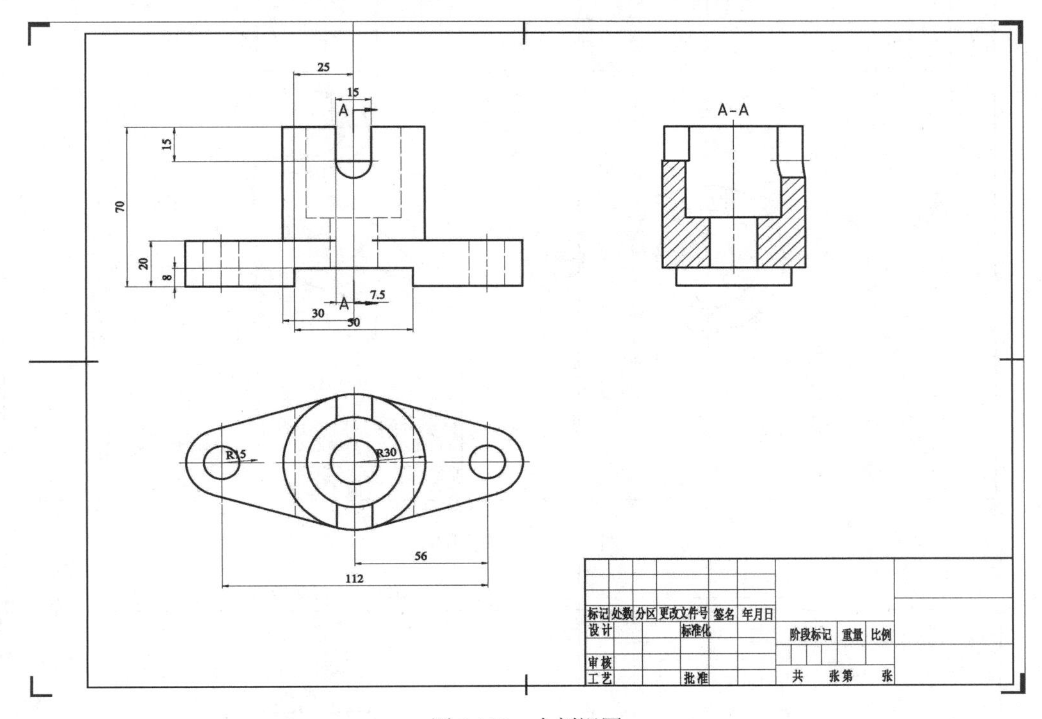

图 9.102　全剖视图

35. 创建轴测图

命令：AMDWGView

菜单：出图→新建视图

命令: _amdwgview
在“创建工程视图”对话框中，设置视图类型为轴测，单击“确定”按钮
选择父视图：**选择基础视图**
指定等轴测视图位置：**在基础视图右下角拾取一点**
指定等轴测视图位置：**调整视图位置**
指定等轴测视图位置：**回车，结束命令**

现在的工程图如图 9.103 所示。

36. 整理视图、标注尺寸

按下述步骤整理视图并标注参考尺寸：

（1）删除不规范的驱动尺寸，如图 9.103 中的尺寸 25、7.5、30、56、R15、R30 等；

（2）使用夹点调整驱动的位置；

（3）使用 AMRefDim 命令（菜单“注释→参考尺寸”）补齐所缺尺寸。

整理、标注完成的工程视图应如图 9.104 所示。

按 Ctrl + S 组合键保存文件。

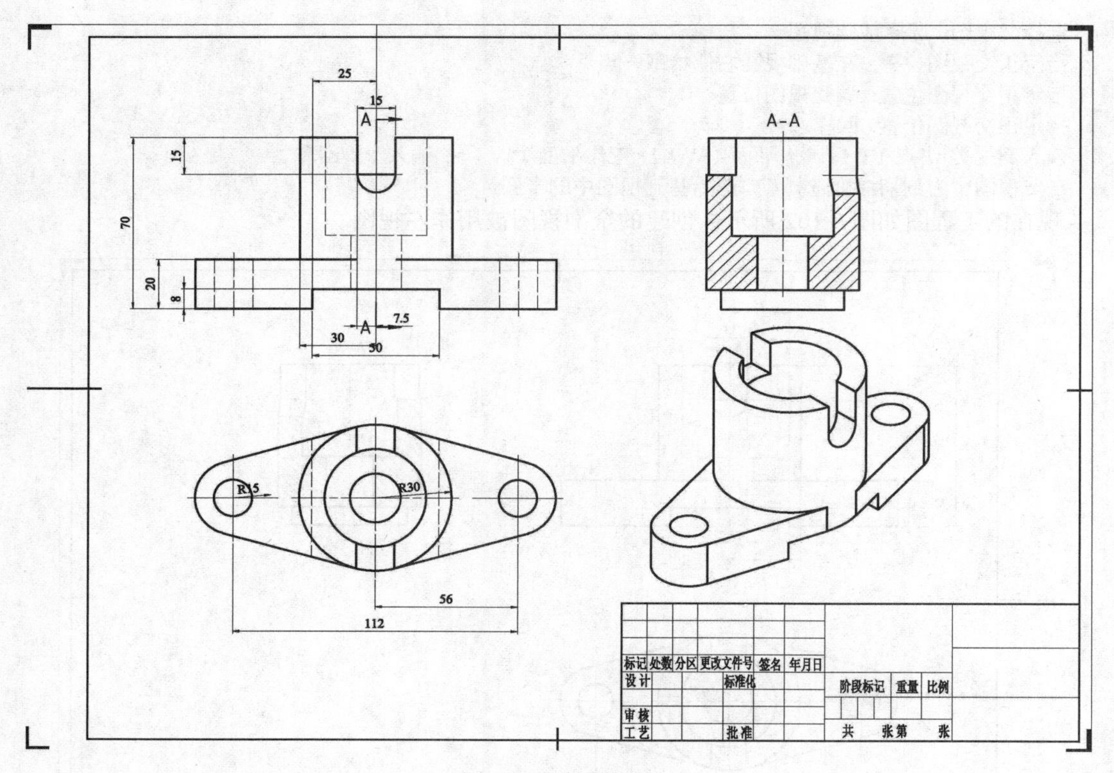

图 9.103　轴测视图

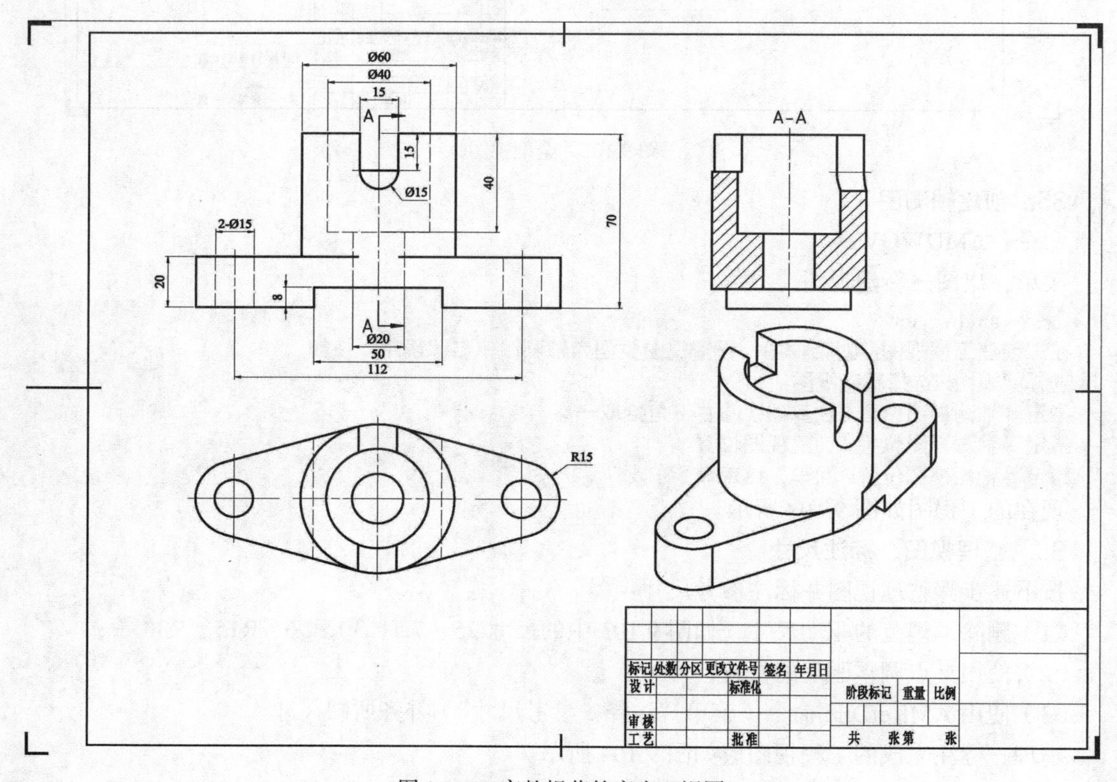

图 9.104　完整规范的底座三视图

练习

练习 9.1 尝试使用不同坐标输入方式完成图 9.105 所示平面图形。

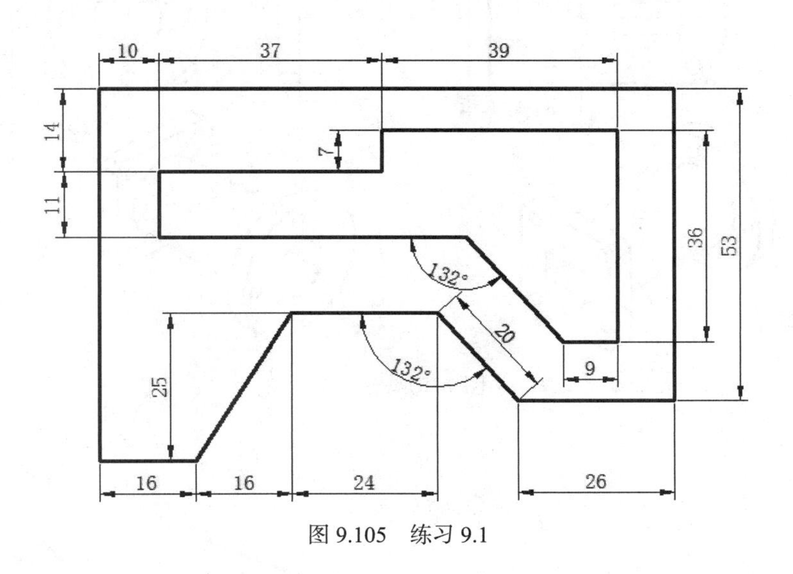

图 9.105　练习 9.1

练习 9.2 使用 AutoCAD 二维图形设计和编辑命令完成图 9.106 所示平面图形，使用图层管理图线颜色、线型和线宽。

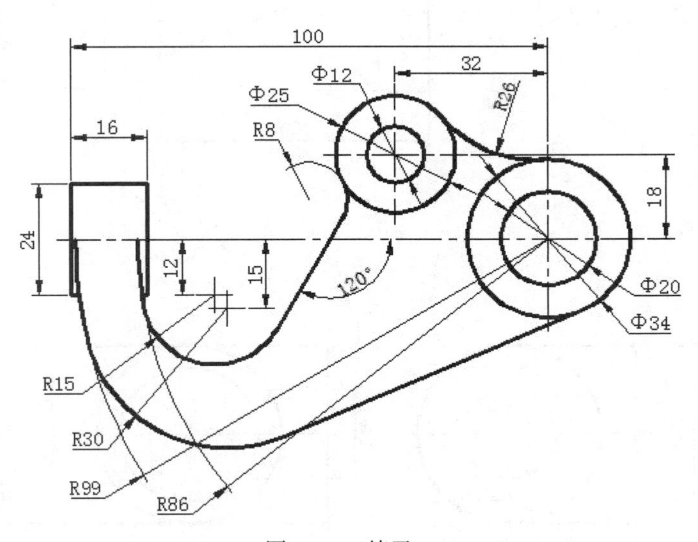

图 9.106　练习 9.2

练习 9.3 使用 Autodesk Mechanical Desktop 三维建模命令完成图 9.80 所示零件模型。

练习 9.4 在微波通信中，有时会用到一种称为圆/矩变换的波导，其腔体一端为圆形，另一端为矩形，如图 9.107 所示。使用放样等命令完成图示波导建模。

练习 9.5 完成图 9.108 所示各组合体模型。

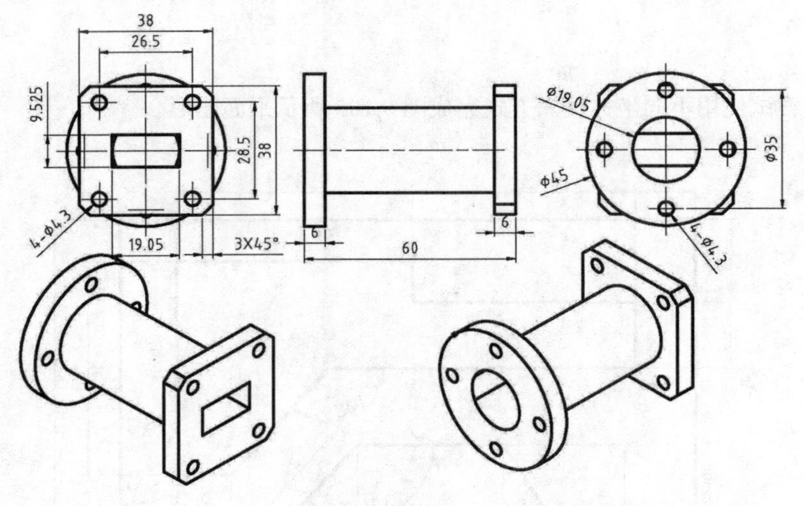

图 9.107　练习 9.4

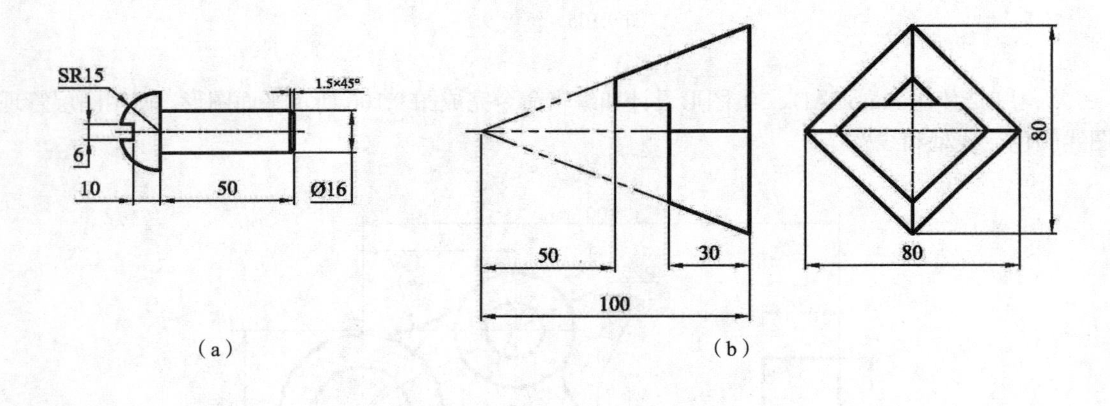

（a）　　　　（b）

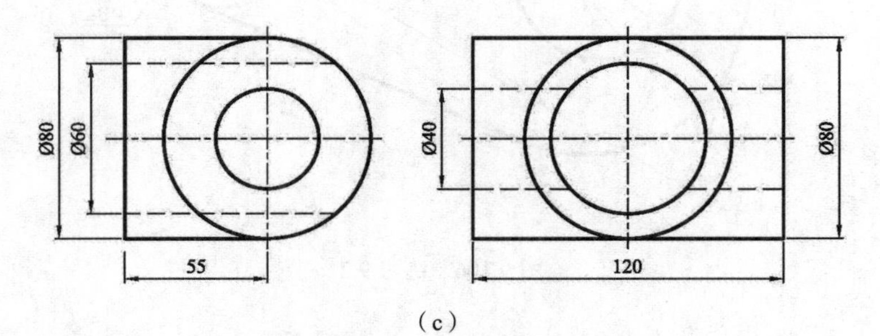

（c）

图 9.108　练习 9.5

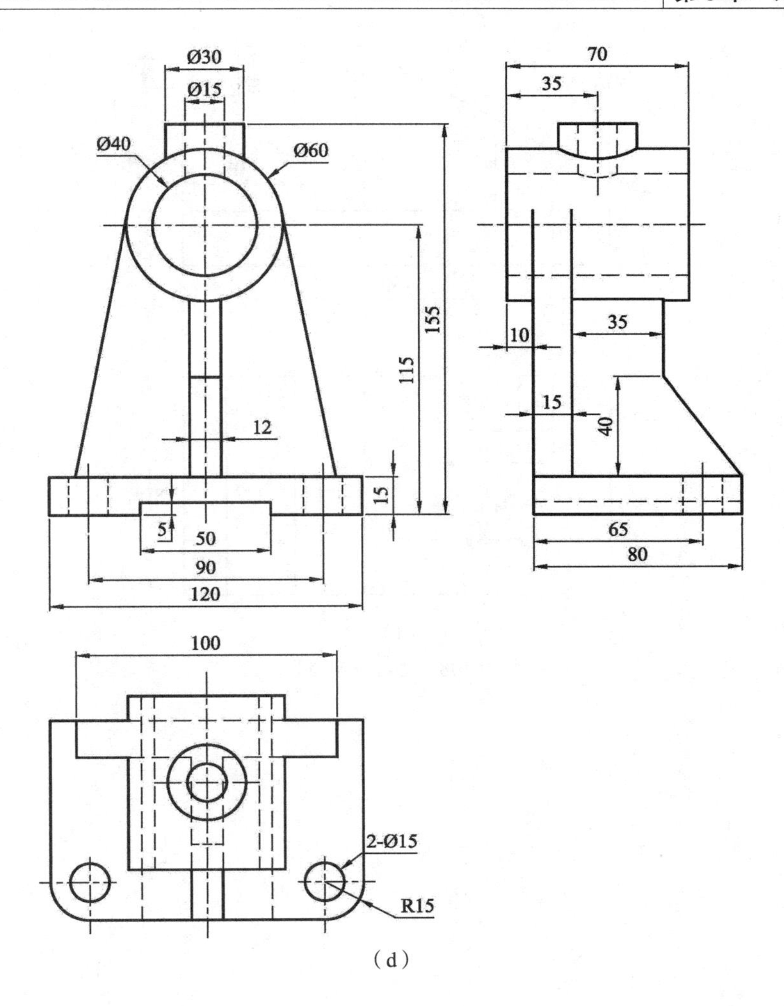

（d）

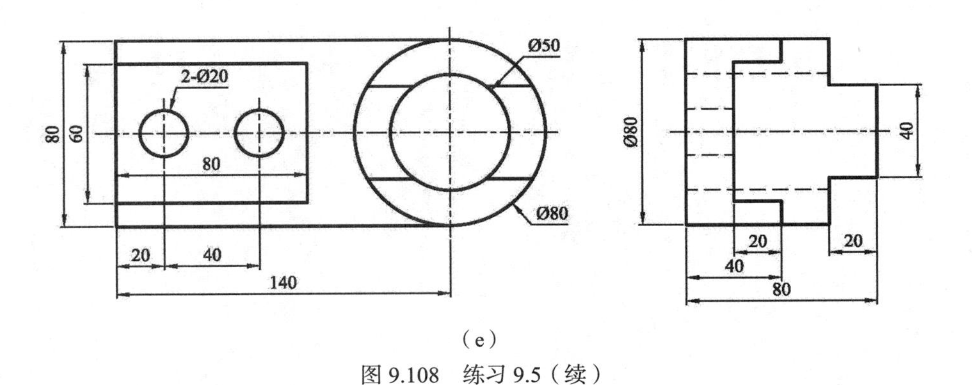

（e）

图 9.108　练习 9.5（续）

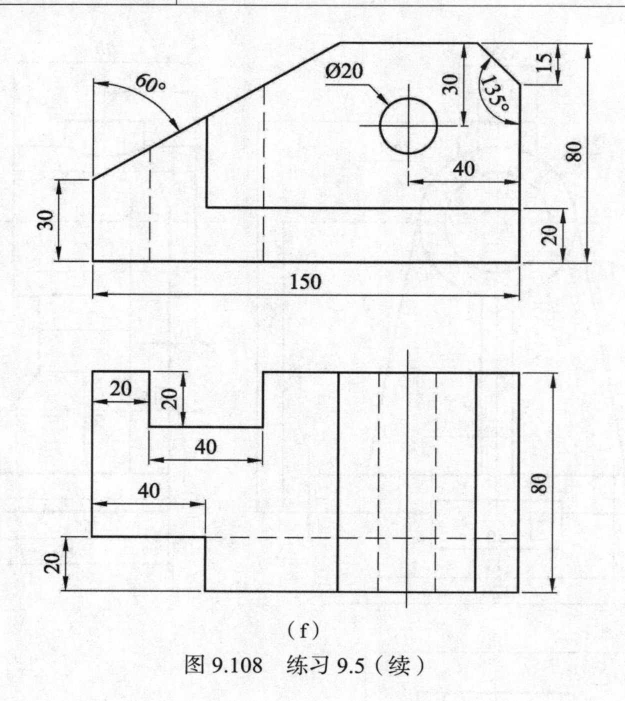

（f）

图 9.108　练习 9.5（续）

附录 A 螺纹

A.1 普通螺纹

普通螺纹的直径与螺距系列如表 A.1 所示。

表 A.1　　普通螺纹的直径与螺距系列（摘自 GB/T 193—2003）　　单位：mm

公称直径 d、D			螺距 P		公称直径 d、D			螺距 P	
第一系列	第二系列	第三系列	粗牙	细牙	第一系列	第二系列	第三系列	粗牙	细牙
3			0.5	0.35		33		3.5	(3),2,1.5,(1),(0.75)
	3.5		(0.6)				35		(1.5)
4			0.7	0.5	36			4	3,2,1.5,(1)
	4.5		(0.75)				(38)		1.5
5			0.8			39		4	3,2,1.5,(1)
		5.5					40		(3),(2),1.5
6		7	1	0.75,(0.5)	42			4.5	(4),3,2,1.5,(1)
8			1.25	1,0.75,(0.5)		45			
		9	(1.25)		48			5	
10			1.5	1.25,1,0.75,(0.5)			50		(3),(2),1.5
		11	(1.5)	1,0.75,(0.5)		52		5	(4),(3),2,1.5
12			1.75	1.5,(1.25),1,(0.75),(0.5)			55		(4),(3),2,1.5
	14		2	1.5,(1.25),1,(0.75),(0.5)	56			5.5	4,3,2,1.5,(1)
		15		1.5,(1)			58		(4),(3),2,1.5
16			2	1.5,1,(0.75),(0.5)		60		(5.5)	4,3,2,1.5,(1)
		17		1.5,(1)			62		(4),(3),2,1.5
	18		2.5	2,1.5,1,(0.75),(0.5)	64			6	4,3,2,1.5,(1)
20							65		(4),(3),2,1.5
	22					68		6	4,3,2,1.5,(1)
24			3	2,1.5,1,(0.75)			70		(6),(4),(3),2,1.5
		25		2,1.5,(1)	72				6,4,3,2,1.5,(1)
		(26)		1.5			75	(4),(3),2,1.5	
	27		3	2,1.5,1,(0.75)		76			6,4,3,2,1.5,(1)
		(28)		2,1.5,1			(78)		2
30			3.5	(3),2,1.5,(1),(0.75)	80				6,4,3,2,1.5,(1)
		(32)		2,1.5			(82)		2

注：1. 先选用第一系列，其次是第二系列，第三系列尽可能不用。

2. M14 × 1.25 仅用于火花塞，M35 × 1.5 仅用于滚动轴承锁紧螺母。

3. 括号内的螺距尽可能不用。

A.2 普通螺纹的基本尺寸

普通螺纹的标记示例如下。

M16—6H 表示：粗牙普通螺纹，大径 16 mm，螺距 2 mm，右旋，内螺纹公差带代号，中径和顶径均为 6H。

M16×1.5—5g6g 表示：细牙普通螺纹；大径 16 mm；螺距 1.5 mm，右旋，外螺纹公差带代号，中径为 5g，顶径为 6g。

粗牙普通螺纹和细牙普通螺纹的基本尺寸分别如表 A.2 和表 A.3 所示。

表 A.2 粗牙普通螺纹的基本尺寸（摘自 GB/T 196—2003） 单位：mm

公称直径 D、d	螺距 P	中径 D_2 或 d_2	小径 D_1 或 d_1	公称直径 D、d	螺距 P	中径 D_2 或 d_2	小径 D_1 或 d_1
3	0.5	2.675	2.459	18	2.5	16.376	15.294
3.5	（0.6）	3.110	2.850	20	2.5	18.376	17.294
4	0.7	3.545	3.242	22	2.5	20.376	19.294
4.5	（0.75）	4.013	3.688	24	3	22.051	20.752
5	0.8	4.480	3.134	27	3	25.051	23.752
6	1	5.350	4.917	30	3.5	27.727	26.211
7	1	6.350	5.917	33	3.5	30.727	29.211
8	1.25	7.188	6.647	36	4	33.402	31.670
9	（1.25）	8.188	7.647	39	4	36.402	34.670
10	1.5	9.026	8.376	42	4.5	39.077	37.129
11	（1.5）	10.026	9.367	45	4.5	42.077	40.129
12	1.75	10.863	10.106	48	5	44.752	42.587
14	2	12.701	11.838	52	5	48.752	46.587
16	2	14.701	13.835	56	5.5	52.428	50.046

表 A.3 细牙普通螺纹基本尺寸（摘自 GB/T 196—2003） 单位：mm

螺距 P	中径 D_2 或 d_2	小径 D_1 或 d_1	螺距 P	中径 D_2 或 d_2	小径 D_1 或 d_1
0.35	D（d）−1+0.773	D（d）−1+0.621	1.5	D（d）−1+0.026	D（d）−2+0.376
0.5	D（d）−1+0.675	D（d）−1+0.459	2	D（d）−2+0.701	D（d）−3+0.835
0.75	D（d）−1+0.513	D（d）−1+0.188	3	D（d）−2+0.051	D（d）−4+0.752
1	D（d）−1+0.350	D（d）−2+0.917	4	D（d）−3+0.402	D（d）−5+0.670
1.25	D（d）−1+0.188	D（d）−2+0.647	6	D（d）−4+0.103	D（d）−7+0.505

A.3　非螺纹密封的管螺纹

非螺纹密封的管螺纹的标记示例如下。

G3/4 表示：3/4 管螺纹，右旋。

G3/4A 表示：3/4 外螺纹，右旋，公差等级为 A 级。

G3/4B 表示：3/4 外螺纹，右旋，公差等级为 B 级。

非螺纹密封的管螺纹的基本尺寸如表 A.4 所示。

表 A.4　非螺纹密封的管螺纹的基本尺寸（摘自 GB/T 7307—2001）　单位：mm

尺寸代号	每 25.4mm 中的螺纹牙数 n	螺距 P	螺纹直径	
			大径 D，d	小径 D_1，d_1
1/8	28	0.907	9.728	8.566
1/4	19	1.337	13.157	11.445
3/8	19	1.337	16.662	14.950
1/2	14	1.814	20.955	18.631
5/8	14	1.814	22.911	20.587
3/4	14	1.814	26.441	24.117
7/8	14	1.814	30.201	27.877
1	11	2.309	33.249	30.291
$1\frac{1}{8}$	11	2.309	37.897	34.939
$1\frac{1}{4}$	11	2.309	41.910	38.952
$1\frac{1}{2}$	11	2.309	47.803	44.845
$1\frac{3}{4}$	11	2.309	53.746	50.788
2	11	2.309	59.614	56.656
$2\frac{1}{4}$	11	2.309	65.710	62.752
$2\frac{1}{2}$	11	2.309	75.184	72.266
$2\frac{3}{4}$	11	2.309	81.534	78.576
3	11	2.309	87.884	84.926

附录B 螺纹连接件

B.1 六角头螺栓

六角头螺栓的标记示例如下。

螺栓 GB/T5782 M12×80 表示：螺纹规格 *d*=M12、公称长度 *L*＝80 mm、性能等级为 8.8 级、表面氧化、A 级的六角头螺栓。

六角头螺栓—A 级和 B 级（见图 B.1）和六角头螺栓—全螺级—A 级和 B 级（见图 B.2）的规格尺寸如表 B.1 所示。

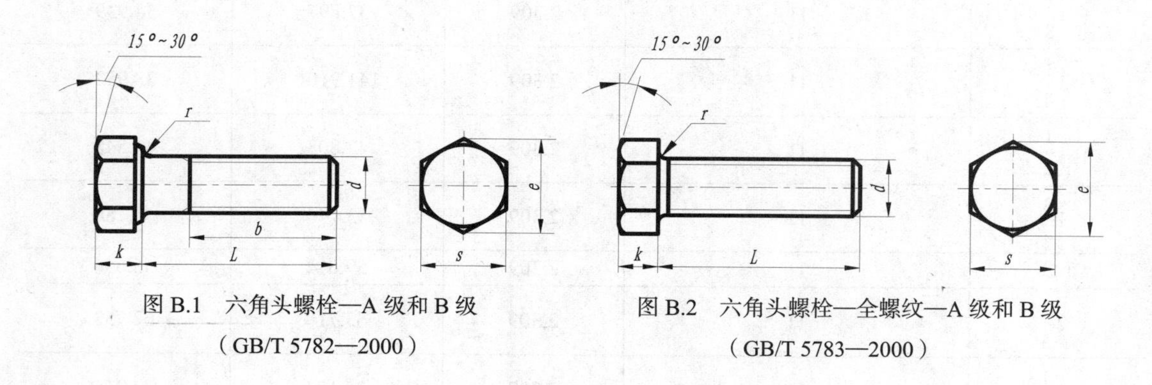

图 B.1　六角头螺栓—A 级和 B 级（GB/T 5782—2000）

图 B.2　六角头螺栓—全螺纹—A 级和 B 级（GB/T 5783—2000）

表 B.1　　六角头螺栓—全螺纹—A 级和 B 级（摘自 GB/T 5783—2000）　　单位：mm

螺纹规格 *d*		M3	M4	M5	M6	M8	M10	M12	M16	M20	M30	M36	M42
s		5.5	6.5	8	10	13	16	18	24	30	45	55	65
k		2	2.8	3.5	4	5.3	6.4	7.5	10	12.5	18.7	22.5	26
r		0.1	0.2		0.25	0.4		0.6		0.8	1		1.2
e		6.1	7.7	8.8	11.1	14.4	17.8	20	26.8	33.5	50.9	60.8	72
b 参考	*L*≤125	12	14	16	18	22	26	30	38	46	66	78	90
	125<*L*≤200	—	—	—	—	28	32	36	44	52	72	84	96
	L>200	—	—	—	—	—	—	—	57	65	85	97	109
L 范围		20～30	25～40	25～50	30～60	35～80	40～100	45～120	55～160	65～200	90～300	110～360	130～400

续表

螺纹规格 *d*	M3	M4	M5	M6	M8	M10	M12	M16	M20	M30	M36	M42
L 范围（全螺纹）	6～30	8～40	10～50	12～60	16～80	20～100	25～100	35～100	40～100	40～100	40～100	80～500
100mm 长的重量（kg）≈						0.072	0.103	0.185	0.304	0.765	1.166	1.680
L 系列	6，8，10，12，16，20，25，30，35，40，45，50，（55），60，（65），70，80，90，100，110，120，130，140，150，160，180，200，220，240，260，280，300，320，340，360，380，400，420，440，460，480，500											

B.2　螺　　钉

螺钉的标记示例：

螺钉 GB/T 65 M5×20 表示：螺纹规格 *d*=M5，公称长度 *L*=20 mm，性能等级为 4.8 级，不经表面处理的开槽圆柱头螺钉。

开槽圆柱头螺钉（见图 B.3）和开槽沉头螺钉（见图 B.4）的规格尺寸如表 B.2 所示。

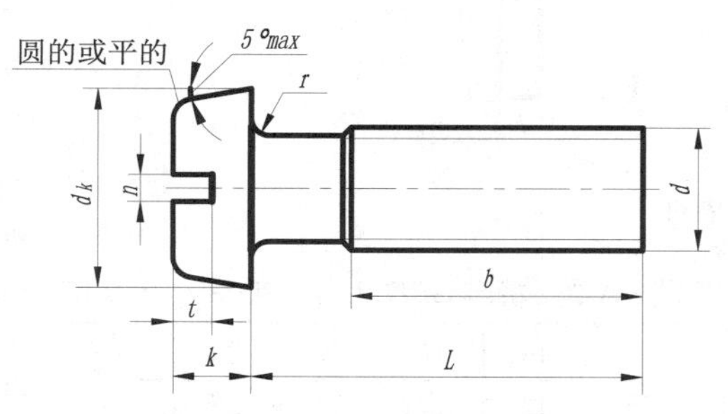

图 B.3　开槽圆柱头螺钉（GB/T 65—2000）

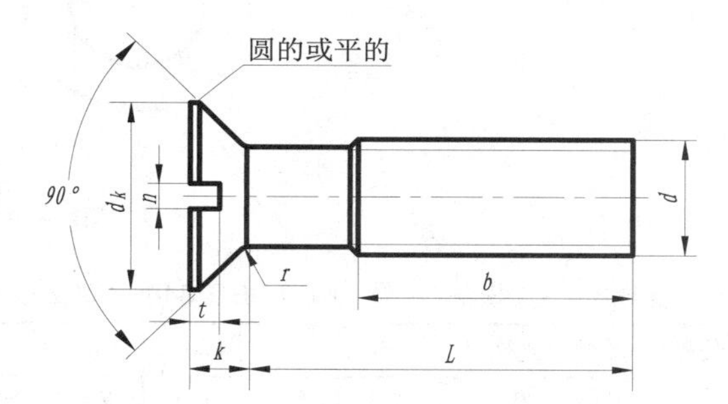

图 B.4　开槽沉头螺钉（GB/T 68—2000）

表 B.2　　开槽圆柱头螺钉（摘自 GB/T 65—2000），开槽沉头螺钉（GB/T 68—2000）　　单位：mm

螺纹规格 *d*		M1.6	M2	M2.5	M3	M4	M5	M6	M8	M10
GB 65—85	*dk*					7	8.5	10	13	16
	k					2.6	3.3	3.9	5	6
	t					1.1	1.3	1.6	2	2.4
	r					0.2		0.25	0.4	
	L					5～40	6～50	8～60	10～80	12～80
	全螺纹时最大长度					40	40	40	40	40
GB 68—85	*dk*	3	3.8	4.7	5.5	8.4	9.3	11.3	15.8	18.3
	k	1	1.2	1.5	1.65	2.7		3.3	4.65	5
	t	0.32	0.4	0.5	0.6	1	1.1	1.2	1.8	2
	r	0.4	0.5	0.6	0.8	1	1.3	1.5	2	2.5
	L	2.5～16	3～20	4～25	5～30	6～40	8～50	8～60	10～80	12～80
	全螺纹时最大长度	30	30	30	30	45	45	45	45	45

续表

螺纹规格 *d*	M1.6	M2	M2.5	M3	M4	M5	M6	M8	M10
n	0.4	0.5	0.6	0.8	1.2	1.2	1.6	2	2.5
b	25			38					
L 系列	2，2.5，3，4，5，6，8，10，12，（14），16，20，25，30，35，40，45，50，（55），60，（65），70，（75），80								

B.3 垫 圈

垫圈的标记示例：

垫圈 GB/T 848 8，表示：公称直径为 8 mm，性能等级为 140HV 级，不经表面处理的平垫圈。

垫圈（见图 B.5）的规格尺寸如表 B.3 所示。

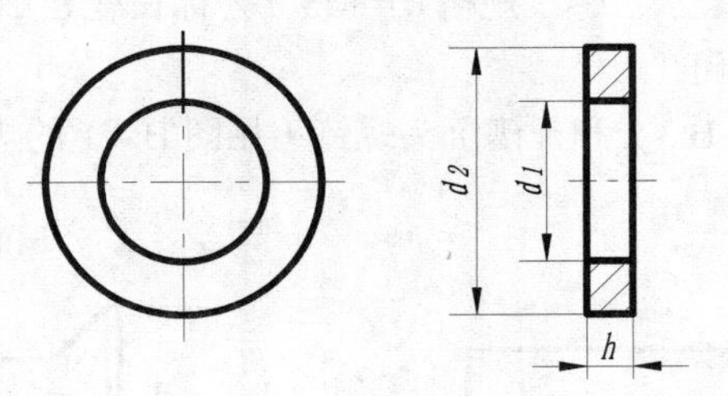

图 8.5 垫圈

表 B.3 小垫圈—A 级（摘自 GB/T 848—2002），平垫圈—A 级（摘自 GB/T 97.1—2002） 单位：mm

公称尺寸(螺纹规格 *d*)		4	5	6	8	10	12	14	16	20	24	30	36
小垫圈	*d*1	4.3	5.3	6.4	8.4	10.5	13	15	17	21	25	31	37
	*d*2	8	9	11	15	18	20	24	28	34	39	50	60
	H	0.5	1	1.6	1.6	1.6	2	2.5	2.5	3	4	4	5
平垫圈	*d*1	4.3	5.3	6.4	8.4	10.5	13	15	17	21	25	31	37
	*d*2	9	10	12	16	20	24	28	30	37	44	56	66
	H	0.8	1	1.6	1.6	2	2.5	2.5	3	3	4	4	5

注：小垫圈—A 级用于圆柱头螺钉；平垫圈—A 级用于 A 和 B 级的螺栓等。

附录 C
公差与配合

标准公差数值如表 C.1 所示。

表 C.1　　　　标准公差数值（GB/T 1800.3—1998）

基本尺寸（mm）		公差等级																	
		IT1	IT2	IT3	IT4	IT5	IT6	IT7	IT8	IT9	IT10	IT11	IT12	IT13	IT14	IT15	IT16	IT17	IT18
大于	至	（μm）											（mm）						
—	3	0.8	1.2	2	3	4	6	10	14	25	40	60	0.1	0.14	0.25	0.4	0.6	1	1.4
3	6	1	1.5	2.5	4	5	8	12	18	30	48	75	0.12	0.18	0.3	0.48	0.75	1.2	1.8
6	10	1	1.5	2.5	4	6	9	15	22	36	58	90	0.15	0.22	0.36	0.58	0.9	1.5	2.2
10	18	1.2	2	3	5	8	11	18	27	43	70	110	0.18	0.27	0.43	0.7	1.1	1.8	2.7
18	30	1.5	2.5	4	6	9	13	21	33	52	84	130	0.21	0.33	0.52	0.84	1.3	2.1	3.3
30	50	1.5	2.5	4	7	11	16	25	39	62	100	160	0.25	0.39	0.62	1	1.6	2.5	3.9
50	80	2	3	5	8	13	19	30	46	74	120	190	0.3	0.46	0.74	1.2	1.9	3	4.6
80	120	2.5	4	6	10	15	22	35	54	87	140	220	0.35	0.54	0.87	1.4	2.2	3.5	5.4
120	180	3.5	5	8	12	18	25	40	63	100	160	250	0.4	0.63	1	1.6	2.5	4	6.3
180	250	4.5	7	10	14	20	29	46	72	115	185	290	0.46	0.72	1.15	1.85	2.9	4.6	7.2
250	315	6	8	12	16	23	32	52	81	130	210	320	0.52	0.81	1.3	2.1	3.2	5.2	8.1
315	400	7	9	13	18	25	36	57	89	140	230	360	0.57	0.89	1.4	2.3	3.6	5.7	8.9
400	500	8	10	15	20	27	40	63	97	155	250	400	0.63	0.97	1.55	2.5	4	6.3	9.7
500	630	9	11	16	22	32	44	70	110	175	280	440	0.7	1.1	1.75	2.8	4.4	7	11
630	800	10	13	18	25	36	50	80	125	200	320	500	0.8	1.25	2	3.2	5	8	12.5
800	1000	11	15	21	28	40	56	90	140	230	360	560	0.9	1.4	2.3	3.6	5.6	9	14
1000	1250	13	18	24	33	47	66	105	165	260	420	660	1.05	1.65	2.6	4.2	6.6	10.5	16.5
1250	1600	15	21	29	39	55	78	125	195	310	500	780	1.25	1.95	3.1	5	7.8	12.5	19.5
1600	2000	18	25	35	46	65	92	150	230	370	600	920	1.5	2.3	3.7	6	9.2	15	23
2000	2500	22	30	41	55	78	110	175	280	440	700	1100	1.75	2.8	4.4	7	11	17.5	28
2500	3150	26	36	50	68	96	135	210	330	540	860	1350	2.1	3.3	5.4	8.6	13.5	21	33

表 C.2　　常用（部分）和优先配合中孔的极限偏差（摘自 GB/T 1800.4—1999）　　单位：μm

基本尺寸（mm）	公差带																	
	C	D	E	F	G	H						JS	K	M	N	P	S	U
	11	9	9	8	7	6	7	8	9	10	11	7	7	7	7	7	7	7
≤3	+120 +60	+45 +20	+39 +14	+20 +6	+12 +2	+6 0	+10 0	+14 0	+25 0	+40 0	+60 0	±5	0 −10	−2 −12	−4 −14	−6 −16	−14 −24	−18 −28
>3 ~6	+145 +70	+60 +30	+50 +20	+28 +10	+16 +4	+8 0	+12 0	+18 0	+30 0	+48 0	+75 0	±6	+3 −9	0 −12	−4 −16	−8 −20	−15 −27	−19 −31
>6 ~10	+170 +80	+76 +40	+61 +25	+35 +13	+20 +5	+9 0	+15 0	+22 0	+36 0	+58 0	+90 0	±7	+5 −10	0 −15	−4 −19	−9 −24	−17 −32	−22 −37
>10 ~14	+205 +95	+93 +50	+75 +32	+43 +16	+24 +6	+11 0	+18 0	+27 0	+43 0	+70 0	+110 0	±9	+6 −12	0 −18	−5 −23	−11 −29	−21 −39	−26 −44
>14 ~18																		
>18 ~24	+240	+117 +65	+92 +40	+53 +20	+28 +7	+13 0	+21 0	+33 0	+52 0	+84 0	+130 0	±10	+6 −15	0 −21	−7 −28	−14 −35	−27 −48	−33 −54
>24 ~30	+110																	−40 −61
>30 ~40	+280 +120	+142 +80	+112 +50	+64 +25	+34 +9	+16 0	+25 0	+39 0	+62 0	+100 0	+160 0	±12	+7 −18	0 −25	−8 −33	−17 −42	−34 −59	−51 −76
>40 ~50	+290 130																	−61 −86
>50 ~65	+330 +140	+174 +100	+134 +60	+76 +30	+40 +10	+19 0	+30 0	+46 0	+74 0	+120 0	+190 0	±15	+9 −21	0 −30	−9 −39	−21 −51	−42 −78	−76 −106
>65 ~80	+340 +150																−48 −72	−91 −121
>80 ~100	+390 +170	+207 +120	+159 +72	+90 +36	+47 +12	+22 0	+35 0	+54 0	+87 0	+140 0	+220 0	±17	+10 −25	0 −35	−10 −45	−24 −59	−58 −93	−111 −146
>100 ~120	+400 +180																−66 −101	−131 −166
>120 ~140	+450 +200	+245 +145	+185 +85	+106 +43	+54 +14	+25 0	+40 0	+63 0	+100 0	+160 0	+250 0	±20	+12 −28	0 −40	−12 −52	−28 −68	−77 −117	−155 −195
>140 ~160	+460 +210																−85 −125	−175 −215
>160 ~180	+480 +230																−93 −133	−195 −235
>180 ~200	+530 +240	+285 +170	+215 +100	+122 +50	+61 +15	+29 0	+46 0	+72 0	+115 0	+185 0	+290 0	±23	+13 −33	0 −46	−14 −60	−33 −79	−105 −151	−219 −265
>200 ~225	+550 +260																−113 −159	−241 −287
>225 ~250	+570 +280																−123 −169	−267 −313
>250 ~280	+620 +300	+320 +190	+240 +110	+137 +56	+69 +17	+32 0	+52 0	+81 0	+130 0	+210 0	+320 0	±26	+16 −36	0 −52	−14 −66	−36 −88	−138 −190	−295 −347
>280 ~315	+650 +330																−150 −202	−330 −382
>315 ~355	+720 +360	+350 +210	+265 +125	+151 +62	+75 +18	+36 0	+57 0	+89 0	+140 0	+230 0	+360 0	±28	+17 −40	0 −57	−16 −73	−41 −98	−169 −226	−369 −426
>355 ~400	+760 +400																−187 −244	−414 −471
>400 ~450	+840 +440	+385 +230	+290 +135	+165 +68	+83 +20	+40 0	+63 0	+97 0	+155 0	+250 0	+400 0	±31	+18 −45	0 −63	−17 −80	−45 −108	−209 −272	−467 −530
>450 ~500	+880 +480																−229 −292	−517 −580

表C.3 常用（部分）和优先配合中轴的极限偏差（摘自GB/T 1800.4—1999） 单位：μm

基本尺寸（mm）	公差带																	
	c	d	e	f	g	h					js	k	m	n	p	r	s	u
	11	9	7	7	6	6	7	8	9	11	6	6	6	6	6	6	6	6
≤3	−60 −120	−20 −45	−14 −24	−6 −16	−2 −8	0 −6	0 −10	0 −14	0 −25	0 −60	±3	+6 0	+8 +2	+10 +4	+12 +6	+16 +10	+20 +14	+24 +18
＞3 ～6	−70 −145	−30 −60	−20 −32	−10 −22	−4 −12	0 −8	0 −12	0 −18	0 −30	0 −75	±4	+9 +1	+12 +4	+16 +8	+20 +12	+23 +15	+27 +19	+31 +23
＞6 ～10	−80 −170	−40 −76	−25 −40	−13 −28	−5 −14	0 −9	0 −15	0 −22	0 −36	0 −90	±4.5	+10 +1	+15 +6	+19 +10	+24 +15	+28 +19	+32 +23	+37 +28
＞10 ～18	−95 −205	−50 −93	−32 −50	−16 −34	−6 −17	0 −11	0 −18	0 −27	0 −43	0 −110	±5.5	+12 +1	+18 +7	+23 +12	+29 +18	+34 +23	+39 +28	+44 +33
＞18 ～24	−110 −240	−65 −117	−40 −61	−20 −41	−7 −20	0 −13	0 −21	0 −33	0 −52	0 −130	±6.5	+15 +2	+21 +8	+28 +15	+35 +22	+41 +28	+48 +35	+54 +41
＞24 ～30																		+61 +48
＞30 ～40	−120 −280	−80 −142	−50 −75	−25 −50	−9 −25	0 −16	0 −25	0 −39	0 −62	0 −160	±8	+18 +2	+25 +9	+33 +17	+42 +26	+50 +34	+59 +43	+76 +60
＞40 ～50	−130 −290																	+86 +70
＞50 ～65	−140 −330	−100 −174	−60 −90	−30 −60	−10 −29	0 −19	0 −30	0 −46	0 −74	0 −190	±9.5	+21 +2	+30 +11	+39 +20	+51 +32	+60 +41	+72 +53	+106 +87
＞65 ～80	−150 −340															+62 +43	+78 +59	+121 +102
＞80 ～100	−170 −390	−120 −207	−72 −107	−36 −71	−12 −34	0 −22	0 −35	0 −54	0 −87	0 −220	±11	+25 +3	+35 +13	+45 +23	+59 +37	+73 +51	+93 +71	+146 +124
＞100 ～120	−180 −400															+76 +54	+101 +79	+166 +144
＞120 ～140	−200 −450	−145 −245	−85 −125	−43 −83	−14 −39	0 −25	0 −40	0 −63	0 −100	0 −250	±12.5	+28 +3	+40 +15	+52 +27	+68 +43	+88 +63	+117 +92	+195 +170
＞140 ～160	−210 −460															+90 +65	+125 +100	+215 +190
＞160 ～180	−230 −480															+93 +68	+133 +108	+235 +210
＞180 ～200	−240 −530	−170 −285	−100 −146	−50 −96	−15 −44	0 −29	0 −46	0 −72	0 −115	0 −290	±14.5	+33 +4	+46 +17	+60 +31	+79 +50	+106 +77	+151 +122	+265 +236
＞200 ～225	−260 −550															+109 +80	+159 +130	+287 +258
＞225 ～250	−280 −570															+113 +84	+169 +140	+313 +284
＞250 ～280	−300 −620	−190 −320	−110 −162	−56 −108	−17 −49	0 −32	0 −52	0 −81	0 −130	0 −320	±16	+36 +4	+52 +20	+66 +34	+88 +56	+126 +94	+190 +158	+347 +315
＞280 ～315	−330 −650															+130 +98	+202 +170	+382 +350
＞315 ～355	−360 −720	−210 −350	−125 −182	−62 −119	−18 −54	0 −36	0 −57	0 −89	0 −140	0 −360	±18	+40 +4	+57 +21	+73 +37	+98 +62	+144 +108	+226 +190	+426 +390
＞355 ～400	−400 −760															+150 +114	+244 +208	+471 +435
＞400 ～450	−440 −840	−230 −385	−135 −198	−68 −131	−20 −60	0 −40	0 −63	0 −97	0 −155	0 −400	±20	+45 +5	+63 +23	+80 +40	+108 +68	+166 +126	+272 +232	+530 +490
＞450 ～500	−480 −880															+172 +132	+292 +252	+580 +540

一般尺寸的极限偏差如表 C.4 所示。

表 C.4　　一般尺寸的极限偏差（摘自 GB/T 1804—2000）　　单位：mm

基本尺寸		孔公差带				轴公差带				孔（轴）公差带			
大于	至	H12	H13	H14	H15	h12	h13	h14	h15	JS12 （js12）	JS13 （js13）	JS14 （js14）	JS15 （js15）
–	3	+0.10 0	+0.14 0	+0.25 0	+0.40 0	0 –0.10	0 –0.14	0 –0.25	0 –0.40	±0.05	±0.07	±0.125	±0.20
3	6	+0.12 0	+0.18 0	+0.30 0	+0.48 0	0 –0.12	0 –0.18	0 –0.30	0 –0.48	±0.06	±0.09	±0.15	±0.24
6	10	+0.15 0	+0.22 0	+0.36 0	+0.58 0	0 –0.15	0 –0.22	0 –0.36	0 –0.58	±0.075	±0.11	±0.18	±0.29
10	18	+0.18 0	+0.27 0	+0.43 0	+0.70 0	0 –0.18	0 –0.27	0 –0.43	0 –0.70	±0.09	±0.135	±0.215	±0.35
18	30	+0.21 0	+0.33 0	+0.52 0	+0.84 0	0 –0.21	0 –0.33	0 –0.52	0 –0.84	±0.105	±0.165	±0.26	±0.42
30	50	+0.25 0	+0.39 0	+0.62 0	+1.00 0	0 –0.25	0 –0.39	0 –0.62	0 –1.00	±0.125	±0.195	±0.31	±0.50
50	80	+0.30 0	+0.46 0	+0.74 0	+1.20 0	0 –0.30	0 –0.46	0 –0.74	0 –1.20	±0.15	±0.23	±0.37	±0.60
80	120	+0.35 0	+0.54 0	+0.87 0	+1.40 0	0 –0.35	0 –0.54	0 –0.87	0 –1.40	±0.175	±0.27	±0.435	±0.70
120	180	+0.40 0	+0.63 0	+1.00 0	+1.60 0	0 –0.40	0 –0.63	0 –1.00	0 –1.60	±0.20	±0.315	±0.50	±0.80
180	250	+0.46 0	+0.72 0	+1.15 0	+1.85 0	0 –0.46	0 –0.72	0 –1.15	0 –1.85	±0.23	±0.36	±0.575	±0.925
250	315	+0.52 0	+0.81 0	+1.30 0	+2.10 0	0 –0.52	0 –0.81	0 –1.30	0 –2.10	±0.26	±0.405	±0.65	±1.05
315	400	+0.57 0	+0.89 0	+1.40 0	+2.30 0	0 –0.57	0 –0.89	0 –1.40	0 –2.30	±0.285	±0.445	±0.70	±1.15
400	500	+0.63 0	+0.97 0	+1.55 0	+2.50 0	0 –0.63	0 –0.97	0 –1.55	0 –2.50	±0.315	±0.485	±0.775	±1.25
500	630	+0.70 0	+1.10 0	+1.75 0	+2.80 0	0 –0.70	0 –1.10	0 –1.75	0 –2.80	±0.35	±0.55	±0.875	±1.40
630	800	+0.80 0	+1.25 0	+2.00 0	+3.20 0	0 –0.80	0 –1.25	0 –2.00	0 –3.20	±0.40	±0.625	±1.00	±1.60
800	1000	+0.90 0	+1.40 0	+2.30 0	+3.60 0	0 –0.90	0 –1.40	0 –2.30	0 –3.60	±0.45	±0.70	±1.15	±1.80
1000	1250	+1.05 0	+1.65 0	+2.60 0	+4.20 0	0 –1.05	0 –1.65	0 –2.60	0 –4.20	±0.525	±0.825	±1.30	±2.10
1250	1600	+1.25 0	+1.95 0	+3.10 0	+5.00 0	0 –1.25	0 –1.95	0 –3.10	0 –5.00	±0.625	±0.975	±1.55	±2.50
1600	2000	+1.50 0	+2.30 0	+3.70 0	+6.00 0	0 –1.50	0 –2.30	0 –3.70	0 –6.00	±0.75	±1.15	±1.85	±3.00
2000	2500	+1.75 0	+2.80 0	+4.40 0	+7.00 0	0 –1.75	0 –2.80	0 –4.40	0 –7.00	±0.875	±1.40	±2.20	±3.50
2500	3150	+2.10 0	+3.30 0	+5.40 0	+8.6 0	0 –2.10	0 –3.30	0 –5.40	0 –8.6	±1.05	±1.65	±2.70	±4.3

附录 D 表面粗糙度

与尺寸公差相适应的表面粗糙度 *Ra* 的取值范围如表 D.1 所示。

表 D.1　与尺寸公差相适应的表面粗糙度 *Ra* 的取值范围（摘自 GB/T 1800～1804—2000）　单位：μm

<table>
<tr><th colspan="2">公差带代号</th><th colspan="11">基本尺寸（mm）</th></tr>
<tr><th>孔</th><th>轴</th><th>>1～3</th><th>>3～6</th><th>>6～10</th><th>>10～18</th><th>>18～30</th><th>>30～80</th><th>>80～120</th><th>>120～180</th><th>>180～260</th><th>>260～360</th><th>>360～500</th></tr>
<tr><td>H7</td><td></td><td colspan="2">>1.25～2.5</td><td colspan="9">>2.5～5</td></tr>
<tr><td>S7</td><td>u5,u6,r6,s6</td><td colspan="3">>0.63～1.25</td><td colspan="3">>1.25～2.5</td><td colspan="5">>2.5～5</td></tr>
<tr><td></td><td>n6,m6,k6,js6</td><td colspan="2">>0.63～1.25</td><td colspan="4">>1.25～2.5</td><td colspan="5">>2.5～5</td></tr>
<tr><td></td><td>h6,g6,f7</td><td colspan="2">>0.63～1.25</td><td colspan="3">>1.25～2.5</td><td colspan="5">>2.5～5</td><td>>5～10</td></tr>
<tr><td></td><td>e8</td><td colspan="2">>0.63～1.25</td><td colspan="3">>1.25～2.5</td><td colspan="2">>2.5～5</td><td colspan="4">>5～10</td></tr>
<tr><td></td><td>d8</td><td colspan="3">>1.25～2.5</td><td colspan="2">>2.5～5</td><td colspan="6">>5～10</td></tr>
<tr><td>H8</td><td></td><td colspan="2">>1.25～2.5</td><td colspan="7">>2.5～5</td><td colspan="2">>5～10</td></tr>
<tr><td></td><td>n7,m7,k7,j7,js7</td><td colspan="2">>0.63～1.25</td><td colspan="2">>1.25～2.5</td><td colspan="6">>2.5～5</td><td>>5～10</td></tr>
<tr><td></td><td>h7</td><td colspan="2">>1.25～2.5</td><td colspan="5">>2.5～5</td><td colspan="4">>5～10</td></tr>
<tr><td>H8,H9</td><td></td><td></td><td colspan="2">>2.5～5</td><td colspan="8">>5～10</td></tr>
<tr><td></td><td>h8,h9,f9</td><td colspan="4">>2.5～5</td><td colspan="7">>5～10</td></tr>
<tr><td></td><td>d9,d10</td><td colspan="3">>2.5～5</td><td colspan="8">>5～10</td></tr>
<tr><td>H10</td><td>h10</td><td>>1.25～2.5</td><td colspan="2">>2.5～5</td><td colspan="7">>5～10</td><td>>10～20</td></tr>
<tr><td>H11</td><td></td><td colspan="6">>5～10</td><td colspan="2">>10～20</td><td colspan="3"></td></tr>
<tr><td></td><td>h11,d11,b11,c10,c11,a11</td><td colspan="3">>5～10</td><td colspan="8">>10～20</td></tr>
<tr><td>H12,H13</td><td>h12,h13,b12,c12,c13</td><td>>5～10</td><td colspan="10">>10～20</td></tr>
</table>

参考文献

［1］全国电气文件编制和图形符号标准化技术委员会秘书处. 技术制图与机械制图标准规定汇编. 北京：电力出版社，2003.

［2］丁红宇. 制图标准手册. 北京：中国标准出版社，2003.

［3］《机械工程标准手册》编委会. 机械工程标准手册. 北京：中国标准出版社，2003.

［4］北京邮电学院等三校. 画法几何及工程制图. 北京：人民邮电出版社，1996.

［5］张爱琳等. 工程制图及计算机绘图基础. 北京：北京邮电大学出版社，1998.

［6］王征. 中文版 AutoCAD2009 实用教程. 北京：清华大学出版社，2009.

［7］龙震工作室. AutoCAD&MDT 2009 机械工程制图和界面设计基础. 北京：清华大学出版社，2009.